HISTORIA DE LA FÍSICA CUÁNTICA

VOLUMEN III

DRAKONTOS

Director:
JOSÉ MANUEL SÁNCHEZ RON

HISTORIA DE LA FÍSICA CUÁNTICA

VOLUMEN III

De la física nuclear al bosón de Higgs

José Manuel Sánchez Ron

CRÍTICA
BARCELONA

Primera edición: noviembre de 2025

Historia de la física cuántica. Volumen III
De la física nuclear al bosón de Higgs
José Manuel Sánchez Ron

Iconografía: DAU, Grupo Planeta

Av. Diagonal, 662-664, 08034 Barcelona (España)
Crítica es un sello editorial de Editorial Planeta, S. A.

editorial@ed-critica.es
www.ed-critica.es

ISBN: 978-84-9199-821-1
Depósito legal: B. 18.506-2025
Impresión y encuadernación: Huertas Industrias Gráficas, S. A.
Printed in Spain - Impreso en España

PEFC Certificado
Este libro procede de bosques gestionados de forma sostenible
PEFC
PEFC/14-38300305
www.pefc.es

Para Ana, que me acompañó en este largo camino y en otros muchos.
Para mis nietos, Violeta, Tobías y Valentina Sophia, que vivirán en un mundo dominado por las tecnologías cuánticas. Con el deseo de que no pierdan aquello que nos hace plenamente humanos: la compasión, la solidaridad, la dignidad y la alegría de vivir.

Prólogo

Llego con este tercer tomo de mi *Historia de la física cuántica* al final de un largo camino, cuyo inicio se remonta a muchos años atrás. En la primera edición (2001) del volumen inicial (ahora revisado) de esta obra, escribí que su origen se puede situar en 1978, «al día de septiembre de aquel año en el que entré por primera vez en la Biblioteca de la American Philosophical Society de Filadelfia para consultar los fondos del archivo *Sources for History of Quantum Physics*». Desde entonces, y aunque haya dedicado mucho tiempo y multitud de escritos a otros temas, nunca abandoné mi interés por la fascinante y compleja historia de la física cuántica ni mis estudios al respecto. Desde luego, es un asunto apasionante, pues no creo que ninguna de las formulaciones científicas existentes nos enfrente de manera más directa y transparente con las limitaciones de nuestra comprensión del mundo más, digamos, «directa» o «intuitiva». La dualidad onda-corpúsculo o la interpretación de Copenhague, si al final se mantiene, son claros ejemplos de ello.

En lo que se refiere a lo enrevesado, esta trilogía es buena prueba de ello, en especial la presente entrega, con la pluralidad de cuestiones y científicos que aparecen en ella. Pluralidad, sí, pero, quiero dejarlo claro, no sin cierto dolor, aunque a sabiendas de que ha sido irremediable (para lo que yo pretendía y sé): los temas abordados y los personajes que aparecen en las páginas que siguen no son sino una selección esquemática y personal, realizada con la esperanza de ofrecer una idea aproximada, pero general, de lo que sucedió en verdad en el período que cubro.

Ya dije en el prólogo al primer tomo de esta obra, *HFC-1*, que, además de situar nuestro entendimiento frente a formas de percibir la realidad que nos son extrañas, la cuántica ha cambiado la historia de la humanidad, la manera en que vivimos. El transistor, cuya invención y algunos de cuyos desarrollos se tratan en este volumen, es buena prueba y responsable de ello. Aunque solo fuera por esta dimensión «práctica», merecería la pena ocuparse de este aspecto de la disciplina.

Durante mi etapa de físico teórico, trabajé y enseñé en el campo de las teorías especial y general de la relatividad, a las que luego dediqué varios libros. Sin embargo, dejando a un lado la primera de ellas, que es un conjunto de requisitos «geométricos» y dinámicos que deben cumplir *todas* las fuerzas de la naturaleza (por consiguiente, también las que hoy describe la cuántica: la electromagnética, la fuerte y la débil), reconozco que esta mecánica posee no pocos aspectos que la hacen más «fundamental». Expresado de forma simbólica: si tuviera que apostar entre *G*, la constante de la gravitación, todavía descrita por una teoría clásica (la relatividad general), y *h*, la constante de Planck del mundo cuántico, lo haría en favor de esta última.

A lo largo del extenso camino que he recorrido, como señalé antes, he reunido conocimientos y materiales para poder escribir esta historia. Puede que mi mundo científico fuera el de la relatividad einsteiniana, pero he tenido la suerte y el privilegio de escuchar, o incluso de conversar, con algunos de los protagonistas de la revolución (de las revoluciones, sería más correcto decir) cuántica. Recuerdo con especial satisfacción una ocasión en que, cuando todavía era estudiante de Física en la Universidad Complutense, asistí a una conferencia que pronunció en Madrid, debió ser en 1969 o 1970, Werner Heisenberg (conservo el libro en el que, a petición mía, estampó su firma). No se ha desvanecido aún de mi memoria otra ponencia que dictó Paul Dirac, en mi opinión uno de los grandes héroes de la historia de la física, en el Institute for Advanced Study de Princeton en 1979, como parte de las celebraciones del centenario del nacimiento de Albert Einstein. Tampoco un seminario que impartió Julian Schwinger ese mismo año en la Universidad de Pensilvania (yo vivía entonces en Filadelfia; era profesor ayudante visitante en la Universidad Temple). En mi ignorancia, no comprendí las risas de la mayor parte de los asistentes cuando este premio nobel, por ser uno de los responsables de la formulación de la electrodinámica cuántica, dijo al principio de su intervención que sería breve; tres horas después, cuando finalizó su presentación, lo entendí. Del mismo modo, recuerdo una disertación con cientos de oyentes que pronunció Fred Hoyle, el astrofísico que tanto contribuyó a los trabajos sobre nucleosíntesis estelar (debió compartir el premio Nobel con William Alfred Fowler) en el Mathematical Institute de Oxford. También en esta ciudad inglesa escuché a Rudolf Peierls, un espléndido y ameno ponente. Como también lo fue Victor Weisskopf, que participó en Bucarest en un congreso (¿1977?) en la triste Rumanía de Nicolae Ceaușescu, a la que me había enviado el University College de Londres, en el que yo era doctorando. A pesar de mi mala memoria, no he olvidado la frase con que finalizó su conferencia: «La existencia humana se basa en dos pilares: compasión y conocimiento. Compasión sin conocimiento es inefectivo; conocimiento sin compasión es inhumano».

No fueron estos los únicos físicos cuánticos «históricos» que escuché en ponencias o seminarios, pero sí son los que mejor recuerdo y los que evoco con especial satisfacción. Como tampoco he olvidado que pude mantener alguna conversación con Eugene Wigner, Murray Gell-Mann, Charles Townes, David Bohm, Fred Hoyle y Abraham Pais.

Es difícil, si no imposible, llevar a cabo un viaje tan largo como el que me ha llevado a poder escribir esta historia sin la ayuda, enseñanzas o ejemplos, de algunas personas. Aun siendo yo una persona de natural solitario, también soy afortunado deudor de las aportaciones de varias de ellas. A la cabeza figura, como siempre, mi esposa Ana. Por desgracia, salvo Paul Forman, aquellos a los que más debo ya han desaparecido: Francisco J. Ynduráin, José Luis Sánchez Gómez, Karl von Meyenn, Silvan S. Schweber y Roger Stuewer. Me gustaría pensar que les habría gustado leer este libro, que es también, en alguna medida, suyo. Y, quisiera imaginar, también de todos.

Madrid, julio de 2025

1

La mecánica cuántica y la electrodinámica

Aunque de manera formal esta tercera parte de la historia de la física cuántica cubre el período que va del descubrimiento del neutrón al del bosón de Higgs, es preciso ocuparse de desarrollos que tuvieron lugar con anterioridad y también, como se verá en otros lugares, mencionar otros posteriores a 1964. Así, este primer capítulo está protagonizado por trabajos efectuados antes de 1932, que fueron imprescindibles para otros avances subsiguientes, como la teoría de la desintegración β y la formulación de la electrodinámica cuántica a finales de la década de 1940.

1. Pascual Jordan, Paul Dirac y el origen de la electrodinámica cuántica

Una vez que se dispuso de la mecánica de Heisenberg-Schrödinger-Dirac, era inmediato intentar aplicar sus postulados a una de las dos interacciones por entonces conocidas: la electromagnética. Esto es, tratar de construir una «electrodinámica cuántica», tarea que se inició casi de inmediato, pero que resultó extremadamente complicada. De hecho, no se pudo completar hasta finales de la década de 1940, con los trabajos de Schwinger, Feynman y Tomonaga. La otra fuerza, la gravitacional, planteaba, y lo sigue haciendo, problemas mucho más serios.

Ese proceso obligó de entrada a tomar una decisión: ¿hacer hincapié en la noción de campo, esto es, cuantizar el campo electromagnético, o considerar a este como un conjunto de partículas, los fotones, que además se creaban y aniquilaban? Como veremos, se utilizaron ambos planteamientos, aunque no siempre resulte clara la distinción entre ellos. Lo que sí quiero resaltar es que, implícito a los esfuerzos por realizar la primera de estas opciones, estaba construir un formalismo más general, una «teoría cuántica de campos», que fuese más allá de la fuerza electromagnética, algo que resultó especialmente útil cuando se trataron las interacciones fuerte y débil.

Pascual Jordan fue el primero en llamar la atención sobre la importancia de aplicar la nueva mecánica a un sistema de infinitos grados de libertad, o lo que es lo mismo, cuantizar un campo (de ahí «teoría cuántica de campos», marco general que trata no solo de la interacción electromagnética). De hecho, lo hizo en el famoso *Dreimännerarbeit* (Born, Heisenberg y Jordan 1926; véase *HFC-2*), en la parte que él escribió. Sin embargo, la relevancia de lo que pretendía no fue apreciada en un primer momento. En una carta que envió a Bartel Leendert van der Waerden (1803-1996) el 10 de abril de 1962, Jordan defendía su pionera contribución y se quejaba de la escasa atención que había recibido inicialmente:[1]

1. Citada en Duncan y Janssen (2008: 178). En su magnífica historia de la electrodinámica cuántica, Silvan Schweber (1994: 5-6) defendió con energía el papel de Jordan: «Pascual Jordan es el héroe anónimo entre los creadores de la mecánica cuántica. Partes importantes de los dos artículos que escribió con Born y Heisenberg que, siguiendo la idea inicial de Heisenberg, elaboraban la mecánica matricial fueron contribución de Jordan. Análogamente, él fue responsable de establecer los fundamentos de la teoría cuántica de campos (Born y Jordan 1926; Born *et al.* 1926; Jordan 1927; Jordan y Klein 1927; Jordan y Wigner1928; Jordan y Pauli 1928). El hecho de que a comienzos de la década de 1930 sus intereses se desplazaran a problemas en biología, psicología, matemáticas, geología y cosmología, y que después de esto sus contribuciones fueran de naturaleza más especulativa, y en ocasiones polémicas, y nunca alcanzaron la importancia de sus anteriores trabajos en mecánica cuántica, probablemente fue un factor en la subsiguiente valoración que hizo de él la comunidad. Su dificultad en comunicarse con otros (era muy tartamudo) fue otro. Fue el único de los principales protagonistas del desarrollo de la teoría cuántica que no asistió al consejo Solvay de 1927. Su cooperación con los nazis en las décadas de 1930 y 1940 sin duda también contribuyeron a su falta de reconocimiento. [...] Sin embargo, como en cierta ocasión dijo Dirac: "Uno no debería juzgar el mérito de un hombre por su peor trabajo; uno debe juzgarlo siempre por lo mejor que ha hecho"». Una referencia importante, tanto para este capítulo como para los que siguen, es Pais (1986).

> Recuerdo que en la medida en que advirtieron estas cuestiones otros teóricos de Gotinga [además de Born y Heisenberg], [Yakov] Frenkel, por ejemplo, consideraban, expresándolo a menudo en conversaciones, que mi opinión de que el campo electromagnético y el campo de Schrödinger tenían que ser cuantizados [...] era una exageración más o menos imaginaria de un lunático. Esto cambió cuando Dirac [1927] cuantizó tanto el campo electromagnético como el campo de las ondas de materia. Todavía recuerdo cómo Born, que había sido el primero en recibir una separata del artículo relevante de Dirac, me lo enseñó y lo miró inicialmente sacudiendo su cabeza. Cuando le indique que yo había predicado la misma idea desde nuestro *Dreimännerarbeit*, al principio se mostró sorprendido, pero luego estuvo de acuerdo. Heisenberg también dejó de lado su escepticismo temporal, aunque no fue hasta considerablemente más tarde que él mismo comenzó a trabajar hacia una teoría cuántica de campos (o «electrodinámica cuántica») en el artículo que publicó con Pauli [Heisenberg y Pauli (1929, 1930)], que seguía a mis tres artículos con Pauli [Jordan y Pauli (1928)], [Oskar] Klein [Jordan y Klein (1927)] y Wigner [Jordan y Wigner (1928)].

El artículo de Dirac al que se refería Jordan es el que de manera habitual se considera como el primero en intentar desbrozar el camino hacia una electrodinámica cuántica. El científico inglés, por entonces ya muy respetado, no tuvo los problemas de su colega alemán. Su trabajo, publicado en 1927 (un año antes que su teoría relativista del electrón; véase *HFC-2*), recibió atención de forma inmediata. Apareció en *Proceedings of the Royal Society*, donde se recibió el 2 de febrero y fue presentado por Niels Bohr, con el título «The quantum theory of the emission and absorption of radiation» (Dirac 1927 a). El propio autor del texto (1983: 47-48) resumió el contenido de su ensayo con las siguientes palabras: «Desarrollé una teoría para la interacción de un sistema atómico con la radiación electromagnética, considerando la radiación electromagnética como una perturbación externa que podía conducir a transiciones del sistema atómico en las que se podía absorber un cuanto de energía, o, alternativamente, emitir un cuanto de energía, con un salto de un estado a otro». En definitiva, dedujo los coeficientes de emisión y absorción que Einstein había introducido en 1916 (véase *HFC-1*). Fueron los primeros factores de este tipo determinados de acuerdo con la nueva mecánica. Desde este punto de vista, se puede decir que los orígenes de la electrodinámica cuántica también están ligados a la noción de creación y aniquilación de fotones. En el modelo atómico de Bohr, los electrones podían emitir (esto es, «crear») fotones cuando saltaban de una órbita a otra inferior de menor energía, y absorber (esto es, «aniquilar») fotones para pasar de una órbita a otra de energía mayor.[2]

De manera más concreta, en la «Introducción y sumario» del artículo, Dirac (1927 a: 243-244) explicaba:

> La nueva teoría cuántica, basada en la suposición de que las variables dinámicas no obedecen la ley conmutativa de la multiplicación, ha sido desarrollada ahora suficientemente como para formar una teoría de dinámica razonablemente completa. Se puede tratar matemáticamente el problema de cualquier sistema dinámico compuesto por un número de partículas con fuerzas instantáneas actuando entre ellas, siempre que se pueda describir por una función hamiltoniana, y es posible interpretar físicamente la matemática mediante un método bastante general.[3] Por otra parte, hasta el presente no se ha hecho prácticamente nada en electrodinámica cuántica. Las cuestiones del correcto tratamiento de un sistema en el que las fuerzas se propagan con la velocidad de la luz, en lugar de instantáneamente, de la producción de un campo electromagnético por un electrón que se mueve, y de la reacción de este campo en el electrón no se han tocado todavía. Además, existe una seria dificultad para hacer que la teoría satisfaga todos los requisitos del principio restringido de la relatividad, [...] Sin embargo, parece posible construir una razonablemente satisfactoria teoría de la emisión de radiación, y de la reacción del campo de radiación en el sistema emisor, en base a una cinemática y dinámica que no son estrictamente relativistas. Este el principal objetivo del presente artículo. La teoría es no relativista únicamente en base a que el tiempo se considera un número c, en lugar de ser tratado de forma simétrica con las coordenadas espaciales. La variación relativista de la masa con la velocidad se toma en cuenta sin dificultad.

2. Como explicó Joan Bromberg (1976), antes de la mecánica cuántica ya se consideró en astrofísica la creación y aniquilación de partículas.

3. Una forma sencilla de introducir la función hamiltoniana, o mejor, el hamiltoniano, H, que en mecánica clásica describe el estado de un sistema en términos de las variables posición y momento, es recordar que la ecuación de Schrödinger se puede escribir como $E\psi = H\psi$. El hamiltoniano cuántico es un operador autoadjunto que representa la energía total del sistema.

La idea subyacente a la teoría de Dirac era, según él, «muy simple» (no lo era en absoluto). Consistía en

> considerar un átomo interaccionando con un campo de radiación, que podemos suponer confinado en un contenedor de manera que posea solamente un conjunto discreto de grados de libertad. Descomponiendo la radiación en sus componentes de Fourier, es posible considerar que la energía y fase de cada uno de los componentes son variables dinámicas que describen el campo de radiación.

Demostraba así que

> mediante una elección adecuada de la energía de interacción para las partículas, se puede hacer que el hamiltoniano que describe la interacción del átomo y las ondas electromagnéticas sea idéntico al hamiltoniano del problema de la interacción del átomo con un conjunto de partículas que se mueven con la velocidad de la luz y satisfacen la estadística de Bose-Einstein.[4]

De esta manera conseguía «una armonía completa entre las descripciones de la interacción mediante ondas y cuantos de luz» (Dirac 1927 a: 245).[5]

El hamiltoniano que utilizaba estaba compuesto de tres partes: H^{o}, correspondiente al átomo, que incluía el campo electrostático; H^{rad}, que dependía de las variables de la radiación y H^{1}, que expresaba la interacción entre ambos. Tratando H^{1} como una perturbación, con-

4. Recuérdese que una onda de luz elemental es equivalente a un oscilador armónico.

5. En un artículo en el que recordaba el origen de la teoría cuántica de campos, Dirac (1983: 49) insistió en este punto: «En lugar de trabajar con una imagen de fotones como partículas, se puede en su lugar utilizar los componentes del campo electromagnético. Se obtiene entonces una armonía completa entre las teorías ondulatoria y corpuscular de la luz. Se puede tratar la luz como compuesta de ondas electromagnéticas, cada onda considerada como un oscilador; alternativamente, se puede tratar la luz como compuesta de fotones, siendo los fotones bosones y cada estado del fotón correspondiendo a uno de los osciladores del campo electromagnético. Se obtiene entonces la reconciliación de las teorías ondulatoria y corpuscular de la luz. Son simplemente dos descripciones matemáticas de la misma realidad física».

seguía deducir los coeficientes de absorción y emisión, vinculados, como he señalado, a la creación y aniquilación de fotones.

Este último punto fue muy importante. Aparecía de manera explícita, aunque como todo en el artículo de Dirac no de forma demasiado transparente, en la sección 6, titulada «Application to Light-Quanta», en donde se lee (Dirac 1927 a: 260-261):

> El cuanto de luz tiene la peculiaridad de que aparentemente deja de existir cuando está en uno de sus estados estacionarios, a saber, el estado cero, en el que su momento, y por consiguiente también su energía, son cero. Cuando un cuanto de luz es absorbido puede considerarse que salta a este estado cero, y se puede considerar que cuando uno es emitido pasa a uno en el que está físicamente en evidencia, de manera que parece que ha sido creado. Como no existe límite en el número de cuantos de luz que pueden ser creados de esta manera, debemos suponer que existe un número infinito de cuantos de luz en el estado cero.

Este procedimiento es el que más tarde se denominó «segunda cuantización». Dirac lo introdujo para bosones y posteriormente Pascual Jordan y Eugene Wigner lo extendieron a los fermiones (Jordan y Wigner 1928). La transformación que desarrollaron (y que lleva su nombre: «transformación de Jordan y Wigner»), permitió construir operadores de creación y aniquilación fermiónicos, lo que implica que el número de partículas no es constante.

Ahora bien, el procedimiento de Dirac tenía limitaciones importantes. Una de ellas era que los «procesos radiactivos del tipo más general, considerados por Einstein y Ehrenfest [(1923)], en los que toman parte simultáneamente más de un cuanto de luz, no están permitidos en la presente teoría» (Dirac 1927: 261). Existían también otras trabas que impedían que su propuesta pudiese ser considerada como una electrodinámica cuántica coherente. Por ejemplo, la cuantización se aplicaba tan solo a la componente de radiación del campo, sin tener en cuenta la interacción coulombiana entre las cargas y, además, las partículas se consideraban no relativistas.[6]

6. Para explicaciones más detalladas de este trabajo de Dirac, véanse Pais (1986: 334-338), Schweber (1994: 23-32) y Kojevnikov (2002).

En cualquier caso, se trató de un logro considerable. En un texto publicado en un libro dedicado a la memoria de Wolfgang Pauli, Gregor Wentzel (1960: 49) señalaba:[7]

> Hoy puede ser difícil apreciar la novedad y atrevimiento de la aproximación de Dirac al problema de la radiación. Durante la década precedente se había convertido en tradición pensar que el principio de correspondencia de Bohr era la guía suprema en estas cuestiones, y, de hecho, los esfuerzos para formular este principio de manera cuantitativa habían conducido a las ideas esenciales que prepararon el descubrimiento de la mecánica matricial de Heisenberg. Un aspecto nuevo del problema apareció cuando fue posible, mediante la teoría mecánico-cuántica de perturbaciones, tratar las transiciones inducidas por campos ondulatorios externos dados, p. ej., el efecto fotoeléctrico. Las transiciones calculadas de esta manera podían ser interpretadas como causadas por procesos de absorción, pero la «reacción sobre el campo», a saber, la

7. Gregor Wentzel (1898-1978) formó parte del selecto grupo de los estudiantes de Arnold Sommerfeld en Múnich. En 1916, se matriculó en la Universidad de Friburgo con la idea de convertirse en astrónomo, pero la primera guerra mundial interrumpió sus planes, al ser llamado a filas en 1917. Después del armisticio, regresó a Friburgo, pero en el otoño de 1919 se trasladó a Greifswald, donde estudió sobre todo matemáticas, mientras aprendía física por su cuenta. La lectura del libro de Hermann Weyl, *Raum, Zeit und Materie* (*Espacio, tiempo y materia*) le impresionó y de acuerdo con el consejo de uno de sus profesores en Greifswald (Rudolf Seelinger, quien se había doctorado con Sommerfeld) y con su ayuda, fue admitido por este último en Múnich, ciudad a la que llegó en noviembre de 1920. Allí no solo se doctoró (1921) y obtuvo su habilitación (1922), sino que conoció a Heisenberg y a Pauli. Permaneció allí como profesor no titular hasta 1926, cuando se incorporó como docente asociado a la Universidad de Leipzig, donde Heisenberg era catedrático. En 1928, sucedió a Schrödinger cuando este dejó su cátedra en la Universidad de Zúrich, prácticamente al mismo tiempo que Pauli se incorporaba a la ETH en un puesto similar. En 1948, aceptó la oferta de la Universidad de Chicago, donde estaba Fermi, y permaneció en ella hasta su jubilación en 1970. En 1943, publicó uno de los textos canónicos sobre la teoría cuántica de campos: *Einführung in die Quantentheorie der Wellenfelder* (*Introducción a la teoría cuántica de los campos ondulatorios*), que el físico suizo Josef-Maria Jauch (1914-1974), autor de notables trabajos sobre electrodinámica cuántica, tradujo al inglés junto a Charlotte Houtermans en *Quantum Theory of Fields* (1949). Esta versión incluía un apéndice debido al propio Jauch, quien escribió a su vez un libro importante, *The Theory of Photons and Electrons. The Relativistic Quantum Field Theory of Charged Particles with Spin One-half* (con Fritz Rohrlich; 1955), así como otro sobre los fundamentos de la teoría cuántica, *Foundations of Quantum Mechanics* (1968).

desaparición de un fotón, no la describía esta teoría, ni existía posibilidad alguna, en esta construcción, de comprender el proceso de emisión espontánea. Aquí, el principio de correspondencia todavía parecía indispensable, un elemento bastante ajeno (una «mano mágica» como lo denominó Sommerfeld) en una, por otra parte, teoría muy coherente. En este punto, la explicación de Dirac en términos de la matriz q llegó como una revelación. Se volvían a obtener resultados conocidos, pero de una forma completamente unificada. La nueva teoría estimuló más ideas sobre la aplicación de la mecánica cuántica al campo electromagnético, al igual que a otros campos.

A ese artículo de Dirac le siguió otro, que la Royal Society recibió el 4 de abril, presentado en esta ocasión no por Bohr, sino por Ralph Fowler. Llevaba por título «The quantum theory of dispersión» (Dirac 1927 b) y en cierto sentido completaba su desembarco en el campo de la electrodinámica cuántica.

Antes de abandonar la contribución de Dirac al nacimiento de esta rama de la disciplina, voy a referirme a algo de lo que él mismo dejó constancia en unas conferencias que pronunció en 1943 en el Institute for Advanced Study de Dublín. Esta institución había sido creada en 1940 a instancias del «taoiseach» (jefe de Gobierno de la República de Irlanda), por el ministro de Educación, Éamon de Valera (1882-1975), y acogió a Erwin Schrödinger después de que este abandonase Austria tras la anexión (el *Anschluss*) de esta por Alemania en 1938. Las ponencias de Dirac trataron sobre electrodinámica cuántica y justo al comienzo resumió el que era su «método científico» (Dirac 1943: 1):

> Las presentes conferencias, como las de Eddington, se refieren a la unificación de la relatividad con la teoría cuántica, pero tratan la cuestión desde un punto de vista diferente.[8] El método de Eddington requie-

8. Aquí, Dirac se refiere a las conferencias que Eddington pronunció también en el Institute for Advanced Study de Dublín, ignoro si al mismo tiempo que las suyas. De hecho, el texto de sus intervenciones (1943) se publicó como número 1 de la serie A de *Communications of the Dublin Institute for Advanced Studies*, mientras que el de las charlas de Eddington, «The Combination of Relativity Theory and Quantum Theory», apareció el mismo año en la siguiente entrega de esa publicación. En la «Introducción», Eddington (1943: 1-2) explicaba lo que pretendía: «¿Cómo debemos proceder para extender la teoría de la relatividad para que inclu-

re primero tener las ideas físicas claras y construir luego gradualmente un esquema matemático. El método presente es justamente el contrario: lo primero es establecer un esquema matemático y luego intentar obtener su interpretación física. Este método debería ser el más fácil, porque toma primero la tarea más fácil. Debería ser más fácil obtener el esquema matemático, porque para este propósito el número de cosas entre las que se debe escoger es pequeño. Para ser aceptable, el esquema debe ser nítido y bello, y el número de esquemas con estas características que puede ofrecer la matemática pura es muy limitado. Cuando se ha elegido el esquema matemático, la siguiente tarea de encontrar su significado físico es considerablemente más fácil, debido a la existencia de muchos puntos de contacto entre la matemática y la física.

Trataremos el problema de la interacción de un número de partículas cargadas con el campo electromagnético, y nuestro objetivo será establecer un método para calcular resultados experimentales, tales como la probabilidad de ciertas partículas, que de alguna manera bien inciden o son difundidas, con acaso la emisión y absorción de algunos fotones. El método debe estar de acuerdo con los principios generales de la física, tales como las leyes de conservación y la invariancia de Lorentz, y con las leyes de la teoría cuántica según son entendidas.

La línea de ataque será comenzar con el esquema matemático de la teoría cuántica, tal y como se conoce para el dominio no relativista y tratar de extenderlo para hacerlo relativista. Encontraremos que existe una manera natural de hacer esto. Pero cuando llegamos a considerar la interpretación física del esquema matemático, encontraremos que la ex-

---

ya la física del microcosmos? ¿Qué caminos se han dejado sin explorar? [...] Existen dos caminos sin explorar. Descuidamos la teoría *estadística* de la relatividad. Considerábamos las transformaciones de la relatividad de cantidades exactas, pero no desarrollamos seriamente la correspondiente teoría relativista de distribuciones de probabilidad. En segundo lugar, descuidamos el *espín*. [...] En 1928 Dirac abrió el camino del espín, y lo seguimos rápidamente. Mi camino se bifurcó de los otros poco después del comienzo. Los otros tomaron atajos para las cosas que más les interesaban, y produjeron una teoría adaptada a ciertas partes de la física que son campos de intensa actividad experimental. Pero durante catorce años yo nunca dudé de que la dirección que tomé en 1928 era la que conducía a unificar la relatividad y la teoría cuántica». En este punto, mencionaba su libro *Protons and Electrons* (Eddington 1936), «basado en la extensión del espín a la teoría de la relatividad». El contenido de sus presentaciones en Dublín formó parte posteriormente de los capítulos VI-VIII de su obra póstuma (Eddington 1953), *Fundamental Theory*, editada por Edmund Whittaker.

tensión natural de la teoría no relativista conduce a la aparición de energías y probabilidades negativas. Se hace necesario realizar algunas suposiciones nuevas, que resultan en que la interpretación es algo menos directa de lo que uno desearía, pero que está de acuerdo con todos los requisitos esenciales.

2. Robert Oppenheimer

La senda abierta por Dirac y Jordan fue pronto seguida por los trabajos, mencionados con anterioridad, de Jordan y Klein (1927), Jordan y Pauli (1928) y Jordan y Wigner (1928).[9] También por los de otros científicos, como Heisenberg, Weisskopf, Bethe, Fermi y Oppenheimer. De todos ellos, ahora solo me voy a detener en Robert Oppenheimer (1904-1967), no tanto por la importancia de sus contribuciones, que desde luego no fueron menores, sino porque hacerlo así es una forma de presentar a un personaje que, como se verá, desempeñó un papel fundamental, tanto en la introducción de la física cuántica en Estados Unidos, como en el Proyecto Manhattan, en el que se fabricaron las primeras bombas atómicas, y que sufrió más adelante una persecución política.[10] Además, las etapas iniciales de su biografía sirven también para conocer algunos aspectos de las relaciones entre físicos cuánticos en las décadas de 1920 y 1930.

J. Robert Oppenhemier nació en Nueva York, en el seno de una familia de origen judío. Su padre, Julius, vino al mundo en 1871 en Hanau (Alemania), pero emigró a Estados Unidos a la edad de diecisiete años para trabajar en un negocio de importación de textiles, propiedad de unos familiares. Más tarde, él tuvo su propia empresa, también especializada en la compraventa de paños en el extranjero, en concreto de lino. En 1903, se casó con una joven artista de Baltimore, Ella Friedman. Del bienestar económico de la familia da idea el hecho de que poseyeran cuadros de Rembrandt, Cézanne, Picasso y un Van Gogh, *Campo de trigo cerrado con sol naciente*, que Robert heredó y vendió en 1965 a la escritora Florence Gould por un

9. Los principales trabajos sobre la electrodinámica cuántica se reproducen en Schwinger, ed. (1958). Véase, asimismo, Miller (1994).

10. En el capítulo 6 de *HFC-2* ya avancé algo de Oppenheimer.

millón de dólares (en 1985, se subastó en Sotheby's de Nueva York y alcanzó los 9,9 millones de dólares).[11]

Completó su educación universitaria en Harvard, donde ingresó en septiembre de 1922 y se graduó en junio de 1925 ¡en química! Escogió esta carrera por el interés que le suscitaba, aunque tuvo serias dudas sobre el camino a elegir. Consideró dedicarse a la arquitectura, especializarse en clásicas, ya que había estudiado griego en el instituto, e incluso hacerse poeta o pintor; leyó, por ejemplo, las tres mil páginas de la *Historia de la decadencia y caída del Imperio romano* de Edward Gibbon. Al principio, siguió cursos de filosofía, literatura francesa, inglés, introducción al cálculo e historia, más tres asignaturas de su licenciatura propiamente dicha: Análisis Cuantitativo, Análisis de Gases y Química Orgánica. Semejante incertidumbre, o mejor, amplitud de intereses, constituye una de las características de su personalidad, algo de lo que hizo gala a lo largo de toda su vida.

El caso es que pronto se dio cuenta de que prefería la física a la química, aunque, como señalé, completó esta última carrera. En primavera, solicitó a la Facultad de Física poder asistir a las clases de grado que se daban en ella. Merece la pena citar la carta al respecto que dirigió el 24 de mayo de 1923 a uno de los miembros del claustro, Edwin C. Kemble (Kimball Smith y Weiner, eds. 1980: 28-29):

> Le escribo para solicitar permiso para cursar Física el próximo curso, sin haber completado primero la asignatura Física C. En apoyo de mi solicitud, permítame que mencione el trabajo que he realizado que puede prepararme para su curso.
>
> En la escuela preparatoria seguí un curso completo de laboratorio en Física, en el que recibí el grado de A. Además del trabajo normal, realicé varios experimentos sobre mecánica, calor y luz; asimismo, leí bastantes libros de óptica, teoría del calor y física de la molécula. [...]
>
> Este año he cursado Química 2, en la que recibí un grado A; Química 3, en la que mi grado ha sido, hasta el momento, A; y matemáticas con el profesor [Julian L.] Coolidge, en el que he recibido una A. Siguiendo el consejo del profesor Coolidge y del profesor [William F.] Osgood, el año que viene voy a cursar Matemáticas 5. Durante este tiempo he

11. Existen dos magníficas biografías de Oppenheimer: Bird y Sherwin (2023) y Monk (2012).

leído varios trabajos sobre termodinámica y temas relacionados. Sigue una lista parcial:[12]

Ramsay; Lewis: Vol. 1, Teoría Cinética.
Vol. 2, Termodinámica y Mecánica Estadística.
Vol. 3, Teoría Cuántica.
Lewis y Randall: Termodinámica.
Crowther (del laboratorio de Thomson): Física Molecular.
Poincaré: La Physique Moderne.
Walker: Química Física.
Ostwald: Soluciones.
Gibbs: Sobre el equilibrio de Sistemas Homogéneos.
Jeans: Teoría Dinámica de Gases (parte).
Nernst: Termodinámica y Química.
(parte de) Theoretische Chemie.
Sommerfeld: Atombau u. Spectral-linien (parte).
Mac Dougall: Termodinámica y Química.

Estaré encantado de hacer cualquier lectura o trabajo que me aconsejen, ya que deseo muy sinceramente que se me conceda mi petición.

Este listado era, desde luego, impresionante, más aún para un joven estudiante de química. Años después, Oppenheimer se enteró de que uno de los profesores de la facultad, George Washington Pierce, había comentado, divertido: «Obviamente, si Oppenheimer dice que ha leído estos libros, es un mentiroso, pero merecería el doctorado solo por conocer los títulos».

Lo que denota la anterior lista en cualquier caso es que la educación en física de Oppenheimer era tan ecléctica como amplia. Además de lo ya señalado, otra muestra de su versatilidad se encuentra en el hecho de que, cuando Alfred North Whitehead llegó a Harvard como profesor, el joven químico se apuntara a su curso, que estaba centrado en *Principia Mathematica* (1910, 1913), la obra que el propio Whitehead había escrito junto a Bertrand Russell, un libro tremendamente ambicioso y difícil. Mucho tiempo después, el 18 de abril de 1962, al felicitar a Russell por su noventa cumpleaños, Oppenheimer recordó aquella circunstancia con las siguientes palabras (Kimball Smith y Weiner, eds. 1980: 71):

12. Traduzco al castellano los títulos en inglés, pero mantengo los que aparecen en francés y alemán, para que se vean los conocimientos lingüísticos de Oppenheimer.

> Hace casi cuarenta años que trabajamos sobre *Principia Mathematica* con Whitehead en Harvard. Él lo había olvidado bastante, de manera que era el profesor perfecto, al mismo tiempo maestro y estudiante. Recuerdo cuán a menudo se detenía con una sonrisa ante una secuencia de teoremas y nos decía: «Este era el punto que a Bertie siempre le gustó». Durante todos los años de mi vida he pensado en esta frase siempre que me encontrado con algún elevado ejemplo de inteligencia, alguna humanidad, o raro coraje y nobleza.

En junio de 1925, Oppenheimer se graduó en Química con *summa cum laude*. Podía haberse quedado en Harvard, pero quería dedicarse a la física y pensó que una buena manera de hacerlo era ir a Cambridge, al Laboratorio Cavendish, a aprender con su director Ernest Rutherford. Para ello, pidió a Percy Bridgman, uno de los profesores de física de su universidad y futuro premio Nobel de 1946, una carta de recomendación. Este la hizo, pero el texto no era demasiado elogioso. Decía que el joven «poseía un poder de asimilación prodigioso», pero que «flojeaba en la experimentación. Tiene una mente analítica más que física, y no se siente a gusto con las manipulaciones del laboratorio. [...] Me parece un poco arriesgado afirmar que Oppenheimer contribuirá jamás con alguna revelación de importancia, pero, si llega a hacerlo, creo que será un éxito muy insólito». Rutherford era, recuérdese, un experimentalista. Merece también la pena citar otro de los pasajes de esta misiva: «Como sugiere su nombre, Oppenheimer es judío, pero carece por entero de las características típicas de su raza. Es un joven alto, bien parecido, con cierta timidez cautivadora en los modales, y no creo necesario que albergue usted ninguna duda en este sentido a la hora de considerar su solicitud».

No es de extrañar que Rutherford rechazara la solicitud. Sin embargo, al final pasó la petición a J. J. Thomson, el descubridor del electrón y director del Cavendish antes que él (véase *HFC-1*), el cual aceptó supervisar al joven, aunque en realidad ya pasaba poco tiempo en el laboratorio. De este modo, en septiembre de 1925, Oppenheimer se embarcó rumbo a Inglaterra. Su intención era doctorarse en la Universidad de Cambridge, pero en última instancia no lo hizo y en lugar de permanecer tres años en la ciudad inglesa, estuvo solo uno. En un primer momento, su estancia en el Christ's College estuvo marcada por una depresión, que tuvo su punto culminante en el intento de envenenar a su tutor, al que dejó una manzana con productos químicos tóxicos (no fue expulsado gracias a la intervención de su padre y de su madre, que habían viajado a Cambridge preocupados por la salud mental de su hijo). Sin embargo, acabó por recuperarse. Tuvo la suerte, por ejemplo, de asistir al primer curso que se dio en una universidad británica sobre mecánica cuántica. El profesor fue nada más y nada menos que Paul Dirac, quien todavía no era más que un estudiante recién graduado. El título del seminario fue «Quantum Theory (Recent developments)», y el ponente hizo partícipes a sus alumnos durante las sesiones de los resultados que estaba obteniendo, antes incluso de su publicación. «No formábamos, es cierto —recordaría Oppenheimer—, un grupo muy sociable, pero para cualquiera que asistiese fue imposible olvidar el sentido de excitación ante el nuevo trabajo» (Monk 2012: 101). También fue admitido en uno de los grupos en el que participaban los físicos de la universidad, entre ellos Ralph Fowler y Patrick Blackett, el $\nabla\nabla^2$, y conoció a algunos de los cuánticos más distinguidos que pasaron por aquellas aulas, como Ehrenfest, Bohr y Born.

Allí fue donde Oppenheimer (1926 a) publicó su primer artículo, «On the quantum theory of vibration-rotational bands», recibido el 24 de mayo de 1926 en la Philosophical Society de Cambridge, en cuya revista vio la luz. Independientemente de sus limitaciones y de algunos errores, lo interesante de este texto es que el joven intentaba en él aplicar la nueva mecánica, no a átomos, como se estaba haciendo, sino a moléculas diatómicas, como el oxígeno (O_2) o el hidrógeno (H_2), formadas por dos átomos. Su vibración y rotación producían espectros característicos, cuyas frecuencias intentó calcular Oppenheimer mediante las aproximaciones de Dirac. Habida cuenta de este tema, no es sorprendente que su siguiente trabajo estuviera dedicado a la teoría cuántica del problema de dos cuerpos (Oppenheimer 1926 b).

Este segundo ensayo llamó la atención de Max Born, quien el 10 de julio había dado a la imprenta (Born 1926 a) un avance de su interpretación de la función de onda de la ecuación de Schrödinger (véase *HFC-2*). Diez días después, él mismo envió un escrito más detallado, pero antes de su aparición en *Zeitschrift für Physik*, viajó a Cambridge, donde presentó sus resultados en el otro gran club de los físicos de allí, el de Kapitza, bajo el título de «On the quantum mechanics of collisions of atoms and electrons». No cabe duda de que Oppenheimer asistió a la conferencia y habló con Born, pues cuando se publicó el segundo artículo de este, en septiembre, el texto incluía una nota que señalaba la importancia del trabajo de Oppenheimer sobre el problema de los dos cuerpos. Además, cuando apareció en *Nature* la conferencia que Born (1927) había pronunciado en la reunión anual de la Asociación Británica para el Avance de la Ciencia, celebrada en agosto en Oxford, para la que el científico alemán había vuelto a viajar a Inglaterra, la versión impresa incorporaba el siguiente comentario: «Traducida por Mr. Robert Oppenheimer. El autor está muy agradecido a Mr. Oppenheimer por su cuidadosa traducción».

Habida cuenta de todo esto, es razonable que el joven estadounidense decidiera que el lugar adecuado para aprender más sobre la nueva mecánica no era Cambridge, sino Gotinga, con Born. De este modo, el 18 de agosto, justo después de la reunión de Oxford, pidió permiso a las autoridades académicas de su universidad (pues era un estudiante de doctorado) para pasar su segundo año en Alemania, a donde llegó en el verano de 1926.

En Gotinga, Oppenheimer floreció, no solo desde el punto de vista científico, sino también personal. Allí desarrolló una característica que no le abandonó en toda su vida: un sentimiento de superioridad. En su autobiografía, Born (1978: 229) señaló este punto:

> Oppenheimer me causó más dificultades que otros. Era un hombre de gran talento, y era consciente de su superioridad en una forma que era embarazosa y producía conflictos. En mi habitual seminario sobre la mecánica cuántica, solía interrumpir al conferenciante, fuese quien fuese, no excluyéndome a mí, y plantarse ante la pizarra, cogiendo la tiza y declarando: «Esto se puede hacer mucho mejor de la siguiente manera».

En principio, solo planeaba permanecer en Gotinga hasta marzo, para regresar entonces a Cambridge, pero cambió de opinión y decidió doctorarse en la ciudad alemana, lo que consiguió en la primavera de 1927 (Oppenheimer 1927). El tribunal que lo examinó estaba formado por Born y James Franck y le otorgó la calificación más alta. Sin embargo, surgió un problema: el estadounidense no se había tomado la molestia de matricularse como estudiante en Gotinga. La dificultad se solucionó cuando Born escribió al ministro de Educación de Prusia, para explicarle que «circunstancias económicas habían hecho imposible para Herr Oppenheimer permanecer en Gotinga después del final del trimestre de verano». En otras palabras, que Oppenheimer era demasiado pobre, lo que no podía estar más lejos de la realidad.

El resultado más importante de su estancia en Alemania fue un artículo, «Zur Quantentheorie der Molekeln» («Sobre la teoría cuántica de moléculas»; Born y Oppenheimer 1927), que publicó junto con su director de tesis. Ya se trató este texto en *HFC-2*, cuyas aportaciones dieron origen a la conocida «aproximación de Born-Oppenheimer», muy utilizada en química cuántica. Para el científico alemán, la colaboración con su joven discípulo representó un suplicio: «mi alma casi fue destruida por ese hombre», confesó a Ehrenfest en una carta poco después de que aquel abandonase Gotinga. En otra misiva, añadía que su «presencia destruía los últimos rescoldos de mis capacidades científicas. Con su manera de saber todo mejor y continuar cualquier idea que se le diese, nos ha paralizado a todos cerca de tres cuartas partes del año». Sin embargo, Ehrenfest no estuvo de acuerdo; de hecho, los invitó a él y a Dirac a visitarlo en Leiden, lo que hicieron a finales de junio. A mediados de julio, el norteamericano se marchó, a fin de embarcar en Liverpool para regresar a Estados Unidos, donde ya era muy conocido y solicitado. Edwin Kemble, que había pasado un tiempo en Gotinga en junio y que como ya se vio conocía a Oppenheimer, comentó a Theodore Lyman, director del Laboratorio de Física Jefferson de Harvard, que el patito feo se parecía cada vez más a un cisne: «Oppenheimer se está convirtiendo en alguien incluso más brillante de lo que pensábamos cuando lo teníamos en Harvard. Está produciendo trabajos nuevos muy rápidamente y es capaz de defender su propia opinión frente a cualquiera de la galaxia de jóvenes fisicomatemáticos de aquí» (Kimball Smith y Weiner, eds. 1980: 107).

Al regresar a su país, Oppenheimer podía solicitar una de las becas posdoctorales para jóvenes físicos y químicos instituidas por la International Education Board de la Fundación Rockefeller, pero que otorgaba el Consejo Nacional de Investigaciones. Antes de que se la concedieran, ya había decidido ir al Californian Institute of Technology, donde le habían ofrecido un puesto. Sin embargo, primero pasó cinco meses en el Laboratorio Jefferson de Harvard; a Pasadena llegó a finales de 1927. La Universidad de Massachusetts no cejaba en su objetivo de tenerlo, pero finalmente rechazó la oferta que le había transmitido Lyman, al que anunció el 7 de mayo de 1928 que había aceptado una posición conjunta en Caltech y Berkeley (seis meses en cada una), que incluía la posibilidad de pasar un año en Europa antes de incorporarse.

El lugar que escogió para ello fue Leiden, donde estaba Ehrenfest, por quien sentía una gran admiración. Una vez decidido esto, le escribió a comienzos del verano de 1928, y este le contestó lo siguiente (Monk 2012: 152):

> Si lo que pretende es montar artillería matemática pesada durante el año que va a venir a Europa, le pediría no solo que no venga a Leiden, ni siquiera si es posible a Holanda, y ello porque le aprecio tanto y quiero mantenerlo así. Pero si, por el contrario, quiere pasar al menos sus primeros meses pacientemente, confortablemente y alegremente con discusiones que vuelven continuamente a los mismos pocos puntos, charlando conmigo y con nuestros jóvenes sobre unas cuantas cuestiones básicas (¡¡¡y sin pensar en publicar!!!), ¡le daré la bienvenida con los brazos abiertos!

Vemos aquí la esencia del estilo de Ehrenfest, por el que era tan apreciado por sus colegas: lo que le importaba, por encima de todo, era comprender, no limitarse a complejas elaboraciones matemáticas, como a las que se había dedicado más que a nada Oppenheimer, aunque no era, ni lo fue nunca, un buen matemático (cometía bastantes errores). Esto atraía al joven estadounidense, pero en Leiden su principal interés continuaron siendo sus investigaciones, y no tanto la búsqueda de claridad en un campo tan remoto desde el punto de vista conceptual como la mecánica cuántica. Por otro lado, se encontró con un Ehrenfest deprimido, inmerso en una crisis (volveré a esto en el tercer capítulo) que le condujo pocos años después al suicidio. Por su parte, este comprendió bien lo que aquel joven y pretencioso norteamericano necesitaba: no ir a Copenhague con Bohr, sino a Zúrich con Pauli, que era tan genial como directo. En consecuencia, le escribió el 26 de noviembre y le pidió que aceptara a Oppenheimer (Hermann, von Meyenn y Weisskopf, eds. 1979: 477):

> El pobre diablo está con nosotros en Leiden [...] bajo la presión de mi carácter de maestro de escuela. Siempre ha tenido ideas muy ingeniosas. [...] Pero entonces comienza la gran miseria de que yo no puedo apreciar nada que no sea «visualizable». Y aunque entonces él con una calma y amabilidad imperturbables intenta acomodarse a mis deseos, el

> resultado es que yo le molesto más que le ayudo. [...] Estoy convencido de que para que se desarrolle completamente su (gran) talento científico, Oppenheimer todavía necesita «un poco (¡) ser puesto en su lugar, en su momento y con algo de delicadeza». Merece ciertamente esta amabilidad porque es un tipo raro y decente. [...] Por consiguiente, me gustaría mucho que pudiera ir con usted después de Leiden. Esta idea a él le atrae mucho.

Oppenheimer, de hecho, se había embarcado para Europa antes de que se formalizara la decisión de otorgarle la beca mencionada: el 10 de octubre de 1928 se le comunicó que la International Education Board le había concedido «apoyo económico para permitirle proseguir sus estudios sobre "Problemas en la Mecánica Cuántica" con el Profesor R. H. Fowler en la Universidad de Cambridge, Inglaterra, o bien en la Universidad de Copenhague, Dinamarca, con el Profesor Niels Bohr, o en la Universidad de Leiden, Holanda, con el Profesor D. [sic] Ehrenfest; todo por un período de, solamente, nueve meses, comenzando el 1 de noviembre de 1928».

Oppenheimer cumplió en un primer momento con estas condiciones y fue a Leiden, pero al final siguió el consejo de Ehrenfest (y de Hendrik Kramers, que había permanecido mucho tiempo en Copenhague con Bohr, pero que había regresado a Holanda como catedrático en la Universidad de Utrech y al que Oppenheimer visitó) y solicitó permiso a la IEB para poder establecerse en Zúrich con Pauli, en lugar de hacerlo en Leiden o en Copenhague. Concedida la autorización, se dirigió a la ciudad suiza, con el beneplácito de Pauli.

Llegó allí en enero de 1929 (después de pasar brevemente por Leipzig, donde Heisenberg era catedrático), y tuvo la fortuna de coincidir con Felix Bloch, Rudolf Peierls (ambos habían estudiado con Heisenberg) y el estadounidense Isidor Rabi, con quien inició una amistad que duraría toda su vida. Mucho más que en Gotinga, en Zúrich encontró una comunidad de físicos con los que podía comunicarse con libertad. Incluso con el temible Pauli. En una entrevista que le hizo Thomas Kuhn el 20 de noviembre de 1963, Oppenheimer recordó que «el tiempo que pasé con Ehrenfest me pareció terriblemente poco adecuado para lo que interesaba realmente a Ehrenfest, y el que pasé con Kramers fue bueno, pero muy insustancial; muy bueno en lo personal, muy cercano, pero poco sustancial. El tiempo con Pauli fue muy, muy bueno, de hecho». Además, en lo que se refiere a su investigación, fue excelente:

> Cuando llegué a Zúrich, Pauli me contó un poco sobre su trabajo con Heisenberg y yo demostré, creo, algo más que un poco de interés en él. Se encontraba en un estado horrible e intermitentemente trabajamos juntos en eso. [...] Al principio pensamos que los tres [Heisenberg, Pauli y Oppenheimer] deberíamos publicar juntos; entonces Pauli pensó que él podía publicar conmigo y entonces le pareció mejor hacer alguna referencia en el artículo que ellos iban a publicar [Heisenberg y Pauli 1929] y que esta fuese una publicación separada. Entonces Pauli dijo: «Realmente usted ha desordenado terriblemente los espectros continuos y tiene el deber de aclararlo, y además, si lo aclara, les agradará a los astrónomos».

De esta manera, Oppenheimer comenzó a interesarse de verdad en el problema de construir una electrodinámica cuántica/teoría cuántica de campos. No obstante, durante su estancia en Zúrich tan solo publicó un artículo, titulado «Über die Strahlung der freien Elektronen im Coulombfeld» («Sobre la radiación de electrones libres en un campo de Coulomb»; Oppenheimer 1929), que envió a *Zeitschrift für Physik* el 6 de mayo de 1929. Pauli apreció mucho este texto; en una carta a Bohr Hermann, (von Meyenn y Weisskopf, eds. 1979: 496) lo describió como «una continuación del trabajo de Heisenberg y mío en la Electrodinámica Cuántica» (fue en ese contexto en el que consideró una posible colaboración entre los tres). Ya de vuelta a Estados Unidos, envió enseguida a imprenta dos ensayos en ese campo, pero estos aparecieron ya en *Physical Review* y en inglés: «Note on the theory of the interaction of field and matter» y «On the theory of electrons and protons» (Oppenheimer 1930 a, b).

En junio de 1929, estaba de regreso en su país natal y poco después se incorporó a la Universidad de California en Berkeley. La Facultad de Ciencias en esta institución tenía bastante prestigio. Contaba, por ejemplo, con la presencia del distinguido fisicoquímico Gilbert Newton Lewis, al que ya se ha mencionado en *HFC-2*. Sin embargo, nadie en el claustro estaba familiarizado con la mecánica cuántica, por lo que su enseñanza recayó en Oppenheimer. En torno suyo se formó un círculo de seguidores, que se desplazaba con él cuando pasaba al Caltech. En este sentido, la única excepción al desconocimiento de la nueva física en Berkeley la constituía Ernest Orlando Lawrence. Este se había incorporado a dicha universidad en el verano de 1928 como profesor asociado, pero aún no había construido su primer ciclotrón. No obstante, me ocuparé de Lawrence en un capítulo posterior.

En cuanto a la razón por la que Oppenheimer aceptó dividir su tiempo entre Berkeley y Caltech, una institución que entonces solo contaba con ocho años de existencia, es muy probable que se debiera al hecho de que en esta coexistían y colaboraban físicos teóricos y experimentales. Recuérdese lo importantes que habían sido, y que seguirían siendo, los datos empíricos para el desarrollo de la física cuántica.

De este modo, Robert Oppenheimer comenzó en realidad el camino que le llevaría a convertirse en un personaje influyente en la física estadounidense, tanto que se le encomendó la dirección del laboratorio de Los Álamos del Proyecto Manhattan.

3. Problemas con el campo electromagnético: Landau y Peierls *versus* Bohr y Rosenfeld

Al mismo tiempo que se intentaba construir una electrodinámica cuántica, se hicieron explícitos los problemas relacionados con las dificultades encontradas por Dirac, pero que se investigaban por caminos algo diferentes. En al menos dos casos, se trataba de cuestiones fundamentales. El primero al que quiero referirme se encontraba larvado en un artículo que Heisenberg (1930 a) publicó en *Zeitschrift für Physik*, en el que intentó eliminar la autoenergía del electrón (esto es, la resultante de la interacción de la partícula de carga negativa con el campo electromagnético que lo rodea y que conduce a infinitos cuando se considera a esta como un corpúsculo puntual, sin dimensiones).[13] Para ello, introdujo una «longitud fundamental» en una «estructura del mundo» (*Gitterwelt*). «Como la masa en reposo del electrón, *m* —escribió Heisenberg (1930 a) en el "Resumen" de

13. El problema es que en la electrostática clásica el campo eléctrico que rodea al electrón contiene energía, que es inversamente proporcional al radio de la partícula de carga negativa, de manera que si el diámetro de esta es cero, el valor resultante es infinito.

este trabajo—, se puede despreciar para movimientos muy rápidos, un radio característico del electrón no desempeña papel alguno en la cuestión de la autoenergía. Se investigan las condiciones bajo las cuales la autoenergía del electrón desaparece.» No condujo a nada, pero incidía en un problema que devino una de las grandes dificultades para construir una electrodinámica cuántica.

Niels Bohr también llegó a creer por entonces que había resuelto el dilema: «Eliminar electrones con su autoenergía divergente de las medidas del campo electromagnético», escribía a Pauli el 15 de febrero de 1934 (von Meyenn, ed. 1985: 285), «fue para mí una gran liberación». Se equivocaba.

El segundo tenía que ver con la medida del campo electromagnético en el contexto cuántico. Heisenberg fue el primero que sacó a la palestra esta cuestión. Lo hizo de manera explícita durante las conferencias que pronunció en Chicago en la primavera de 1929, impresas al año siguiente en alemán e inglés bajo los títulos de *Die physikalischen Prinzipen der Quantentheorie* (Hirzel Verlag, Leipzig) y *The Physical Principles of the Quantum Theory* (University of Chicago Press, Chicago). No obstante, el 16 de junio, antes de que se publicasen las ponencias y mientras aún estaba en Chicago, ya adelantó el problema en un mensaje a Bohr: «En relación con mis conferencias, también he contemplado cómo se podría tratar las relaciones de indeterminación para las amplitudes de onda. He tenido la idea de un esquema posible, pero no estoy totalmente convencido de él; creo que solo es correcto a medias [...]. De hecho, cualquier medida no daría E y H [los campos eléctrico y magnético] en un *punto* exacto, sino valores medios sobre tal vez pequeñas regiones espaciales».[14] Fue en la tercera de sus intervenciones («Crítica de los conceptos físicos de la teoría ondulatoria») donde mencionó el asunto (Heisenberg 1930 b, c, s. f.; 48-49):

> Los conceptos de amplitud de onda, fuerzas del campo eléctrico y magnético, densidad de energía, etc., fueron derivados inicialmente de experiencias primitivas de la vida diaria, tales como la observación de ondas de agua o las vibraciones de cuerpos elásticos. Estos conceptos también se pueden aplicar ampliamente a la luz e incluso, como sabemos, a las ondas de materia. Pero como también sabemos que los

14. Carta incluida en Kalckar, ed. (1996: 437-440).

conceptos de la teoría corpuscular son aplicables a la radiación y a la materia, se sigue que la imagen ondulatoria también tiene sus limitaciones, que pueden derivarse de la representación como partículas. Ahora consideraremos estas limitaciones, en primer lugar en el caso de la radiación.

Sin embargo, antes de pasar propiamente a ese tema, debemos tratar primero brevemente lo que se quiere decir con un conocimiento exacto de una amplitud de onda; por ejemplo, la de la fuerza del campo eléctrico o magnético. Semejante conocimiento exacto de la amplitud en cualquier punto de una región del espacio (en el sentido matemático estricto) es obviamente una abstracción que nunca puede ser realizada. Ya que cualquier medida solamente puede proporcionar el valor medio de la amplitud en una región muy pequeña de espacio y durante un intervalo de tiempo muy corto. Sin embargo, y aunque acaso es posible, en principio, disminuir sin límite estos intervalos de espacio y tiempo refinando los instrumentos de medida, para la discusión física de los conceptos de la teoría ondulatoria tiene ventajas introducir valores finitos para los intervalos de espacio y tiempo implicados en las medidas, y pasar solo al límite cero de estos intervalos al final de los cálculos. Este es, de hecho, el procedimiento que se adopta al tratar la teoría matemática de los campos de ondas. Es posible que futuros desarrollos de la teoría cuántica demuestren que el límite cero para tales intervalos es una abstracción sin significado físico; por el momento, sin embargo, parece que no existe ninguna razón para imponer algunas limitaciones.

A este problema en el dominio de la física cuántica se enfrentaron en primer lugar Lev Landau y Rudolf Peierls.

Fue en 1931, cuando Landau, visitante en Zúrich, interesó en el tema a Peierls, ayudante de Pauli en la ciudad suiza. Juntos publicaron un artículo (Landau y Peierls 1931) en *Zeitschrift für Physik*, «Erweiterung des Unbestimmtheisprinzip für die relativistische Quantentheorie» («Extensión del principio de incertidumbre a la teoría cuántica relativista»), donde defendían que las magnitudes del campo electromagnético no se podían medir en el dominio cuántico debido a la presencia de los estados de energía negativa que habían aparecido en la teoría del electrón relativista de Dirac. En consecuencia, afirmaban que existían obstáculos fundamentales para formular una electrodinámica cuántica, el más importante de los cuales era que no se podía determinar la posición de la partícula de carga negativa. «Por tanto, en la teoría cuántica relativista —concluían— no existirán cantidades físicas ni medidas en el sentido de la mecánica ondulatoria.»

En sus memorias, Peierls (1985: 66) se refirió a este trabajo de la siguiente manera:

> De regreso a Zúrich [Peierls había estado en la Unión Soviética, participando en una conferencia en Odesa, organizada por Ya. I. Frenkel], Landau apareció para otra, más prolongada, visita, que le permitió unirse a Hans Thorner y a mí para esquiar durante las Navidades en Arosa. En nuestras conversaciones volvíamos una y otra vez a los problemas sin resolver de la teoría cuántica de campos, de la que era un síntoma la autoenergía infinita del electrón.
>
> Llegamos a la conclusión de que las relaciones de incertidumbre, introducidas por Heisenberg para la mecánica cuántica no relativista, necesitaban ser ampliadas en el dominio relativista. En otras palabras, no podría realizarse una medida consistente con estas relaciones. En particular, una medida del momento de una partícula requiere necesariamente tiempo (cuanto más tiempo, mayor la precisión de la medida). Además, al medir la intensidad de los campos eléctrico y magnético no solo existían limitaciones en la precisión con que se podrían medir dos de estas cantidades en la misma región del espacio y al mismo tiempo, como se tiene por el principio de Heisenberg, sino que incluso una de ellas no podría ser medida con precisión ilimitada. De ser esto cierto, se sugeriría que la forma matemática de la teoría podría modificarse para tener en cuenta estas limitaciones.

Según Peierls (1985: 66), «cuando Niels Bohr supo de estas ideas, se opuso violentamente a ellas. Estaba seguro de que debía ser posible, en principio, medir campos electromagnéticos de forma tan precisa como permitía la teoría; esto es, hasta los límites del conocido principio de incertidumbre. Cuando Landau y yo volvimos a Copenhague al comienzo de la primavera de 1931, se produjeron discusiones muy fuertes sobre el tema».

En este punto, hay que introducir un nuevo personaje en esta historia, el belga Léon Rosenfeld (1904-1974), junto al que Bohr se enfrentó al dilema planteado por Landau y Peierls.

En enero de 1931, Oskar Klein abandonó Copenhague, donde había permanecido durante cinco años como el colaborador más cercano de Bohr, y pasó a ocupar una cátedra de Mecánica y Física Matemática en la Universidad de Estocolmo. Trabajar de manera muy estrecha junto al gran patrón de la física cuántica era una tarea agotadora, pues significaba tener que participar en los interminables y socráticos procesos que caracterizaban sus investigaciones. El colaborador, una especie de secretario e interlocutor, debía asistir a las idas y venidas del pensamiento del científico danés e incluso servirle de amanuense. Por supuesto, ser testigo de semejantes elucubraciones constituía también un privilegio, pero era extenuante. Aunque, digamos, a tiempo parcial, Rosenfeld se convirtió en el asistente más próximo a Bohr durante el resto de la vida de este y en el gran defensor de sus ideas, sobre todo en lo que se refiere a la interpretación de la mecánica cuántica, a su «filosofía». Cuando comenzó con este trabajo, «mi primera tarea —explicó Rosenfeld (1955, Cohen y Stachel, eds. 1979: 314)— era enseñar a Bohr los fundamentos de la cuantización del campo y la estructura matemática de las relaciones de conmutación. Asimismo, analizamos detalladamente las suposiciones que subyacían en la teoría».

Hijo de un ingeniero, Rosenfeld estudió en la Universidad de Lieja, donde obtuvo el grado de *Docteur en sciences physiques et mathématiques* en 1926. El año siguiente lo pasó en la Escuela Normal Superior de París, trabajando con L. de Broglie, L. Brillouin y P. Langevin. Se ocupó entonces de la nueva mecánica ondulatoria y en especial del papel del electrón. Los dos años posteriores estuvo en Gotinga, bajo la dirección de Max Born, del que fue ayudante. Durante 1929-1930 permaneció en Zúrich con Pauli y allí tomó contacto de primera mano con las investigaciones de Heisenberg y Pauli sobre electrodinámica cuántica. Como se ve, su formación posdoctoral fue espléndida.

Entre 1930 y 1941, enseñó física teórica en la Universidad de Lieja, pero también pasó períodos en Copenhague, estancias que podían oscilar entre unos días y medio año. Desde 1940 hasta 1947, ocupó una cátedra en la Universidad de Utrecht y a continuación se convirtió en director de la Facultad de Física de la Universidad de Mánchester. Desempeñó este cargo hasta que en 1958 se instaló en Dinamarca, como catedrático en el Instituto de Física Teórica de Copenhague, denominado NORDITA, acrónimo en danés de Nordisk Institut for Teoretisk (Atom)fysik. Fundado en 1957 por Niels Bohr y el ministro sueco Torsten Gustafsson, este era un centro que reunía a investigadores de todos los países nórdicos, que eran los que lo financiaban. En el otoño de 2006, trasladó su sede a Estocolmo. En esa institución permaneció Rosenfeld el resto de su vida.

Volvamos ahora al problema de las medidas del campo electromagnético al introducir los requisitos cuánticos y en concreto a la reacción de Bohr ante el trabajo de Landau y Peierls.

De esta, da idea el contenido de una carta que Bohr envió a Pauli el 25 de enero de 1933 (Kalckar, ed. 1996: 463-468):

> Por otra parte, cuando era incapaz de compartir su entusiasmo por el artículo de Landau y Peierls, no era en absoluto porque pensase que estaban equivocados en todos los puntos en sus comentarios sobre las limitaciones relativistas en medidas de espacio-tiempo, que por supuesto tampoco en lo principal eran desconocidas para mí. Sino porque todavía pienso que se sobrepasaron y no comprendieron lo que se puede pedir a una teoría física. [...] Por el momento, difícilmente existe razón alguna para disputar sobre detalles relativos a las limitaciones de la mecánica de partículas, ya que probablemente todos estamos de acuerdo en que estamos entrando en una nueva fase de desarrollo, una que requiere de métodos bastante nuevos. Lo que me parece que se encuentra en el núcleo de la situación es que no deberíamos anticipar este desarrollo recurriendo a argumentos aparentemente lógicos. De hecho, una investigación más cuidadosa de las limitaciones del formalismo de la electrodinámica cuántica ha alertado de que es necesario ser precavidos, y del peligro contenido en la actitud de Landau y Peierls. Incluso si no pudiéramos encontrar un error en los argumentos de Landau y Peierls sobre la medida de las magnitudes del campo electromagnético, su crítica de los fundamentos del formalismo siempre me incomoda, porque el problema de la partícula no aparece explícitamente. Junto con Rosenfeld, he emprendido en el otoño la tarea y hemos llegado al resultado de que existe un completo acuerdo en el formalismo entre los límites principales de las medidas de la fuerza electromagnética y las relaciones de intercambio de los componentes del campo. Hemos demostrado que se pueden eliminar las perturbaciones que se producen, según Landau y Peierls, en las medidas por la radiación emitida por la partícula de prueba.

El artículo en que presentaron sus argumentos se tituló «Zur Frage der Messbarkeit der elektromagnetischen Feldgrössen» («Sobre la cuestión de las medidas de magnitudes del campo electromagnético»; Bohr y Rosenfeld 1933) y lleva fecha de «abril de 1933», aunque es probable que esta sea cuando se terminó de revisar el texto. Antes, el 2 de diciembre de 1932, un jubiloso Bohr anunciaba a Heisenberg que «después de muchas sorpresas, hemos logrado llegar al fondo de la cuestión, con el resultado de que las posibilidades de las medidas están en todos los casos en el más bello acuerdo con el formalismo mecánico-cuántico, tal y como estaba convencido desde el principio que debían estar». A lo que Heisenberg respondió: «Considero muy importante que no solo escriba esto, sino que publique este artículo. Tales problemas no pueden ser tratados por ningún otro físico que no sea usted».[15] A Gamow, le informó en una carta del 21 de enero de 1933 (Peierls, ed. 1986: 570-572):

> Puede que le interese saber que a lo largo del otoño Rosenfeld y yo hemos logrado, en un artículo que aparecerá pronto en *Zeitschrift für Physik* [en última instancia no se publicó ahí, es posible que por su extensión y por los retrasos y cambios que debió sufrir], verificar la correspondencia completa entre las bases del formalismo de la electrodinámica cuántica y la medición de las magnitudes del campo electromagnético. Espero que confortará a Landau y Peierls saber que las estupideces que han cometido a este respecto no son peores que aquellas de las que todos, incluido Heisenberg y Pauli, hemos sido responsables en este controvertido asunto.

En la «Introducción», Bohr y Rosenfeld (1933, Cohen y Stachel, eds. 1979: 357-358) trataban de explicar el fondo del problema:

> La cuestión de las limitaciones de la mensurabilidad de las magnitudes del campo electromagnético, enraizadas en el cuanto de acción, ha adquirido un interés particular en el curso de la discusión de las dificultades, todavía sin resolver, en la mecánica atómica relativista. En base a consideraciones exploratorias, Heisenberg intentó demostrar que la conexión entre la limitación de la mensurabilidad de las magnitudes del campo y la teoría cuántica de campos es similar a las relaciones entre las limitaciones de complementariedad en la medida de cantidades cinemáticas y dinámicas expresadas en el principio de incertidumbre y el formalismo no relativista de la mecánica cuántica. Sin embargo, en el curso de una investigación crítica sobre los fundamentos de la generalización re-

15. Cartas citadas en Pais (1991: 360-361).

lativista de este formalismo, Landau y Peierls llegaron a la conclusión de que la mensurabilidad de las magnitudes del campo está sujeta a otras restricciones que, esencialmente, van más allá de las suposiciones de la teoría cuántica de campos, y que, por consiguiente, desproveen a esta teoría de cualquier base física.

A primera vista, uno puede ver en esta contradicción un serio dilema. Por otra parte, seguramente la teoría cuántica de campos debe ser considerada una reinterpretación consistente de la teoría clásica del electrón, en el sentido del argumento de la correspondencia [principio de correspondencia], lo mismo que la mecánica cuántica representa una reformulación de la mecánica clásica adaptada a la existencia del cuanto de acción. Por otra parte, la electrodinámica cuántica ha aumentado esencialmente las dificultades, ya encontradas en la teoría clásica del electrón, para unir armoniosamente la teoría de campos con la teoría atómica. Sin embargo, consideraciones más cuidadosas demuestran que los diversos problemas involucrados aquí pueden ser separados en gran medida entre sí, ya que el formalismo electromagnético-cuántico es en sí mismo independiente de todas las ideas relativas a la constitución atómica de la materia.

El problema más importante era la manera en que se podía medir el campo electromagnético, cuestión que en el caso clásico se resolvía con la introducción del concepto (una idealización) de «partícula de prueba», la cual «recibía» el efecto electromagnético sin afectarlo a su vez. En su aportación al volumen dedicado a Bohr con ocasión de su setenta cumpleaños, Rosenfeld explicó, con mayor claridad que en su artículo conjunto de 1933, algunos de los puntos centrales de ese texto (Rosenfeld 1955, Cohen y Stachel, eds. 1979: 414):

El primer comentario [de Bohr] que arrojó luz al problema fue que, tomados en puntos definidos del espacio-tiempo, las componentes del campo se utilizan en el formalismo como idealizaciones sin significado físico inmediato; las únicas afirmaciones de la teoría que tienen sentido se refieren a medidas promedio sobre regiones finitas del espacio-tiempo de tales componentes del campo. Esto significa que al estudiar la mensurabilidad de los componentes del campo debemos utilizar como partículas de prueba las distribuciones finitas de carga y corriente, y no cargas puntuales como libremente se había hecho antes. Considerar partículas de prueba finitas eliminaba inmediatamente el argumento de

Landau y Peierls relativo a la perturbación de las medidas del momento debida a la reacción de radiación: se ve fácilmente que para partículas de prueba finitas esta reacción se reduce mucho, hasta ser siempre despreciable.

Sin embargo, la construcción y manipulación de partículas de prueba con un tamaño finito eran complicadas, dificultad que Bohr y Rosenfeld resolvieron del modo en que explicó este último (1950, Cohen y Stachel 1979: 419) en su contribución al libro que Pauli editó para celebrar el setenta cumpleaños de Bohr:

> Para tener en cuenta los efectos relativistas, había que pensar que estos cuerpos [las partículas de prueba de tamaño finito] estaban formados por un gran número de elementos independientes, y estaba lejos de ser evidente cómo se podía obtener el momento total de estos elementos sin multiplicar el error más allá del límite óptimo que requeríamos. Además, uno tenía que asegurarse de que los requisitos relativistas se podían satisfacer sin añadir más restricciones a la mensurabilidad del momento. Esto necesitó un análisis mucho más detallado del proceso de medida que el que se requería en la mecánica cuántica ordinaria. Bohr consiguió demostrar que la medida del momento total se puede realizar incluso de tal manera que el desplazamiento de los elementos, aunque incontrolable dentro de un cierto rango finito Δx, es igual para todos, y que la determinación del momento total no está limitada más que por la incertidumbre del desplazamiento común Δx dentro del margen $h/\Delta x$ indicado por las relaciones de incertidumbre.

En otras palabras, Bohr y Rosenfeld demostraron que, en el caso de la aplicación de los requisitos cuánticos a la electrodinámica clásica, las propiedades de las partículas de prueba conducían a limitaciones en las medidas del campo, del mismo tipo que las resultantes de las relaciones de incertidumbre existentes en la nueva física. En consecuencia, se podía considerar que la buscada teoría cuántica del electromagnetismo sería una extensión «razonable» de la electrodinámica clásica, de manera similar al modo en que la mecánica cuántica lo era de la mecánica clásica.

Al valorar el trabajo de Bohr y Rosenfeld, Abraham Pais (1991: 362) sostuvo que fue de «importancia fundamental». No obstante, añadía:

> De décadas involucrado con la teoría cuántica de campos, puedo testificar que, sin embargo [el artículo de Bohr y Rosenfeld], ha sido leído por muy, muy pocos *aficionados* [en español en el original]. La razón principal es, creo, que incluso para los estándares de Bohr este artículo es muy difícil de penetrar. Exige un tremendo cuidado y paciencia seguir los a menudo complejos giros de Bohr con las partículas de prueba. Además, el principal mensaje del artículo: la mensurabilidad de la electrodinámica cuántica es compatible con las relaciones de incertidumbre, igual que en la mecánica cuántica, es alardeada con entusiasmo, tras lo cual los pros continúan con cualquiera de los cálculos en que se embarcan. Como un amigo de Bohr y mío me dijo una vez: «Es un artículo muy bueno que uno no tiene que leer. Uno simplemente sabe que existe». Sin embargo, Pauli y Heitler lo leyeron con mucho cuidado.

El caso de Walter Heitler, que ya apareció en *HFC-2* a propósito de la química cuántica y del artículo que firmó junto a Fritz London, es particularmente interesante. Su defensa del trabajo de Bohr y Rosenfeld apareció en un libro que fue pionero en el estudio de la electrodinámica cuántica y que influyó en la dirección de muchas de las investigaciones que se llevaron a cabo a partir de entonces en ese campo. Se trata de *The Quantum Theory of Radiation* (Heitler 1936; segunda edición en 1944, reimpreso en 1947, 1949 y 1950, tercera edición de 1954, llevada de nuevo a la imprenta por Dover en 1984; también se tradujo al ruso). Cuando publicó este volumen, Heitler, que había abandonado Alemania por su condición de judío y para evitar las consecuencias de las políticas antisemitas de los nazis, se encontraba en la Universidad de Bristol como miembro investigador, puesto que había conseguido con la ayuda de Max Born. Allí, junto a Nevill Mott, permaneció hasta 1941, cuando se trasladó al Institute for Advanced Study de Dublín como profesor titular, posición que se creó a instancias de Schrödinger, que dirigía, recordemos, la Escuela de Física Teórica de dicha institución. De hecho, cuando el creador de la mecánica cuántica ondulatoria se jubiló en 1946, Heitler le sucedió en el puesto, el cual mantuvo hasta 1949, cuando aceptó una cátedra de Física Teórica en la Universidad de Zúrich y el cargo de director del Instituto de esa misma materia en la ciudad suiza. Allí se retiró en 1974. Al inicio de la sección 4 («Measurement of two field strenghts») del capítulo II («Quantum theory of the field *in vacuo*») de su obra (Heitler 1936: 79) planteaba que «nuestra siguiente tarea es la interpretación física de las relaciones de incertidumbre. Según la interpretación mecánico-cuántica general de las relaciones de incertidumbre, tenemos que demostrar que una medida del valor medio de, digamos, E_x, sobre una región espacio temporal I_1 no permite una medida precisa de otra fuerza del campo en la región I_2.» Esto era lo que habían demostrado Bohr y Rosenfeld, a los que mencionaba en una nota a pie de página, y lo que también probó Heitler (1936: 81), quien justo al final de ese apartado escribía:

> Por consiguiente, hemos demostrado que las consecuencias del formalismo de la electrodinámica cuántica están de acuerdo con las posibilidades de las medidas del campo. Esta prueba es completamente análoga a la demostración de las relaciones de incertidumbre para la posición y el momento de un electrón en la mecánica cuántica. En este caso, son las propiedades cuánticas de un *haz de luz* en un microscopio de rayos γ los que impiden una media exacta de la *posición y el momento* del electrón. En nuestro caso, las propiedades *mecánicas* cuánticas de una partícula de prueba impiden una medida exacta de dos *fuerzas del campo* [*field strenghts*]. Desde este punto de vista queda claro que la electrodinámica cuántica y la mecánica cuántica forman dos partes inseparables de un único cuerpo de la teoría cuántica, que ambas están conectadas lógicamente y que ninguna es consistente sin la otra. Por consiguiente, la teoría cuántica del campo puede considerarse como la extensión teórico-cuántica razonable de la electrodinámica clásica de la misma manera que la mecánica cuántica es la extensión teórico-cuántica de la mecánica clásica.

4. Epílogo: un problema abierto

Aunque el problema, de carácter más fundamental que «práctico», en lo que se refiere a la construcción de una electrodinámica cuántica, había sido resuelto por Bohr y Rosenfeld, el proyecto en general distaba mucho todavía de ser una realidad. Existían aún demasiadas cuestiones pendientes. A algunas de ellas se refirió Max Born, el «padre» de la interpretación de la función de onda en la ecuación de Schrödinger (véase *HFC-2*), en su intervención en la Conferencia Internacional celebrada en Londres en octubre de 1934, en las sedes de la Royal Society (Burlington House) y de la Royal Institution. Este encuentro fue organizado por la Unión Internacional de Física Pura y Aplicada y por la Sociedad de Física y estuvo dedicado a analizar el estado de la Física nuclear y del Estado sólido de la materia». Asistieron en torno a doscientos especialistas en estos campos, bien como delegados de los comités nacionales de la Unión o como invitados de la Conferencia, aparte de unos seiscientos interesados a los que se permitió asistir a las sesiones. Pocos de los científicos que habían contribuido hasta entonces al desarrollo de la teoría cuántica faltaron a aquella cita. La parte del congreso dedicada a la Física nuclear se dividió en secciones sobre Teoría cuántica general, Desintegración β general, Radiactividad artificial, Desintegración y síntesis de núcleos y partículas elementales y Radiación cósmica. En ellas, además de Born, participaron, entre otros, Rutherford, que abrió la reunión con una panorámica global, G. Beck, C. D. Ellis, G. Gamow, H. A. Bethe, E. Fermi, J. D. Cockcroft, L. Szilard, R. Peierls, J. Chadwick, N. Feather, C. C. Lauritsen, M. I. E. Oliphant, W. R. Hartree, H. S. W. Massey, C. D. Anderson, S. H. Neddermeyer, P. Auger, L. Leprince-Ringuet, P. M. S. Blackett, R. A. Millikan, A. H. Compton, B. Rossi y G. Bernardini. Todo un «quién es quién» de la disciplina del momento (entre los pocos que se echan de menos, se encuentran Irène y Frédéric Joliot-Curie).

Como señalé, la ponencia de Max Born estuvo dedicada a la electrodinámica cuántica. Es interesante citar su comienzo (Born 1935: 19-20):

> Por la expresión «electrodinámica cuántica» yo entiendo cualquier intento de formular una teoría que describa simultáneamente el comportamiento del campo electromagnético y el movimiento de todo tipo de partículas de conformidad con los principios de la teoría cuántica. Es bien sabido que las teorías existentes encuentran dificultades muy severas. Menciono el resultado de que un sistema electrodinámico cerrado tiene una energía del punto cero [la energía mecánico-cuántica que, debido a las fluctuaciones que se producen en el vacío, a causa del principio de incertidumbre, poseen átomos y moléculas incluso a la temperatura del cero absoluto] infinita y que la energía electromagnética de un electrón (o de cualquier partícula puntual) se hace infinita. Pero existen otros puntos muy insatisfactorios que me parecen todavía más importantes. Me refiero al cada vez mayor número de diferentes tipos de campos: el campo de Maxwell de los fotones, el campo de Schrödinger o de

> Dirac de los electrones, el campo de Fermi de los neutrinos.[16] Para todo tipo de partícula (electrón, protón, neutrón, neutrino) se tiene que inventar una clase separada de campo, y todos estos campos se acoplan mediante leyes especialmente inventadas. La razón de esto es la idea dualista, generalmente aceptada, según la cual las partículas materiales son algo esencialmente diferente del campo electromagnético; se supone que son puntos de masa cargados, cada uno con una masa constante característica. Pero carga significa energía electromagnética, y energía es equivalente a masa, de acuerdo a la ecuación fundamental de Einstein $E=mc^2$. Esta masa electromagnética se hace infinita para partículas puntuales, y hay que eliminarla mediante alguna suposición más o menos artificial. Por consiguiente, todas las teorías dualistas contradicen la ley de Einstein, y esta es la raíz de todas las dificultades. Me parece que una forma de evitarlas es introducir una teoría unitaria que suponga solamente una clase de campo, un campo electromagnético de Maxwell modificado cuyas singularidades desempeñen el papel de partículas.

De hecho, Born dedicó su intervención de Londres a exponer una modificación de la electrodinámica de Maxwell, que había desarrollado junto al físico polaco Leopold Infeld. Se trataba de una teoría en la que las ecuaciones lineales originales se reemplazaban por unas no lineales y en la que existían partículas puntuales que transportaban una energía electrostática finita. En sus memorias, Born (1978: 255) se refirió a este intento en los términos siguientes: «Mi teoría no lineal de campos produjo algún revuelo, pero no condujo a la solución del problema de la estructura de las partículas elementales, aunque empleé mucho tiempo y esfuerzo en ella durante los siguientes años [después de 1933], junto a un número de colaboradores, el primero el polaco Infeld. [...] La denominada teoría de Born-Infeld fue uno de los primeros intentos de una teoría no lineal de campos y funcionaba perfectamente en el dominio "clásico" (no cuántico), pero fallaba en el dominio cuántico».

16. El neutrino, al igual que el neutrón, se introducen en el capítulo siguiente.

2

1932: El descubrimiento del neutrón

El desarrollo de la física cuántica del período que cubren los dos primeros tomos de esta historia, *HFC-1* y *HFC-2*, está centrado en su mayor parte en el átomo, que se suponía constituido por un núcleo de protones y electrones (sí, electrones, pues ¿no era de esta región central de dónde partían estos en la desintegración β?) rodeado por cargas negativas en diferentes órbitas cuantizadas. Bien es cierto que durante ese tiempo se produjeron avances notables, los más importantes de los cuales (me ocupé de ellos en *HFC-2*) fueron la formulación de la ecuación relativista del electrón, deducida en 1928 por Paul Dirac (que implicaba la existencia de la antimateria, resultado que se comprobó con la identificación del positrón, debida a Carl Anderson), y la explicación de la desintegración alfa (el efecto túnel), llevada a cabo de manera simultánea también en 1928 por George Gamow, por un lado, y Ronald Gurney y Edward Condon por otro. Ya en ese segundo volumen cité lo que Léon Rosenfeld (1972, Cohen y Stachel, eds. 1979: 335-336) pensaba acerca de este último descubrimiento: «En mi experiencia, la física nuclear comienza con la repentina aparición una mañana, en la biblioteca del Instituto de Gotinga, de un gigante rubio, con los ojos miopes medios cerrados detrás de sus gafas, que se presentó él mismo con una amplia sonrisa declarando: "Soy Gamow. [...] Quería comprender la desintegración alfa"».

Importante como fue este logro, lo cierto es que ni Gamow ni Gurney ni Condon avanzaron en el conocimiento de la composición del núcleo atómico. Para conseguirlo, hubo que esperar a 1932, aunque ya antes otros científicos, entre los que destacó Ernest Rutherford, se acercaron a desvelar su constitución interna.

1. ¿Electrones en el núcleo? La *Bakerian Lecture* (1920) de Rutherford

El conocimiento de la estructura atómica, el hecho de que esta consta de una corteza, formada por diferentes niveles por los que transitan (la realidad cuántica es más compleja de lo que puede inducir a pensar esta última palabra) los electrones, y de un núcleo compuesto por protones (cargados positivamente) y neutrones (sin carga), está muy extendido en la actualidad. Tanto es así, que tendemos a pensar que una vez que Rutherford propuso el modelo planetario en 1911, este surgió ya en su forma definitiva. Sin embargo, el neutrón no aparecía en aquel modelo, ni en el cuantizado que Bohr introdujo en 1913; de hecho, ni siquiera se había descubierto (algo que, como se verá, no se consiguió hasta 1932). La creencia general era, insisto, que el núcleo incluía cargas positivas y negativas, una idea que se veía favorecida por la emisión de radiación ß (electrones) en elementos radiactivos, la denominada «desintegración ß». En apariencia, por tanto, la región central del átomo emitía electrones. Todavía no se sabía, por supuesto, que este fenómeno tiene lugar vía la interacción débil, en un proceso en el que un neutrón se convierte en un protón y expulsa un electrón que se mueve con gran rapidez y un neutrino (también puede implicar una transformación inversa a la anterior y la creación de un positrón y un antineutrino). Fueron Wolfgang Pauli y Enrico Fermi (1933, 1934) quienes, como se detallará, explicaron este mecanismo en un primer momento, aunque más tarde fue necesario introducir mejoras en su propuesta.

Sin embargo, regresemos a la estructura atómica tal y como se entendía a comienzos de la década de 1920. Para comprenderlo mejor, veamos lo que dijo Rutherford en una ocasión tan señalada como la *Bakerian Lecture* pronunciada en la Royal Society en 1920. Titulada «Nuclear constitution of atoms», en ella Rutherford (1920; Chadwick, dir. 1965: 17) dijo que «del estudio de la radiactividad sabemos que el núcleo de los elementos radiactivos consiste en parte de núcleos de helio de carga 2e [*e*=carga del electrón]. También tenemos fuertes razones para creer que los núcleos de los átomos contienen electrones, al igual que cuerpos cargados positivamente, y que la carga positiva del núcleo representa el exceso de carga positiva».

De hecho, en esta ponencia el físico neozelandés comenzó a manejar la idea de lo que terminaría siendo el «neutrón», un término introducido en realidad por William Sutherland (1859-1911) en 1899, aunque Irène Joliot-Curie y Frédéric Joliot (1933) asignaron su origen a Nernst en su libro *Theoretische Chemie* (*Química teórica*).[1]

El neutrón de William Sutherland

William Sutherland nació en Glasgow en 1859, pero en 1864 su familia emigró a Australia. Allí, desarrolló toda su carrera, en la Universidad de Melbourne, salvo por el período 1879-1882, que pasó en el University College de Londres. El artículo en el que utilizó el nombre «neutrón» apareció en el número de enero-junio de 1899 de la hoy en día olvidada revista *The London, Edinburgh, and Dublin Philosophical Magazine and Journal of Science*, que por entonces en absoluto era una publicación menor. Para hacerse idea de su estatus, basta decir que sus directores eran lord Kelvin, George Francis Fitzgerald y William Francis, quien aportaba experiencia editorial (en 1852, se unió a Richard Taylor, con quien antes había trabajado tres años, para aprender el negocio, y fundó Taylor and Francis, la casa que publicaba la revista) y conocimientos científicos, ya que se había doctorado en Giessen en 1842 bajo la dirección de Justus Liebig.

El trabajo de Sutherland en realidad era una reacción al descubrimiento del electrón por parte de J. J. Thomson en 1897, como quedaba claro justo al inicio (Sutherland 1899: 269): «Para

1. Esto es lo que Iréne Curie y Frédéric Joliot (1933: 21) escribieron: «La concepción de la existencia de una partícula de carga nula es antigua. Fue verdaderamente Nernst [*Theoretische chemie*, 4 Aufl., Stuttgart (1903), 391] quien, en 1903, empleó, por primera vez, la palabra "neutrón" para designar la partícula que resulta de la asociación íntima de un electrón positivo, como se decía entonces, y de un electrón negativo. La hipótesis de un neutrón fue considerada después por varios sabios (W. H. Bragg, Mendeleiv, Lenard). En 1920, Rutherford retomó esta idea y la precisó».

explicar los resultados de sus experimentos con rayos catódicos, y entender con la maravillosa fórmula de Lenard el paso aparente de los rayos catódicos a través de cuerpos sólidos revelado por Hertz y Lenard, J. J. Thomson propone [Phil. Mag. (5), xliv, oct. 1897] la hipótesis de que la materia en la corriente catódica consiste de átomos formados por partículas de esa sustancia primitiva de la que se ha supuesto están compuestos los átomos. Antes de que se acepte una teoría de tan gran importancia, debería examinarse si los hechos que se explican con ella no se describen mejor con el desarrollo lógico de principios establecidos o ampliamente aceptados de la ciencia de la electricidad».

Su «neutrón» aparecía en los siguientes pasajes (Sutherland 1899: 273): «Si los electrones están distribuidos a través del éter, debemos suponer que, en el éter, que no muestra carga eléctrica, cada electrón negativo está unido a un electrón positivo formando el análogo de una molécula material, que convenientemente puede denominarse neutrón. Tenemos poderosa evidencia de la existencia de los neutrones en el éter mediante los maravillosos experimentos de Trowbridge ("The Electrical Conductivity of the Aether" Phil. Mag. [5] xliii, mayo 1892)».

Sutherland interpretaba las ideas del físico estadounidense John Trowbridge, al afirmar que «el éter se comporta como un aislante hasta que en algún momento la fuerza eléctrica es suficiente como para descomponer los neutrones en electrones, y es entonces cuando se convierte en un conductor del mismo tipo que los electrolitos».

Obviamente, ni los neutrones de Sutherland, ni sus «electrones positivos» tenían nada que ver con las partículas neutras descubiertas en el núcleo atómico ni con los positrones que se seguían de la teoría del electrón de Dirac. Su única conexión era lingüística.

Independientemente de la genealogía de la palabra, fue Rutherford quien más se aproximó a lo que sería la realidad última de la estructura atómica.[2] Para explicar su idea de que «el núcleo de los

2. Para más información, véase Stuewer (1983, 2018: cap. 6).

elementos radiactivos consiste en parte de núcleos de helio de carga 2e», propuso que dos electrones se podían ligar a cuatro protones para formar una partícula alfa y también que una carga negativa podía enlazar a dos positiva y, posiblemente, unirse a un protón, para dar lugar a una «especie de doblete neutro». Es interesante reproducir los párrafos en los que Rutherford (1920; Chadwick, dir. 1965: 34) consideraba la idea de esa «partícula» neutra:

> Parece muy probable que un electrón pueda también unir dos núcleos de H [pronto se denominaría a los núcleos de hidrógeno, *protones*] y posiblemente también un núcleo de H. En el primer caso, esto implica la posible existencia de un átomo de masa aproximadamente 2 transportando una carga, que se debe considerar como un isótopo de hidrógeno. En el segundo caso, implica la idea de la posible existencia de un átomo de masa 1 que tiene carga nuclear cero. Semejante estructura atómica no parece ser en absoluto imposible. Por lo que se piensa actualmente, el átomo neutro de hidrógeno es considerado como un núcleo de carga unidad con un electrón unido a distancia, y se adscribe el espectro del hidrógeno al movimiento de este electrón distante. Sin embargo, bajo algunas condiciones, puede ser posible que un electrón se combine mucho más estrechamente con el núcleo de H, formando una especie de doblete neutro.

A instancias de Rutherford, la búsqueda de esta hipotética partícula, o «estado», comenzó de manera inmediata en el Laboratorio Cavendish. Sin embargo, no fue descubierta hasta 1932 por James Chadwick, un colaborador del neozelandés. Para entonces, otros investigadores habían estado a punto a arrebatarle semejante honor.

En la versión de 1930 del libro que Ernest Rutherford publicó por primera vez en 1912, *Radioactive Substances and their Radiation*, ahora editado en colaboración con James Chadwick y C. D. Ellis bajo el título de *Radiations from Radioactive Substances*, todavía se decía (Rutherford, Chadwick y Ellis 1930: 523): «Suponiendo que todos los núcleos están compuestos de dos unidades fundamentales, el electrón y el protón, el número de electrones y protones en cualquier núcleo puede determinarse inmediatamente. Si M es la masa del núcleo al entero más cercano, y Z es la carga nuclear o número atómico, el núcleo contiene M protones y M – Z electrones. Por ejemplo, el elemento radio, de número atómico 88 y peso atómico 226 contiene 226 protones y 138 electrones».

2. Walther Bothe y la radiación α

Walther Bothe (1892-1957), un antiguo doctorando de Max Planck, que entre 1920 y 1930 trabajó en el Instituto Imperial Físico-técnico de Charlotemburgo (Berlín), fue quien dio un paso importante en el camino que condujo al descubrimiento del neutrón. Especialmente relevantes en este sentido fueron los experimentos que llevó a cabo en octubre de 1930 junto a uno de sus estudiantes, Herbert Becker, en los que bombardearon berilio con partículas α provenientes de una muestra de polonio. Al hacerlo, encontraron una radiación neutra muy penetrante, que interpretaron como rayos α (Bothe y Becker 1930), cuya energía calcularon mediante la medición de su coeficiente de absorción. Más tarde, en investigaciones que se prolongaron a lo largo de dos años, extendieron sus observaciones al litio y al boro y demostraron que los rayos α (núcleos de helio, He, recordemos) que detectaron eran más energéticos que los incidentes. Tal incremento, concluyeron, provenía de la desintegración nuclear. En concreto, Bothe y Becker supusieron que la reacción que tenía lugar era la siguiente:

$$\mathrm{He}^{4}{}_{2} + \mathrm{Be}^{9}{}_{4} = \mathrm{C}^{13}{}_{6} + \alpha$$

No obstante, se equivocaban. La expresión correcta es:

$$\mathrm{He}^{4}{}_{2} + \mathrm{Be}^{9}{}_{4} = \mathrm{C}^{12}{}_{6} + n^{1}{}_{0}$$

donde *n* representa el neutrón, Be y C son los símbolos de berilio y carbono respectivamente y los subíndices denotan las cargas de los elementos o partículas. Sin embargo, no adelantemos acontecimientos.

Los resultados de Bothe y Becker no pasaron desapercibidos. Entre aquellos cuya atención se vio atraída por este trabajo, se encontraban Irène Curie (1897-1956), por entonces ya Irène Joliot-Curie, y su marido, Frédéric Joliot (1900-1958).

3. A punto de descubrir el neutrón: Irène Curie y Frédéric Joliot

Irène fue, recordemos (véase *HFC-1*), la única de las dos hijas de Marie y Pierre Curie que se dedicó a la ciencia; más en concreto, al mismo campo al que tanto habían contribuido sus padres y muy en especial su madre. Como también vimos, acabó su bachillerato poco antes de que comenzase la primera guerra mundial, durante la cual acompañó a su progenitora en la prestación de servicios radiológicos para los heridos, con lo que obtuvo una notable experiencia técnica y, por supuesto, sanitaria. Esas experiencias compartidas unieron más aún, si cabe, a ambas mujeres y se estableció entre ellas un vínculo del que careció, en cuanto a cercanía, su hermana Ève. Una de las cartas que se conservan de Marie a Irène demuestra este extremo (Curie M. e I. 1974: 222-223); Marie Curie escribía desde París:

> Mi querida Irène,
>
> He recibido tu carta del jueves y te envío esta, hija mía, para desearte que pases un buen día en Arcouest celebrando tu 24 cumpleaños. No podría, en esta circunstancia, pensar en ti más tiernamente de cómo lo hago habitualmente, y no podría tener mayores deseos de abrazarte en este día que cualquier otro de nuestra vida en común... Sabes, mi niña, que eres para mí una excelente amiga y que me haces la vida más fácil y más dulce. Te estoy infinitamente agradecida y espero que el año de trabajo que comienza podrá organizarse de manera que nos proporcione satisfacciones a menudo difíciles de conquistar. Contemplo el trabajo con más ánimo imaginando tu sonrisa y tu cara siempre feliz.

Después de la guerra y hasta 1920, Irène estudió en la Sorbona, donde se graduó, como en su momento había hecho su madre, en física y matemáticas. Cuando el Laboratorio Curie, dedicado a la investigación y a la enseñanza de la radiactividad, del Instituto del Radio de la Universidad de París, comenzó a funcionar con mayor dedicación y mejor dotación en 1920, Irène entró a trabajar en él, como ayudante. Allí, sus primeros experimentos se centraron en fenómenos atómicos, como la evaluación de la masa de los átomos de cloro procedentes de fuentes diferentes (Curie, I. 1921), o las fluctuaciones en el rango de los rayos α emitidos por una muestra de polonio, un elemento cuya preparación y tratamiento exigía gran paciencia y habilidad; Irène determinó estas variaciones al fotografiar las trazas que formaban las partículas α en una cámara de niebla de Wilson (Curie, I. y Yamada 1924). Este proyecto formó parte de su tesis doctoral, presentada en 1925: «Recherches sur les rayons α du polonium, oscillation de parcours, vitesse d'émission, pouvoir ionisant» (Curie, I. 1925).

El 26 de octubre de 1926, Irène contrajo matrimonio con Frédéric Joliot, un alumno de Paul Langevin en la Escuela de Física y Química Industriales (la misma en donde había enseñado e investigado Pierre Curie), que trabajaba desde la primavera de 1925 en el Instituto del Radio, al que llegó recomendado por su anterior maestro. Bajo la dirección de Marie Curie, Joliot se introdujo en el campo de la radiactividad y dedicó sus primeros esfuerzos a desarrollar métodos para analizar depósitos electrolíticos de radioelementos (Joliot 1927). Al mismo tiempo que desempeñaba estas tareas, siguió cursos en la Sorbona que le permitieron alcanzar una licenciatura, un título de más rango que el que había logrado en la Escuela de Física y Química Industriales (una especie de ingeniería física). En marzo de 1930, obtuvo el doctorado con una tesis sobre la electroquímica de los elementos radiactivos, el polonio en particular: *Électrochimique des radioéléments. Applications diverses* (Joliot 1930).

Una vez casados, Irène y Frédéric comenzaron a investigar juntos (sus primeros artículos en colaboración aparecieron en 1928) y se dedicaron a cuestiones que tenían que ver con la medida y caracterización de las emisiones radiactivas. De acuerdo con el estilo imperante en el laboratorio parisino de Marie Curie, donde trabajaban, sus esfuerzos se centraron en aspectos técnicos y, en general, bastante convencionales. Sin embargo, a finales de la década de 1920, comenzaron a indagar en otros asuntos menos tradicionales, el tipo de proyectos que se llevaban a cabo en el Cavendish bajo la dirección de Rutherford. Para ello, empezaron por acumular polonio, un elemento con el que tenían bastante experiencia. A continuación, utilizaron la muestra así obtenida, de una potencia extraordinaria, para estudiar la penetrante radiación de Bothe. El 18 de enero de 1932, informaron (Curie, I. y Joliot 1932 a) de una sorprendente observación: estas emisiones eran capaces de provocar la proyección de protones de una capa de parafina. Sin embargo, no supieron cómo interpretar el fenómeno: «La interpretación del fenómeno —escribieron al final de su nota— se hace difícil por el hecho de que no se puede estimar más que muy imperfectamente la energía de los fotones emitidos. [...] Cualquiera que sea la interpretación que se pueda dar a este fenómeno, es verosímil que tenga lugar para todas las radiaciones de energía cuántica muy elevada, en particular para los rayos cósmicos, si son de naturaleza electromagnética. [...] Parece pues establecido por estas experiencias que una radiación electromagnética de alta frecuencia es capaz de liberar, en los cuerpos hidrogenados, protones animados de una gran velocidad». Así terminaban.

Realizaron estas observaciones con la ayuda de una cámara de ionización conectada a un electrómetro, pero el resultado les pareció tan extraño que intentaron confirmarlo mediante una cámara de niebla. El 22 de febrero, publicaron el resultado de estas nuevas medidas, en un texto (Curie, I. y Joliot 1932 b) que no añadía nada nuevo al primer artículo en lo que se refiere a la interpretación de sus datos. Habían perdido la oportunidad de descubrir el neutrón.

En el libro que el físico canadiense Arthur Stewart Eve (1939: 359-360) dedicó a la vida y obra de Rutherford, recordaba una conversación que mantuvo con Frédéric Joliot, en la que este le explicó una posible razón de su fracaso y el de su esposa en la identificación del neutrón en la reacción antes citada, $He^4{}_2$+$Be^9{}_4$:

> El Prof. Joliot me contó una interesante historia de su trabajo con su esposa, Irène Curie, sobre el efecto de los rayos alfa en el berilio. Aunque ambos seguían con cuidado e interés todas las publicaciones, no habían leído la segunda *Bakerian Lecture* de Rutherford, porque «es raro encontrar en esas conferencias algo nuevo que no haya sido publicado en otro lugar». Joliot afirmó que, si él y su esposa hubieran leído en la *Bakerian Lecture* la profética sugerencia de Rutherford sobre el neutrón, es posible, o probable, que hubieran identificado el neutrón en lugar de Chadwick.

Otra posibilidad de lograrlo podría haberse materializado de haber asistido la pareja al Congreso de Física Nuclear celebrado en Roma en octubre de 1931. Tal vez así habrían estado en mejores condiciones para analizar sus resultados de enero de 1932 y acaso, solo acaso, de haberlos interpretado en función de una nueva partícula neutra. A ese simposio, organizado por Enrico Fermi (del que diré más en otros capítulos), asistió una buena parte de los científicos más activos en el campo de la joven física nuclear: Bohr, Heisenberg,

Sommerfeld, Bothe, Gamow, Fermi, Ehrenfest, Millikan, Majorana, Mott, Compton, Perrin, Debye, Stern, Meitner, Aston, Ellis, Rasetti, Goudsmit, Brillouin, Towsend, Beck… y Marie Curie. Sin embargo, es dudoso que esta última fuera capaz de percibir los matices teóricos que allí se trataron, una impresión que se ve reforzada por algunos pasajes de una carta que escribió a Irène el 13 de octubre, mientras asistía al evento (Curie M. e I. 1974: 336):

> Hay muchas personas en el Congreso, que no carece de interés, pero que sin embargo es a menudo fatigoso. No los conozco a todos. […] Intento seguir los informes tanto como es posible, lo que no siempre es fácil, en vista de lo extremadamente técnicos que son y sobre todo por la falta de claridad en las presentaciones de algunos. Pienso que tendré que decir algunas palabras cuando se llegue a la discusión de los informes sobre los fenómenos de radiactividad. [...] Hasta el momento tengo muy poco que decirte, salvo que Bohr insiste demasiado en la imposibilidad de aplicar en el presente la mecánica cuántica al interior del átomo.

De haber podido hacerlo, tal vez habría transmitido a su hija alguna información valiosa para que ella y su marido hubieran sido más perspicaces. De hecho, entre las conferencias de la reunión de Roma hubo al menos una relevante para las investigaciones del matrimonio, la de Walther Bothe (1932), «Strahlen, künstliche kernnumwandlung und Auregung, isotope» («Radiación, transformación nuclear artificial, isótopos»).

Antes de terminar esta sección, es apropiado decir algo más sobre la convención de la capital italiana, a la que asistió la plana mayor de la física de la época. Los conferenciantes fueron (*Convegno di Fisica Nucleare* 1932): N. Bohr, que habló sobre «Atomic stability and conservation laws», G. Beck («Ueber das Niveauschema des Ra Cb»; «Sobre el esquema de niveles de Ra Cb»), W. Bothe («Strahlen, Künstliche Kernumwandlung und Auregung, Isotope»; «Radiación, Transformación Nuclear Artificial y Excitación, Isótopos»; y «Bemerkungen über die Ultra-Korpuskulartrahlung»; «Observaciones sobre la radiación ultracorpuscular»), C. D. Ellis («β-rays and γ-rays»), R. H. Fowler («γ-Rays and a possible model nucleus»), S. Goudsmit («Present difficulties in the theory of hyperfine structure»), N. Mott («On the present status of the theory of the electron»), L. Rosenfeld («Ueber die quantentheoretische Behandlung der Strahlungs-probleme»; «Sobre el tratamiento teórico-cuántico de los problemas de la radiación») B. Rossi («Il problema dela radiazione penetrante»), E. Ruff («Ueber einen experimentellen Nachweis polarisierter Elektronen»; «Sobre una detección experimental de electrons polarizados») y A. Sommerfeld («Vereinfachte Ableitung des Thomas Factors»; «Derivación simplificada del factor de Thomas» y «Ueber den Packungseffekt»; «Sobre el efecto de empaquetado»). George Gamow no pudo abandonar la Unión Soviética, pero envió un escrito, «Quantum theory of nuclear structure», que también se publicó en las actas de la reunión.

4. El deuterón (enero de 1932)

Antes de continuar con la secuencia de investigaciones que condujeron al descubrimiento del neutrón, y en aras de mantener la secuencia cronológica de aquel apasionante año que fue 1932, es preciso detenerse en un avance procedente de la fisicoquímica: el hallazgo de un isótopo estable del hidrógeno, el deuterio, o «hidrógeno pesado», cuyo núcleo atómico se denomina deuterón.[3] Compuesto de un protón y un neutrón, el símbolo de este último es H^2, también D^+ o simplemente *d*. El descubridor del deuterio fue Harold Urey (1893-1981), quien se había doctorado en 1923 bajo la dirección de Gilbert N. Lewis en la Universidad de California en Berkeley, con una tesis sobre la termodinámica de la conductividad del vapor del cesio molecular.[4] Allí, tuvo la fortuna de conocer al físico Raymond T. Birge (1887-1980), uno de los primeros científicos estadounidenses en reaccionar de manera favorable a la teoría atómica que Bohr había propuesto en 1913. De hecho, en un artículo posterior, Birge (1956) señalaba que no solo le pareció que las ideas del danés eran muy interesantes, sino que se convirtió en un verdadero apóstol en la causa de su difusión. En este sentido, recordaba una conferencia Sigma Xi que dio en la Universidad de Siracusa (estado de Nueva York), donde era instructor, poco después de la publicación del artículo de Bohr, para comentarlo. Birge se incorporó a la Facultad de Física de la Univer-

3. Recuérdese que el isótopo más abundante del hidrógeno (denominado «protio») tiene tan solo un protón en el núcleo.
4. Para la vida y obra de Urey, véase Shindell (2019).

sidad de Berkeley durante la primera guerra mundial y pronto comenzó a desarrollar con otros docentes un curso sobre «Radiación y estructura atómica», al que siguió al año siguiente otro con un título más completo, «Radiación y estructura atómica. Una discusión sobre el trabajo reciente en los campos de las descargas eléctricas en gases, espectroscopía, rayos X y magneto-óptica, relativos al problema general de la estructura atómica». Urey pudo beneficiarse de estas sesiones cuando llegó a la facultad en 1921, pues no eran solo físicos los que asistían a ellas, sino también químicos como él.

Una vez doctorado, Urey se trasladó en 1924 a Copenhague para ampliar estudios en el Instituto de Física Teórica de la capital danesa, con una beca de la Fundación Estadounidense-escandinava y una carta de recomendación que Birge escribió a Bohr (citado en Shindell 2019: 55):

> El Dr. Urey es un hombre singular. Comenzó como químico, pero desde entonces ha demostrado un notable interés y habilidad en la física matemática. Yo lo denominaría ahora un químico físico matemático. Por lo que sé, el Prof. [Richard] Tolman es tal vez la única otra persona en este país que podría ser calificada de semejante manera. Menciono esto principalmente porque el Prof. Tolman es probablemente el único en este país que está realmente calificado para juzgar los trabajos de investigación que ha realizado el Dr. Urey, y se ha referido a ellos en términos muy elogiosos.

Una vez allí, se relacionó sobre todo con Hendrik Kramers y con George de Hevesy, que trabajaba en las propiedades del hafnio (véase *HFC-2*), pero también conoció, entre otros, a Heisenberg y Pauli, que visitaron el Instituto, y a un compatriota suyo, John Slater. Tras abandonar Copenhague, Urey viajó por Europa y visitó en Alemania a Einstein y a James Frank y en Suecia al gran fisicoquímico Svante Arrhenius y a Theodor Svedberg, recordado sobre todo por haber inventado la técnica de la ultracentrifugación analítica (recibió el premio Nobel de Química en 1926).

A su regreso a Estados Unidos, Urey quiso incorporarse de nuevo a Berkeley pero, por razones desconocidas, Lewis no le ofreció un puesto. Sin embargo, sí le ayudó a obtener uno en la Facultad de Química de la Universidad Johns Hopkins, en Baltimore (Maryland). El joven profesor se encontró allí con que los estudiantes de grado en su disciplina desconocían casi todo de la física atómica, e incluso de la mecánica clásica. Además, las instalaciones experimentales de que disponía eran muy deficientes. Tampoco tuvo éxito en sus intentos de aproximarse a los miembros de la Facultad de Física. Un hecho que merece ser reseñado es que Urey conoció en Baltimore a la investigadora de origen alemán Maria Goeppert-Mayer, que se había doctorado con Max Born en Gotinga, y a su marido, el fisicoquímico Joseph E. Mayer. Ambos llegaron a la universidad poco antes de abandonar la ciudad de Maryland. En otro lugar de este libro nos encontraremos con Maria Goeppert-Mayer y se tratará la participación de Urey en el Proyecto Manhattan.

Habida cuenta de su situación en Johns Hopkins, no es sorprendente que Urey aceptase en 1929 la oferta de incorporarse a la Universidad de Columbia (Nueva York). En esta, encontró un instrumental científico acorde con sus deseos, en particular un espectrógrafo que no se estaba utilizando. También dispuso allí de la ayuda de un dedicado asistente de investigación, George Murphy, y se hizo cargo de varios proyectos colaborativos y de la dirección de algunas tesis doctorales. Esos trabajos le llevaron a interesarse por el estudio de los isótopos, el campo de la fisicoquímica en el que se haría famoso. Uno de estos resultados fue logrado por una de sus alumnas, Helen Johnston, junto a William Giauque, con quien había coincidido en Berkeley. Ambos informaban en su ensayo sobre isótopos del oxígeno, de masas 17 y 18, de un dato (Giauque y Johnston 1929 a, b) que hacía pensar en la posibilidad de diferentes números másicos también en el caso del hidrógeno.

La hipótesis de Urey era que, si esto era cierto, la presión de vapor del hidrógeno líquido sería distinta en cada caso. Para comprobarlo, necesitaba destilar cinco litros de este fluido, de manera que solo quedara un residuo de dos centímetros cúbicos, que a la temperatura y presión adecuadas podrían servir para identificar el isótopo pesado de ese elemento, cuya existencia había supuesto. Esto solo se podía conseguir en un buen laboratorio de bajas temperaturas y únicamente existían dos en Estados Unidos: uno en Berkeley, que utilizaba Giauque, y otro en National Bureau of Standards, en Washington D. C., dirigida por un conocido de Urey, Ferdinand Brickwedde, al que recurrió.

Cuando Urey y Murphy recibieron la muestra enriquecida que Brickwedde les hizo llegar, utilizaron el espectrógrafo para buscar las líneas que revelaran la existencia del isótopo pesado del hidrógeno. Las encontraron y publicaron su descubrimiento en el primer número de enero de 1932 de la revista de física más importante, *Physical Review* (Urey, Brickwedde y Murphy 1932). Solo dos años más tarde, el primero de ellos recibió el premio Nobel de Química.

En el primero de los tres artículos que Hans Bethe publicó en *Review of Modern Physics* en 1936-1937, firmado con R. F. Bacher (el segundo lo escribió en solitario y el tercero junto a M. Stanley Livingston), en los que resumía y desarrollaba el estado en que se encontraba entonces la física nuclear, y que fueron denominados «la Biblia de Bethe», se explicaba la importancia del deuterón para la disciplina (Bethe y Bacher 1936: 108):

> El deuterón desempeña en la física nuclear el mismo papel que el átomo de hidrógeno en la física atómica. Está formado por dos partículas elementales, un protón y un neutrón.[5] Es bien sabido que cualquier problema de dos cuerpos puede integrarse explícitamente si se conoce la fuerza entre las dos partículas como una función de la distancia entre ellas. Por tanto, los resultados teóricos sobre el deuterio están libres de aproximaciones hechas para simplificar el tratamiento matemático. Son, como veremos, también en una gran medida independientes de las suposiciones que hacemos sobre los detalles de la fuerza entre neutrón y protón [...]. La teoría del deuterón es por consiguiente más adecuada para comparaciones cuantitativas con experimentos y, en consecuencia, para comprobar las ideas subyacentes acerca de la estructura nuclear que cualquier otra parte de la teoría nuclear.

El descubrimiento del deuterón suscitó una gran atención: entre 1932 y 1934 se publicaron más de doscientos artículos sobre él y Gilbert N. Lewis fue el más activo en este sentido, con casi 25 de ellos. Él fue, además, quien consiguió aislar una muestra importante de «agua pesada», esto es, la unión de dos átomos de deuterio con uno de oxígeno.

5. Aunque todavía no he tratado del descubrimiento del neutrón, hay que tener en cuenta que el artículo de Bethe se publicó después de que este se hubiera identificado.

5. El descubrimiento del neutrón: James Chadwick (febrero de 1932)

Fue James Chadwick (1891-1974) el descubridor de esa nueva partícula, el neutrón. En 1911, el mismo año en que Rutherford publicaba su artículo sobre el modelo atómico, Chadwick se graduaba en Mánchester, donde residía entonces el neozelandés. Allí permaneció el joven para trabajar, bajo la dirección del propio Rutherford, en el campo de la radiactividad. En 1913, poco después de completar un máster en ciencias, se trasladó a Berlín para colaborar con Hans Geiger, antiguo miembro, recordemos, del grupo de Mánchester. Entre las aportaciones que Geiger había realizado durante su estancia en la ciudad inglesa, destacaba el artículo que había publicado en 1909, en colaboración con Ernest Marsden (véase *HFC-1*), sobre reflexión difusa de partículas α, que tanto sirvió a Rutherford cuando propuso su modelo atómico en 1911. No fue, sin embargo, un buen momento para que Chadwick viajara a Alemania, ya que poco después comenzaba la primera guerra mundial. De hecho, el inglés fue internado y permaneció en esta situación hasta el final de la contienda (1918) en Ruhleben, un hipódromo situado a unos cuatro kilómetros al oeste de Berlín, muy cerca del suburbio industrial de Spandau, convertido en campo de prisioneros.

Dentro del infortunio que suponía el internamiento en un país en guerra con el suyo propio, Chadwick fue afortunado, ya que los británicos pudieron formar en Ruhleben una «Unión de Artes y Ciencias». Como parte de las actividades de ese grupo, el físico inglés pudo cultivar sus intereses científicos. El 14 de septiembre de 1915, escribió a Rutherford para informarle de sus esfuerzos (Brown 1997: 32): «Naturalmente, la radiactividad no se encuentra en una condición muy floreciente aquí. En la primavera, la Unión de Artes y Ciencias inició una serie de conferencias y yo di alguna sobre radiactividad. No me hizo ningún mal y espero que lo mismo ocurriera con los estudiantes. Logré mostrar algunos experimentos con un electroscopio y destellos. He construido un pequeño, pero pulcro, electroscopio del que estoy muy orgulloso, y espero realizar algunos buenos experimentos con él. La principal dificultad aquí es la de que no hay espacio».

Tras la guerra, volvió a Mánchester con Rutherford, pero cuando el neozelandés fue nombrado en abril de 1919 director del Laboratorio Cavendish, pidió a su colaborador que le acompañase. Este aceptó y se instaló en Cambridge con la ayuda de una beca «Wollaston» que le ofreció el Gonville and Caius College (en 1920 pasó a disfrutar de una subvención «Clerk Maxwell»). En el Cavendish, Chadwick recibió de entrada el título de estudiante sénior de investigación, con el deber añadido de supervisar la Sala del Radio. Sin embargo, no tenía ninguna otra autoridad o responsabilidad más que Rutherford. Completó su doctorado en junio de 1921 y poco después, en noviembre, fue designado miembro del Gonville and Caius College.

En 1923, justo cuando finalizaba su beca «Clerk Maxwell», fue elegido director asistente de investigación, algo así como el segundo al mando del Cavendish en lo que a experimentación se refiere, un puesto que ya era oficial dentro de la jerarquía de la universidad. Este cargo no era sino consecuencia de su fructífera labor científica, tanto en solitario como en colaboración con Rutherford.

Uno de los artículos que publicó junto a este es relevante en especial para el tema que nos ocupa: se titulaba «The artificial disintegration of light elements» (Rutherford y Chadwick 1921). Es importante porque en él queda claro que el problema de la constitución del núcleo figuraba entre los objetivos prioritarios del laboratorio, y, por tanto, del propio Chadwick, que de esta manera se encontraba más atento ante cualquier indicio a este respecto que los Joliot-Curie. En este sentido, cabe destacar la inclusión en aquel trabajo de una sección titulada «Mecanismo de desintegración», independientemente de que las consideraciones que se hacían en ella fuesen en última instancia erróneas y ajenas a la intervención de una posible partícula sin carga eléctrica. También es significativo mencionar que las conclusiones finales incluían reflexiones de carácter general, entre las que se planteaba con claridad la cuestión del tipo de fuerzas que intervenían en el interior nuclear, como paso ineludible para comprender el mecanismo de la desintegración (Rutherford y Chadwick 1921; Chadwick, dir. 1965: 61-62): «Las observaciones sobre la desintegración de los elementos ligeros han sido interpretadas suponiendo que los átomos de H [hidrógeno] son satélites del núcleo central. Esto supone implícitamente que cuerpos cargados positivamente se atraen entre sí a las muy pequeñas distancias involucradas [esta frase revela que los "átomos de H" antes mencionados debían ser en realidad "núcleos de H", que pronto se denominarían, como ya he señalado, protones]. Tales fuerzas atractivas deben existir para mantener en equilibrio el núcleo compuesto ordinario». Este párrafo también demuestra que sus autores se movían dentro del modelo de satélites que Rutherford había planteado y que se discutió en *HFC-2*.

Pese a lo explícita que es esta cita, resulta interesante reproducir lo que Chadwick escribió en un librito de divulgación que dio a la imprenta el mismo año que el artículo anterior: *Radioactivity and Radioactive Substances*, que llevaba el explicativo subtítulo de (traducido al castellano) *Una introducción al estudio de las sustancias radiactivas y sus radiaciones. La naturaleza de la radiactividad y las implicaciones de las transformaciones radiactivas en la estructura del átomo*. Así, en los dos últimos párrafos del texto, decía (Chadwick 1921: 101):

> La cuestión de la estructura real del núcleo atómico es uno de los problemas más importantes de la física moderna. La emisión de partículas α o de núcleos de helio en las transformaciones radiactivas indica que el núcleo de helio es una unidad secundaria en la estructura del núcleo de los átomos pesados. La estructura del núcleo de los átomos ligeros ya ha sido abordada experimentalmente por Sir E. Rutherford. Para una descripción de estos experimentos remito al lector a su *Bakerian Lecture* (1920).
>
> Podemos observar que el hecho de que el núcleo de helio sobreviva a las enormes fuerzas que actúan sobre él, tanto cuando es emitido desde los núcleos radiactivos como cuando pasa a través de materia, muestra que forma una agrupación muy estable. Cuál es su estructura exacta es, no obstante, cuestión de conjetura, ya que no poseemos información sobre la naturaleza y magnitud de las fuerzas en las pequeñas distancias que intervienen en la estructura del núcleo.

A la vista de todo esto, no resulta demasiado sorprendente que reaccionase con rapidez nada más ver el trabajo de Irène y Frédéric Joliot en *Comptes rendus* del 18 de enero de 1932. Él mismo lo recordaba en los siguientes términos (notas no fechadas, Centro de Archivos del Churchill College, Cambridge, citadas por Brown 1997: 104):

> [Pocos minutos después de leer el artículo de los Joliot-Curie, Norman] Feather entró en mi despacho para hablarme de ese trabajo, estaba tan sorprendido como yo. Algo más tarde, aquella misma mañana, informé a Rutherford. Era una larga tradición el que yo le visitase sobre

las 11 de la mañana para comunicarle cualquier noticia de interés y para discutir con él el trabajo en curso en el laboratorio. Le hablé sobre las observaciones de los Curie-Joliot y sobre sus puntos de vista sobre ellas. Vi cómo crecía su sorpresa, y finalmente lanzó un: «No me lo creo». Semejante comentario precipitado era completamente inusitado, y en mi larga relación con él no recuerdo una ocasión parecida.

Por el contrario, Chadwick no dudó en ningún momento de las observaciones de los Joliot-Curie, pero sí de sus explicaciones. Para él, era evidente que los protones eran emitidos como resultado del choque de neutrones. No obstante, tenía que actuar con rapidez, ya que era previsible que otros tuviesen la misma idea. De hecho, se sabe que al menos otro físico, el italiano Ettore Majorana, pensó algo muy similar: «Yo estuve presente —recordaba Emilio Segrè (1979: 48) muchos años después— cuando Majorana leyó el artículo de Curie y Joliot y dijo: "¡Oh!, mira qué idiotas; han descubierto el protón neutro y no se han dado cuenta"». Volveremos a encontrarnos con este científico italiano en el presente capítulo.

No cabe duda de que Chadwick actuó con gran velocidad. Abandonó cualquier otra responsabilidad y se sumergió de lleno en la investigación. En unas notas sin fecha depositadas en los archivos del Churchill College de Cambridge, escribió (citadas en Brown 1997: 105):

> Sucedió que estaba a punto de comenzar a realizar un experimento, ya que había preparado una hermosa fuente de polonio. [...] Comencé con una mente abierta, aunque, naturalmente, mis pensamientos estaban en el neutrón. Estaba razonablemente seguro de que las observaciones de los Curie-Joliot no podían ser adscritas a un tipo de efecto Compton [la difusión, recuérdese, de la radiación electromagnética, y el correspondiente cambio en su longitud de onda, producida por partículas cargadas], ya que yo había buscado algo así más de una vez. Estaba convencido de que había algo bastante nuevo al igual que extraño.

El 17 de febrero, antes incluso de que Irène y Frédéric Joliot enviasen su segundo escrito a *Comptes rendus*, Chadwick (1932 a) transmitía a *Nature* una breve nota (que apareció publicada en el número del 27 de febrero titulada: «Possible existence of a neutron». A esta siguió otra más extensa en *Proceedings of the Royal Society*, con el ya más firme título de «The existence of a neutron» (Chadwick 1932 b). Merece la pena citar algunos párrafos del texto de *Nature* (Chadwick 1932 a):

> Bothe y otros han mostrado que el berilio, bombardeado por partículas α del polonio, emite una radiación con un gran poder de penetración. [...] Al medir la ionización producida por esta radiación del berilio en un recipiente con una ventana pequeña, Mme. Curie-Joliot y M. Joliot han encontrado recientemente que la ionización aumenta cuando se coloca delante de la ventana de entrada materia que contiene hidrógeno. Han demostrado que el efecto es debido a la emisión de protones. [...] Han sugerido que la transferencia de energía al protón se debe a un proceso similar al efecto Compton. [...]
>
> Utilizando un contador de válvulas, he realizado algunos experimentos para estudiar las propiedades de esta radiación excitada por el berilio.

En este punto, presentaba sus observaciones y el análisis de sus datos, los cuales le llevaban a concluir que:

> Estos resultados, al igual que otros que he obtenido en el curso de este trabajo, son muy difíciles de explicar con la hipótesis de que la radiación que sale del berilio es un cuanto de radiación producido en una colisión que conserva la energía y momento. Sin embargo, las dificultades desaparecen si se supone que la radiación está formada por partículas de masa 1 y de carga 0; es decir, por neutrones. Se puede suponer que la captura de la partícula α por el núcleo de Be9 da lugar a la formación de un núcleo C12 y a la emisión de un neutrón.

Ahora bien, el neutrón de Chadwick era en realidad el neutrón de Rutherford. Véase en este sentido lo que escribió en su segundo artículo (Chadwick 1932 b: 697):

> *La hipótesis del neutrón.* Es evidente que tenemos que, o bien renunciar en estas colisiones al principio de la conservación de la energía y el momento, o bien adoptar otra hipótesis sobre la naturaleza de la radiación. Si suponemos que la radiación no es una radiación cuántica, sino que está formada por partículas de masa casi igual a la del protón, desaparecen todas las dificultades relacionadas con las colisiones, tanto con respecto a su frecuencia como a la energía transferida a masas diferen-

tes. Para explicar el gran poder de penetración de la radiación, debemos suponer además que la partícula no tiene carga neta. Podemos suponer que está formada por la estrecha combinación de un protón y un electrón, el «neutrón» discutido por Rutherford en su *Bakerian Lecture* de 1920.

La incertidumbre existente sobre la naturaleza última del neutrón es patente incluso en los tres artículos seminales publicados por Werner Heisenberg, poco más de tres meses después de que Chadwick anunciase su descubrimiento. Estos contienen una teoría del núcleo considerada válida durante mucho tiempo (e incluso en la actualidad, hasta cierta aproximación) y en ellos Heisenberg (1932 a, b, 1933) trataba en ocasiones a la partícula de carga neutra como una entidad independiente y en otras como una combinación de protones y electrones.

Para resolver esta cuestión, fue necesario determinar la masa del neutrón: si era menor que 1,0078 unidades de masa atómica (equivalente a un protón más un electrón), podía tratarse de una partícula compuesta, estabilizada por su «defecto de masa»; si el valor obtenido era mayor, tenía que ser elemental. Las primeras medidas realizadas por Chadwick arrojaron una cantidad aproximada de 1,0067, pero con un considerable margen de error. Mientras tanto, en Berkeley, E. O. Lawrence, M. Stanley Livingston y G. N. Lewis (1933) utilizaron un ciclotrón de 68,5 centímetros para bombardear deuterones y llegaron a un resultado de 1,0006, conclusiones que publicaron en una «Carta al Editor» del número del 10 de junio de *Physical Review*.[6]

El caso es que el neutrón se aceptó como tal en un período relativamente corto, aunque en ocasiones se volviese a resucitar la vieja idea. Su descubridor, James Chadwick, recibió como recompensa el premio Nobel de Física correspondiente a 1935. Poco antes, aquel mismo año, había abandonado el Cavendish por una cátedra en Liverpool y Rutherford le escribió una carta el 19 de agosto (depositada en el Archivo Rutherford de Cambridge) en la que reconocía todos los servicios que había prestado al laboratorio:

6. Los ciclotrones (aceleradores de partículas) se tratarán en otro capítulo. Fue Lewis quien suministró los deuterones para el experimento.

Mi querido Chadwick:

Antes de que nos abandone finalmente, querría expresarle, en nombre del personal y de los estudiantes investigadores del Laboratorio Cavendish, nuestra profunda gratitud por los servicios que ha prestado al Laboratorio durante tantos años.

En particular, me gustaría decirle cuánto he valorado yo personalmente su cooperación en el desarrollo de las actividades del Laboratorio y la forma en que se ha sumergido de todo corazón en la vida del Cavendish. Durante el tiempo que pasó en actividades de dirección, se produjo aquí un desarrollo sin precedentes en las actividades de investigación y gran parte del crédito de que esto haya sido así se debe a su ayuda y guía. Los rápidos cambios en los métodos técnicos que se han producido en ese período han hecho que el trabajo de dirigir de cerca las investigaciones haya sido mucho más difícil e importante, y el peso de esto ha caído en gran parte sobre sus espaldas. Le estamos agradecidos por el gran interés personal que ha tomado por ayudar a muchas personas a obtener puestos adecuados en las universidades y en la industria.

Todos echaremos de menos su presencia y ayuda en el Laboratorio, pero esperamos que en su nuevo puesto encontrará un campo todavía más amplio para sus habilidades. Le deseo todo el éxito y felicidad en Liverpool, y espero que mantenga aún un especial interés por el Laboratorio con el que ha estado conectado durante tanto tiempo.

Con los mejores deseos para usted y Mrs. Chadwick en su nueva vida,

Sinceramente,

ERNEST RUTHERFORD

El neutrón se unía así al exclusivo club de las partículas «elementales», formado en aquel entonces por el electrón, el protón y el fotón, y al que poco después se incorporó el positrón, del que me ocupé en *HFC-2* por razones de su íntima relación con la ecuación relativista del electrón presentada por Paul Dirac en 1926. Como expliqué allí, fue el físico estadounidense Carl Anderson quien lo identificó, mediante el estudio de las trayectorias de los rayos cósmicos en una cámara de niebla, diseñada por Robert Millikan en el verano de 1930. También señalé en esa ocasión que poco después de que Anderson (1933) anunciase su descubrimiento, en el mes de febrero, Patrick Blackett y Giuseppe Occhialini (1933), que colaboraban en el Laboratorio Cavendish de Cambridge, obtuvieron los mismos resultados que el norteamericano, utilizando básicamente las mismas técnicas. En el cuarto capítulo de esta entrega volverán a aparecer Blackett y Occhialini.

6. Fuerzas nucleares: Heisenberg (julio de 1932). El espín isotópico/isospín

Al dar entrada en los núcleos atómicos al neutrón junto al protón y al desplazar de estos al electrón, se planteaba el problema de la fuerza que mantenía unidas a estas dos partículas, una con carga y otra sin ella. En el modelo anterior se podía pensar, *en principio* (pues existían problemas), que al tratarse de un componente nuclear cargado positivamente y otro negativamente la interacción entre ellos sería electromagnética. Sin embargo, poco después de la nota de Chadwick en *Nature*, Dmitri Ivanenko (1904-1994), un importante científico ruso, que trabajaba en Leningrado y estaba bien relacionado con la comunidad internacional de físicos, publicó un texto en el número del 28 de mayo de *Nature* en el que se lee (Ivanenko 1932: 798):[7]

> ¿No sería posible admitir que los neutrones también desempeñan un papel importante en la construcción del núcleo, con *todos* los electrones del núcleo empaquetados en partículas α o en neutrones? La falta de una teoría del núcleo hace, por supuesto, que esta suposición sea bastante incierta, pero tal vez no suene tan improbable si recordamos que los electrones nucleares cambian profundamente sus propiedades cuando entran en el núcleo, y pierden, por así decir, su individualidad, por ejemplo, su espín y momento magnético.

7. Citado en Mehra y Rechenberg (2001: 807). Ivanenko era una persona muy extrovertida, a quien conocí en un congreso. Continuó la senda que había abierto Vladimir Fock en 1926 (véase *HFC-2*, cap. 6), con la primera contribución soviética a la mecánica cuántica, en dos breves trabajos: uno en colaboración con Gamow (Gamow e Ivanenko 1926) y el otro con Landau (Ivanenko y Landau 1926). A finales de 1932, el Instituto Físico-Técnico de Leningrado, dirigido por Abram Ioffe, reaccionó al descubrimiento del neutrón y organizó dos laboratorios, uno encabezado por Igor Kurchátov, el futuro líder del proyecto nuclear soviético, y el otro por Abram Alikhanov, con Ivanenko como teórico.

El principal punto de interés es en qué medida los neutrones pueden ser considerados partículas elementales (al estilo de protones y electrones). Es fácil calcular el número de partículas α, protones y neutrones para un núcleo dado, y de esta manera hacerse una idea sobre el momento [angular] de los núcleos (suponiendo para el neutrón un momento ½[h/2π]). Es curioso que el núcleo de berilio no posea protones libres, sino solamente partículas α y neutrones.

Estas líneas demuestran la confusión que existía. La desintegración β planteaba serios problemas todavía sin resolver y si ahora había que introducir en el núcleo una partícula sin carga como el neutrón de Chadwick, se echaba en falta, como señalaba el artículo, «una teoría del núcleo». A esta tarea se dedicó Werner Heisenberg, quien poco después del consejo Solvay de 1927 había tomado posesión de una cátedra en la Universidad de Leipzig. Este puesto conllevaba la dirección de un Instituto de Física Teórica, una subdivisión del Instituto de Física regido por Peter Debye, quien también llegó a esa ciudad alemana en 1927. En ese centro, Heisenberg reunió a un grupo de magníficos científicos: de 1927 a 1933 pasaron algún tiempo allí, para trabajar o estudiar con él, entre otros, Felix Bloch, Rudolf Peierls, Friedrich Hund, Edward Teller, Lazslo Tisza, Carl Friedrich von Weizsäcker, Lev Landau, I. I. Rabi, John Slater y George Placzek.

Las cuestiones abordadas por Heisenberg al comienzo de esta etapa incluyeron la electrodinámica cuántica, esto es, la cuantización de la teoría clásica. En el capítulo anterior, mencioné que publicó junto a Pauli dos artículos en *Zeitschrift für Physik* (Heisenberg y Pauli 1929, 1930) titulados «Zur Quantendynamik der Wellenfelder» («Sobre la dinámica cuántica de los campos de onda»), los únicos escritos que firmaron en común, a pesar de colaborar de manera muy estrecha durante toda la vida.

Sin embargo, los obstáculos para construir una electrodinámica cuántica eran grandes. Pauli insistía en especial en la autoenergía de los electrones, la interacción de estos con el campo que ellos mismos producían, y que conducía, como ya se comentó en el primer capítulo, a infinitos. Enfrentado con esta dificultad, que no sabía resolver, Heisenberg decidió dedicarse a la aplicación de la mecánica cuántica a cuestiones «menos importantes», como las relacionadas con las investigaciones empíricas que se realizaban en la sección del Instituto dirigida por Debye: explicación teórica de la curva de magnetización, difusión de rayos X por núcleos atómicos o rayos cósmicos. A Bohr le decía en una carta del 27 de julio de 1931 que «he dejado de ocuparme de cuestiones fundamentales, que son demasiado difíciles para mí».[8]

El descubrimiento del neutrón cambió esa situación. Heisenberg supo pronto del resultado alcanzado en Cambridge a través de Bohr, al que visitaba en Copenhague cuando este recibió una carta de Chadwick, fechada el 24 de febrero, en la que adjuntaba copia de su artículo en *Nature*. La reacción de Heisenberg (1932 a, b, 1933) fue una teoría que desarrolló en tres ensayos publicados en *Zeitschrift für Physik* bajo el título común de «Über den Bau der Atomkerne» («Sobre la estructura del núcleo atómico»), el primero de los cuales fue enviado a la revista en junio de 1932 y publicado en julio.[9]

En estos escritos, el físico alemán trataba al neutrón de dos formas diferentes, que reflejaban ideas previas. Por un lado, lo consideraba una partícula fundamental, un constituyente independiente del núcleo, al que aplicaba las leyes de la mecánica cuántica. Por el otro, lo entendía como un compuesto de un protón y un electrón, lo que planteaba serios problemas para una explicación cuantizada. No obstante, varios resultados y fenómenos, como la desintegración β, le obligaban a considerar esta última posibilidad. «Se debe tener en cuenta —señalaba en el primer artículo (Heisenberg 1932 a: 11)— que existen otros fenómenos para los que el neutrón no puede ser considerado una estructura estática. [...] A estos fenómenos pertenecen, por ejemplo, el efecto Meitner-Hupfeld, la difusión de rayos γ en el núcleo. De igual manera pertenecen a esta clase todos los experimentos en los que los neutrones se pueden dividir en protones y electrones; un ejemplo de esto es la disminución de velocidad de los rayos cósmicos cuando pasan a través de los núcleos.»

Carente de una teoría de la desintegración β, veía con buenos ojos la idea de Bohr de que ese proceso podía no respetar la conservación de la energía y el momento, lo que implicaba que la mecánica cuántica no era susceptible de aplicación en ese caso. Ante el problema de explicar la existencia del neutrón como partícula compuesta (de un protón y electrón), escribía en el segundo texto (Heisenberg 1932 b: 163):

8. Citado en Cassidy (1992: 290).

9. El origen de las fuerzas nucleares, incluido el tratamiento de Heisenberg, se estudia en Brown y Rechenberg (1996).

En defensa de esta hipótesis [el neutrón como partícula compuesta], se puede aducir enseguida que la propia existencia del neutrón contradice las leyes de la mecánica cuántica en su forma actual. También demuestra que la mecánica cuántica actual no se puede aplicar a la estructura del neutrón, tampoco la supuesta validez de la estadística de Fermi para los neutrones, al igual que el fallo del teorema de la energía para la desintegración β.

La manifestación más clara que hacía en el sentido de considerar que los electrones (que aparecían en la desintegración β) estaban asociados a los neutrones aparecía en la última sección de la tercera entrega (Heisenberg 1933: 595):

El descubrimiento de la estabilidad del neutrón, que no se puede describir con la teoría actual, permite separar con claridad los dominios en los que se puede aplicar la mecánica cuántica de aquellos en los que no es posible, pues esta estabilidad permite construir sistemas puramente mecánico-cuánticos a partir de protones y neutrones, en los que los nuevos rasgos que aparecen en la desintegración β no presentan ninguna dificultad. Esta posible separación neta de los aspectos mecánico-cuánticos de aquellos rasgos nuevos característicos del núcleo parecen desaparecer si se considera a los electrones como constituyentes nucleares independientes.

Es evidente que Heisenberg se movía entre dos aguas y que estas eran turbulentas, carentes de claridad.

En cuanto a la cuestión de la unión de protones y neutrones para formar un núcleo, el físico alemán la entendía en términos similares al enlace químico de los átomos en las moléculas. Esto le llevó a recurrir a «fuerzas de intercambio». Para explicar sus ideas a este respecto, citaré algunos pasajes de la tercera edición (Heisenberg 1949) de un libro publicado por primera vez en alemán en 1943 (durante la guerra, por tanto), titulado *Die Physik der Atomkerne*. De hecho, emplearé la traducción de Fernando Vela al español, *La física del núcleo atómico* (Heisenberg 1954), que apareció en la editorial de Revista de Occidente.[10]

10. Un año antes de la traducción española, se publicó otra en inglés (Heisenberg 1953).

Reflejo del protagonismo que adquirió la física nuclear durante la segunda guerra mundial es lo que Heisenberg decía en el «Prólogo» a esa tercera edición, fechada en Gotinga en marzo de 1949: «Desde la salida de la primera edición de este librito, durante la guerra, han sido divulgados ampliamente los grandes progresos de la física nuclear y sobre todo de la técnica nuclear atómica, que hasta entonces únicamente eran conocidos en los laboratorios secretos de las potencias beligerantes. Estos progresos son descritos a grandes rasgos en el capítulo 8.º».

DIE WISSENSCHAFT
HERAUSGEBER PROF. DR. WILHELM WESTPHAL
BAND 100

Werner Heisenberg

Die Physik der Atomkerne

Acht Vorträge, gehalten auf Veranlassung des Verbandes Deutscher Elektrotechniker, ausgearbeitet unter Mitwirkung von Frau Dr. Jörges von

Prof. Dr. Wilhelm Westphal

3. Auflage
Mit 40 Abbildungen und 6 Tabellen

SPRINGER FACHMEDIEN WIESBADEN GMBH

Sin embargo, ese desarrollo no afectó al asunto que nos atañe, pues lo que escribió Heisenberg en 1949 no se había alterado sustancialmente desde 1932, salvo en lo que se refiere a la presencia del neutrino (se debe, por consiguiente, obviar la referencia a esta partícula en la cita que sigue). Asumiendo que fuera posible considerar que un neutrón produjera un campo («imagen ondulatoria») o que emitiera un electrón («imagen de partículas»), Heisenberg (1954: 148-150) dijo:

> Si interpretamos la fuerza entre protón y neutrón de esta manera, reconocemos que con la acción de la fuerza está enlazada un cambio de cargas. Si, por ejemplo, para ejercer la fuerza un neutrón tiene que emitir

un electrón y un neutrino, también se cambia su carga y se transforma, por tanto, en un protón. Viceversa, el protón se transforma por la absorción del electrón y del neutrino en un neutrón. Una transformación por entero correspondiente puede también producirse porque un protón emita un positrón y un neutrino que son absorbidos por el neutrón.

Las fuerzas nucleares están, por tanto, enlazadas con un cambio de las partículas cargadas y, por esta razón, las fuerzas de este tipo se llaman fuerzas de intercambio.[11] Son fuerzas de una clase muy especial; es muy característico de ellas que su acción esté ligada con un trueque, un cambio de papeles de los dos participantes. En este aspecto se diferencian por completo de las fuerzas eléctricas. Pero revelan de nuevo un estrecho parentesco con las fuerzas químicas. La teoría de los cuantos ha explicado por qué también estas pueden ser consideradas en general como fuerzas de intercambio. También en ellas se produce ese cambio de cargas. El caso más sencillo es el del ion de la molécula de hidrógeno que se compone de un átomo de hidrógeno y un núcleo de hidrógeno. Trátase, por tanto, de dos protones a cuyo alrededor circula un electrón. Este ion es muy estable y la fuerza que le mantiene unido dimana de que el electrón circula tan pronto alrededor de un protón como del otro. Así también, aquí la fuerza está ligada a un trueque de carga: el paso de un electrón de uno a otro protón.

Aun en forma un tanto primitiva, la introducción de la idea de «fuerzas de intercambio» constituyó un avance muy importante para la física de partículas.[12] El hecho de que protones y neutrones, cuyas masas son casi idénticas, tuvieran la capacidad de transformarse entre sí, condujo a la noción de que podían considerarse como diferentes manifestaciones de una misma clase de corpúsculo, al que se dio el nombre de *nucleón*. También llevó a proponer que la fuerza entre ellos era de un nuevo tipo, a sumarse a las electromagnética y gravitatoria: la interacción fuerte, a la que volveré en el capítulo siguiente. La distinción entre ambas partículas se manifiesta por tanto en el valor que cada una posee de un número cuántico, bautizado por Eugene Wigner con el nombre de «espín isotópico», más tarde deno-

11. Vela utilizaba «intercambiables», pero esta no es una traducción correcta de «*interchange forces*».

12. Un buen examen de la historia del desarrollo de la idea de fuerzas de intercambio se encuentra en Di Mauro, Esposito y Naddeo (2024).

minado simplemente como «isospín».[13] Lo hizo en un artículo publicado en el número de enero de 1937 de *Physical Review* (se recibió el 23 de octubre de 1936), basado en una conferencia que había dado en septiembre durante el Tricentenario de las Artes y las Ciencias de la Universidad de Harvard. Se titulaba «On the consequences of the symmetry of the nuclear Hamiltonian in the spectroscopy of nuclei» y comenzaba como sigue (Wigner 1937: 106):

> Investigaciones recientes [M. A Tuve, N. P. Heydenburg y L. R. Hafstad, Phys. Rev. 50, 806 (1936); G. Breit, E. U. Condon y R. D. Present, Phys. Rev. 50, 825 (1936)][14] parecen demostrar que las fuerzas entre todos los pares constituyentes del núcleo son aproximadamente iguales. Esto hace deseable tratar a protones y neutrones de la misma manera. Un esquema de esto fue propuesto por W. Heisenberg [1932 a] en el artículo en el que consideraba a protones y neutrones como diferentes estados de la misma partícula. Heisenberg introdujo una variable τ que llamaremos el espín isotópico, al que se asigna el valor -1 para el estado protón y el valor $+1$ para el estado neutrón.

En algún momento, Fermi pensó que en lugar de hablar de «isospín» podía ser más adecuado hacerlo de «ispín», como demuestra una carta que le envió Samuel Goudsmit, en su papel de editor de

13. Sobre el isospín y su historia, véase Kemmer (1982).

14. En una escuela de verano celebrada en Escocia en 1970, el físico nuclear de origen ruso Nicholas Kemmer (1911-1998), que estudió en Gotinga, se doctoró en Zúrich con Pauli y se estableció por último en la Universidad de Edimburgo, donde sucedió a Max Born en la cátedra que este ocupó hasta su jubilación, recordaba que fue su director de tesis quien llamó su atención sobre estos trabajos: «El artículo experimental de Tuve, Heydenburg y Hafstad presentaba las medidas experimentales que habían hecho sobre las fuerzas protón-protón y por supuesto tenían grandes dificultades con los efectos de Coulomb que afectaban a las propias fuerzas nucleares. El artículo de Breit, Condon y Present analizaba estos datos y llegaba a la conclusión de que, si se conseguía eliminar la interacción de Coulomb, la interacción protón-protón era idéntica a la interacción protón-neutrón en estados correspondientes. [...] Breit, Condon y Present introdujeron lo que llamaron la *hipótesis de la independencia de la carga*»; citado en Mukherji (1974: 92-93). Se trataba, evidentemente, de distinguir entre la fuerza de Coulomb, que afectaba a la interacción entre los protones, con carga eléctrica, y la nuclear fuerte, entre protones y neutrones.

The Physical Review, el 11 de marzo de 1953 (reproducida en Cronin, ed. 2004: 99):

> Querido Enrico:
>
> He oído, por Telegdi, y también en el artículo tuyo y de tus colegas, que estáis en favor de abreviar «espín isotópico» por «ispín» y que esta abreviación tiene el apoyo de todo el Instituto de Estudios Nucleares.
>
> Querría manifestar mi desacuerdo a esa abreviación. El trabajo en *The Physical Review* me ha enseñado que casi todo autor intenta inventar nuevas palabras y nuevas abreviaciones, que no siempre se escogen sabiamente. Estoy bastante de acuerdo con que el nombre «espín isotópico» fue originalmente una muy mala elección para ese concepto, pero no creo que abreviarlo a «ispín» [*ispin*] lo haga mejor. Puede incluso producir confusión ya que la letra «i» o «I» se utiliza generalmente para el espín nuclear. No sé, incluso, cómo pronunciarlo. ¿Lo harías como en «*ice-pin*» o lo llamarías «*is-pin*'»? No creo que esta abreviación, ni las muchas otras que recibimos para todo tipo de magnitudes físicas, sirva para propósitos útiles.
>
> Sin embargo, si quieres deshacerte de la expresión sin sentido «espín isotópico» sugeriría fuertemente que, a partir de ahora, se denotara con la expresión «T-espín» [*T-spin*] o «τ-espín» [τ-*spin*], que no comprometen a nada. Estamos cambiando las notaciones en tu artículo y en el de Teledgi a «T-espín», de manera que, por favor, haznos saber inmediatamente en caso de que no estés de acuerdo con este cambio, para que la publicación no se vea retrasada innecesariamente.

7. Ettore Majorana

Las fuerzas de intercambio introducidas por Heisenberg en sus artículos de 1932 y 1933 fueron ampliadas y modificadas de manera considerable por un personaje al que se puede calificar de «mítico»: Ettore Majorana (1906-1938).

Miembro del grupo que Enrico Fermi formó en Roma (diré más sobre este círculo en el capítulo 5), durante su corta existencia hizo aportaciones notables a la física, como la «ecuación de Majorana», los «espinores de Majorana» o los «neutrinos de Majorana». Graduado por la universidad romana La Sapienza en 1929, en 1933 y a instancias de Fermi amplió estudios durante unos meses con Heisenberg en Leipzig y con Bohr en Copenhague. No obstante, regresó a la capital italiana ese mismo año por problemas de salud. Sus desvelos fueron reconocidos en noviembre de 1937 con una cátedra de Física en la Universidad de Nápoles. Sin embargo, a pesar de que aquel avance en su carrera podía representar un punto de partida para nuevas contribuciones a la ciencia, de la posibilidad de tener discípulos e incluso, tal vez, de crear una escuela, Majorana se desvaneció ese año durante un viaje en barco de Nápoles a Palermo.

En este punto, surge una historia irresistible, que ha hecho de él un personaje con un aura «mítica». ¿Cómo y por qué desapareció? ¿Se tiró al mar durante el trayecto? ¿Se cayó del buque? Tal ha sido el atractivo de este misterio que el escritor italiano Leonardo Sciascia le dedicó un libro, *La desaparición de Majorana* (1975). En esta obra se hacen reflexiones (de las que no son ajenas las pretensiones literarias) como las siguientes:

> La ciencia, lo mismo que la poesía, está a un paso de la locura, como se sabe, y el joven profesor había dado ya ese paso tirándose al mar o al Vesubio o escogiendo algún otro tipo de muerte todavía más sofisticado. Los familiares, como siempre sucede en los casos en que no se encuentra el cadáver, o se encuentra más tarde, casualmente e irreconocible, entran en la locura de creerlo todavía vivo. Locura que terminaría por apagarse si no fuese porque otros locos se encargan de alimentarla diciendo que han encontrado al desaparecido, que le han reconocido por unas ciertas señales (señales que son vagas antes de encontrarse con los familiares, pero que estos, en sus incontrolados interrogatorios, se encargan de convertir en ciertas).

No se pudo determinar la forma de su desaparición, pero no cabe duda de que tenía ese propósito en mente, como demuestra la carta que envió el 25 de marzo de 1938 a Antonio Carrelli, catedrático de Física Experimental y director del Instituto de Física de la Universidad de Nápoles:[15]

> Querido Carrelli:
>
> He tomado una decisión que por ahora es inevitable. No hay en ella ni el menor gramo de egoísmo, pero reconozco la molestia que le aca-

15. Esta y las cartas que siguen se reproducen en Recami (2020).

rreará a usted y a los estudiantes mi desaparición repentina. Le ruego me perdone por ello, pero especialmente por haber traicionado la confianza, la amistad sincera y la amabilidad que usted ha mostrado durante meses hacia mí. También le pido que dé mis mejores deseos a todos los que he conocido y llegado a respetar en su instituto, en particular a [Sebastiano] Sciuti. De todos los cuales guardaré gratos recuerdos, al menos hasta las once en punto de esta noche, y posiblemente después.

E. MAJORANA

Unas líneas ciertamente ambiguas. Tan solo quedaba claro que quería «desaparecer», pero esto no implicaba «suicidarse». Diferente era la nota dirigida ese mismo día «A mi familia», que dejó en la habitación del hotel de Nápoles en donde se alojaba:

Solo tengo un deseo: que no se vistan de negro. Si quieren llorar mi muerte, entonces háganlo, pero no más de dos o tres días. Luego, si pueden, guarden mi recuerdo en sus corazones, y perdónenme.

Afectuosamente,

ETTORE

«Hemos visto otras cartas de suicidas —escribía Sciascia—, en todas hay, incluso en la grafía, una alteración más o menos acusada. Algo desajustado y caótico. En las cartas de Majorana, en cambio, todo es orden, compostura, un juego en el límite de la ambigüedad que no puede dejar de ser deliberado, conociéndole como le conocemos. Hasta la misma palabra *desaparición*, en vez de muerte o fin, creemos que fue usada para que se entendiera como eufemismo cuando, en realidad, no lo era.»

Enrico Fermi solicitó la ayuda de Benito Mussolini, en una misiva del 27 de julio, que acompañaba a otra de la familia de Majorana:

Duce:

Con referencia a la carta de la familia Majorana que he adjuntado a esta carta, permítame que le describa cuál es, en mi opinión, la posición científica de Ettore Majorana, y cuáles son las perspectivas futuras de su trabajo si, como todos sus colegas tan ansiosamente deseamos, puede retornar a su trabajo para la ciencia italiana.

No tengo la menor duda al decirle, y no exagero, que de entre todos los eruditos investigadores italianos y extranjeros que he conocido, Majorana, por la profundidad de su intelecto, es el que más me ha impresionado. Capaz de realizar hipótesis arriesgadas y a la vez criticar su propio trabajo y el de los demás, matemático sumamente experto y profundo, nunca pierde, bajo el velo de figuras y algoritmos, la esencia real del problema físico, Ettore Majorana posee, al máximo nivel, la rara combinación de habilidades que le convierten en un físico teórico de «clase superior». Y, de hecho, en los escasos años en que tuvo la posibilidad de desempeñar su trabajo, se ganó la atención de los científicos de todo el mundo, quienes le reconocieron como una de las más poderosas mentes de nuestro tiempo y como una garantía de que seguirían más descubrimientos decisivos.

Por estas razones, cuando hace algunos meses el trabajo de Majorana le hizo ganar el mayor reconocimiento con su nombramiento como catedrático por méritos excepcionales, la decisión fue unánimemente aplaudida por todas las partes interesadas. Y las posteriores noticias de su desaparición han consternado a todos los que en él ven a alguien que aún tiene mucho que aportar al prestigio de la ciencia italiana.

Estoy seguro de que represento el sentimiento unánime de todos los científicos al expresar el deseo de que la búsqueda pueda conducir pronto a encontrar a Majorana, y a devolverle al afecto de su familia y a su gran trabajo.

Le ruego acepte mi expresión de profunda devoción,

Enrico Fermi

Nunca se supo lo que sucedió.

Pero volvamos a la física.

Mientras estaba en Leipzig, Majorana pudo conocer no solo los dos primeros artículos de Heisenberg (1932 a, b), sino también el tercero (Heisenberg 1933), que todavía no había visto la luz. Enseguida se dio cuenta de que las fuerzas de intercambio introducidas en los escritos debían ser modificadas. Siguiendo la misma táctica que, como veremos en el capítulo siguiente, empleó Fermi con su teoría de la desintegración β, Majorana anunció sus resultados primero en una breve carta en italiano enviada a *La Ricerca Scientifica*, fechada el 28 de abril y publicada en el número del 30 de abril de esta revista. Solo después, lo hizo con más detalle en un texto en *Zeitschrift für*

Physik (Majorana 1933 a, b). Reproduzco la nota de *La Ricerca Scientifica*:[16]

> Una nota mía, que resume trabajos producidos en Leipzig que aparecerán en *Zeitschrift für Physik*, está en imprenta.
>
> En ese estudio demuestro la posibilidad de reunir en un sistema cerrado de notable simplicidad algunos de los aspectos más característicos de la fenomenología nuclear, tales como la alta estabilidad de la partícula α y el comportamiento general de las curvas de defecto de masa y volúmenes nucleares.
>
> Se supone que los núcleos están constituidos exclusivamente por protones y neutrones, como en la teoría adelantada previamente por Heisenberg, pero para restablecer un acuerdo con la experiencia se han realizado dos modificaciones sustanciales a la teoría.
>
> La primera consiste en el cambio de signo de las fuerzas de resonancia entre partículas heterogéneas, necesario para explicar la hipótesis artificialmente añadida de la aparente impenetrabilidad de los constituyentes nucleares. La segunda modificación se introduce para explicar la estructura compacta de los núcleos de helio y se refiere a la dependencia de estas fuerzas con la orientación de los momentos intrínsecos.

En un congreso notable, *Nuclear Physics in Retrospect* (Stuewer, ed. 1979), que reunió en la Universidad de Minnesota en mayo de 1977 a algunos de los protagonistas de la disciplina en la década de 1930 (Hans Bethe, Otto Frisch, Maurice Goldhaber, Edwin MacMillan, Rudolf Peierls, Emilio Segrè, John Wheeler, Eugene Wigner, H. H. Barschall, Hermann Feshbach, William Fowler, Alfred Nier, Robert Serber y R. R. Wilson), Bethe (1979: 13) explicó las diferencias entre Majorana y Heisenberg en los siguientes términos:

> El artículo de Majorana es completamente moderno. Abandonó la idea de que el neutrón está compuesto y de que las fuerzas de intercambio se deben a intercambio de electrones. No trabajó a partir de la analogía con átomos y moléculas, sino de las propiedades observadas del núcleo, en particular la saturación de fuerzas nucleares y la particular

16. La actividad científica de Majorana, incluidas las traducciones al inglés de sus artículos en *La Ricerca Scientifica* y en *Zeitschrift für Physik*, se estudia en Guerra y Robotti (2008).

estabilidad de la partícula α. Se dio cuenta de que podría suceder que la saturación fuera producto de una fuerza de intercambio, pero de una diferente de la de Heisenberg. Heisenberg pensaba que un neutrón y un protón situados en dos posiciones podían intercambiar sus cargas entre estas dos posiciones. Majorana dijo no; el espín va con la partícula y no se queda en la misma posición. En consecuencia, las fuerzas de Majorana saturaban en He^4, mientras que las fuerzas de Heisenberg se habrían saturado en el deuterón. El singlete del estado-s del deuterón habría tenido una repulsión en lugar de una atracción.

8. Desintegración artificial de los núcleos: Cockcroft y Walton

También en aquel *annus mirabilis* que fue 1932 tuvo lugar otro desarrollo que impulsó el estudio de los núcleos atómicos, esto es, de la física nuclear: la desintegración de la región central del átomo (en este caso de litio) con protones muy acelerados, lograda en el Laboratorio Cavendish por John Cockcroft y Ernest Walton. Este avance llegó gracias a la introducción de los aceleradores de partículas, con los que la disciplina cobró nueva vida, y fue anunciado en un artículo publicado en *Nature* el 30 de abril de 1932. Sin embargo, de esto trataré en el capítulo 4, dedicado a la física de altas energías.

3

Dos interacciones cuánticas: la fuerte y la débil

1. La desintegración β: Pauli y el neutrino

En los dos primeros volúmenes de esta historia de la física cuántica, ya traté de la sugerencia de Niels Bohr, según la cual era posible que en el nivel atómico no se cumpliese la conservación de la energía y el momento, una idea que también ha aparecido en este tomo. El análisis del efecto Compton demostró que la forma más elaborada de su pensamiento, la teoría de Bohr-Kramers-Slater, propuesta en 1924, era errónea. Sin embargo, el físico danés conservó una cierta simpatía por esa posibilidad, a pesar de que la mayoría de los científicos, empezando por Einstein, consideraban que ese principio era sacrosanto. Así, en su intervención en el Congreso de Física Nuclear celebrado en Roma en octubre de 1931 (que ya se mencionó en el capítulo anterior), Bohr (1932: 128) señaló, en referencia a los «problemas de los electrones intranucleares»:

> De los comentarios precedentes quedará claro que un tratamiento de la constitución electrónica intranuclear queda muy lejos del alcance de la mecánica atómica actual. Como las dimensiones nucleares son del mismo orden que el diámetro del electrón clásico, de hecho, hemos abandonado el terreno de una aplicación sin ambigüedades de las ideas de la mecánica clásica y de cualquier otro formalismo que, como la mecánica cuántica actual, esté basado esencialmente en tales ideas. Las paradojas de la mecánica cuántica relativista, que aquí toman su forma

más aguda, deben ser tomadas también como una seria advertencia contra la fiabilidad de semejante formalismo como guía en la investigación de la unión del electrón en el núcleo. Especialmente, se debe hacer hincapié en que cualquier idea de un momento magnético intrínseco en la estimación de las fuerzas entre electrones y protones intranucleares carece de base teórica. De hecho, en el problema de la constitución electrónica de los núcleos, nos enfrentamos a aspectos completamente nuevos de la estabilidad atómica y nuestra única guía segura ha sido hasta el momento la conservación de la carga eléctrica y su atomicidad. En semejante situación, nos vemos conducidos claramente a considerar la captura o la expulsión de un electrón por un núcleo como, respectivamente, una aniquilación o una creación del electrón en tanto que entidad cuántica. No nos debería sorprender, por consiguiente, si se encuentra que estos procesos no obedecen a principios tales como las leyes de conservación de la energía y el momento, cuya formulación se basa esencialmente en la idea de partículas materiales.

En otras palabras, no descartaba la posibilidad de la no conservación de la energía en los procesos atómicos, a propósito de la desintegración ß. Fue James Chadwick (1914), descubridor del neutrón, quien observó en 1914, en el Instituto Imperial Físico-técnico de Berlín, un espectro energético continuo en los fenómenos de ese tipo (emisiones de electrones originadas en núcleos radiactivos). Para entender el problema que representaba semejante resultado, hay que tener en cuenta que tanto la zona central del átomo emisor antes del proceso, como la resultante, tienen niveles discretos y determinados de energía. En consecuencia, un cierto número de «progenitores» debería desintegrarse en «hijos», todos ellos con idénticos niveles energéticos (aunque menores que los de sus «padres»), y emitir partículas ß con una energía igual a la diferencia entre los estados inicial y final. Sin embargo, lo que Chadwick observó era que las emisiones presentaban una distribución continua de energía. ¿Quería esto decir que no se respetaba el principio de conservación?

La respuesta a este interrogante provino de Wolfgang Pauli, quien propuso la existencia de una nueva partícula. La primera vez que se atrevió a hacer esta sugerencia, a fin de resolver el rompecabezas de la radiación ß, fue en una «carta abierta», que envió a través de un colega a una reunión de física celebrada en Tubinga, a la que estaba invitado, pero a la que no pudo asistir. Merece la pena reproducir algunos pasajes de esa misiva (citada en von Meyenn, ed. 1985: 39-40, 1996 a, b: 249-250; Brown 1978; Weart y Phillips, eds. 1985: 344):

> Zúrich, 4 de diciembre de 1930
> Instituto de Física del Instituto Federal de Tecnología (ETH), Zúrich
> Queridas damas y caballeros radiactivos:
>
> Tal como el portador de estas líneas, a quien os ruego encarecidamente prestéis atención, os explicará con más detalle, he encontrado un remedio desesperado para preservar la «ley de la alternancia» de la estadística [«Principio de exclusión (estadística de Fermi-Dirac) y el espín semientero, si el número total de partículas es impar; y la estadística de Bose-Einstein y el espín entero, si el número total es par»] y la ley de la energía en relación con la estadística «errónea» de N-14 y de Li-6, así como para el espectro ß continuo. Estriba en la posibilidad de que en los núcleos puedan existir partículas eléctricamente neutras, que denominaré neutrones, con espín ½, que obedezcan al principio de exclusión y que además se diferencien de los cuantos luminosos por no viajar a la velocidad de la luz. La masa de los neutrones tendría que ser del mismo orden que la masa de los electrones y, en cualquier caso, no mayor que 0,01 veces la masa del protón. El espectro β continuo sería entonces comprensible bajo la hipótesis de que en la desintegración β, junto con el electrón, se emite también un neutrón, de tal forma que la suma de las energías de ambos sea constante.
>
> Queda ahora por responder la cuestión de cuáles son las fuerzas que actúan sobre los neutrones. Me parece que el modelo más apropiado para el neutrón podría ser, según la mecánica cuántica (el portador de estas líneas sabe más acerca de ello), un neutrón estacionario, consistente en un dipolo magnético con un cierto momento μ. Por supuesto, los experimentos requieren que la acción ionizante de tal neutrón no sea mayor que la de un rayo γ y por tanto μ no debería ser, probablemente, mayor que $e\text{-}10^{-13}$ cm.
>
> Puesto que aún no tengo la suficiente seguridad como para publicar algo acerca de esta idea, me dirijo confiadamente y en primer lugar a vosotros, querida gente radiactiva, para planteaos la siguiente pregunta: ¿qué posibilidad existiría respecto a la detección experimental de un neutrón de estas características si poseyera un poder de penetración igual o quizá diez veces mayor que el de un rayo γ?
>
> Admito que mi remedio puede tal vez parecer inapropiado desde el principio, pues probablemente hace mucho que se habrían observado

los neutrones en el caso de existir, pero «quien no se arriesga, no gana», y la gravedad de la situación con respecto al espectro β continuo queda esclarecida por el juicio de mi respetado predecesor, el señor Debye, quien recientemente me dijo en Bruselas: «Oh, es mejor no pensar en todo eso, lo mismo que en los nuevos impuestos». Se debe, por tanto, tratar de encontrar seriamente cualquier vía que posibilite una salida. Así pues, querida gente radiactiva, ponedlo a prueba y juzgadlo. Desgraciadamente, mi presencia en Tubinga no es posible a causa del baile que se celebra en Zúrich la noche del 6 al 7 de diciembre y que me impide salir de aquí.

Muchos saludos tanto a vosotros como al señor Beck.

Vuestro humilde servidor,

W. PAULI

Obsérvese que Pauli empleaba el nombre «neutrón» para una partícula hipotética que no tenía nada que ver con lo que pronto se denominaría de ese modo, pero es que la propuesta se remonta a 1930 y el descubrimiento del «auténtico» no se produjo, como vimos en el capítulo precedente, hasta 1932. El físico austriaco no defendió entonces su idea con gran vehemencia. Fue Enrico Fermi quien introdujo más tarde el término «neutrino» (en italiano, «pequeño neutrón») en un artículo titulado «Tentativo di una teoria dell'emissione dei raggi "beta"» (Fermi 1933). Veamos el lugar exacto en que lo hizo (Fermi 1933; 1962: 540): «Una posibilidad cualitativa de explicar los datos sin tener que abandonar el principio de la conservación de la energía consiste, según Pauli, en presuponer la existencia del llamado "neutrino", es decir, de un corpúsculo eléctricamente neutro con masa del orden de magnitud de la del electrón, o menor». Veremos más adelante que aquel mismo año, Pauli ya se atrevió a defender en público su sugerencia, en una discusión durante el séptimo consejo Solvay, en la que hizo mención del trabajo de Fermi.

Un punto importante en la carta precedente era el relativo a la «estadística errónea». En 1929, Walther Heitler (1904-1981) y Gerhard Herzberg (1904-1999) habían señalado (Heitler y Herzberg 1929) que, de contener el núcleo protones y electrones, la molécula de nitrógeno, N_2, debería incluir catorce y siete respectivamente. Al mismo tiempo, demostraron que obedecía a la estadística de Bose-Einstein. No obstante, poco después Eugene Wigner había llegado a la conclusión de que toda partícula compuesta (como en el ejemplo anterior) debía obedecer a la estadística de Fermi-Dirac si su número de integrantes subatómicos era impar y a la de Bose-Einstein en caso contrario (Wigner 1929). Esto implicaba que N_2 tenía que seguir la primera de ellas, en contra del resultado de Heitler y Herzberg.

Otro aspecto muy importante que es obligado mencionar es que la nota de Pauli asumía de manera implícita que los neutrinos eran «expulsados» del núcleo, es decir, que formaban parte de él junto a protones y electrones. Si en lugar de esto hubiese propuesto su *creación* (como ocurre con los fotones) en transiciones entre estados nucleares, se habría anticipado a lo que, como se verá, propuso Fermi en 1933.

Hasta junio de 1931, en una ponencia en Pasadena, Pauli no mencionó abiertamente su idea del neutrón/neutrino. El texto de su intervención no se publicó, porque el científico austriaco no estaba seguro de que su propuesta fuera correcta, pero años más tarde se refirió a ella durante una presentación en la Sociedad de Ciencias Naturales de Zúrich (Pauli 1996 a, b: 250-251): «En una conferencia que pronuncié en Pasadena en junio de 1931, con ocasión de una reunión de la Sociedad Estadounidense de Física, hice pública por primera vez mi idea acerca de las nuevas partículas neutras de alta penetración que intervenían en la desintegración beta; pero ya no las consideré como constituyentes del núcleo, por lo que esa ocasión no las denominé neutrones y no me refería a ellas con nombre especial alguno. Sin embargo, la cuestión aún me parecía dudosa y no publiqué mi conferencia». De manera inmediata, añadía algo interesante a la vista de lo que pasaría más tarde:

> En ese mismo año, 1931, viajé directamente de Estados Unidos a Roma, donde en octubre tuvo lugar un gran congreso internacional sobre física nuclear. Allí me encontré con Fermi, que enseguida mostró vivo interés por mi idea y una actitud francamente positiva respecto a mis nuevas partículas neutras. También se encontraba allí Bohr, que, en contraposición, defendió su idea de que en la desintegración beta la energía solo se conserva estadísticamente. Poco después, haría pública esta idea en su conferencia Faraday.

Pauli llegó a Roma, al Congreso de Física Nuclear mencionado antes, un día tarde. Entró al lugar de la reunión justo cuando Samuel Goudsmit (codescubridor del espín y ocupante desde 1927 de un puesto en la Universidad de Michigan) pronunciaba su nombre, lo que provocó la risa de los asistentes. Precisamente, fue Goudsmit quien mencionó en su conferencia las ideas de Pauli y lo que este había dicho en Pasadena (Goudsmit 1932: 41):

> En una reunión en Pasadena en junio de 1931, Pauli expresó la idea de que puede existir un tercer tipo de partículas elementales, además de protones y electrones, a saber «neutrones». Estos neutrones tendrían un momento angular ½·h/2π y también un momento magnético, pero no carga. Se mantienen en el núcleo debido a fuerzas magnéticas y son emitidos junto a los rayos β en la desintegración radiactiva. Según Pauli, esto puede evitar dificultades actuales en la estructura nuclear y al mismo tiempo en la explicación del espectro de los rayos β, en el que parece que no se cumple la ley de conservación de la energía. Si se encontrase experimentalmente que tampoco se cumple la ley de conservación del momento, se haría muy probable que se emitiera otra partícula al mismo tiempo con la partícula β. La masa de estos neutrones tiene que ser mucho más pequeña que la del protón, de otra manera se habría detectado el cambio en el peso atómico después de la emisión β. Pauli también cree que los neutrones pueden arrojar alguna luz sobre la naturaleza de los rayos cósmicos.

Aunque Pauli mencionó entonces la posibilidad de que «se emitiera otra partícula al mismo tiempo con la partícula β», lo hizo de pasada y no está nada claro que se entendiera bien. Para que anunciara su idea de manera más prominente, hubo que esperar, como veremos, algún tiempo.

2. El VII consejo Solvay (octubre de 1933)

Entre el 22 y el 29 de octubre de 1933 se celebró en Bruselas el Séptimo Consejo de Física del Instituto Internacional de Física Solvay. Si anteriores ediciones, como la primera de 1911 o la quinta de1927 (de las que me ocupé en *HFC-1* y *HFC-2*) fueron importantes en la historia de la cuántica, esta no lo fue menos. Estuvo dedicada a la

«Estructura y propiedades de los núcleos atómicos» y ya en el discurso de bienvenida, que Paul Langevin, presidente del congreso, pronunció el domingo 23, este explicó la elección del tema (*Structure et Propriétés des Noyaux Atomiques* 1934: ix-x):

> Cuando el Comité Científico se reunió hace dieciocho meses para escoger el tema y decidir las invitaciones, sabíamos que los problemas más importantes de la física actual se planteaban a propósito del núcleo de los átomos, ese segundo subsuelo en el que los físicos han penetrado recientemente, descendiendo bajo la superficie de las cosas donde la experiencia de nuestros ancestros había tenido lugar. En primer lugar, los físicos han descendido al dominio interior del átomo y han comenzado a saber interpretar las nuevas realidades que allí encontraron. Posteriormente han alcanzado un nivel todavía más profundo, el de los núcleos, cuyas dimensiones son dos mil veces más pequeñas que las del átomo. También ahí, han construido nuevos instrumentos de representación, y es al desarrollo de estos esfuerzos al que asistimos después de muy pocos años. Algunos meses antes de la reunión del Comité Científico acababa de celebrarse en Roma, en octubre de 1931, un Congreso consagrado a la Física nuclear, cuyas reuniones han sido traducidas para la publicación de un importante volumen de informes [*Convegno di Fisica Nucleare* (1932)]. Tuvimos algunas dudas sobre si retomar el tema de Roma con solo dos años de diferencia, pero decidimos hacerlo en vista del interés que presenta y contando con que el tema, dieciocho meses más tarde, es decir hoy, se habría renovado lo suficiente como para que tuviésemos cosas nuevas que decir y considerar que no habían sido tratadas en las reuniones de Roma. Nuestras esperanzas se han visto colmadas porque, precisamente, después de dos años, hemos visto aparecer sucesivamente los dos últimos nacimientos de la física nuclear y corpuscular: el neutrón y el electrón positivo, que van a ocupar ambos un gran lugar en nuestras discusiones de esta semana. La decisión que hemos tomado se encuentra así justificada por el pasado y tenemos grandes esperanzas en las conversaciones que se van a producir aquí sobre un tema particularmente actual y vivo.

Los miembros del mencionado Comité Científico eran Paul Langevin, Niels Bohr, Blas Cabrera, Peter Debye, Théophile de Donder, Albert Einstein, Charles-Eugène Guye, Abram Joffé y Owen W. Richardson. Los invitados fueron P. Blackett, W. Bothe, J. Chadwick,

J. D. Cockcroft, Marie Curie (todavía aparecía en las actas como «Mme Pierre Curie»), Maurice de Broglie, P. A. M. Dirac, C. D. Ellis, E. Fermi, G. Gamow, W. Heisenberg, F. Joliot, Irène Joliot-Curie, E. O. Lawrence, L. Meitner, N. F. Mott, W. Pauli, R. Peierls, M. S. Rosenblum, E. Rutherford (que figuraba como «lord Rutherford of Nelson») y E. Schrödinger. A su vez, el Secretariado estaba formado por J.-E. Verschaffelt (profesor de la Universidad de Gante), E. Bauer, H. A. Kramers, L. Rosenfeld y E. T. S. Walton. En resumen, todo un «quién es quién» de la física atómica y nuclear de la época. No solo eran importantes los participantes, también lo eran los temas a tratar, que constituyeron en su conjunto una especie de «puesta de largo» de los avances que habían tenido lugar en esas disciplinas, en especial en 1932.

En recuerdo de Paul Ehrenfest

El 25 de septiembre de 1933, Paul Ehrenfest, el físico austriaco que sucedió a Lorentz en la cátedra de la Universidad de Leiden y que tanto había hecho por arrojar algo de luz sobre los a menudo oscuros, por innovadores, conceptos y desarrollos de la física cuántica, decidió acabar con su vida y con la de su hijo menor, Vassik, que padecía un severo retraso mental.[1] La triste y dramática noticia conmovió a la comunidad científica internacional y el presidente de este consejo Solvay, Paul Langevin, le dedicó las siguientes palabras en la sesión de apertura:

«Y ya que me estoy refiriendo a los ausentes [había mencionado a Einstein y a Charles-Eugène Guye] debemos pensar también en Paul Ehrenfest. Paul Ehrenfest debía estar aquí y nada es comparable a la emoción dolorosa que nos ha conmovido cuando hemos sabido que hace un mes tomó la trágica decisión que creyó debía tomar. Muchos de los que están aquí han sido sus alumnos y todos hemos sido sus amigos. Sabíamos cuál era la actividad, cuál la profundidad de su espíritu, también cuáles eran el calor de su corazón y la seguridad de su amistad; lo habíamos visto dos veces en nuestros congresos de física; una

1. Hay más información sobre este triste suceso en van Delft (2014).

primera vez en 1921, cuando discutíamos la cuestión de los átomos y los electrones. Su entusiasmo en ese momento era particularmente grande; ese congreso de 1921 se desarrolló bajo el signo, podríamos decir, del principio de correspondencia. Nuestro Bohr que esta vez está aquí, no había podido venir, y Ehrenfest estaba en contacto permanente con él. Me acuerdo de las jornadas en que Ehrenfest llegaba después de haber recibido una carta de Bohr y nos aportaba el eco de los pensamientos que se desarrollaban en ese momento en Copenhague. Ponía una alegría y un ardor que nos emocionaban profundamente. No pudo venir a la edición siguiente por estar retenido en Estados Unidos, pero volvió en 1927 al congreso que se ocupó de los electrones y los fotones y que se desarrolló bajo otro signo que el de 1921, el signo del principio de indeterminación. De entre todas nuestras reuniones del congreso de física, en aquella fue en la que el choque de ideas, yo diría incluso la confusión de ideas, alcanzó su máximo. Ehrenfest, que tanto contribuyó a enlazar las ideas antiguas con las ideas nuevas, estaba allí. Representaba de alguna manera el alma de esas reuniones, al tener, más que ninguno de nosotros, la clara consciencia de nuestras dificultades. Recuerdo que un día, después de la interrupción de una sesión, lo que nos había permitido respirar un poco, al regresar nos encontramos, transcrita en la pizarra con su bella escritura, una cita de la Biblia recordando que en la Torre de Babel los hombres hablaban idiomas diferentes y no se entendían. Así, de esta manera pintoresca y viva, que le era propia, había caracterizado aquel momento de nuestra vida colectiva. Ehrenfest estaba en el mismo corazón del drama de la física contemporánea.

[...] Ya no nos será dado más volver a verlo; el drama de nuestra física estaba de alguna manera personificado en él, en la tragedia que ha destruido el gran espíritu y el gran corazón de Ehrenfest. Sé que aquellos que deja atrás reencontrarán, en la familia que nosotros representamos, el apoyo, el confort del que todos tenemos necesidad».

Las conferencias de este simposio fueron las siguientes: J. D. Cockcroft, «La desintegración de elementos mediante protones acelerados»; J. Chadwick, «Difusión anómala de partículas α. Transmutación de elementos por partículas α. El neutrón»; F. e I. Joliot, «Radiación penetrante de átomos bajo la acción de rayos α»; P. A. M. Dirac, «Teoría del positrón»; G. Gamow, «El origen de los rayos γ, o los niveles de energía nucleares»; y W. Heisenberg, «Consideraciones teóricas generales sobre la estructura del núcleo».[2] Básicamente, los contenidos de estas intervenciones apenas diferían de los trabajos publicados con anterioridad. Se trataba sobre todo de presentar esos textos y de que el resto de los participantes tuviera la oportunidad de comentarlos. Entre lo más destacable del encuentro, figura el hecho de que Pauli aprovechara la ocasión para exponer de manera formal su idea del neutrino. Lo hizo al comienzo de la discusión en torno a la ponencia de Heisenberg, en la que, por supuesto, la desintegración β ocupó un puesto preferente. Veamos lo que dijo (*Structure et Propriétés des Noyaux Atomiques. Rapports et discussions* 1934: 324-325):

> La dificultad proveniente de la existencia del espectro continuo de los rayos β consiste, como si dijéramos, en que la duración media de la vida de los núcleos que emiten estos rayos, como la de los núcleos de los cuerpos radiactivos que resultan, posee valores bien determinados. De esto se concluye necesariamente que el estado, así como la energía y la masa del núcleo que queda después de la expulsión de la partícula β están también bien determinados. [...]
>
> En este orden de ideas se han presentado dos interpretaciones. La que defiende Bohr admite que las leyes de la conservación de la energía y del momento no son válidas cuando se trata de un proceso nuclear en el que las partículas ligeras juegan un papel esencial. Esta hipótesis no me parece satisfactoria, ni siquiera plausible. De entrada, la carga eléctrica se conserva en el proceso, y no veo por qué la conservación de la carga sería más fundamental que la de la energía y el momento. Además, son precisamente relaciones energéticas las que regulan varias propiedades características de los espectros β (existencia de un límite superior en relación con los espectros γ, criterio de estabilidad de Heisenberg). Si las leyes de conservación no fueran válidas, habría que concluir de estas relaciones que una desintegración β siempre va acompañada de una pérdida de energía y jamás de una ganancia; esta conclusión implica

2. Las actas se publicaron con todas las conferencias y discusiones traducidas al francés.

una irreversibilidad de procesos con respecto al tiempo, que no me parece en absoluto aceptable.

En junio de 1931, con ocasión de una conferencia en Pasadena, he propuesto la siguiente interpretación: las leyes de conservación continúan siendo válidas, estando la expulsión de las partículas β acompañadas de una radiación muy penetrante de partículas neutras, que no ha sido observada hasta el momento. La suma de energías de la partícula β y de la partícula neutra (o de partículas neutras, puesto que no se sabe si hay solo una o más de una) emitida por el núcleo en un solo proceso, será igual a la energía que corresponde al límite superior del espectro β. No es necesario decir que admitimos no solo la conservación de la energía sino también la del momento, la del momento angular y la del carácter de la estadística en todos los procesos elementales.

En cuanto a las propiedades de estas partículas neutras, los pesos atómicos de los elementos radiactivos nos obligan a que sus masas no pueden superar mucho la del electrón. Para distinguirlas de los neutrones pesados, Fermi ha propuesto el nombre «neutrino». Es posible que la masa propia de los neutrinos sea igual a cero, de manera que se deberían propagar con la velocidad de la luz, como los fotones. Su poder de penetración sobrepasará en mucho el de los electrones de la misma energía. Me parece admisible que los neutrinos posean un espín ½ y que obedezcan a la estadística de Fermi, aunque es cierto que los experimentos no nos proporcionan ninguna prueba directa de esta hipótesis. No sabemos nada de la interacción de los neutrinos con las otras partículas materiales y con los fotones: la hipótesis de que poseen un momento magnético, como lo había propuesto en otra ocasión (la teoría de Dirac conduce a prever la posibilidad de la existencia de partículas neutras magnéticas), no me parece fundada del todo.

En este orden de ideas, el estudio experimental del equilibrio del impulso en las desintegraciones β constituye un problema de la más alta importancia; se puede prever que las dificultades serán muy grandes debido a la pequeñez de la energía del núcleo que recula.

3. Enrico Fermi

Hemos visto que Wolfgang Pauli supuso en un primer momento que la partícula que proponía para solucionar el problema del espectro de energía de la desintegración β, el neutrón/neutrino, se encontraba en el núcleo antes de ser emitido. Más adelante (en la conferencia de Pasadena de junio de 1931) abandonó esa idea, pero no avanzó en la explicación de la «dinámica» del fenómeno. Fue Enrico Fermi (1901-1954) quien dio ese paso. Sin embargo, antes de abordar este punto y habida cuenta de la importancia que tuvo el italiano en la física de la primera mitad del siglo XX, es conveniente decir algo de su biografía. Sobre todo, porque aparecerá en varios lugares de este libro, en los que ampliaré los detalles de su vida y obra.

Lo primero que hay que señalar a este respecto, es que Fermi fue uno de los raros ejemplos de físico con parecida soltura tanto en el trabajo teórico como en el empírico (otro de esos «pocos» fue Isaac Newton).

Nació en Roma el 29 de septiembre de 1901, el tercer hijo de Alberto Fermi e Ida De Gattis. Su padre trabajaba en el entonces naciente sector del transporte ferroviario, primero en una empresa privada y tras la nacionalización estatal de los ferrocarriles como funcionario público. Con el tiempo, alcanzó un puesto bastante alto, *capo divisione*, equivalente a brigadier general en el ejército. Por su parte, su madre fue profesora de primaria durante casi toda su vida. Enrico demostró su brillantez desde muy pequeño. Un amigo íntimo de juventud, Enrico Persico, que también se dedicó a la física, dejó la siguiente semblanza del muchacho (Segrè 1982: 21):[3]

> Cuando lo conocí, él tenía catorce años, y con sorpresa advertí que mi compañero no solo «sabía mucho de ciencia», como solíamos decir, sino que tenía un tipo de inteligencia que difería completamente de la de los demás muchachos a quienes yo consideraba buenos estudiantes e inteligentes.
>
> Adquirimos la costumbre de efectuar juntos largas caminatas, cruzando la ciudad de Roma de un lado a otro, discutiendo toda clase de temas con el ímpetu característico de la juventud. Pero en esas charlas de adolescentes Enrico siempre tenía una precisión de ideas, una seguridad en sí mismo y una originalidad que no dejaban de sorprenderme.

3. Existen numerosas publicaciones sobre Fermi. Entre ellas destacaré, además de Segrè (1962, 1982), las de Schwartz (2017), Cronin, ed. (2004), Laura Fermi (1954) y Battimelli (2003). Emilio Segrè (1905-1989), cuya actividad científica (que le reportó el premio Nobel de Física) aparecerá en otro capítulo, fue el primer estudiante de grado de Fermi; su autobiografía (Segrè 1993) incluye numerosos detalles acerca de su relación con su maestro.

Además, en el campo de las matemáticas y de la física, mostraba un conocimiento de muchos temas que iba más allá de lo que nos enseñaban en la escuela. Conocía estos tópicos de manera que podía usarlos con extrema facilidad y familiaridad, su conocimiento no era solamente académico. Aun en esta época, conocer un teorema o una ley para él significaba primordialmente saber a fondo cómo utilizarlos.

En su ciudad natal, estudió en el liceo Umberto I y recibió el correspondiente diploma final en julio de 1918 (sin necesidad de realizar el último curso), tras lo cual ingresó en la Escuela Normal Superior, anexa a la Universidad de Pisa. Preguntado por Persico si prefería dedicarse a la matemática o a la física, Fermi le contestó (Segrè 1962: vol. 1, xx): «Estudié matemáticas con pasión porque la consideré necesaria para el estudio de la física, a la que quería dedicarme exclusivamente». Para ser admitido en esa institución, que tenía su sede en el Palacio de los Caballeros, en una plaza cercana a la famosa catedral y a la Torre Inclinada, tuvo que superar un exigente examen-concurso, que se celebró el 14 de noviembre de 1918. Según Segrè (1982: 28), el joven se presentó a esta prueba con una formación que superaba lo que se podía esperar de un muchacho de su edad: había leído, y aprendido, el gran tratado de física del ruso Orest Danilovich Chwolson (1852-1934) en su traducción al francés de 1906 (de hecho, la grafía «Chwolson» es la que se utilizó en este idioma), previa a las versiones alemana y española.[4] Lo mismo hizo con la *Mecánica* de S. D. Poisson. La Universidad de Pisa era entonces uno de los mejores centros de educación superior de Italia y en

4. La editorial barcelonesa Feliu y Susana publicó la traducción al español. Constó de dieciséis tomos. El primero de ellos, «Mecánica, instrumentos y métodos de medición» (1916), fue traducido por el ingeniero Juan B. de Aguilar Amat. El segundo, «Estado de los cuerpos», apareció el mismo año, mientras que el tercero, «Acústica», llegó en 1917. El último de todos, «Isotopía. Superconductores» lo hizo en 1926, en versión del perito químico Francisco de P. Feliu. Fue un esfuerzo colosal, mayor que el que décadas más tarde llevó a cabo la editorial Reverté con el «Curso de Física Teórica» de Landau y Lifshifz. Este tratado constaba de diez volúmenes, los tres últimos de los cuales tuvieron como autores: el 8 a Landau, Lifshitz y Pitaevskii; y el 9 («Física estadística. Parte 2») y el 10 («Cinética de la física») solo a Lifshitz y Pitaevskii. La traducción corrió a cargo del notable físico teórico de la Junta de Energía Nuclear Ramón Ortiz Fornaguera (1916-1974), responsable también de la versión en castellano de *Fundamentos matemáticos de la mecánica cuántica* de John von Neumann.

ella habían enseñado matemáticos de la talla de Enrico Betti o Luigi Bianchi. Por su parte, en la Escuela Normal Superior (fundada en 1810 por Napoleón como una rama de la famosa institución homónima francesa) se fomentaban los estudios avanzados y la investigación. Fermi continuó allí con su método autodidacta de aprendizaje. En febrero de 1919, escribía a Persico (Segrè 1962: vol. 1, xxiii) que había leído la *Théorie des tourbillons* de H. Poincaré, la *Mécanique rationelle* de P. Appell, en especial los métodos de la mecánica racional, y que había comenzado a estudiar la *Theoretische Chemie* (*Química teórica*) de W. Nernst y el *Lehrbuch der Allgemeinen Chemie* (*Tratado de química general*) de W. Ostwald. Es probable que en 1921 leyera también *Raum, Zeit, Materie* de H. Weyl.

En julio de 1922, se doctoró *cum laude*, gracias a una tesis que más tarde dio lugar a dos artículos, publicados en la revista *Nuovo Cimento* en1922 y 1923 respectivamente: «I raggi Röntgen» y «Formazione di imamagini coi raggi Röntgen». Con anterioridad, ya había dado a la imprenta otros cinco trabajos, el primero de los cuales, «Sulla dinámica di un sistema rigido di cariche elettriche in moto traslatorio», apareció en *Nuovo Cimento* en 1921.[5] Tres días más tarde, obtuvo el diploma de la Escuela con un ensayo sobre probabilidad, *Un teorema di calcolo delle probabilità ed alcune sue applicazioni*, que algunos años después, en 1926, fue la base de otro texto en la misma publicación, «Sopra una formula i calcolo delle probabilità».

Finalizados sus estudios de doctorado en Pisa, regresó a Roma para vivir con sus padres. Enseguida entró en contacto con el senador, catedrático de Física Experimental y director del Instituto de Física de la Universidad de Roma, Orso Mario Corbino (1876-1937), quien influyó poderosamente en su carrera. En febrero de 1923, Fermi consiguió una beca del Ministerio de Instrucción Pública para ampliar su formación en el extranjero y eligió Gotinga para trabajar con Max Born. Sin embargo, no disfrutó mucho de su estancia allí, quizá porque su estilo científico no se amoldaba bien al tono abstracto y formal favorecido por el grupo de Born. Más beneficioso fue el tiempo que pasó en Leiden, junto a Paul Ehrenfest, con una subvención de la Fundación Rockefeller.

5. Estos artículos se reproducen en el volumen 1 de sus *Collected Papers* (Fermi 1962), que cubre el período 1921-1938.

Regresó a Roma en 1924 y comenzó su carrera académica propiamente dicha con un curso introductorio de matemáticas para químicos. Al año siguiente, fue nombrado «docente independiente», lo que le permitió ejercer de profesor de Mecánica y Física Matemática en la Universidad de Florencia. Allí realizó su primera contribución importante a la ciencia (Fermi 1926 a, b): la formulación de la estadística de Fermi-Dirac, que gobierna las partículas sometidas al principio de exclusión de Pauli, los «fermiones», como se denominarían más tarde en honor suyo.

Poco después de obtener este resultado fundamental, Corbino consiguió que se creara para él una cátedra de Física Teórica, la primera con este nombre en Italia, en la Universidad de Roma. La correspondiente oposición tuvo lugar en noviembre de 1926. Comenzó entonces, en el famoso instituto del número 89 de la Via Panisperna, uno de los períodos de mayor éxito de su trayectoria científica. Allí pudo demostrar plenamente sus capacidades, que pronto atrajeron no solo a jóvenes del país, sino también a estudiantes internacionales. Uno de estos fue Hans Bethe, quien después de pasar seis meses en Cambridge con una beca de la Fundación Rockefeller, decidió estudiar el semestre restante en Roma con Fermi. El 23 de abril de 1931 escribía a su íntimo amigo Rudolf Peierls (Lee 2007: 86):

> Me gusta mucho Roma. Puedes pasear por la ciudad una y otra vez, y siempre encuentras algo bello. Estoy cada vez más entusiasmado con la antigüedad y menos con el Renacimiento y las iglesias barrocas, que no se corresponden con mi idea de lo que debería ser una iglesia. Fenomenal (y muy importante) es la comida. Puedes realizar un tour de descubrimiento simplemente a través de la comida, y los 53 tipos diferentes de macarrones. Calamares y alcachofas saben mucho mejor que el cordero y el repollo de Cambridge.
>
> Pero lo más atractivo de Roma es definitivamente Fermi, que creo que no ha sido suficientemente apreciado en el mundo de la física. Su habilidad para sintetizar cualquier problema es asombrosa; puede decir inmediatamente si un artículo tiene sentido o no, incluso si solamente lo ha visto por primera vez, y su juicio de la literatura teórica y experimental (!) es virtualmente infalible.

Diré más sobre el grupo de Fermi en un capítulo posterior, pero ahora quiero detenerme en su trabajo sobre la desintegración beta.

4. La teoría de la radiación beta de Fermi. La interacción débil

La propuesta del neutrino explicaba el espectro de energía continuo de la desintegración β, pero ¿cómo se podía entender la transformación del neutrón para dar lugar a un protón más un electrón y un neutrino (en realidad, como se vio con posterioridad, era un antineutrino electrónico)? Se trataba, por consiguiente, de un proceso en el que se creaban y destruían partículas. Esto no era nuevo, pues ya se sabía que los fotones experimentaban cambios de este tipo, en la emisión de luz y en la absorción de radiación (un átomo emite un fotón cuando se produce un salto de un electrón desde un nivel superior a otro inferior y lo absorbe en el caso inverso).

La teoría que elaboró Fermi a este respecto contaba con varios antecedentes. Por un lado, partía de la base de que el neutrón era un constituyente del núcleo y de que se respetaba el principio de conservación de la energía y el momento. Por otro, mantenía las ideas de Heisenberg, con la introducción del isospín. El último de sus fundamentos era un artículo del propio Fermi del que no he hablado. Se trata del que publicó en enero de 1932 en la revista *Reviews of Modern Physics* con el título «Quantum theory of radiation» (Fermi 1932). De acuerdo con sus propias palabras en la «Introducción», «desarrollo las fórmulas generales de la teoría de Dirac [1927 a], y demuestro su aplicación a varios ejemplos característicos (Parte I). En la segunda parte de este trabajo, se analiza la ecuación de onda relativista del electrón de Dirac en relación con la teoría de la radiación. La tercera parte estará dedicada a los problemas de la electrodinámica cuántica general y a las dificultades relacionadas con ella».

Este trabajo fue importante al clarificar lo que Dirac había hecho en su ensayo de 1927. Según Victor Weisskopf (1983: 63):

> Una gran ayuda para todos nosotros fue un artículo de Enrico Fermi, «The quantum theory of radiation», que se publicó a comienzos de 1932. Contenía una lúcida presentación de la teoría de la radiación de Dirac, su ecuación de onda relativista y los fundamentos de la electrodinámica cuántica. Utilizaba lo que ahora se llama «gauge de Coulomb» y así evitaba las dificultades de los cuantos longitudinales que causaron tantos problemas a Heisenberg y Pauli cuando intentaron desarrollar una teoría consistente. Hans Bethe hablaba por muchos de nosotros

cuando escribió: «Probablemente, muchos de vosotros, como yo, hayamos aprendido nuestra primera teoría de campos del maravilloso artículo de Fermi».

La teoría de la desintegración β que Fermi elaboró utilizaba técnicas desarrolladas en ese texto, pero generalizadas, puesto que en el artículo no se había tenido en cuenta la segunda cuantización, que permitía la creación y aniquilación de partículas, precisamente lo que sucedía en el fenómeno que se pretendía explicar. En el congreso *Nuclear Physics in Retrospect*, organizado por Roger Stuewer, Emilio Segrè (1979: 49-50) recordó la génesis de la propuesta:

> Después del consejo Solvay, Fermi regresó a Roma, reflexionó sobre la teoría de la desintegración β, y decidió que tenía que aprender la segunda cuantización. Había dejado de lado los operadores de creación y aniquilación en su famoso artículo sobre la electrodinámica [Fermi 1932], porque no podía utilizarlos muy bien. Ahora, en 1933, decidió que tenía que comprenderlos. De manera que se sentó y los estudió. Entonces dijo: «Creo que los he comprendido. Ahora voy a hacer el ejercicio de comprobar si realmente los entiendo». Y continuó para establecer su teoría de la desintegración β, que en su propia estimación probablemente fue el trabajo más importante que realizó como teórico. Me dijo que pensaba que sería por este descubrimiento por lo que sería recordado.

El resultado fue un artículo que quiso publicar en primer lugar en *Nature*. El motivo por el que eligió esta revista, en lugar de la por entonces más prestigiosa *Zeitschrift für Physik*, a la que, de hecho, él ya había enviado alguna contribución, lo explicó Segrè:

> Recuerdo que estábamos esquiando en los Alpes en la Navidad de 1933 y una tarde él [Fermi] me explico su teoría. Por entonces Hitler tenía casi el poder en Alemania y estábamos bastante en contra de él. A Fermi obviamente no le gustaba Hitler, pero era más conservador en lo que respecta a romper con el pasado y pensaba que debíamos continuar publicando en *Zeitschrift für Physik*. Le dijimos: «No, publiquemos en una revista inglesa. Comencemos a publicar en inglés y olvidemos a los alemanes». Después de una fuerte presión, persuadimos a Fermi para que enviase su artículo a *Nature*, que enseguida lo rechazó. No había

nada entonces que pudiésemos hacer. Se envió a *Zeitschrift für Physik*. Pero fue el último artículo enviado a esa revista desde Roma.

Estrictamente hablando, Fermi (1933) había enviado con anterioridad un resumen, «Tentativo di una teoria dell'emissione dei raggi beta», a *Ricerca Scientifica*, con toda probabilidad para asegurarse la prioridad del planteamiento. A esta nota, siguieron dos textos más detallados, básicamente idénticos: uno en italiano, publicado en *Nuovo Cimento*, y otro en alemán, el que mencionaba Segrè (Fermi 1934 a, b), «Versuch einer Theorie der ß-Strahlen. I» («Hacia una teoría de los rayos ß. I»).

La idea de Fermi era que la desintegración β respondía a un nuevo tipo de interacción entre partículas (más tarde denominada «fuerza nuclear débil»), que daba lugar a la transformación de un neutrón en un protón y a la creación simultánea de un electrón y un neutrino (en puridad, un antineutrino). En el breve resumen de *Ricerca Scientifica*, los detalles matemáticos eran bastante escasos y no se lograba el acuerdo con los resultados experimentales (el espectro continuo de Chadwick). No obstante, justo al final se podía leer (Fermi 1933: 495): «La teoría permite finalmente calcular la curva de distribución de las velocidades de las partículas β». Semejantes limitaciones fueron subsanadas en los artículos posteriores de *Nuovo Cimento* y *Zeitschrift für Physik*. Un punto que es preciso señalar es que esta propuesta solo contenía un parámetro desconocido, que podía calcularse mediante la medición de la vida media de las desintegraciones β «permitidas». Esta cantidad G, más adelante denominada «constante de Fermi», determina la intensidad de la nueva interacción y fue su pequeño valor el que dio origen al nombre de «fuerza nuclear débil».

Veremos en otro capítulo que la teoría original tuvo que modificarse, cuando se descubrió que algunos procesos debidos a esta interacción violaban la invariancia bajo inversión espacial ($x \rightarrow -x$), denominada «paridad».

5. El descubrimiento del neutrino

En última instancia la idea de la existencia del neutrino terminó por implantarse, pero descubrirlo en la naturaleza llevó mucho más tiempo. Para completar la, podríamos decir, «saga del neutrino» y aunque esto signifique romper la secuencia temporal que procuro seguir, me detendré en su detección experimental. No obstante, también debo señalar que finalmente se encontraron tres tipos de neutrinos (dos de ellos vinculados a partículas de las que hablaré más adelante): uno asociado al electrón, ν_e, otro al muón, ν_μ, y un tercero (distinguible con mucha dificultad de los dos anteriores) al tauón, ν_τ. La posibilidad de que existiera el segundo de estos fue apuntada en 1949 por Jack Steinberger (1949) y probada (más en concreto, lo que se demostró fue que este era diferente del neutrino electrónico) en el sincrotrón AGS de Brookhaven por Gordon Danby, Jean-Marc Gaillard, Kostantin Goulianos, Leon Lederman, Nathan Mistry, Melvin Schwartz y Jack Steinberger (1962). Por este descubrimiento, los directores del grupo, Lederman, Schwartz y Steinberger, recibieron el premio Nobel de Física en 1988. A su vez, la presencia del neutrino tauónico se dedujo de una serie de experimentos realizados entre 1974 y 1977 por el equipo que trabajaba con los aceleradores de Stanford y Berkeley, dirigido por Martin Lewis Perl (Perl *et al.* 1975)

Descubrir el neutrino en la naturaleza fue, en efecto, una tarea extremadamente difícil, pues se trata de una partícula muy esquiva. Como dijo Pauli en el consejo Solvay, era de prever que su masa fuera muy pequeña, o incluso nula, posibilidad esta que se contempló en un primer momento, pero que luego se demostró errónea. De hecho, solo era posible detectarlo si interactuaba con algún otro objeto, lejos del lugar y del momento en el que se había producido la desintegración β en la que tenía su origen. Este era un obstáculo insalvable en verdad: cálculos basados en la teoría de Fermi, realizados por Bethe y Peierls (1934), demostraron que su sección eficaz (parámetro físico que representa su capacidad de interacción), para una energía de 2,3 MeV (1 MeV=1.000.000 eV), era minúscula, menor que 10^{-44} cm^2/núcleo. Esto significaba que podía atravesar 10^{14} kilómetros de materia sin interaccionar con ningún átomo, lo que les llevó a concluir que «es absolutamente imposible observar procesos de este tipo con los neutrinos creados en transformaciones nucleares».

El principal responsable de demostrar que se equivocaban fue Frederick Reines (1918-1998).[6] El aspecto esencial del neutrino en el que se basó, o, mejor dicho, el que aprovechó, fue su gran cantidad.

6. La historia de la búsqueda del neutrino por Reines se detalla en Cole (2021).

La sección eficaz calculada por Bethe y Peierls era correcta, pero en fenómenos físicos que produjesen un número comparativamente elevado de estas partículas (como una explosión atómica, algo en lo que no podían pensar Bethe y Peierls en 1934) cabía la posibilidad de que se lograra detectar alguna.

Al igual que otros físicos destacados, Reines trabajó en la División Teórica de Los Álamos, el corazón del Proyecto Manhattan, dirigido por Robert Oppenheimer. Allí, estaba encargado de reunir los materiales necesarios para fabricar bombas atómicas y hacer funcionar estos dispositivos (volveré a este tema en un capítulo posterior). Años después, en un congreso internacional sobre la historia de la física de partículas celebrado en París en julio de 1982, él mismo (Reines 1982) explicó el modo en que llegó a descubrir neutrinos libres. Citaré su intervención:[7] «Desde la primera explosión de una bomba nuclear en Nuevo México en el verano de 1945, me interesé en la física y las consecuencias de los fenómenos no habituales que caracterizaban a semejante explosión. Además de la evidente onda expansiva, radiación térmica, rayos gama y neutrones, se pensaba que las explosiones nucleares producían un relativamente breve e intenso pulso de neutrinos». Sin embargo, en ese entonces no pensó demasiado en estas partículas. Al acabar la contienda, Reines continuó su trabajo en Los Álamos y fue en ese laboratorio, en 1951, después de las pruebas nucleares realizadas en el atolón Eniwetok, en el Pacífico, donde decidió «buscar un problema de física que, al contrario que los desarrollos de armamentos, fuese de naturaleza más fundamental, uno en el que pudiese dejar mi sello». Para ello, solicitó permiso a su jefe en el departamento, de modo que pudiese dedicarse algún tiempo solo a pensar. Este se lo concedió. «Fue un período muy difícil. Los meses pasaban y todo lo que pude extraer del subconsciente fue la posible utilidad de aquellas bombas para detectar neutrinos de manera directa.» Por fortuna, Fermi visitó Los Álamos aquel verano y Reines le comentó su idea. «Recuerdo que la conversación transcurrió de la manera siguiente: “He estado pensando sobre cómo detectar neutrinos, y creo que la bomba es la mejor fuente”. Fermi reflexionó un minuto y dijo un sí que a mí me pareció un tal vez. Entonces dije que me parecía que se necesitaría un detector con una masa de alrededor de una tonelada. Él estuvo de acuerdo. Luego dije que no tenía idea de cómo construir tal detector.

7. Véase también Reines (1989).

Él reconoció que tampoco sabía cómo y con aquello terminó la conversación.»

Algunos meses después, Clyde Cowan, que también trabajaba en Los Álamos, se unió al proyecto de Reines. Se centraron en el proceso inverso a la desintegración β:

$$\nu^{-} + p \rightarrow n + e^{+}$$

(un antineutrino que interacciona con un protón y produce un neutrón más un positrón).

En el otoño de 1952, se dieron cuenta de que podrían utilizar un reactor nuclear, en lugar de una bomba, como fuente de partículas a detectar. «Recuerdo —explicó Reines— una conversación con H. A. Bethe en la que me preguntó cómo pensábamos distinguir un suceso producido por un neutrino de otras señales asociadas a la bomba. Le expliqué cómo, además de utilizar un blindaje que detuviese los rayos gamma y los neutrones, podríamos usar la coincidencia retardada ente el positrón y el neutrón producidos, para identificar la interacción del neutrino. No fue hasta muchos meses después que Cowan y yo nos dimos cuenta de que este procedimiento podría reducir drásticamente el fondo de señales, de manera que, en lugar de una bomba, podríamos ser capaces de utilizar como fuente la fisión continua que se produce en un reactor.» El 4 de octubre de 1952, escribió a Fermi para informarle de la novedad (Cronin, ed. 2004: 91):

> Querido Enrico,
>
> Pensamos que podías estar interesado en la última versión de nuestro experimento para detectar el neutrino libre, de ahí esta carta. Como recordarás, planeábamos utilizar una explosión nuclear como fuente, por problemas de fondo. Hasta la semana pasada no se nos ocurrió que el problema del fondo de señales podría reducirse hasta el punto de que el reactor de Hanford fuese suficiente para contar únicamente coincidencias retardadas entre el pulso del positrón y el pulso de captura del neutrón.

Aún quedaba mucho por hacer, pero aquella idea condujo en última instancia a la ansiada detección. Como se indicaba en la carta a Fermi, el lugar elegido para los experimentos fue la central nuclear de Hanford Engineer Works, una instalación construida durante la segunda guerra mundial a orillas del río Columbia, en el estado de Washington.

Reines y Cowan decidieron utilizar una técnica nueva para identificar los productos de ese proceso inverso: un contador de centelleo con un líquido que era una mezcla de compuestos orgánicos y con una pequeña cantidad de sales de cadmio. Además, este detector podía desempeñar el papel de blanco, puesto que contenía protones. Estos interactuaban con los antineutrinos, para generar positrones muy energéticos y neutrones (que eran capturados por el metal en las sales). De este modo, la primera señal que se observaría sería la de los rayos gamma resultantes de la aniquilación de los positrones, en la forma de destellos captados por los fotomultiplicadores convenientemente instalados. De uno a nueve microsegundos más tarde, se apreciaría una radiación del mismo tipo y muy energética, debida a la absorción de los neutrones por el cadmio.

Por desgracia, los experimentos realizados no fueron todo lo concluyentes que los investigadores hubiesen querido, debido al fuerte ruido de fondo generado por los rayos cósmicos y a las señales eléctricas producidas en el reactor (y cuya fuente acabó por localizarse en un ascensor que transportaba las barras de uranio del combustible). Aun así, los dos científicos detectaron posibles indicios, que reseñaron en un documento (Reines y Cowan 1953 b) fechado el 6 de agosto de 1953. En un primer momento, su informe fue calificado de reservado (aunque esta restricción fue levantada enseguida, el 24 del mismo mes), a pesar de que un escrito idéntico había sido enviado el 9 de julio a *Physical Review*, donde vio la luz (Reines y Cowan 1953 c). Con anterioridad, en febrero de ese año, ya habían remitido a esta publicación una carta en la que esbozaban el experimento que se proponían realizar (Reines y Cowan 1953 a).

Estimulados por los resultados y con la ayuda de varios grupos de Los Álamos, se dedicaron a mejorar el detector. Para las siguientes pruebas, eligieron un reactor nuevo y más poderoso (producía setecientos megavatios de potencia en la época), que se encontraba en la central nuclear del río Savannah. Además, era una instalación particularmente adecuada para esta investigación, debido a su pequeño tamaño y al hecho de que disponía de un lugar blindado a once metros de su núcleo y a unos doce de profundidad, en donde se podía colocar el detector (este contaba con tres tanques llenos de líquido susceptible de producir destellos al paso de los neutrinos y con

110 fotomultiplicadores cada uno).[8] Así, por fin se detectó el neutrino en 1956 (Cowan, Reines, Harrison, Kruse y McGuire 1956). Enseguida, el 14 de junio, Reines y Cowan enviaron un telegrama a Pauli, en Zúrich. «Nos complace informarle —escribieron— de que definitivamente hemos detectado neutrinos procedentes de fragmentos de fisión, observando la desintegración β inversa de protones. La sección eficaz observada coincide bien con el esperado seis veces diez elevado a menos cuarenta y cuatro centímetros cuadrados» (reproducido en Reines 1982: 249). Pauli contestó con rapidez: «Gracias por el mensaje. Todo llega al que sabe esperar».

En 1995, la Academia Sueca de Ciencias decidió otorgar el premio Nobel de Física a Reines, por este logro. Cowan, fallecido en 1974, no tuvo oportunidad de recibir su reconocimiento. En cualquier caso, la iniciativa y los continuados esfuerzos que Reines dedicó al estudio del neutrino a lo largo de su vida, le hicieron merecedor del galardón en solitario.

Sin embargo, la física de estas esquivas partículas todavía guardaba sorpresas. Una importante en este sentido es que ¡tienen masa! Para llegar a este resultado, fue necesario recurrir, no a los neutrinos procedentes de reactores nucleares, cuya energía es demasiado pequeña, sino a los más energéticos (y que por tanto interaccionan con más facilidad con la materia) que llegan a la Tierra desde el Sol, donde se originan en reacciones de fusión.

El primer nombre que hay que mencionar en lo que fue una larga y penosa investigación es el de Raymond Davis (1914-2006). Este doctor en fisicoquímica por la Universidad de Yale se incorporó en 1948 al Brookhaven National Laboratory. A partir de 1951, se dedicó a intentar detectar neutrinos, no *a medir su masa*, y utilizó para ello un proceso que había señalado Bruno Pontecorvo:[9]

8. Tanto el reactor de Hanford como el de Savannah se construyeron para proporcionar materiales para bombas, en especial para la de hidrógeno, en la época de los experimentos de Reines y Cowan.

9. Bruno Pontecorvo (1913-1993) fue un físico que merece ser recordado. Formó parte del grupo de Fermi en Roma, tras lo cual pasó (1936) a París, donde trabajó con Irène y Frédéric Joliot-Curie. Allí se hizo socialista, ideas de las que también participaba el matrimonio. Aunque estaba en sus planes regresar a Italia, no lo hizo debido a las políticas antisemitas del régimen de Mussolini. Permaneció en la capital francesa hasta la llegada de los alemanes, que le obligó a refugiarse en Estados Unidos primero y en Canadá después (1943). Allí se ocupó del diseño de

$$\nu_e + Cl^{37} \rightarrow Ar^{37} + e^-$$

donde ν_e representa un neutrino electrónico, Cl^{37} es el isótopo 37 del cloro, Ar^{37} el del argón y e^-, el electrón.[10] Había, por consiguiente, que disponer de un tanque con suficiente cantidad de estos dos elementos. Eso es lo que hizo Davis, guiado también por el modelo teórico de producción de neutrinos en el Sol desarrollado por John N. Bahcall. Así, en 1964 se publicaron en *Physical Review* dos artículos: uno de Bahcall (1964), en el que describía su propuesta, y otro de Davis (1964) con los detalles del procedimiento empírico que pretendía seguir. Cuatro años después, este último disponía ya del detector, un gran depósito lleno de 390 m^3 de C_2Cl_4, instalado en la mina de oro Homestake, en Lead (Dakota del Sur). Sin embargo, su experimento no arrojó resultados positivos: la cantidad observada no coincidía con la predicha por el modelo de Bahcall. La discrepancia fue explicada por Vladimir Gribov y Pontecorvo (1969), quienes se basaron en la existencia de unas «oscilaciones de neutrinos» —idea sugerida por Pontecorvo (1957)—. Estas fluctuaciones implicaban una disminución del flujo y una masa no nula para el neutrino, pero nuevas pruebas realizadas con posterioridad fracasaron también a la hora de reconciliar las divergencias. Llegados a este punto, surge en escena el japonés Masatoshi Koshiba, un físico con gran experiencia que había estudiado en Kioto y que se había doctorado en 1955 en la Universidad de Rochester, con una tesis sobre rayos cósmicos. Más tarde, trabajó en Chicago hasta 1963, año en que se instaló en Tokio. Gracias a una nueva técnica experimental ideada por él y al uso de

---

reactores, rayos cósmicos, neutrinos y desintegración de muones. Gracias a la experiencia que acumuló durante esos años en la construcción de plantas nucleares, en 1948 fue nombrado «principal oficial científico sénior» en el programa atómico británico (él no había participado en el Proyecto Manhattan). Desde ese puesto, contribuyó al establecimiento de Harwell, el centro de investigaciones nucleares del Reino Unido. En marzo de 1950, Klaus Fuch, que dirigía la unidad de esta institución en la que trabajaba Pontecorvo, fue arrestado, acusado de espiar para los soviéticos. Ese mismo mes, aparecieron evidencias de que algunos familiares del italiano eran comunistas, por lo que se le invitó a abandonar Harwell. Este, que acababa de ser designado catedrático de Física en la Universidad de Liverpool, cargo del que debía tomar posesión en enero de 1951, abandonó Inglaterra y se instaló en la Unión Soviética. Véanse Turchetti (2012); sobre Pontecorvo, Close (2015).

10. Obsérvese que en esta reacción aparece un *neutrino electrónico*, ν_e.

un gigantesco detector de 50.000 m^3, provisto de 11.000 fotomultiplicadores, un aparato llamado Super-Kamiokande, el grupo que lideraba (Fukuda *et al.* 1998) determinó, casi tres décadas después de los intentos de Davis, que los neutrinos tienen masa. Como se puede ver, este resultado fue consecuencia de la interacción entre la búsqueda empírica y los desarrollos teóricos.

En 2002, Raymond Davis y Masatoshi Koshiba compartieron medio premio Nobel de Física, «por sus contribuciones pioneras a la astrofísica, en particular a la detección de neutrinos cósmicos». La otra mitad fue para Riccardo Giacconi «por sus contribuciones pioneras a la astrofísica, que han conducido al descubrimiento de fuentes de rayos X cósmicos».

6. Hideki Yukawa y la interacción fuerte

El modelo de Heisenberg y la teoría de la desintegración β de Fermi fueron mejorados y profundizados por el físico japonés Hideki Yukawa (1907-1981) Este propuso una nueva partícula cuya función principal era la de «transportar» la interacción que une protones y neutrones en el núcleo, es decir, la *fuerza nuclear fuerte*, de manera similar al fotón, o cuanto de acción, en el caso del electromagnetismo.[11] Lo que pretendía Yukawa (1935: 48) era explicar «la naturaleza de la interacción de las partículas elementales, de la que poco se sabe hoy en la teoría cuántica», y «modificar la teoría de Heisenberg y Fermi». Para ello, estableció que «la transición de una partícula pesada del estado de neutrón al estado de protón no siempre viene acompañada de la emisión de partículas ligeras, esto es, de un neutrino y un electrón, aunque la energía liberada en la transición la tome

11. Yukawa nació en Tokio, pero estudió y se graduó (1929) en Kioto. Entre 1932 y 1939, enseñó e investigó en las Universidades de Kioto y de Osaka (aquí fue donde publicó su artículo de 1935). En 1938 obtuvo el doctorado en esta última localidad y al año siguiente consiguió una cátedra de Física Teórica en Kioto, donde permaneció el resto de su carrera. Para los no conocedores de la cultura japonesa, es conveniente señalar que el apellido de nacimiento de Hideki era Ogawa, pero según la costumbre nipona lo cambió al casarse en 1932 por el de su esposa, Sumi Yukawa. Entonces fue adoptado por la familia de su mujer y se trasladó a vivir con ellos en Osaka, una ciudad portuaria muy diferente de la tradicional Kioto.

algunas veces otra partícula pesada, que a su vez se transforma del estado de protón al estado de neutrón».[12]

Es decir, Yukawa (1935: 57) introdujo un «cuanto hipotético que tiene la carga elemental y la masa adecuada y que obedece la estadística de Bose. La interacción de semejante cuanto con la partícula pesada [neutrón o protón] debería ser mucho más intensa que la que se da con la partícula ligera, para explicar la fuerte interacción entre el neutrón y el protón, así como la pequeña probabilidad de la desintegración β. Si es que existen y se acercan a la materia lo suficiente para ser absorbidos, tales cuantos llevarán su carga y energía a esa materia». «*Si es que existen*», decía, y también «estos argumentos, de, por supuesto, carácter meramente especulativo». Suponía, asimismo, que tal vez la nueva partícula/cuanto tendría algo que ver con las «lluvias» de rayos cósmicos que llegaban a la Tierra.

12. Aunque mucho menos conocido que Yukawa, es obligado recordar al físico suizo Ernst C. G. Stueckelberg (1905-1984), quien, en el contexto de la «teoría unitaria de campos» que formuló en 1936 (Stueckelberg 1936 a, b), llegó a conclusiones semejantes a las del japonés. Así lo manifestaba en una carta al editor publicada en *Physical Review* (Stueckelberg 1937), titulada «On the existence of heavy electrons». «Diferentes observadores creen que han encontrado evidencias de la existencia de partículas cargadas cuya masa es probablemente alrededor de cincuenta veces la del electrón. Además, estas partículas parecen comportarse de acuerdo con la teoría de Bethe y Heitler [1934]. El autor desea llamar la atención a una explicación de las fuerzas nucleares, dada tan pronto como 1934, por Yukawa [1937], que predice partículas de este tipo. Independientemente de Yukawa, el autor llegó a la misma conclusión.» Según Ne'eman y Kirsh (1988: 102), un obstáculo a la difusión de los resultados de Stueckelberg, que trabajaba en Zúrich, fue que «comunicó su trabajo a Wolfgang Pauli. Pauli, que tendía a rechazar las ideas nuevas, lo ridiculizó. Stueckelberg se sintió disuadido de publicar sus ideas y, en consecuencia, no compartió el premio Nobel conferido a Yukawa». Por su parte, Brown y Rechenberg (1996: 132) sostienen que «por los artículos que publicó, es difícil ver cómo [su teoría] podía haberle conducido necesariamente a "la misma conclusión" que Yukawa», una afirmación que no es incompatible con la posible influencia negativa ejercida por Pauli. A todo esto hay que añadir otros factores, como el carácter del suizo, que sufrió de depresión a lo largo de toda su vida, el hecho de que publicara muchos de sus textos en revistas de escasa difusión, o que se relacionara poco con otros físicos. No obstante, además de sus aportaciones a la teoría de las fuerzas nucleares, realizó contribuciones importantes a la electrodinámica cuántica (junto a André Petermann inventó el grupo de renormalización) y con Dominique Rivier a la construcción de la matriz S renormalizada y a la termodinámica, relativista y clásica. Sobre Stueckelberg, véase Lacki, Ruegg y Wanders, eds. (2009), que incluye estudios sobre su vida y obra y reproduce asimismo sus principales artículos.

Esta idea (entender la fuerza nuclear fuerte como una nueva interacción fundamental, transportada por un bosón) constituye uno de los hitos más memorables en la historia de la física cuántica. A partir de estas aportaciones, se impuso ese modo de comprender los fenómenos físicos de este tipo que se dan en la naturaleza. Por este motivo, es muy interesante entender el modo en que el físico japonés llegó a esa noción. Para ello, me basaré en lo que él mismo explicaba en su autobiografía (Yukawa 1982), en concreto en el último capítulo. Decía allí (Yukawa 1982: 190):

> La idea de que debería visualizarse el núcleo como una colección de neutrones y protones debe habérsele ocurrido a un buen número de físicos al mismo tiempo, pero fue Heisenberg quien desarrolló de manera sistemática la nueva estructura nuclear. Me di cuenta de la importancia de su trabajo y escribí la introducción a sus artículos en las *Proceedings of the Physico-Mathematical Society of Japan*. Al mismo tiempo, decidí llevar la teoría un paso más allá. El problema en el que me centré fue el de la naturaleza de las fuerzas que actúan entre los neutrones y los protones que forman el núcleo; esto es, la naturaleza de las fuerzas nucleares. Al enfrentarme a este difícil problema, me sumergí en unos largos días de sufrimiento.

Y continuaba (Yukawa 1982: 193-194):

> La mayor parte de las fuerzas de la naturaleza no son primarias. Por ejemplo, las fuerzas de atracción molecular, las fuerzas combinatorias de la química, son de naturaleza bastante compleja. Durante mucho tiempo no pudieron ser comprendidas, pero después de la aparición de la mecánica cuántica se hizo evidente que la atracción molecular y el enlace químico son fuerzas secundarias, derivadas de la atracción y repulsión electromagnética primaria, que actúan, respectivamente, entre el núcleo y los electrones, y entre los electrones. Por consiguiente, tras la introducción de la mecánica cuántica, las únicas fuerzas reconocidas como primarias eran la gravitación universal y el electromagnetismo. Ambas fuerzas fundamentales se expresan como *campos de fuerza*. [...] Entonces surge la pregunta: ¿es la nueva fuerza nuclear primaria? ¿O es secundaria, derivada de las fuerzas gravitacional y electromagnética? Esta es la pregunta fundamental.

La gravitatoria, se apresuraba a señalar, no podía ser la causa, debido a la pequeñez de las partículas implicadas: era «demasiado débil para mantener unido un sistema compacto y fuertemente agregado como es el núcleo». La electromagnética era más intensa, pero no lo suficiente como para ser la fuente de la interacción nuclear. No solo eso, sino que al no tener carga los neutrones, en el núcleo (del que ya se habían desterrado los electrones) tan solo se darían fuerzas de repulsión entre protones. «En cualquier caso —señalaba—, algo muy extraño debía intervenir si se quiere pensar en la fuerza nuclear como en una fuerza secundaria derivada de las fuerzas electromagnéticas. Por consiguiente, parecía probable que la fuerza nuclear fuese una tercera fuerza fundamental, no relacionada con la gravitación o el electromagnetismo. Entonces, acaso pudiese también encontrar la fuerza nuclear como expresión de un campo. Tuve la idea de un campo de fuerza nuclear muy pronto. Considerado desde el punto de vista de la mecánica cuántica, un campo de fuerza implica, casi por necesidad, que exista una partícula que acompañe al campo. De hecho, inferimos la existencia del fotón como la partícula que acompaña al campo electromagnético. Expresado de esta forma, la respuesta estaba casi al alcance de la mano, pero mi cerebro no funcionó tan rápidamente. Primero tomé un camino equivocado, antes de que pudiese llegar a mi destino [...] Visto retrospectivamente, estuve muy cerca de mi destino en 1932. Si hubiese perseguido la idea de un campo de fuerza nuclear, y aplicado el razonamiento de la mecánica cuántica, habría sido capaz de llegar a la idea del mesotrón [el nombre que utilizaba aquí Yukawa para el mesón].»

«El electrón —continuaba más adelante (Yukawa 1982: 196)— parecía ser un poderoso candidato, porque los electrones no solo estaban alrededor del núcleo sino que a veces salían de él. [...] Heisenberg ya había presentado su opinión de que la "pelota" a "atrapar" en el juego nuclear era el electrón. Al principio, yo también decidí seguir esta línea de investigación. En abril de 1933, la Sociedad Físico-Matemática de Japón celebró una reunión en la Universidad de Tohoku, en Sendai. En aquella ocasión, presenté mi primer informe sobre el tema, "Los electrones dentro del núcleo". No tenía mucha confianza en esa investigación y al final no publiqué el artículo. Existían muchas dificultades obvias para tratar el electrón como la "pelota" intercambiada entre neutrones y protones. En primer lugar, las características del electrón, como su espín y el tipo de estadística que obedece, hacen al electrón inadecuado para este papel. Sin embargo, intenté utilizar el campo del electrón que satisface la ecuación de onda de Dirac como el campo de la fuerza nuclear.»

También intentó Yukawa basarse en las ideas de Fermi. Esto es, considerar «si los neutrones y protones podrían jugar a "atrapar" utilizando un *par* de partículas, a saber, un electrón y un neutrino. La "pelota" sería reemplazada por un par de partículas. Cuando empecé a pensar seriamente en semejantes términos, varios científicos extranjeros estaban trabajando en la misma idea y sus investigaciones aparecieron en las revistas. Sin embargo, los resultados eran negativos; la fuerza que resultaba del intercambio del par, electrón y neutrino, era incomparablemente más pequeña que la fuerza nuclear. Este resultado negativo me animó y abrió mis ojos, de manera que pensé: no busquemos una partícula para el campo de la fuerza nuclear entre las partículas conocidas, incluyendo el nuevo neutrino. Si me centro en las características del campo de fuerzas nuclear, entonces las características de la partícula que busco se me harán manifiestas. Cuando empecé a pensar de esta manera, casi había alcanzado mi propósito» (Yukawa 1982: 201).

El momento crucial llegó en octubre de 1934 (Yukawa 1982: 202):

> La fuerza nuclear es efectiva a distancias extremadamente pequeñas, del orden de 0,02 trillonésimas de centímetro. Esto es lo que sabía. Mi nueva idea fue darme cuenta de que esta distancia y la masa de la nueva partícula que estaba buscando estaban inversamente relacionadas entre sí. ¿Por qué no me había dado cuenta de esto antes? A la mañana siguiente, abordé el problema de la masa de la nueva partícula y encontré que era aproximadamente doscientas veces la del electrón. También debía de tener, más o menos, la carga del electrón. Por supuesto, semejante partícula no había sido encontrada, así que me pregunté: «¿Por qué?». La respuesta era sencilla: para crear tal partícula se necesitaría una energía de cien millones de electronvoltios, y entonces no existía un acelerador con el que se pudiese alcanzar tal energía.

Yukawa presentó en público sus resultados poco después de obtenerlos, durante una reunión local de la Sociedad Físico-Matemática de Japón, que tuvo lugar en Osaka. El 17 de septiembre, hizo lo mismo en el encuentro anual de esta institución, celebrado en Tokio. Mientras tanto, animado por su esposa, preparó una versión en inglés, que apareció en la revista de dicha asociación japonesa. El artículo, recibido el 30 de noviembre, se publicó en el número de febrero de 1935.

Familiarizados como estamos con las ideas de Yukawa, puede sorprender que estas tardasen algo en ser aceptadas. En palabras de Rudolf Peierls (1979: 198):

> Existió algún retraso en que se reconociese generalmente la importancia de esta idea [la de Yukawa]. El retraso se debió en parte al hecho de que no muchos físicos de Occidente tenían fácil acceso a la revista japonesa en que se publicó el artículo y en parte al hecho de que se consideró muy especulativo postular una nueva partícula.

El reconocimiento internacional llegó en 1937, cuando Seth Neddermeyer y Carl Anderson (1937), del Californian Institute of technology, descubrieron unas partículas en los rayos cósmicos cuya masa era cerca de doscientas veces la del electrón. Además, tenían carga tanto positiva como negativa. Sin embargo, estos científicos fueron demasiado precavidos y se limitaron a señalar que sus observaciones habían demostrado «la presencia de algunas partículas menos masivas que los protones pero más penetrantes que los electrones».[13] Su artículo, «Note on the nature of cosmic-ray particles», se publicó el 15 de mayo de 1937. Unos meses después, el 1 de noviembre, apareció un nuevo texto en *Physical Review*, como una carta al editor, en el que se daba continuidad a las investigaciones de Neddermeyer y Anderson, pero de forma más inequívoca en cuanto a sus conclusiones. El título ya sugería la posible conexión con las ideas de Yukawa, aunque no se le mencionaba: «New evidence for the existence of a particle of mass intermediate between the proton and the electron». Este trabajo estaba firmado por Jabez Street y E. C. Stevenson (1937), del Laboratorio de Investigación de Física de Harvard. Nótese lo de «mass intermediate».

En un ensayo publicado a año siguiente, Anderson y Neddermeyer (1938) acuñaron una denominación para esa partícula de masa «intermedia». «Querríamos sugerir —escribían— la palabra "mesotrón" (partícula intermedia) como un nombre para la nueva partícu-

13. En el capítulo siguiente trataré de los rayos cósmicos, que ya fueron introducidos en *HFC-2*.

la.» La etimología de esta expresión procedía del término del griego antiguo *mésos*, «que está en medio».

En un texto en el que recordaba su participación en los albores del descubrimiento de estos nuevos componentes de los rayos cósmicos, Carl Anderson (1983: 148) se refirió a la cuestión de la nomenclatura. Es interesante citar lo que escribió al respecto:

> Al principio, las nuevas partículas fueron conocidas por varios nombres, tales como barión, partícula de Yukawa, partícula x, electrón pesado, etc. Un día, Neddermeyer y yo enviamos una nota a *Nature* sugiriendo el nombre *mesotón* (*meso* por intermedio). En aquel momento, Millikan estaba fuera [hay que recordar que ambos trabajaban en el Californian Institute of Technology, en el que Millikan, muy interesado en los rayos cósmicos, era el gran jefe], y después de que regresase le mostramos una copia de nuestra nota a *Nature*. Inmediatamente reaccionó desfavorablemente y dijo que el nombre debía ser *mesotrón*. Dijo que había que considerar los términos de *electrón* y *neutrón*. Yo dije que había que considerar el término *protón*. Neddermeyer y yo enviamos un cable a *Nature* pidiendo que incorporasen la *r*. Afortunadamente o no, la *r* llegó a tiempo y el artículo apareció conteniendo la palabra *mesotrón*. Ni a Needermeyer ni a mí nos gustaba la palabra, ni a nadie que yo conociese. Otros descubrimientos (p. ej., el pion) y el paso del tiempo han mejorado mucho el asunto de la nomenclatura relacionada con partículas.

La denominación de «mesotrón» no fue la que se impuso en última instancia, aunque se mantuvo durante algunos años. A comienzos de 1939, el físico indio Homi Bhabha (1909-1966) propuso la forma abreviada *mesón*.[14] Pocas semanas antes, el 17 de diciembre de 1938, este escribía a Bohr y le informaba de que había tratado de

14. Bhabha completó su tesis doctoral en Cambridge en 1934 bajo la supervisión de R. H. Fowler. En 1935, publicó un influyente artículo que demostraba la manera en que los positrones introducidos por Dirac, con el que se relacionó bastante, interaccionaban con los electrones y eran dispersados por estos, un fenómeno que se vino a denominar «Bhabha *scattering*». A partir de 1939, desarrolló su carrera en la India, donde investigó de manera preferente los rayos cósmicos. Influyó mucho en la política científica de su país: en 1945 fundó el Instituto Tata de Investigaciones Fundamentales, que dirigió hasta su trágica muerte en un accidente aéreo el 24 de enero de 1966.

ello con algunos de sus colegas en Cambridge y le pedía que apoyase su propuesta. «He sondeado sobre este punto a varias personas en Cambridge, incluyendo a Dirac, y todos están de acuerdo en que mesón es mejor que mesotrón. [Maurice] Pryce y yo vamos a ver, por consiguiente, si [Ralph] Fowler o [Charles Galton] Darwin, o ambos, escriben una carta a *Nature* sobre esta cuestión y valoraríamos mucho su opinión.»[15] Fue Charles Galton Darwin (1939) quien lanzó la propuesta en una nota publicada en *Nature* bajo el título de «Use of the termination –tron in physics». El argumento era que las letras «*tr*» eran redundantes, ya que no formaban parte de la raíz griega «*meso*». Esa combinación tenía sentido en «electrón» o «neutrón» porque estaba integrada en «*neutr-*» o «*electr-*». En consecuencia, la nueva partícula debería denominarse «*mesón*» y no «*mesotrón*». Además, señalaba Darwin, la terminación «*tron*» se utilizaba de manera generalizada en varios instrumentos, como «ciclotrón», lo que podía ser una fuente de malos entendidos si se empleara también para partículas. Era cierto que ya se usaba en «electrón» y «neutrón», pero había que ser muy poco cultivado, añadía Darwin, para considerar «correcta la composición elec-trón y neu-trón».

Durante casi una década, coexistieron ambos términos. Los norteamericanos prefirieron por norma emplear «mesotrón», mientras que los europeos optaron por «mesón». Robert Millikan fue uno de los más conspicuos defensores del primer término. El 7 de diciembre de 1938, escribió una carta a *Physical Review* en la que decía (Millikan 1938):

> Después de leer la conferencia del Profesor Bohr en la Asociación Británica del pasado septiembre, en el que tentativamente sugería el nombre de «yukón» para la nueva partícula descubierta, le escribí mencionando el hecho de que Anderson y Neddermeyer habían sugerido el nombre «mesotrón» (partícula intermedia) como el más apropiado. Acabo de recibir la respuesta de Bohr a esta carta en la que dice: «Tengo el placer de informarle de que todos los participantes en una pequeña conferencia sobre los problemas de los rayos cósmicos que acabamos de tener en Copenhague, incluyendo Auger, Blackett, Heisenberg y Rossi, estaban completamente de acuerdo con la propuesta de Ander-

15. Citado en Kragh (2024: 128).

son del nombre "mesotrón" para la penetrante partícula de los rayos cósmicos».

No obstante, el nombre de «mesón» se impuso de manera progresiva. Según cálculos de Helge Kragh (2024: 129), después de 1949 solo un artículo de investigación llevaba la otra denominación en el título.

Fuera de Japón, la primera mención al artículo de Yukawa de 1935 apareció en una carta que Oppenheimer y Robert Serber (1937) enviaron el 1 de junio a *Physical Review*. El propio Yukawa (1937) escribió una nota el 2 de julio, que publicó en la revista de la Sociedad Físico-Matemática de Japón, en la que relacionaba las nuevas partículas identificadas en los rayos cósmicos. Parecía, por consiguiente, que estos últimos contenían los cuantos de la fuerza nuclear fuerte, ya que, no lo olvidemos, tal era la función para la que el científico japonés había planteado su propuesta. En última instancia, no era así. Cuando se encontró la portadora de esta interacción sus propiedades diferían de las predichas. La partícula que se ajustaba a lo previsto en esta teoría fue identificada una vez finalizada la segunda guerra mundial, de nuevo en los rayos cósmicos, por un equipo de la Universidad de Bristol liderado por el físico inglés Cecil Powell. Para ello, este grupo, utilizó unas sofisticadas técnicas con emulsiones fotográficas. En 1947, con base en imágenes tomadas en los Andes bolivianos a una altitud de 5.500 metros, anunciaron (Lattes, Muirhead, Occhialini y Powell 1947) el descubrimiento de mesones «primarios», los cuales daban lugar al final de su trayectoria a otros «secundarios». El análisis de las trazas de estas partículas, indicó que existían dos clases distintas de ellas, con masas diferentes. En las fotografías obtenidas se veía la aparición de una más pesada, que terminaba por originar otra, más liviana.[16] A la primera se la denominó *mesón* π, o simplemente «pion», y a la otra, *mesón* μ, o «muon». Estudios subsiguientes en el laboratorio de Powell determinaron que aquel era 1,35 veces más masivo que el otro y 286 veces más que el electrón (216 en el caso del muon). Este resultó ser el mismo que habían hallado en 1937 los científicos norteamericanos. Si los piones no se habían detectado antes era porque son inestables y se desintegran en electrones o muones y neutrinos en milmillonésimas de segundos.

16. Para más información sobre los trabajos del grupo de Powell, véase O'Ceallaigh (1982).

En un libro dedicado a las partículas elementales, el premio Nobel de Física Gerard 't Hooft (2001: 40-41) explicó la confusión inicial que se produjo con este caso:

> El descubrimiento del pion no fue fácil. Tuvo lugar en una época (1935) en la cual los científicos no podían aún generar artificialmente partículas de este tipo. Eran capaces, sin embargo, de estudiar los fragmentos subatómicos que la naturaleza nos proporciona libremente desde los lejanos límites del universo: «los rayos cósmicos». Se sabía que los rayos cósmicos dejaban trazas en un aparato llamado «cámara de niebla» y que estudiando esas trazas se podían determinar las propiedades de las partículas. De hecho, se encontró una con una masa que coincidía razonablemente bien con la que Yukawa había predicho. Se la llamó *mesón* [...]. Pero había una importante discrepancia: la partícula observada no se veía afectada en absoluto por las interacciones fuertes y, por lo tanto, no podía ser un pion. Actualmente nos referimos a esa partícula con la abreviatura μ y el nombre de *muon*. [...]
>
> Hoy ya sabemos cuál fue la causa de esta discrepancia y cómo el muon se encontraba entre los rayos cósmicos por primera vez. Arriba en la atmósfera, los átomos del espacio exterior chocan con enorme energía con los átomos de la atmósfera. Allí se producen inmediatamente muchos piones en acuerdo perfecto con la teoría de Yukawa. Pero lo que Yukawa no podía saber es que los piones no son estables: los piones neutros se desintegran en fotones y los piones cargados se desintegran en menos de la diezmilmillonésima parte de un segundo en un muon y un neutrino [...]. El neutrino generalmente se escapa sin ser detectado, pero los muones alcanzan la parte baja de la atmósfera y pueden ser detectados incluso a cientos de metros de profundidad bajo tierra. Puesto que los muones no interaccionan fuertemente, pueden pasar a través del aire y parte del suelo sin desintegrarse.

El pion es un bosón de espín cero y actúa como «mediador», o «partícula intermediaria», de la interacción entre protones y neutrones. Como daba a entender 't Hooft en la cita anterior, en realidad se presenta en tres variedades: π^0, π^+ y π^-, esto es, piones sin carga eléctrica, con carga positiva y con carga negativa. A su vez, estos dos últimos constituyen un par partícula-antipartícula (π^0 es su propia antipartícula). De los tres, el más difícil de identificar fue el primero de todos, debido a que su vida media es mucho más breve (8,4 x 10^{-17} s) que la de sus «hermanos» y a que los cuerpos neutros dejan menos rastro en los detectores. Fue identificado en 1950.

Como explicaron Yuval Ne'eman y Yoram Kirsch (1988: 104) en un libro de divulgación, *Los cazadores de partículas*:

> Los piones se forman con gran abundancia como resultado de colisiones entre nucleones. La colisión entre un protón en movimiento rápido (en rayos cósmicos o en un acelerador) y un protón en reposo puede arrojar, por ejemplo, los siguientes resultados:
>
> $p+p \rightarrow p+p+\pi^0$, o bien, $p+n+\pi^+$, o bien, $p+p+\pi^+ + \pi^-$, etc.
>
> El número de piones formados aumenta con la energía del protón que incide sobre el otro. La formación de dos piones es un proceso característico a energías que se encuentran en la cercanía de dos mil MeV [$2 \cdot 10^9$ electronvoltios], en tanto que a muy altas energías pueden producirse más de cien piones en una sola colisión

La existencia de tres tipos de piones ya había sido predicha en 1938 por Nicholas Kemmer, quien ya apareció en el capítulo anterior. En un artículo titulado «The charge-dependence of nuclear forces», Kemmer (1938) propuso una teoría de «simetría de carga», según la cual el hecho de que las interacciones entre protón y protón, protón y neutrón y neutrón y neutrón fueran similares indicaba que tenían que existir mesones (piones) positivos, negativos y neutros.

En 1949, Yukawa recibió el premio Nobel de Física, según el Comité del galardón, por «su predicción de la existencia de mesones en base al trabajo teórico sobre fuerzas nucleares». Cecil Powell lo hizo al año siguiente, «por su desarrollo del método fotográfico para estudiar procesos nucleares y sus descubrimientos sobre mesones realizados con este método».

7. Física en Japón

Hasta ahora nos habíamos encontrado, en esencia, con científicos europeos o estadounidenses. Con Hideki Yukawa entran en escena los japoneses, pero él no será el único. Entre otros, destaca Sin-Itiro Tomonaga, contemporáneo suyo (era solo un año más joven que él y fueron compañeros de estudios) y uno de los creadores de la versión final de la electrodinámica cuántica.[17] Ambos eran hijos de profesores de la Universidad de Kioto, en la que se graduaron. Allí, se formaron bajo la influencia de Kajuro Tamaki y con el ejemplo de Hantaro Nagaoka. El propio Yukawa trató la historia de la ciencia en Japón a lo largo del siglo anterior, desde el punto de vista de un físico, en un artículo del que rescato los siguientes pasajes (Yukawa 2007: 11-12):

> Durante un período de alrededor de treinta años, entre 1890 y 1920, se produjeron muchos logros en varias ramas de la ciencia. Solamente puedo mencionar algunas. En física, Hantaro Nagaoka y Kotaro Honda fueron las dos figuras sobresalientes. [...] Kotaro Honda es bien conocido por sus trabajos en ferromagnetismo y otras propiedades de los metales. Estableció el Instituto de Metales de la Universidad de Tohoku, que fue la tercera universidad nacional más antigua, después de la Universidad de Kioto. Honda era un excelente organizador y educó a muchos científicos, con los que produjo importantes logros. En la Universidad de Tohoku había entonces un grupo fuerte de física. Formaba parte de él Jun Ishiwara, el físico teórico que estudió la teoría de la relatividad bajo la guía de Einstein y contribuyó al progreso de la teoría cuántica en su fase temprana. [...]
>
> Hantaro Nagaoka era cinco años más joven que Honda y comenzó en 1888 investigaciones experimentales en magnetostricción [la propiedad de los materiales ferromagnéticos según la cual estos cambian su forma en presencia de un campo magnético], cuando era un estudiante de grado en la escuela de física de la Universidad de Tokio. Obtuvo un cierto número de resultados nuevos y continuó su trabajo en magnetostricción durante su estancia de tres años en Alemania, a partir de 1893. Fue invitado a hablar de magnetostricción en el primer congreso internacional de física celebrado en París en 1900. [...] Después de regresar a

17. Sobre los paralelismos entre Yukawa y Tomonaga, véase Kamefuchi (2007), en donde se puede leer (16): «Tomonaga y Yukawa nacieron en Tokio en 1906 y 1907, respectivamente, y en los años siguientes, esto es, en la edad en que se trasladaron a Kioto cuando sus padres fueron nombrados profesores en la Facultad de Literatura de la Universidad de Kioto. Estudiaron juntos como compañeros en la Tercera Escuela Superior (en Kioto) y en la Universidad de Kioto y ambos se vieron atraídos por la mecánica cuántica que entonces se estaba desarrollando rápidamente en Europa, y decidieron convertirse en investigadores en ese campo».

> Japón, propuso un modelo atómico en 1903 [pero] por entonces el ambiente en el círculo académico de Japón no era favorable como para que pudiese continuar con semejante programa ambicioso teórico. Parece que años después albergo la esperanza de que la generación más joven pudiera ir más lejos en la dirección que él había tenido que abandonar a medio camino. De hecho, cuando yo tenía diecinueve años, y unos meses antes de entrar en la Universidad de Kioto, tuve la oportunidad de escuchar en 1926, su conferencia popular titulada «Física, pasado y presente». Él tenía sesenta años, acababa de retirarse de la Universidad de Tokio, pero su entusiasmo juvenil me impresionó mucho. Esto sucedió justo cuando llegó la mecánica cuántica, y el mundo de la física estaba en el estado de *Sturm und Drang* [«Tormenta e Ímpetu», un movimiento literario que tuvo lugar en Alemania durante la segunda mitad del siglo XVIII]. Yo decidí estudiar lo más rápido posible todos los artículos que pudiera, que estuviesen relacionados con la mecánica cuántica. [...] Durante el breve período de 1928 y 1930, unos cuantos físicos japoneses que habían tenido la oportunidad de ir a Europa regresaron a Japón y contribuyeron a diseminar la mecánica cuántica. Entre ellos estaba Yoshio Nishina, que permaneció varios años en Copenhague, en el período en que Heisenberg, Dirac y otros muchos brillantes jóvenes habían sido muy activos creando y desarrollando la mecánica cuántica, bajo el liderazgo de Niels Bohr, desarrollo al que Nishina también contribuyó. En la misma época, Sommerfeld, Heisenberg y Dirac visitaron Japón y pronunciaron conferencias. Todo esto nos animó mucho. En la Universidad de Kioto, en particular, Sin-Itiro Tomonaga era compañero mío de clase y Shoichi Sakata y Mitsuo Taketani eran cuatro años más jóvenes que yo.

Hay que señalar que hasta la primera guerra mundial la disciplina más potente en Japón fue la medicina. A pesar de los cambios introducidos durante las reformas de la era Meiji (1868-1912), esta situación no varió de forma significativa, para lo que hubo que esperar a después de 1918. Como explicó el especialista en la historia de la ciencia japonesa contemporánea James Bartholomew (1997: 882):

> La primera guerra mundial fue probablemente el punto de inflexión más importante en la historia moderna de la ciencia japonesa. A la postre, la guerra forzó a las élites japonesas a apoyar de manera sistemática prácticamente todos los principales campos de estudio científico, en lu-

gar de hacerlo de forma *ad hoc*, como se había hecho con anterioridad. Esto condujo a que los militares prestasen atención a la investigación científica japonesa. Así se crearon las condiciones institucionales que apoyarían el que la física nuclear japonesa alcanzase prominencia mundial en el período de entreguerras. Ello indujo un cierto desplazamiento en la atención japonesa, alejándola de la ciencia alemana y llevándola hacia la de Estados Unidos. Estimuló una mayor independencia investigadora. E indujo a los investigadores japoneses y a los departamentos de investigación a tener una relación más íntima con todas las comunidades científicas del mundo.[18]

Semejante cambio se debió a que, pese a la alianza que unió a Japón de manera formal durante la primera guerra mundial con Gran Bretaña y Francia, el país sufrió grandes inconvenientes con la decisión de los aliados de someter a Alemania a un bloqueo, ya que el Imperio del Sol Naciente dependía en gran medida de ella para la importación de productos químicos y farmacéuticos, tintes e instrumentos de precisión. Consecuencia de este embargo fue la aparición de un sentimiento de crisis, que estimuló el apoyo a la ciencia en general y a la física y la química en particular. Por ejemplo, en 1917 se creó el Instituto de Investigación de Física y Química, del que se venía hablando, sin que se hubiera llegado a concretar nada, desde antes de 1914. A partir de entonces fueron frecuentes las visitas a Japón de destacados físicos extranjeros: Arnold Sommerfeld pasó allí la mayor parte de diciembre de 1928 (antes había estado en China. De hecho, llegó procedente de Shanghái), después de que uno de sus estudiantes, Otto Laporte, visitara también el país. La estancia de Heisenberg y Dirac tuvo lugar en 1929 y durante ella pronunciaron ocho conferencias. Einstein ya había estado en 1922 y Bohr lo hizo en 1937.

18. Para más detalles, véase Bartholomew (1989); también Laurie Brown (1989) y, por ser quien es su autor, Tomonaga (1997: 222-230).

4

De los rayos cósmicos a los aceleradores de partículas

> La existencia de partículas con una vida media tan corta [puesta de manifiesto por los rayos cósmicos], nos hace ver que nuestra experiencia ordinaria de la realidad es bastante restringida, debido a que nuestra capacidad de percepción tiene límites. Es posible que existan muchas cosas que desempeñen un papel de suma importancia en la naturaleza, pero que no hayamos podido percibir debido a que son demasiado pequeñas o a que cambian con enorme rapidez.
>
> John D. Bernal (1960: 64).

Como se vio en el capítulo anterior, la década de 1930 trajo consigo desarrollos teóricos fundamentales para la física nuclear, pero también se puso de manifiesto que era imprescindible observar lo que sucedía en la naturaleza. De hecho, el aspecto empírico de la disciplina ganó terreno de manera progresiva como sustento y orientación en la formulación de teorías. Un proceso similar se constató ya en *HFC-1* y *HFC-2*, donde se analizó la importancia que tuvo la experimentación, en especial la espectroscópica, en la aparición de la mecánica cuántica. En una serie de conferencias organizadas de forma conjunta por el Instituto Estadounidense de Física y por la Academia Estadounidense de las Artes y las Ciencias en 1967 y 1969, Victor Weisskopf reconoció este hecho (Weiner, ed. 1972: 21):

> Cuando miro con más detalle el desarrollo de la física nuclear en los años 30 hay una cosa que siempre me impacta y es un cierto cambio de actitud en el campo. Lo que realmente quiero decir es que los teóricos se dirigieron hacia la fenomenología. La cuestión es que aparecieron más y más hechos, no solamente debidos al desarrollo de aceleradores, sino simplemente debidos a más experimentos nucleares con fuentes naturales. Se conocieron más y más hechos y entonces los teóricos se vieron forzados a explicarlos y a tratar, no de ir tras la pregunta fundamental (¿qué es una fuerza nuclear?), sino a decir: «Ahora, imagina que existe algún tipo de fuerza nuclear. ¿Cómo podemos comprender qué tipo de cosa es lo que vemos?». Bien, yo lo llamaré un giro a la física fenomenológica.

Las «fuentes naturales» que Weisskopf mencionaba eran las radiaciones emitidas por los elementos radiactivos, así como los rayos cósmicos. Sin embargo, fueron los aceleradores los que en última instancia desempeñaron el papel determinante en el análisis de la «materia nuclear». Sin la física experimental, denominada primero de «partículas elementales» y luego de «altas energías», habría sido casi imposible llegar a planteamientos teóricos tan impresionantes como el Modelo Estándar. El presente capítulo está dedicado a analizar, a esbozar más bien, la base empírica que se encuentra tras el «giro a la física fenomenológica» al que se refería Weisskopf.

1. Los rayos cósmicos

En la sección precedente se ha hecho referencia en repetidas ocasiones a los rayos cósmicos, que hicieron posible el descubrimiento de nuevas partículas, como el positrón, el pion y el muon. En el sexto capítulo de *HFC-2*, ya hablé de esta radiación, al igual que de algunos de los científicos que se distinguieron en su estudio durante esos primeros años. Sin embargo, lo escrito en ese apartado no era sino un boceto muy esquemático del inicio de las investigaciones en este campo, una historia variada en la que tampoco puedo ahora entrar en gran detalle, dada su extensión. «El tema de los rayos cósmicos», se lee en una cita del físico estadounidense Karl K. Darrow, con la que Bruno Rossi (1964) da comienzo a su libro divulgativo *Cosmic Rays*, «es único en la física moderna por lo minúsculo del fenómeno, la delicadeza de las observaciones, las excursiones aventureras de los

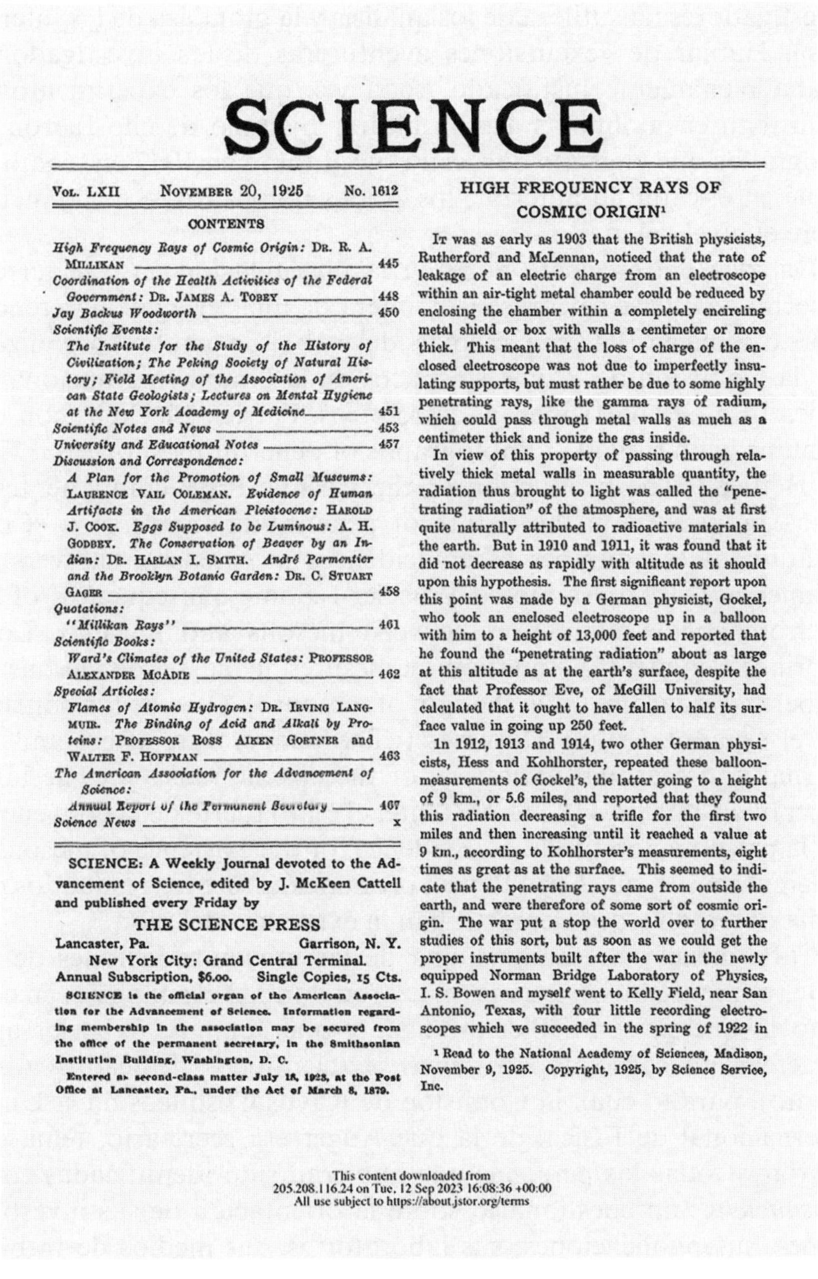

SCIENCE

VOL. LXII   NOVEMBER 20, 1925   No. 1612

CONTENTS

SCIENCE: A Weekly Journal devoted to the Advancement of Science, edited by J. McKeen Cattell and published every Friday by

THE SCIENCE PRESS
Lancaster, Pa.   Garrison, N. Y.
New York City: Grand Central Terminal.
Annual Subscription, $6.00.   Single Copies, 15 Cts.

SCIENCE is the official organ of the American Association for the Advancement of Science. Information regarding membership in the association may be secured from the office of the permanent secretary, in the Smithsonian Institution Building, Washington, D. C.

Entered as second-class matter July 18, 1923, at the Post Office at Lancaster, Pa., under the Act of March 8, 1879.

HIGH FREQUENCY RAYS OF COSMIC ORIGIN[1]

IT was as early as 1903 that the British physicists, Rutherford and McLennan, noticed that the rate of leakage of an electric charge from an electroscope within an air-tight metal chamber could be reduced by enclosing the chamber within a completely encircling metal shield or box with walls a centimeter or more thick. This meant that the loss of charge of the enclosed electroscope was not due to imperfectly insulating supports, but must rather be due to some highly penetrating rays, like the gamma rays of radium, which could pass through metal walls as much as a centimeter thick and ionize the gas inside.

In view of this property of passing through relatively thick metal walls in measurable quantity, the radiation thus brought to light was called the "penetrating radiation" of the atmosphere, and was at first quite naturally attributed to radioactive materials in the earth. But in 1910 and 1911, it was found that it did not decrease as rapidly with altitude as it should upon this hypothesis. The first significant report upon this point was made by a German physicist, Gockel, who took an enclosed electroscope up in a balloon with him to a height of 13,000 feet and reported that he found the "penetrating radiation" about as large at this altitude as at the earth's surface, despite the fact that Professor Eve, of McGill University, had calculated that it ought to have fallen to half its surface value in going up 250 feet.

In 1912, 1913 and 1914, two other German physicists, Hess and Kohlhorster, repeated these balloon-measurements of Gockel's, the latter going to a height of 9 km., or 5.6 miles, and reported that they found this radiation decreasing a trifle for the first two miles and then increasing until it reached a value at 9 km., according to Kohlhorster's measurements, eight times as great as at the surface. This seemed to indicate that the penetrating rays came from outside the earth, and were therefore of some sort of cosmic origin. The war put a stop the world over to further studies of this sort, but as soon as we could get the proper instruments built after the war in the newly equipped Norman Bridge Laboratory of Physics, I. S. Bowen and myself went to Kelly Field, near San Antonio, Texas, with four little recording electroscopes which we succeeded in the spring of 1922 in

[1] Read to the National Academy of Sciences, Madison, November 9, 1925. Copyright, 1925, by Science Service, Inc.

Primera página del artículo de Robert Millikan, «High frequency rays of cosmic origin», *Science* 62, 445-448 (1925).

investigadores, la sutileza de los análisis y la grandeza de las inferencias». Hablar de «excursiones aventureras de los investigadores» estaba plenamente justificado, toda vez que los experimentos se realizaban en montañas a gran altura. Ejemplo de ello fueron las fotografías que el grupo de Cecil Powell tomó en 1947 en, como indiqué en el capítulo anterior, los Andes bolivianos, a 5.500 metros sobre el nivel del mar.

Da idea del creciente auge de la investigación en este terreno el hecho de que se celebrase la primera de una serie de conferencias sobre el tema en 1947 en Cracovia, del 6 al 11 de octubre, organizada por la Comisión de Rayos Cósmicos de la Unión Internacional de Física.[1] En ella participaron, entre otros, Patrick Blackett, con una comunicación titulada «Photographs of penetrating showers», Walter Heitler («The production of the Cosmic Rays componentes»), Lajos Jánossy («On the nature of penetrating showers» y «Computation of the number of coincidences in extensive showers experiments»), John Archibald Wheeler («Some consequences of the electromagnetic interaction between mesons and nuclei»), Louis Leprince-Ringuet («Estimations et mesures de masses de mésons») y Gilberto Bernardini («On the spin of mesons»). Otro de los ponentes fue el español Arturo Duperier («The temperature effect and the diurnal and seasonal variations of the cosmic rays» y «The lunar effect of cosmic rays»). No obstante, el plato fuerte de la convención fue la presentación titulada «Evidence for the existence of mesons of different mass», que Cecil Powell pronunció sobre los resultados que había obtenido y que demostraban la existencia del pion.

Cabe mencionar también una de las «recomendaciones de carácter administrativo» que se realizaron durante el simposio, en concreto la que presentó Pierre Auger y que John A. Wheeler apoyó: crear un censo de «*cosmiciens*» (científicos dedicados a este asunto), para lo cual, la Comisión de Rayos Cósmicos de la Unión Internacional de Física, de la que Auger era secretario, tenía que «enviar a todas las personas que hubieran sido identificadas como "*cosmiciens*" un cuestionario sobre la orientación de sus investigaciones, sus publicaciones, sus laboratorios, sus medios de trabajo, sus posibilidades de acoger a otros trabajadores, etc. Con su acuerdo, estas informaciones serían agrupadas en una publicación remiti-

1. Sobre esta conferencia, véase Miesowicz (1977, 1985).

da periódicamente». En otras palabras, la física de los rayos cósmicos crecía en número de investigadores y en importancia y se quería organizar.

De particular interés es la «Resolución de nombres para partículas elementales» que alcanzó la Comisión, la cual aparece reproducida en las actas del encuentro y fue distribuida con posterioridad en versión de multicopista. Esta:

1. reconoce la conveniencia de emplear nombres uniformes para las partículas elementales,
2. reconoce que puede ser no deseable realizar una recomendación oficial sobre un nombre en un caso particular hasta que su amplia utilización justifique tal recomendación,
3. señala que el término <u>nucleón</u> ha encontrado una aceptación bastante general como término que denota tanto a neutrones como a protones,
4. recomienda por consiguiente que el término nucleón reciba reconocimiento oficial para este propósito,
5. informa que partículas cargadas de masa intermedia entre la masa de un electrón y la masa de un protón

   a) son denominadas generalmente <u>mesones</u> en Argentina, Brasil, Dinamarca, México, Irlanda, Inglaterra, Holanda, Italia, Noruega, Suecia, Suiza y la U.R.S.S.,
   b) son denominadas mesotrones y mesones en número comparable en los Estados Unidos,
   c) en Francia son denominadas a veces mesotrones, pero más a menudo mesones,

6. recomienda que no se tome ninguna acción oficial para el nombre de la partícula intermedia hasta que exista una mayor unanimidad en su uso, pero
7. propone, de acuerdo con el deseo unánime de sus miembros, emplear el término mesón en el informe de las actas de la conferencia de Cracovia,
8. reconoce el uso general del término <u>electrón</u> para denotar tanto la partícula positiva como la negativa de masa electrónica,
9. considera favorablemente los términos <u>positrón</u> y <u>negatrón</u> como medio para distinguir los dos signos de carga,

10. pide al secretario de esta Conferencia que comunique esta resolución a los editores de *Nature*, *The Physical Review*, *Le Journal de Physique* y al secretario de la Academia de Ciencias de la U.R.S.S.

Como es evidente, no todas las recomendaciones surtieron efecto.[2]

© Archivo del autor

Participantes en el Congreso de Rayos Cósmicos celebrado en Cracovia (1947), reunidos en la Universidad Jaguelónica.

Conviene fijarse en la fecha de este primer congreso, 1947, esto es, dos años después del final de la segunda guerra mundial. Werner Heisenberg (1946), en el prólogo de un libro colectivo que él mismo editó, datado el 2 de junio de 1943 y dedicado a la radiación cósmica, se refería al impacto de la contienda: «Las investigaciones en radiación cósmica han sido reducidas drásticamente debido a las desgracias de la época. Por una parte, la mayoría de los laboratorios de física han pasado a ocupar un segundo lugar con respecto a otros problemas y por otra parte la desaparición de los canales habituales de comunicación hace difícil obtener información sobre los resultados obtenidos en otros países».

Un año después del anuncio de Powell, el físico húngaro Lajos Jánossy publicó un volumen, *Cosmic Rays and Nuclear Physics*, en el que explicaba (Jánossy 1948: xiii):

2. Dos años después, en 1949, se celebró el Segundo Congreso Internacional de Rayos Cósmicos, esta vez en Como (Italia).

Al principio, las investigaciones [sobre rayos cósmicos] eran realizadas por unos pocos emprendedores científicos, a menudo desanimados por la falta de creencia general en su tema. Pero en la actualidad la investigación en rayos cósmicos ha adquirido una vasta proporción. Los problemas se han hecho demasiado complicados para ser tratados por científicos solitarios e incluso por grupos aislados.

El trabajo en grupo en el campo de los rayos cósmicos precisa también otras cosas. Los experimentos tienen que realizarse en diferentes partes del mundo, y en montañas de gran altura o en el subsuelo profundo. Las facilidades para semejantes experimentos no se pueden encontrar en cualquier parte y estos requisitos conducen a una división natural del trabajo. Se puede mencionar un ejemplo interesante: la escuela italiana llevó a cabo experimentos dentro de la Basílica de Majencio [Roma] aprovechando el gran techo cilíndrico, que tiene la forma exacta requerida para actuar como absorbente. Semejante experimento difícilmente podría haberse realizado fuera de Italia sin construir algo tan grande como la propia basílica.

Lajos Jánossy (1912-1978) era uno de los *cosmiciens* anteriormente citados. Su biografía es fascinante. Hijo adoptivo del conocido filósofo marxista Georg Lukács, emigró con su familia a Viena en 1919, cuando cayó la efímera República Húngara Soviética. En la capital austriaca, realizó sus primeros estudios universitarios, antes de trasladarse a Berlín, donde trabajó entre 1936 y 1939 en el laboratorio de Werner Kolhörster en el campo de la astrofísica. Con el ascenso de Hitler al poder, abandonó Alemania y se refugió en Inglaterra, en la que fue acogido por Patrick Blackett, entonces en el Birkbeck College de Londres y futuro premio Nobel en 1948. Allí, y más tarde en Mánchester, ciudad a la que se mudó Blackett, encabezó un grupo dedicado a los rayos cósmicos. En 1947, el año en que entregó a la imprenta la obra antes citada, aceptó la invitación de Heitler y Schrödinger para unirse al Institute for Advanced Study de Dublín como profesor y director de un departamento para investigar su especialidad. Tres años después, a instancias del gobierno húngaro, regresó a su país, donde continuó su trabajo en el mismo campo.

Sin embargo, nos hemos adelantado demasiado en el tiempo y es preciso volver atrás.

2. Cascadas de partículas en los rayos cósmicos

Un fenómeno asociado a los rayos cósmicos, que ayudó mucho a comprender su naturaleza, fue el de las «cascadas» de partículas (*showers* es el término más utilizado en inglés), las cuales aparecían cuando la radiación incidía en las capas altas de la atmósfera terrestre. Estos procesos en cadena fueron descubiertos, más o menos de manera accidental, por Bruno Rossi en 1930. Este utilizó configuraciones específicas de contadores de coincidencia para el estudio empírico de los rayos cósmicos (para que estos no pudieran atravesar de forma simultánea todos los dispositivos) y refinó el método ideado por Walter Bothe y Werner Kolhörster.[3] Los instrumentos utilizados para detectar pulsos coincidentes registraban estos como concurrentes cuando se producían dentro de cierto pequeño intervalo, del orden de 0,01 segundos en los primeros experimentos de Bothe y Kolhörster. Sin embargo, el desarrollo de circuitos de tubos de vacío cada vez más sofisticados redujo de modo considerable el tiempo de resolución a menos de un microsegundo. Esto facilitó la investigación de la causa de las coincidencias, si acaso estas se debían a una sola partícula que atravesase todos los contadores. En esta tarea destacó a finales de la década de 1930 el grupo de Pierre Auger. Este equipo desconocía los trabajos de Rossi, pero emprendió un examen sistemático que estableció fuera de toda duda la existencia de cascadas atmosféricas y proporcionó información preliminar sobre sus propiedades.

A lo largo de este capítulo, se verá que en un primer momento se pensó que las cascadas eran iniciadas por electrones o fotones muy energéticos, al incidir en la parte alta de la atmósfera. Sin embargo, se descubrió que los rayos cósmicos primarios no estaban constituidos por ninguna de estas partículas, sino, en su mayor parte al menos, por protones y núcleos más pesados. También se supo que en realidad se trataba de fenómenos complejos, en los que desempeña-

3. En el próximo apartado me detendré en Bruno Rossi, lo que no haré, por limitaciones de espacio, en el caso de otros destacados científicos que lideraron grupos de investigación en este tema, aunque se mencionen en las líneas siguientes, como Skobeltzyn, Leprince-Ringuet o Auger. En Brown y Hoddeson, eds. (1983) se pueden encontrar semblanzas suyas, al igual que de otros (Anderson, Neher, Bernardini o Rossi). Véanse, asimismo, los artículos incluidos en Colloque International (1982).

ban un importante papel las interacciones nucleares y las desintegraciones espontáneas. Surgió así una imagen según la cual la radiación primaria de alta energía (con los componentes antes indicados) desencadenaría una sucesión de reacciones al entrar en contacto con la envoltura gaseosa de la Tierra.[4] Las partículas nacidas de este modo, sobre todo protones muy energéticos, neutrones y mesones π cargados, producen otras a su vez. Por último, se averiguó que el 99 % de los rayos cósmicos son núcleos de átomos y que solo el 1 % son electrones. De aquellos, alrededor del 90 % son de hidrógeno, el 9 % restante son partículas α y el 1 % son de elementos más pesados que el helio.

Pero vayamos más despacio.

3. Bruno Rossi

La historia temprana de los rayos cósmicos no es parca en científicos que se dedicaron a estudiarlos con denuedo. Sin embargo, algunos destacan sobre los demás. Este es el caso del italiano Bruno Rossi (1905-1993).

En un apartado autobiográfico publicado en el libro *Early History of Cosmic Ray Studies. Personal Reminiscences with Old Photographs*, Rossi (1985: 53) recordaba el comienzo de sus investigaciones en este campo:[5]

> A comienzos de 1928, poco tiempo después de recibir mi doctorado en la Universidad de Bolonia, me ofrecieron un puesto de ayudante en el Instituto de Física de la Universidad de Florencia. El Instituto se levantaba entre olivos, en la colina de Arcetri, a poca distancia de la villa donde Galileo había pasado los últimos años de su vida como un exiliado político. La cátedra de Física la ocupaba el profesor Antonio Garbasso, que años atrás había realizado algún trabajo científico acreditado. No obstante, la primera guerra mundial y los sucesos del período de

4. En los rayos cósmicos, hay que distinguir entre «radiación primaria», que es la que llega a la atmósfera terrestre desde el espacio, y la «secundaria», que son las partículas que se generan cuando la anterior interacciona con la envoltura gaseosa de la Tierra.

5. Una referencia más completa es su propia autobiografía (Rossi 1990).

posguerra habían desviado sus intereses hacia la política. Ahora era senador y alcalde de Florencia. Sin embargo, todavía iba tres veces por semana a Arcetri para dar sus clases y mantenía un fuerte deseo de ver al Instituto, que él había creado, convertirse en un centro importante de investigación.

El grupo que fundé en Arcetri era bastante pequeño, pero la calidad compensaba su tamaño. Gilberto Bernardini, un reciente doctor en física por la Universidad de Pisa, se había unido al grupo poco antes de mi llegada. Entre los estudiantes estaban Giuseppe Occhialini, Giulio Racah, Daria Bocciarelli, Guglielmo Righini y Lorenzo Emo. Teníamos el beneficio de visitas regulares del profesor Enrico Persico, que se estaba dedicando a desvelar los misterios de la mecánica ondulatoria. [...][6]

Ambos, Bernardini y yo, estábamos ansiosos por iniciar algún programa experimental y pasamos nuestro primer año en Arcetri explorando, sin mucho éxito, unas pocas áreas de investigación diferentes.

Para mí, el momento crucial llegó en el otoño de 1929, con la aparición, en *Zeitschrift für Physik*, del histórico artículo «Das Wessen der Höhenstrahlung» («La naturaleza de la radiación cósmica») de W. Bothe y W. Kolhörster (Bothe y Kolhörster 1929).

Hasta entonces yo no había estado particularmente interesado en el fenómeno de la «Höhenstrahlung» o «radiación cósmica», utilizando la sugestiva expresión introducida por Robert Millikan. No pensé que podría ofrecer, a mí al menos, un campo de investigación provechoso.

En el artículo que mencionaba, Bothe y Kolhörster (1929) utilizaron dos detectores unidos con un material absorbente entre ellos, para demostrar que los rayos cósmicos próximos al suelo consistían en partículas cargadas de gran velocidad. Fue la primera vez que se emplearon contadores Geiger para registrar coincidencias, a fin de discriminar los componentes con carga eléctrica de los fotones.

A partir de entonces, Rossi se dedicó al estudio de los rayos cósmicos y desarrolló una técnica basada en la utilización de contadores de Geiger-Müller, dispuestos como se indicó con anterioridad, para registrar señales coincidentes. En el Congreso de Física Nuclear celebrado en Roma en octubre de 1931, que ya se ha mencionado en un capítulo precedente, Rossi fue uno de los conferenciantes, con una

6. Algunos de los físicos del grupo de Rossi, los, como se han denominado en alguna ocasión, «*arcetrini*», realizaron contribuciones importantes.

comunicación titulada «Il problema della radiazione penetrante» (Rossi 1932). No obstante, su gran momento llegó con el artículo que publicó en 1933 en *Zeitschrift für Physik*, «Über die eigengschaften der durchdringenden korpuskularstrahlung in Meeresniveau» («Sobre las propiedades de la radiación corpuscular penetrante a nivel del mar»; Rossi 1933). En este texto, presentó las conclusiones a las que había llegado a raíz de las observaciones realizadas en las proximidades de Asmara, capital de Eritrea, país situado al noreste de África y entonces colonia de Italia (la ventaja de esta localidad era que se encontraba situada en una gran meseta, a una altura de 2.370 metros). En el resumen que encabezaba la monografía, que apareció en el número del 1 de marzo de la revista, Rossi escribió:[7]

> Se ha investigado la capacidad de absorción de la radiación corpuscular penetrante hasta un espesor de 101 cm de un material absorbente de plomo. Los resultados experimentales se discuten en relación con la cuestión de la naturaleza de la ultra-radiación y su energía. Se ha demostrado la formación de radiación secundaria en la materia penetrada por los rayos ultra-corpusculares. Se han investigado las características más importantes de este fenómeno y la influencia de la radiación secundaria en los fenómenos de ultra-radiación.

Jánossy (1948: 36) valoró este trabajo, del que dijo que «en 1933, Rossi encontró que tres contadores colocados en las esquinas de un triángulo mostraban los tres una proporción significativa de coincidencias. Como los rayos cósmicos viajan en línea recta es obvio que ninguna partícula por sí sola es capaz de descargar los contadores de tal disposición y por consiguiente Rossi concluyó que las coincidencias se debían a grupos o *cascadas* de partículas».[8] De manera

7. Por entonces, Rossi ya había abandonado Arcetri al obtener, a finales del otoño de 1932, una cátedra en la Universidad de Padua.

8. Aparecen más detalles del trabajo de Rossi (1964: 180-182) en su libro *Cosmic Rays*, que escribió cuando ya era profesor en el Massachusetts Institute of Technology. Rossi, al igual que otros eminentes científicos italianos (en física recordemos a Fermi, Emilio Segrè, Giuseppe Occhialini, Franco Rasetti, Ugo Fano o Eugenio Fubini), abandonó su país por razones ligadas con las políticas de Mussolini, en especial por las medidas antisemitas que promulgó en 1938 (la esposa de Fermi, por ejemplo, era de origen judío) y por la relación del Duce con Hitler. Rossi se trasladó primero a Copenhague, donde trabajó con Bohr, después pasó a

más específica, el propio Rossi (1985: 72-73) explicó que el número de señales coincidentes en los tres detectores era tan grande que «la revista alemana (si lo recuerdo correctamente era *Naturwissenschaften*) rechazó publicar mi artículo, que fue aceptado entonces por *Physikalische Zeitschrift* [estrictamente hablando, *Zeitschrift für Physik*], después de que Heisenberg hubiese defendido mi credibilidad». Añadía:

> El siguiente paso en la comprensión de las interacciones secundarias, que siguió muy poco después de mis experimentos con contadores, fue el bien conocido trabajo con la cámara de niebla de Blackett y Occhialini en el Laboratorio Cavendish. Sucedió que, a sugerencia mía, Occhialini había ido al Laboratorio Cavendish para trabajar con Blackett. Llevó con él la experiencia en la técnica de coincidencia desarrollada en Arcetri, y planeaba aprender de Blackett la técnica de la cámara de niebla, en la que entonces nadie en Italia tenía experiencia. La colaboración de Blackett y Occhialini produjo la cámara de niebla de coincidencias controladas. Entre las primeras figuras obtenidas con este instrumento, muchas mostraron grupos de partículas que denominaron *cascadas* [*showers*]; estas claramente eran idénticas a los grupos de partículas producidas en las interacciones secundarias que yo había detectado con mis experimentos de coincidencias. Estas imágenes de la cámara de niebla y los resultados de mi trabajo formarían la base experimental de la teoría de cascadas desarrollada poco después.

La interpretación de estos fenómenos fue desarrollada de manera casi simultánea por Homi J. Bhabha y Walter Heitler (1937) en Inglaterra y por J. F. Carlson y Robert Oppenheimer (1937) en Estados Unidos. Para ello, utilizaron las secciones eficaces de la todavía incompleta electrodinámica cuántica calculadas por Bethe y Heitler (1934), trabajo que ya se mencionó en el capítulo anterior.[9] No obs-

---

Mánchester y colaboró con Blackett, antes de refugiarse en Chicago, con Fermi, y más tarde en la Universidad de Cornell. Durante la segunda guerra mundial, formó parte del equipo que desarrolló el radar en el Radiation Laboratory del MIT, institución a la que se incorporó una vez finalizada la contienda. Laura Fermi (1971), la esposa del famoso físico, publicó un buen libro sobre la emigración intelectual de europeos.

9. John Franklin Carlson (1899-1954) fue estudiante de Oppenheimer, quien dirigió su tesis, completada en 1933. Entre 1934 y 1937, el período en el que se pre-

tante, la elevada energía de los rayos cósmicos exigía considerar varios órdenes de aproximación a la hora de resolver las formulaciones de la incompleta teoría disponible entonces, lo que ponía de relieve con claridad las dificultades existentes. De hecho, una interpretación más completa del proceso de las cascadas y de su formación gradual mediante la producción de pares de partículas y colisiones resultó ser un problema de gran dificultad matemática, a cuya solución contribuyeron, entre otros, Lev Landau, Igor Tamm y S. Z. Belenky en Rusia; Hartland S. Synider, Robert Serber y Wendell H. Furry en Estados Unidos; y S. K. Chakrabarty en India.

4. Patrick Blackett y Giuseppe Occhialini

La colaboración de Giuseppe Occhialini (1907-1993), un estudiante de Rossi, con Blackett, entonces miembro del Laboratorio Cavendish de Cambridge, mencionada en el apartado anterior, fue resultado de una conversación que ambos sostuvieron en Berlín. En efecto, el físico italiano deseaba saber más sobre las cámaras de niebla que utilizaba el inglés. A su vez, este había comenzado a interesarse por los rayos cósmicos, después de que el ruso Dmitri Skobeltzyn (1929) hubiese publicado en 1929 un artículo en el que informaba de que había observado trazas de partículas cargadas con ese origen gracias a un instrumento similar al empleado por el propio Blackett. Skobeltzyn era miembro del Instituto Físico-Técnico de Leningrado, dirigido por Abram Ioffe. Sin embargo, en 1929 estaba en París, ciudad en la que trabajaba en el Instituto Curie del Radio y en el laboratorio privado de Maurice de Broglie, hermano mayor del más famoso Louis (a quien ya hemos conocido en *HFC-1*). Cabe mencionar que fue en estas últimas instalaciones donde Skobeltzyn y Pierre Auger colaboraron con Louis Leprince-Ringuet en el estudio de la variación de la intensidad de la radiación cósmica en presencia de campos magnéticos y que Bruno Rossi se unió a ellos brevemente en 1932.

---

paró el artículo sobre las cascadas de partículas, estuvo en el Institute for Advanced Study y a continuación enseñó en la Universidad de Purdue hasta 1942. Durante la segunda guerra mundial, trabajó en el Radiation Laboratory del MIT y en 1946 se unió, como catedrático de Física, a la Universidad Estatal de Iowa. Se suicidó en 1954. En Heitler (1985) se repasa el modo en que se implicó en la investigación teórica sobre rayos cósmicos.

Con una beca del Consiglio Nazionale delle Ricerche, que en un primer momento estuvo destinada a Gilberto Bernardino, pero que este no pudo aceptar por tener que cumplir el servicio militar, Occhialini se marchó a Cambridge, con la intención de pasar allí tres meses. Llegó en julio de 1931 y permaneció tres años. Regresó a Italia en 1934, al Instituto de Física de la Universidad de Florencia, donde tenía un puesto permanente.[10]

El artículo en el que Blackett y Occhialini (1933) hicieron públicos sus resultados se titulaba «Some photographs of the tracks of penetrating radiation». Tenía 27 páginas, incluía quince ilustraciones y resumía el análisis de cerca de quinientas imágenes con trayectorias de partículas de alta energía. Dieciocho de estas fotografías tenían líneas de más de ocho objetos, mientras que otras cuatro mostraban más de veinte en un mismo grupo que parecía divergir de un único punto, la configuración clásica de una cascada. Para Rossi (1964: 50), «el artículo de 1933, en el que Blackett y Occhialini describieron sus primeras observaciones, la cámara que controlaba las señales significó un hito en la historia de la investigación sobre los rayos cósmicos».

El primer firmante de ese texto, Patrick Maynard Stuart Blackett (1897-1974), tiene una interesante biografía, que repasaré de forma muy breve.[11] Al contrario que la mayor parte de los científicos que aparecen en esta historia de la física cuántica, en un principio Blac-

10. No permaneció mucho en Florencia. En 1937, aceptó una cátedra en la Universidad de São Paulo (Brasil), ofrecida por el ministerio italiano. Se trataba de una institución creada tan solo tres años antes, en 1934. En marzo de 1942, Brasil se unió a las contiendas contra Italia y Alemania y, por consiguiente, se rompieron las relaciones diplomáticas entre esos países. El gobierno de Roma exigió a Occhialini que regresase, pero Inglaterra no le permitió que se embarcara para hacerlo. Escapó entonces a las montañas Agulhas Negras, entre São Paulo y Río de Janeiro, donde trabajó como guía alpino. Italia firmó el armisticio el 10 de septiembre de 1943 y él intentó retornar a Europa, pero la invasión aliada de Francia se lo impidió hasta finales de enero de 1945, cuando pudo trasladarse a Inglaterra. Mientras tanto, estuvo empleado en el Laboratorio de Biofísica de Río de Janeiro, que dirigía Carlos Chagas jr. En Gran Bretaña, se incorporó a los Laboratorios H. H. Wills de la Universidad de Bristol y se unió al grupo de C. F. Powell. Este equipo se dedicaba al estudio de la espectroscopía nuclear mediante el empleo de emulsiones fotográficas, que Occhialini mejoró. En 1948, pasó de Bristol al Centro de Física Nuclear de la Universidad Libre de Bruselas y regresó por fin a Italia en 1950, primero a la Universidad de Génova y en 1952 a la de Milán. Sobre Occhialini, véanse los artículos incluidos en Redondi, Sironi, Tucci y Vegni, eds. (2006).

11. Sobre Blackett, véase Nye (2004).

kett no estudió disciplina alguna relacionada con esta materia, sino que se formó como oficial de la Marina británica. Así, asistió en primer lugar a la Escuela Naval Real de Osborne, en la isla de Wight, y luego a la Escuela Naval Real Britannia de Dartmouth. Cuando comenzó la primera guerra mundial, sirvió como mando de bajo rango, tomó parte en diversas batallas y colaboró en el desarrollo de la artillería naval. En enero de 1919, el Almirantazgo decidió enviar a la Universidad de Cambridge a los oficiales cuya instrucción había sido interrumpida por el estallido de la contienda. Blackett quedó impresionado en especial por el Laboratorio Cavendish y decidió abandonar la Armada para estudiar física y matemáticas. Se graduó en el Magdalene College en 1921. Así comenzó una brillante carrera, que tuvo su momento álgido en la concesión del premio Nobel de Física de 1948 «por su desarrollo del método de la cámara de niebla de Wilson y por sus descubrimientos en los campos de la física nuclear y la radiación cósmica».

Tras permanecer diez años en el Cavendish y convertirse en miembro del Kings College, en el otoño de 1933 se incorporó al Birkbeck College de Londres como docente de Física. De esta institución pasó en 1937 a la Universidad de Mánchester, en la que fue designado profesor Langworth, puesto en el que sucedió a W. L. Bragg. Allí creó un poderoso grupo de investigación en rayos catódicos, que visitaban científicos de la talla de Auger, Bhabha, Carmichael, Heisenberg, Rossi, Jánossy y el propio Occhialini. A ese equipo se unió en junio de 1939, con un contrato temporal, el investigador español Arturo Duperier, catedrático de Geofísica de la Universidad de Madrid, quien como otros republicanos tuvo que marchar al exilio durante la guerra civil y buscar refugio en Inglaterra en mayo de 1938, primero en Mánchester y luego en Londres, en la Facultad de Física de la Universidad Imperial de Ciencia y Tecnología. A este centro llegó Blackett, como director de la sección en la que trabajaba Duperier, en 1953 y en él se jubiló en 1963. Por su parte, el español realizó importantes contribuciones al estudio de los rayos cósmicos, lo que propició que la Sociedad de Física de Londres le invitase a pronunciar la vigesimonovena Conferencia Guthrie, encargo muy prestigioso que llevó a cabo el 5 de julio de 1945.[12]

12. La Conferencia Guthrie tenía lugar todos los años. Había sido establecida en 1914 en honor a Frederick Guthrie, fundador de la Sociedad. La lista de ponen-

Blackett era un fabiano, esto es, un seguidor del ala izquierda del movimiento socialista británico, de la que con el tiempo surgiría el Partido Laborista. El propósito del fabianismo era avanzar hacia el socialismo mediante reformas graduales, de modo que no es de extrañar que arreglase todo para que se le ofreciese a Duperier, un enemigo de Franco, un contrato temporal en Mánchester. De hecho, Blackett participó de manera activa en los movimientos de científicos de izquierdas, frecuentes en Inglaterra. Durante la segunda guerra mundial, se unió a la sección de instrumentos de la Real Fábrica de Aeroplanos, donde organizó un grupo dedicado a la «investigación operacional», esto es, a desarrollar e implementar un sistema que permitiera alertar a los escuadrones de aeronaves y al armamento antiaéreo de los ataques de la aviación alemana. A este fin, su equipo produjo diversos métodos para predecir, mediante cálculos basados en los datos obtenidos con los radares, las futuras posiciones de los aviones enemigos.

Finalizada la contienda, Blackett fue uno de los científicos británicos que se opuso con más determinación a la política nuclear que querían imponer Estados Unidos y el Reino Unido. En este país, no fueron muchos los investigadores que compartieron sus ideas (ya que él no era ni comunista ni pacifista). Las principales excepciones fueron Nevill Mott; la cristalógrafa Kathleen Lonsdale, que estableció la estructura del benceno mediante el empleo de la difracción de rayos X; el médico, genetista y matemático Lionel Penrose (padre del famoso físico Roger Penrose); y John D. Bernal y Cecil F. Powell, ambos izquierdistas. De todos ellos, el más criticado fue el propio Blackett, cuyo caso se puede comparar al de Linus Pauling en Estados Unidos. En 1948, en palabras de su biógrafa, Mary Jo Nye (2004: 89), «expresó su enorme preocupación porque los Estados Unidos no habían estado abiertos durante algún tiempo a acuerdos significativos con la Unión Soviética. Para apoyar este punto, utilizó un argumento ahora familiar, pero entonces novedoso: que los Estados Unidos habían empleado armas atómicas en Japón a principios de agosto de 1945 "no tanto como el último acto militar de la segunda

tes fue inaugurada por Robert Williams Wood, a quien siguieron físicos como Paul Langevin (1916), Albert Abraham Michelson (1921), Niels Bohr (1922), Ernest Rutherford (1927), J. J. Thomson (1928), Max Planck (1932), Arthur Holly Compton (1935) y Patrick Blackett (1940). Sobre Duperier, véase Sánchez Ron (2022 b).

guerra mundial, sino como el primer acto de la guerra fría diplomática con Rusia". Los estadounidenses, acusó Blackett, tomaron una decisión política para forzar a Japón a rendirse antes de la fecha de mediados de agosto acordada entre los soviéticos y los norteamericanos para la invasión del ejército soviético a Manchuria. Los Estados Unidos querían mantener a la Unión Soviética fuera de Asia».

Citando de nuevo a Nye (2004: 180-181):

> El compromiso de Blackett con el socialismo como un sistema político y económico, su oposición al desarrollo de armas atómicas, su crítica a las aplicaciones de la investigación operacional a la teoría de juegos, a la guerra termonuclear, y sus esfuerzos para convencer a científicos y gobiernos a dedicar tiempo, material y dinero a desarrollar la ciencia y la tecnología en Gran Bretaña y en los países del Tercer Mundo, demostraron su incansable energía para tratar problemas mundiales. En esto, compartió algunas de las preocupaciones de sus admirados colegas [Henry] Tizard y [Frédéric] Joliot. Blackett ejemplifica a los hombres y mujeres de una nueva élite, posterior a la segunda guerra mundial, que adoptaron el papel de asesores científicos de las organizaciones políticas y militares en las que ciencia y tecnología iban a emplearse para asegurar el desarrollo económico y la seguridad nacionales. Dentro de esta élite científica, Blackett representa a un grupo aún más pequeño de hombres y mujeres, que arriesgaron su reputación personal entre sus pares científicos y el conjunto del público, para mostrar la responsabilidad de los científicos ante la sociedad y la necesidad de que la gente comprendiese la evidencia científica y tecnológica para que apoyase, o cuestionase, las políticas públicas.

5. Nuevas partículas en los rayos cósmicos

En el capítulo anterior, expliqué que en 1937 Seth Neddermeyer y Carl Anderson (1937) descubrieron en los rayos cósmicos partículas de una masa que era cerca de doscientas veces la del electrón, con cargas positivas y negativas, que en última instancia resultaron ser el pion, π, y el muon, μ. Sin embargo, estos no fueron los únicos hallazgos realizados. Se podría decir que el camino hacia tales logros comenzó con la demostración de que la radiación cósmica no consistía solo en fotones, como defendía con mucho énfasis Robert Millikan. Este argumentaba que se trataba de «los gritos del nacimiento de átomos que estaban siendo alumbrados en el espacio interestelar».[13] De haber sido así, dado que los cuantos de energía no tienen carga eléctrica, no deberían verse afectados por el campo magnético que rodea la Tierra y, por consiguiente, no se podría detectar ninguna desviación en sus trayectorias al incidir sobre la atmósfera y caer a la superficie, independientemente de la latitud. Por el contrario, si se tratara de partículas con carga eléctrica, sí se observaría este efecto. Durante algún tiempo, no se consiguieron encontrar alteraciones de ese tipo, pero en 1933 Arthur H. Compton presentó evidencias de su existencia.[14] Las obtuvo después de organizar (con la ayuda económica de la Fundación Carnegie) ocho expediciones diferentes, en las que participaron distintos científicos, a 69 estaciones distribuidas por todo el mundo, en puntos representativos por su altitud. La corriente debida a la incidencia de esta radiación era registrada mediante una cámara de ionización rellena de argón y un electrómetro y se la comparaba con la procedente de una cápsula de radio, tomada como patrón. Los resultados (Compton 1933) mostraban un aumento sistemático del efecto ionizante con la altitud, algo ya observado anteriormente, pero también con la latitud. Aquel mismo año, el abad belga Georges Lemaître, recordado sobre todo por su contribución a la teoría de la expansión del universo, y el mexicano Manuel Sandoval Vallarta, por entonces en el MIT, donde se había doctorado, corroboraron con un análisis teórico los resultados del grupo de Compton. «Este descubrimiento —afirmaban (Lemaître y Vallarta 1933)— descarta la hipótesis de que la creación de rayos cósmicos consiste solo de fotones y sugiere que está compuesta, al menos parcialmente, de electrones, protones y otras partículas cargadas. [...] Los resultados de Compton demuestran definitivamente que los rayos cósmicos contienen partículas cargadas.»[15]

13. Así describía la opinión de Millikan el periodista William Leonard Laurence, en una entrevista que le hizo en 1964; Archivos de Historia Oral en Columbia, 192, citado en Wolverton (2024: 66). En el libro que Millikan dedicó a los rayos cósmicos, justo al final escribía (Millikan 1939: 130): «Los procesos de aniquilación [de átomos, en particular el helio, al que dedicó mucha atención] mencionados antes parecen ser el escenario más plausible que podemos imaginar ahora».

14. La polémica entre Millikan y Compton se analiza en Wolverton (2024). Véase, asimismo, De Maria, Iannielo y Russo (1991).

15. El artículo de Lemaître y Vallarta (1933) se publicó antes (en el número del 15 de enero de 1933 de *Physical Review*) que el de Compton (1933 b), que apareció

Además de determinar si el campo magnético terrestre afectaba a la trayectoria de los rayos cósmicos, era importante analizar si las desviaciones se producían hacia un lado o el otro, pues así se podía determinar el signo de la carga del componente en cuestión. En el supuesto, claro está, de que no se tratara de fotones, como defendía Compton. El primero en descubrir este efecto fue Thomas H. Johnson (1899-1998), que se había doctorado en Yale y que cuando publicó su trabajo era director adjunto en el Instituto de Investigaciones Bartel, un organismo asociado a la Facultad de Física y Astronomía de la Universidad de Delaware. Las medidas que Johnson (1933 a, b) tomó en Ciudad de México, a 2.250 metros de altitud, indicaban que la radiación primaria (la que daba lugar a las cascadas) estaba formada sobre todo por partículas con carga positiva. Luis W. Álvarez y Compton (1933) corroboraron poco después esta conclusión, también con mediciones en Ciudad de México.[16]

---

en la misma revista el 15 de marzo. Lo cual indica que este estaba en contacto con ellos y que les informó de sus resultados. De hecho, en enero Compton (1933 a) había dado a la imprenta un trabajo con el mismo título en una publicación menos difundida entre los físicos, *The Scientific Monthly*. Allí, además de presentar los datos de las observaciones que su grupo había realizado, expresó con claridad las ideas de Millikan sobre el origen de los rayos cósmicos (Compton 1933 a: 75): «[Millikan] desarrolló la idea de que los rayos cósmicos se producen durante la formación de átomos en el espacio interestelar, y presentó evidencia de que esta es una fase de un proceso cíclico por el que el universo está pasando continuamente. [...] Millikan basó su teoría en la suposición de que los rayos cósmicos son radiaciones electromagnéticas, o fotones, similares en tipo a los rayos X y los rayos gamma, pero de una longitud de onda menor». El texto concluía (Compton 1933 a: 87): «Parecería que los datos que se han obtenido en este estudio geográfico de los rayos cósmicos pueden ser explicados satisfactoriamente si suponemos que los rayos cósmicos consisten de electrones originados, al menos, varios cientos de kilómetros por encima de la superficie de la Tierra. No se ha determinado todavía si el punto de origen está en la capa superior de la atmósfera terrestre o en el espacio remoto».

16. En los agradecimientos, Álvarez y Compton reconocían «las valiosas sugerencias del Dr. M. S. Vallarta y el Dr. T. H. Johnson para llevar a cabo los experimentos». Luis Walter Álvarez (1911-1988), que en 1968 obtuvo el premio Nobel de Física «por sus decisivas contribuciones a la física de partículas elementales, en particular el descubrimiento de un gran número de estados de resonancia», era entonces un joven que todavía no se había graduado. En sus memorias, Álvarez (1987: 22-23) recordó su colaboración con Compton: «Para mi primer proyecto de investigación en mis últimos meses antes de graduarme, mi supervisor sugirió que construyese un contador de Geiger-Müller. Nadie había visto uno en Chicago. La

En su libro, *Cosmic Rays*, Bruno Rossi (1964: 70-71) comentaba estos resultados de la siguiente manera:

> Estaba claro, por tanto, que una parte, posiblemente toda, de la radiación cósmica primaria consistía en partículas cargadas positivamente. Esto era un resultado muy inesperado, ya que la creencia común entre los proponentes de la hipótesis corpuscular había sido que la radiación cósmica primaria estaba formada por electrones. Si este efecto se hubiera descubierto un año antes, habríamos concluido que los rayos cósmicos debían ser protones o núcleos pesados, ya que estas eran las únicas partículas cargadas positivamente conocidas entonces. Esto habría sido correcto. Pero en 1932 se había descubierto una nueva partícula positiva: el *electrón positivo* o *positrón*. Por consiguiente, tuvimos que dejar en suspenso la cuestión de la naturaleza de los rayos cósmicos primarios hasta que existieran nuevas evidencias.

Estas pruebas tardaron en llegar, pero la actividad en el campo fue grande. En la conferencia internacional celebrada en Londres en 1934, organizada de manera conjunta por la Unión Internacional de Física Pura y Aplicada y la Sociedad de Física del Reino Unido, a la que me referí en el primer capítulo, hubo una sección dedicada a los rayos cósmicos. En ella, se presentaron las siguientes comunicaciones, que reflejan bien la situación existente entonces (International Conference of Physics 1935: 171-257): C. D. Anderson y S. H. Neddermeyer, «Fundamental processes in the absorption of cosmic-ray electrons and photons»; P. Auger y L. Leprince-Ringuet, «The latitude effect for cosmic rays» y «Some measurements of cosmic rays at high altitudes»); P. M. S. Blackett, «The absorption of cosmic rays»; L. S. Bowen,

---

literatura mundial sobre el tema solamente consistía en el artículo original de 1928 de Geiger y Müller, unos pocos artículos alemanes, y tres artículos americanos que no trataban los detalles de construcción. [...] En el curso del tiempo se me invitó a demostrar mis contadores en uno de los coloquios semanales del departamento de física. Como era un estudiante no graduado, no se dio una hora completa; Arthur Dempster, que más tarde identificaría el histórico isótopo U-235 del uranio, utilizó la primera media hora para informar del nuevo descubrimiento del neutrón. Arthur supo de mi contador Geiger en aquel coloquio. Más tarde apareció en mi laboratorio para proponer que mejorase mis contadores para realizar medidas de rayos cósmicos. [...] Acepté la sugerencia de Compton y me preparé a construir un telescopio contador de Geiger. El trabajo ocupó mi primer verano en la escuela de posgrado».

R. A. Millikan y H. V. Neher, «A very high altitude survey of the effect of latitude upon cosmic-ray intensities and an attempt at a general interpretation of comic-ray phenomena»;[17] A. H. Compton y R. D. Bennet, «A study of cosmic-ray bursts at different altitudes»; G. Hoffmann, «The connexion between cosmic radiation and atomic disintegration» y B. Rossi, «Some results arising from the study of cosmic rays». Además, hubo una mesa redonda dedicada en exclusiva a este tema, en la que participaron G. Bernardini, H. A. Bethe, C. W. Gilbert, V. Posejpal, E. Regener y D. Skobelzyn. En conjunto, fue un verdadero «quién es quién» de la investigación en este campo.[18]

En 1947, pocos meses después de que el grupo de Powell anunciase el descubrimiento del pion (véase el capítulo anterior), George Rochester y C. C. Butler (1947), del grupo de rayos cósmicos de Mánchester, publicaron dos fotografías que mostraban las trazas de otras tantas partículas cargadas que divergían hacia abajo a partir de un punto en la cámara de niebla. Tras un cuidadoso análisis, llegaron a la conclusión de que ambas trayectorias procedían de la desintegración de un objeto neutro que venía de arriba y que no había dejado rastro al no tener carga. La segunda imagen mostraba una partícula cargada que de repente cambiaba de dirección. Ro-

17. En este texto, en la sección dedicada a «The origin of the cosmic rays», Bowen, Millikan y Neher (1935: 223) escribían que, para explicar el poder ionizante de los rayos cósmicos, eran necesarios fotones incidentes sobre la atmósfera terrestre y que el «propio hecho de que necesitemos fotones incidentes para interpretar los efectos de los rayos cósmicos elimina la posibilidad de que la fuente de los rayos cósmicos se encuentre en campos eléctricos cósmicos que impartan esas energías de 10^{10} eV. a los electrones que caen a través de ellos. Por consiguiente, por lo que por ahora podemos ver, la única fuente posible que queda para estas energías observadas se encuentra en transformaciones que tienen lugar de acuerdo con la ecuación de Einstein $E=mc^2$. La fabricación de los elementos comunes a partir del hidrógeno es, por supuesto, solamente un caso especial de esta transformación de masa en energía radiante, y como tal fabricación, en el caso del átomo de helio desprende 30 millones de eV., del oxígeno 116 millones, del silicio 216 millones, y del hierro 460 millones, no existe otro origen que podamos imaginar para la gran banda de absorción que hemos encontrado en el anillo ecuatorial a aproximadamente $\mu=0{,}5$ y, modificado por su mezcla en el cinturón templado con electrones secundarios incidentes, a algo como $\mu=0{,}55$. Solo esta banda parece ser responsable de alrededor del 90 por ciento de la ionización de los rayos cósmicos en el cinturón ecuatorial».

18. Véanse los comentarios que sobre los trabajos sobre rayos cósmicos presentados en esta reunión se incluyen en Galison (1987: 104-106).

chester y Butler solo podían pensar en que la responsable del primer trazo se desintegraba y daba lugar a una partícula cargada secundaria y a una neutra, invisible. Sin embargo, ni una ni otra se podían asociar a nada conocido.

Dos años después, el grupo de Powell en Bristol informó de que, al trabajar con películas sensibles a los electrones, del tipo utilizado en las investigaciones sobre procesos nucleares, habían encontrado una partícula con una masa que parecía estar entre la del pion y la del protón (Brown, Camerini, Fowler, Muirhead, Powell y Ritson 1949). Una vez que esta se detenía en la emulsión, se desintegraba en tres mesones, uno de los cuales parecía ser el π^-. Asimismo, el equipo de Anderson en Caltech obtuvo fotografías que confirmaban los resultados de Rochester y Butler. En *Cosmic Rays*, Rossi (1964: 159-160) explicó la situación como sigue:

> Durante un tiempo, fue grande la confusión sobre el número y propiedades de las partículas que se necesitaban para explicar todos los datos experimentales. Finalmente, quedó claro que existían dos grupos de nuevas partículas, a las que en la conferencia sobre rayos cósmicos celebrada en Bagnère de Bigorre, Francia, en 1953, se dieron los nombres de *mesones pesados* e *hiperones*. Los mesones pesados y los hiperones pueden ser neutros o estar cargados eléctricamente. Los mesones pesados son más ligeros que los protones, pero más pesados que los mesones π. Los hiperones son más pesados que los protones. Los mesones pesados y los hiperones nunca aparecen solos. Se pueden producir pares de mesones pesados en colisiones nucleares mediante un proceso directo de materialización de energía. Un protón o un neutrón de gran energía pueden convertirse en un hiperón cuando golpea un núcleo atómico, dando lugar al mismo tiempo a un mesón pesado. En este caso, parte de la energía aparece en la masa del mesón pesado y en la masa más grande del hiperón.

La primera de las dos partículas sobre las que informaron en 1947 Rochester y Butler había sido una partícula lambda neutra (Λ) —un hiperón— que se desintegra en un protón y un mesón π negativo:

$$\Lambda \to p^+ + \pi^-$$

La segunda partícula encontrada por Rochester y Butler había sido la partícula sigma positiva (Σ^+) —otro hiperón— que se desintegraba en un neutrón (n) y un mesón π positivo:

$$\Sigma^+ \rightarrow n + \pi^+$$

La partícula que se comunicó en 1949 por el grupo de Bristol había sido un mesón pesado, cargado positivamente (K^+), que se desintegraba según

$$K^+ \rightarrow \pi^+ + \pi^+ + \pi^-$$

Una de las razones por las que era tan difícil desentrañar los datos experimentales era que muchas de las nuevas partículas se desintegraban de diferentes maneras; por ejemplo, el mesón K positivo podía desintegrarse según cualquiera de los siguientes esquemas:

$$K^+ \rightarrow \pi^0 + \pi^0 + \pi^+$$
$$K^+ \rightarrow \pi^0 + \pi^+$$
$$K^+ \rightarrow \pi^+ + \upsilon$$
$$K^+ \rightarrow \mu^+ + \pi^0 + \upsilon$$
$$K^+ \rightarrow e^+ + \pi^0 + \upsilon$$

Algunos de estos esquemas de desintegración se consideraban incompatibles entre sí, según ideas teóricas previamente aceptadas, y la dificultad solamente se resolvió cuando se demostró que una de esas ideas era errónea. Me estoy refiriendo aquí al descubrimiento (debido al trabajo teórico de T. D. Lee y C. N. Yang y al trabajo experimental de C. S. Wu y sus colaboradores en 1956) de que la *conservación de la paridad*, al contrario que la conservación de la energía o la conservación del momento, no es una ley de la naturaleza.

No obstante, de la paridad y de las aportaciones de Lee, Yang y Wu me ocuparé más adelante. Del período 1930-1947, que hasta ahora ha protagonizado la mayor parte de este capítulo, se puede afirmar que arrojó los siguientes frutos principales: (1) no fue posible observar de manera directa los integrantes de la radiación primaria, pero los efectos de la latitud demostraron que se trataba de partículas cargadas; (2) a su vez, las trayectorias de las partículas cargadas que formaban la radiación secundaria se observaron mediante cámaras de niebla y distribuciones de contadores telescópicos. Su momento se estimó a partir de la curvatura de la trayectoria en un campo magnético; (3) el descubrimiento del positrón, el pion, el muon y la producción de pares de partículas y cascadas.

Bruno Rossi (1990: 65-66) calificó aquel período como la «Era de la Inocencia de la Física de Partículas Elementales»:

> Hoy, cuando pienso en el tipo de actividades de investigación a las que yo y otros científicos estuvimos dedicados en aquellos años, me surge un sentimiento de irrealidad. ¿Cómo es posible que uno pudiera obtener resultados que afectaban a problemas de significado fundamental mediante experimentos de casi infantil simplicidad, experimentos que costaban solamente unos pocos miles de dólares, que únicamente exigían la ayuda de uno o dos estudiantes?
>
> En las décadas que han transcurrido desde entonces, el estudio de las partículas elementales se ha trasladado de los rayos cósmicos a los grandes aceleradores. Estas máquinas han proporcionado a los científicos posibilidades de investigación de una potencia y sofisticación con las que antes no se había soñado. Todos nosotros, los de la vieja generación, hemos comprobado con gran admiración este extraordinario desarrollo tecnológico. No obstante, en el fondo de nuestros corazones, sentimos una persistente nostalgia de una era a la que, a falta de una expresión mejor, llamaré la «Era de la Inocencia de la Física de Partículas Elementales».

Por su parte, en el número extraordinario que *Reviews of Modern Physics* dedicó al centenario de la American Physical Society, el científico nuclear norteamericano James Watson Cronin (1999: S165), premio Nobel de Física en 1980 «por el descubrimiento de violaciones de principios de simetría fundamentales en la desintegración de los mesones neutros K», manifestó:

> El campo de la física de partículas elementales debe su origen a descubrimientos realizados en el curso de la investigación sobre rayos cósmicos, y el estudio de los rayos cósmicos ha contribuido a la comprensión de los fenómenos geofísicos, solares y planetarios. La existencia de rayos cósmicos también tiene su lado práctico. Un ejemplo es la datación mediante radio-carbono, sugerida primero por Libby (1965). El C-14 radiactivo se produce en las colisiones de los rayos cósmicos con el N-14 en la atmósfe-

ra. Esto genera una actividad de quince desintegraciones por minuto por gramo de carbono natural en toda la materia viviente. Con la muerte, el C-14 se desintegra con una vida media de 5.600 años. En consecuencia, la actividad específica del C-14 proporciona un reloj arqueológico preciso para la datación de objetos de la historia y la prehistoria.

6. Procedencia de los rayos cósmicos

Además del problema de entender la composición de los rayos cósmicos, estaba el de su procedencia. En su libro *Cosmic Rays*, Jánossy (1948: 12) escribía:

> Prácticamente nada se sabe del origen de los rayos cósmicos. Es improbable que una gran parte de los rayos cósmicos procedan del Sol. Sin embargo, no se puede excluir que algunos de los rayos cósmicos provengan de esta fuente.
>
> Según Compton y Getting [1935] puede ser que los rayos cósmicos tengan su origen más allá de la Vía Láctea, en el denominado espacio extragaláctico. Sin embargo, todavía no es posible realizar una afirmación segura sobre el origen de los rayos cósmicos.

Sin embargo, justo al año siguiente, nada menos que Enrico Fermi (1949) publicó un artículo sobre el tema. Titulado «On the origin of the cosmic radiation», comenzaba como sigue:

> En recientes discusiones sobre el origen de la radiación cósmica, E. Teller [Nuclear Physics Conference, Birmingham, 1948] ha defendido la idea de que los rayos cósmicos tienen origen solar y son mantenidos relativamente cerca del Sol por la acción de campos magnéticos. Estas opiniones han sido ampliadas por Alfvén, Ritchmyer y Teller [texto que se publicó en *Phys. Rev.* en 1949 con el título de «On the origin of cosmic rays»]. El argumento en contra de la idea convencional de que la radiación cósmica puede extenderse al menos a todo el espacio galáctico se basa en la muy elevada cantidad de energía que debería estar presente en forma de radiación cósmica si se extendiera a tan gigantesco espacio. De hecho, si este fuera el caso, la radiación cósmica debería ser extremadamente eficiente.
>
> En la presente nota, yo propongo discutir una hipótesis sobre el origen de los rayos cósmicos que intenta salvar en parte esta objeción, se-

gún la cual los rayos cósmicos se originan y se aceleran primariamente en el espacio interestelar, aunque se asume que los campos magnéticos impiden que abandonen los límites de la galaxia. El principal proceso de aceleración se debe a la interacción de partículas cósmicas con campos magnéticos errantes que, según Alfvén, ocupan espacios interestelares.

Las ideas del físico sueco Hannes Olof Gösta Alfvén (1908-1995) fueron determinantes, no solo para Teller, sino también para Fermi.[19] Él mismo describió el papel que desempeñó en la génesis del artículo del italiano en el volumen colectivo *Early History of Cosmic Ray Studies. Personal Reminiscences with Old Photographs* (Alfvén 1985: 429):

> Mi breve visita a Chicago en 1948 tuvo también otra consecuencia [con anterioridad se había referido al contacto que mantuvo con Teller]. Uno de los miembros del seminario era Enrico Fermi, que se interesó por el origen de los rayos cósmicos. Después del seminario, me pidió que le explicara qué eran las ondas magnetohidrodinámicas. Desde que había publicado mi primer artículo en 1942, pocas personas (con Lyman Spitzer y Martin Schwarzschild como las excepciones más prominentes) habían creído en ellas. [...]
>
> Fermi escuchó durante cinco o diez minutos lo que yo tenía que decir y entonces dijo: «Por supuesto, tales ondas podrían existir». Fermi tenía tal autoridad que, si él decía hoy «por supuesto», todo físico decía «por supuesto» mañana. De hecho, publicó su artículo en el que las explicaba de manera tan clara que nadie podría dudar de su posible existencia. Algo que yo no había logrado hacer en seis años, Fermi lo hizo en lo que solamente era la presentación del famoso mecanismo de Fermi de la aceleración de los rayos cósmicos (cuya importancia yo no había sido capaz todavía de comprender).[20]

La investigación empírica de los rayos cósmicos no dejó, ni ha dejado, de hacer uso de las posibilidades que ofrecían los nuevos sistemas de observación, fruto del desarrollo tecnológico. Uno de esos

19. Véanse los comentarios que Teller (2001: 249-250) hacía en su autobiografía.

20. En su conocido libro, *Cosmical Electrodynamics*, Alfvén (1950) dedicaba la totalidad del último capítulo, el VII, a la «Radiación cósmica».

«sistemas de observación» lo proporcionaron los satélites artificiales. Un ejemplo en este sentido se encuentra en la propuesta que envió el 28 de septiembre de 1955 James A. van Allen (1914-2006), de la Universidad de Iowa y recordado en especial por haber descubierto las zonas de la magnetosfera terrestre en donde se concentran un gran número de partículas cargadas, regiones conocidas como «cinturones de van Allen», a Joseph Kaplan, de la National Academy of Sciences de Estados Unidos. Titulada «Proposal for Cosmic Ray Observations in Earth Satellites», en la «Introducción» se decía (van Allen 1983: 123): «Las observaciones de rayos cósmicos por encima de cincuenta kilómetros de altura son de una simplicidad e importancia especial, porque solamente por encima de tales alturas pueden ponerse los aparatos en contacto directo con la radiación primaria antes de que la atmósfera terrestre la modifique profundamente». A continuación, señalaba que durante los últimos nueve años él y sus colegas ya habían realizado una serie de experimentos sobre esa radiación primaria mediante cohetes V-2 y Aerobee, además de, recientemente, globos, pero que los satélites artificiales poseían ventajas especiales, que detallaba.

En la actualidad, aún quedan cuestiones sin resolver en este campo, pero se sabe que los rayos cósmicos se originan en fuentes muy diversas: en el Sol, más allá del sistema solar, en explosiones estelares, como las supernovas, e incluso en agujeros negros. Los nuevos tipos de astronomía, como la de rayos γ, han permitido observar emisiones provenientes de la Vía Láctea, al igual que de otras galaxias.[21]

Pasemos ahora a los procedimientos que, con la ayuda de la tecnología, permitieron descubrir el mundo subatómico.

7. La desintegración artificial. Experimentos de Cockcroft y Walton

En el *annus mirabilis* de 1932, tuvo lugar otro desarrollo de gran importancia para el estudio de los núcleos atómicos, esto es, de la física nuclear. Durante mucho tiempo, las partículas α fueron el único medio disponible para perturbar átomos de manera controlada. Sin em-

21. Véase, por ejemplo, Cronin (1999).

bargo, para disponer de ellas se estaba a merced de elementos que fuesen radiactivos de modo natural. Las fuentes accesibles eran demasiado débiles como para proseguir la indagación en los misterios nucleares. Un gramo de radio emite, aparte de otros productos de su desintegración, 37.000 millones de partículas α por segundo, de las cuales una de cada cien mil resultaba en una transformación; muy pocas para que se pudiesen separar químicamente las sustancias generadas y examinarlas. Además, la energía de estas emisiones apenas permitía superar la repulsión eléctrica debida a la carga positiva de sus objetivos. El grupo de Rutherford en el Laboratorio Cavendish de Cambridge descubrió que las partículas α eran más eficaces en este sentido cuanto mayor fuese su velocidad. Era urgente, por consiguiente, conseguir máquinas que aumentasen su rapidez. Dado que tienen carga, una forma de lograrlo era someterlas a grandes diferencias de potencial. Hasta la década de 1920 no comenzaron a aparecer instrumentos que cumplían tal función, pero fue solo en 1932 cuando dos miembros del Cavendish, John Cockcroft (1897-1967) y Ernest Walton (1903-1995), diseñaron un aparato (un multiplicador voltaico) que les permitió alcanzar los 125.000 voltios (125 kV).

El primer atisbo sobre sus intenciones apareció en el número del 30 de abril de 1932 de *Nature*. Decían allí (Cockroft y Walton 1932 a: 649) que «no parece improbable que el isótopo del litio de masa 7 capture ocasionalmente un protón y que el núcleo resultante, de masa 8 [berilio], se escinda en dos partículas α, cada una de masa cuatro y energía de alrededor de ocho millones de electronvoltios. Desde este punto de vista, la evolución de energía es de dieciséis millones de electronvoltios por desintegración, lo que aproximadamente está de acuerdo con la esperada disminución de masa atómica implicada en tal desintegración». En otras palabras, se trataba de un proceso exotérmico, que producía más energía de la que se necesitaba para ponerlo en marcha, con la diferencia debida a la desigualdad de masa entre el núcleo de berilio y las dos partículas α resultantes.

Un mes después, el 1 de junio, publicaron en *Proceedings of the Royal Society* un artículo más detallado titulado «Experiments with high velocitiy positive ions. – (I). Further developments in the method of obtaining high velocity positive ions» (Cockcroft y Walton (1932 b). En este texto, anunciaban que habían desarrollado «un método para obtener potenciales estables elevados, que se pueden emplear para acelerar protones, mediante la adecuada disposición de válvulas y condensadores, lo que permite rectificar el voltaje de un transformador y multiplicar su valor varias veces». A este trabajo siguió otro, que apareció el 1 de julio, «Experiments with high velocitiy positive ions. – (II). The desintegration of elements by high velocity protons» (Cockcroft y Walton 1932 c). En el «Resumen» explicaban que «en esta comunicación, describimos experimentos que muestran que protones con energías superiores a 150.000 voltios son capaces de desintegrar un número considerable de elementos. En el pasado, los experimentos sobre desintegración artificial se habían llevado a cabo con chorros de partículas α como partículas de bombardeo; en general, las transformaciones resultantes habían estado acompañadas de la emisión de un protón y, en algunos casos, de radiación γ. Los experimentos presentes muestran que, bajo el bombardeo de protones, se emiten partículas α en muchos elementos».

Con ese voltaje fueron capaces de comprobar que los isótopos de litio, de masa 7, bombardeados con protones, se dividían en dos partículas α (recordemos, núcleos de helio). Esto es, que tenía lugar el siguiente proceso:

$$H^{1}{}_{1} + Li^{7}{}_{3} \rightarrow Be^{8}{}_{4} \rightarrow He^{4}{}_{2} + He^{4}{}_{2}$$

donde $H^{1}{}_{1}$ denota el protón y $He^{4}{}_{2}$ la partícula α. Fue la primera desintegración nuclear producida de manera artificial.

John Cockcroft comenzó a cursar matemáticas en la Universidad de Mánchester en 1914, pero un año después tuvo que incorporarse al ejército. Finalizada la primera guerra mundial, estudió ingeniería eléctrica en esa ciudad inglesa y trabajó durante dos años en la Metropolitan-Vickers Electrical Company. Tras este período, retomó la carrera de matemáticas, pero en Cambridge, donde en última instancia se unió al Laboratorio Cavendish. Allí, sus conocimientos como ingeniero y su relación con la industria le sirvieron para colaborar en un primer momento con Kapitza y más tarde con Ernest Walton. Este era un irlandés que había obtenido su grado de máster en el Trinity College de Dublín con una tesis sobre hidrodinámica. Esto le permitió ir a Inglaterra con una beca «*Exhibition of 1851*», unas ayudas creadas a partir de los beneficios económicos de la gran Exposición Universal (fue la primera de este tipo) celebrada en Londres en 1851. Cockcroft y Walton recibieron el premio Nobel de Física en 1951 «por su trabajo pionero en la transmutación de núcleos atómicos con partículas atómicas aceleradas artificialmente», según el comunicado oficial.

Como acabo de explicar, el generador ideado por estos dos científicos inauguró la era de los aceleradores de partículas. No obstante, con anterioridad, hacia 1928, Merle Tuve (1901-1982), del Departamento de Magnetismo Terrestre de la Institución Carnegie de Washington D. C., empleó un transformador inventado por Nikola Tesla para alcanzar una diferencia de potencial de 3 millones de voltios. En colaboración con Gregory Breit, utilizó este método para acelerar protones y electrones (Breit y Tuve 1926). Por otra parte, tras estar empleado durante un breve período como ingeniero en una planta eléctrica en Alabama y estudiar un año en 1924 en la Sorbona, en donde se empezó a interesar por la física atómica, Robert J. van de Graaff (1901-1967) se fue a trabajar con J. S. E. Townsend en Oxford. Allí se dio cuenta de la gran necesidad que había de una fuente de partículas subatómicas de gran energía. Comenzó así a desarrollar un generador electrostático de corriente constante, basado en la utilización de una cinta no conductora que se mueve entre dos poleas de un material diferente al de la correa. La fricción hace que se electrifiquen todos los componentes y la banda transporta la carga eléctrica, que se acumula en el interior de una esfera metálica hueca, hasta alcanzar una diferencia de potencial elevada. Después de permanecer el curso 1927-1928 en Oxford con una beca Rhodes, van de Graaff adaptó su aparato en Princeton, donde estaba como «miembro investigador nacional», para la aceleración de partículas. Pronto su prototipo alcanzó los 80 kV (1 kV = 1.000 V) y en 1931 llegó a los 750 kV. Mediante el empleo de dos esferas, van de Graaff (1931) consiguió un voltaje de 1,5 MV (1 MV=1.000 kV).

En 1932, van de Graaff se trasladó al MIT donde, con el apoyo del presidente de la institución, Karl T. Compton, físico como su hermano Arthur H., comenzó a diseñar un instrumento mucho más grande: dos terminales esféricas de 2,25 metros de radio con cargas opuestas, montadas sobre columnas de 1,8 metros de diámetro. Al año siguiente, van de Graaff, Compton y van Atta (1933) publicaron un boceto de la máquina, la cual se terminó de construir por fin en 1936 (L. C. van Atta, Northrup, C. M. Van y van de Graaff 1936). Sin embargo, el nuevo generador no logró alcanzar el límite teórico esperado y solo se llegó a los 2,5 MV en cada esfera. Esto era debido, en parte, a la suciedad existente en el hangar de South Dartmouth en que se instaló el proyecto (la máquina se utilizó durante muchos años para la investigación y alcanzaba potenciales de hasta 2,7 MV. Por último, fue trasladada al Museo de Ciencia de Boston). Entretanto, un grupo del Departamento de Magnetismo Terrestre de la Institución Carnegie, bajo el liderazgo de Tuve, adoptó este tipo de generador como fuente de voltaje, en lugar de los anteriores transformadores de Tesla. El modelo inicial utilizaba una terminal esférica de un metro de diámetro, montada en un trípode aislante, y con este aparato se produjo en 1933 un haz de iones de hidrógeno de 600 kV de energía. Fue el primer instrumento de esta clase utilizado en experimentos nucleares. En 1937, ya existían generadores de van de Graaff de cerca de cinco metros de altura, que alcanzaban los cinco millones de voltios. Sin embargo, la iniciativa más importante en este aspecto, la que terminaría por desarrollarse más y por inaugurar una nueva época en la física, fue la asociada a los nombres de Rolf Widerøe y Ernest Orlando Lawrence.

8. Rolf Widerøe y sus aceleradores de partículas

La física de altas energías, durante bastante tiempo más conocida como «de partículas elementales» (hasta que esta última noción dejó de tener el sentido inicial), ha marcado una parte considerable del desarrollo científico, en especial a partir de la década de 1930. El «motor» de ese progreso, el que motivó la formulación de teorías sobre el comportamiento de los fenómenos nucleares y subnucleares, fueron los aceleradores de partículas. No en el sentido de las máquinas descritas en la sección precedente, sino en uno diferente, cuya historia es demasiado compleja, por lo que solo puedo ofrecer aquí un esbozo.

El punto de partida de este relato se debe situar en las ideas de un estudiante de ingeniería eléctrica, nacido en Noruega, pero que decidió cursar esa especialidad en Alemania, en la Escuela Politécnica de Karlsruhe: Rolf Widerøe (1902-1996).[22] Él mismo recordó el comienzo de sus trabajos en unas memorias que rescató Pedro Waloschek (1994: 12-14):

22. Para la biografía de Wideröe, véanse Sørheim (2020) y Waloschek (1994).

En 1919 [todavía estaba en Noruega] me impresionaron profundamente las noticias de que Rutherford era capaz de desintegrar el núcleo de los átomos de nitrógeno bombardeándolos con partículas alfa rápidas emitidas por sustancias radiactivas (supongo que era radio). Supe de esto a través de periódicos y revistas. ¡De manera que el sueño de los alquimistas se había hecho realidad!

Incluso entonces, me resultaba claro que los rayos de partículas alfa no eran realmente el mejor instrumento para esta tarea; se necesitaban muchas más partículas con mucha más energía para obtener un mayor número de fisiones nucleares. Pensé que tal vez este fuera un caso para el que se podrían encontrar soluciones con la ayuda de tecnología de alto voltaje.

Sabía que con campos eléctricos se podrían acelerar partículas cargadas eléctricamente, tales como núcleos atómicos o electrones. La energía obtenida así correspondería precisamente a la [...] diferencia de voltaje atravesado por las partículas. A un millón de voltios, esto es un mega electronvoltio, o un MeV [10^6 eV].

Sin embargo, no es posible aumentar el voltaje indefinidamente; muy pronto se produce una ruptura en forma de una chispa o algo parecido al destello de un relámpago. En un día seco y en una habitación espaciosa es posible cargar una esfera de metal suficientemente grande y lisa hasta unos pocos millones de voltios. Pero después de esto, se producirán descargas. En aquellos días esto se demostró claramente, ocasionalmente incluso en las escuelas, aunque en menor escala.

Una desventaja adicional de acelerar partículas con voltajes muy grandes es que, bien la fuente de las partículas, o los instrumentos de medida (o incluso ambos) tienen que estar a un gran voltaje, lo que hace que cualquier operación sea bastante difícil o incluso peligrosa.

Además, el máximo de varios millones de voltios para acelerar partículas cargadas que se puede conseguir con este tipo de aparatos no es realmente tanto, si se compara con la energía de los rayos alfa de sustancias radiactivas; estas se encuentran entre 5 y 10 MeV, que corresponde a una aceleración con cinco a diez millones de voltios.

Por consiguiente, cualquiera que quisiera lograr partículas de energías tan grandes o superiores, tendría que buscar métodos completamente nuevos de acelerar partículas. Ahí es donde yo vi ciertas posibilidades en las elegantes, pero no fácilmente comprensibles, ecuaciones de la electricidad y el magnetismo que entonces ya me interesaban. Estas se utilizan ampliamente en campos técnicos. Así es, por consiguiente, como surgió mi interés por estudiar ingeniería eléctrica.

En el otoño de 1920, Widerøe comenzó sus estudios en Karlsruhe. Fue allí, todavía como alumno, donde sus ideas para un acelerador de partículas empezaron a tomar forma. Así lo recordaba (Waloschek 1994: 20-21):

> En el otoño de 1922, mientras estaba en Karlsruhe, ya había desarrollado las ideas básicas para un «transformador de rayos». Esta máquina aceleraría partículas como si estuvieran accesibles voltajes eléctricos muy grandes, pero sin la necesidad de semejantes peligrosos altos voltajes que, de todas maneras, en la práctica no se podrían conseguir.
>
> La pregunta que entonces me hice a mí mismo fue la de si los electrones, en una cámara de vacío con la forma de un anillo, podrían comportarse de la misma forma que si estuvieran en un cable de cobre de una bobina secundaria de un transformador ordinario. Cuando cambia la corriente eléctrica en la bobina primaria, los electrones deberían realmente ser acelerados de la misma manera que en la bobina secundaria del transformador. [...]
>
> Como los electrones no estarían confinados en un cable de cobre, yo tendría que conectar un campo magnético apropiado para mantenerlos en una órbita circular. Ahora bien, el campo magnético tendría que adaptarse él mismo a la velocidad creciente de las partículas que circulaban.
>
> Si el vacío en un tubo fuera lo suficientemente elevado [...], no existiría prácticamente resistencia eléctrica y los electrones podrían alcanzar una velocidad extremadamente grande en muy poco tiempo. Esto se correspondería con la aceleración producida por un voltaje muy elevado. Sin embargo, no fue tan fácil calcular la velocidad alcanzada por estos electrones. Pronto me convencí de que los electrones no tardarían en alcanzar una velocidad cercana a la de la luz y, por tanto, las fórmulas de la mecánica clásica no serían válidas.
>
> En aquellos días, la gente no estaba muy segura de si las fórmulas contenidas en la teoría absoluta de Abraham eran correctas, o si lo eran las de la teoría de la relatividad de Einstein. Por ello, inicialmente calculé el movimiento de los electrones en el transformador de rayos según las dos teorías. Más tarde solamente utilicé las fórmulas de Einstein, que me parecían mejores.
>
> Llegué a la conclusión de que la aceleración producida en un incremento de corriente, esto es, en menos de una centésima de segundo, sería equivalente a un «golpe de potencial» de varios millones de voltios. Los relativamente pequeños golpes en cada revolución se irían sumando y

finalmente producirían este gran número. Fue realmente un resultado sorprendente, ya que esto significaba que el tamaño de una máquina, que de manera razonable se podría construir, sería bastante modesto; si se utilizaba la tecnología que estaba entonces disponible para construir imanes para transformadores, las órbitas del electrón serían, aproximadamente, de entre diez y veinte centímetros.

Se conservan los bocetos que Widerøe realizó entonces en uno de sus cuadernos de notas. El siguiente lleva la fecha del 5 de marzo de 1923:

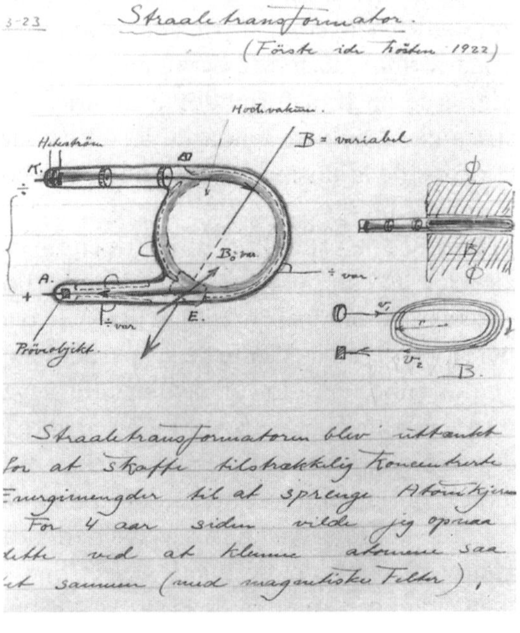

Después de plasmar sus invenciones en esos cuadernos, el noruego se centró en continuar sus estudios de ingeniería. Sin embargo, estaba tan seguro de las posibilidades de su acelerador, que encargó a una agencia que presentase una solicitud de patente. Parece que esto no se hizo en última instancia, aunque es imposible saberlo a ciencia cierta (el local de su representante y sus archivos fueron destruidos durante la segunda guerra mundial). En 1924, obtuvo su diploma de ingeniero eléctrico con una tesis sobre «Distribuciones de voltaje en cadenas de aislantes». Regresó a Oslo en octubre de ese mismo año y allí estuvo empleado por seis meses en un taller de ferrocarriles. A continuación realizó, en el verano de 1925, el servicio militar, hecho que resumió con las siguientes palabras: «Durante 172 días estuve al mando de seis hombres en una granja con un caballo y un carruaje. ¡Fue un verano fantástico!».

Su siguiente propósito era obtener un doctorado. Examinó las posibilidades de conseguirlo en Karlsruhe, pero no eran buenas y decidió intentarlo en la Escuela de Tecnología de Aquisgrán, que tenía mejores instalaciones experimentales. Comenzó a trabajar allí en mayo de 1926. El tema que eligió para su tesis fue la construcción del acelerador circular que había esbozado en su cuaderno de notas, pero la máquina no funcionó: no consiguió ajustar el campo magnético para que los electrones dentro del tubo continuaran acelerando y ganando energía. Sin este logro, no había doctorado posible. Decidió entonces construir un aparato lineal, una idea que había obtenido en Karlsruhe a partir de un artículo que había encontrado en la biblioteca. Se trataba de un trabajo del físico sueco, especializado en geofísica y metrología, Gustav Ising (1883-1960), quien había estudiado en Uppsala y Estocolmo, ciudad en la que se había doctorado y en la que desarrolló su carrera académica. Titulado «Prinzip einer Methode zur Herstellung von Kanalstrahlen hoher Voltzahl» («Principio de un método para la producción de rayos canales de alto voltaje»), apareció en la revista *Arkiv för Matematik, Astronomi och Fysik*. En él, Ising (1924; reproducido y traducido al inglés en Livingston, ed. 1966: 88-90) proponía un acelerador lineal de cationes, consistente en un conjunto de electrodos tubulares alineados, por donde pasaban los iones, y con una separación creciente entre ellos. Además, todos los tubos estaban conectados mediante cables cuya longitud aumentaba de manera paulatina. Un pulso de voltaje aplicado a intervalos regulares producía una descarga, transmitida a través de las conexiones, de modo que llegaba a los electrodos de forma sucesiva. Así, se producían campos de aceleración en los vanos entre los tubos. La distancia entre estos aumentaba en función de la velocidad adquirida por las partículas cargadas, a fin de asegurarse que estas encontraban una diferencia de potencial aplicada al llegar a cada punto.

Widerøe modificó este modelo y construyó una versión con dos vanos, que utilizaba una válvula termoiónica de vacío de 25 kV. En esta ocasión tuvo éxito y consiguió que su aparato funcionara. De este modo, pudo presentar su tesis de doctorado, que tituló *Über ein neues Prinzip zur Herstellung hoher Spannungen* (*Sobre un nuevo prin-*

cipio para generar altos voltajes) y que apareció publicada en *Archiv für Elektrotechnik* (Widerøe 1928; reproducida y traducida al inglés en Livingston, ed. 1966: 92-114). En esta memoria, el noruego reconoció las ideas pioneras de Ising, «que sugirió utilizar ondas viajeras para producir los campos eléctricos. Estas ondas viajeras tienen que ser guiadas de tal forma que lleguen a los electrodos de aceleración al mismo tiempo que los iones».

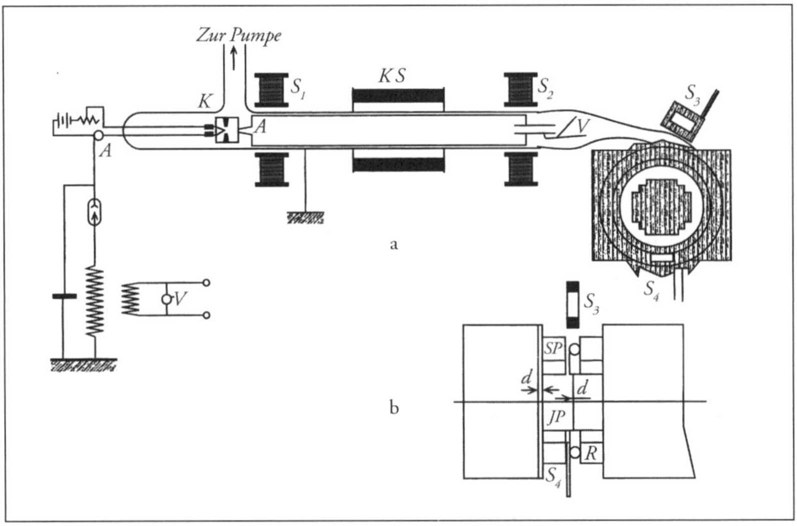

Diagrama del acelerador lineal que Widerøe construyó en Aquisgrán, reproducido en Widerøe (1928).

En la autobiografía que rescató Waloschek (1994: 36), Widerøe explicaba lo que su dispositivo lineal había significado en la historia de los aceleradores de partículas:

> No existía razón alguna para dudar de que mi procedimiento pudiera ser repetido tan frecuentemente como se desease, utilizando una secuencia de tubos difusores para acelerar las partículas a energías incluso más altas. En principio era posible «extenderlos» indefinidamente para lograr cada vez energías mayores. De hecho, existe hoy tal acelerador lineal en la Universidad de Stanford en California, que, a lo largo de los años, se ha ido ampliando, hasta ahora, en que tiene una longitud de, aproximadamente, cinco kilómetros. Acelera partículas como si se dispusiera de cincuenta mil millones de voltios. Mi pequeña máquina fue

un precursor primitivo de este tipo de aceleradores que hoy se denominan, por brevedad, «linac».

En su instrumento, Widerøe solo había utilizado potenciales de entre veinte y cincuenta kV, pero, señalaba, «con este método es posible producir voltajes de hasta alrededor de dos millones de voltios». Se quedaba corto.

9. Ernest Lawrence y los ciclotrones

Rolf Widerøe fue un pionero en el terreno de los aceleradores de partículas. Sin embargo, quien inauguró en verdad este nuevo campo de investigación fue el estadounidense Ernest Orlando Lawrence (1901-1958). Curiosamente, aunque esto no signifique nada, sus progenitores eran descendientes de inmigrantes procedentes de Noruega, la patria de Widerøe. Esta ascendencia era también la de su amigo de juventud en Dakota del Norte, Merle Tuve, con quien compartió estudios en la Universidad de Minnesota, donde William F. G. Swann dirigió su trabajo de fin de máster. En 1923, este último se trasladó a Chicago y un año después a Yale, donde Lawrence le siguió y donde en 1925 completó su tesis doctoral sobre el efecto fotoeléctrico. Permaneció allí los tres años siguientes, los dos primeros como «miembro investigador nacional» y el último en calidad de profesor ayudante de Física. En 1928, fue designado docente asociado de Física en la Universidad de California en Berkeley, localidad en la que transcurrió el resto de su carrera. Dos años más tarde, fue nombrado catedrático, el más joven en ese momento en Berkeley. Su campo de investigación fue el de la física experimental y se sintió atraído por el tipo de trabajos inaugurado por Cockroft y Walton, esto es la física nuclear empírica.

En su conferencia Nobel (obtuvo el premio en 1939 «por la invención y desarrollo del ciclotrón y por los resultados obtenidos con él, especialmente los relativos a elementos radiactivos artificiales») explicó que:[23]

23. Las conferencias Nobel se pueden consultar en la página web de la Fundación Nobel, pero también en algunos libros. La de Lawrence se reproduce, por ejemplo, en *Nobel Lectures. Physics, 1922-1941*, Elsevier, Ámsterdam, 1965, 430-443.

> Una tarde, a primeros de 1929, mientras estaba ojeando las últimas revistas en la biblioteca de la Universidad, me encontré en una revista alemana de electricidad con un artículo de Widerøe sobre la aceleración múltiple de iones positivos. No siendo capaz de leer fácilmente alemán, simplemente miré los diagramas y fotografías de los aparatos de Widerøe, así como las diversas cifras en el artículo, y fui capaz de determinar la aproximación general al problema; esto es, la aceleración múltiple de los iones positivos aplicando de manera apropiada la oscilación de voltajes de radiofrecuencia a una serie de electrodos cilíndricos en línea. Esta nueva idea me impresionó inmediatamente como la verdadera respuesta que yo había estado buscando para el problema técnico de acelerar iones positivos, y sin mirar más al artículo, allí y entonces, realicé estimaciones de los rasgos generales de un acelerador lineal para protones en el rango de más de un millón de electronvoltios. Cálculos sencillos demostraron que el tubo del acelerador tendría algunos metros de longitud, lo que entonces parecía una longitud bastante problemática para los propósitos de un laboratorio. En consecuencia, me pregunté a mí mismo la cuestión de, si en lugar de utilizar un gran número de electrodos cilíndricos en línea, no sería posible emplear dos electrodos una y otra vez enviando los iones positivos hacia adelante y hacia atrás a través de los electrodos mediante algún tipo de disposición apropiada del campo magnético. De nuevo, un sencillo análisis del problema mostró que un campo magnético uniforme tenía justo las propiedades adecuadas, que la velocidad angular de los iones circulando en el campo fuesen independientes de su energía, de forma que circulasen hacia adelante y hacia atrás entre electrodos huecos, adecuados en resonancia con un campo eléctrico oscilante de una cierta frecuencia, que ahora se conoce como la «frecuencia del ciclotrón».

A continuación, recordaba la temprana contribución de Ising.

Lawrence solo reparó en el trabajo de Widerøe en el acelerador lineal, pero debe recordarse que este texto también se ocupaba de la configuración circular que el joven había considerado en primer lugar, aunque no pudiera avanzar mucho con ella. Lawrence se dio cuenta enseguida del principio de resonancia que permitía explotar la geometría propuesta en un primer momento por el ingeniero noruego: un campo magnético que llevaba a las partículas a moverse en trayectorias circulares, de manera que pudiesen atravesar muchas veces el mismo grupo de electrodos y ganar energía cada vez que lo hacían. Es decir, había que invertir la polaridad del campo eléctrico cada media vuelta, para que el empuje tangencial fuera el adecuado. De ese modo, se conseguía que los iones aumentaran su velocidad con cada revolución. Como es natural, al moverse más deprisa describían círculos cada vez más amplios. Esto hacía que siempre tardaran el mismo tiempo en cada vuelta, independientemente de lo rápido que se movieran. A su vez, esto permitía mantener la misma frecuencia de inversión del voltaje, que así siempre estaba en resonancia con los ciclos de la partícula.[24] Este «principio de resonancia» fue en realidad lo que hizo posible la construcción del ciclotrón, un término que, por cierto, Lawrence utilizó durante un tiempo de manera informal (hasta 1936 no se adoptó como designación oficial), mientras que en las notas más formales prefería el de «acelerador de resonancia magnética».

Sin embargo, una cosa era la teoría y otra la realidad y no fue fácil fabricar un aparato que funcionase. Para semejante tarea, Lawrence contó con la colaboración de sus estudiantes, en especial con la de Stanley Livingston, que dedicó su investigación doctoral a este fin. A últimos de 1930, Lawrence y Livingston completaron la construcción (el coste fue de unos 25 dólares) del primer ciclotrón, que medía unos doce centímetros de diámetro. El 2 de enero de 1931 lo probaron (aplicaron una diferencia de potencial de dos mil voltios) y alcanzaron energías de 80 keV. Enseguida, el profesor de Berkeley anunció que esperaba que este valor pudiera llegar al millón, e incluso más, si se le proporcionaban los medios necesarios para elaborar modelos más sofisticados. El rector de la Universidad reaccionó nombrándolo catedrático. Tenía entonces veintinueve años.[25]

En la primavera de 1931, Lawrence consiguió una beca de mil dólares del Consejo Nacional de Investigaciones. En febrero de 1932, de nuevo con la ayuda de Livingston, logró poner en marcha el pri-

24. El concepto de «resonancia magnética» fue dado a conocer (sin haberlo comprobado experimentalmente) en una breve nota de Lawrence y Niels E. Edlefsen (1930). La física subyacente es la que se indica a continuación: según la electrodinámica, la aceleración centrípeta de una partícula de carga e y velocidad v en un campo magnético de intensidad B, perpendicular al movimiento, es evB/c, donde c es la velocidad de la luz. Igualando esta expresión con la de una fuerza centrífuga mecánica, $mv2/r$, donde m es la masa de la partícula y r el radio de su órbita, se deduce que la frecuencia de un ciclo, $v/2\pi r$, es $eB/2\pi mc$, independiente, por tanto, del tamaño de la trayectoria circular.

25. Sobre Lawrence, véanse Childs (1968) y Hiltzik (2015), y sobre la historia de su laboratorio, Seidel (1978), Heilbron y Seidel (1989) y Heilbron, Seidel y Wheaton (1981).

mer ciclotrón (de poco menos de treinta centímetros de diámetro) que, tal y como había prometido, alcanzaba 1.220.000 electronvoltios tras la aplicación de una diferencia de potencial máxima de apenas cuatro mil voltios (Lawrence y Livingston 1932). Pocas semanas después, llegaba la noticia de que Cockcroft y Walton (1932) habían conseguido en el Cavendish la primera desintegración artificial, para lo que habían necesitado tan solo 125.000 electronvoltios. Hacía tiempo que esta potencia estaba al alcance del grupo de Berkeley; la diferencia es que para Lawrence la meta era alcanzar el millón de electronvoltios y que no estaba interesado en utilizar su máquina en rangos menores. No obstante, reaccionó con rapidez y pocos meses después se utilizaba el ciclotrón para observar desintegraciones. Los primeros resultados se publicaron en octubre de 1932.

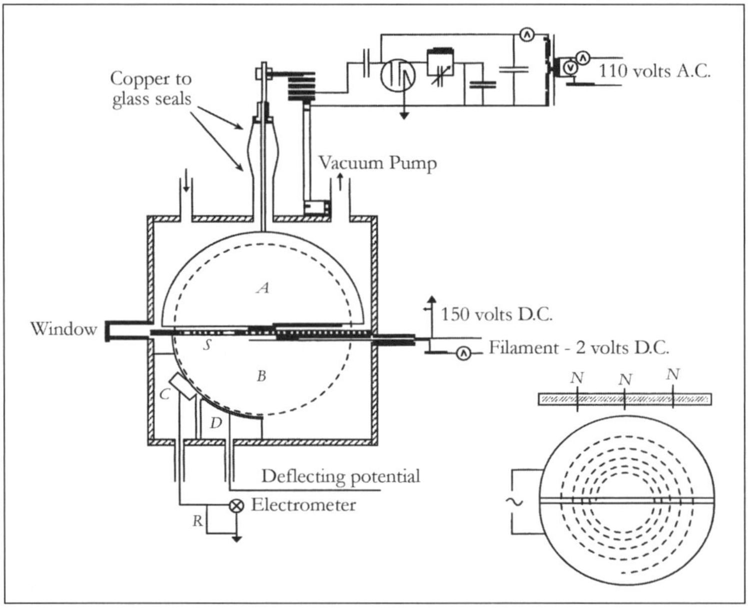

Diagrama del primer ciclotrón construido
por Lawrence y Livingston.

El mismo mes y año en que entraba en funcionamiento el primer ciclotrón de Berkeley, Harold Urey y sus colaboradores (F. G. Brickwedde y G. M. Murphy) demostraron la existencia del deuterio (como se vio en el capítulo anterior). Este descubrimiento también tuvo repercusiones para el programa de Lawrence, ya que este isótopo del hidrógeno, al igual que las partículas α, puede ser utilizado como «desintegrador» nuclear. La Universidad en California disponía del mayor depósito de agua pesada (que contiene gran cantidad de deuterio) del mundo, obtenida a partir de residuos de ácidos de batería. De modo que, en marzo de 1933, Gilbert N. Lewis un colega de Lawrence, proporcionó a este muestras suficientes para producir (mediante un proceso de electrólisis) deuterones (núcleos del isótopo recién descubierto) y emplearlos como proyectiles en la nueva máquina que estaba planeando, ya antes de que estuviese operativa la de treinta centímetros. Este nuevo aparato, de setenta centímetros, empezó a funcionar en diciembre de 1933. Al utilizar los deuterones y dirigirlos hacia un blanco de litio, se encontró que estos eran diez veces más potentes como «desintegradores» que los protones (se generaban partículas α con una energía superior a cualquiera de las observadas hasta entonces en elementos radiactivos naturales). Para aprovechar este potencial, se inició un ambicioso programa de investigación basado en los nuevos proyectiles, que de hecho llevó a que en 1936 (el mismo año en que la Universidad de California creaba de manera oficial una institución aparte para Lawrence y sus aparatos: el Laboratorio de Radiación, que nació como una entidad independiente de la Facultad de Física) se modificase el ciclotrón y se aumentase su tamaño, hasta alcanzar casi el metro de diámetro. Con esta nueva máquina se midió el momento magnético del neutrón y se produjo, aunque de forma inadvertida, el tecnecio (denominado así para conmemorar el hecho de que fue el primer elemento creado de modo artificial, esto es, con ayuda de la «técnica»). En efecto, este descubrimiento fue accidental. En el verano de 1936, Emilio Segrè, a quien Enrico Fermi había introducido en el mundo de la física de partículas y que acababa de ser nombrado catedrático en la Universidad de Palermo, visitó Berkeley. Cuando regresó a Italia, llevaba consigo unos trozos de banda de cobre que habían sido bombardeados en el ciclotrón. Los analizó con sus colaboradores. Poco después, solicitó más muestras de ese material a Lawrence y le indicó que se las podía mandar por carta. Entre tanto, se había abierto el acelerador para efectuar algunas reparaciones y el científico estadounidense envió a su colega italiano, no solo más cobre, sino también una cinta de molibdeno que tapaba una salida, de la que no esperaban obtener ningún resultado novedoso. Estaban equivocados. Segrè y Carlo Perrier, profesor de mineralogía en Palermo, demostraron que contenía un nuevo elemento, el tecnecio, número 43 de la tabla periódica y ocupante de uno de los cuatro lugares todavía vacíos en esa clasificación. En el artículo en el que describían sus propiedades radioquímicas, Perrier y Segrè (1937: 716) expresaban su fe en el ciclotrón: «Esperamos también que esta investigación realizada meses después del final de la irradiación y a miles de kilómetros del ciclotrón pueda ayudar a mostrar las tremendas posibilidades de este instrumento». Desde luego, sus esperanzas se cumplieron: este aparato abrió la senda hacia aceleradores cada vez más grandes y potentes. De este modo, comenzó la denominada *Big Science*, investigación científica que necesita de cuantiosos recursos, tanto económicos como humanos.[26]

Las posibilidades que brindaba el ciclotrón para investigar la estructura de la materia se vieron ampliadas por el potencial de los radioisótopos, que este artefacto permitía fabricar, en biología y medicina. Financiados por la Fundación Rockefeller y por la Research Corporation, en 1936 se construían máquinas de este tipo, diseñadas para ocuparse de cuestiones de física, química y biología, en las universidades de Columbia, Cornell, Princeton y Purdue.[27] También, con sus propios medios, en las de Chicago, Illinois, Michigan, Pennsylvania y Rochester. El ejemplo se extendió a Harvard, a Indiana y a la Universidad Washington en St. Louis, mientras que en Europa pronto hubo aceleradores de esta clase en Cambridge, Liverpool y Birmingham, además de en los institutos de Bohr en Copenhague, Joliot-Curie en París y Siegbahn en Estocolmo.

26. En este punto es relevante citar lo que escribió uno de los principales líderes de la física de altas energías en Estados Unidos, Wolfgang Panofsky (2007: 22): «El Laboratorio de Radiación de la Universidad de California fue pionero en lo que ahora se denomina generalmente *Big Science*. Como director, Lawrence tomaba decisiones que no se cuestionaban. Antes de la guerra, Lawrence había tenido mucho éxito en atraer financiación de fuentes privadas y fundaciones; después de la guerra, en parte como reconocimiento de su liderazgo en el proyecto de separación electromagnética [de los isótopos 235 y 238 del uranio], el gobierno apoyó su laboratorio con generosidad».

27. La Research Corporation es la segunda fundación más antigua de Estados Unidos. Fue creada en 1912 por Frederick Gardner Cottrel, profesor en Berkeley e inventor del denominado «precipitador electrostático», un dispositivo que utiliza las fuerzas eléctricas para separar partículas de un gas, lo que permite su eliminación del aire.

10. El atractivo político-militar de la física nuclear

Los ciclotrones de Lawrence en Berkeley solo fueron el comienzo de una larga historia, que cobró un nuevo ímpetu en especial a partir del final de la segunda guerra mundial. El «éxito» de las bombas atómicas arrojadas sobre Hiroshima y Nagasaki en agosto de 1945 (volveré a este acontecimiento en otro capítulo) fue muy apreciado por las Fuerzas Armadas y por el Gobierno Federal estadounidenses, que otorgaron un gran valor geoestratégico a la física nuclear. No solo a esta, sino también a otras ramas de la física, como la electrónica (recordemos la enorme importancia que tuvo el radar, desarrollado por científicos e ingenieros, en la contienda). La consecuencia de esta nueva percepción del valor de la investigación en estas áreas fue un aumento extraordinario del dinero destinado a ella por el Gobierno Federal. De hecho, durante la guerra, los científicos y las autoridades universitarias reconocieron sin ambages que el esfuerzo bélico iba a producir (lo hacía ya en realidad) una expansión considerable de los laboratorios y facultades de física e ingeniería de sus respectivas instituciones. Por ello, empezaron a tomar medidas y a adoptar las tácticas adecuadas con el fin de sacar el máximo partido de tal situación, mucho antes de que se vislumbrara el final de la contienda. John Slater (1975: 217), director por entonces del Departamento de Física del MIT y que, como señalé en *HFC-2*, realizó importantes contribuciones a la descripción de la estructura electrónica de átomos y moléculas, explicó muy bien este ambiente en su autobiografía científica:

> Durante la contienda prácticamente todo miembro del Departamento de Física de MIT había estado relacionado, de una manera u otra, con el trabajo para la guerra. Al aproximarse el final de esta, muchos de ellos volvieron a Cambridge [Massachussets], como hice yo, repletos de nuevos planes para el desarrollo de la física en el Instituto. La guerra había llevado la física a la atención del público, de la industria y del Gobierno, como nunca antes había ocurrido. Era obvio que esto daría como resultado una gran expansión en el interés por la física, de manera análoga a lo que había sucedido con la química durante la primera guerra mundial. En particular, el área de la electrónica, ejemplificada por el radar, y el de la estructura nuclear, aplicada a la bomba atómica, estaban encaminadas a llevar a investigaciones y aplicaciones cada vez más intensas, y a números mu-

> cho mayores de estudiantes y de oportunidades de empleo. El Instituto había sido un líder en ambos campos antes de la contienda y todo apuntaba a que tomaríamos una posición todavía más prominente después de 1945. Pensábamos entonces que los planes del departamento deberían ser tales que asegurasen esa posición de liderazgo.

No obstante, lo que nos interesa ahora es la física de altas energías (nuclear y de partículas elementales). Esta disciplina se vio muy favorecida por la experiencia del Proyecto Manhattan y más tarde por el programa para la fabricación de una bomba de hidrógeno. En particular, la construcción de nuevos aceleradores resultó especialmente beneficiada.

Lawrence, que siempre andaba a la caza de nuevos recursos para su departamento, recurrió, tras la guerra, al todavía vigente Proyecto Manhattan en busca de financiación. Su responsable, el general Leslie Groves, no puso demasiadas pegas a la hora de subvencionar los planes del científico de California: entre 1945 y 1946, Berkeley recibió del Ejército, para el acelerador linear de partículas de Luis Álvarez y para el sincrotrón (me ocuparé más adelante de esta máquina) de Edwin McMillan, así como para equipos de radar y condensadores, ayudas valoradas en 250.000 y 203.000 dólares, respectivamente. Mientras el Congreso debatía el destino de la Atomic Energy Commission, Groves autorizaba 630.000 dólares para la construcción de nuevos recintos en los laboratorios de Lawrence y 1,6 millones para su mantenimiento durante seis meses.

El hecho de que la costa oeste de Estados Unidos dispusiese en Berkeley de unas instalaciones bien provistas y en expansión, dedicadas a una disciplina que se daba por sentado que iba a acaparar la investigación puntera en el futuro, no fue algo que los físicos y administradores de las universidades en el otro extremo del país aceptasen de buen grado. El 16 de enero de 1946, se reunían en la Universidad de Columbia (Nueva York) representantes de 21 instituciones de la región comprendida entre Filadelfia y New Haven (Universidad de Yale). Fruto de aquel encuentro fue una propuesta, dirigida a Groves, para que financiase el establecimiento de un laboratorio colectivo en la costa atlántica. Las noticias de esta iniciativa llegaron de inmediato a los científicos del MIT y de Harvard, en Cambridge, Massachusetts, que se apresuraron a realizar una solicitud similar. La respuesta de Groves fue tajante: no había nada que hablar mientras no se pusiesen de acuerdo ambos grupos. No tardaron mucho estos en satisfacer los deseos del general. En una reunión que tuvo lugar el 16 de febrero, se sentaron las bases para la creación de una institución conjunta dedicada a la física nuclear y de altas energías: el Brookhaven National Laboratory (BNL). Situado en Long Island, Nueva York, comenzó a funcionar en enero de 1947, bajo la égida de la Atomic Energy Commission (AEC), que por entonces acababa de pasar a desempeñar las funciones del Proyecto Manhattan. Cabe destacar el hecho de que diversas instituciones de educación superior uniesen sus fuerzas (hasta el punto de crear una firma nueva, Associated Universities Inc.) para poder competir con Berkeley. De hecho, la creación del BNL definió un modelo operativo, basado en la cooperación, que Europa siguió pocos años después, cuando doce naciones fundaron el Centre Europeén de Recherches Nucléaires (más conocido como CERN), que se ubicaría en Ginebra (Suiza) y del que me ocuparé más adelante.[28]

No es difícil entender la racionalidad subyacente tanto al establecimiento del BNL como a la ampliación del laboratorio de Lawrence, proyectos financiados, en su inmensa mayoría, por el Ejército. Es cierto que en aquellos centros se llevaban a cabo investigaciones de carácter militar, pero esa no era, o cabía prever que no sería, su principal (o al menos la única) función, sobre todo en el caso de Brookhaven. Lo que las Fuerzas Armadas estadounidenses pretendían era controlar una parte sustancial del potencial científico del país y mantener, de una manera equilibrada y no demasiado llamativa, una red de instalaciones y de personal, investigadores y técnicos, que sirviese a sus fines. Estos no pasaban necesariamente por involucrar a esos profesionales en programas con una evidente intención bélica, aunque también se hiciese eso, por supuesto. Los militares norteamericanos no cayeron en el error de creer que solo debían financiar investigaciones encaminadas de forma directa a producir nuevas armas. Por el contrario, reconocieron que era necesario mantener relaciones permanentes con el mundo académico. Por un lado, para no arriesgarse a perder todo lo que con tanto esfuerzo se había conseguido durante la guerra. Por el otro, porque para lograr aquello hacía falta una política científica compleja y refinada, que no alienase a los profesionales de la ciencia. En este sentido, los laboratorios de Berkeley

28. Sobre Associated Universities Inc., véase Ramsey (1966).

y Brookhaven, además de las obvias vinculaciones con la bomba de hidrógeno, les permitían sostener enormes equipos de investigadores, ingenieros y técnicos, que trabajaban en problemas de física nuclear y del estado sólido, electrónica, ciencia de materiales, matemática aplicada e informática; grupos que podrían, por ejemplo, ser incorporados de forma instantánea a nuevas tareas de carácter bélico, no necesariamente del tipo del Proyecto Manhattan. No hubo, por consiguiente, ni ingenuidad ni improvisación en el apoyo que el Ejército prestó a partir de 1945 a la ciencia.[29] En el caso de la física nuclear, este interés aumentó el 3 de septiembre de 1949, cuando uno de los aviones B-29 que la Fuerza Aérea estadounidense utilizaba para analizar el aire sobre Japón, Alaska y el Polo Norte, encontró evidencias de que en el Pacífico Norte, cerca del país nipón, se había producido la primera explosión atómica soviética. Volveré sobre este asunto en un capítulo posterior.

11. Nuevos aceleradores: ciencia y política científica

Los ciclotrones de Lawrence, como ya señalé, fueron muy importantes para el nacimiento de la física de altas energías, pero presentaban una serie de dificultades. Una de ellas era la necesidad de mantener con precisión la sincronía entre el paso de la partícula acelerada y el impulso electromagnético que esta recibía en cada ciclo, el ya citado «principio de resonancia». La solución a este problema condujo al apropiadamente denominado «sincrotrón». Veamos la manera en que se refirió a este desarrollo Stanley Livingston (1969: 39):

29. Hay que señalar que, aunque la física nuclear fuese el campo más favorecido, el apoyo militar también se manifestó en otras ramas. Las ciencias espaciales, por ejemplo, se beneficiaron enormemente de la colaboración con el Ejércitos. Con los misiles V-2 capturados a los alemanes, se llevaron a cabo, entre 1946 y 1956, importantes experimentos en rayos cósmicos, meteorología y física atmosférica y solar. Es evidente que tales investigaciones formaban parte de un conjunto en el que no faltaban aspectos más prácticos, como propagación de ondas de radio en la ionosfera, reconocimiento aéreo, dinámica de vuelo, control de misiles, etc. Sin embargo, es innegable que la física y un buen número de ramas de la ingeniería avanzaron de forma notable con dicha asociación.

El principio de aceleración sincrónica o estabilidad de fase, que fue introducido en 1945, cambió el curso de la historia de los aceleradores y abrió un nuevo campo de investigación científica, el de la física de partículas. El principio de estabilidad de fase[30] fue descubierto simultáneamente en dos países. A comienzos de 1945, V. Veksler en la Unión Soviética, publicó un artículo en el que presentaba el principio. Más tarde, pero también en 1945, antes de que el artículo de Veksler [1945] llegase a Estados Unidos, E. M. McMillan [1945], de la Universidad de California, enunció el mismo principio. Ambos artículos presentaban métodos mediante los cuales las partículas en aceleradores del tipo resonancia podrían ser mantenidas indefinidamente en resonancia con campos de radiofrecuencia, dando lugar a aceleradores de energías mucho más elevadas.

Como señalaba Livingston, justo el año en que terminaba la segunda guerra mundial, comenzaba una nueva era en la historia de los aceleradores de partículas y, por consiguiente, también de la física de altas energías. Es significativo el hecho de que los responsables fueran dos científicos de las potencias que condicionarían en lo sucesivo y en gran medida la geopolítica mundial. En efecto, la investigación formó parte relevante de sus estrategias y en consecuencia ambos países lideraron extensas áreas de la ciencia global.

Edwin McMillan (1907-1991), una de las dos personas que introdujeron el principio de estabilidad de fase, formaba parte del grupo de Lawrence en Berkeley. Fue allí, en 1940 (antes, por tanto, de que Estados Unidos entrase en la segunda guerra mundial), donde, junto a Philip Abelson (1913-2004) y mediante el empleo del ciclotrón, obtuvo neptunio, el primer elemento transuránico. Ambos investigado-

30. Cuando la partícula acelerada alcanza una velocidad elevada, su masa ya no se puede considerar constante, sino que aumenta. Este incremento conlleva una menor frecuencia de revolución y una pérdida de resonancia entre las órbitas y el campo. Hay miles de millones de partículas en cada momento, con una amplia distribución de energía y, en consecuencia, de masas, por lo que es difícil mantener la resonancia. Lo que Veksler y McMillan demostraron es que el propio campo restaura la sincronización, al promediar entre varias frecuencias. Es decir, que cuando el período de los giros depende de la energía, el campo acelerador restringe el movimiento a una órbita promedio. La fase oscila en cada caso, de modo que todas se concentran en torno a un punto de equilibrio. Este fenómeno se denomina «estabilidad de fase».

res bombardearon uranio 238 con neutrones y entre los productos del proceso encontraron uranio 239, el cual, tras la absorción de un neutrón más, experimentaba una desintegración β y daba lugar al neptunio (McMillan y Abelson 1940). Por ese trabajo, McMillan recibió el premio Nobel de Química de 1951, que compartió con Glenn T. Seaborg (1912-1999), otro miembro del grupo de Berkeley y principal responsable del descubrimiento de otros diez elementos transuránicos (esto es, aquellos cuyo número atómico es superior al del uranio, que es 92). Se trata del plutonio, americio, curio, berkelio, californio, einstenio, fermio, mendelevio, nobelio y el 106, que en su honor fue bautizado como seaborgio. Dentro del nuevo «espíritu del tiempo», en el que se destinaba dinero con generosidad a la física de altas energías, McMillan recibió medio millón de dólares de las Fuerzas Armadas para la construcción de un sincrotrón de electrones de 300 MeV, valor que alcanzó en 1949, una vez completada la máquina. El año anterior, la Atomic Energy Commission, que tenía el monopolio de todos los asuntos relacionados con estos temas, aprobó la financiación necesaria para fabricar dos grandes aceleradores de este tipo: uno de 3 GeV ($3 \cdot 10^9$ eV) para protones en el Brookhaven National Laboratory, denominado Cosmotrón, y otro de 6 GeV en Berkeley, más tarde llamado Bevatrón (estos nombres aludían a *Cosmic Rays* y a *Billion Electron Volts*).

La energía de este último se escogió porque a este valor se podían generar antiprotones (que tienen la misma masa que el protón, pero carga opuesta), si es que estos existían. El aparato comenzó a funcionar en 1954. Se esperaba que la misteriosa antipartícula apareciese en reacciones entre dos núcleos de protio, en las que estos interaccionaban para dar lugar a tres protones más un antiprotón. Varios equipos intentaron esta vía, pero fue el grupo dirigido por Emilio Segrè desde 1936 en Berkeley el que tuvo éxito en última instancia, en 1955. El experimento que realizaron empezó en agosto de ese año y el 21 de septiembre obtuvieron los primeros resultados positivos. Con base en sesenta sucesos, enviaron una nota a *Physical Review*, la cual apareció publicada a finales de octubre. «Uno de los rasgos destacados de la teoría del electrón de Dirac —comenzaba su carta al editor (Chamberlain, Segrè, Wiegand e Ypsilantis 1955)— fue la aparición de soluciones de sus ecuaciones que requerían la existencia de una antipartícula, más tarde identificada como el positrón. La extensión de la teoría de Dirac al protón exige la existencia de un antiprotón, una partícula que mantiene con el protón la misma relación que el positrón con el electrón. Sin embargo, hasta que se obtuvo prueba experimental de la existencia del antiprotón, se podía cuestionar si el protón es una partícula de Dirac, en el mismo sentido que lo es el electrón. Por ejemplo, el momento magnético anómalo del protón indica que la ecuación de Dirac no proporciona una descripción completa del protón. En consecuencia, la demostración experimental de la existencia del antiprotón fue uno de los objetivos considerados cuando se planeó el Bevatrón.»

Además de reforzar la noción de la antimateria (según la cual todas las partículas tienen una antipartícula, aunque pueda ser ella misma, como en el caso del fotón), este hallazgo empírico constituyó uno de los primeros ejemplos de un proceso que se repetiría muchas veces a lo largo de la segunda mitad del siglo XX: el descubrimiento de partículas «elementales» previstas por la teoría.

De hecho, un año después de este logro, otro grupo de Berkeley (Cork, Lamberston, Piccioni y Wenzel 1956) detectó el antineutrón, algo que era más difícil de conseguir, puesto que no posee carga eléctrica y, por tanto, no deja rastro en la cámara de niebla.[31] Su identificación se pudo realizar en las colisiones entre protones y antiprotones, que daban lugar a un par neutrón-antineutrón (en principio, es cierto, parecería que un choque de este tipo debería dar lugar a la aniquilación mutua y a la emisión de fotones. Sin embargo, si el antiprotón tiene suficiente energía, no se produce necesariamente esa destrucción, sino que la carga negativa se transfiere al protón y ambos se hacen neutros, antes de separarse).

No obstante, conviene volver ahora a la otra persona que introdujo el principio de estabilidad de fase, el ruso Vladimir Veksler (1907-1966). Este comenzó su carrera como ingeniero eléctrico y trabajó en el campo de los rayos X, pero en 1936 se unió al Instituto Lébedev de Moscú, para investigar la radiación cósmica, antes de interesarse por los aceleradores de partículas. Ya en 1946, esta institución moscovita contaba con un sincrotrón de electrones de 30 MeV (el principio de estabilidad de fase tuvo importantes aplicaciones en

31. Aunque tanto neutrón como antineutrón tienen la misma carga eléctrica (cero), poseen otras propiedades «elementales» opuestas: este último tiene número bariónico +1, mientras que el del primero es −1. Esto se debe a que está hecho de antiquarks, y el otro de quarks (trataré de estos más adelante). El «número bariónico» es una propiedad invariante de las partículas, que se puede definir como un tercio de la cantidad de quarks menos la de antiquarks dentro del sistema (partícula).

cinco clases de aparatos: sincrotrones de electrones, sincrociclotrones, sincrotrones de protones, microtrones y aceleradores lineales).[32] Más tarde, Veksler encabezó el laboratorio de física de altas energías en el Instituto de Investigación Nuclear de Dubna, el «laboratorio internacional para las naciones socialistas», y dirigió la construcción de un sincrotrón de protones (denominado sincrofasotrón) de 10 GeV. Esta se completó en 1957 y durante algunos años fue la máquina que alcazaba mayores energías en todo el planeta. El hecho de que la Unión Soviética dispusiese de un instrumento de este tipo, capaz de superar límites inalcanzables en Estados Unidos, tuvo consecuencias que merece la pena explicar, porque demuestran la interrelación que existía entre física de altas energías y política.

Poco tiempo después de que Dwight David Eisenhower llegase a la presidencia de Estados Unidos en 1953, tuvo noticias de que los soviéticos construían un gran acelerador en las instalaciones de Dubna. En mayo de 1956, una delegación estadounidense visitó ese centro por primera vez y comprobó que los rumores eran ciertos. Uno de los miembros de la comitiva declaró a su regreso que este aparato, de doscientos metros de diámetro, constituía «una visión deslumbrante. Es casi el doble de grande que la máquina de Berkeley. [...] El coste y los presupuestos no importan. Preguntamos varias veces al profesor Veksler, que dirige la construcción, el coste total de la máquina. Se encogió de hombros y dijo que no sabía. Veksler declaró: "Se decidió construir la máquina y entonces todo lo que se necesite para ella se tendrá"» (Greenberg 1999: 217). Otro de los integrantes de la misión, el distinguido físico, antiguo miembro del laboratorio de Los Álamos y catedrático de la Universidad de Rochester, Robert E. Marshak (1916-1992), manifestó:

> Parece que la investigación científica en la Unión Soviética se desarrolla con una urgencia que recuerda las operaciones de guerra. Mientras mis colegas y yo visitábamos los laboratorios de investigación nuclear de la URSS el pasado mayo, advertimos la misma dedicación personal a la tarea, el mismo énfasis en la velocidad, independientemente del coste, el mismo apoyo financiero ilimitado para instalaciones y

32. Estos tipos de máquinas diferían en las combinaciones de campos magnéticos y eléctricos, en sus frecuencias, en la clase de partículas a acelerar y en la geometría de sus órbitas.

equipo, que nosotros mismos conocimos en Los Álamos durante la segunda guerra mundial.

Es evidente que el programa de investigación científica de la URSS está experimentando un progreso enorme y que el objetivo es superar a la ciencia norteamericana en su gran diversidad y alta calidad.

El hecho de que la Unión Soviética hubiese superado a Estados Unidos en ciencia era difícil de aceptar. Había una nueva guerra que no se libraba en los campos de batalla tradicionales, sino en los laboratorios, y la potencia norteamericana no se podía permitir ser derrotada. Al año siguiente, 1957, entró en funcionamiento el acelerador de protones de Dubna y además se lanzó el Sputnik, con lo que quedó claro que, en efecto, había en curso una verdadera contienda científica y que, al menos en ciertas áreas estratégicas, los estadounidenses no la lideraban.

En este contexto se debe entender el proceso que condujo a la construcción de una nueva máquina, un acelerador lineal de electrones de tres kilómetros y medio de longitud: el Stanford Lineal Accelerator Center (SLAC).[33]

Estrictamente hablando, los orígenes de este aparato tienen que ver con varios aspectos diferentes. En primer lugar, con el hecho de que algunos físicos optasen por configuraciones rectilíneas en vez de circulares. Según su argumento, las partículas perdían grandes cantidades de energía por radiación durante sus órbitas, mientras que este efecto no se producía en trayectorias rectas. Por consiguiente, era probable que una máquina lineal pudiera alcanzar energías más altas con mayor facilidad. De acuerdo con este razonamiento, científicos de la Universidad de Stanford construyeron a mediados de la década de 1950 cuatro aceleradores de esta forma, con la ayuda de la Stanford Lineal Accelerator Center, una agencia de la Armada estadounidense que se distinguió en aquellos años en la promoción de la ciencia.

Estimulados por los resultados obtenidos con estos instrumentos, un grupo de físicos de Stanford, formado por miembros del Laboratorio de Física de Altas Energías y del Laboratorio de Microondas y liderado por Edward L. Ginzton y Wolfgang K. H. Panofsky, tuvo la idea de construir un aparato con esta configuración, que pudiese

33. La historia de este acelerador se menciona en varias fuentes. Una especialmente bien documentada es Wang (1995).

alcanzar energías mucho más elevadas. En abril de 1957, este equipo presentó un extenso informe técnico (cien páginas), que entregó de manera simultánea al Departamento de Defensa, a la National Science Foundation y a la Atomic Energy Commission. El coste estimado del proyecto era de 78 millones de dólares, para la construcción, además de 14 millones anuales para gastos de operación y mantenimiento. Este documento fue objeto de numerosas evaluaciones por un panel constituido con este único fin, nombrado por el Comité Asesor General de la Atomic Energy Commission y por el Comité Asesor Científico del Presidente (un organismo creado el 21 de noviembre de 1957 por Eisenhower). Al fin, el 14 de mayo de 1959, durante un simposio sobre investigación básica celebrado en Nueva York, el propio Eisenhower anunció que, conforme a las recomendaciones de sus asesores, había decidido pedir al Congreso que destinase cien millones de dólares para fabricar en la Universidad de Stanford el mayor instrumento científico de la historia. Con un año de demora, en 1961, la Cámara de Representantes y el Senado dieron la autorización definitiva al proyecto. Las obras se iniciaron en 1962 y los primeros haces de partículas se generaron en 1966. En su momento, fue el mayor acelerador existente en el mundo (alcanzaba una energía de 20 GeV) y no dejó de serlo hasta la construcción de un sincrotrón para protones y antiprotones en un nuevo centro, el National Accelerator Laboratory, conocido después como Fermi National Accelerator Laboratory (o Fermilab), cerca de Batavia (Illinois). Completado en 1983 y bautizado Tevatrón, el primer haz, de 512 GeV, se logró el 3 de julio. En febrero del año siguiente se alcanzaron los 800 GeV. El perímetro de su anillo medía 6,86 kilómetros y dependía de la Universidad de Chicago, del Instituto de Tecnología de Illinois y de Associated Universities.[34]

Sin embargo, la construcción del SLAC también cuenta con un trasfondo político, si bien con otra dimensión más «interna»: la propia de la universidad y del ejemplo que representó su estrategia a este respecto. El mismo Wolfgang Panofsky (1919-2007), cuya influencia en la política científica estadounidense se hizo sentir durante décadas (en especial, pero no únicamente, en el campo de la física de altas energías), se refirió a este punto cuando escribió (Panofsky 1992:

34. La historia del Fermilab se detalla en Hoddeson, Kolb y Westfall (2008).

131)[35]: «SLAC no representó una repentina transición a la gran ciencia, sino un paso en el esquema evolutivo que se inició en Stanford durante la guerra de Corea. En aquel momento el vicepresidente ejecutivo de Stanford, Frederick Terman, tomó, de acuerdo con varios miembros de la facultad, incluyendo varios del departamento de física, una decisión deliberada: que la universidad debería aumentar su relación con las actividades científicas y técnicas apoyadas por el Gobierno. Una razón primordial para hacer esto entonces era el miedo a que durante la guerra de Corea los miembros de la facultad técnica abandonaran Stanford, siguiendo el esquema que había tenido lugar durante la segunda guerra mundial».

Asimismo, y como era de esperar (es algo que sucede a menudo en los grandes proyectos científicos), la historia del SLAC incluye otros aspectos más «mundanos», «subterráneos», de este tipo de empeños, facetas en las que, lo quisiera o no, tuvo que involucrase el Gobierno Federal, esto es, el presidente y sus asesores. Un magnífico medio para hacerse idea de esta dimensión terrena de la ciencia, y dentro de ella de las dificultades que debió enfrentar Eisenhower para formarse una opinión al respecto, son los diarios de George B. Kistiakowsky (1900-1982). Este químico de origen ucraniano, instalado en Estados Unidos desde 1928, fue el principal consejero de Eisenhower para ciencia y tecnología y ocupó el puesto de director del Comité Asesor desde 1959.

En la entrada correspondiente al 6 de enero de 1960 (esto es, después del anuncio oficial de la solicitud de fondos al Congreso) Kistiakowsky (1976: 217-218) escribió: «Estuve alrededor de una hora solo con Panofsky. [...] Pasamos después al otro penoso tema (el acelerador lineal de Stanford, que él está apoyando) y supe, para mi sorpresa, que todo este asunto de una máquina productora de neutrones [se trataba de una nueva propuesta] y de las cartas de físicos a la AEC urgiendo su construcción, en preferencia al acelerador de Stanford, era una maniobra de Rabi, que se opone, en principio, a las máquinas de altas energías y que, en consecuencia, ha intentado bloquear el acelerador de Stanford. ¡Será bastardo! ¡Me pilló! Panofsky dijo que Serber, Lee y otros están ahora muy disgustados por haber escrito y que Rabi les ha engañado. Por supuesto, el daño ya está hecho y con estas cartas en las manos de McCone, que obvia-

35. En Panofsky (2007) se encuentran varios capítulos relativos al SLAC.

mente no quiere que el acelerador de Stanford vaya adelante, poco se puede hacer».

Los citados Robert Serber y Tsung-Dao Lee eran catedráticos de Física en la Universidad de Columbia, mientras que John A. McCone fue presidente de la Atomic Energy Commission entre 1958 y 1961, año en que pasó a dirigir la CIA. En cuanto a Isidor Isaak Rabi (1989-1988), la cita anterior no es sino un ejemplo más, entre los muchos posibles, de la intensa actividad desplegada por este investigador (premio Nobel de Física en 1944) en el ámbito de la política científica. De hecho, su caso (al igual que el de otros, como Edward Teller) demuestra con claridad la aparición de un nuevo tipo de profesional, que no solo se esforzaba en la arena científica para hacer avanzar su disciplina, sino también en los despachos, en busca del poder que nunca podría alcanzar desde su laboratorio. Su pretensión no era solo el progreso del conocimiento, sino también la promoción de sus propias ideas políticas, que tenía como ciudadano. En estas, la ciencia desempeñaba un papel destacado y el objetivo era imponer sus opiniones a las contrarias. Entre esa avanzadilla de investigadores pioneros en estas lides, abundaban los veteranos de Los Álamos y de otros grandes programas de investigación militar desarrollados durante la segunda guerra mundial (como el del radar). Estos estaban mejor entrenados que la mayoría de sus colegas en las complejas artes de las maniobras y las negociaciones políticas.

Sin embargo, regresemos a los diarios de Kistiakowsky. Dos meses después de la cita anterior, el 9 de marzo, Kistiakowsky (1976: 264-265) anotaba en otra entrada:

> 9.30-11.00 a.m. Reunión con el general Persons, McCone, Stans y Goodpaster sobre el Programa de Aceleradores de Partículas de Altas Energías. Primero tuvo lugar una larga e indecisa discusión acerca de lo que sucedió realmente el 2 de abril de 1959, cuando McCone, Goodpaster, Persons, Killian y Staats hablaron con el presidente sobre el acelerador de Stanford.[36] El memorándum que preparó Goodpaster sobre la reunión no coincide con el de McCone y ninguno está de acuerdo con lo

36. Andrew Goodpaster, general de brigada, era el secretario personal de Eisenhower; W. Persons, general retirado, era el ayudante del presidente y el jefe administrativo de Kistiakowsky; Elmer B. Staats era el director ejecutivo de la Oficina Presupuestaria.

que recuerdan las personas implicadas. Parece que se advirtió al presidente de la necesidad de otras adiciones al programa de construcción de aceleradores, más allá del acelerador de Stanford, y que no se le suministraron cifras precisas de costos, aunque se mencionaron algunos números mucho más pequeños que los que ahora se consideran. Parece también que el presidente únicamente autorizó el acelerador de Stanford. McCone estuvo bastante evasivo en cuanto a comprometerse con el programa. Pasó mucho tiempo explicando a Persons las razones del retraso en el acelerador de Stanford, mientras que Persons leyó una nota manuscrita del presidente en la que preguntaba por qué no se había tomado ninguna acción en el acelerador de Stanford, que él había pedido en abril de 1959. Persons sugirió que lo que la gente implicada debía hacer era trabajar y asegurarse de que el acelerador de Stanford continuase avanzando. A continuación, tratamos sobre la relación de este proyecto con otros, haciendo hincapié en que algunos físicos dan a estos una mayor prioridad. Stans dejó bien claro que era impropio de los científicos vender un programa al presidente asegurando que costaría tantos dólares y un año después ir y decir que los costos se habían multiplicado varias veces, y urgió a que no se recomendasen al Congreso ni el acelerador de Stanford ni otros proyectos.[37] En esto estuvo muy firme. Tomé la palabra abruptamente señalando que este programa implicaba el prestigio nacional en competición con la Unión Soviética y que representaba una oportunidad única de demostrar fortaleza en lugar de debilidad.

Mi último ejemplo es la entrada del 23 de marzo del mismo año, 1960 (Kistiakowsky 1976: 280):

9.30-10.30 a.m. Con el presidente, Persons, McCone y Stans sobre el programa de aceleradores de partículas. McCone dio una confusa y pobremente organizada presentación, una buena parte de ella dedicada a justificar sus propios retrasos con respecto al acelerador de Stanford. El resultado fue que el presidente desarrolló una actitud ligeramente negativa sobre el SLAC; por consiguiente, hablé en términos generales sobre las razones para que el Gobierno apoye la ciencia y cómo debemos... seleccionar también ciertas áreas para apoyarlas vigorosa y decididamente. Identifiqué la física de altas energías como una de ellas. Esto

37. Maurice H. Stans era director de la Oficina Presupuestaria.

> pareció influir en el presidente y habló con mucho énfasis sobre sacar adelante el proyecto de Stanford, incluso de manera acelerada. Entonces criticó a la AEC por haber comenzado demasiados aceleradores, sugiriendo que a los científicos no les debería importar viajar para usar otras de estas grandes máquinas. Aunque no fue muy explícito, McCone y yo sacamos la impresión de que autorizaba el resto del programa, pero que quería extender el presupuesto a lo largo de varios años fiscales; esta fue ciertamente la impresión que extrajo Stans, porque cuando salimos del despacho los tres estuvimos de acuerdo en que debería darse mayor prioridad al bevatrón de Berkeley [el bevatrón había comenzado a operar en 1954] que a la máquina de Princeton-Penn. Al día siguiente telefoneó McCone enojadísimo, diciendo que Stans mantiene ahora que el presidente no aprobó nada salvo el acelerador de Stanford y que Goodpaster parece estar de acuerdo con él.

Es importante también recordar otro notable avance, que ayudó mucho al funcionamiento de aceleradores como los mencionados. Se trata de la solución a un serio problema que afectaba a los grandes sincrotrones. La dificultad consistía en que los haces de partículas tendían a desviarse en dirección perpendicular a su trayectoria y a producir lo que podría denominarse, de manera metafórica, «aberración cromática», esto es, la pérdida de foco del conjunto. Esto se resolvió gracias a un método introducido en 1952 (Courant, Livingston y Snyder 1952): el Enfoque de Gradiente Alternativo, o simplemente Enfoque Fuerte, mediante múltiples grupos de electroimanes.[38]

Podría continuar con la historia de este tipo de aparatos, pero es demasiado extensa como para poder tratarla aquí. Sin embargo, haré una excepción con un laboratorio que nació a este lado del Atlántico, en el Viejo Continente: el CERN.[39]

38. El descubrimiento de esta técnica se explica en Livingston (1969: 60-75).

39. No se debe pensar que los aceleradores del CERN fueron los únicos existentes en Europa. Dejando aparte a los soviéticos, merece destacarse el Sincrotrón de Electrones Alemán (DESY por su acrónimo en alemán) de Hamburgo.

12. El CERN

Brevemente, los pasos que condujeron a la fundación del CERN fueron los siguientes: a finales de 1949, diversas figuras públicas y un pequeño grupo de científicos relacionados con la física nuclear en Europa comenzaron a pensar en serio en la posibilidad de una cooperación multinacional en el área. Las iniciativas más importantes en este sentido fueron las debidas al ingeniero Raoult Dautry, por entonces administrador general del Comisariado de Energía Atómica de Francia. En la Conferencia Cultural Europea celebrada en Suiza en diciembre de 1949, se aprobó una resolución que recomendaba el estudio de la creación de un instituto en el Viejo Continente para la investigación nuclear, «dirigido hacia las aplicaciones en la vida diaria». Seis meses después, el físico de la Universidad de Columbia, Isidor Rabi, presentaba una moción en la Quinta Asamblea General de la Unesco, celebrada en Florencia, en la que invitaba al establecimiento de varios laboratorios europeos, incluido uno de física nuclear (también mencionó la biología molecular). La propuesta fue adoptada por la asamblea el 7 de junio de 1950.

Es interesante señalar el principal motivo de esta idea. «Yo quería —explicó Rabi a su biógrafo (Ridgen 1987: 236)— hacer lo que pudiese para reforzar Europa, por hacer que se sostuviese por sí misma industrial y psicológicamente, al igual que de otros modos. No veía *ninguna* razón para que nosotros [Estados Unidos] luchásemos contra los rusos (todavía pienso lo mismo); *excepto por Europa*. Si Europa fuese independiente y tuviese un sentido de unidad, podríamos ser amigables con los rusos y considerarlos como un pueblo curioso que trata de vivir bajo esa divertida forma de gobierno. Podríamos sentir simpatía por ellos por su falta de libertad. Pero con Europa allí, existía un problema.»

Su iniciativa en favor de organizaciones científicas paneuropeas debía servir, por tanto, para fomentar el «sentido de unidad» del que, en su opinión, carecía el continente. Solo así podían establecerse buenas relaciones entre Estados Unidos y la Unión Soviética. Este era el principal objetivo de Rabi.

Algunos científicos tuvieron que ver con los movimientos previos en este sentido, pero se puede decir que hasta la reunión de Florencia el momento provenía de las asociaciones socioculturales, más que de los medios académicos. Sin embargo, esta situación cambió con rapidez. Las sugerencias de Rabi fueron tomadas muy en serio y fueron desarrolladas en los meses siguientes por dos grupos de investigadores. El primero estaba formado por un puñado de especialistas en física nuclear, como Lew Kowarski, de Francia, un antiguo colaborador de Frédéric Joliot-Curie, y Peter Preisswerk, de Suiza. El otro lo constituyeron expertos en rayos cósmicos, entre los que destacaban el italiano Edoardo Amaldi y el francés Pierre Auger. También habría que mencionar a este respecto al ya citado Dautry, a Gustavo Colonnetti, presidente del Consejo Nacional de Investigaciones de Italia, y a Jean Willems, director del Fondo Nacional para la Investigación Científica de Bélgica. En diciembre de 1950 se celebró el primer encuentro entre científicos y encargados de la administración pública dedicado en exclusiva a este tema. Fue organizado por Auger (que era también director del Departamento de Ciencias Exactas y Naturales de la Unesco) y condujo a la propuesta de buscar una forma para construir en Europa el mayor acelerador de partículas del mundo.

A lo largo del año siguiente, Auger dirigió los trabajos encaminados a perfilar los detalles del proyecto y en diciembre de 1951 se celebró una conferencia intergubernamental bajo los auspicios de la Unesco, organismo que, de hecho, terminó por patrocinar la idea. Por último, se decidió la creación de una organización temporal, un CERN provisional, que diera paso a la institución definitiva. En febrero de 1952, once países aceptaron financiar este centro transitorio: Bélgica, Dinamarca, Francia, Grecia, Italia, Holanda, Noruega, República Federal Alemana, Suecia, Suiza y Yugoslavia (el Reino Unido no firmó este acuerdo, pero sí el convenio definitivo. Por su parte, Austria se unió en julio de 1959 y España en enero de 1961).[40] En octubre, el Consejo interino de delegados aprobó que la pieza central del laboratorio fuese un sincrotrón de alrededor de 30 GeV, a construirse en Ginebra. En junio de 1953, ya se había elaborado el texto del convenio definitivo. Este entró en vigor el 29 de septiembre de 1954, cuando se reunió por primera vez el Consejo de lo que podríamos denominar el CERN permanente.[41]

40. En 1967, España decidió (por razones de presupuesto, entre otras) abandonar el CERN, salida que se hizo efectiva en 1968. En 1982, ya bajo otro régimen político, se reintegró al proyecto. Véase en este sentido Romero de Pablos y Sánchez Ron (2001: 203-230).

41. Sobre la creación del CERN, véanse Hermann, Krige, Mersits y Pestre (1987, 1990). Esta historia del CERN se completa en Krige, ed. (1996).

Cuando se repasan esos momentos inaugurales, se detectan detalles cuya explicación es significativa. Por ejemplo, los científicos franceses y británicos indicaron en repetidas ocasiones a sus respectivos Gobiernos, desde comienzos de 1952, que participar en el organismo provisional no representaba obligación alguna de hacerlo en la construcción de los aceleradores. Sin embargo, el Consejo de dicha institución, dominado por físicos, tomó una serie de medidas que restringían de manera considerable la libertad de maniobra futura en este sentido. Así, decidieron iniciar las obras de la sede central (la primera piedra se puso el 17 de mayo de 1954) cuatro meses antes de que se ratificase el convenio. La capacidad de proceder de este modo, e imponer la voluntad científica a la política, se debió a diferentes motivos, en los que los intereses generales se mezclan con los particulares (nacionales). Por un lado, los promotores de la idea se aprovecharon del mito nuclear, de la ansiedad producida por el comienzo de la guerra fría y por el deseo de reconstruir Europa. No obstante, también es cierto que estos argumentos no afectaban por igual a todos los países involucrados. De hecho, la génesis del proyecto implicó un delicado equilibrio entre ciencia, política y diplomacia. Por ejemplo, hubo que tomar en consideración los intereses de naciones concretas, como Alemania, para la que esta propuesta era una forma de sortear la prohibición que le habían impuesto los aliados de investigar en física nuclear. Por otro lado, para el Reino Unido las motivaciones europeístas no eran importantes. Incluso fueron rechazadas de modo explícito, como en abril de 1953, cuando el Foreign Office manifestó que Londres «debería ser capaz de demostrar al mundo que la Organización no tiene de hecho significado político como un cuerpo europeo», una declaración en la que se adivinaba el deseo de no perjudicar sus relaciones bilaterales con Estados Unidos. Para los británicos, la justificación principal para unirse al programa era la de poder acceder a un acelerador de entre 25 y 30 GeV. Para Suiza, en cambio, que gracias a su neutralidad fue escogida para albergar conferencias paneuropeas decisivas en la época, tenía un enorme atractivo el hecho de que Ginebra fuese elegida como sede central del CERN. Esta ubicación también resultaba conveniente para Francia, que, al tener el laboratorio al lado de sus fronteras, podía aspirar a ejercer una influencia cultural importante en la organización.

Por otra parte, el hecho de que el Consejo rector pudiera establecerse sin grandes disputas a mediados de 1953 pone de relieve la dimensión diplomática del asunto. Vista en retrospectiva, su composición era bastante extraña: no se fijaron cuotas nacionales en la contratación de personal (en la práctica solo se dieron rivalidades entre países en lo referente a los puestos directivos), ni se intentó establecer una correlación entre el valor de los contratos industriales y las contribuciones individuales a la caja global (algo que se mantuvo hasta la década de 1970). Por último, no existía derecho a veto, ni siquiera en las votaciones para la aprobación del presupuesto: las decisiones se tomaban por mayoría simple y en asuntos particularmente espinosos, excepcionales, de dos tercios.

Fruto de todo esto fue, como lo es hoy en día, un centro de investigación en cuyos aceleradores y departamentos teóricos se han llevado a cabo avances de primer orden en física de altas energías, hallazgos que en ocasiones se adelantaron a los logrados en Estados Unidos. El CERN, aunque sin duda ha sido oneroso, ha situado a Europa en una posición de superioridad en una rama de la ciencia que tuvo una especial relevancia a lo largo de la segunda mitad del siglo XX, a la vez que mostró un posible camino para una ciencia puntera hecha en el Viejo Continente.[42]

Con respecto a los aceleradores del CERN, el primero (se puso en marcha en agosto de 1957) fue un sincrociclotrón (SC) de protones. Diseñado en 1952, antes incluso de que el centro dispusiera de instalaciones propias, alcanzaba los 600 MeV de energía. No supuso innovaciones técnicas importantes, pero sirvió, sobre todo, para que los físicos europeos adquiriesen experiencia.[43] Muy diferente fue el sincrotrón de protones (PS) que le siguió. El 24 de noviembre de 1959

42. Otros ejemplos de colaboración europea, posteriores al CERN y de los que no trato aquí, son la European Atomic Energy Community (EURATOM), creada en 1957 por Bélgica, Francia, Holanda, Italia, Luxemburgo y la República Federal Alemana; la European Space Research Organization (ESRO; a partir de 1975, European Space Agency o ESA), establecida en 1962 y operativa desde 1964, con España como uno de los países fundadores; el European Research Organization (EMBL, 1973); y el Joint European Torus (JET, 1977).

43. Aun siendo así, en 1959 Francis Farley, Georges Charpak Théo Müller, Antonino Zichichi, Johannes Cornelius Sens y Richard Garwin lo utilizaron para hacer la primera medida directa del momento anómalo del muon, con una precisión del 2 %, que en 1962 se rebajó al 0,4 %, un resultado que supuso un espaldarazo para la electrodinámica cuántica. Las anotaciones que siguen constituyen apenas una muestra superficial de la compleja historia de los aceleradores del CERN. Más detalles en CERN (2008).

(la decisión de construirlo se había tomado siete años antes), alcanzó por primera vez una energía de 24 GeV. Fue el instrumento de esta clase más potente del mundo, hasta que entró en funcionamiento el Sincrotrón de Gradiente Alterno de Brookhaven. En la década de 1970, se aumentó la intensidad de su haz y se reconstruyeron algunos de sus sistemas secundarios. En 1971, el Consejo aprobó una idea que databa de una década antes: la construcción de un Súper Sincrotrón de Protones (SPS) de siete kilómetros de circunferencia. Este aparato era subterráneo (estaba excavado a cuarenta metros de profundidad) y atravesaba la frontera entre Suiza y Francia (fue el primer acelerador transnacional). Debía estar próximo al PS, pues este le serviría como inyector de protones. Comenzó su funcionamiento en 1976 y con él se descubrieron en 1983 los bosones W^+, W^- y Z que predecía la teoría electrodébil de Weinberg-Salam-Glashow (me ocuparé de ella más adelante).

En junio de 1980, se dio un nuevo paso en la carrera por construir instrumentos cada vez más potentes, al presentar el proyecto de un Gran Colisionador de Electrones y Positrones (LEP), una máquina capaz de alcanzar los 50 GeV, con una circunferencia de 27 kilómetros y que utilizaba el PS y el SPS como aceleradores previos. La propuesta fue aprobada y el LEP entró en funcionamiento en 1990. El más reciente de los grandes aparatos del CERN ha sido el Large Hadron Collider (LHC), un anillo de 27 kilómetros de longitud instalado dentro de un túnel a cien metros de profundidad, por el que circulan millones de protones en los dos sentidos. Estos logran enormes velocidades, gracias a intensísimos campos eléctricos y magnéticos, antes de chocar entre sí y producir partículas aún más «elementales», registradas en enormes detectores. «El LHC —escribe el físico español Alberto Casas (2019: 6-7)— no es solo el mayor acelerador de partículas, sino también el congelador más grande y potente del mundo, ya que es capaz de mantener las 40.000 toneladas del anillo (unas cinco veces la masa de la Torre Eiffel) a una temperatura de 271,3 ºC bajo cero, más baja que la del espacio intergaláctico. Paradójicamente, dentro del LHC se generan las temperaturas más altas de la galaxia: unas cien mil veces la temperatura del interior del Sol; pero en el minúsculo espacio donde tienen lugar algunas de las colisiones. Por este hecho se ha dicho a veces que el LHC es la "máquina del Big Bang", ya que puede recrear las condiciones que tenía el universo primitivo, una fracción de segundo después de la gran explosión, como nunca antes se había logrado.»[44]

Con este instrumento se encontró, medio siglo después de haber sido predicho por la teoría, el bosón de Higgs, un descubrimiento que se anunció al público el 4 de julio de 2012 (volveré sobre este asunto en otro capítulo).

13. El nonato Supercolisionador Superconductor

La mención del LHC me da pie a comentar un episodio importante en la historia de la física de altas energías: el del frustrado Superconducting Super Collider (SSC). De haberse construido, es probable que esta máquina hubiera descubierto el bosón de Higgs. Entonces ¿por qué no se hizo?

El SSC respondía a un proyecto que los físicos de altas energías estadounidenses habían propuesto en 1983 y que se consideraba indispensable para continuar con el desarrollo del denominado modelo estándar. Iba a estar formado por un túnel de 87 kilómetros de longitud, excavado en las proximidades de la pequeña población de Waxahachie (Texas), de 18.000 habitantes y 30 kilómetros al sudoeste de Dallas. En su interior, miles de bobinas magnéticas superconductoras debían guiar dos haces de protones durante millones de vueltas, de modo que alcanzasen una energía veinte veces superior a la que se podía conseguir en los aceleradores existentes. En varios puntos a lo largo del recorrido, se los haría colisionar y enormes detectores controlarían los productos de tales choques. El coste del proyecto, cuya construcción se prolongaría durante diez años, se estimó en un primer momento en seis mil millones de dólares.

No obstante, después de una azarosa trayectoria, con la excavación del túnel ya completada, y tras una prolongada, difícil y enconada discusión parlamentaria, tanto en la Cámara de Representantes como en el Senado, el Congreso canceló el proyecto el 19 de octubre de 1993. Otros programas de investigación (en especial en el campo de las ciencias biomédicas) acaparaban la atención del Gobierno estadounidense, y también, ¿cómo negarlo?, de la sociedad, más interesada en asuntos que la atañen de manera directa, como la salud.

44. Se pueden encontrar más detalles sobre el LHC en Giudice (2010).

Aquella decisión representó un cambio notable con respecto a la actitud dominante desde el final de la segunda guerra mundial. A finales de la década de 1950, los físicos de altas energías todavía podían argüir, sin demasiados problemas, que su especialidad era más importante que las demás, como se comprueba en un informe hecho público por la Casa Blancael 17 de mayo de 1959. El informe, que llevaba por título, "An explanatory statement on elementary particle physics and A proposed federal programme in support of high energy accelerator physics", había sido redactado, a instancias de la Atomic Energy Commission y del Comité Asesor Científico del Presidente, por un pequeño grupo de investigadores, entre los que se encontraban Hans Bethe y Edwin McMillan. En él se pueden leer frases como las siguientes: «La física de partículas elementales [...] se ocupa de fenómenos muy apartados de nuestros entornos inmediatos y familiares [...] y procede no con vista hacia aplicaciones útiles, sino hacia el descubrimiento por sí mismo [...] Constituye el corazón de la física moderna, y es el producto de muchos siglos de esfuerzos por comprender el universo». Una vez sentadas estas bases, se recomendaba la construcción de un acelerador lineal de electrones en Stanford. Del mismo modo, se aconsejaba que no se interrumpiese el apoyo (financiero) a los planes de construcción de un acelerador de la Asociación para la Investigación de las Universidades del Medio Oeste, y se exploraba la posibilidad de erigir un aparato similar en Oak Ridge, uno de los centros asociados en el pasado al Proyecto Manhattan. Más en concreto, el panel firmante del dosier sugería un aumento en la financiación gubernamental de la investigación en física de partículas elementales.

Sin embargo, ya por entonces empezaba a cambiar la situación. Con el comienzo de la guerra fría y el lanzamiento del Sputnik, cobró especial relevancia la noción de «hacer el mundo un lugar seguro para la democracia», un propósito que requería grandes sumas de dinero para el desarrollo y la fabricación de nuevas armas. Solo una economía en expansión constante podía sostener semejante esfuerzo. Por esta vía, la ingeniería y la innovación tecnológica comenzaron a desbancar en el mundo de la política a la idea según la cual la investigación practicada por sí misma, por el mero logro de avances científicos, podía proporcionar todas las soluciones. En 1968, la enmienda Daddario-Kennedy modificó la Fundación Nacional de Ciencia en forma y en concepto y autorizó la financiación de la investigación aplicada, al igual que de la básica.[45] También hay que tener en cuenta que a comienzos de la década de 1960 empezaron a aparecer limitaciones en el presupuesto. El mayor número de científicos resultante de la actitud anterior, la magnitud creciente del coste de los proyectos experimentales y los efectos de la fundación de la NASA (en particular, del establecimiento en 1961 del programa Apollo, para que un ser humano pisase la Luna) y de los Institutos Nacionales de la Salud (recordemos que en 1971 el presidente Nixon lanzó su propio «programa Apollo», solo que en este caso el objetivo era vencer al cáncer) hicieron patente la necesidad de imponer algún criterio en la asignación de recursos.

Este nuevo contexto hizo que la justificación tradicional de la física de altas energías tuviera que ser modificada. Los investigadores en este campo se vieron obligados a recurrir con más frecuencia a argumentos racionales, en lugar de a razones de prestigio (cuando no a presiones políticas) para defender sus pretensiones de prioridad presupuestaria. En este sentido, sus premisas se basaban de manera ha-

45. También en Europa surgieron iniciativas en este sentido, no mucho después de esta reconversión programática en Norteamérica. Así ocurrió con la ya citada European Space Research Organization (ESRO), creada en 1964. En un primer momento, esta institución fue pensada (siguiendo en parte el modelo de la NASA) para dedicarse preferentemente a la ciencia y no a la técnica. Sin embargo, la dinámica de los intereses políticos, no científicos, la condujo a una situación de crisis y la llevó a convertirse en 1975 en la European Space Agency (ESA), que contemplaba la tecnología espacial como uno de sus objetivos. En resumen, el problema en ESRO surgió cuando algunos países miembros, encabezados por Francia, mostraron su interés por el campo de las telecomunicaciones vía satélite. El Gobierno gaullista no veía con buenos ojos la dominación estadounidense en este terreno. Además, estaba interesado en avanzar en el dominio de los lanzadores (los cohetes para transportar los satélites artificiales). Por razones más tecnológicas que políticas (deseaban mejorar su pericia industrial en este sector), la República Federal Alemana y Bélgica también se mostraron dispuestas a entrar en esa área. Sin embargo, esta era ajena a los fines científicos de ESRO. Los tres países argumentaron que era preciso modificar los objetivos de la organización y pasar a centrarlos en las comunicaciones. A finales de 1970, Francia (seguida de Dinamarca) denunció el Convenio de ESRO. Su retirada se haría efectiva el 31 de diciembre de 1971, de no alcanzarse antes un acuerdo que condujese a una nueva orientación del programa de la Organización, que favoreciese las aplicaciones prácticas. El resultado final de este paso fue la creación, entre 1973 y 1975, de la ESA, una agencia cuyo presupuesto para la investigación pura se limita al 10 % del total. Eso sí, este porcentaje es de obligado cumplimiento, lo que no ocurre con el resto de sus programas, que son optativos.

bitual (igual que lo hacen hoy en día) en los beneficios económicos derivados de su trabajo.

El fracaso del proyecto del SSC hay que entenderlo desde esta perspectiva y a la luz de estos antecedentes. Por supuesto, como cabía esperar, muchos físicos de altas energías manifestaron en público su desacuerdo con la decisión. Entre ellos, destacó Steven Weinberg. Es interesante analizar algunos de los comentarios que efectuó en su libro *Dreams of a Final Theory* (1992), cuyo origen debe mucho a su deseo de dar la mayor publicidad posible a su opinión sobre este tema.

Según Weinberg (1994: 220-221), los «problemas del proyecto del Supercolisionador han sido en parte un efecto colateral de cambios políticos ajenos a él. El presidente Clinton ha mantenido el apoyo de la administración al SSC, pero él se jugaba menos, políticamente, en ello que lo que se habían jugado el presidente Bush, de Texas, o el presidente Reagan, durante cuya administración se inició el proyecto. Lo que es quizá más importante, muchos miembros del Congreso (especialmente los nuevos) sienten ahora que es necesario demostrar su prudencia fiscal votando contra *algo*. El Supercolisionador representa un 0,043 % del presupuesto federal, pero se ha convertido en un símbolo político conveniente». «Durante siglos —escribía en otro pasaje de esta obra (Weinberg 1994: 222-223)—, las relaciones entre ciencia y sociedad han estado gobernadas por un pacto tácito. Generalmente los científicos quieren hacer descubrimientos que sean universales o bellos o fundamentales, ya puedan preverse o no beneficios concretos para la sociedad. Algunas personas que no son científicos encuentran excitante este tipo de ciencia pura, pero la sociedad [...] ha estado generalmente dispuesta a apoyar el trabajo en ciencia pura principalmente porque espera que tenga aplicaciones, ya sea a la tecnología o a la medicina o a la guerra. Generalmente, estas expectativas se han mostrado correctas. [...] Pero ahora este pacto parece estar en entredicho. No se trata solamente de que algunos miembros del Congreso hayan perdido su confianza en la ciencia pura; la batalla por los fondos ha llevado a algunos de los propios científicos, que trabajan en campos aplicados, a volverse contra el apoyo a aquellos de nosotros que buscamos leyes de la naturaleza. Y los problemas a los que se ha enfrentado el Supercolisionador en el Congreso son simplemente un síntoma de este desencanto de la ciencia pura.»

Utilizar la expresión «desencanto», una palabra polivalente cuando no equívoca, puede inducir a error. La acepción que viene a la mente con más facilidad es la de abandonar una empresa recomendable, si no admirable. Sin embargo, tras la decisión de cancelar la construcción del SSC hay mucho más de lo que Weinberg indica, o sugiere con extrema sutileza. Existen otras cuestiones, actuaciones o hechos que es conveniente comentar para comprender lo que sucedió en realidad.[46]

Un primer punto a tener en cuenta es lo que el propio Weinberg mencionaba casi de pasada cuando escribía: «Pero él [el presidente Clinton] se jugaba menos, políticamente, en ello de lo que se habían jugado el presidente Bush, de Texas, o el presidente Reagan, durante cuya administración se inició el proyecto».[47] Comencemos por señalar que el SSC fue favorecido por Reagan porque encajaba con su gigantesco programa militar, denominado Iniciativa de Defensa Estratégica y popularmente conocido como «guerra de las galaxias». Si las posibles ventajas tecnológicas del acelerador (prometidas con insistencia por sus defensores) no eran suficientes para el presidente y su Administración, otro elemento atrajo de manera inmediata su atención: el proyecto prometía crear una gran cantidad de nuevos puestos de trabajo, entre cinco mil y ocho mil. No es sorprendente, por consiguiente, que la mitad de los territorios del país tomasen parte en la competición (iniciada el 1 de abril de 1987) para elegir un emplazamiento. El 10 de noviembre de 1988, esto es, el día después de que George Bush fuese elegido presidente, el secretario de Energía, John Herrington, anunciaba que el SSC sería construido en Waxahachie. El Estado de Texas proporcionaría más de 515 kilómetros cuadrados de terreno y mil millones de dólares para las obras. Sin

46. Sigo aquí el lúcido análisis de Daniel Kevles (1997).

47. A pesar de lo que decía Weinberg, Clinton apoyó al SSC. En una carta que envió el 16 de junio de 1993 al congresista William H. Natcher, manifestaba (Oficinas del Gobierno de Estados Unidos): «Como su Comité considera los presupuestos para energía y agua correspondientes al año fiscal de 1994, quiero que conozca mi continuado apoyo al Supercolisionador Superconductor. [...] Abandonar el SSC en este punto significaría que Estados Unidos está comprometiendo su posición de liderazgo en ciencia básica, una posición no cuestionada en generaciones. Estos son tiempos difíciles, pero nuestra Administración apoya este proyecto como parte de su extensa inversión en ciencia y tecnología. [...] Le pido que apoye este importante y retador esfuerzo».

embargo, algunos observadores no dejaron de señalar que el propio Bush provenía de Texas y que la delegación tejana en el Congreso incluía al presidente de la Cámara, Jim Wright, y a los senadores Lloyd Bentsen, que acababa de participar en la competición electoral como candidato demócrata a la vicepresidencia, y Phil Gramm, representante de Waxahachie.

También es posible comprender mejor la anterior frase de Weinberg si se tienen en cuenta otros factores, además de los que acabo de señalar. Así, el entusiasmo inicial por el SSC empezó a decaer, entre otros motivos, a causa de los cambios introducidos en 1989 en el diseño del acelerador, que elevaron su coste a 8.249 millones de dólares, y por la aparente incapacidad del Gobierno Federal de cumplir la promesa de Reagan y Bush al Congreso, según la cual un tercio de la financiación provendría de fuentes no federales. Cuando esto sucedió, algunos de los apoyos más firmes que recibió el proyecto provenían de personas cuyas motivaciones políticas resultaban evidentes, tales como el congresista republicano ultraconservador Joe Barton, representante de Waxahachie. A este no le importó, en un contradictorio ejercicio de lógica, defender el SSC al mismo tiempo que en 1992 abogaba por la necesidad de enmendar la propia Constitución estadounidense para asegurar presupuestos equilibrados. Esta actitud llevó al congresista demócrata de Florida y enemigo del acelerador Lawrence J. Smith, a referirse a Barton como «obviamente un contorsionista, que está al mismo tiempo en dos lados opuestos de la política fiscal» (Kevles 1997: 285). Otro defensor del proyecto, cuyas intenciones eran transparentes e ilustrativas, fue el senador por Louisiana J. Bennett Johnston, que encabezaba el Comité de Energía y Recursos Naturales del Senado, así como el Subcomité de Adjudicaciones para Energía y Desarrollo del Agua. Johnston se opuso en un primer momento al SSC, pero cambió de opinión cuando General Dynamics se comprometió a producir los imanes superconductores que necesitaba la máquina en su planta de Hammond, en Louisiana.

En su autobiografía, Weinberg (2025) se refirió al episodio del SSC y explicó que había dedicado muchos esfuerzos a su defensa. Veamos algunos ejemplos de lo que escribió allí (Weinberg 2025: 212, 224):

> Mi implicación directa con el SSC comenzó en 1984 y continuó ocupando una buena parte de mi vida durante la siguiente década. Fui miembro de la Junta de seguimiento del SSC desde 1984 hasta 1986. La

tarea de preparar un diseño detallado fue encargada al grupo central de diseño de Berkeley, encabezado por Maury Tigner, un as en aceleradores y experto en superconductividad de Cornell. En abril de 1986, el diseño estaba terminado. El SSC sería instalado en un túnel subterráneo de tres metros de diámetro, formando un anillo oval de 83 kilómetros. Dentro del anillo, dos haces de protones viajando en sentidos opuestos serían acelerados cada uno a una energía equivalente a veinte billones de veces la masa del protón. Las trayectorias de los protones serían mantenidas y enfocadas mediante 4.728 imanes superconductores. Como la superconductividad requiere una temperatura muy baja, los imanes se mantendrían fríos por 1,9 millones de litros de helio líquido, mantenidos a una temperatura de alrededor de 5 grados Celsius por encima del cero absoluto (4 grados Kelvin).

La Administración Reagan aprobó el proyecto en enero de 1987, y con otros físicos, el Departamento de Energía me envió a la Casa Blanca a agradecer al presidente Reagan su decisión. Fue una experiencia singular. A lo largo de mi vida he conocido a muchos políticos: cuatro presidentes, numerosos miembros del Congreso, e incontables políticos aquí en Texas, todos mientras politiqueaban por el control de armas y el SSC. Una habilidad que todos estos políticos comparten es la de establecer contactos, dar la impresión (verdadera o no) de que están interesados en las personas que les presentan. Todos excepto Reagan. Al estrechar la mano de él y agradecerle su decisión sobre el SSC, tuve la impresión de que él no estaba allí. Me pregunto si la enfermedad de Alzheimer había comenzado mucho antes de cuando se anunció públicamente en 1994. [...]

Durante 1993 y 1995, participé en el programa de radio de Larry King intentando promover el SSC, testifiqué tanto en el Senado (1992) como en la Cámara (1993), me reuní con el consejo editorial de *The New York Times* y cené con los senadores Kerry y Shelton Smith.

La Administración Clinton continuó apoyando el SSC, pero no muy fervientemente. Existe la historia, cuya verdad no he sido capaz de establecer, de que la Administración dijo a la gobernadora de Texas, Ann Richards, que no podía apoyar activamente al mismo tiempo los dos grandes proyectos de Texas, el SSC y la Estación Espacial Internacional, y ella optó por la Estación Espacial.

Por último, el 19 de octubre de 1993, la Cámara de Representantes votó eliminar la financiación para el SSC. «Qué desperdicio —exclamaba Weinberg—. Alrededor de mil millones de dólares se habían gastado en excavar el túnel para el SSC y en la manufactura de los imanes superconductores. Cuando visité el lugar del SSC en el otoño de 1991 vi muchas casas de granjas tapiadas, cuyos propietarios habían sido forzados a abandonarlas. Algunos físicos habían empleado una buena parte de sus carreras ayudando a diseñar el SSC y a prepararse para utilizarlo.»

Si hay ejemplos evidentes de la relación entre ciencia, política y sociedad, este es uno de ellos. A todo lo anterior, hay que añadir el creciente cambio de sensibilidad pública, más interesada ahora por cuestiones medioambientales, además de la aparición en escena de un campo de investigación de enorme fecundidad, entroncado con la búsqueda de tratamientos contra el cáncer y el sida, como es la biología molecular y las ciencias biomédicas relacionadas con ella.

5

De la radiactividad artificial a la fisión del uranio

1. El descubrimiento de la radiactividad artificial

Aunque Irène y Frédéric Joliot-Curie no lograron la gloria científica por el hallazgo del neutrón, del que tan cerca estuvieron, como se vio en el segundo capítulo, no tardaron demasiado en conquistarla: en 1934 descubrieron la radiactividad artificial. El origen de este transcendental avance (algunas de cuyas aplicaciones y consecuencias terminaron por trascender el ámbito puramente científico y adentrarse en el político, militar, industrial y social) queda claro sin más que leer los dos artículos, casi idénticos, en los que el matrimonio anunció el resultado de sus investigaciones. El primero de ellos estaba escrito en francés, apareció en *Comptes rendus*, tenía a Irène como primera firmante y fue enviado el 15 de enero. El otro estaba en inglés y se publicó en *Nature* el 10 de febrero, con sus autores en orden inverso (Curie y Joliot 1934; Joliot y Curie 1934). Utilizaré esta última versión, titulada «Artificial production of a new kind of radio-element»:

> Hace algunos meses descubrimos que ciertos elementos ligeros emiten positrones bajo la acción de partículas α [Curie y Joliot, *J. Phys. et Rad. 4*, 494; 1933]. Nuestros últimos experimentos han mostrado un sorprendente hecho: cuando se irradia una lámina de aluminio con una preparación de polonio, la emisión de positrones no cesa inmediatamente cuando se elimina la preparación activa. La lámina continúa siendo radiactiva y la emisión de radiación decae exponencialmente como en la

radiactividad ordinaria. Observamos el mismo fenómeno con boro y magnesio [Curie y Joliot, *C. R. 198*; 1934]. El período de vida media de la actividad es de 14 min. para el boro, de 2 min. 30 seg. para el magnesio, y de 3 min. 15 seg. para el aluminio.

No hemos observado efectos similares con hidrógeno, litio, berilio, carbono, oxígeno, flúor, sodio, silicio o fósforo. Acaso en algunos casos la vida media es demasiado breve como para observarlos fácilmente.

La transmutación, mediante partículas α, de berilio, magnesio y aluminio ha dado lugar a nuevos elementos radiactivos que emiten positrones. Estos elementos radiactivos pueden ser considerados como un núcleo conocido formado en un estado particular de excitación; pero es mucho más probable que sean isótopos desconocidos que son siempre inestables.

Por ejemplo, proponemos para el boro la siguiente reacción nuclear:

$$_5B^{10} + {_2}He^4 = {_7}N^{13} + {_0}n^1$$

siendo el $_7N^{13}$ el núcleo radiactivo que se desintegra emitiendo positrones, dando lugar a un núcleo $_6C^{13}$ estable. En el caso del aluminio y magnesio, los núcleos radiactivos serían $_{15}P^{30}$ y $_{14}Si^{27}$, respectivamente. [...]

Estos experimentos dan la primera prueba química de transmutación artificial, y también la prueba de la captura de la partícula α en estas reacciones [Curie y Joliot, *C. R.*, reunión del 29 de febrero de 1934].

Para los nuevos elementos radiactivos, formados mediante la transmutación del boro, magnesio y aluminio, proponemos los nombres *radionitrógeno*, *radiosilicio* y *radiofósforo*.

Estos elementos y otros similares acaso puedan formarse en reacciones nucleares diferentes, con otras partículas como proyectiles: protones, deuterones, neutrones. Por ejemplo, acaso podría formarse $_7N^{13}$ mediante la captura de un deuterón en $_6C^{12}$, seguido de la emisión de un neutrón.

Marie Curie, ya próximo su final (falleció el 4 de julio de aquel mismo año, 1934), tuvo todavía la oportunidad de saber que su hija había logrado un resultado realmente importante. Según Frédéric Joliot (citado en Radvanyi y Bordry 1984: 114):

Marie Curie seguía el progreso de nuestras investigaciones, y nunca olvidaré la expresión de pura alegría que se produjo en ella cuando Irène y yo le enseñamos el pequeño tubo de cristal que contenía el primer radioelemento artificial. Puedo verla todavía, sosteniendo en su mano, quemada por el radio, aquel tubo con un radioelemento aún activo. Quería comprobar lo que le estábamos diciendo, y fue al contador Geiger-Müller, en donde escuchó los clics del contador de radiación.

Este descubrimiento reportó a la pareja una recompensa inmediata: en 1935, recibieron el premio Nobel de Química, «en reconocimiento de su síntesis de nuevos elementos» (una manera un tanto indirecta de referirse a la radiactividad artificial). Fueron propuestos para el galardón por Hans von Euler-Chelpin, Ernest Rutherford y Theodor Svedberg. No obstante, no fueron quienes recibieron más nominaciones: Walter Norman Haworth y Paul Karrer obtuvieron cinco cada uno, mientras que los números de Max Bodenstein, Otto Diels, Fritz Kögl, Gilbert Newton Lewis, Robert Robinson y Gustav Tammann eran idénticos a los del matrimonio, con tres en cada caso.

En el discurso de concesión que pronunció W. Palmaer, presidente del Comité Nobel de Química, este señaló que:

> Como saben Vds., los alquimistas se esforzaron por transformar los elementos entre sí. Estrictamente hablando, era solo una transformación de un tipo la que les interesaba, la transformación de metales comunes en oro, lo que quiere decir que lo que les impulsaba eran motivos puramente venales. Sin embargo, no se puede decir que la formación de nuevos elementos [en la manera seguida por Rutherford y Soddy] proporcione la solución al problema de los alquimistas, ya que los elementos radiactivos conocidos hasta ahora se descomponen espontáneamente sin que sea posible interferir de alguna manera en el proceso, y un elemento particular no puede ser transformado en otro mediante alguna interferencia artificial. Es en este respecto que algo nuevo han dado a la ciencia los descubrimientos de los doctores Irène Joliot-Curie y Frédéric Joliot, los ganadores del premio Nobel de hoy. Pero incluso en esta ocasión no se trata de la transformación de otros metales en oro, ¡salvo que sea indirectamente en la forma del premio Nobel! Aunque sí que se trata del extremadamente interesante descubrimiento de que es posible en otros ciertos casos transformar un elemento en otro mediante alguna interferencia externa.

No podía, naturalmente, faltar la alusión familiar: «Señora, hace 24 años, Madame Marie Sklodowska-Curie estuvo presente en los actos Nobel para recibir el premio de Química, como recompensa por su descubrimiento del radio en primer lugar; y usted, señora, también estuvo presente en aquella ocasión, como una niña».

Las consecuencias del galardón no se hicieron esperar: en junio de 1936 Irène fue nombrada subsecretaria de Estado para investigación científica (era una de las tres mujeres en el Gobierno del Frente Popular y permaneció en el cargo hasta septiembre de 1936). Al año siguiente, fue designada «profesora sin cátedra» en la Sorbona (el equivalente a catedrática, pero sin tener asignada una especialidad. Esta llegó —Física general y radiactividad— en 1946). Frédéric, por su parte, fue nombrado para un puesto similar en 1937 (también, como su esposa, sin materia asociada) en el Collège de France. Abandonó el Instituto del Radio para formar su propio laboratorio de Síntesis Atómica en el Centre National de la Recherche Scientifique (CNRS), en donde construyó el primer ciclotrón de la Europa occidental.

2. Fermi y la radiactividad artificial

Los resultados obtenidos por los Joliot-Curie fueron explotados con gran rapidez y fecundidad por el círculo de Fermi en Roma. Este había reunido en la capital italiana a un grupo de jóvenes talentos de la física, como Edoardo Amaldi, Oscar D'Agostino, Giovanni Gentile, Ettore Majorana, Bruno Pontecorvo, Franco Rasetti y Emilio Segrè. Con ellos, en el Instituto de Física de la Universidad, situado en un palacete de la Via Panisperna 89A, se sumergió en el universo de los fenómenos atómicos y nucleares. El razonamiento de Fermi era que, si una partícula alfa podía producir el efecto observado por los franceses, un neutrón, que no tenía que superar la barrera de Coulomb, podría hacer lo mismo.

Sobre las circunstancias concretas que le llevaron a explorar tales fenómenos, reproduzco lo que señaló Emilio Segrè (1979: 50-51):

> Poco después [se refiere al consejo Solvay de 1933 y a las vacaciones de Navidad de aquel año], Curie y Joliot descubrieron la radiactividad artificial, algo que realmente me conmocionó. Recuerdo leer sus artículos de *Nature* y de *Comptes rendus* y quedarme estupefacto. Fermi dijo inmediatamente: «Esta es una oportunidad de oro. Tenemos una fuente de neutrones; hagamos radiactividad artificial con neutrones. Es verdad

UN NOUVEAU TYPE DE RADIOACTIVITÉ

Irène Curie et Frédéric Joliot : *Comptes rendus des séances de l'Académie des Sciences* (1934), t. 198, p. 254

Nous avons montré récemment par la méthode de Wilson (¹) que certains éléments légers (glucinium, bore, aluminium) émettent des électrons positifs quand on les bombarde avec des rayons α du polonium. Selon notre interprétation l'émission des électrons positifs de Be serait due à la *matérialisation interne* du rayonnement γ tandis que les électrons positifs émis par B et Al seraient des *électrons de transmutation* accompagnant l'émission des neutrons.

En cherchant à préciser le mécanisme de ces émissions nous avons découvert le phénomène suivant :

L'émission des électrons positifs par certains éléments légers irradiés par les rayons α du polonium subsiste pendant des temps plus ou moins longs, pouvant atteindre plus d'une demi-heure dans le cas du bore, après l'enlèvement de la source de rayons α.

Nous plaçons une feuille d'aluminium à 1^{mm} d'une source de polonium. L'aluminium ayant été irradié pendant 10 minutes environ, nous le plaçons au-dessus d'un compteur de Geiger-Müller portant un orifice fermé par un écran de 7/100 de millimètre d'aluminium. Nous observons que la feuille émet un rayonnement dont l'intensité décroît exponentiellement en fonction du temps avec une période de 3 minutes 15 secondes. On obtient un résultat analogue avec le bore et le magnésium mais les périodes de décroissance sont *différentes*, 14 minutes pour le bore et 2 minutes 30 secondes pour le magnésium.

L'intensité du rayonnement (immédiatement après l'exposition aux rayons α) augmente avec le temps d'irradiation jusqu'à une valeur limite. On a alors des intensités initiales du même ordre pour B, Mg, Al d'environ 150 impulsions par minute dans le compteur en utilisant une source de polonium de 60 millicuries.

Avec les éléments H, Li, C, Be, N, O, F, Na, Ca, Ni, Ag, aucun effet n'a été observé (²). Pour certains de ces éléments le phénomène ne se produit probablement pas, pour d'autres la période de décroissance est peut-être trop courte.

Les expériences faites par la méthode de Wilson ou par la méthode de la trochoïde introduite par Thibaud ont montré que le rayonnement émis par le bore et par l'aluminium est constitué par des électrons positifs. Il

(¹) *C. R.*, 196, 1933, p. 1885 ; *J. de Phys. et Rad.*, 4, 1933, p. 494. (Ce volume p. 472 et p. 444.)

(²) Ce phénomène ne peut donc pas être dû à une contamination par la source de polonium.

Primera página del artículo de Irène Curie y Frédéric Joliot, «Un nouveau type de radioactivité», *Comptes rendus de l'Académie des Sciences* 198, 254-256 (1934).

1934: Fermi con sus colaboradores en el Departamento de Física de la Universidad La Sapienza (Roma), ubicado en la Vía Panisperna. De derecha a izquierda: Enrico Fermi, Franco Rasetti, Edoardo Amaldi, Emilio Segrè y Oscar D'Agostino.

que solamente tenemos unos pocos neutrones, pero los neutrones solo pueden morir por causas nucleares y acaso podamos compensar su escasez con su eficiencia». Entonces intentó, e intentó, con todos los elementos ligeros por orden, sin resultado. Cuando llegó al flúor, tuvo éxito. Aquello fue el 25 de marzo de 1934. Entonces, muy generosamente, nos pidió a Amaldi y a mí que le ayudáramos [...] comenzó el gran período del neutrón, cuyo primer año esta resumido en *Proceedings of the Royal Society* [Fermi, Amaldi, D'Agostino, Rasetti y Segrè 1934] y en los *Collected Papers* de Fermi. [...] Los principales resultados] demostraron que todo se haría radiactivo cuando fuese bombardeado con neutrones, incluyendo el uranio. Esto condujo a la maravillosa historia de los elementos transuránicos y a todo lo demás.

Aunque aquí Segrè hacía referencia al artículo publicado en *Proceedings of the Royal Society*, hay que señalar que antes, y para evitar que alguien se les adelantase con unos resultados de gran importancia, presentaron sus conclusiones en una larga serie de diez textos cortos en italiano («Radioattività indotta da bombardamento di neutroni»), aparecidos en su revista, *Ricerca Scientifica*.[1]

Para explicar las aportaciones del grupo de Fermi en Roma, lo mejor es recurrir a las palabras de este. En concreto, me refiero al discurso que pronunció el 10 de diciembre de 1938, al recibir el premio Nobel de física. Se trata de una intervención que expone de manera soberbia y transparente tanto su propia contribución como la naturaleza de esta. Es tan relevante y esclarecedor que reproduciré a continuación extensos pasajes del mismo (Fermi 1939; 1962: 1037-1043):

> Aunque el problema de la transmutación de los elementos químicos en otro elemento es mucho más antiguo que una definición satisfactoria del concepto mismo de elemento químico, es bien conocido que el primero y más importante paso para la solución de este problema se llevó a cabo hace solo 19 años por el hoy difunto lord Rutherford, quien inició el método del bombardeo nuclear. Demostró por medio de unos cuantos ejemplos que, cuando el núcleo de un elemento ligero choca contra una partícula α rápida, ocurre un proceso de desintegración en el núcleo que sufre el choque y, como consecuencia, la partícula α permanece capturada dentro del núcleo y, en su lugar, se emite una partícula diferente, en muchos casos, un protón. Al final del proceso, lo que queda es un núcleo distinto del original; distinto generalmente tanto en carga eléctrica como en peso atómico.
>
> El núcleo que permanece como producto de la desintegración coincide a veces con uno de los núcleos estables, conocidos mediante el análisis isotópico; muy frecuentemente, sin embargo, este no es el caso. El núcleo producto difiere entonces de todos los núcleos «naturales»; la razón de esto es que el núcleo producto no es estable. Se desintegra, además, con una vida promedio característica del núcleo, mediante la emisión de un electrón (positivo o negativo), hasta que finalmente alcanza una forma estable. La emisión de electrones, que sigue con un cierto retraso a la primera desintegración, que es prácticamente instan-

1. Estos artículos se encuentran reproducidos en Fermi (1962: 645-673). Ver también Fermi (1934 c), que muestra que Fermi ya pensaba en la posibilidad de elementos transuránicos en 1934.

tánea, es la llamada radiactividad artificial, y fue descubierta por Joliot e Irène Curie a fines de 1933.

Estos autores obtuvieron el primer caso de radiactividad artificial al bombardear boro, magnesio y aluminio con una partícula α de una fuente de polonio. Produjeron así tres isótopos radiactivos de nitrógeno, silicio y fósforo, y también lograron separar químicamente la actividad de la masa de los átomos inalterados de la sustancia bombardeada.

A continuación, Fermi abría una sección titulada «El bombardeo de neutrones», en la que manifestaba: «Inmediatamente después de estos descubrimientos, se hizo evidente que muy probablemente las partículas α no representaban el único tipo de proyectiles de bombardeo que podían producir la radiactividad artificial. Decidí, por lo tanto, investigar, desde este punto de vista, los efectos del bombardeo con neutrones». Este fue, obviamente, el momento crucial.

«En comparación con las partículas α —continuaba—, los neutrones tienen la obvia desventaja de que las fuentes de neutrones disponibles emiten únicamente un número relativamente pequeño de estos. En efecto, los neutrones se emiten como producto de reacciones nucleares, cuyo rendimiento muy pocas veces es superior a 10^4. Esta desventaja queda compensada, sin embargo, por el hecho de que los neutrones, al no tener carga eléctrica, pueden alcanzar los núcleos de todos los átomos, sin tener que salvar la barrera de potencial debida al campo coulombiano que rodea a todos los núcleos. Además, como los neutrones prácticamente no interaccionan con los electrones, su alcance es muy grande, y la probabilidad de una colisión nuclear es correspondientemente mayor que en el caso de una partícula α o del bombardeo por protones. De hecho, ya se sabía que los neutrones eran un eficiente agente para producir alguna desintegración nuclear.»

Como fuente de neutrones para estas investigaciones, Fermi utilizó «un pequeño vial de vidrio que contenía polvo de berilio y radón. Con cantidades de radón de 800 milicurios, dicha fuente emite aproximadamente $2 \cdot 10^7$ neutrones por segundo. Esta cifra es, desde luego, muy pequeña comparada con la producción de neutrones que puede obtenerse de los ciclotrones o de tubos de muy alto voltaje. Sin embargo, las pequeñas dimensiones, la perfecta estabilidad y la extrema sencillez son a veces características muy útiles de las fuentes de radón y de berilio».

Era el momento de hablar de «Reacciones nucleares producidas por neutrones»:

Desde los primeros experimentos, pude demostrar que la mayoría de los elementos examinados se volvían activos bajo el efecto del bombardeo de neutrones [esta afirmación no coincide con lo señalado por Segrè]. En algunos casos, la disminución de la actividad con el tiempo correspondía a una única vida media; en otros, a la superposición de más de una curva de desintegración exponencial.

Llevé a cabo, con la ayuda de varios colaboradores, a saber: Amaldi, D'Agostino, Pontecorvo, Rasetti y Segrè, una investigación sistemática del comportamiento de los elementos a lo largo de toda la tabla periódica. En la mayoría de los casos, efectuamos también un análisis químico, para identificar el elemento químico que portaba la actividad. Para las sustancias de vida corta, dicho análisis debió efectuarse muy rápidamente, en un lapsus del orden de un minuto.

Los resultados de este primer estudio de la radiactividad producida por neutrones pueden resumirse como sigue: de los 63 elementos que se investigaron, 37 mostraron una actividad fácilmente detectable; el porcentaje de los elementos capaces de ser activados no mostró ninguna dependencia señalada con el peso atómico del elemento. El análisis químico y otras consideraciones, basadas principalmente en la distribución de isótopos, permitió además identificar los siguientes tres tipos de reacción nuclear que dan lugar a la radiactividad artificial:

$$^{M}A_{Z} + ^{1}n_{0} = ^{M-3}A_{Z-2} + ^{4}He_{2} \quad (1)$$
$$^{M}A_{Z} + ^{1}n_{0} = ^{M}A_{Z-1} + ^{1}H_{1} \quad (2)$$
$$^{M}A_{Z} + ^{1}n_{0} = ^{M+1}A_{Z} \quad (3)$$

donde $^{M}A_{Z}$ es el símbolo para el elemento con número atómico Z y número de masa M, y n es el símbolo del neutrón.

Las reacciones de los tipos (1) y (2) ocurren primordialmente entre los elementos ligeros, mientras que aquellas del tipo (3) se encuentran muy a menudo también entre los elementos pesados. En muchos casos hallamos los tres procesos simultáneamente en un mismo elemento. Por ejemplo, el bombardeo con neutrones del aluminio, que tiene un solo isótopo, ^{27}Al, da lugar a tres productos radiactivos: ^{24}Na, con un período de 15 horas, mediante el proceso (1); ^{27}Mg, con un período de 10 minutos, mediante el proceso (2); y ^{28}Al, con un período de 2,3 minutos, mediante el proceso (3).

En este punto, Fermi comenzaba a referirse al uranio:

> Como se mencionó con anterioridad, los elementos pesados generalmente reaccionan solo de acuerdo con el proceso (3) y, por lo tanto, a excepción de ciertas complicaciones que se discutirán más adelante, y del caso en el que el elemento original tenga más de un isótopo estable, dan lugar a una actividad que decae exponencialmente. Una muestra notable de este comportamiento se encuentra en las actividades inducidas por los neutrones en el torio y el uranio, elementos naturalmente activos. Para la investigación de estos elementos, es necesario purificar primero el elemento, tanto como sea posible, de las sustancias hijas que emiten partículas ß. Una vez purificados, tanto el torio como el uranio emiten espontáneamente solo partículas α, que pueden distinguirse de inmediato por la absorción a partir de la actividad ß inducida por los neutrones.

«Ambos elementos —continuaba— muestran una actividad inducida bastante fuerte cuando se bombardean con neutrones; y en ambos casos, la curva de desintegración de la actividad inducida muestra que se producen varios cuerpos activos con diferentes vidas promedio. Desde el verano de 1934 intentamos aislar químicamente a los portadores de estas actividades, con el resultado de que no son portadores de alguna de las actividades del uranio ni isótopos del uranio mismo, ni de los elementos más ligeros que este, hasta el número atómico 86. Dedujimos que los portadores eran uno o más elementos con un número 93 y 94 con los nombres de ausonio y hesperio, respectivamente.» Añadía: «Es bien sabido que O. Hahn y L. Meitner han investigado cuidadosa y extensivamente los productos de la desintegración del uranio irradiado, y lograron descubrir en ellos elementos que llegaban hasta el número 96».

La conferencia de Fermi no terminaba aquí, pero para mis propósitos ya es suficiente. He llegado al punto en el que se puede observar que el equipo de Roma se quedó a las puertas de lograr uno de los descubrimientos más sensacionales de la física contemporánea: la fisión atómica. Fermi consideró la formación, mediante absorción de neutrones, de elementos transuránicos, esto es, posteriores al uranio en la tabla periódica. Sin embargo, no alcanzó a vislumbrar que ese fenómeno podía producir la ruptura, la *fisión*, del núcleo. Se da la curiosa, casi dramática, circunstancia de que prácticamente al mismo tiempo que el italiano pronunciaba su discurso en Estocolmo, en el Instituto de Química de la Kaiser-Wilhelm-Gesellschaft de Berlín, Otto Hahn (1879-1968) y Fritz Strassmann (1902-1980) realizaban ese hallazgo.

Un detalle que es importante mencionar aquí es que Fermi aprovechó su viaje a Suecia para no regresar a su país natal. Se trasladó a Estados Unidos, adonde llegó con su familia el 2 de enero de 1939. El motivo era que su esposa, Laura, era de origen judío, y que el fascismo italiano, mimético de su aliado germano y deseoso de granjearse sus simpatías, había comenzado a mostrar inclinaciones antisemitas. Así, en julio de 1938, Benito Mussolini dio instrucciones a los secretarios de los ministerios que él mismo presidía (Guerra, Marina y Aviación) para que no se aceptasen judíos en las academias militares. Asimismo, el 14 de julio se publicaba en el diario *Il Giornale d'Italia* lo que se conoce como el «Manifesto della razza», en el que «un grupo de investigadores fascistas, profesores de universidades italianas» que habían trabajado «con el apoyo del Ministerio para la Cultura Popular», declaraban que el «fascismo se enfrenta con los problemas raciales». El 17 de agosto, una circular del Departamento de Interior ordenaba a los prefectos locales que no nombrasen judíos para puestos oficiales, un mandato que se complementó entre septiembre y noviembre con otras directrices que agravaron la persecución antisemita, tanto de nacionales como de extranjeros. La magnífica escuela matemática vernácula se vio afectada de manera especial, ya que Vito Volterra, Tullio Levi-Civita, Federigo Enriques, Guido Castelnouvo, E. E. Levi y E. Segrè, eran de ascendencia hebrea. De hecho, los siguientes docentes fueron expulsados de la enseñanza universitaria: Guido Ascoli (Análisis, Universidad de Milán); Federigo Enriques (Geometría Superior, Roma); Gino Fano (Geometría, Turín); Guido Fubini Ghiron (Análisis, Turín); Guido Horn d'Arturo (Astronomía, Bolonia); Beppo Levi (Análisis, Bolonia); Tullio Levi-Civita (Mecánica racional, Roma); Arturo Maroni (Geometría, Pavía); Giorgio Mortara (Estadística, Milán); Beniamino Segre (Geometría, Bolonia) y Alessandro Terracini (Geometría, Turín).

En su libro *Atoms in the Family*, Laura Fermi (1954) dedicó un capítulo, el 14 («Departure»), al exilio de toda la familia. De él entresaco unas líneas (Fermi, Laura 1954: 127-128):

> La partida tenía un significado que ninguno de nosotros deseaba expresar en palabras. Era el final formal de una cooperación que había comenzado hacía casi doce años. El grupo se había reducido. Después de que Segrè se hubiera ido en 1936 a Palermo y mientras Rasetti estaba en Estados Unidos para una larga visita, la cooperación se había limitado a Enrico y Edoardo Amaldi. El núcleo del trabajo teórico y experimental para interpretar la radiactividad artificial y el comportamiento de los neutrones lentos se realizó por ellos dos solos. Pero en tanto que el núcleo activo del grupo permanecía, siempre existía la posibilidad de restaurar su anterior fuerza. Pero ya no ahora. Emilio Segrè, que había ido a Estados Unidos para la sesión de verano en la Universidad de California, en Berkeley, había visto la tendencia de los sucesos en Italia. Había decidido no regresar. Su esposa e hijo de un año se habían unido a él.

El caso de Fermi merece un comentario aparte. En un primer momento, su relación con el régimen que dirigía entonces su país en modo alguno fue de oposición. Así, el 29 de marzo de 1929, Mussolini le nombró miembro de la Real Academia de Italia y al día siguiente fue dado de alta en el Partido Nacional Fascista. Unos meses más tarde, el 31 de enero de 1930, fue recibido en audiencia privada por el Duce, al que presentó un documento en el que proponía la transformación del Instituto de Física de la Universidad de Roma, en el que trabajaba, en un Instituto Nacional de Física autónomo, dependiente de forma directa del Ministerio de Educación Nacional (no obstante, la propuesta no prosperó debido a la decidida oposición del ministro). Asimismo, Fermi formaba parte del Consejo Nacional de Investigaciones (que presidía Marconi), de cuyo Comité de Física era además secretario. Tampoco tuvo reparos en firmar en 1931 el juramento que el Gobierno exigió entonces a los profesores universitarios. En efecto, el 23 de noviembre de aquel año juró «ser fiel al Rey, a sus sucesores reales y al Régimen Fascista, cumplir lealmente el Estatuto y otras leyes del Estado, ejercitar el oficio de profesor y satisfacer todos los deberes académicos con el propósito de formar ciudadanos trabajadores, probos y devotos a la Patria y al Régimen Fascista».[2]

No se puede deducir de estos hechos que Fermi fuese un fascista. Sin ir más lejos, los españoles de cierta edad recordarán que los do-

2. El documento firmado por Fermi se reproduce en Batimelli (2003: 55).

centes universitarios debían jurar fidelidad al régimen franquista, lo que hicieron incluso muchos de aquellos que se distinguieron en la lucha contra la dictadura. Sin embargo, lo que sí se puede afirmar es que Fermi se adaptó al modelo de gobierno existente en su país, para continuar con sus investigaciones de la forma más eficaz posible. No buscó entrar en conflicto con él, porque percibió con claridad que el poder estaba en la política y no en la ciencia. Si más tarde marchó al exilio, lo único que podemos asegurar es que lo hizo porque las nuevas leyes raciales aprobadas afectaban a su esposa y porque, además, tuvo la oportunidad de hacerlo sin ningún tipo de problemas, con la certeza de que encontraría un puesto de trabajo con magníficas condiciones laborales (mejores que en Italia), en Estados Unidos. Si entre sus motivos figuraba también el rechazo al régimen fascista imperantes, eso es algo imposible de saber con seguridad.

3. Lise Meitner

Como señalaba Fermi en su conferencia Nobel, Otto Hahn y Lise Meitner se habían unido a las investigaciones sobre el uranio. Fue Meitner quien impulsó este trabajo. Veremos más adelante, por consiguiente, algo de su biografía. En cuanto a Hahn, ya apareció en *HFC-1*, así que baste ahora con recordar que era químico y pionero en el estudio de la radioquímica, que se graduó y doctoró en 1901 en la Universidad de Marburgo y que más tarde amplió su formación en el University College de Londres, junto a William Ramsey, y en la Universidad McGill de Montreal, con Rutherford. A su regreso a Alemania en 1906, se vinculó al Instituto de Química de la Universidad de Berlín, dirigido por Emil Fischer, hasta que por último se convirtió, en 1912, en director del Departamento de Radiactividad del recientemente fundado Instituto de Química de la Kaiser-Wilhelm-Gesellschaft en Dahlem, en lo que entonces era una zona rural cercana a Berlín.

Por su parte, Lise Meitner (1878-1968) nació en Viena. Después de superar los obstáculos que dificultaban el acceso femenino a la educación superior, logró matricularse en 1901 en la universidad, para estudiar física. Fue la primera mujer que asistió a clases de esta materia en la capital austriaca.[3] Allí, entre otros profesores, tuvo el

3. Existen dos magníficas biografías de Meitner: Sime (1996) y Rife (1999).

privilegio de contar con las enseñanzas de Ludwig Boltzmann, que regresó a su cátedra vienesa en 1902. En 1905, comenzó su tesis doctoral sobre conductividad térmica en cuerpos no homogéneos bajo la dirección de Franz Exner. La completó al año siguiente y fue la segunda mujer en los quinientos años de historia de la institución en doctorarse en esta disciplina.

Una vez conseguido esto, permaneció en la Universidad de Viena, pero ahora como investigadora en el incipiente campo de la radiactividad, en el que la introdujo Stefan Meyer. A finales de ese año, 1906, Max Planck visitó la capital austriaca para considerar si aceptaba el puesto que había dejado vacante Boltzmann, quien se había suicidado pocos meses antes, el 5 de septiembre. Fue entonces cuando Meyer la presentó al científico alemán, a quien más tarde le unió una estrecha amistad. De hecho, en el otoño de 1907 y con financiación paterna, Meitner se trasladó a Berlín, en principio para uno o dos semestres, con el fin de ampliar sus conocimientos, investigar los procesos radiactivos y asistir a las clases de Planck. No obstante, en la capital alemana tuvo que superar de nuevo una serie de obstáculos: Heinrich Rubens, catedrático de Física Experimental (sucedió a Paul Drude en 1906) y director del Instituto de Física de la universidad, rechazó su petición de utilizar el laboratorio para continuar sus experimentos. Por suerte, pronto conoció a un joven químico, Otto Hahn, que acababa de ser nombrado profesor no titular en la facultad. En sus memorias, Hahn (1970: 87-88) recordó el comienzo de su relación con Meitner:

> De mis colegas jóvenes en el Instituto querría nombrar aquí a Otto von Baeyer, que llegaría ser mi amigo, James Franck, Gustav Hertz, Robert Pohl, Peter Pringsheim, Eric Regner y Wilhelm Westphal. Todos se convertirían en científicos bien conocidos. Gradualmente estos jóvenes físicos formarían un círculo de amigos que pronto se amplió con un miembro femenino. Esta fue la Dra. Lise Meitner que, poco después de mi nombramiento, llegó a Berlín, desde Viena, para realizar algún trabajo posgraduado en física teórica bajo Max Planck.
>
> Lise Meitner ya tenía alguna experiencia en el campo de la radiactividad y así pronto estuvimos trabajando juntos. Su estancia en Berlín había sido planeada para que durase dos semestres, pero, de hecho, permaneció más de treinta años, años no solo de colaboración estrecha sino de amistad permanente.

> Al principio, las cosas no fueron fáciles para Lise. Esto fue antes de que Emil Fischer [el director del Instituto en el que trabajaba Hahn] decidiera admitir mujeres en su laboratorio. Con la condición de que ella nunca apareciera en el laboratorio, entre los estudiantes, le dio permiso para trabajar conmigo en la habitación que antes había sido el taller de carpintería.

Continuaba con unos datos que permiten hacerse una idea, seguramente aproximada y parcial, del carácter de Meitner:

> Estaba fuera de toda cuestión alguna relación entre nosotros fuera del laboratorio. Lise Meitner había tenido una estricta educación de señorita, y era muy reservada, incluso tímida. Yo solía comer con mi colega Franz Fischer casi todos los días, y tomar café con él los miércoles, pero durante muchos años nunca comí con Lisa Meitner, salvo en ocasiones oficiales. Ni jamás salimos a pasear juntos. Aparte del coloquio de física al que asistíamos, nos encontrábamos solamente en el taller de carpintería. Allí trabajábamos generalmente hasta cerca de las ocho de la tarde, de manera que uno u otro tenía que salir a comprar salami, o queso, antes de que las tiendas cerrasen a esa hora. Nunca tomamos juntos allí nuestra cena fría. Lise Meitner se iba a su casa sola, y lo mismo hacía yo. Sin embargo, éramos realmente amigos muy próximos.

Así se inició una colaboración que pronto dio frutos; en 1908, en su segundo y tercer artículo juntos, anunciaron su descubrimiento de un nuevo radioelemento de vida media muy breve: el actinio C (Hahn y Meitner 1908 a, b).[4] Al año siguiente, se sancionó y reguló de manera oficial en Prusia el acceso femenino a los estudios universitarios y Fischer permitió a Lise trabajar en los laboratorios de su Instituto, lo que sin duda mejoró la situación de esta.

Como en tantos otros casos, la primera guerra mundial interrumpió el normal desarrollo de este esfuerzo cooperativo. Hahn fue reclutado y Meitner se alistó en el Ejército austriaco como enfermera de rayos X (algo muy parecido a lo que Marie e Irène Curie hicieron en Francia). Aun así, pudieron realizar algunas investigaciones y publicaron ocho monografías conjuntas durante la contienda. En 1912, Lise había comenzado a recibir un modesto salario de la Universidad de

4. La lista de las publicaciones de Meitner se incluye en Frisch (1970).

Berlín, como ayudante de Planck (quien había sustituido a Max von Laue), y no dejó de hacerlo hasta 1915. En 1922 recibió la venia para ejercer la docencia y en 1926 fue nombrada profesora extraordinaria, pero nunca dio clases. Al inaugurarse en 1912 el Instituto de Química Káiser Guillermo, Meitner trabajó en él, primero como «invitada» y a partir de 1918 como directora del Departamento de Física.

En Dahlem, la colaboración entre Hahn y Meitner no dejó de dar frutos, hasta el punto de que ambos fueron propuestos al premio Nobel de Química en 1925 (por M. Bergmann, K. Fajans y H. Goldschmidt) y en 1930, 1933, 1934, 1936 y 1937 por Planck (este último año se unió a la nominación Deissmann), mientras que en 1936 lo fueron en la categoría de Física por Heisenberg y von Laue. La investigación conjunta a partir de 1934 se centró, en las propiedades radiactivas del uranio y en los transuránicos y estuvo influida por los resultados de Fermi con estos elementos (en el período 1935-1936 publicaron ocho artículos). Habrían continuado así si no hubiera sido por la llegada de Adolf Hitler al poder en 1933 y la posterior anexión de Austria, el *Anschluss*, el 12 de marzo de 1938. Meitner era de origen judío, pero hasta entonces había podido evitar la mayor parte de las leyes que excluían a este grupo étnico del servicio público gracias a su condición de austriaca. Sin embargo, la unión de su país con Alemania la convirtió en ciudadana del Reich y por tanto estaba sujeta a las leyes promulgadas en 1933. De ese modo, el 6 de septiembre de 1938 le fue rescindido el permiso para ocupar puestos docentes en la universidad, aunque pudo continuar con su trabajo en el Instituto de Dahlem. No obstante, era consciente de que su caso estaba siendo estudiado y se dio cuenta del peligro personal real, ya no solo profesional, que se cernía sobre ella. Decidió abandonar Alemania, aunque debía hacerlo de manera muy discreta, sin que las autoridades lo supieran. Su fuga, pues esto es lo que fue, se llevó a cabo el 13 de julio de 1938, esto es, cuatro meses después del *Anschluss*. Contó con el conocimiento y la complicidad de algunos colegas alemanes (Hahn, Paul Rosbaud, von Laue, Carl Bosch…) y la colaboración de otros extranjeros (Bohr, Adriaan Fokker, Paul Scherrer, W. J. de Haas…), en especial de Dirk Coster, quien la acompañó en tren desde Berlín y facilitó su entrada en Holanda. De allí, con dinero prestado, Meitner tomó un avión hacia Copenhague, temerosa de que su vuelo tuviera que parar en territorio alemán, donde podía ser detenida. En la capital danesa fue recibida por su sobrino, Otto Frisch, y Niels Bohr la alojó en su casa. Después partió en tren hacia Estocolmo, en donde Manne Siegbahn le había ofrecido un puesto en su laboratorio, entonces todavía en construcción, pero solo por un año.

4. El descubrimiento de la fisión del uranio

Las investigaciones que Hahn y Meitner llevaban a cabo con el uranio se hicieron cada vez más complejas. Por otro lado, las tareas administrativas que el primero tenía que realizar en el Instituto Káiser Guillermo le impedían dedicarse por completo a esos trabajos. Por tal motivo, en la primavera de 1935, sumaron al equipo a Fritz Strassmann, un fisicoquímico inorgánico, ayudante de Hahn y experto en análisis químico.

Muchos han considerado a Strassmann un «añadido» casi de última hora al descubrimiento de la fisión, pero esta es una valoración injusta. Doctorado en fisicoquímica por la Escuela de Tecnología de Hannover, Strassmann llegó a Berlín en 1929 con la intención de obtener una formación más especializada en química. El Instituto Káiser Guillermo era el lugar más adecuado para conseguirlo, pues no ponía el énfasis, al contrario que la institución anterior del joven doctor, en los usos prácticos de la disciplina. En su estudio del contexto del hallazgo de la fisión, Fritz Krafft (1983: 140) explicó lo que Strassmann aportó a esta investigación: «Su profundo conocimiento del campo de la química analítica (que reveló en los años anteriores a 1929) y su forma de pensar como un fisicoquímico constituyó el eslabón perdido entre el radioquímico [Hahn] y la radiofísica [Meitner] y reunió las metodologías de los campos de los dos hábiles físicos mayores». En una entrevista de televisión que le hicieron en 1967, Otto Hahn reconoció la importancia de Strassmann (citado en Krafft 1983: 140):

> Realmente, nosotros nunca pensamos en un trabajo de equipo; pero yo ya había trabajado con Lise Meitner durante años, y habíamos publicado algunos artículos. Y entonces llegó Strassmann con su excelente química, y cuando ya había estado con nosotros y se había familiarizado [con los métodos radioquímicos] nos hicimos a la idea de colaborar con él, porque solo con él podíamos aprender. Meitner era una física, yo un ra-

dioquímico, y Strassmann era, de hecho, la persona que buscábamos para los métodos buenos que necesitábamos de separación química.

En marzo de 1936, Hahn, Meitner y Strassmann (1936) presentaron su primer informe, en el que repasaban la situación de la investigación sobre transuránicos y describían con detalle los datos que habían obtenido, en particular los referentes a las separaciones químicas de los productos resultantes de la desintegración del uranio. Sin embargo, no se les escapaba que sus datos adolecían de incertidumbres.

Es de suponer que el trío hubiera continuado con su trabajo conjunto, pero, como acabamos de explicar, Meitner tuvo que abandonar Alemania. Por ello, fueron tan solo Hahn y Strassmann (1939) los que firmaron un artículo (publicado en *Naturwissenschaften*) que haría historia, o mejor, que la condicionaría: «Über den Nachweis und das Verhalten der bei der Bestrahlung des Urans mittels Neutronen entstehenden Erdalkalimetalle» («Sobre la existencia de metales de tierras alcalinas resultantes de la irradiación de uranio con neutrones»).

Los autores bombardearon uranio con neutrones lentos y encontraron, para su sorpresa, que obtenían bario, un elemento mucho más ligero (casi la mitad) que el uranio (este tiene número atómico 92 y aquel, 56). Parecía que el núcleo del blanco de las partículas incidentes se hubiera partido en dos, que se hubiera *fisionado*. Jamás se había observado nada parecido. Las transformaciones atómicas descubiertas hasta entonces involucraban, como se ha visto en este libro, la conversión de un elemento en otro cercano a él en la tabla periódica. El 6 de enero de 1939, Hahn y Strassmann dieron a la imprenta un texto que comenzaba como sigue:

> En un reciente artículo preliminar en esta revista [*Naturwissenschften 26*, 755-756], se informó de que cuando se irradia uranio con neutrones, se producen varios radioisótopos nuevos, diferentes a los elementos transuránicos (del 93 al 96), previamente descritos por Meitner, Hahn y Strassmann. Estos nuevos productos radiactivos se deben aparentemente a la desintegración del ^{239}U mediante la emisión sucesiva de dos partículas alfa. Mediante este proceso el elemento con una carga nuclear de 92 debe desintegrarse pasando a una carga nuclear de 88; esto, es, a radio. En el artículo antes mencionado se propuso un esquema provisio-

nal para esta desintegración. Los tres isótopos de radio, con sus vidas medias dadas de manera aproximada, se convierten en actinio y, a su vez, se desintegran pasando a ser isótopos de torio.

Se señaló una observación algo inesperada, a saber, que estos isótopos de radio, que se producían por la emisión de partículas alfa y que a su vez se desintegraban en torio, se obtenían no solo con neutrones rápidos sino también con lentos.

La evidencia de que estos tres nuevos isómeros parientes son radio surge de que pueden ser separados junto con sales de bario, y que tienen todas las reacciones químicas que son características del elemento bario. Todos los demás elementos, desde los transuránicos pasando por el uranio, protactinio, torio y actinio tienen propiedades químicas diferentes a las del bario y se pueden separar de él fácilmente. Lo mismo sucede para los elementos más abajo del radio, esto es, bismuto, plomo, polonio, y ekacesio (ahora llamado francio). Por consiguiente, el radio es la única posibilidad, si uno elimina el propio bario.

Cuando el uranio es bombardeado con neutrones lentos no es fácil comprender, a partir de consideraciones de energía, cómo pueden producirse isótopos de radio. Por consiguiente, fue necesario determinar muy cuidadosamente las propiedades químicas de los nuevos radioelementos producidos artificialmente. De una solución conteniendo el uranio irradiado se separaron varios grupos analíticos de elementos. Además de un gran grupo de elementos transuránicos, siempre se encontró alguna radiactividad en el grupo de tierra alcalina (transportador de bario), en el grupo de las tierras raras (transportador de lantano), y también con elementos del grupo IV de la tabla periódica (transportador de circonio).

Continuaban con una descripción de los análisis químicos que habían realizado y que les habían llevado a deducir que «como químicos, deberíamos declarar que los nuevos productos [de la transformación del uranio] no son radio, sino más bien el propio bario. Otros elementos diferentes al radio o al bario, están fuera de cuestión». Por último, concluían:

Como químicos, deberíamos revisar el esquema de desintegración dado anteriormente, e insertar los símbolos Ba, La, Ce, en lugar de Ra, Ac, Th. Sin embargo, como «químicos nucleares», que trabajan muy próximos al campo de la física, no podemos decidirnos a dar un paso tan drástico que va en contra de todos los experimentos realizados previamente en la física nuclear. Acaso se hayan dado una serie de coincidencias poco habituales que nos han proporcionado indicaciones falsas.

Sin embargo, no se equivocaban.

5. Meitner, Frisch y la interpretación de la fisión del uranio

Lise Meitner, que como se señaló se había instalado en Estocolmo, fue la primera en enterarse de estos resultados, por medio de una carta que le envió Hahn el 19 de diciembre de 1938. En ella, le decía (Hahn 1970: 150-151):

> Estamos trabajando sobre las sustancias de uranio, yo, siempre que tengo oportunidad, y Strassmann incansablemente, ayudado por Lieber y Bohne. Ahora son prácticamente las once en punto de la noche. Strassmann regresará a las doce menos cuarto, de manera que yo pueda regresar a casa por fin. El asunto es: existe algo muy raro con respecto a los «isótopos de radio», que por el momento no queremos decir a nadie salvo a ti. Las vidas medias de los tres isótopos han sido determinadas con bastante precisión; se pueden separar de todos los elementos excepto del bario; todas las reacciones son correctas. Excepto una (a menos que esté implicada alguna muy extraña circunstancia): la fracción no funciona. Nuestros isótopos de Ra se comportan como Ba.

Meitner contestó el 21 de diciembre, con una nota en la que, aparte de desearle una feliz Navidad, decía (Hahn 1970: 151):

> Ciertamente, vuestros resultados sobre el radio son muy raros. ¡Un proceso en el que se utilizan neutrones lentos y el producto parece ser bario! ¿Estáis seguros de que los isótopos de radio aparecen antes de los isótopos de actinio? Porque me parece recordar que tú una vez escribiste que habías observado el aumento de actinio del Ra. ¿Es así?

Continuaba con otras reflexiones parecidas.

El sobrino de Meitner, el físico Otto Robert Frisch (1904-1979), que también había tenido que abandonar Alemania y se encontraba (ya lo indiqué) en Copenhague con Bohr, había ido a pasar con su tía las vacaciones de Navidad en la pequeña ciudad de Kungälv (cerca de Gotemburgo). Ambos analizaron los nuevos resultados y él describió más tarde la reacción de ella y los acontecimientos que se produjeron a continuación (Frisch 1982: 140-141):

> Cuando salí de la habitación del hotel [...] encontré a Lise Meitner enfrascada en una carta de Hahn y visiblemente preocupada. Quise contarle un experimento nuevo que estaba planeando, pero sin prestarme atención me dio a leer la carta. Lo que decía era realmente tan asombroso que al principio me mostré escéptico [...].
>
> ¿Un simple error? Lise Meitner opinaba que no; Hahn era un químico demasiado bueno para cometerlo. Pero ¿cómo podía formarse entonces bario a partir de uranio? De los núcleos no se habían extraído jamás fragmentos más grandes que protones o núcleos de helio (partículas alfa), y para arrancar gran número de ellos ni siquiera había energía suficiente. Tampoco era posible que el núcleo de uranio se hubiera dividido sin más en dos. Un núcleo no era como un sólido quebradizo que se pudiese romper o partir; George Gamow había sugerido años atrás que el núcleo podía ser más bien como una gota líquida, y Bohr había dado argumentos que lo apoyaban. ¿No sería que la gota se dividía de manera más gradual en dos más pequeñas, adoptando primero una forma alargada, adelgazando luego por el centro y estirándose finalmente en dos fragmentos en lugar de romperse bruscamente? Sabíamos que había fuerzas intensas que se oponían a ese proceso, igual que la tensión superficial de una gota líquida se opone a que se divida en dos más pequeñas. No obstante, los núcleos diferían de las gotas de líquido en un aspecto importante: tenían carga eléctrica y se sabía que la carga contrarrestaba la tensión superficial.

Esta idea resultó clave. De manera inmediata, en medio de la nieve, Frisch y Meitner empezaron a garabatear números. En efecto, vieron que la carga de un núcleo de uranio era suficiente para superar casi por completo el efecto de la tensión superficial, de manera que en verdad podía asemejarse a una gota muy temblorosa e inestable, lista para dividirse a la menor excitación (como podía ser el impacto de un solo neutrón). Con la ayuda de la conocida fórmula de Einstein $E=mc^2$, pudieron explicar otros detalles y llegaron a la conclusión de que eran capaces de entender el fenómeno descubierto por

Hahn y Strassmann. ¡Antes de que se hubiese publicado el artículo de estos! El correspondiente texto fue enviado a *Nature*, donde apareció el 18 de febrero de 1939, como «Carta al editor»: «Disintegration of uranium by neutrons: a new type of nuclear reaction» (Meiter y Frisch 1939). Cito de él:

> A primera vista, este resultado [el de Hahn y Strassmann] parece muy difícil de comprender. La formación de elementos mucho más abajo [en la tabla periódica] del uranio ha sido considerada antes, pero siempre fue rechazada por razones físicas, en tanto que la evidencia química no era completamente clara. La emisión, en un corto espacio de tiempo, de un buen número de partículas cargadas puede considerarse excluida por la pequeña penetrabilidad de la «barrera de Colulomb», indicada por la teoría de Gamow de la desintegración alfa.
>
> Sin embargo, en base a ideas actuales sobre el comportamiento de núcleos pesados [Bohr (1936 a, b)], surge una imagen completamente diferente y esencialmente clásica de estos nuevos procesos de desintegración. Teniendo en cuenta el estrecho empaquetamiento y el fuerte intercambio de energía, se esperaría que las partículas en un núcleo pesado se moviesen de una forma colectiva que tiene algún parecido con el movimiento de una gota líquida. Si añadiendo energía el movimiento se hace suficientemente violento, esa gota puede dividirse en dos gotas más pequeñas.
>
> Cuando se analizan las energías implicadas en la deformación de los núcleos, se ha utilizado el concepto de tensión superficial de materia nuclear y su valor se ha estimado a partir de consideraciones simples de fuerzas nucleares. Se debe recordar, no obstante, que la tensión superficial de una gota cargada disminuye por su carga, y una estimación aproximada demuestra que la tensión superficial de núcleos, que decrece al aumentar la carga nuclear, puede hacerse cero para números atómicos del orden de cien.
>
> Parece, por consiguiente, posible que el núcleo de uranio solamente tenga pequeña estabilidad de forma, y puede, después de capturar un neutrón, dividirse en dos núcleos de tamaño aproximadamente igual [...]. Estos dos núcleos se repelerían entre sí y deberían ganar una energía cinética de *c*·200 Mev, calculada a partir del radio y la carga del núcleo. [...] Por tanto, todo el proceso de «fisión» [*Kernspaltung*] puede describirse de una forma esencialmente clásica, sin tener que considerar «efectos túnel» cuánticos, que, de hecho, serán extremadamente pequeños en base a las grandes masas implicadas.

Hay que destacar al menos tres detalles de este trabajo: el primero de ellos es que se dice que un núcleo pesado «tiene algún parecido con el movimiento de una gota líquida»; el segundo es que se mencionan dos artículos que Bohr publicó en 1936; y el último es que se introduce el término «fisión» (*Kernspaltung*).

6. El modelo de la gota líquida (fase 1), el modelo compuesto (Bohr 1936)

Es habitual vincular el modelo nuclear de la gota líquida, esbozado por Meiter y Frisch en 1939, al artículo que Niels Bohr y John Archibald Wheeler publicaron en el número del 1 de septiembre de 1939 de *Physical Review* (fue recibido en la revista el 28 de junio, mientras que la carta de Meitner y Frisch apareció, como se indicó, el 18 de febrero). Sin embargo, como explicó Roger Stuewer (1994), el origen de la propuesta se debe a George Gamow, quien la concibió en diciembre de 1928, cuando estaba en Copenhague. Existen varios escritos suyos en los que expuso sus ideas, pero es probable que los más conocidos entonces por la comunidad científica fueran dos artículos, uno publicado en *Physikalische Zeitschrift* y otro en *Proceedings of the Royal Society of London* (Gamow 1929, 1930). En el segundo, el físico ucraniano explicaba que lo que proponía era «un núcleo construido a partir de partículas α, de forma muy similar a una gota de agua mantenida junta por la tensión superficial» y que, para su estabilidad, la repulsión entre dos de estos componentes básicos en el interior nuclear debería ser neutralizada por una interacción atractiva de corto alcance. Sin embargo, «lo importante para el modelo nuclear de la gota líquida» era que las partículas α obedecían la estadística de Bose-Einstein, por lo que podían ocupar el mismo estado energético. «Tal colección de partículas α —escribía Gamow (1930: 634)— será como una diminuta gota de agua donde la presión interior, debida a la energía cinética del movimiento cuantizado, está en equilibrio con las fuerzas de tensión superficiales que tratan de reducir el radio de la gota.»

La idea era buena, pero adolecía de varios inconvenientes. Uno de ellos era que la composición nuclear considerada, partículas alfa y electrones, no era correcta (recordemos que el descubrimiento del neutrón no se produjo hasta 1932). Esto afectaba al cálculo de la estabilidad del núcleo, la cual implicaba determinar su defecto de masa. En la sección correspondiente del libro que publicó en 1931, *Constitution of Atomic Nuclei and Radioactivity* (Gamow 1931), una obra famosa porque el autor señaló en el manuscrito los pasajes que consideraba problemáticos con una calavera sobre dos tibias cruzadas (el símbolo de los piratas, algo muy propio de él), signo que en la edición impresa se sustituyó por una Ƨ tumbada,[5] explicaba este punto (Gamow 1931: 13):

> Para que los núcleos complejos sean estables deben tener una cierta energía de enlace negativa $-E$. Según los principios generales de la teoría de la relatividad, la masa del núcleo no es igual a la suma de las masas de las partículas que lo forman, sino menor que esto por la cantidad
>
> $$\Delta \mathrm{M} = \frac{\mathrm{E}}{c^2}$$
>
> donde c es la velocidad de la luz. De hecho, este *defecto de masa* de los núcleos complejos se puede deducir de las precisas medidas de pesos atómicos llevadas a cabo, sobre todo, por Aston.

Gamow dedicó muchos esfuerzos a calcular el defecto de masa, pero terminó por rendirse, dado que cada vez era más escéptico acerca de la presencia de electrones en el núcleo. No obstante, el modelo de la gota líquida no pasó desapercibido. En el libro *Radiations from Radioactive Substances*, Rutherford, Chadwick y Ellis (1930: 534) escribían:

> G. Gamow ha examinado el equilibro de un núcleo suponiendo que está formado por una colección de partículas α rodeadas por una barrera de potencial. Se supone que a las partículas α les afectan las fuerzas atractivas, que varían rápidamente con la distancia y superan a distancias cortas a las fuerzas electrostáticas de repulsión. Como las partículas α llevan pares de cargas deben obedecer la estadística de Bose-Einstein. Concluye que todas deben estar en el mismo estado cuántico con número cuántico unidad. El equilibro de tal colección de partículas α bajo la

5. «Estos signos —señalaba (Gamow 1931: 2)— marcan los pasajes más especulativos sobre los electrones nucleares.»

acción de fuerzas atractivas que varían rápidamente es análogo al comportamiento de una pequeña gota de agua en la que las partículas se mantienen unidas por la fuerza de la tensión superficial. Es posible calcular de manera aproximada la relación entre la energía total de las partículas contenidas en el núcleo y el número de partículas α, esto es, la masa del núcleo. Hasta ahora los cálculos solo se han aplicado a elementos de masa $4n$, donde n es un entero. Tomando en cuenta el efecto de la introducción de electrones en el núcleo para ciertos valores de n, Gamow [1030] ha sido capaz de explicar, de cierta manera, las peculiaridades de la curva de defecto de masa [en algunos casos]. Aunque esta curva da el modo general de la variación de masa con respecto a todo el rango de pesos atómicos, Gamow concluye que la ganancia o pérdida de masa debida a la adición de una partícula α puede variar significativamente de punto a punto. Aunque esta teoría es marcadamente imperfecta y de carácter especulativo, es de mucho interés como el primer intento de dar una interpretación a la curva de defecto de masa de los elementos. Para que la teoría progrese más, es preciso que se conozca con gran precisión las masas de muchos isótopos.

Werner Heisenberg y su alumno, Carl Friedrich von Weizsäcker, desarrollaron algo más el modelo de Gamow (véase Stuewer 1994), pero lo que nos interesa sobre todo es la contribución final de Bohr, primero en solitario y luego en colaboración con John Archibald Wheeler.

Los resultados obtenidos por Fermi en 1934 y 1935 animaron a Niels Bohr a seguir la senda abierta por Gamow, esto es, a desarrollar un modelo compuesto del núcleo atómico. El «disparadero» fue un seminario pronunciado en Copenhague por Christian Møller (1904-1980), un joven miembro del Instituto danés, en el que este informó sobre los resultados que había obtenido el físico italiano.[6] Møller se encontraba en una situación ideal para hablar de estos avances, ya que, de acuerdo con el consejo de Bohr y con su apoyo, había obtenido una beca de la International Education Board de la Fundación Rockefeller para ampliar sus conocimientos en Roma. Llegó a esta ciudad a principios de octubre de 1934 y pronto se integró en el grupo de Fermi (Kragh 2023: 112):

6. Helge Kragh (2023) ha estudiado con detalle la biografía de Møller, cuya obra alternó entre la mecánica cuántica y la física y cosmología relativista.

> Allí estaban Emilio Segrè y Gian Carlo Wick, que era con quien más contacto tuve, porque era el único que en aquel momento estaba trabajando activamente en física teórica; ambos compartíamos un despacho en el Instituto, en el viejo Instituto de la Via Panisperna, antes de que se construyera la Ciudad Universitaria, fuera de las murallas.

Wick (1909-1992) tenía mucha más experiencia internacional que Møller, pues había pasado tiempo en Gotinga y en Leipzig con Heisenberg (después de doctorarse en Turín con Gleb Wataghin). Tras esta estancia, en 1932 se integró como ayudante en el Instituto de Fermi, antes de pasar a ocupar en 1937 una cátedra en Palermo y después en Padua. Por último, obtuvo un puesto similar en 1940 en Roma y en 1946 se instaló en Estados Unidos. Aunque el joven danés se relacionó sobre todo con él, también lo hizo con Felix Bloch, con el que más tarde publicaría dos artículos sobre la desintegración beta, y con Giulio Racah. John Wheeler (1979: 253), que llegó a Copenhague poco antes de que Møller se marchara a Roma y que estaba allí cuando regresó, ofreció algunos detalles del seminario, que parece tuvo lugar en la primavera de 1935:

> Las noticias [de los trabajos de Fermi] me llegaron en un seminario en Copenhague, convocado con poco aviso, para escuchar lo que Christian Møller había aprendido durante el tiempo que pasó en Roma y durante la visita que realizó al grupo de Fermi en la Semana Santa de 1935. La enorme sección eficaz [medida de la probabilidad de que interactúen dos a más partículas] de la que Møller informó, para la intercepción de neutrones lentos, no se ajustaba en absoluto al concepto de núcleo entonces generalmente aceptado. Desde ese punto de vista, los nucleones tenían el mismo tipo de camino libre en el núcleo que el que tenían los electrones en un átomo, o los planetas en el sistema solar. Møller apenas había hablado media hora cuando Bohr se apresuró a convertirse en protagonista. Dejando que sus palabras llegaran según iban desarrollándose sus pensamientos, Bohr describió cómo la gran sección eficaz conducía a pensar exactamente en la idealización contraria: un camino libre para los nucleones individuales, pequeño en comparación con las dimensiones nucleares. Comparó tal colección de partículas con una gota líquida. Hizo énfasis en la idea de que el sistema formado por el impacto de un neutrón, el «núcleo compuesto», no tendría memoria de cómo se había formado. Antes de que terminase el se-

minario estaba claro que se estaba produciendo un cambio revolucionario de perspectiva.

Bohr elaboró el modelo de la gota líquida en dos fases. La primera culminó en un artículo que publicó en *Nature* en 1936: «Neutron capture and nuclear constitution». De él, entresaco las siguientes líneas (Bohr 1936: 344):

> El fenómeno de la captura de un neutrón nos fuerza a asumir, por consiguiente, que una colisión entre un neutrón con alta velocidad y un núcleo pesado resultará en primer lugar en la formación de un sistema compuesto de notable estabilidad. La posibilidad de que este sistema intermedio se rompa después, expulsando material de partículas, o que pase a un estado final estable emitiendo radiación, debe considerarse, de hecho, como un proceso separado que compite y que no tiene conexión inmediata con la primera fase del encuentro.

En este sencillo párrafo, es posible comprobar que Bohr, al igual que Fermi antes, no contemplaba la posibilidad de que el núcleo se partiera, se fisionara, algo que dos años después observaron Hahn y Strassmann.

7. El modelo de la gota líquida (fase 2) (Bohr y Wheeler 1939)

Dos días después de que tía y sobrino interpretasen las observaciones de Hahn y Strassmann, Frisch se marchó a Copenhague, deseoso de hacer partícipe a Niels Bohr de estos desarrollos. El danés entendió enseguida la idea y se entusiasmó con ella. Se daba la circunstancia de que estaba a punto de embarcar rumbo a Estados Unidos, para pasar tres meses en la Universidad de Princeton, en Nueva Jersey, en la que iba a explicar la teoría cuántica de la medida. Con él iban su hijo Erik y su estrecho colaborador Léon Rosenfeld. El 16 de enero de 1939, llegó a Nueva York, donde le esperaban John Wheeler y Enrico y Laura Fermi. Nada más desembarcar, todavía en el muelle, le dijo unas palabras al norteamericano sobre las noticias que Frisch le había llevado. Niels y Erik se fueron entonces con los Fermi para una breve estancia en Nueva York, antes de trasladarse a Princeton, mientras que Wheeler acompañó en tren a Rosenfeld hasta esta pequeña población de Nueva Jersey. En el camino, le convenció para que diese una charla sobre el descubrimiento de Hahn y Strassmann, la interpretación de Meitner y Frisch y la conclusión a la que había llegado junto con Bohr durante la travesía, según la cual el nuevo proceso encajaba bien con el anterior modelo de núcleo compuesto que explicaba las reacciones nucleares. Todo esto era ignorado en Estados Unidos. La presentación de Rosenfeld causó un gran revuelo, tan pronunciado como el malestar de Bohr cuando supo de la charla. Su intención era proteger el trabajo de Meitner y Frisch hasta que fuese publicado (lo fue, como vimos, el 18 de febrero), así como unos experimentos que este último realizaba en Copenhague. Por ese motivo no había dicho nada a Fermi. En palabras de Rosenfeld (1972: 297; Cohen y Stachel, eds. 1979: 343): «El efecto de mi charla a los físicos norteamericanos fue más espectacular que el propio fenómeno de fisión. Se apresuraron a propagar la noticia en todas direcciones y muy pronto los fragmentos de la fisión habían sido vistos en los osciloscopios de varios laboratorios de Estados Unidos, una llamativa demostración de que era bastante fácil de producir».

Sin embargo, antes de pasar a esa reacción, volvamos de nuevo al modelo de la gota líquida.

Una vez instalado en Princeton, Bohr se dedicó por completo al análisis de la fisión. El 7 de febrero ya estaba convencido (Bohr 1939) de que esta se producía en el isótopo ligero del uranio, U^{235} (Bohr 1939: 419): «El peculiar efecto de neutrones lentos en el uranio [...] no se puede atribuir a la formación del núcleo compuesto de número másico 239, [... y] como, según se indicó antes, los períodos de los fragmentos más frecuentes deberían ser independientes del isótopo que experimenta la fisión, tenemos la posibilidad de atribuir el efecto relativo a una fisión del núcleo excitado de masa 236 formado por el impacto de los neutrones en el raro isótopo de masa 235».

Este trabajo se publicó en el número del 15 de febrero de *Physical Review* y en sus párrafos finales ya se señalaba que «en un próximo artículo, en colaboración con el profesor John A. Wheeler, se dará una discusión más precisa del mecanismo de la fisión y de la estabilidad de los núcleos pesados en sus estados normal y excitado». En efecto, Bohr pidió a John Archibald Wheeler (1911-2008) que le ayudase. Doctorado en la Universidad Johns Hopkins bajo la dirección de Karl Herzfeld, Wheeler desarrolló una carrera extraordinaria, en su mayor parte en la Universidad de Princeton, a la que se incorporó en 1938. Fue nombrado enseguida catedrático de Física, puesto en el que permaneció hasta 1976, cuando con sesenta y cinco años aceptó el cargo de director del Centro de Física Teórica de la Universidad de Texas en Austin. Aunque es más conocido por sus trabajos en relatividad general y en cosmología relativista (acuñó la expresión «agujero negro»), sus contribuciones a la física nuclear, incluidos los desarrollos de las bombas atómica y de hidrógeno, fueron importantes. Del mismo modo, es imposible olvidar la influencia que ejerció como director de tesis, pues entre sus doctorandos se encuentran Richard Feynman, Kip Thorne, Charles Misner, Hugh Everett, Jacob Bekenstein y Arthur Wightman. En sus memorias, Wheeler (1998: 20-21) no olvidó mencionar aquel momento de su vida, sin duda de gran relevancia, en el que colaboró con Bohr en el tema de la fisión:

> Que el núcleo tiene algún parecido a una gota de líquido fue sugerido primero por George Gamow. Bohr extendió la idea, utilizándola como una forma para describir el comportamiento de un núcleo al que se le ha añadido energía extra bombardeándolo con una partícula, un ejemplo de lo que él llamó el «núcleo compuesto».
>
> A pesar de la vacilación inicial de Bohr para hablar de la fisión, pasó poco tiempo hasta que aparecieran impresos los primeros informes. En tres números sucesivos de febrero de 1939, la revista *Nature* llevaba cartas sobre el tema. La primera de estas, que apareció en el número del 11 de febrero (se había enviado el 16 de enero, el día de la llegada de Bohr a Nueva York), Meitner y Frisch proponían la fisión como el mecanismo responsable de la producción de bario al bombardear uranio con neutrones. Mientras Bohr estaba en camino, Frisch había ido a su laboratorio y obtenido la «firma» de gran energía de la fisión. Su informe sobre el experimento, también enviado el 16 de enero, se publicó el 18 de febrero. El propio Bohr empleó sus primeros días en Princeton escribiendo un breve artículo presentando su idea general sobre la fisión. Queriendo no adelantarse accidentalmente a Meitner y Frisch, envió su artículo, fechado el 20 de enero, a Frisch con el ruego de que lo enviase a *Nature*. Apareció el 25 de febrero. Con estos tres artículos, la física de la fisión estaba en camino.
>
> Casi inmediatamente, Bohr me preguntó si querría trabajar con él en una teoría más detallada de la fisión. Era un tema en el que Rosenfeld tenía menos interés y menos experiencia. Además, quería mantener a

Rosenfeld disponible para que escribiera las notas de sus conferencias y sus discusiones con Einstein (que tuvieron lugar, pero en una escala menor de lo que se esperaba). Yo era la elección lógica, al haber trabajado en física nuclear desde 1934 y ser bien conocido por Bohr de mi año posdoctoral con él en 1934-1935. Acepté gustoso, incluso aunque el trabajo sobre la fisión me alejaría de un tema en el que estaba profundamente interesado entonces, la acción a distancia. Durante algún tiempo, la idea de partículas actuando a distancia una sobre otra me parecía más simple, una descripción más satisfactoria que la de la estándar «teoría de campos», que asignaba «sustancia» a los campos eléctricos y magnéticos existente en el espacio.

Así, Bohr y yo cambiamos nuestros caminos, él dejando (temporalmente) sus investigaciones sobre el cuanto, yo (temporalmente) mis investigaciones sobre el electromagnetismo.

El artículo de Bohr y Wheeler (1939), «The mechanism of nuclear fission», se publicó en *Physcal Review* el 1 de septiembre. Para los fines de este libro, basta con citar el siguiente pasaje (Bohr y Wheeler 1939: 427) de su contenido:

> En este artículo se desarrolla un tratamiento más detallado del mecanismo del proceso de fisión y los efectos que lo acompañan, basado en la comparación entre el núcleo y una gota líquida. La energía crítica de deformación se relaciona con la energía potencial de la gota en un estado de equilibrio inestable y es estimada teniendo en cuenta su dependencia de la carga y masa nuclear. Determinar exactamente cómo la energía de excitación dada originalmente al núcleo se intercambia de manera gradual entre los varios grados de libertad y conduce eventualmente a una deformación crítica, es una cuestión que no necesita ser tratada para determinar la probabilidad de fisión. De hecho, sencillas consideraciones estadísticas conducen a una expresión aproximada de la proporción de la reacción de fisión, que depende únicamente de la energía crítica de deformación y de las propiedades de las distribuciones de los niveles de energía nuclear. La teoría general que se presenta parece ajustarse bien a las observaciones y da una descripción satisfactoria del fenómeno de la fisión.

A pesar de lo mucho que aportó el modelo de la gota líquida, años más tarde se encontraron algunos fallos en él. Los cálculos del modelo estaban basados tan solo en dos tipos de interacción: la electrostática de repulsión y la nuclear de cohesión, o superficial. Sin embargo, no se tomaba en cuenta la energía asociada a la estructura de «capas» del núcleo. Se sabe que tanto los neutrones como los protones se encuentran en niveles, análogos a los orbitales electrónicos en la corteza atómica, y, aunque las energías asociadas son comparativamente pequeñas, constituyen un factor significativo en la fisión del uranio. En este el margen entre la cohesión y la repulsión es más estrecho que en los elementos ligeros.[7]

El «modelo de capas» del núcleo fue una contribución de la física de origen alemán Maria Goeppert-Mayer (1906-1972) —educada en Gotinga, discípula y amiga de Max Born, instalada en Estados Unidos después de su matrimonio con el químico norteamericano Joseph Edward Mayer (1904-1983)— junto con el físico nacido en Hamburgo Hans Jensen (1907-1973), aportación por la que recibieron el premio Nobel de Física de 1963.[8]

Para comprender en qué consiste esta propuesta, es preciso introducir primero los denominados «números mágicos». Utilizaré para ello un artículo publicado en 1951 en el número de marzo de la revista *Scientific American*, Goeppert-Mayer (1951: 24-25):

> Todo núcleo (excepto el de hidrógeno, que está formado solo por un protón) está caracterizado por dos números: el número de protones y el número de neutrones. La suma de los dos es el peso atómico del núcleo. El número de protones determina la naturaleza del átomo; un núcleo con dos protones siempre es helio, uno con tres protones es litio, y así sucesivamente. Sin embargo, un número dado de protones puede combinarse con varios números de neutrones, formando isótopos del mismo elemento. Algunos isótopos son estables; otros se desintegran por radiactividad. Algunos de los isótopos estables añaden fácilmente un neutrón; otros están mucho menos inclinados a hacerlo. Un hecho muy interesante es que protones y neutrones favorecen combinaciones de números pares; en otras palabras, protones y neutrones, al igual que los electrones, muestran una fuerte tendencia a emparejarse. En la lista de los mil isótopos conocidos, no existen más que seis núcleos estables formados por un número

7. Una discusión relativamente general de estos puntos se encuentra en Leachman (1965).

8. Sobre Maria Goeppert-Mayer y el modelo de capas, véase Sánchez Ron (2020).

impar de protones y un número impar de neutrones. Los demás núcleos impar-impar se rompen por radiactividad emitiendo un electrón positivo o negativo; esto conlleva cambio de carga, transformando un neutrón en un protón o un protón en un neutrón, creando una combinación par-par más estable de protones y neutrones. Además, determinadas agregaciones de pares de protones y neutrones son particularmente estables. Uno de estos números mágicos es el dos. El núcleo de helio, con dos protones y dos neutrones, es uno de los núcleos más estables que se conocen. El siguiente número mágico es el ocho, que representa al oxígeno, cuyo isótopo más común tiene ocho protones y ocho neutrones, y es notablemente estable. El siguiente número mágico es el veinte, el del calcio. El calcio, con veinte protones, tiene seis isótopos estables, cubriendo un rango de número de neutrones de veinte a veintiocho. Este es un número elevado de isótopos muy poco frecuente en la región baja de la tabla periódica. Entre estos elementos ligeros la estabilidad relativa se puede determinar con mucha precisión en función de la energía de enlace. La masa neta de un núcleo es siempre menor que la suma de las masas de los protones y neutrones de los que está compuesto. La energía de enlace se calcula a partir de este «defecto de masa», mediante la famosa relación de Einstein, $E=mc^2$, donde m representa el defecto de masa y c la velocidad de la luz. Tales cálculos demuestran de manera conclusiva que los núcleos con números mágicos dos, ocho y veinte tienen energías de enlace mucho mayores que sus vecinos. Pero para los elementos pesados, por encima del calcio, las energías de enlace no están determinadas con precisión y debemos juzgar su estabilidad relativa mediante evidencias indirectas. Una de estas evidencias es el número de núcleos estables (esto es, no radiactivos) que existen con un número dado de protones o neutrones. Otra es la abundancia relativa en el universo de un núcleo dado, ya que parece razonable suponer que los isótopos más abundantes son los más estables. Mediante estas pruebas, el número cincuenta se suma a la lista de números mágicos. El estaño, con cincuenta protones, tiene diez isótopos estables, más que cualquier otro elemento, y es mucho más abundante que los elementos vecinos en la tabla periódica. Lo mismo es cierto, pero en un grado algo menor, del número veintiocho. Otro número mágico es 126: un isótopo con 126 neutrones los mantiene con mucha mayor fuerza que uno con 127 o con 128. Acaso el número mágico más notable de todos es el 82. Existen siete núcleos estables que contienen 82 neutrones, yendo de isótopos del xenón al samario. El isótopo del bario con 82 neutrones representa el 2 % de la abundancia de ese elemento, y el isótopo del cerio con 82 neutrones representa el 88 % de todo el cerio. Por último, 82 protones significan plomo, y el plomo es el producto estable final de la desintegración de los elementos pesados radiactivos que se pueden encontrar en la naturaleza. Existen otras indicaciones de la especial estabilidad de estos números mágicos. Por ejemplo, a los núcleos que contienen 50, 82 o 126 neutrones no les gusta añadir un neutrón extra: sus secciones transversales [o eficaces] para neutrones rápidos son inferiores, en varios factores de diez, a las de un núcleo medio de casi el mismo peso.

Por consiguiente, la lista de números mágicos es: 2, 8, 20, 28, 50 y 126.

Explicado esto, recurriré al capítulo IV («Individual orbits in the nucleus») del libro, *Elementary Theory of Nuclear Shell Structure*. que Goeppert-Mayer y Jensen (1955: 50-51) escribieron:

Nuestro conocimiento de las fuerzas entre los nucleones está lejos de ser completo. El único hecho del que estamos seguros es que son de corto alcance. Son muy diferentes en carácter de las fuerzas coulombianas de largo alcance que gobiernan la constitución de la nube electrónica de los átomos. Por consiguiente, se pueden tener serias dudas sobre si es útil intentar emplear para el núcleo el mismo tipo de modelo que conduce a semejante entendimiento exhaustivo de la constitución atómica. Sin embargo, en tanto que conocemos tan poco de las fuerzas nucleares como hace veinte años, no tiene mucho sentido intentar juzgar, a partir de argumentos *a priori*, lo satisfactoria que puede ser una descripción de la estructura nuclear a partir de uno u otro tipo de enfoque. Merece la pena, por consiguiente, construir simplemente un modelo nuclear que esencialmente haga las mismas suposiciones que las inherentes en la explicación de Bohr-Pauli de la tabla periódica, y entonces investigar en qué medida los datos conocidos sobre los núcleos se pueden explicar de esta manera. Además, los fenómenos relacionados con los números mágicos se establecen más fácilmente en términos de una estructura de capas. El bien establecido hecho de que esos números mágicos son los mismos para protones que para neutrones puede considerarse una indicación empírica de que los nucleones dentro del núcleo conservan un grado suficiente de individualidad. En consecuencia, esperamos que un enfoque que considere órbitas individuales de nucleones en el sentido cuántico pueda describir al menos algunas propiedades simples del núcleo. De hecho, como veremos, este sencillo modelo explica sorprendentemente bien un gran número de datos nucleares.

Supongamos, por tanto, que cada nucleón se mueve en un campo medio de fuerza V(r), con simetría esférica, e independientemente de las posiciones instantáneas exactas de todos los demás nucleones. Las posibles «órbitas nucleares» se caracterizan por un conjunto de números cuánticos (*n, l, j, mj*), igual que en el caso electrónico, y los correspondientes niveles de energía se rellenan sucesivamente con protones y neutrones. De acuerdo con el principio de Pauli, cada nivel protónico con número cuántico *j* [representa el momento angular total: la suma del momento angular orbital, *l*, y el momento angular del espín, *s*; es una magnitud asociada al movimiento de rotación de un objeto] no puede contener más de $2j + 1$ protones; lo mismo sucede para los neutrones. Los niveles protónicos y neutrónicos caracterizados por el mismo conjunto de números cuánticos (*n, l, j, mj*) no coinciden exactamente, porque la fuerza de Coulomb, que actúa solamente en los protones, desplaza los niveles de energía del protón a energías más altas. Incluso la secuencia de los niveles puede diferir ligeramente para protones y neutrones, porque las órbitas con *l* más bajo penetran más profundamente en el centro nuclear cargado, y la interacción de los protones con el campo coulombiano repulsivo es más fuerte en estas órbitas. Consecuentemente, al menos para núcleos con mayor carga, valores menores de *l* son menos favorecidos para protones que para neutrones.

8. La noticia de la fisión del uranio se propaga

Conocido el resultado de Hahn y Strassmann, los físicos norteamericanos se lanzaron con furor a explotar la nueva veta, lo que dio la razón a Bohr en sus temores.[9] Un miembro del equipo de Fermi en Columbia, Herb Anderson, se dispuso a realizar los mismos experimentos que Frisch efectuaba en Copenhague, para estudiar mejor los productos de la fisión, y el 26 de enero de 1939 Fermi habló sobre este fenómeno en una pequeña reunión de física teórica celebrada en Washington, D. C., patrocinada por la Universidad George Washington y la Fundación Carnegie. El italiano no mencionó a Frisch, lo que enfureció a Bohr, también presente en el encuentro. A finales de

9. Son numerosos los trabajos que se ocupan de este tema; una referencia sencilla es Stuewer (1985).

mes, la noticia saltaba a los periódicos; el día 29, por ejemplo, el *New York Times* se ocupó de ella.

En la costa oeste, también se recibieron estas nuevas. El 28 de enero, Robert Oppenheimer escribió a William Fowler (Smith y Weiner, eds. 1980: 207-208):

> El asunto del U [uranio] es increíble. Nos enteramos de él en primer lugar por los periódicos, telegrafiamos pidiendo más información y hemos recibido muchos informes desde entonces. Ya sabes que comenzó con el hallazgo de Hahn de que lo que había tomado por Ra [radio] en una de las actividades del U, resultó ser Ba [bario] [...] Muchos puntos están todavía oscuros [...]; ¿de cuántas maneras se rompe el U? ¿Aleatoriamente, como se podría esperar, o solamente de ciertas maneras? Y lo más importante de todo, ¿se emiten muchos neutrones de la ruptura, o de las piezas resultantes?

Este último punto era crucial, ya que, si en el proceso descubierto por Hahn y Strassmann se producía más de un neutrón, entonces cabía pensar en una reacción en cadena (las partículas liberadas podían colisionar con otros núcleos de uranio, emitir en cada iteración fotones y neutrones y así de manera sucesiva). Del mismo modo, era posible imaginar la producción de cantidades prodigiosas de energía en una fracción de segundo, tanta como para fabricar un arma tremendamente poderosa en el caso de desencadenar un proceso más o menos descontrolado, o una fuente energética, un reactor nuclear, utilizable con fines pacíficos, si se pudiese controlar la reacción y liberar la energía poco a poco. Sin embargo, para los físicos implicados en el asunto, aunque estas ideas eran concebibles y, por consiguiente, acaso factibles, su realización se veía muy alejada en el futuro. Como se decía en el número de octubre de 1939 de la revista de divulgación *Scientific American:* «La producción de energía mediante la fisión nuclear no pasa del ámbito de lo posible. Bajo las condiciones actuales, el proceso es tan poco eficiente como sacar arena de una playa grano a grano».

Un problema fundamental era que la fisión del uranio producida por neutrones tenía lugar en el isótopo 235 de este elemento, el menos abundante en la naturaleza (la proporción del U-235 es del 0,72 %, mientras que la del U-238 es del 99,28 %). Si se pretendía aprovechar el proceso más allá de los experimentos, era imperativo resolver esta cuestión.

El tema del número de neutrones emitidos en cada fisión se abordó con celeridad: en París (Joliot-Curie) se obtuvo el valor medio de 3,5, mientras que en Columbia (Fermi) se concluyó que era 2. El camino hacia la reacción en cadena, por consiguiente, continuaba abierto. No obstante, aún era demasiado pronto como para que los científicos abordaran este asunto con dedicación plena. Hubo que esperar a que Estados Unidos entrara en la segunda guerra mundial para eso, aunque algunos entendieron pronto que había que seguir esa senda lo antes posible. Entre ellos destacó el activo, perspicaz y original físico húngaro Leo Szilard (1898-1964), de origen judío y uno de los denominados «marcianos», apelativo que se dio también a John von Neumann, Eugene Wigner, Edward Teller y, aunque mayor que los anteriores, Theodore von Kármán. Todos ellos eran científicos (físicos, matemáticos e ingeniero este último) extraordinarios, a los que unió, no solo la amistad y el genio, sino también el hecho de que provenían de Hungría, de la que partieron para instalarse de manera definitiva en Estados Unidos.[10] A Szilard, estudiante de Max von Laue y relacionado con Albert Einstein (compartieron la patente de un refrigerador), muchos le consideraban un genio: Eugene Rabinowitch lo recordaba como «un hombre brillante, paradójico, arrogante y solitario, de ideas y acciones repentinas». Por su parte, Eugene Wigner afirmó que «no había nadie con más imaginación y originalidad, con más independencia de pensamiento y opinión» (citado en Frank 2009: 144).

Cuando Hitler llegó al poder, Szilard, que entonces era profesor no titular en la Universidad de Berlín, no tuvo dudas sobre lo que iba a ocurrir y a partir de ese momento tuvo preparadas sus maletas. Pocos días después del incendio del Reichstag (27 de febrero de 1933), abandonó la capital alemana camino a Viena en un tren casi vacío. Un día más tarde, esos mismos vagones iban llenos hasta rebosar. Tras pasar por Austria, se instaló en Londres. Poco después de su llegada a esta ciudad, se celebró (septiembre de 1933) la reunión anual de la Asociación Británica para el Avance de la Ciencia y el físico húngaro leyó en los periódicos que Rutherford había manifestado durante el encuentro que quien hablase de la utilización industrial de la energía procedente de los átomos era poco menos que

10. Véase Hargittai (2006).

un lunático.[11] Este comentario lo animó a pensar sobre el tema y, como recordó en un escrito autobiográfico, «de repente se me ocurrió que si pudiésemos encontrar un elemento al que se le pudiese partir mediante neutrones y que emitiese *dos* neutrones cuando absorbiese un neutrón, tal elemento, reunido en masa suficiente, podría mantener una reacción nuclear en cadena» (Weart y Weiss Szilard, eds. 1980: 17). Poco después, Frédéric e Irène Joliot-Curie descubrieron la radiactividad artificial y Szilard vio con más claridad la forma en que se podía generar una reacción en cadena, aunque no consiguió suscitar mucho entusiasmo. Probó primero con el berilio, pero sin éxito. A pesar de no ser capaz de encontrar un candidato, su sentido comercial (y político) le llevó a solicitar en la primavera de 1934 una patente sobre las leyes que, según él, regían el proceso en cascada. Consciente de lo que sus ideas implicaban y para impedir que estas fuesen accesibles sin impedimentos, registró su solicitud a nombre del Almirantazgo británico, la única manera de evitar su difusión. La patente («Improvements in or relating to the transmutation of chemical elements») fue aceptada el 12 de diciembre de 1935. Hasta finales de 1937, Szilard permaneció, con alguna ausencia, en Inglaterra y llegó a lograr una pequeña beca en Oxford. Prácticamente en solitario, no dejó de pensar en la reacción en cadena.

En vista de que la guerra estaba próxima, Szilard se trasladó a Estados Unidos, donde llegó el 2 de enero de 1938 sin tener un puesto de trabajo. Allí se enteró, a través de Eugene Wigner, del descubrimiento que Hahn y Strassmann realizaron a finales de ese mismo año. Pocas personas en el mundo podían apreciar mejor que él las consecuencias del hallazgo. A partir de aquel momento, comenzó una etapa intensa y complicada, en la que el físico de origen húngaro se movió con rapidez entre sus colegas estadounidenses, al tiempo que mantenía una intensa correspondencia con otros en Inglaterra y Francia (Joliot-Curie). Por decirlo en pocas palabras, quería que se comprobase de forma inmediata si, como él pensaba, la fisión producía neutrones libres. En caso de que así fuese, pretendía que no se publicasen los resultados, para evitar que las autoridades alemanas tuviesen conocimiento de

11. La conferencia de Rutherford tuvo lugar el 11 de septiembre y se publicó más tarde en el número del 16 de septiembre de *Nature*. La frase original era: «*One timely word of warning was issue to those who look for sources of power in atomic transmutations: such expectations are the merest moonshine*».

ello. Fermi comprobó enseguida que, en efecto, se emitían neutrones, pero no estaba a favor de esta táctica. En cambio, Edward Teller sí. Sin embargo, mientras discutían al respecto y una vez convencido el italiano, Frédéric Joliot-Curie publicó en marzo de 1939, junto a sus colaboradores Hans von Halban jr. y Lew Kowarski, una nota en *Nature* en la que se afirmaba con claridad que la fisión del uranio generaba neutrones y se indicaba además que esto podía dar lugar a una reacción en cadena (Halban, Joliot-Curie y Kowarski 1939). Fermi entonces se decantó sin dudas por dar a conocer sus resultados. Ese mismo mes de marzo de 1939, las tropas alemanas ocupaban lo que quedaba libre de Checoslovaquia.

En abril, prosiguieron los experimentos de los grupos de París y de Columbia y se llegó al resultado de que el número de partículas emitidas era de dos o tres. De este modo, la posibilidad de una reacción en cadena salía reforzada. Ese mismo mes, científicos estadounidenses, británicos, alemanes y franceses solicitaron ayuda a sus respectivos Gobiernos para investigar la fisión y les pidieron asimismo que vigilaran el suministro de uranio. No es que estuviesen convencidos de la plausibilidad de un proceso descontrolado con un gran potencial explosivo, tal idea era patrimonio de muy pocos, pero algunos sí que pensaban en una fuente energética susceptible de ser utilizada en la industria o en submarinos.

En julio, después de permanecer tres meses como científico invitado en Columbia y de participar en los experimentos del grupo de Fermi, Szilard, que se encontraba de nuevo sin trabajo, se reunió con Wigner en Nueva York. Los dos físicos húngaros estaban cada vez más convencidos de que el peligro era real y comenzaron a preocuparse por el abastecimiento de uranio, en particular por lo que podía ocurrir si el Ejército alemán tenía acceso a los grandes yacimientos del Congo Belga. Pensando en los canales disponibles para advertir al Gobierno de Bélgica de que no vendiese el elemento radiactivo a Alemania, se le ocurrió a Szilard que Einstein conocía a la reina de aquel país. Inmediatamente, propuso a Wigner que fuesen a verle para informarle de la situación y pedirle que considerase escribir a la monarca.

Einstein estaba de vacaciones en Peconic (estado de Nueva York), pero pronto lo encontraron. Era la primera vez que el genial físico oía hablar (recordó años más tarde Szilard) de la posibilidad de una reacción en cadena, pero entendió enseguida la idea y sus implicaciones. Sin embargo, no le agradaba escribir a la reina, de modo que se ofreció a enviar una misiva a un miembro del Gobierno belga al que conocía. Iba a hacerlo, cuando Wigner comentó que no sería apropiado dirigirse a un dignatario extranjero sin antes comunicárselo al Departamento de Estado norteamericano. Se convino entonces enviar a este un borrador de la carta, junto a una nota con la indicación de que si no se recibía respuesta en dos semanas, se enviaría el original a Europa. Con este acuerdo se separaron y quedaron en investigar la manera de aproximarse a la Administración estadounidense.

Fue, una vez más, Szilard quien avanzó en esta dirección. Consiguió entrar en contacto con un consejero de la Lehman Corporation, Alexander Sachs, que de hecho ya había oído hablar de los nuevos desarrollos antes de recibir la visita del húngaro. Incluso había señalado su importancia al presidente Roosevelt. Sachs le aconsejó que Einstein escribiese directamente a la Casa Blanca y que él en persona se encargaría de que la carta llegase a las más altas esferas.

Szilard se sirvió del borrador anterior y redactó una versión para Roosevelt, que presentó el 30 de julio a Einstein, quien seguía de vacaciones. En el viaje a Peconic le acompañó Edward Teller, al que había pedido que le llevase en su coche («entré en la historia como chófer de Szilard», bromeó Teller en cierta ocasión). Allí, ambos discutieron con el genio alemán el contenido de la nueva misiva. Esta adoptó su forma definitiva el 2 de agosto de 1939 y merece la pena reproducirla en su totalidad (la carta de Einstein iba acompañada de otra de Szilard a Sachs, fechada el 15 de agosto, y de un memorándum de cuatro páginas dirigido al presidente, también escrito por Szilard y con la misma fecha):[12]

> Señor:
>
> Trabajos recientes de E. Fermi y L. Szilard, que me han sido comunicados en manuscrito, me hacen esperar que el elemento uranio pueda convertirse en una nueva e importante fuente de energía en el futuro inmediato. Ciertos aspectos de la situación que se ha producido exigen que se lo vigile cuidadosamente y, si es necesario, que la Administración

12. La carta de Einstein a Roosevelt se reproduce en numerosas fuentes. Una de ellas, que contiene copias de numerosos documentos relativos al Proyecto Manhattan, es Stoff, Fanton y Williams (1991: 18-19). Yo también la incluí en Sánchez Ron (2022: 718-719)

actúe rápidamente. Creo, por consiguiente, que es mi deber llamar su atención sobre los siguientes hechos y recomendaciones:

En el curso de los últimos cuatro meses se ha hecho probable (a través del trabajo de Joliot en Francia, al igual que de Fermi y Szilard en Estados Unidos) el que se pueda establecer una reacción nuclear en cadena en una gran masa de uranio, mediante la cual se generarían vastas cantidades de energía y grandes cantidades de nuevos elementos del tipo del radio. Parece ahora casi seguro que esto podría conseguirse en un futuro inmediato.

Este nuevo fenómeno conduciría también a la construcción de bombas y es concebible (aunque mucho menos seguro) que de esta manera se puedan construir bombas de un nuevo tipo extremadamente poderosas. Una sola bomba de este tipo, transportada por barco y hecha explotar en un puerto, podría muy bien destruir todo el puerto junto a parte del territorio que le rodease. Sin embargo, tales bombas podrían ser demasiado pesadas como para que se las pudiese transportar por aire.

Estados Unidos solamente tiene yacimientos muy pobres de uranio en cantidades moderadas. Existe algún buen yacimiento en Canadá y en la antigua Checoslovaquia, mientras que la fuente de uranio más importante se encuentra en el Congo Belga.

En vista de esta situación, acaso pueda usted considerar aconsejable que exista algún contacto permanente entre la Administración y el grupo de físicos que trabajan en reacciones en cadena en Estados Unidos. Una forma posible de lograr esto sería que se confiase esta tarea a una persona de su confianza y que acaso pudiera servir de manera no oficial. Su misión podría consistir en lo siguiente:

a) estar en relación con los departamentos gubernamentales, mantenerles informados de los desarrollos que se produzcan y presentar recomendaciones para acciones del Gobierno, prestando atención particular al problema de asegurar el suministro de uranio para los Estados Unidos;

b) acelerar el trabajo experimental que se está desarrollando actualmente dentro de los límites de los presupuestos de los laboratorios universitarios, proporcionando fondos, en el caso de que fuesen necesarios, a través de sus contactos con personas que deseen hacer contribuciones a esta causa, y acaso también obteniendo la cooperación de laboratorios industriales que dispongan de los equipos necesarios.

> Entiendo que Alemania ha detenido en la actualidad la venta del uranio de las minas checoslovacas de las que ha tomado control. El que haya adoptado esta acción tan pronto puede, acaso, ser entendida en base a que el hijo del Subsecretario de Estado alemán, von Weizsacker, está asociado al Instituto Káiser Guillermo de Berlín, donde se están repitiendo algunos de los trabajos norteamericanos sobre el uranio.

La carta de Einstein, que Sachs no pudo hacer llegar a Roosevelt hasta octubre, unida a los sentimientos suscitados por la fisión en Estados Unidos y al desarrollo de la física atómica y nuclear en este país, dieron sus frutos. En octubre de 1939, se formó un Comité del Uranio, nombrado por el presidente y encabezado por Lyman J. Briggs, director del National Bureau of Standards, con la misión de coordinar la investigación dirigida a separar los isótopos del elemento radiactivo y a conseguir una reacción en cadena sostenida. Szilard, Wigner y Teller formaron parte de él, junto a representantes del Ejército de Tierra y de la Armada y a Richard Roberts, de la Institución Carnegie. El 1 de noviembre, el Comité informó a Roosevelt de que la reacción en cadena era una posibilidad, pero que no estaba demostrada. A pesar de las incertidumbres existentes, aconsejó que el Gobierno apoyase una investigación detallada y adquiriese de manera inmediata cuatro toneladas de grafito puro (uno de los moderadores posibles, una sustancia que controla la proliferación de neutrones), así como cincuenta toneladas de óxido de uranio, para el caso de que las conclusiones preliminares justificasen continuar con el proyecto. El presidente se dio por enterado, pero no se tomó ninguna iniciativa.

Una vez más, Szilard pasó a la acción y redactó un artículo para *Physical Review,* la principal revista de física de Estados Unidos, leída además en todo el mundo, en el que describía la forma en que se podía obtener una reacción en cadena a partir del uranio, empleando grafito como moderador. No obstante, junto a este trabajo envió, en febrero de 1940, una carta al editor en la que le pedía que lo retuviese sin publicar hasta nueva orden. El texto, «Divergence chain reactions in systems composed of uranium and carbon», se desclasificó en noviembre de 1946 como *MDDC-446*, con adiciones y revisiones, pero no se distribuyó hasta el 31 de enero de 1956.[13] Szilard solicitó de nuevo ayuda a Einstein, quien el 7 de marzo de 1940 escribió a

13. Se reproduce en Weart y Weiss Szilard, eds. 1980: 216-256.

Sachs y le informó de la existencia de esta monografía, así como del hecho de que esta se publicaría si no se hacía algo al respecto. El intermediario se dirigió a su vez al presidente el día 15. Roosevelt le contestó que lo mejor sería que el Comité volviera a reunirse y Sachs pidió a Briggs que lo convocase. Este respondió de manera afirmativa y requirió también la presencia de Sachs. Este último le preguntó por qué no se invitaba también a Szilard y a Fermi. La respuesta que recibió en esta ocasión es sorprendente, pero muy reveladora, ya que pone de relieve algunos de los sentimientos de «hostilidad» hacia los emigrantes a los que me referí en el capítulo anterior: «Bueno, ya sabe usted, estos temas son secretos y no creemos que ellos deberían ser incluidos». El asunto terminó, no obstante, por resolverse y tanto Szilard como Fermi asistieron a la reunión.

Relevante es también la carta que John von Neumann, que en la segunda guerra mundial (y después) desempeñó un papel destacado en la utilización bélica de la ciencia, escribió el 23 de marzo de 1940 a Frank Aydelotte, entonces director del Institute for Advanced Study de Princeton, del que el mismo von Neumann era miembro (Rédei 2005: 43-44):

> El físico holandés P. Debye, que ha sido director del Instituto de Física de la Kaiser-Wilhelm-Gesellschaft en Berlín (apoyado por la Fundación Rockefeller), ha sido enviado al extranjero por las autoridades alemanas para permitir así a su Instituto realizar trabajos secretos para la guerra. Cuando nos reunimos para cenar el otro día, no ocultó el hecho de que su trabajo es esencialmente estudiar la fisión del uranio. Este es un proceso nuclear explosivo que teóricamente puede generar diez mil o dos millones de veces más energía que el mismo peso de cualquier combustible o explosivo conocido. Existen depósitos considerables de uranio cerca de Joachimsthal, Bohemia, al igual que en Canadá. Está claro que las autoridades nazis esperar producir bien un terrible explosivo o una fuente de energía muy compacta y eficiente. Deduzco de los comentarios de Debye que han reunido en su Instituto a los mejores físicos teóricos y nucleares alemanes, incluyendo a Heisenberg, para esta investigación, a pesar del hecho de que la física teórica y nuclear, en general, y Heisenberg, en particular, estén bajo sospecha, al ser considerada la física nuclear, «física judía», y Heisenberg un «judío blanco».
>
> Existe una diferencia de opinión entre los físicos teóricos sobre la probabilidad de alcanzar resultados prácticos en una fecha próxima. Sin

embargo, este es un bien conocido estadio en la prehistoria de cualquier gran invento. La tremenda importancia de la utilización de la energía atómica, incluso si solo tiene éxito en parte, sugiere que el asunto no se deje en las manos de los gánsteres europeos, especialmente en la presente coyuntura de la historia mundial.

Desde hace algún tiempo, se está realizando trabajo, del tipo que se supone están llevando a cabo los físicos alemanes, en la Universidad de Columbia, bajo la dirección del profesor Fermi y del doctor Szilard, pero a un ritmo lento, debido a que el coste de los experimentos excede el presupuesto normal de un departamento. Se ha intentado, con un éxito relativo, recabar la ayuda del Gobierno de Estados Unidos, pero este proceso es lento y complicado y han aparecido serios obstáculos. Nos parece, por consiguiente, que se podría llevar el problema a la atención de la Fundación Rockefeller, que estaría en situación de actuar de una manera simple y directa. No vamos a sugerir una forma concreta de atacar el problema, pero suponemos que, si los responsables de la Fundación estuviesen interesados, consultarían con los físicos que están familiarizados con las cuestiones prácticas implicadas.

He citado al profesor Debye libremente al escribirle, pero obviamente deberíamos ser muy cautos al utilizar más su nombre. En cualquier caso, su único papel ha sido inintencionadamente animarnos a sacar a la luz una cuestión que hemos tenido en mente desde hace varios meses, sin saber qué hacer, si es que hacíamos algo.

Debye estaba entonces, en efecto, en Estados Unidos, para dar unas conferencias. Sin embargo se quedó allí de manera definitiva, en la Universidad de Cornell.

A partir de entonces se produjeron algunos avances (en julio de 1940, por ejemplo, los Departamentos de Guerra y de la Armada aprobaron un programa encaminado a separar los dos isótopos del uranio), pero el progreso en general fue muy lento. El objetivo principal era la construcción de un reactor capaz de sostener una reacción en cadena y encontrar un método para separar el U-235 del U-238, de cara a conseguir el suficiente material fisionable. Al fin y al cabo, no había demasiados motivos para entrar en una carrera frenética. Todo un océano separaba a Estados Unidos de la guerra europea.

9. Exilios de científicos

En las páginas precedentes nos hemos encontrado con algunos casos de científicos que contribuyeron al desarrollo de la física cuántica y que abandonaron Alemania (o Italia, en el caso de Enrico Fermi). Tal hecho se debió, como ya apunté, a las medidas antisemitas promulgadas por Adolf Hitler al llegar al poder y ser nombrado canciller el 30 de enero de 1933. Dos meses después, el 31 de marzo, los jueces judíos fueron apartados de sus funciones en Prusia, solo por su etnia. Una semana más tarde, el 7 de abril, firmada por Hitler, como canciller, por Wilhelm Frick, como ministro del Interior, y por el conde Schwerin von Krosigk, como ministro de Economía, se aprobó la Ley de Restauración de la Carrera del Funcionariado. Con esta legislación, se pretendía purgar todas las escalas de la administración, incluidos los profesores universitarios, por supuesto. El artículo número 3 era el que se refería a los no arios:

> (1) Serán apartados de sus puestos todos los funcionarios que no sean de origen ario. En lo que se refiere a los funcionarios honorarios, serán apartados de todo tipo de funciones oficiales.
>
> (2) El parágrafo (1) no se aplicará a aquellos funcionarios que lo fuesen el 1 de agosto de 1914, o que luchasen en el frente defendiendo al Imperio Alemán o a sus aliados durante la guerra, o cuyos padres o hijos cayesen en la guerra.

Asimismo, se determinaba suspender a «los funcionarios cuyas actividades políticas previas no ofrezcan la seguridad de que apoyarán invariablemente y sin reserva al Estado nacional». Con respecto a sus salarios, se estipulaba que los recibirían durante tres meses después de ser cesados y que a partir de ese momento cobrarían las tres cuartas partes de la pensión que les hubiese correspondido.

En otras palabras: los empleados públicos que hubieran conseguido su puesto durante la República de Weimar, que no fueran de ascendencia aria, o cuyas actividades políticas no garantizasen su adhesión sin reservas al nuevo régimen, tenían que abandonar sus cargos. En teoría, los no arios que hubiesen accedido a la administración antes del comienzo de la primera guerra mundial, que hubieran luchado en el frente durante la contienda, o cuyos padres o hijos hubiesen fallecido en acto de servicio, podían conservar sus empleos.

En la práctica, sin embargo, también estas personas perdieron sus puestos con bastante rapidez.

El primer científico en reaccionar de manera explícita ante la afrenta que sin duda representaban las nuevas regulaciones fue el físico experimental de Gotinga, con el que ya nos hemos encontrado, en especial en *HFC-1*, y premio Nobel de Física de 1925 James Franck. Diez días después del decreto, el 17 de abril de 1933, presentó su dimisión al ministro prusiano de Ciencias, Artes y Cultura. De hecho, podía haberse acogido a las excepciones que contemplaba la ley, ya que había servido a su país durante la guerra, cuando se presentó voluntario nada más estallar la contienda (sirvió en la unidad dirigida por Haber, que desarrolló armas químicas; no participó en los últimos meses del enfrentamiento porque fue herido en febrero de 1918 y recibió varias condecoraciones, incluidas dos Cruces de Hierro). En su número del 18 de abril, el periódico *Göttinger Zeitung* dio la noticia, e incluyó una entrevista con Franck y algunos pasajes de la carta que envió al ministro:[14]

> He solicitado a mi superior que se me permita abandonar mi puesto. Intentaré continuar trabajando en ciencia en Alemania.
>
> Nosotros, los alemanes de origen judío, estamos siendo tratados como extranjeros y como enemigos de la patria. Se espera que nuestros hijos crezcan sabiendo que no se les permitirá nunca demostrar que son buenos alemanes.
>
> A todos aquellos que han estado en la guerra se les permite continuar sirviendo al Estado. Declino beneficiarme de este privilegio, a pesar de que comprendo la postura de aquellos que consideran hoy su deber permanecer en sus puestos.

En 1935, Franck aceptó un puesto de catedrático en la Universidad de Baltimore, en Estados Unidos, y en 1938 pasó a la de Chicago. En su momento, participó de manera destacada en el Proyecto Manhattan, del que me ocuparé más adelante y que condujo a la fabricación de las primeras bombas atómicas.

14. «Freiwilliger Amtsverzicht Prof. James Franks (sic)» («Renuncia voluntaria del Prof. James Franck»), *Göttinger Zeitung* (18 de abril de 1933), primer suplemento. Reproducido y traducido al inglés en Hentschel, ed. (1996: 29).

Como es bien sabido, una de las primeras personas en ser perseguidas por los nazis fue Albert Einstein. Desde la perspectiva de los seguidores de Hitler, esta era una opción evidente. El gran genio de la física (que ya era una figura de talla y popularidad mundiales) reunía algunas de las características que más odiaban: era judío (y sionista hasta cierto punto), pacifista e internacionalista. El 10 de marzo de 1933, Einstein, que se encontraba en Pasadena (California) desde enero con su esposa Elsa, hizo pública su postura en una entrevista que concedió al *New York World Telegraph*:

> Mientras tenga posibilidad de elección, viviré únicamente en un país en el que prevalezcan la libertad civil, la tolerancia y la igualdad de todos los ciudadanos ante la ley. La libertad civil implica libertad para expresar las convicciones políticas, oralmente o por escrito; tolerancia significa respeto a las convicciones de otros, sean estas las que sean. Tales condiciones no existen en Alemania en la actualidad.

Einstein no volvió nunca al país que le vio nacer. Después de vagar unos meses por Europa, se instaló de manera definitiva a finales de octubre de 1933 en la Escuela de Matemáticas del recientemente creado (1 de octubre) Institute for Advanced Study de Princeton (Estados Unidos). Allí tuvo como compañeros a científicos de la talla de John von Neumann, Abraham Veblen, Hermann Weyl (otro exiliado que no era judío, pero su esposa sí), James Alexander, Kurt Gödel y Marston Morse (este se incorporó en enero de 1935).

Ya hemos tratado los casos de Lise Meitner y de Otto Robert Frisch, pero podría citar a otros, como Max Born, que recabó en Edimburgo; Erwin Schrödinger, quien tras algunas indecisiones obtuvo un puesto en Dublín; Rudolf Peierls, que pasó a Inglaterra, o Hans Bethe, del que diré más enseguida. Sin embargo, para no alargar mucho más este capítulo, me limitaré a ofrecer la siguiente tabla:[15]

15. Para más información, véase Sánchez Ron (2022 a: cap. 10).

Premios Nobel de Física que abandonaron Alemania entre 1933 y 1945

Nombre	*Año concesión premio*	*Año de partida*	*País de nacimiento*	*Ciudad de partida*
A. Einstein	1921	1933	Alemania	Berlín
J. Franck	1925	1933	Alemania	Gotinga
E. Schrödinger	1933	1933/1938	Austria	Berlín/Graz
V. Hess	1936	1938	Austria	Graz
O. Stern	1943	1933	Alemania	Hamburgo
F. Bloch	1952	1933	Suiza	Leipzig
M. Born	1954	1933	Alemania	Gotinga
E. Wigner	1963	1933	Hungría	Berlín
H. Bethe	1967	1933	Alemania	Tübingen

10. ¿Retornos?

Es interesante detenerse en una cuestión asociada al exilio: el retorno a Alemania de los físicos «cuánticos» que la abandonaron, o más bien, que fueron expulsados de ella al ser desposeídos de sus puestos de trabajo.

Einstein nunca aceptó volver a pisar suelo germano, del que había partido en 1933. En 1949, le invitaron a reanudar sus relaciones con la principal organización científica del país europeo, la antigua Kaiser-Wilhelm-Gesellschaft, ahora rebautizada con el nombre de Max Planck. En esa ocasión, contestó:[16]

> El crimen de los alemanes es verdaderamente el más abominable recogido nunca en los anales de la historia de las así llamadas naciones civilizadas. La conducta de los intelectuales alemanes (vista como un grupo) no fue mejor que la de la chusma. Incluso ahora no veo indicación de ningún arrepentimiento ni de algún deseo verdadero de reparar incluso lo más pequeño que ha quedado para restaurar después de los

16. He tratado el caso de Einstein en Sánchez Ron (2015: cap. 17), de donde proceden las siguientes citas.

gigantescos asesinatos. En vista de estas circunstancias, siento una irreprimible aversión a participar en cualquier cosa que represente algún aspecto de la vida pública en Alemania.

«Un país de asesinos de masas», denominó a Alemania en una carta que escribió el 12 de octubre de 1953 a Max Born.

No obstante, en lo que se refiere al ámbito de la física cuántica, lo que sucediera con Einstein era colateral (la carta a Roosevelt al margen), pues él ya no estaba interesado en ese campo. Mucho más relevante era el caso de Hans Bethe, con el que ya nos hemos encontrado en ocasiones y del que volveremos a hablar más adelante. Bethe emigró a Gran Bretaña en 1933 y pasó por las universidades de Mánchester y Bristol. Se trasladó en 1935 a Estados Unidos, a Cornell, y se nacionalizó en el país norteamericano en 1941. En 1967, obtuvo el premio Nobel de Física por las contribuciones que había realizado en 1938 a la teoría de las reacciones nucleares, en especial a la producción de energía en el interior estelar (volveré a este punto en otro capítulo). Tras la guerra, Bethe, que como ya vimos era un antiguo alumno de Arnold Sommerfeld, recibió de este la muy tentadora oferta de sucederle en su cátedra de la Universidad de Múnich, uno de los grandes puestos de la física germana. He aquí su respuesta, fechada el 20 de mayo de 1947:[17]

Me agradó y honró mucho que haya pensado en mí como su sucesor. Si pudiera hacer desaparecer todo lo que ha sucedido desde 1933, estaría muy feliz de aceptar esta oferta. Sería maravilloso regresar al lugar en el que aprendí física de usted, y en donde aprendí a resolver problemas cuidadosamente. Y donde después, como su ayudante y profesor no titular, tuve el que probablemente haya sido el período más provechoso de mi vida científica. Sería maravilloso intentar continuar su obra y enseñar a alumnos de Múnich de la misma forma en que usted lo ha hecho siempre; con usted, uno estaba seguro de conocer siempre los últimos avances de la física, y al mismo tiempo, de aprender la precisión matemática que tantos físicos teóricos descuidan hoy.

Desgraciadamente, no es posible borrar los últimos catorce años… Para nosotros, los que fuimos expulsados de nuestros puestos en Alemania, no es posible olvidar. Los estudiantes de 1933 no querían aprender

17. Citada en Stuewer (1984: 36).

física teórica conmigo (y era un grupo numeroso de estudiantes, acaso incluso la mayoría), y aun si los estudiantes de 1947 piensan de otra manera, no puedo fiarme de ellos. Y lo que oigo acerca de la orientación nacionalista que se está despertando de nuevo en muchas universidades, y también en muchos otros alemanes, no es reconfortante.

Acaso más importante que mis recuerdos negativos de Alemania, sea mi actitud positiva hacia Estados Unidos. Me parece (ya desde hace muchos años) que me encuentro más a gusto, como en mi casa, en Norteamérica, de lo que me encontraba entonces en Alemania. Como si solo por equivocación hubiese nacido en Alemania, y únicamente llegase a mi verdadera patria a la edad de veintiocho años. Los estadounidenses (casi todos ellos) son amigables, no estirados y reservados, o incluso bruscos, como la mayoría de los alemanes. Aquí es natural entrar en contacto amigable con todo el mundo. Profesores y estudiantes se comunican entre sí como colegas, sin ningún muro levantado entre ellos artificialmente. El trabajo científico se realiza sobre todo en colaboración, y uno nunca ve competitividad envidiosa entre los científicos. Políticamente, la mayoría de los profesores y estudiantes son liberales y piensan en el mundo que está fuera de ellos, esto fue para mí una revelación, ya que en Alemania lo normal era ser reaccionario (mucho antes de los nazis) y repetir mecánicamente los lemas del Partido Nacional Alemán. En resumen: encuentro mucho más agradable vivir con norteamericanos que con mis contemporáneos alemanes.

Además, este país me ha tratado muy bien. Llegué aquí bajo circunstancias que no me permitían ser muy selectivo. En poco tiempo tenía una cátedra, probablemente más rápidamente de lo que hubiera ocurrido en Alemania si Hitler no hubiese aparecido. Se me permitió, siendo un inmigrante bastante reciente, trabajar en laboratorios relacionados con el esfuerzo bélico, y en puestos prominentes. Ahora, tras la guerra, Cornell ha construido un nuevo y gran laboratorio de física nuclear, esencialmente «en torno a mí». Y dos o tres de las mejores universidades norteamericanas me han hecho ofertas tentadoras.

No necesito mencionar el lado materialista, no solo relativo a mi propio salario, sino también al equipo del instituto. Espero, querido Sommerfeld, que usted comprenderá; que comprenderá que amo Estados Unidos y que debo a este país mucha gratitud (completamente aparte del hecho de que me gusta estar aquí). Que comprenderá las sombras que se interponen entre mí y Alemania. Y, por encima de todo, que comprenderá que a pesar de mi «No» le estoy muy agradecido por haber pensado en mí.

Diferente, pero no menos aleccionadora, es la estremecedora carta de Lise Meitner. El 27 de julio de 1945, esto es, tras la derrota alemana, Meitner escribía lo siguiente a Otto Hahn:[18]

Querido Otto:

Tu última carta está fechada el 25 de marzo. Puedes imaginar lo ansiosa que estaba de recibir noticias de todos vosotros. He seguido constantemente los acontecimientos a través de los boletines de guerra de la prensa inglesa y creo poder suponer que la zona [Dahlem] en la que estáis tú y tu familia y Laue fue ocupada sin lucha alguna. Por consiguiente, deseo con todo mi corazón que ninguno de vosotros haya sufrido personalmente. Naturalmente, será muy difícil para ti ahora, pero esto es inevitable, por supuesto. Por otra parte, estoy muy preocupada por los Planck, ya que en su zona se han producido terribles combates. ¿Sabes algo de ellos y de los amigos de Berlín? Un estadounidense te llevará esta carta. La recogerá pronto, de manera que estoy escribiendo apresuradamente; y, sin embargo, tengo tanto en mi interior que decir. Por favor, ten en mente esto, y, por favor, lee lo que escribo con la seguridad de mi inquebrantable amistad.

Te he escrito muchas cartas mentalmente durante los últimos meses, porque tenía claro que incluso personas como tú y Laue no os habíais dado cuenta de la situación real. Lo he visto con claridad cuando Laue me escribió, con ocasión del fallecimiento de Wettstein, que su muerte constituía también una pérdida en un sentido más amplio, ya que debido a su talento diplomático W[ettstein] podía haber sido muy útil al final de la guerra.[19] ¿Cómo un hombre que nunca objetó a los crímenes de los recientes años puede ser útil a Alemania? Esta es, por supuesto, la desgracia de Alemania; el hecho que todos vosotros habéis perdido la noción de la justicia y de lo correcto. Tú mismo me dijiste, en marzo de 1938, que Hörlein te había dicho que se estaban haciendo cosas terribles con los judíos.[20] De manera que él sabía de todos los crímenes que

18. Reproducida en inglés en Hentschel, ed. (1996: 332-334).

19. Meitner se refiere aquí al biólogo Fritz von Wettstein (1895-1945), que fue director del Instituto de Biología de la Kaiser-Wilhelm-Gesellschaft entre 1919 y 1925.

20. Philipp Heinrich Hörlein (1882-1954), un químico especializado en química aplicada a la medicina y a los productos farmacéuticos.

se habían planeado y después ejecutado, y a pesar de ello era miembro del Partido. Y tú mismo lo considerabas como una persona muy decente (también a pesar de ello) y permitías que influyese en ti, en relación a tu comportamiento con tu mejor amiga.[21]

Todos vosotros también habéis trabajado para la Alemania nazi, y nunca habéis intentado una resistencia pasiva. Ciertamente, para engañar a vuestras conciencias, de vez en cuando habéis ayudado a alguna persona que lo necesitaba, pero habéis permitido que millones de personas inocentes fuese exterminadas sin efectuar la menor protesta.

Tengo que escribirte esto, por tu propio beneficio y por el de Alemania, que depende totalmente de que comprendáis lo que habéis permitido que suceda. Aquí, en la neutral Suecia, mucho antes del final de la guerra se ha discutido acerca de lo que debería hacerse con los intelectuales alemanes una vez que finalizase la guerra. ¿Qué es lo que pensarán sobre el particular los ingleses y norteamericanos? Yo, y también muchos otros, pensamos que una solución para ti sería que realizases una declaración pública manifestando que eres consciente de que con tu pasividad has adquirido una responsabilidad compartida por lo que ha sucedido y que sientes la necesidad de ayudar a corregirlo, en la medida en que sea posible con algo que ya ha tenido lugar. Pero muchos piensan que es demasiado tarde para esto. Estas personas dicen que has traicionado, primero a tus amigos, después a tus compañeros e hijos permitiendo que pusieran en peligro sus vidas en una guerra criminal y, finalmente, que también has traicionado a Alemania, porque ni siquiera luchaste contra la absurda destrucción de Alemania cuando ya no existía ninguna esperanza en la guerra.

Esto suena inmisericorde y, no obstante, créeme, es debido a la verdadera amistad que te escribo esto. No puedes esperar realmente que el resto del mundo tenga piedad de Alemania. Las inconcebibles atrocidades en los campos de concentración de las que se ha informado estos días sobrepasan todo lo que habíamos temido. Cuando escucho en la radio inglesa los muy realistas informes de ingleses y estadounidenses sobre [Bergen-]Belsen y Buchenwald, comienzo a llorar y no puedo dormir en toda la noche.[22] Deberías haber visto a las personas que llegan

21. Meitner probablemente se refiere a ella misma.

22. El total de personas asesinadas («exterminadas» según la, mala, terminología habitual) en los campos de concentración alemanes, incluido por supuesto el terrible Auschwitz, fue de unos tres millones.

aquí procedentes de estos campos. Alguien debería obligar a hombres como Heisenberg, y a muchos otros millones, a que vean estos campos y a las personas martirizadas allí. Su aparición [de Heisenberg] en Dinamarca en 1941 no se puede olvidar.

También debes recordar que mientras yo estaba todavía en Alemania (y hoy me doy cuenta de que no solo fue estúpido, sino muy injusto por mi parte no haberme ido inmediatamente) a menudo te decía: las cosas no irán mejor en Alemania mientras que solamente seamos nosotros los que pasemos noches sin dormir y no ocurra esto con todos.[23] Pero tú no pasabas ninguna noche sin dormir. No querías ver; era demasiado molesto. Podría demostrártelo con muchos ejemplos, pequeños y grandes. Por favor, créeme que todo lo que he escrito aquí es un intento de ayudaros a todos.

Con saludos muy afectuosos para todos.

Tuya,

LISE

Sin duda, se trata de una carta tan estremecedora como conmovedora, que habla por sí sola.

No es posible dejar de lado la cuestión del premio Nobel que obtuvo en solitario en 1944 Otto Hahn, el de Química, por «su descubrimiento de la fisión de núcleos pesados». Ni Meitner, ni Frisch, ni Strassmann fueron galardonados. Cuando se analizan las nominaciones recibidas en esta categoría entre 1939 y 1945, se puede comprobar que Hahn recibió las siguientes: en 1939, Theodor Svedbarg; en 1941, Arne Westgren y Frans Jaerger; en 1942, Westgren y Wilhelm Palmaer; en 1943, 1944 y 1945, Westgren. Por su parte, las de Meitner fueron algo menos numerosas: las mismas que Hahn en 1939 y en 1941 y la de Jaerger en 1942.

La concesión de los premios Nobel se suspendió durante la segunda guerra mundial y se reanudó en 1945, aunque ese año se decidió otorgar también los correspondientes a las ediciones anteriores. Cuando se anunció en 1945 que el galardón se iba a entregar a Hahn, este se encontraba detenido desde julio de ese año en una finca cerca de Cambridge (Inglaterra), Farm Hall. Su internamiento se debía a su participación, supuesta o real, en el proyecto alemán para fabricar

23. Con esta frase, Meitner parece querer decir «nosotros los judíos».

una bomba atómica. Con él estuvieron también arrestados Eric Bagge, Kurt Diebner, Walther Gerlach, Paul Harteck, Werner Heisenberg, Horst Korsching, Carl Friedrich von Weizsäcker y Karl Wirtz. Los diez fueron liberados y volvieron a Alemania el 3 de enero de 1946. La ceremonia en la que participó Hahn en Estocolmo tuvo lugar el 10 de diciembre de 1946.[24]

Hahn dio parte del dinero que recibió por el premio a Meitner, que lo envió, en enero de 1947, al Comité de Emergencia de Científicos Atómicos, centralizado en Princeton y presidido por Einstein.

24. El propósito de la detención era evitar su posible captura por los soviéticos, así como extraer de ellos la mayor información posible acerca del programa nuclear alemán. Se les llevó a Farm Hall, donde permanecieron durante varios meses y sus conversaciones fueron grabadas (sin su conocimiento). Cuando llegó la noticia del lanzamiento de la bomba atómica sobre Hiroshima, Hahn, que se sintió responsable de la tragedia como descubridor la fisión, se mostró profundamente abatido. Esto hizo pensar a algunos que podía intentar suicidarse y por este motivo von Laue no se separó de él durante algunos días. Parece ser que Hahn ya había considerado la posibilidad de quitarse la vida cuando se dio cuenta de las posibles aplicaciones militares de su hallazgo. Las reacciones de otros presos en Farm Hall oscilaron entre la incredulidad inicial y la culpa por no haber sido capaces de lograr lo que sus colegas de Norteamérica. Las transcripciones de las conversaciones se han publicado en Jeremy Bernstein, ed. (2001).

6

El Proyecto Manhattan y sus consecuencias

La física cuántica ha cambiado el mundo y nuestras vidas en innumerables aspectos. Sin embargo, hay dos apartados en los que esto es especialmente notorio: la energía nuclear, asociada a la fabricación de bombas atómicas, y las aplicaciones del transistor. Al primero de estos apartados está dedicado el presente capítulo, dominado por cuestiones de índole sociopolítica.[1]

1. Estados Unidos organiza sus investigaciones nucleares

Los primeros pasos realmente significativos para el establecimiento de un programa destinado a fabricar bombas atómicas tuvieron lugar con la creación de una nueva agencia gubernamental, que el presidente Roosevelt estableció el 28 de junio de 1941: la Oficina de Investigación y Desarrollo Científico. Este departamento recibió autoridad sobre todos los proyectos científicos de defensa y su director fue Vannevar Bush (1890-1974), un ingeniero conocido por sus contribuciones a la matemática aplicada y a la ingeniería eléctrica.[2] Durante la primera guerra mundial, Bush trabajó en la detección de submarinos y en 1939 dimitió de la vicepresidencia del Massachusetts Institute of Technology para convertirse en presidente de la Insti-

1. Este capítulo debe mucho a Sánchez Ron (2022 a: cap. 11).
2. Sobre Bush, véase Zachary (1997).

tución Carnegie, en Washington. Pronto pasó de ser un mero miembro del National Advisory Committee for Aeronautics (NACA) a dirigir este organismo. Al ver los efectos de la guerra que se libraba en Europa, elaboró planes para coordinar los esfuerzos de Estados Unidos en investigación bélica. A principios de junio de 1940, cuando el Ejército alemán avanzaba sobre Francia, Bush persuadió a Roosevelt para que le pusiera al frente de un Comité Nacional para la Investigación en Defensa (NDRC por sus siglas en inglés), fundado de manera oficial el 27 de ese mismo mes, diez días después de la caída del país galo. Entre sus fines, figuraba el de buscar nuevas formas de emplear la ciencia en las necesidades de la contienda, para lo que podía solicitar la ayuda de la National Academy of Sciences, del National Bureau of Standards y de otros laboratorios federales.

Una vez bajo la nueva organización, el trabajo en este campo comenzó a avanzar con más decisión. En julio de 1940, los Departamentos de Guerra y de la Armada aprobaron un programa encaminado a separar el uranio-238, el isótopo más abundante (representa, cerca del 99,3 % del elemento existente en la Tierra), y el uranio-235 (de hecho, el Laboratorio de Investigación Naval destinó cien mil dólares a este fin). Para la cuestión concreta de la reacción en cadena, el NDRC asignó en septiembre 40.000 dólares al grupo de Fermi en Columbia. El 1 de noviembre, se utilizó parte de este dinero (el 10 %) para poner en nómina de la universidad neoyorquina a Szilard.

A partir de ese momento, se hicieron avances, pero no con demasiada rapidez. El objetivo principal era, por un lado, la construcción de un reactor capaz de albergar y sostener una reacción en cadena y, por el otro, encontrar un método para separar el U-235 del U-238 y así conseguir el suficiente material fisionable. Al fin y al cabo, no había demasiados motivos para entrar en una carrera frenética: Estados Unidos no participaba en la guerra europea. No obstante, durante el primer trimestre de 1941, un pequeño, pero influyente, grupo de científicos norteamericanos llegó a la conclusión de que los acontecimientos en la contienda requerían acelerar la investigación en estos temas. Entre quienes creían esto, destacaba nada más y nada menos que Ernest Lawrence, el rey de los ciclotrones.[3]

3. Otros científicos que también se impacientaron (Szilard, Wigner y Teller aparte) fueron Karl Compton y Harold Urey.

El interés de Lawrence no se debía en exclusiva a cálculos políticos, sino también a los resultados obtenidos en su laboratorio de Berkeley, donde, con ayuda de sus ciclotrones, se bombardeaba uranio con neutrones. Poco después de que la noticia del descubrimiento de Hahn y Strassmann llegase a California, Edwin M. McMillan diseñó un experimento destinado a medir la energía de los productos de la fisión. Al hacerlo, encontró una sustancia que no encajaba. En la primavera de 1940, McMillan y Philip Abelson confirmaron mediante análisis químicos que se trataba de un nuevo elemento, el número 93 de la tabla periódica, al que se dio el nombre de neptunio. Pronto se sospechó que era inestable y que se desintegraba, para dar origen a un isótopo en la casilla 94. En diciembre de 1940, Glenn T. Seaborg, también del equipo de Berkeley, en colaboración con algunos de sus ayudantes, lo produjo y poco después, en febrero de 1941, demostró que era, en efecto, un nuevo elemento: el plutonio.[4] Ahora bien, estos hallazgos eran relevantes para el programa de investigación encaminado a aprovechar la fisión, ya que parecía probable que el núcleo de este metal radiactivo pudiese separarse con neutrones lentos. Al, menos así lo habían previsto Halban y Kowarski en Cambridge, ciudad a la que llegaron desde París huyendo de los alemanes (Joliot-Curie decidió quedarse y colaborar con la resistencia). De ser así, esto quería decir que se podía utilizar casi todo lo producido en una pila (reactor) de uranio natural, ya que la teoría predecía que las partículas emitidas por el U-235 convertirían al U-238 en plutonio, que a su vez podía fisionarse con neutrones lentos. En otras palabras: tal vez se pudiera obtener este último elemento en una pila nuclear y separarlo luego mediante métodos químicos. Así se tendría un material con propiedades similares a las del U-235 a este respecto, pero más fácil de conseguir. La segunda bomba atómica, la lanzada sobre Nagasaki, era de plutonio, lo que atestigua que la idea era correcta.

Las presiones de los físicos nucleares, el desarrollo propio de la disciplina y las noticias que llegaban de Europa sirvieron de acicate

4. Como se puede observar, los nombres asignados en cada caso siguen la misma secuencia que los planetas más alejados del Sol: uranio (elemento 92), Urano; neptunio (93), Neptuno; plutonio (94), Plutón. Las reacciones principales son las siguientes (Np=neptunio; Pu=plutonio; n=neutrón):

$$_{92}U^{238} + _{0}n^{1} \rightarrow _{92}U^{239} \rightarrow _{93}Np^{239} \rightarrow _{94}Pu^{239} \rightarrow _{92}U^{235}$$

al trabajo del Comité del Uranio. Su director, Briggs, que hasta entonces apenas había convocado la organización, solicitó un presupuesto más grande: 167.000 dólares, que Columbia, Chicago y Princeton acapararon en su mayor parte, para investigar la reacción en cadena, 120.000 para la separación de isótopos y 8.000 para estudiar el plutonio como elemento fisionable.

Esto significó el recorte de las competencias de la NDRC, que pasó a depender de la nueva agencia. Sin embargo, no ocurrió lo mismo con el poder de Bush, ya que fue elegido para dirigir la Oficina, mientras que el químico James B. Conant (1893-1978), rector de Harvard, fue nombrado director del NDRC.[5]

Mientras todos estos acontecimientos tenían lugar en Estados Unidos, los físicos residentes en Gran Bretaña no permanecían inactivos.

2. Los esfuerzos nucleares británicos

Un día de febrero o marzo de 1940 en Inglaterra, donde Otto Frisch y Rudolf Peierls, como se vio, habían emigrado desde Alemania y donde estaban asociados a la Universidad de Birmingham, el primero le dijo al segundo (Peierls 1985: 153 y ss): «Imagínate que alguien te da una cantidad de isótopo puro 235 de uranio ¿qué sucedería?». Para intentar contestar a aquella pregunta, unieron sus fuerzas y abordaron en primer lugar la crucial cuestión de la masa crítica de material radiactivo necesaria para iniciar una reacción en cadena. Lo cierto es que para conseguir una verdadera explosión se requiere un proceso en cascada de una enorme rapidez (lo que a su vez depende de la cantidad de uranio disponible). De lo contrario, solo se utilizaría una pequeña fracción de energía nuclear antes de que la bomba se rompiera en pedazos, lo que interrumpiría la fisión (también se necesita que no se produzca una deflagración parcial prematura).

Hasta entonces, se había supuesto que se necesitarían toneladas de uranio para alcanzar la masa crítica, pero Frisch y Peierls concluyeron, para su sorpresa, que bastaba con alrededor de medio kilo. Fue una estimación demasiado baja, porque desconocían algunos factores, pero el orden de magnitud era el correcto (en última instan-

5. Sobre Conant, véase Herschberg (1993).

cia, resultó que para la bomba de uranio se necesitaban unos quince kilogramos y cuatro para la de plutonio).

La segunda cuestión a resolver era el punto hasta el que se podría desarrollar la reacción en cadena) antes de que la propia presión generada por la explosión dispersara el material fisible. Un rápido cálculo les permitió concluir que una parte sustancial del uranio se habría fisionado cuando se produjera la dispersión y que, por consiguiente, la energía emitida sería equivalente a miles de toneladas de explosivos ordinarios. Este era otro resultado importante de cara a construir una bomba atómica.

Al igual que Szilard, los dos físicos exiliados temían que sus colegas en Alemania pudiesen estar trabajando ya en esa dirección. Al fin y al cabo conocían muy bien sus habilidades. En consecuencia, Frisch y Peierls compusieron un documento dividido en dos partes. La primera, más técnica, en la que presentaban sus resultados, y otra, menos especializada. Ellos mismos mecanografiaron el manuscrito, ya que no se fiaban de ninguna secretaria. A través de algunos colegas, hicieron llegar su informe a un consejo que se había formado para estudiar la posibilidad de una reacción en cadena y que, de hecho, estaba a punto de ser cancelado.[6] Su memoria no solo evitó la disolución, sino que hizo que las actividades de este organismo se ampliasen. Poco después, se reorganizó en un pequeño comité político y en un subcomité técnico, del que los propios Frisch y Peierls formaban parte.[7] Este grupo terminó por llamarse Comité MAUD, siglas que en realidad ni escondían clave alguna ni querían decir nada, sino que surgieron de un malentendido.[8] Al amparo de esta estructura, comenzó en el Reino Unido, en laboratorios de distintas universidades, el trabajo destinado a la posible construcción

6. El informe de Frisch y Peierls se reproduce en Gowing (1964: 389-393).

7. El comité «político» estaba formado por George P. Thomson (su director), James Chadwick, John D. Cockcroft, Mark L. Oliphant, Patrick M. S. Blackett, Charles D. Ellis, William Haworth y P. B. Moon.

8. La historia de la elección de este nombre es la siguiente. Cuando Dinamarca fue invadida por Alemania, Bohr envió un telegrama a Frisch, al final del cual decía: «Informa a Cockcroft y a Maud Ray Kent». Se pensó entonces que esto era un mensaje en clave sobre el radio o acaso sobre la desintegración del uranio. Tan solo después de la guerra se supo que existía una señora llamada Maud Ray, que vivía en Kent, que había sido institutriz de los hijos de Bohr y que este quería que se la informase de la invasión.

de una bomba atómica, o al menos a la demostración de su plausibilidad.[9]

En julio de 1941, el Comité MAUD preparó su informe final, escrito en su mayor parte por George P. Thomson y James Chadwick.[10] El primero consideró la utilización del uranio para producir una bomba y el segundo examinó el papel de este material radiactivo como fuente energética. En conjunto, el documento resumía las investigaciones que durante quince meses habían realizado varios grupos en Birmingham, Cambridge, Liverpool, Londres (King's College e Imperial College), Oxford y en ICI (Imperial Chemical Industries). Expresado de manera atrevida, la memoria señalaba que Halban y Kowarski habían demostrado en Cambridge que era casi seguro que se produciría una reacción en cadena en un sistema del tamaño adecuado (masa crítica), compuesto de óxido de uranio o de la forma metálica de este, con agua pesada como moderador. En esa misma ciudad inglesa, Egon Bretscher y Norman Feather predijeron que tal sistema produciría plutonio, pero la posibilidad de una bomba hecha con este elemento apenas se empezaba a vislumbrar. Para poder construir un artefacto así se necesitaba, por supuesto, conocer con precisión las secciones eficaces de las reacciones nucleares involucradas en el proceso, cuestión de la que se ocupó el grupo de Liverpool, que, como el del Cavendish, disponía de un ciclotrón.[11] También prestaron atención los británicos a la separación de isótopos y Fritz Simon (otro refugiado alemán, especialista en termodinámica y ba-

9. Cuando cayó Francia, Hans von Halban y Lew Kowarski, que como he señalado abandonaron París, llevaron a Inglaterra el agua pesada que utilizaban en su laboratorio y que habían obtenido en Noruega. El grupo francés se había concentrado en producir una reacción en cadena que empleara ese líquido como moderador. Halban y Kowarski se instalaron en Cambridge, donde se les proporcionaron facilidades para continuar con sus investigaciones y donde contribuyeron de manera destacada al proyecto nuclear británico.

10. Los informes preparados por el Comité MAUD («Report by M.A.U.D. Committee on the use of uranium for a bomb», «Report by M.A.U.D. Committee on the use of uranium as a source of power» y varios apéndices) se reproducen en Gowing (1964: 394-436). Partes del informe de Frisch y Peierls también se incluyen en Serber (1992: 79-88).

11. En 1937, el Cavendish construyó un ciclotrón de 1 MeV. Al año siguiente, ya disponía de una máquina capaz de alcanzar los 8 MeV. Fue construido por la Metropolitan Vickers Company y por el personal del propio laboratorio bajo la dirección de Cockcroft; véase Burcham (1989: 833).

jas temperaturas) diseñó en Oxford una planta piloto de difusión gaseosa.[12] Por último, Birmingham y los químicos de ICI prepararon uranio metálico y hexafluoruro de uranio de la suficiente pureza como para ser empleados en el prototipo de Simon.

El siguiente paso fue ampliar la infraestructura del proyecto nuclear británico. Tal organización (ahora bajo la jurisdicción de un viejo conocido nuestro, el Departamento de Investigaciones Científicas e Industriales) recibió el nombre en clave de *Tube alloys*. De nuevo, esta denominación no quería decir nada, pero sonaba, como se pretendía, a un organismo muy práctico y aburrido. Peierls, Halban y Simon figuraban entre los miembros del equipo técnico. La reunión inaugural del nuevo comité, celebrada a finales de 1941, contó con la asistencia de dos estadounidenses: el químico descubridor del deuterio (también autor de la separación del agua pesada de la ordinaria) Harold Urey y G. B. Pegram, un físico nuclear de Columbia. Era la primera vez que científicos norteamericanos iban a Gran Bretaña por asuntos relacionados de manera específica con la fisión del uranio.[13] Ambos quedaron impresionados por la seriedad del programa. La memoria que prepararon, junto a la lectura del informe MAUD y a la entrada de Estados Unidos en la guerra, galvanizaron a sus compatriotas. En palabras de Margaret Gowing (1981: 54), la historiadora más distinguida del proyecto atómico del Reino Unido: «Fue el Informe MAUD el que puso a los estadounidenses en acción y apenas hay duda de que sin el trabajo británico la segunda guerra mundial habría terminado antes de que se hubiera lanzado una bomba atómica».

El conocimiento de los progresos realizados por este comité hizo, en efecto, que los norteamericanos prestasen más atención a la posibilidad de fabricar una bomba atómica. Como hemos visto, se habían logrado importantes avances en el campo de la física nuclear en Estados Unidos. Sin embargo, salvo en unos pocos casos, se ponía el énfasis en la producción controlada de energía (reactor nuclear), cuando no en los problemas científicos que surgían de manera inde-

12. A comienzos de 1941, Lawrence también empezó a ocuparse en Berkeley de la separación de isótopos, que intentó conseguir mediante procesos electromagnéticos.

13. En el otoño de 1940, una misión británica, encabezada por Henry Tizard, director de la Board of Defense Research del Department of Scientific and Industrial Research, visitó Estados Unidos, para establecer contactos y abrir una puerta a la colaboración.

pendiente de cualquier posible consideración práctica. Esta situación se puede explicar por varias causas. Por un lado, Estados Unidos todavía no había entrado en la guerra, por lo que la fabricación de armamento no se entendía como un problema inmediato. Después, estaba la propia intensidad del desarrollo científico en Norteamérica en este campo. Como había ocurrido no hacía mucho con los matemáticos, quienes al progresar institucional y profesionalmente centraron sus investigaciones en las ramas más puras de la disciplina, en detrimento, hasta cierto punto, de las aplicadas, la mayoría de los físicos nucleares estadounidenses (incluidos los inmigrantes) estaban al principio más interesados en los aspectos fundamentales de su dominio que en los prácticos. Gran Bretaña, por el contrario, no solo estaba inmersa de lleno en la contienda, en la que se veía amenazada por un gran peligro, sino que disponía de una tradición, precisamente en física atómica y nuclear, que le permitía ver las cosas desde otra perspectiva. En cualquier caso, podía recurrir a bastante mano de obra cualificada. De este modo, no es sorprendente que, tras el impulso inicial dado por el informe de Peierls y Frisch, su proyecto avanzase como lo hizo. Tal vez no estaría fuera de lugar decir que la sombra de Rutherford era alargada, lo suficiente como para que floreciesen a su amparo científicos experimentales de la talla de Cockcroft, Chadwick, Oliphant, Walton, Blackett, Ellis o Feather.

A finales de 1941, Gran Bretaña estaba más adelantada, en lo que a la construcción de una bomba atómica se refiere, que Estados Unidos. Conscientes de esta situación y enfocados ya del todo en ese empeño, los norteamericanos solicitaron la colaboración británica. El 11 de octubre (1941), el presidente Roosevelt tomó la iniciativa de escribir a Churchill (Kimball, ed. 1984 a: 249): «Parece deseable que deberíamos escribirnos o conversar sobre un tema que está siendo estudiado por su comité MAUD, y por la organización del Dr. Bush en este país, para que cualquier esfuerzo importante pueda ser coordinado o incluso desarrollado conjuntamente. Sugiero que para identificación nos refiramos al tema como MAYSON».

El primer ministro inglés no se apresuró a contestar. Esperó hasta diciembre para hacerlo y entonces se ofreció a cooperar. Los intercambios de información entre ambas partes se iniciaron de manera efectiva a comienzos de 1942. Sin embargo, durante algún tiempo los británicos dieron muestras de un claro sentimiento de superioridad en sus comunicaciones con los estadounidenses.

El 7 de diciembre, Japón atacó Pearl Harbor y Estados Unidos entró en la guerra. A partir de ese momento, todo cambió. En seis meses, los científicos del país norteamericano superaron con mucho los conocimientos nucleares de sus aliados. Pronto, las dificultades provenían sobre todo de este lado del Atlántico y era Churchill el que mostraba interés en mantener la colaboración, para lo que insistió ante Roosevelt, primero, y Truman, después.

En la Tercera Conferencia de Washington (TRIDENT), celebrada en mayo de 1943 entre Roosevelt y Churchill, ambos gobernantes hablaron del proyecto atómico. De hecho, este tema fue, considerado en retrospectiva, el más importante de los tratados, aunque pasó prácticamente desapercibido en las notas oficiales.[14] Un cierto número de consejeros del presidente norteamericano (en particular Vannevar Bush) se oponían a que Estados Unidos compartiese con Gran Bretaña sus conocimientos nucleares.[15] Con el argumento de que el país europeo solo quería explotar la energía atómica por su valor económico y comercial en la posguerra, Bush pretendía restringir de manera radical el flujo de información. Incluso llegó a prohibir los intercambios en este sentido. Churchill protestó ante Harry Hopkins, amigo y confidente del mandatario estadounidense, a través de un telegrama enviado el 27 de febrero de 1943, en el que señaló que ellos habían compartido sus descubrimientos y que esperaban igual tratamiento. En la conferencia de Washington volvió a sacar el tema. A falta de informes escritos, lo único seguro es que Roosevelt le prometió poner en sus manos todos los datos. El 20 de junio, después de consultarlo con Hopkins, el presidente dio instrucciones a sus subordinados para que se «renovase [...] el intercambio completo de información con el Gobierno británico». Sin embargo, a pesar de esto, el 9 de julio de 1943 Churchill insistió de nuevo (Kimball, ed. 1984 b: 317):

> *Former Naval Person* al presidente Roosevelt, personal y muy secreta.[16]
>
> Desde el telegrama de Harry del 17 de junio he estado esperando ansiosamente más noticias acerca de *TUBE ALLOYS*. Mis expertos están preparados y encuentro cada vez más difícil entender el retraso. Si

14. Véase Kimball, ed. (1984 b: 214 y 351).
15. Para una perspectiva más amplia, consultar Herschberg (1993: cap. 10).
16. Churchill se refería a sí mismo con el transparente nombre en clave de *Former Naval Person*, ya que había sido Primer Lord del Almirantazgo.

han surgido dificultades, le ruego que me comunique inmediatamente cuales son, en caso de que podamos ayudar a resolverlas.

Roosevelt contestó al fin el 26 de julio y reafirmó la colaboración. La versión final del acuerdo angloamericano para una cooperación completa en la investigación nuclear se firmó el 19 de agosto (también participaba Canadá).

3. El Proyecto Manhattan

El 6 de diciembre de 1941 (esto es, un día antes del ataque japonés a Pearl Harbor), se decidió reorganizar el Comité del Uranio (conocido en clave como S-1) mencionado en el capítulo anterior. Conant pasó a encabezarlo, mientras que formaban parte de él: Lymann Briggs, director, recordemos, del National Bureau of Standards; Eger Murphree, jefe de investigación de la Standard Oil Development Company; además de Ernest Lawrence, Arthur H. Compton y Harold Urey. Este último fue el encargado de supervisar los trabajos para la separación del uranio 238 y 235 mediante difusión gaseosa, así como para fabricar agua pesada, utilizada como moderador y en ocasiones también como refrigerante. Por su parte, Lawrence se dedicó a la producción inicial de pequeñas muestras de elementos fisionables, a la aplicación del método electromagnético a la separación de isótopos y a ciertos análisis empíricos relacionados con las propiedades del plutonio. A su vez, Compton debía coordinar los estudios físicos básicos de la reacción en cadena. Además, contaba con autorización para explorar el posible uso de este proceso de cara a la obtención de plutonio en cantidades útiles. En enero de 1942, Compton reorganizó las investigaciones en curso en Chicago bajo el nombre (destinado, obviamente, a sembrar la confusión) de «Laboratorio Metalúrgico» y contrató a más personal. Supervisó asimismo los ensayos de otros centros, incluido el de la pila de grafito y neutrones lentos de Fermi en la Universidad de Columbia, en Nueva York, que meses más tarde se trasladó a Chicago, donde se concentraron estos proyectos. También los experimentos con neutrones rápidos para uso militar que, bajo la dirección de Gregory Breit, se llevaban a cabo en diversos lugares. De manera que fue en aquella ciudad del norte de Estados Unidos donde el 2 de diciembre de 1942, en la denominada «Chicago Pile One», cuya construcción se había iniciado el 16 de noviembre, el equipo liderado por Fermi logró la primera reacción en cadena controlada y autosuficiente (producía bastante energía como para mantenerse operativa por sí sola) de la historia. Se la dejó funcionar cuatro minutos y medio.

Medio año antes, el 18 de junio de 1942, el coronel del Cuerpo de Ingenieros James C. Marshall recibió órdenes para formar una nueva sección en su unidad, destinada a realizar una misión especial (la fabricación de bombas atómicas). Esta fue creada de manera oficial el 13 de agosto bajo el nombre de «Manhattan Engineer District», ya que su cuartel general estaba instalado en dicho barrio neoyorquino. Por razones de seguridad, sus tareas se denominaron de modo genérico como «Proyecto DSM» (siglas en inglés de Desarrollo de Materiales Sustitutivos). Se trataba de lo que con el tiempo se vino a conocer simplemente como Proyecto Manhattan. A su frente se puso el 17 de septiembre a un oficial extremadamente capacitado de ingeniería, el entonces coronel (más tarde general) Leslie R. Groves (1896-1970), cuyo nombre quedó unido de forma permanente al programa atómico norteamericano.[17]

Es importante señalar que la asignación del Proyecto DSM al Cuerpo de Ingenieros del Ejército estadounidense significaba dar un paso cuyas consecuencias (no apreciadas en realidad en ese momento) marcaron el desarrollo de la actividad científica de la posguerra y, de forma menos directa, la historia mundial de la década de 1950 en adelante. En resumen: la sociedad civil cedió la soberanía sobre la investigación a las Fuerzas Armadas. Es cierto que en principio tal cesión se suponía temporal, mientras durasen las condiciones excepcionales de la contienda, pero a la postre los militares percibieron con claridad que la ciencia (en especial la física y dentro de ella, la electrónica) de mediados de siglo encerraba unas potencialidades y una realidades que la hacían imprescindible para el desarrollo de la misión castrense: estar preparados y en las mejores condiciones posibles para la guerra. Era probable que esta, además, en caso de tener lugar, se librase en, o partiese de (por ejemplo, si se producía un ataque soviético con misiles de cabezas atómicas), escenarios lo bastante alejados del territorio nacional de Estados Unidos como para ha-

17. Sobre Groves, véase Norris (2002), así como su propia versión del proyecto, su a menudo citado libro *Now It Can Be Told* (Groves 1962).

cer imprescindibles los medios electrónicos adecuados para salvar semejantes distancias. En consecuencia, aquella atribución terminó por ser más permanente de lo previsto. En este sentido, el Proyecto Manhattan fue determinante en la historia de la ciencia contemporánea y, por consiguiente, también en la del mundo en general.

Según avanzaban los trabajos, se hacía patente la envergadura del programa. No solo era necesaria una capacidad científica extraordinaria, sino también industrial, tecnológica y militar, pues el Ejército proporcionaba una cobertura organizativa y logística esencial. Por un lado, estaba el Laboratorio, Metalúrgico de Chicago, cuyo reactor contenía casi cuatrocientas toneladas de grafito, seis de uranio metálico y 58 de óxido de uranio, supervisado por Fermi. Por otro, el Laboratorio de Radiación de Ernest Lawrence en Berkeley. También la empresa Westinghouse Electric and Manufacturing Co. se ocupaba de la producción del material fisible en forma metálica y la Mellinckrodt Chemical Works de St. Louis, ayudada por el National Bureau of Standards, de preparar su óxido. Del suministro de grafito de gran pureza se encargaban la National Carbon Co. y la Speer Carbon Co., de acuerdo con las sugerencias de los técnicos de la institución de patrones antes mencionada. En los estudios de reacciones con neutrones rápidos, dirigidos por Gregory Breit, participaron investigadores del Instituto Carnegie de Washington, del National Bureau of Standards, del Instituto Rice y de las universidades de Cornell, Purdue, Chicago, Minnesota, Wisconsin, California, Stanford e Indiana. En otras tareas, tomaron parte científicos de las facultades correspondientes de, por ejemplo, Virginia, Iowa. Brown y Yale, al igual que de centros como el Instituto de Investigación Médica Rockefeller. La firma M. W. Kellogg recibió el encargo de analizar el proceso de difusión gaseosa de los isótopos U-235 y U-238, para diseñar una planta piloto.

Esta separación era fundamental, pues solo la primera variedad del elemento era fisionable. Un buen resumen de los métodos empleados para lograrla se encuentra en el texto de las cinco conferencias que preparó uno de los miembros del Laboratorio de Los Álamos, Robert Serber, teórico de Berkeley y protegido de Oppenheimer. Serber elaboró las ponencias para que los miembros del centro de investigación, así como los que se sumaban a él, tuviesen una panorámica general de la situación en la que se encontraban y de los problemas que enfrentaban. Ese documento catalogado como «*Top Se-*

cret Limited Document» no fue desclasificado hasta 1965 y solo se publicó en 1992, con notas y comentarios añadidos por su propio autor, bajo el título *The Los Alamos Primer*.[18] De uno de esos añadidos extraigo los siguientes pasajes (Serber 1992: 14):

> Para preparar una bomba atómica con uranio, Estados Unidos tenía que separar la 1/140-ava parte de U^{235} de 139 partes de U^{238} en uranio natural cuando las únicas diferencias entre los dos para separarlos era sus masas. La mayor parte de los dos mil millones de dólares que se gastaron en el programa (el Proyecto Manhattan) en tiempo de guerra para desarrollar la bomba se invirtió en construir la vasta maquinaria necesaria para separar uranio. Un sistema, la difusión gaseosa [ideado por Gustav Hertz, quien recibió el premio Nobel de Física en 1925 por desarrollar procesos de separación de isótopos mediante este proceso], convertía el uranio natural en un gas [...]. La construcción que albergaba la planta de difusión gaseosa en Oak Ridge, Tennessee, correspondía en tamaño: una estructura en forma de U en la que cada brazo tenía casi ochocientos metros de largo. Otro sistema, la separación electromagnética, se basaba en el hecho de que un átomo cargado eléctricamente [esto es, un ion] que viaja a través del campo producido por un imán se mueve en un círculo cuyo radio está determinado por su masa. Iones de un compuesto de uranio vaporizado proyectados a través de un campo magnético intenso dentro de un tanque curvado en el que se ha hecho el vacío se separan en dos haces, con los átomos del más ligero U^{235} siguiendo uno más pequeño que el del más pesado U^{238}. Recipientes metálicos colocados al final de miles de tanques construidos en Oak Ridge recogían cada haz de isótopos en forma metálica. El sistema era notablemente ineficiente, pero realizó el trabajo. La mayor parte del uranio utilizado en la bomba de Hiroshima se separó de esta manera.
>
> Se necesitó otro gran esfuerzo para producir plutonio. Este elemento no existe en la naturaleza, sino que tiene que ser manufacturado en un

18. El texto de *The Los Alamos Primer* fue preparado por Edward Condon a partir de las notas que tomó durante las conferencias. Serber se graduó en 1930 por la Universidad Lehigh, esto es, en plena Gran Depresión. A pesar de ello, logró un puesto como ayudante en la Universidad de Wisconsin, donde entonces enseñaba John van Vleck. Se doctoró en 1934 y con una beca del Consejo Nacional de Investigaciones pasó a Berkeley, donde conoció a Oppenheimer. Las memorias de Serber ofrecen numerosos detalles sobre el Proyecto Manhattan, incluido el origen de *The Los Alamos Primer* (Serber 1983: 80).

> reactor nuclear. En el reactor, la velocidad de los neutrones de fisión se reduce con grafito (carbono) y algunos de ellos son capturados por el U^{238} para producir el isótopo U^{239} (como se añade un neutrón, el peso atómico aumenta en una unidad). El U^{239} experimenta una desintegración beta espontánea, un proceso en el que un neutrón del núcleo pasa a ser un protón y emite un electrón. Como ahora hay un protón más, el número atómico aumenta en uno: el 92^{239} se convierte en 93^{239}. Este elemento, de número atómico 93, se denomina neptunio. El Np^{239} sufre a su vez una desintegración beta y se convierte en 94^{239}, el material que se necesita para la bomba.

Serber no mencionó un tercer método, basado en la fuerza centrífuga, la cual hace que sustancias con masas diferentes se separen en una máquina cilíndrica giratoria, o centrifugadora. En 1934, Jesse Beams, de la Universidad de Virginia, utilizó esta técnica para separar los isótopos 35 y 37 del cloro. En 1940, el mismo Beams recibió financiación gubernamental para aplicar este procedimiento al uranio, mediante grupos de centrifugadoras que rotaban a gran velocidad. Sin embargo, no tuvo éxito (se necesitaba una cantidad enorme de energía) y esta ruta terminó por abandonarse en 1944.

Para desarrollar métodos de obtención de plutonio (elemento también fisionable, presente en la bomba de Nagasaki) se construyó, con la participación de las empresas Stone and Webster Engineering Corporation y Du Pont, una planta en Oak Ridge, Tennessee, conocida como Clinton Engineer Works, que empezó a funcionar el 4 de noviembre de 1943. Para la producción a gran escala de este material radiactivo, se edificó otra factoría sobre el río Columbia, en Hanford, en la parte central del estado de Washington, denominada Hanford Engineer Works. Además, hubo que investigar sobre problemas de corrosión, refrigeración, blindaje, protección o consecuencias biosanitarias de la radiación, cuestiones estas en las que estuvieron involucradas numerosas compañías privadas y universidades.

Por último, estaba el laboratorio de Los Álamos, el lugar en el que se abordó la manera de utilizar todos los materiales, dispositivos y conocimientos obtenidos en centros como los que acabo de señalar y combinarlos para fabricar en última instancia la bomba atómica, la meta final de esos esfuerzos preliminares.

En el verano de 1942, Robert Oppenheimer organizó un encuentro en Berkeley para explorar los aspectos teóricos de las armas nucleares. Entre los participantes se encontraban Hans Bethe, John van Vleck, Edward Teller, Robert Serber y Felix Bloch. En noviembre, se eligió un lugar de Nuevo México, llamado Los Álamos y situado a unos 48 kilómetros de Santa Fe, para albergar el laboratorio en el que se construiría el artefacto. La principal ventaja de esta ubicación, a la que solo se podía llegar a través de una tortuosa carretera, era disponer de una extensión considerable de terreno para posibles pruebas. El centro estaba adscrito a la Universidad de California y Oppenheimer fue su director desde el comienzo. Él llegó a Los Álamos en marzo de 1943 y a continuación lo hicieron los diversos equipos, cuyos integrantes formaron el conjunto de científicos más impresionante de toda la historia de la ciencia que jamás haya trabajado en colaboración. Entre los que residieron allí o pasaron por sus instalaciones, figuran von Neumann, Bohr, Richard Feynman, Bethe, Fermi, Teller, Emilio Segrè, Weisskopf, Luis Álvarez, Edwin McMillan, Rabi, Tolman, Lawrence, Compton, Edward Condon, Norman Ramsey o Stanislaw Ulam.

Una manera de apreciar las dimensiones del Proyecto Manhattan es considerar el dinero que se necesitó para poder llevarlo adelante. Veamos las cifras correspondientes:

Gastos totales en el Proyecto Manhattan[19]

(Agosto 1942-diciembre de 1946)	*(En millones de dólares)*
1942	16
1943	344
1944	939
1945	610
1946	281
	Total 2.190

Cabe señalar que de esta cantidad le correspondieron a Los Álamos (hasta el 31 de diciembre de 1945) 74 millones de dólares. En absoluto fue el apartado más oneroso del programa. En el mismo período, la planta de difusión gaseosa consumió 511 millones, mien-

19. Citada en Hewlett y Anderson jr. (1990: 724).

tras que a la separación electromagnética se destinaron 477 millones y a los Clinton Engineer Works, 390 millones.

La decisión e iniciativa con que se desarrolló el proyecto son impresionantes. En casi todos los aspectos era más lo desconocido que lo sabido. Además, había que avanzar en muchos asuntos antes de disponer de los elementos imprescindibles para llevarlo todo a la práctica (las bombas se lanzaron apenas se obtuvieron el uranio y el plutonio necesarios). Para minimizar los riesgos, se seguían vías alternativas y gracias a este procedimiento se pudieron superar algunos momentos críticos. Por ejemplo, en la primavera de 1944, un pequeño grupo dirigido por Emilio Segrè en Los Álamos descubrió, al recibir las primeras muestras de Pu-239, que este isótopo se fisionaba de manera espontánea. De este modo, el procedimiento diseñado para alcanzar la masa crítica (lanzar uno contra otro, mediante explosivos convencionales, dos volúmenes de material fisible) era excesivamente lento.[20] Antes de que las dos mitades se llegaran a juntar, la fisión natural del elemento habría hecho estallar el artefacto de plutonio. Por fortuna, esta posibilidad se había contemplado, bien que de pasada. No hubo que comenzar desde cero y se pudo, dentro de los límites de tiempo manejados, desarrollar un nuevo método, más rápido, de alcanzar la masa crítica: la implosión. La prueba (denominada «Trinity») se llevó a cabo en las primeras horas de la mañana del 16 de julio de 1945, en las desiertas tierras de la Jornada del Muerto, cerca de Alamogordo, en Nuevo México, a 370 kilómetros de Los Álamos.[21] Precisamente, fue la bomba de plutonio la que se hizo estallar en esa ocasión, para comprobar si la nueva «espoleta» funcionaba de modo satisfactorio. Por el contrario, la de uranio (con su «espoleta de choque») era mucho más segura y no se creyó necesario realizar ensayo alguno. Ese papel le correspondió a Hiroshima.

El resultado de Trinity ha pasado a los anales de la ciencia: siete minutos después de la explosión, la nube producida alcanzaba los once kilómetros y medio de altura. El resto, como se suele decir, es historia.

20. Este incidente se describe con detalle en Hoddeson, Henriksen, Meade y Westfall (1990: 12).

21. Esta bomba no se lanzó desde un avión, sino que estaba colocada en una torre metálica.

Richard Feynman era uno de los científicos que trabajaban en Los Álamos y que presenciaron este ensayo. Describió lo que vio en una extensa carta a su madre, Lucille, el 9 de agosto de 1945 (Feynman 2006: 81-84):

> Querida mamá:
>
> Ahora estoy en Cincinnati, esperando la salida de un avión. Soy tonto. Todos debéis haberos reído mucho por el tipo despistado que piensa que su hermana va a la escuela en verano. Me di cuenta de mi error aproximadamente media hora después de enviar el telegrama a Joan.
>
> En los periódicos hay mucho espacio dedicado a la bomba, y por eso sé que puedo contarte algunas cosas. Recuerda, me fui el sábado por la noche en el avión. Llegué (a Alburquerque) el domingo casi al mediodía y allí me recogió un coche del ejército y me llevó al lugar, donde llegamos a las 15:00 en punto. Fui directo a casa del jefe. Su mujer había preparado sándwiches, etc. Estaba previsto que todos saliéramos en autobuses a las 17:00 para ir al sur (así que tenía dos horas), a unos 160 kilómetros al sur de Alburquerque, porque íbamos a ser testigos de un ensayo de nuestra bomba. Estaba previsto a las 04:00 de la madrugada del lunes, si el tiempo lo permitía. Había (ahora estoy en vuelo) tres autobuses cargados de científicos ansiosos. Hubo interesantes sucesos en el camino: primero, tres autobuses cargados de científicos ansiosos se detuvieron y esperaron a un lado de la carretera mientras un científico especialmente ansioso (no yo) se bajaba y se metía durante un rato entre los arbustos. Segundo, Alburquerque, la mayor ciudad de Nuevo México, sufrió una avalancha en todas las tiendas, cafés, etc., estaban llenas de tipos iguales cuando nos paramos para refrescarnos en el camino, lo que demuestra lo realmente pequeña que es Alburquerque. Finalmente, llegamos a nuestro punto de observación en una cordillera que daba a una gran hondonada en el desierto, en cuyo centro, a treinta kilómetros, estaba nuestro chisme. Estaba montado en una torre de acero de veinte metros de altura, pero no podíamos verlo. Sabíamos dónde mirar por los focos, que apuntaban a él, y alternativamente a las nubes; el tiempo parecía malo.
>
> Se distribuyeron gafas oscuras (gafas de soldador). Miré mi linterna a través de ellas y apenas podía verla. Entonces todo el mundo se sentó a comer y esperar hasta las 4 de la madrugada. Allí aprecié los esfuerzos de la mujer del jefe. Pollo asado, limonada y chocolate.
>
> Teníamos dos radios: una similar a una radio de policía para escuchar y hablar con una estación en tierra, y otra para oír los informes

desde un avión que iba a sobrevolarnos, tomar fotografías, dejar caer instrumentos de medida y ver la sensación desde el aire. Cogí la radio del avión. Una de las dos radios no funcionaba, la mía. Sudé sangre con ella. Conseguí informes de uno de los hombres que sabían en qué frecuencia iba a transmitir el avión. Traté de sintonizarla, cambié la posición de la antena, movía cada interruptor, pero sin éxito. Mientras tanto, habíamos sabido que la cosa se iba a posponer por culpa del tiempo. Cuando me acercaba a la frecuencia correcta todo lo que captaba era una estación de onda corta de San Francisco que transmitía música, pero esto me permitió sintonizar lo mejor que pude (había literalmente diez diales y nadie sabía para qué servían, pero experimentando con San Francisco descubrí qué es lo que hacían). Finalmente sintonicé de la forma más precisa posible donde pensaba que estaría la cosa, pues todos estaban ansiosos por descubrir qué pasaba y no se estaban aprovechando del otro equipo, porque los tipos que había al otro extremo estaban demasiado ocupados para responder a nuestras preguntas. Me fui a la otra radio, confiando en pedirles que entraran en contacto con la otra estación para comprobar en qué frecuencia estaba transmitiendo el avión. Estaban demasiado ocupados pero, cuando volví, uno de los expertos en electrónica, entre los científicos que había allí, estaba saltando felizmente delante del grupo y estaba diciendo «bien, vemos sus focos». Me sentí estúpido, supongo que estos chicos electrónicos saben cómo sintonizar radios. Le pregunté cómo lo hizo. Dijo que no lo había hecho: simplemente pasaba por ahí y salió la voz. Acababan de empezar a transmitir. Si yo no les había oído era porque no estaban diciendo nada.

A los pocos minutos de escucharles (alrededor de las 5:00) les oí decir. «El disparo será a las 5:30, ahora faltan treinta minutos». Todos pusieron en hora sus relojes y se amontonaron alrededor de la radio. «Faltan diez minutos»; luego «faltan tres minutos». La gente se dispersó por la colina para no estorbarse unos con otros. Se pusieron sus gafas oscuras. Algunos incluso se pusieron aceite bronceador. Una banda de locos optimistas, pensé. Yo había tratado de calcular qué potencia tendría la bomba. Sabía cuántas cosas tendrían que pasar para obtener un estallido realmente bueno y quería disfrutar de una experiencia plena si pasaba, así que iba a mirar directamente: nada de gafas oscuras para mí. Me puse detrás del cortavientos del vehículo armado que llevaba la radio, para que la luz ultravioleta, si la había, no dañase mis ojos. Oí la voz de un hombre a mi derecha. «Debe ocurrir en quince segundos.» Aparté hacia atrás mis gafas y miré al foco. ¿Saldría todo bien?

Quedé cegado por un terrible destello plateado: tuve que apartar la vista. Dondequiera que mirara aparecía una enorme mancha purpura; era igual de brillante cuando cerré los ojos. «Eso», decía mi cerebro científico a mi cerebro aturdido, «es una post-imagen provocada por mirar una luz amarilla brillante: no es la bomba lo que estás viendo.» Así que me volví para mirar la bomba. El cielo estaba iluminado con una luz amarilla brillante, la tierra parecía blanca. El amarillo se hizo poco a poco más oscuro, fue pasando poco a poco a naranja. En el cielo vi nubes blancas sobre el chisme, causadas por la expansión repentina que siguió a la onda de choque: la expansión enfría el aire y se forman nubles de niebla, es lo que esperábamos. Algo crea nubes. El naranja se hizo más fuerte, pero donde estaba el chisme todavía era brillante, una bola brillante en llamas de color naranja. Esta empezó a ascender, dejando atrás una columna de humo que se parecía mucho al tallo de una seta. La masa naranja siguió ascendiendo, el naranja se desvanecía y parpadeaba. Era una gran bola de humo y llamas de *5 kilómetros de diámetro*, como un gran incendio petrolífero agitado y revuelto, ahora humo negro, ahora llama naranja. Pronto desapareció el naranja y solo quedaba humo, pero este estaba envuelto en un maravilloso brillo purpura. Otra post-imagen, pensé, pero al cerrar los ojos desapareció y apareció de nuevo al abrirlos. Otros decían que también lo veían, causado probablemente por el aire ionizado por el gran calor. Poco a poco desapareció, y la bola de humo fue ascendiendo lenta y majestuosamente hacia arriba, dejando una estela de polvo y humo tras ella.

Luego, repentinamente, hubo un fuerte chasquido seguido por un trueno. «¿Qué es eso?», gritó el hombre que estaba a mi izquierda, un representante del Departamento de Guerra. «Esa es la cosa», le respondí a gritos. Él había olvidado que el sonido viaja mucho más lento que la luz, y lo que habíamos visto hasta ahora era una imagen silenciosa cuya huella sonora llegaba un minuto y cuarenta segundos más tarde. Supe entonces que la bomba fue un éxito; por grande que pareciera a treinta kilómetros, yo estaba aún más impresionado por el sonido del trueno reflejado en las colinas.

Nos pusimos de pie de un salto, gritamos, corríamos dándonos palmadas en la espalda unos a otros, chocando las manos, felicitando a los demás, conjeturando la energía liberada; había funcionado como nadie se hubiera atrevido a esperar. Todo fue perfecto salvo el objetivo: la siguiente estaría dirigida hacia Japón, no Nuevo México. (*Continúa el camino de vuelta en el aeropuerto de Knoxville, esperando un avión para*

Cincinnati.) Finalmente subimos a los autobuses y volvimos a casa. Preguntamos por el camino a uno de los conductores del autobús cuál había sido su impresión de la explosión. «Bueno, no lo sé, nunca tuve una oportunidad de ver una de estas cosas explotando.»

Las fotografías y observaciones posteriores mostraron que un área de un kilómetro y medio de diámetro estaba cubierta por un tapiz verde y cristalino formado al fundirse la arena de la superficie. La arena es marrón, el tapiz es verde brillante. Es maravilloso ver desde al aire el área verde con el cráter en el centro, en el desierto marrón.

Bueno, cuando volvimos me divertí contándoselo a muchas personas. Los muchachos que trabajan para mí se reunieron en la sala boquiabiertos, mientras yo se lo contaba. Todos estaban orgullosos de lo que habían hecho. Quizá podamos acabar con la guerra pronto. Había demasiado que esperar. Volvimos a trabajar.

Habían salido algunas expediciones a las montañas que rodean Alburquerque y vieron el cielo tan brillantemente iluminado que por un momento temieron que hubiésemos calculado mal y se hubiesen achicharrado todos los experimentadores que estaban a menos de diez kilómetros. Se vio en tres estados; a más de trescientos kilómetros a la redonda. El jefe de la Base Aérea de Alamogordo tuvo que emitir un comunicado diciendo que un depósito de munición había estallado accidentalmente.

Hasta luego.

Por su parte, en un informe sobre la prueba, fechado el 18 de julio de 1945, Groves señalaba que (Williams y Cantelon, eds. 1984: 48) «la prueba tuvo más éxito que las expectativas más optimistas de cualquiera. Basándose en los datos que ha sido posible obtener hasta el momento, se estima que la energía liberada superará el equivalente de entre quince mil y veinte mil toneladas de TNT, y esta es una estimación conservadora. [...] Se produjo una tremenda explosión. Durante un breve período el efecto de iluminación dentro de un radio de 32 kilómetros equivalía a la de varios soles al mediodía, se formó una gran bola de fuego que duró varios segundos».[22]

22. Una excelente descripción de Trinity es la que dio en *The Bulletin of the Atomic Scientists* el director de la prueba, Kenneth Bainbridge (1975).

4. Hiroshima y Nagasaki

Cuando en la primavera de 1944 Groves se sintió seguro del éxito de la misión, se dirigió al general H. H. Arnold, el principal responsable de la Fuerza Aérea estadounidense, para que le proporcionara bombarderos y todo lo necesario para el lanzamiento. Tampoco en este aspecto se iba a dejar nada a la improvisación.

A pesar de la gran demanda existente en el Pacífico, Arnold puso a disposición de Groves un escuadrón de los aviones más grandes de que disponía Estados Unidos: los B-29. Estos se recibieron en octubre y desde ese momento se ensayaron en ellos los tres modelos de carcasa contemplados para los proyectiles. El Grupo de Balística de Los Álamos investigó los problemas relativos a la seguridad de la tripulación, cuestiones como la onda expansiva que podía resistir la aeronave o la maniobra para alejarse todo lo posible de la detonación (por cuestiones de eficacia, esta debía tener lugar antes de llegar al suelo). Otro asunto crucial era elegir el objetivo, u objetivos, del ataque.

En una serie de reuniones celebradas en abril y mayo de 1945, el Comité de Objetivos, del que formaban parte militares y científicos (como Oppenheimer y von Neumann), identificó en un primer momento cuatro posibilidades: Kioto, Hiroshima, Yokohama y el arsenal de Kokura. A estos se añadió la población de Niigata, como reserva. Muchas y muy variadas fueron las consideraciones realizadas a la hora de efectuar esta selección.[23] Por una parte, se deseaba lanzar los artefactos sobre ciudades (no centros industriales, que eran demasiado pequeños y estaban muy dispersos) que no hubiesen resultado demasiado dañadas durante bombardeos previos (de Tokio apenas quedaba en pie el palacio imperial). También se contempló desde el inicio la idea de que el blanco afectase lo más posible a la moral de la población. Asimismo, se pretendía que, en palabras de Groves (1962: 267), «el primer blanco fuese de un tamaño tal que el daño quedase confinado dentro de él, de manera que pudiésemos determinar claramente el poder de la bomba». Otra restricción era que el ataque tenía que completarse de manera visual, sin ayuda del radar, porque había que reducir al mínimo las posibilidades de perder un «envío» tan valioso. Era conveniente, además, que la explosión tuviese lugar hacia el centro urbano y no en las afueras, donde

23. Véase, por ejemplo, Groves (1962: cap. 19; «Choosing the target»).

los edificios estaban más dispersos y eran menos localizables. Aparte de los anteriores requisitos, el objetivo debía tener relevancia militar. El 28 de mayo, se decidió reducir la lista a (por orden de prioridad): Kioto, antigua capital imperial, Hiroshima y Niigata. En el último momento, se prescindió de la primera de estas localidades. Sus numerosos tesoros artísticos y su significado cultural en el país nipón podían alimentar un excesivo resentimiento entre los japoneses e inclinarlos, en la difícil posguerra que se avecinaba, hacia los soviéticos. Como alternativa, se añadieron Nagasaki y Kokura.

Una pregunta fundamental es si Estados Unidos estaba decidido por completo a utilizar armas nucleares. «Cuando comenzamos a desarrollar la energía atómica —escribió Groves (1962: 265) en sus memorias—, Estados Unidos no estaba en absoluto decidido a emplear armas atómicas contra ningún otro poder. Sin embargo, con la activación del Proyecto Manhattan la situación empezó a cambiar. Nuestro trabajo fue extremadamente costoso, tanto en dinero [2.000 millones de dólares] como en interferencias con el resto del esfuerzo bélico. Según pasaba el tiempo, al ir invirtiendo más y más dinero y esfuerzos en el proyecto, el Gobierno se convenció cada vez más de que era necesario utilizar la bomba [...] Como lo expresó sucintamente Mr. Stimson [Secretario de Estado], el Proyecto Manhattan existía "para llevar la guerra a un final feliz más rápidamente de lo que se podría con otros medios y así salvar vidas norteamericanas".»

Este último argumento ha sido empleado con profusión, tradicionalmente por el lado norteamericano, para justificar que Truman ordenase el lanzamiento. Según este relato, los dirigentes de Estados Unidos manejaban la cifra de medio millón de vidas de soldados aliados salvadas con esta decisión. Sin embargo, la apertura de archivos ha demostrado que los cálculos militares reducían ya entonces esa cantidad a cincuenta mil.

Estaba también el temor a los soviéticos. Se ha llegado a afirmar que las bombas atómicas se lanzaron más contra la Unión Soviética que contra Japón. Un aspecto importante a tener en cuenta en este sentido es que en la conferencia de Yalta (febrero de 1945), Roosevelt y Churchill, deseosos de obtener la ayuda de Stalin en el frente japonés, cedieron ante las demandas de este, que se comprometió a actuar en el Pacífico entre dos y tres meses después de la derrota de Alemania. La disponibilidad de las armas nucleares y la creciente percepción del «peligro rojo» modificaron la situación de forma drástica. Ahora, Estados Unidos veía la posibilidad de poner fin a la guerra antes de que Moscú pudiese entrar en ella, lo que les habría dado los argumentos necesarios para negarse a cumplir lo prometido en Yalta. De este modo, era urgente lanzar las bombas atómicas. Similar prisa, pero por los motivos contrarios, apremiaba los soviéticos. De hecho, Stalin firmó el 7 de agosto, tan solo un día después del ataque sobre Hiroshima, la orden para que el Ejército Rojo comenzase el 9 su ofensiva contra las fuerzas japonesas en Manchuria.

Así, el 6 de agosto de 1945, un bombardero B-29 estadounidense (el famoso Enola Gay) despegó de la isla de Tinian con una carga mortífera, que lanzó sobre Hiroshima a las 8:15, hora local. Se trataba de «Little boy», una bomba atómica de uranio, de unos 4.500 kilogramos de peso y de una potencia equivalente a trece mil toneladas de TNT. Su efecto fue devastador. Virtualmente todo lo que había en un radio de quinientos metros de la explosión fue incinerado. Los edificios situados a una distancia de hasta tres kilómetros resultaron destruidos. Un espeso hongo de humo ascendió hasta los doce kilómetros de altura. A finales de ese año, el número de víctimas mortales se estimó en 145.000 personas. Muchas otras llevaban, en forma de radiación, la muerte en su seno. Cinco años más tarde, los muertos sumaban los doscientos mil.

Tres días después (11:02 hora local) le tocaba el turno a «Fat man», un artefacto de plutonio. Pesaba algo más que su predecesora, unos cinco mil kilogramos, pero tenía la misma potencia. Su objetivo fue Nagasaki. Fallecieron 70.000 personas, menos que en la ocasión anterior debido a una serie de errores en el lanzamiento.

La reacción inicial en Tokio ante el primer ataque fue de confusión. Hasta el día siguiente no empezó a quedar claro que la destrucción de la ciudad había sido causada por una sola bomba. Las dudas que todavía alimentaban algunos medios desaparecieron por completo el día 9, con la explosión sobre Nagasaki. Surgió entonces un agrio debate en el Gobierno japonés sobre los términos de su rendición. El partido favorable a la paz tan solo insistía en que se respetasen las prerrogativas del emperador, mientras que los militaristas añadían otras condiciones. En la mañana del 10 de agosto, Hirohito, en una iniciativa sin precedentes, se inclinó por la postura de los pacifistas. Su decisión se comunicó de manera inmediata a los Aliados, pero estos insistieron en que también el monarca debía estar sujeto a la autoridad del Comandante en Jefe de las fuerzas de ocupación.

El 14, la casa imperial decidió aceptar esta exigencia y el 16 se ordenó a las tropas japonesas que depusiesen las armas.

Con la rendición de Japón terminaba la segunda guerra mundial, una contienda que por entonces ya estaba ganada en realidad. No obstante, si se cerraba una puerta (un problema), se abría una ventana. La disponibilidad de armas nucleares condicionó en lo sucesivo las relaciones políticas internacionales entre las grandes potencias, lo que es tanto como decir que la vida en una gran parte del planeta se vio afectada por ello. La ciencia, sin la cual no se habría podido crear semejante instrumento, también sintió las consecuencias en sus propias carnes.

5. El Informe Smyth

De manera sorprendente, el 11 de ese mismo mes, cuatro días antes de que Japón se rindiese y pusiese fin a la segunda guerra mundial y cinco después de lanzar la primera bomba atómica sobre Hiroshima, el Gobierno de Estados Unidos hizo público un informe sobre los antecedentes del Proyecto Manhattan (el descubrimiento de la fisión del uranio y las investigaciones posteriores) y su desarrollo, hasta la fabricación de armas nucleares. El documento recibió el título de *Atomic Energy for Military Purposes: The Official Report on the Development of the Atomic Bomb under the Auspices of the United States Government, 1940-1945* (Smyth 1945) y su autor fue el decano de la Facultad de Física de la Universidad de Princeton, Henry de Wolf Smyth (1898-1986). Este científico estuvo implicado de diversas maneras en los trabajos estadounidenses en este frente e incluso sirvió como asesor del Proyecto Manhattan. Por ejemplo, fue él quien propuso el método de separación electromagnética de los isótopos 238 y 235 del uranio, que se utilizó para enriquecer la primera muestra de material fisionable.

En agosto de 1944, Groves lo incluyó en un comité para el estudio de las políticas que podía implementar el Gobierno una vez acabada la guerra. En esa agencia y en otras, Smyth defendió la publicación de un informe sobre el Proyecto destinado al público en general. El poderoso Vannevar Bush estuvo de acuerdo y, con la aquiescencia de Groves, pidió al propio decano de Princeton que lo redactase.

Una vez salido el texto de imprenta, la reacción social fue tan grande que la Oficina de Publicaciones del Gobierno no pudo atender la demanda. El director de Princeton University Press, Datus Smith, propuso a Smyth publicar el escrito en forma de libro en la propia editorial universitaria y este aceptó. A pesar de las limitaciones de papel entonces existentes, el volumen apareció tres semanas después de entregado el manuscrito: fue, como señalé, el 11 de agosto y enseguida se convirtió en un éxito de ventas. La primera tirada, de 60.000 ejemplares, se agotó el mismo día de su lanzamiento. A finales de 1946, se habían vendido 103.000 copias. Smyth retuvo los derechos de autor para evitar que otros los reclamaran, pero no puso obstáculos a que se reprodujera el texto y lo dejó en realidad en el dominio público. Más tarde, manifestó que «mi balance financiero por el Informe es menos dos dólares, la tarifa para obtener el *copyright*».

También en el Reino Unido, país que había colaborado de manera muy estrecha con Estados Unidos en la fabricación de la bomba atómica, se publicó el informe Smyth en 1945, a cargo de «His Majesty's Stationery Office, Londres».

Atomic Energy for Military Purposes fue varias cosas a la vez: una introducción a la física nuclear y a la historia de la radiactividad; una crónica de los esfuerzos para romper el átomo mediante el bombardeo con partículas; un resumen de la organización de diversos grupos de investigación y una descripción del modo en que el Proyecto logró producir un arma atómica en tres años.

La buena disposición del Gobierno estadounidense a la hora de hacer público un asunto tan sensible para la seguridad nacional no fue del agrado de todos. Uno de los críticos fue el físico británico James Chadwick, descubridor, recordemos, del neutrón en 1932. Este participó en las investigaciones sobre la fisión del uranio que se llevaron a cabo en el Reino Unido, antes incluso que en Norteamérica, y pasó parte de la guerra como colaborador del Proyecto Manhattan. En realidad, antes de autorizar la publicación del texto de Smyth, el escrito fue revisado por Richard Tolman, físico del Californian Institute of Technology, quien eliminó detalles esenciales para fabricar las bombas. Por ejemplo, no se decía nada de uno de los avances más importantes en el proceso, la implosión, que fue decisivo sobre todo para el artefacto de plutonio. En la «Introducción», el general Groves incidía en este punto (Smyth 1945, 1946: 17):

> Toda noticia de carácter científico que actualmente puede ser puesta en conocimiento del público sin violar las normas de la seguridad nacio-

nal, está incluida en este volumen. Ningún pedido de informes complementarios, directa o indirectamente vinculados con el proyecto, puede ser formulado por particulares u organizaciones. Toda persona que revele o facilite el proporcionar informes complementarios, por cualquier medio y en cualquier lugar sin autorización, está sujeta a penalidades severas que corresponden al Acta de Espionaje.

Desde esta perspectiva, se puede afirmar que el propósito de dicho expediente no era proporcionar información sobre los avances conseguidos, sino establecer los límites de lo que se podía decir y, sobre todo, revelar. Aun así, la memoria ofrecía algunos «Datos definitivos y generalmente conocidos sobre la fisión», disponibles tanto en Estados Unidos como en otros países en junio de 1940. Entre estos, figuran los siguientes (Smyth 1945, 1946: 50-51):

1) Los fragmentos de la fisión poseían una energía cinética muy elevada;

2) la fisión del uranio se podía producir por medio de neutrones rápidos o lentos (los denominados de velocidad térmica); en particular, neutrones térmicos provocaban la fisión de uno de los isótopos del uranio, el U-235, pero no del U-238, y los neutrones rápidos tenían menor probabilidad de causar la fisión en el U-235 que los neutrones térmicos;

3) para ciertas velocidades de neutrones existía una gran sección eficaz de captación en el U-238, produciendo el U-239, pero no fisión;

4) en el proceso de fisión se emitían neutrones de alta velocidad;

5) el promedio de neutrones liberados por fisión era, aproximadamente, de entre uno y tres;

6) neutrones de alta velocidad podían perder energía por choques inelásticos con núcleos de uranio sin que se produjese ninguna otra reacción nuclear;

7) la teoría semiempírica de Bohr-Wheeler (desarrollada por ambos durante la estancia de Bohr en Princeton) explicaba bastante bien la mayoría de los datos conocidos y hacía, además, nuevas predicciones.

El último capítulo, el XIII («Sumario general»), finalizaba con una sección titulada «Los problemas ante la opinión pública» (Smyth 1945, 1946: 276-277):

Nos encontramos con un explosivo que está lejos de haber sido perfeccionado completamente. Ahora las futuras posibilidades de tales explosivos son aterradoras y sus efectos sobre las futuras guerras y los asuntos internacionales revisten importancia fundamental. Aquí está un nuevo instrumento para la humanidad, un instrumento de un poder destructivo inimaginable. Su desarrollo suscita muchas preguntas que tienen que ser contestadas en el futuro inmediato.

Debido a las limitaciones de seguridad militar, no hay posibilidad para el Congreso y el pueblo de discutir estas preguntas. Estas han sido tomadas en cuenta seriamente por todos los interesados y debatidas fogosamente entre los científicos y las conclusiones alcanzadas han sido comunicadas a las más altas autoridades. Estas preguntas no son preguntas técnicas, sino preguntas políticas y sociales, y las contestaciones dadas a las mismas pueden afectar a toda la humanidad durante varias generaciones. Pensando en ellas los que colaboraron en el proyecto han estado actuado como ciudadanos de Estados Unidos profundamente interesados en el bienestar de la humanidad. Ha sido su deber y el de los oficiales superiores responsables a quienes se había encomendado mirar, más allá de los límites de la presente guerra y de sus armas, hacia las últimas consecuencias de estos descubrimientos. Esta fue una responsabilidad harto onerosa. En un país libre como los Estados Unidos, tales preguntas deberían ser debatidas por el pueblo y las decisiones tomadas también por el pueblo mediante sus representantes. Esta es una de las razones que explican la publicación de este informe. Es un informe semitécnico, que esperamos permitirá a los científicos de este país ayudar a sus conciudadanos a alcanzar decisiones sensatas. El pueblo del país debe ser informado para permitir a los científicos descargar su responsabilidad.

Eran palabras sensatas, pero, como demuestra la historia posterior, no fueron escuchadas No está de más recordar que Smyth fue el único miembro de la todopoderosa Atomic Energy Commission (un organismo que monopolizó todo lo referente a la energía nuclear durante años) que votó en contra de cancelar el permiso de Oppenheimer para acceder a secretos nucleares.

Un último apunte. En el «Informe Smyth» no se hacía mención ni de Hiroshima ni de Nagasaki.

6. El Informe Franck

Antes de que se lanzasen las bombas atómicas sobre Japón, en la primavera de 1945, cuando ya se vislumbraba el final de la contienda, James Franck, el físico de Gotinga que renunció a su puesto en protesta por las leyes raciales de Hitler y que en última instancia se instaló en Estados Unidos, donde formó parte también del Proyecto Manhattan, comenzó a preocuparse por las consecuencias de emplear el nuevo armamento. Animó a otros compañeros en este programa a alzar la voz y en junio se formaron seis comités bajo los auspicios de Arthur Compton, del Laboratorio Metalúrgico de Chicago. Franck dirigió el de Implicaciones Sociales y Políticas, del que eran miembros Donald Hughes, James Nickson, Eugene Rabinowitch, Joyce Stearns, Glenn T. Seaborg y Leo Szilard. El 11 de junio produjeron un informe que enviaron en secreto al jefe del Departamento de Guerra.[24] En él, advertían sobre los peligros de utilizar armas atómicas y recomendaban que no se hiciera. Señalaban, asimismo, el riesgo de que se produjese una proliferación nuclear después de la guerra (en especial, una carrera armamentística con la Unión Soviética) y se mostraban a favor de un control internacional de la energía procedente de la fisión. Compton y Franck intentaron entrevistarse en Washington con el Secretario de Defensa, Henry Stimson, pero no lo lograron, así que dejaron el documento en su oficina. No existe ninguna evidencia de que el presidente Truman llegase a conocerlo.

El «Informe Franck» fue una manifestación de la reacción surgida entre bastantes físicos del Proyecto Manhattan, que eran conscientes de los peligros producidos por la existencia de las armas atómicas. De hecho, en diciembre de 1945 (el primer número se publicó el 10 de ese mes), algunos de esos científicos fundaron una revista, *The Bulletin of the Atomic Scientists*, como órgano desde el que tratar de esas consecuencias. Entre los fines fundacionales de la publicación figuraba urgir a los investigadores nucleares a contribuir al diseño de políticas nacionales e internacionales relacionadas con la energía procedente de la fisión. Del mismo modo, se les pedía que ayudaran a difundir la comprensión entre el público de lo que significaban las bombas de Hiroshima y Nagasaki. Da idea de la ampli-

24. El informe se reproduce en Stoff, Fanton y Williams (1991: 140-147).

tud de su línea editorial el hecho de que en ella se publicara la confrontación entre Albert Einstein y Edward Teller, en el número de marzo de 1950. Bajo el encabezamiento general de «What the scientists are saying», aparecieron los artículos de Einstein, «Arms can bring no securiry», y de Teller, «Back to the Laboratories», un texto que volverá a aparecer.

No obstante, el caso más célebre fue el sucedido a Oppenheimer. Lo veremos más adelante.

7. El proyecto nuclear en la Unión Soviética

Poco después de que Estados Unidos lanzase sus bombas atómicas sobre Japón, Moscú comenzó por vía de urgencia un programa destinado a fabricar sus propias armas nucleares.[25] Como veremos, hubo que improvisar en algunos apartados, pero el hecho de que en la década comprendida entre 1925 y 1935 se produjesen contactos relativamente frecuentes entre físicos occidentales y soviéticos fue una gran ayuda. Es representativa en este sentido la VI Conferencia de Física, celebrada en agosto y septiembre de 1928 en varios lugares de la URSS. Organizada por Abram Ioffe, que ya apareció en *HFC-2*, asistieron al encuentro los siguientes científicos extranjeros: Léon Brillouin (Francia), Gilbert N. Lewis (Estados Unidos), Paul A. M. Dirac y Charles G. Darwin (Gran Bretaña) y Max Born, Ernst Pringsheim, Karl Scheel, Robert W. Pohl, R. Ladenburg y Peter Debye (Alemania). Como se vio en *HFC-2*, hacia 1930 existía en la Unión Soviética una generación de investigadores realmente notables: Igor Tamm, Yakov Frenkel, Lev Landau, Dmitri Ivanenko y Vladimir Fock. Pronto llegaron otros, como Yákov Zeldóvich, Isaak Pomenranchuk y Nikolái Bogoliúbov.

En este ámbito en concreto y en el de la física en general, cabe atribuir una gran parte del progreso logrado en la Unión Soviética, un desarrollo del que da muestra la fabricación de armamento atómico, al Instituto Físico-Técnico de Leningrado, dirigido por Ioffe. En diciembre de 1932, cuando terminaba el *annus mirabilis* nuclear, estableció dentro de ese organismo una pequeña sección destinada al estudio del núcleo atómico. Del 24 al 30 de septiembre de 1933, varios miem-

25. Sobre la bomba soviética, véanse Holloway (1994) y Ulrich Albrecht (1987).

bros del centro (Fock, Ivanenko, Tamm y el especialista en rayos cósmicos Dmitri Skobeltzyn) organizaron la primera Conferencia Soviética de Física Nuclear, con la mitad de las contribuciones a cargo de científicos extranjeros (Dirac, Francis Perrin, Guido Beck, Victor Weisskopf y Otto Frisch). En 1934, ya existían cuatro equipos en el Instituto dedicados a este campo, en los que trabajaban muchos de los futuros líderes del proyecto atómico soviético, incluido Igor Kurchátov (1903-1960), que fue nombrado en 1942 director del programa para la fabricación de armas nucleares. Otros centros de Leningrado eran el Instituto del Radio, que contó con el primer ciclotrón europeo, el cual comenzó a funcionar de manera parcial en 1937 (el mismo año que se construyó un aparato así en el Cavendish), y el Instituto de Fisicoquímica, dirigido por Nikolay Semenov, ganador del premio Nobel de Química en 1956 por sus trabajos de la década de 1930 sobre cinética de las reacciones (la existencia de la escuela de Semenov, de la que era miembro Zeldóvich, fue muy importante para establecer las condiciones de un proceso en cadena en el uranio). Existían otros laboratorios fuera de la ciudad báltica. Así, estaba el Instituto Físico-Técnico Ucraniano de Járkov, que ya apareció en *HFC-2*, en el que se repitió, por primera vez en Europa, el experimento de Cockcroft y Walton de desintegración artificial del átomo.

En Moscú, destacó el Instituto Lébedev de la Academia de Ciencias (antes estuvo en Leningrado), dirigido por Sergei Vavilov. Aquí se efectuó el importante descubrimiento del efecto Cherenkov, que reportó el premio Nobel de Física de 1958 a P. A. Cherenkov, I. M. Frank e I. Tamm. Al igual que Ioffe, Vavilov se interesó por la física nuclear y logró que la Academia de Ciencias, la institución científica más importante de la URSS, organizase a finales de 1938 un comité permanente sobre el tema, el cual dio paso en junio de 1940 a una Comisión del Uranio. Las noticias que llegaron a ese organismo en febrero de 1939 acerca del descubrimiento de la fisión reforzaron esta línea de investigación, que a partir de entonces no fue descuidada en la Unión Soviética.

Bajo la batuta de Yákov Zeldóvich (1914-1987) y Yuli Khariton (1904-1996), el conocimiento de un aspecto tan esencial para controlar la energía nuclear como la reacción en cadena avanzó de forma considerable entre 1939 y 1940. Incluso se ha llegado a afirmar, es probable que con cierta exageración, que de no haber sido por la guerra, que forzó al Gobierno de Estados Unidos a poner en marcha un gran programa nuclear, la primera reacción en cadena controlada habría tenido lugar en Moscú y no en Chicago. Khariton y Zeldóvich se plantearon la misma pregunta que se habían formulado Frisch y Peierls: ¿cuánto uranio-235 puro era necesario para alcanzar la masa crítica? En un artículo que enviaron en 1941 a *Uspekhii fizicheskikh nauk* señalaban: «Para producir una reacción en cadena en uranio liberando cantidades de energía tremendas, sería suficiente con aproximadamente diez kilogramos de uranio-235 puro». No obstante, la guerra comenzó antes de que se publicase el texto y este no fue impreso hasta cuarenta años más tarde (la estimación en este caso era un orden de magnitud superior a la de Frisch y Peierls, que daban la cifra de un kilogramo.)

La invasión alemana significó la evacuación de las instituciones científicas de Moscú y Leningrado, que terminaron por ubicarse, junto a centros dedicados a otras disciplinas y procedentes de otros lugares, en Kazán y en las ciudades industriales de los Urales. Allí, los investigadores soviéticos pasaron a ocuparse de los problemas más acuciante de la guerra, como el radar y la protección de navíos frente a minas marítimas, asuntos a los que se dedicó, por ejemplo, el Instituto de Ioffe, ahora a orillas del Volga.

La reanudación del programa atómico se debió en gran medida a la insistencia y perspicacia de Gueorgi Nikoláyevich Fliórov (1913-1990), integrante de uno de los cuatro grupos nucleares del Instituto de Ioffe. En 1940, llevó a cabo, junto a Lev Rusinow, una serie de experimentos que demostraron que se emiten más de dos neutrones durante la fisión del uranio y, esta vez en colaboración con Konstantin Petrzhak, descubrió la fisión espontánea, esto es, sin bombardeo de neutrones. Este fenómeno había sido predicho por Frenkel, Bohr y Wheeler, pero no había sido observado nunca. En noviembre de 1941, Fliórov, que estaba destinado a la Fuerza Aérea, se dirigió al Comité de Defensa del Estado para recalcar la importancia del problema del uranio. Sus llamadas de atención no tuvieron éxito en un primer momento pero no cejó en su empeño. En febrero de 1942, fue destinado al aeródromo de Voronezh, donde pudo acceder a la biblioteca de la universidad. Quería ver la repercusión que había tenido su descubrimiento de 1940 en la literatura internacional, en especial en la norteamericana. Además, había publicado una pequeña nota en *Physical Review* con su hallazgo. En su búsqueda bibliográfica, Fliórov se encontró no solo con que su trabajo no era mencionado, sino que los nombres de Fermi, Szilard, Teller, Wheeler, Wigner y otros físicos nucleares habían sido eliminados de las listas de publicaciones. No era difícil concluir que la investigación atómica en Estados Unidos había pasado a ser un asunto secreto. De inmediato, redactó una carta dirigida a Stalin en la que señalaba que era preciso «no perder tiempo para fabricar una bomba de uranio».

Al mismo tiempo que se producían estos desarrollos científicos, tenían lugar otros en el campo del espionaje.

Como hemos visto, en 1941 los británicos habían progresado más que nadie en los principales asuntos subyacentes a la construcción de una bomba atómica. Ese mismo año, el Gobierno soviético comenzó a recibir información acerca de estos avances. El 25 de septiembre de1941, Anatolii Gorskii (nombre en clave Vadim), un miembro del Comisariado del Pueblo para Asuntos Internos (NKVD) que residía en Londres, transmitió información acerca de la reunión secreta que había tenido lugar nueve días antes para discutir el Informe MAUD. Su mensaje enumeraba varios puntos importantes tratados en ese encuentro: que era muy posible que la bomba estuviese lista en dos años; que se preveía que su detonación tuviese una potencia equivalente a 1.600 toneladas de TNT o que Imperial Chemical Industries había recibido un contrato para producir hexafluoruro de uranio. Ocho días más tarde, Gorskii afirmó que había obtenido una copia completa de la memoria elaborada para el Departamento de Guerra. El Gobierno soviético sabía ahora que el Reino Unido había decidido dar los pasos necesarios para fabricar armamento nuclear y que se iba a centrar en el procedimiento de difusión gaseosa para separar los isótopos del uranio.

Es muy probable que la fuente de la información fuera John Cairncross, apodado el «Quinto hombre» de los llamados «Cinco de Cambridge». Cairncross fue, reclutado por Gury Burgess cuando era un estudiante en la universidad de esa ciudad inglesa en la década de 1930. Entró después en el Foreign Office, pasó al Tesoro y de ahí, en 1941, a secretario privado de lord Hankey, ministro sin cartera en el Departamento de Guerra y presidente del Comité Asesor para Asuntos Científicos del Gabinete; como tal, estuvo a cargo de la recepción del Informe MAUD.

Sin embargo, los mensajes de Gorskii no tuvieron efecto inmediato en la política soviética. El motivo es que llegaron a Moscú menos de un mes antes del gran pánico de mediados de octubre, cuando la mayor parte del Gobierno fue evacuado a Kuibyshev y miles de personas abandonaron la capital.

Hasta marzo de 1942, los líderes soviéticos no reaccionaron ante las informaciones recibidas. Lavrenti Beria, desde 1941 presidente del Consejo de Ministros, informó de ellas a Stalin y al Comité de Defensa Estatal. En mayo, se tomó la decisión de reanudar el programa atómico y se nombró director del mismo a Igor Kurchátov.[26] A finales de año, el Comité de Defensa emitió un decreto por el que se establecía un laboratorio nuclear dentro de la estructura de la Academia de Ciencias.

La decisión de embarcarse en un proyecto en este campo, uno de cuyos fines era la producción de armas atómicas, es en principio sorprendente, ya que fue tomada en uno de los peores momentos de la guerra, cuando Leningrado sufría un angustioso asedio. No se esperaba en modo alguno que este esfuerzo constituyese una ayuda en ese sentido. Incluso Fliórov señaló a Stalin que la producción de armamento nuclear podía tardar alrededor de una docena de años en dar frutos. El propio Kurchátov, que antes de la guerra había figurado entre los más ardientes defensores de las investigaciones en este terreno, cejó en su empeño nada más producirse la invasión alemana, convencido de que existían otras tareas más urgentes. La explicación más probable reside en el panorama político internacional que Stalin y las autoridades soviéticas manejaban en aquel instante. No esperaban derrotar al Reich y vislumbraban una tensa posguerra en la que las grandes potencias (Alemania, Estados Unidos y el Reino Unido) se encontrasen, por decirlo de alguna manera, «al acecho». En tal situación, disponer de bombas atómicas podía marcar la diferencia. Además, todo parecía indicar que esos mismos países ya estaban inmersos en programas encaminados a la fabricación de tales artefactos. La Unión Soviética no quería encontrarse en ese escenario en una situación de indefensión. En consecuencia, fue la percepción del peligro de proyectos similares en otros Estados la que impulsó a sus dirigentes en esta dirección. Algo muy parecido, como hemos visto, a lo que ocurrió en Estados Unidos, donde se creía que Alemania podía estar cerca de disponer de estas armas.

En febrero de 1943, a instancias de Pervukhin, comisario de Industria Química durante la guerra, y de Kurchátov, se estableció el

26. Sobre Kurchátov, véase Golovín (1981).

programa nuclear soviético, con la creación de un laboratorio en el que se concentraría toda la investigación en este campo. De nuevo, Kurchátov fue nombrado director. Estas decisiones se tomaron cuando se libraba la batalla de Stalingrado (los alemanes se rindieron el 2 de febrero). No es sorprendente que en aquellas condiciones el proyecto soviético fuese muy modesto; nada que ver con las gigantescas dimensiones del esfuerzo norteamericano.

En cualquier caso, el desenlace final se alcanzó el 3 de septiembre de 1949. Ese día, uno de los aviones B-29 que la Fuerza Aérea estadounidense utilizaba para analizar el aire sobre Japón, Alaska y el Polo Norte, encontró, en unas muestras tomadas sobre el Pacífico Norte, cerca del país nipón, evidencias de la primera explosión nuclear soviética. Había tenido lugar el 29 de agosto («Joe 1», la denominaron los norteamericanos).

8. La bomba de hidrógeno

La primera explosión atómica soviética significó el comienzo real de la carrera armamentística. En Estados Unidos, Ernest Lawrence y Edward Teller defendieron la idea de que había que contraatacar y desarrollar un nuevo artefacto capaz de superar al de la URSS. Se trataba de fabricar una superbomba, mucho más potente que las de 1945 y basada en la fusión del hidrógeno, esto es, en procesos similares a las reacciones termonucleares que tienen lugar en el interior de las estrellas. En estas, se parte de elementos ligeros para producir otros más pesados y se emiten al mismo tiempo cantidades prodigiosas de energía. La principal reacción que tiene lugar en la bomba de hidrógeno es la siguiente (H^2 = deuterio; H^3 = tritio; He^4 = núcleo de helio-partícula alfa; n^1 = neutrón):

$$H^3 + H^2 \rightarrow He^4 + n^1 + 17{,}6 \text{ MeV}$$

Esta idea se remontaba a los primeros tiempos del proyecto nuclear durante la guerra, pero no se había avanzado en esta línea al no establecerse un programa adecuado.[27] Sin embargo, en 1949 la comunidad

27. En un seminario sobre la teoría de la bomba atómica, celebrado en julio de 1942, Teller aventuró la posibilidad de que se pudiera utilizar un explosivo de fisión

científica norteamericana no estaba tan unida como en la década anterior. Se produjo una clara división de puntos de vista. Oppenheimer se opuso a la propuesta, lo que a la postre llevó a la AEC; la organización civil que, como vimos, asumió en enero de 1947 el control de los asuntos nucleares en Estados Unidos, al dejar de existir el Manhattan Engineer District, a declararlo un riesgo para la seguridad en 1953 y negarle el acceso a los secretos atómicos. Por el contrario, Lawrence desarrolló una intensa campaña en favor del nuevo armamento y visitó en persona la AEC, el Comité Conjunto de Energía Atómica, el Departamento de Defensa y hasta el Congreso. Por su parte, Teller (1950) realizó un agresivo llamamiento a sus colegas con el ya mencionado artículo «Back to the Laboratories», en el que equiparaba la situación internacional existente en ese momento con la de 1939. Para el físico húngaro, la decisión de emplear la bomba de hidrógeno era responsabilidad de los políticos, no de los científicos. En su opinión, el hombre de ciencia no era «responsable de las leyes naturales. Su trabajo es averiguar cómo operan esas leyes. El trabajo del científico consiste en encontrar la manera cómo estas leyes pueden servir a la voluntad del hombre. En cambio no es su tarea determinar si una bomba de hidrógeno debe construirse, ni cuándo o cómo debe usarse.» En una clara alusión a las actividades de otros investigadores en ese momento (como Pauli), Teller añadió que «nuestra comunidad científica ha estado de luna de miel con los mesones. Las vacaciones se han terminado. Las bombas de hidrógeno no se construyen por sí solas». De manera análoga, Luis Álvarez dijo en junio de 1951 (citado en Herken 2002: 233): «Cualquiera que dedique su tiempo a trabajar sobre mesones es poco menos que un traidor».

Si se toma esta frase en su sentido literal, habría que concluir que uno de los «traidores» fue Richard Feynman. Veamos lo que quiero decir con esto.

El 29 de marzo de 1951, John Wheeler, director de tesis doctoral de Feynman en Princeton y gran amigo suyo desde entonces, le escribió la siguiente carta (Feynman 2006: 97-98):

---

como detonante de otro de fusión. En 1944, defendió la idea de que era posible fabricar un artefacto de implosión que utilizase deuterio y tritio como combustible. Sobre Teller y la bomba de hidrógeno, véase su autobiografía (Teller 2001), así como Blumberg y Panos (1990: caps. 14 y 15). Acerca del desarrollo de la superbomba, véase Galison y Bernstein (1989).

Querido Dick:

Conozco tus planes de pasar el próximo año en Brasil. Espero que la situación mundial lo permita. Quizá no lo haga. Mi estimación personal es que hay al menos un 40 % de probabilidades de guerra para septiembre y sin duda tú tendrás tu propia estimación de probabilidades. Quizá estés pensando en lo que harás si la emergencia se agrava. ¿Considerarás la posibilidad de entrar en un programa completo de trabajo termonuclear en Princeton al menos hasta septiembre de 1952?

Los Álamos ha pedido a Princeton que eche una mano en este asunto. Voy a ir allí a tiempo completo a finales de mayo para darle un empujón. Spitzer, Schwarzschild, Ford y Toll van a dedicarle la mitad de su tiempo. Otros van a dedicar parte del tiempo. Spitzer, Hamilton y yo estamos encargados del reclutamiento activo. La universidad ha dejado disponible un gran edificio separado. Los Álamos ha preparado un borrador de contrato. John von Neumann, Goldstein y Ritchmeyer estarán activamente implicados en el trabajo, especialmente en lo relativo al MANIAC de Princeton. El trabajo de Princeton, lejos de representar una degradación del esfuerzo de Los Álamos, ha sido requerido para ayudar a que Los Álamos pueda hacer todavía más. No puedo discutir su viabilidad en esta carta, ni varias ideas nuevas y excitantes que se han manejado por aquí las últimas semanas. Están en una línea bastante diferente de la que Bob Christ planea seguir. A Edward Teller y a mí nos gustaría describírtelas en persona para ver si no crees que es urgente para la defensa de este país que el más prometedor de estos esquemas sea desarrollado lo antes posible.

Las razones siguientes me hacen pensar que podrías considerar seriamente esta petición para que nos prestes tu ayuda:

Incluso sin aprovechar la fuerza termonuclear, las bombas atómicas forman una parte importante del potencial bélico de este país. En el pico de producción durante la segunda guerra produjimos cuatro kilotones al día de altos explosivos convencionales. En una medida tosca y muy arbitraria de la energía total liberada, este producto representa una quinta parte de una bomba atómica convencional al día, o en setecientos días, 140 de las antiguas bombas atómicas. En comparación, toma la conjetura de cualquier periódico sobre la producción de bombas atómicas. Entonces pregúntate si hay alguna justificación para la filosofía puritana de muchos físicos nucleares («La física es interesante: por ello no debemos trabajar en ella en caso de guerra: es mejor olvidar la física y decir a los almirantes y generales cómo hacer esto y aquello táctico y estratégico»). Evidentemente, hay mucho que hacer en este sentido. Se puede lograr incluso un factor dos de ganancia. Pero ¡qué asunto tiene a los mejores físicos del país luchando tontamente por un factor dos cuando están en juego factores de cinco o de veinte! Si lo hacen, ¡el país podría pensar que habría que dar el desarrollo de las armas atómicas a los generales!

La tarea de Princeton es ser la fábrica de ideas y hacer el diseño principal. Los Álamos trabaja también estos campos, pero también en llevar todas las fases y prácticas del proyecto hasta el final. La escasez de personal para evaluar la idea y el diseño primordial es para mí terrible. Tú supondrías en porcentaje más diferencia que cualquiera otra persona en el mapa nacional.

Pretendemos reunir en Princeton un grupo de tamaño supercrítico que llegue realmente a alguna parte.

Pienso trabajar a tiempo completo y confío en que tú también pudieras considerarlo debido a la urgencia de la situación internacional. No obstante, si no crees que la emergencia ha llegado todavía a la fase que requiere una dedicación a tiempo completo, habría una ocasión opcional para dedicar la parte que considerases adecuada a una pura conexión académica.

En resumen:

Sería enormemente útil que pudieses venir ahora, a Los Álamos o a Princeton.

Si crees que la emergencia no ha llegado todavía a esa fase, pero que puede alcanzarla pronto, sería muy estimulante para nosotros que nos dijeras que vas a considerar seriamente el prestar ayuda en el asunto termonuclear.

Si tu respuesta a (2) es afirmativa, ¿estarías dispuesto a rellenar la credencial adjunta para dejar abiertos los grados de libertad para una primera participación?

¿Y te ocuparías de llamarme a cobro revertido a Los Álamos 2-2776, o escribirme, para hacerme saber qué piensas?

Mis mejores deseos,

JOHN WHEELER

Feynman respondió enseguida, el 5 de abril (Feynman 2006: 98-99):

Querido John:

Como sabes, planeo pasar mi año sabático en Brasil. Soy desagradablemente consciente de las grandes probabilidades que hay de que no pueda ir. No obstante, hasta que la situación se defina, no quiero contraer ningún compromiso de trabajo para el próximo año.

Mis mejores deseos,

RICHARD P. FEYNMAN

No obstante, para entender mejor la carta anterior hay que tener en cuenta dos factores: uno personal, las ideas y emociones de quien la escribió, y otro político, la situación internacional. Para comprender el primero, lo mejor es citar un pasaje de un largo artículo que Wheeler (1979: 282-283) presentó al simposio *Nuclear Physics in Retrospect*, organizado por Roger Stuewer:

¿Cómo sería la física nuclear si llegase la guerra? Sobre esto Leo Szilard tenía ideas muy firmes, y con Fermi y Wigner impulsó fuertemente la idea de una reacción nuclear en cadena. Nosotros (Bohr, Rosenfeld, Teller, Wigner y yo) tuvimos una reunión crítica con él en el despacho de Wigner, el 16 de marzo, dos meses después de la llegada de Bohr a Estados Unidos. Szilard presentó los datos de Columbia y las indicaciones preliminares que se deducían de ellos de que al menos dos neutrones secundarios emergerían por cada neutrón que inducía la fisión. ¿Significaba esto que era ciertamente posible una explosión nuclear? Sin embargo, Bohr replicó que, enfatizando la enorme dificultad de separar las cantidades necesarias de U^{235}, «sería necesario el esfuerzo de todo un país para fabricar una bomba». Poco preveía el esfuerzo que sería necesario, de miles de trabajadores procedentes de tres países para alcanzar semejante meta.

Cuando vuelvo a pensar en aquellos días siento una gran pena. ¿Cómo es posible que llegase a pensar en la fisión primero como un físico y solo en segundo lugar como un ciudadano? ¿Por qué no la consideré primero como un ciudadano y solo en segundo lugar como un físico? Un simple repaso a los registros demuestra que entre veinte y veinticinco millones de personas murieron en la segunda guerra mundial y más en los últimos años que en los primeros. Cada mes que se hubiera recortado la guerra, habría significado salvar del orden de entre medio y dos millones de vidas. Entre aquellos a los que se hubiera concedido vivir habría estado mi hermano Joe, que murió en octubre de 1944 en la batalla por Italia. Qué diferente habría sido si la fecha crítica no hubiera sido el 6 de agosto de 1945 sino el 6 de agosto de 1943. Si hubo un momento en el que el proyecto nuclear aliado perdió tiempo fue al comienzo. ¡Cuántos meses se necesitaron para conseguir algún dinero! ¡Cuántos meses más se necesitaron para obtener unas pocas toneladas de grafito! ¡Cuántos otros se necesitaron para establecer una base de ingeniería! El infeliz y lento comienzo del proyecto en los Estados Unidos, como el feliz y lento comienzo (y continuación) del proyecto en Alemania, provino sobre todo del fallo a la hora de establecer relación al mismo comienzo entre el trabajo científico y un gran hombre en la cima con un gran corazón acostumbrado a hacer grandes cosas de una gran forma.

¿Por qué no tuve yo la sabiduría y el sentido de misión para identificar ese hombre y enlistarlo como protector y fuerza directora de la empresa a comienzos de 1939? ¿Por qué no comencé a trabajar a tiempo completo en el uranio el 1 de febrero de 1939? ¿Posición? Nadie en América tenía una posición más central en la física de la fisión. ¿Demasiado joven? Hombres de veintisiete o más jóvenes, nos cuenta la historia, habían tenido el coraje, juicio y fuerza para decir la palabra decisiva en el momento decisivo. ¿Desconocedor de la gran guerra que se avecinaba? Nadie seguía más de cerca las informaciones del *New York Times*. ¿Insuficiente sentido de implicación? Eso fue. No me di cuenta de que el interés vital de los Estados Unidos estaba en juego. Debería haber entendido mejor la historia. Cuando era un niño me deberían haber enseñado la firme roca gibraltareña de la política exterior norteamericana: nunca dejes que toda Europa caiga bajo el dominio de un único poder (Jefferson [enero de 1814], Wilson [2 de abril de 1917], Roosevelt [21 de octubre de 1944]). Qué diferente habría sido verse impulsado por un sentido de historia. ¿Habría significado dos meses y un millón de vidas? ¿O dos años y diez millones de vidas?

Está claro que con la bomba de hidrógeno John Wheeler no quería repetir lo que él consideraba un gran error. Su gran error.

En lo referente a la situación internacional, además de las relaciones de Estados Unidos con la Unión Soviética, hay que tener en cuenta que en 1949 los comunistas se hicieron con el poder en China, bajo el liderazgo de Mao Tse Tung. Estos acontecimientos llevaron al Consejo de Seguridad Nacional del país norteamericano a sostener la tesis según la cual se enfrentaban a un período de máximo peligro y que para superarlo debía procederse a un completo rearme. En consecuencia, se recomendó al presidente la aprobación de un presupuesto de entre cien y doscientos millones de dólares para la fabricación de la superbomba. El 31 de enero de 1950, Truman aprobó la propuesta. Ese mismo día, la Casa Blanca efectuó la siguiente declaración pública:[28] «Es parte de mi responsabilidad como Comandante en Jefe de las Fuerzas Armadas el asegurar que nuestra nación sea capaz de defenderse frente a cualquier posible agresión. En consecuencia, he dado instrucciones a la Atomic Energy Commission para que continúe sus trabajos en todas las formas de armas atómicas, incluyendo la denominada de hidrógeno o superbomba». Dos años y nueve meses más tarde, Estados Unidos hizo explotar un artefacto («Mike») mil veces más potente que los de 1945. Tres años y pocas semanas después, los soviéticos hicieron estallar su «Mike» particular en Asia central.

Al abrigo de los intereses militares, la investigación civil en el dominio de la fusión (esto es, trabajos cuyo objetivo era desarrollar sistemas viables desde los puntos de vista técnico y económico para producir energía) se vio favorecida. De hecho, no es ninguna casualidad que Estados Unidos, la Unión Soviética y el Reino Unido hayan sido los países que más se han distinguido en este terreno. En el caso norteamericano, fruto de la decisión de Truman de fabricar la superbomba, en 1951 se establecieron en la Universidad de Princeton (como señaló Wheeler a Feynman en su carta) dos laboratorios dedicados a este asunto: uno, denominado Matterhorn B (con B de bomba), dirigido por el propio Wheeler, veterano del Proyecto Manhattan y convencido de la necesidad de disponer de armas de hidrógeno, y el otro, Matterhorn S (con S de Stellator, la «máquina de las estrellas», el nombre con el que se bautizó al instrumento desarrollado para estudiar los plasmas de fusión), dirigido por el astrofísico Lyman Spitzer. Dada la especialidad de este, no es sorprendente que estuviera muy interesado en reacciones termonucleares controladas. Wheeler lo estaba en las de carácter explosivo, pero necesitaba el conocimiento básico generado en el segundo laboratorio. De hecho, en este se llevaron a cabo importantes avances en la teoría de la fu-

28. Citado en Galison y Bernstein (1989: 305-306).

sión controlada y en el diseño del Stellator. No obstante, este aparato demostró ser menos interesante que su contrapartida soviética, el Tokamak.

El caso de la bomba de hidrógeno sirve también para entender la mentalidad y las razones por las que científicos de primerísima línea (como sin duda fueron algunos de los que participaron —en Estados Unidos al igual que en la Unión Soviética— en este proyecto) decidieron contribuir a resolver los problemas existentes para la construcción de estas armas, sin que mediase el condicionante de hallarse inmersos en una guerra mundial. Como es natural, debe haber tantas respuestas a esta cuestión como investigadores participaron en el programa, tan diverso es el universo de las psicologías individuales. Yo me limitaré a uno en concreto, de una significación especial: el físico soviético Andréi Sájarov (1921-1989). Este contribuyó de manera decisiva a que la URSS dispusiese de bombas de hidrógeno, pero luego terminó por ser un notable opositor al régimen comunista y recibir el premio Nobel de la Paz en 1975. En sus memorias, Sájarov (1991: pp.148-151) recordó sus inicios en este campo:

> En 1948, nadie me preguntó si quería o no tomar parte en este trabajo [contribuir a la construcción de una bomba de hidrógeno]. No tuve oportunidad de elegir, pero me entregué totalmente, con gran concentración, una absorción total y mucha energía, por propia voluntad. Ahora que han pasado tantos años, me gustaría explicar los motivos de mi dedicación, a mí mismo sin ir más lejos. Una de las razones de ello (aunque no la principal) fue la posibilidad de hacer «física superior» (el comentario de Fermi sobre el programa de la bomba atómica). Mucha gente pensó que su comentario era cínico, pero el cinismo normalmente presupone la duplicidad, mientras que yo creo que Fermi era completamente sincero, aunque bien pudo haber estado guardándose la auténtica cuestión. No se debe olvidar que el comentario completo de Fermi, «*Después de todo*, es física superior», indica que hay otro lado de la cuestión.

Que la fusión termonuclear era para Sájarov «física superior» queda claro en sus siguientes palabras: «La física de las explosiones atómicas y termonucleares es un verdadero paraíso para los teóricos. [...] Una reacción termonuclear (la misteriosa fuente de energía del Sol y de las estrellas, el sustento de la vida en la Tierra, pero al mismo tiempo un potencial instrumento de su destrucción) estaba a mi alcance.

Estaba tomando forma en mi mesa. [...] En aquellos momentos lo más importante para mí, y creo que también para Tamm y los demás miembros del grupo, era la convicción de que nuestro trabajo era *esencial*». Por supuesto, se daba cuenta de que «las armas que se estaban construyendo eran de naturaleza inhumana y aterradora. Pero la guerra que acabábamos de pasar también había sido un ejercicio de barbarie; y a pesar de que yo no había luchado en ese conflicto, me consideraba a mí mismo un soldado en esa nueva guerra científica».

Las lecturas de estas palabras son evidentes. Entre ellas, destaca el atractivo que tiene para los científicos la buena investigación, algo que con frecuencia se superpone a casi cualquier otra consideración. Incluso para aquellos que, como terminó siendo el caso de Sájarov, poseen sensibilidad moral y valor cívico. El siglo XX fue testigo de numerosos ejemplos en este sentido.

9. El caso Oppenheimer

Convertido en héroe nacional después de agosto de 1945, Oppenheimer comenzó entonces una nueva etapa en su vida, hasta que en última instancia se convirtió en víctima de las intrigas políticas. En su caso, sus enemigos fueron todos aquellos estadounidenses que deseaban beneficiarse, frente a la Unión Soviética, del poder nuclear con el que se habían visto dotados de forma inesperada. Los militares del Pentágono, por supuesto, formaron parte de ese grupo, pero no fueron los únicos. Ese colectivo incluía a personajes tan poderosos como el director del FBI, Edgard Hoover, el senador Joseph McCarthy y el influyente Lewis Strauss, miembro y luego director de la CEA. También comprendía a otros científicos, entre los que ninguno sobresalió más que Edward Teller.

El problema es que Oppenheimer llegó a la conclusión de que no tenía sentido embarcarse en una carrera armamentística, en pos de artefactos cada vez más poderosos, como la bomba de hidrógeno. Además, su opinión no era una cualquiera, sino la del «padre de la bomba atómica», la de alguien que figuraba en los comités más importantes, organismos que hacían recomendaciones sobre asuntos nucleares. Su punto de vista aparece expresado con claridad en un informe que envió el 17 de agosto de 1947, como director del Comité Asesor de la CEA, al Secretario de Guerra (Herken 2002: 141): «Creemos que la seguridad de nuestra nación (como algo opuesto a su habilidad para infligir daño a una potencia enemiga) no puede residir completamente o incluso fundamentalmente en su capacidad científica o técnica. Debe basarse solo en hacer que las guerras futuras sean imposibles. Es nuestra unánime y urgente recomendación [...] que se lleven a cabo todos los acuerdos internacionales necesarios para lograr tal fin». Cuando la Unión Soviética hizo estallar su primera bomba atómica en 1949, muchos en Estados Unidos consideraron que el desarrollo de armas de hidrógeno era la única medida capaz de reconquistar la supremacía. Oppenheimer se esforzó por retrasar los trabajos en esta dirección, con el fin de intentar llegar a un acuerdo con la URSS para renunciar a ese tipo de armamento. No obstante, el presidente Truman decidió, como hemos visto, autorizar su fabricación.

Ante semejante escenario, acaso hubiese sido prudente para Oppenheimer regresar a la vida académica y, de hecho, tras el final de la guerra retomó algunas de sus actividades universitarias en California. Sin embargo, desde el primer momento alternó las clases con viajes constantes a Washington D. C., para asistir a los muchos comités de los que formaba parte. En una ocasión, confesó al decano de la Facultad de Física de Berkeley que echaba de menos los corredores del poder de la capital federal. A comienzos de 1947, se le ofreció la dirección del Institute for Advanced Study de Princeton y la aceptó, contento de instalarse en un lugar cercano a la Casa Blanca, ocupado en tareas organizativas. Tenía razón Teller, el científico que le combatió en mayor medida y con más dureza, cuando respondió a su célebre frase de que los físicos habían «conocido el pecado», debido a la bomba atómica, con el comentario de que lo que habían «conocido es el poder». A lo que yo añado que, entonces al igual que hoy, ese poder les gustó. No los culpemos por ello, pero tengámoslo en cuenta.

La influencia que Oppenheimer ejercía, o podía ejercer, hizo que a partir de 1950 se intensificasen los esfuerzos para apartarlo de los ámbitos de toma de decisiones en política nuclear. La confesión de Klaus Fuchs, de que había revelado secretos atómicos a la Unión Soviética, ayudó en este sentido. De manera inmediata, el 9 de febrero, el senador McCarthy declaró que poseía una lista con más de doscientos nombres de comunistas infiltrados en el Departamento de Estado e inició su famosa «caza de brujas» política. En marzo, Oppenheimer declaró ante un Comité Conjunto que ahora era «un decidido anticomunista, cuyas antiguas simpatías por causas comunistas le habían inmunizado contra más infecciones» (Herken 2002: 219).

No bastó con esto. Tampoco con el hecho de que el 1 de noviembre de 1952 se llevase a cabo con éxito la primera explosión termonuclear estadounidense. La persecución a la que fue sometido Oppenheimer, tanto por Strauss, nombrado por Eisenhower director de la AEC, como por Hoover, dio como fruto la orden presidencial del 3 de diciembre de 1953, según la cual se le impidió el acceso a los secretos atómicos. Ahí pudo haber terminado todo, sobre todo habida cuenta de que su último vínculo con la Administración, en estos asuntos, expiraba en junio de 1954. Habría bastado con no renovarlo. Sin embargo, una vez más, esto no era suficiente. Era preciso demostrar el riesgo que asumía cualquiera que se enfrentase a ellos, a los que solo podían imaginar un futuro seguro bajo el escudo de miles y miles de bombas nucleares. Así fue como Oppenheimer terminó ante una Junta de Seguridad de Personal de la AEC, ante la que fue interrogado, al igual que otros, amigos y enemigos, entre el 12 de abril y el 6 de mayo de 1954, para juzgar su lealtad. El 27 de mayo una mayoría (dos frente a uno) de este organismo emitió su recomendación. Merece la pena recordar uno de sus pasajes centrales:[29]

> No creemos que lo que hemos encontrado [...] proporcione una completa y automática respuesta a la cuestión que se nos planteó. [...] Por una parte, no existe evidencia de deslealtad. De hecho, tenemos delante de nosotros muchas responsables y positivas evidencias de la lealtad y amor por su país del individuo concernido. Por otra parte, no creemos que se haya demostrado que el Dr. Oppenheimer esté libre de sospecha en lo que se refiere a conducta, carácter y asociación. Podemos en conciencia, creemos, concluir nuestra difícil tarea con una breve, concisa, recomendación: no pueden existir obstáculos para la seguridad nacional, que en tiempos de peligro debe ser absoluta, y sin concesiones a razones de admiración, gratitud, recompensa, simpatía o caridad. Cualquier duda que surja debe resolverse a favor de la seguridad nacional. El material y evidencia presentado a esta Junta deja dudas razonables con respeto al individuo al que concierne. No podemos, por consiguiente, recomendar que se le devuelva la autorización de acceder a secretos.

29. *In the Matter of Oppenheimer* (1971: 1011). Sobre el juicio a Oppenheimer, véase Bernstein (1982).

No es sorprendente, claro, que con semejante veredicto el 29 de junio la propia AEC decidiese retirar a Oppenheimer el permiso para acceder a secretos atómicos, justo un día antes de que tal autorización expirase.

Robert Oppenheimer fue acusado y condenado en una mera «audiencia», o «vista», sin potestad legal alguna. No se le acusó de haber pasado información a otros países, ni de haber sido, o no, comunista, sino que se le sentenció por sus opiniones. Era reo del delito de tener puntos de vista contrarios a los de otros. En el proceso se cometieron todo tipo de iniquidades. Durante once años, en contra de la legalidad vigente, el FBI abrió su correspondencia, controló sus llamadas telefónicas, instaló micrófonos ocultos en su despacho y en su casa y siguió todos sus movimientos. Su caso no fue único. Entre 1947 y 1952 casi cinco millones de personas fueron investigadas en Estados Unidos. El 99,5 % de ellas no había cometido actos sospechosos previos.

Los Teller, Lawrence, Strauss, McCarthy o Hoover, al igual que sus compañeros de viaje soviéticos en este recorrido hacia la destrucción nuclear, ganaron en última instancia la partida a los Oppenheimer o Sájarov (también a Bethe). Para cuando la Unión Soviética se desmoronó en 1991, entre ella y Estados Unidos se habían fabricado en torno a 125.000 armas atómicas. El presidente Eisenhower tuvo tiempo de darse cuenta del peligro que suponía la alianza entre ciencia y política, como la que condujo a la caída de Oppenheimer y a la que él mismo había contribuido. Así lo demuestran unas frases del discurso de despedida que pronunció al abandonar la presidencia en 1961, cuando ya sus sinceros esfuerzos por lograr un acuerdo permanente que prohibiese las pruebas nucleares habían quedado en nada. «Al respetar la investigación y los descubrimientos científicos», manifestó entonces, «debemos también estar alertas al peligro igual y opuesto de que la política pública pudiera ser capturada por una élite científico-tecnológica». Tras lo cual, añadió lo que es, sin lugar a dudas y hasta la fecha, una sabia recomendación: «La tarea del estadista es conformar, equilibrar e integrar estas y otras fuerzas, nuevas y viejas, dentro de los principios de nuestro sistema democrático, dirigido siempre hacia las metas supremas de una sociedad libre».[30]

30. El discurso de Eisenhower se reproduce en Melman (1972: 238-334; cita en 332).

7

La electrodinámica cuántica

Los físicos siempre estamos comprobando si hay algo mal en la teoría. Este es el juego, porque si *hay* algo mal, ¡es interesante! Pero hasta ahora, no hemos encontrado nada equivocado en la teoría de la electrodinámica cuántica. Por lo tanto, yo diría que es la joya de la física: la posesión de la que estamos más orgullosos.

RICHARD FEYNMAN (1988: 21)

En el primer capítulo ya se planteó la cuestión de «cuantizar» la electrodinámica de Maxwell. Esto es, introducir los cambios necesarios en la formulación clásica para hacerla compatible con los nuevos requisitos. Se trataba de un desarrollo evidente: encontrar la teoría adecuada en este sentido de una de las interacciones de la naturaleza conocidas por entonces. Como ya se ha visto, los trabajos para lograrlo comenzaron poco después de disponer de una mecánica cuántica —Paul Dirac (1927 a) fue pionero en este campo—. Sin embargo, se tardó bastante en conseguirlo. Entre las razones que ayudan a comprender este hecho, destaca el que la mayoría de los principales protagonistas de dicho empeño tuvieran que abandonar la investigación básica durante los años de la segunda guerra mundial. Así, en Estados Unidos, Julian Schwinger trabajó en el Radiation Laboratory del MIT, donde se ocupó de las propiedades de las cavidades de microondas y ayudó a desarrollar radares más potentes. Por su parte, Richard Feynman estuvo empleado en el Laboratorio de Los Álamos del Proyecto Manhattan.[1] En Japón, aunque su caso sea diferente en varios aspectos, Sin-Itiro Tomonaga, el tercer gran protagonista de este logro (el primero, si nos atenemos a la secuencia temporal), también se dedicó a cuestiones parecidas. Como recordó años después: «De manera temporal, después de 1943 dejé de trabajar en la física de partículas y me impliqué en la investigación electrónica. Sin embargo, la investigación en magnetrones y circuitos de ondas ultra-cortas era, básicamente, una continuación de la mecánica cuántica» (citado en Schwinger 2008: 35).

No obstante, antes de comenzar con la historia de esta creación es necesario detenerse en un asunto importante: el cambio que experimentó el interés del estamento político por la física una vez finalizada la guerra, cuestión que volverá a aparecer en el octavo capítulo.

1. La física se convierte en cuestión de Estado en Estados Unidos

Al recordar sus inicios en el estudio de la ciencia, Charles Townes (1990: 22), uno de los inventores del láser (del que me ocuparé con más detalle en el siguiente apartado), escribió en su autobiografía que:

> En aquellos días anteriores a la segunda guerra mundial, la física no tenía mucho glamur. La mayoría de la gente no tenía ni idea de lo que era la física. Cuando mis amigos me preguntaban qué era, tenía que explicarles que era algo del tipo de la química y algo parecido a la ingeniería eléctrica, pero que se encontraba entre ambas. Pero el éxito del lanzamiento de las bombas atómicas sobre Japón, así como la labor que los físicos llevaron a cabo para mejorar los radares, un instrumento esencial en el desarrollo de la guerra, cambió esto, tanto en lo que se refiere a la sociedad como al Gobierno Federal de Estados Unidos, que entendió la importancia de la físi-

1. El Radiation Laboratory se dedicó casi en exclusiva a desarrollar las técnicas necesarias para fabricar radares (sistemas de detección y estimación de distancias) en el rango de las microondas. Las metas concretas a alcanzar eran: I) la prioritaria, producir un radar que emplease radiaciones de diez centímetros de longitud de onda, que se pudiese instalar en aviones y utilizarse para detectar otras aeronaves; II) producir un instrumento de este tipo con suficiente precisión como para ser usado por la artillería en sus disparos; y III) inventar un aparato así, de largo alcance, para la navegación marítima. Diré más del radar en el capítulo siguiente.

ca, en primer lugar, para la seguridad nacional. La posterior guerra fría, el enfrentamiento con la Unión de Repúblicas Socialistas Soviéticas (URSS) no hizo sino reforzar esta idea. En 1951, por ejemplo, algunos miembros de la todopoderosa Atomic Energy Commission consideraban en sus declaraciones que los físicos eran «materia prima bélica», una «herramienta de guerra», «un importante activo de guerra» que debía ser «almacenado» y «racionado». Los analistas de la Oficina de Estadística Laboral estaban de acuerdo: «Si la investigación en física, que es vital para la supervivencia de la nación, tiene que proseguir y crecer», afirmaban en un informe de 1952, «la política nacional debe ocuparse no solo de conservar a los jóvenes hombres que ya están trabajando en el campo, sino también de asegurar el suministro continuo de nuevos graduados».[2]

Cuando en octubre de 1957 los soviéticos pusieron en órbita el Sputnik, el primer satélite artificial, los temores sobre la seguridad nacional no hicieron más que aumentar.

La consecuencia fue un incremento astronómico de la financiación del Gobierno nacional para apoyo de la física y de las tecnologías relacionadas con ella. Tanto es así que el presupuesto de I+D (Investigación y Desarrollo) federal pasó de 74 millones de dólares en 1940 a 1.590 millones en 1945.

De forma coherente con el deseo de «asegurar el suministro continuo de nuevos graduados», los programas de becas se ampliaron de manera sustancial, lo que condujo a que el número de estudiantes que elegían esta carrera en las universidades estadounidenses creciera más que en cualquier otra especialidad, con la consiguiente expansión de las facultades correspondientes. Al poco tiempo, la matriculación de alumnos de grado duplicaba casi a la de todas las demás disciplinas tomadas en conjunto. Algo semejante ocurrió, aunque no en cantidades parecidas, en diversos países europeos, como el Reino Unido, Francia o la República Federal Alemana, además de, por supuesto, la Unión Soviética.

John Slater (1975: 217) expresó bien esa nueva realidad en su autobiografía:

> Durante la contienda prácticamente todo miembro del Departamento de Física del MIT había estado relacionado, de una u otra manera,

2. Más detalles en Kaiser (2011: cap. 1).

> con el trabajo para la guerra. Al aproximarse el final de esta, muchos volvieron a Cambridge [Massachussets], al igual que lo hice yo, repletos de nuevos planes para el desarrollo de la física en el Instituto. La guerra había llevado la física a la atención del público, de la industria y del Gobierno, como nunca antes había ocurrido. Era obvio que esto daría como resultado una gran expansión en el interés por la física, de manera análoga a lo que había sucedido con la química durante la primera guerra. En particular, el área de la electrónica, ejemplificada por el radar, y la de la estructura nuclear, aplicada a la bomba atómica, estaban encaminadas hacia investigaciones y aplicaciones cada vez más intensas, y a números mucho más elevados de estudiantes y de oportunidades de empleo. El Instituto había sido un líder en ambos campos antes de la contienda y todo apuntaba a que tomaríamos una posición todavía más prominente después de 1945. Pensábamos entonces que los planes del Departamento deberían asegurar esa posición de liderazgo.

En efecto, el MIT es un buen ejemplo.[3] En 1940, la División de Cooperación Industrial, la oficina que el Massachusetts Institute of Technology había creado para administrar sus contratos de investigación, gestionaba unos cien mil dólares, de los que alrededor de la décima parte procedía de acuerdos gubernamentales. En septiembre del año siguiente, la cantidad total se elevaba a diez millones de dólares, la mayoría de ellos procedentes del Gobierno. El dinero recibido fue importante, por ejemplo, para mejorar instalaciones o contratar más personal. Sin embargo, en realidad fue determinante para ganar experiencia científica, técnica y administrativa, por los proyectos iniciados y los contactos conseguidos. No cabe duda de que la guerra no perjudicó al Instituto, sino todo lo contrario. La siguiente tabla también es indicativa en ese sentido:

Tamaño del MIT

Año	Estudiantes	Profesorado	N.º Departamentos
1939	3.100	680	17
1945	6.200	1.165	18
1947	5.172	1.244	20

3. Véase Sánchez Ron (2022 a: cap. 11).

La experiencia de la guerra también tuvo consecuencias para la mecánica cuántica y se produjo un cambio muy importante en su comprensión y en su práctica. El estilo anterior, que tanto habían utilizado los Einstein, Bohr, Heisenberg o Schrödinger, en el que las reflexiones e interpretaciones de índole filosófica ocupaban una parte considerable del trabajo, desapareció casi por completo. De acuerdo con los usos de la contienda, el lema pasó a ser: «Calla y calcula». Por ejemplo, en este contexto apareció un libro utilizado por incontables alumnos (en especial a nivel de graduado, pero no exclusivamente), no solo en Estados Unidos, sino en muchos otros países (yo mismo lo usé en mis cursos de finales de la década de 1960): *Quantum Mechanics* de Leonard Schiff (1915-1971). Su primera edición se publicó en 1949 y fue seguida de otra con pocos cambios en 1955 y de una tercera, ya más actualizada, en 1968.[4] Este texto no incluía nada sobre la interpretación de la mecánica cuántica y sí numerosos problemas, que habrían dejado perplejos a los físicos de diez o veinte años atrás, para que fuesen resueltos por los estudiantes.

2. El estado de la física en octubre de 1945 desde la perspectiva de Pauli

El 11 de octubre de 1945, apenas dos meses después de que las bombas atómicas provocaran la rendición de Japón, Wolfgang Pauli escribió una carta al brillante físico holandés Hendrik Casimir desde el Instituto de Estudio Avanzado de Princeton, en el que había pasado recluido los años de la guerra. En la misiva, ofrecía su visión del estado de la disciplina en aquel momento (von Meyenn, ed. 1993: 320-321):[5]

4. Schiff trabajó en el Laboratorio de Los Álamos entre 1945 y 1947, cuando pasó a la Universidad de Stanford.

5. Pauli fue uno de los pocos físicos de primer nivel residentes en Estados Unidos que permaneció al margen del esfuerzo bélico. Pensaba que la oferta del Ejército entrañaba un gran riesgo para la noción de investigación que tendrían las nuevas generaciones de científicos. En una carta que escribió a Einstein el 19 de septiembre de 1946, señaló el enorme peligro que suponía la intromisión castrense en la disciplina. «Por intromisión yo no solo entiendo la censura, sino también una influencia en la orientación de los trabajos experimentales. Es fácil captar a la gente joven

¡Querido Casimir!

Me alegró mucho saber algo más de usted al leer su carta del 12 de septiembre, que llegó hoy.

Primero sobre la física. Me parece que los físicos en Holanda están sobrevalorando el contenido de las revistas americanas e inglesas de entre 1940 y 1945. Pronto se darán cuenta de que, salvo unas pocas excepciones, no hay mucho interesante en ellas. Para mí, es mucho más interesante leer su holandesa *Physica* de esos años que las revistas americanas e inglesas. Es diferente, sin embargo, con los países neutrales: en Suecia, Irlanda, Suiza y también en Rusia se ha hecho bastante trabajo interesante (las expediciones sobre rayos cósmicos de Alichanow en el Cáucaso, los artículos de Landau sobre el helio líquido, la teoría de los mesones de Iwanenko y Sokolow). Aquí se ha trabajado mucho en problemas técnicos (microondas, radar) y también sobre núcleos pesados. Este último todavía se mantiene secreto (excepto por el denominado «Informe Smyth», que se ha publicado como libro). Afortunadamente, yo no estuve involucrado en este trabajo secreto, sino que estuve sentado tranquilamente y en solitario en Princeton trabajando en la teoría de los mesones (y también en la loca electrodinámica cuántica de Dirac, en la que ya no creo más).

Oppenheimer estimuló mi interés en este campo en 1941 y he publicado un número de artículos sobre esto, pero sin resolver definitivamente ningún problema. En la actualidad, los hechos más interesantes son los experimentos de Amaldi (*Naturwissenschaften* 1942; actualmente artículos suyos y de sus pupilos están en prensa en *Physical Review*) sobre la dispersión neutrón-protón entre doce y catorce MeV. Han encontrado una pronunciada dispersión hacia delante que es difícil de reconciliar con las presentes teorías (véans los artículos de Hulthén en *Swedish-Arkiv*).

En Zúrich, Wentzel trata de explicar estos resultados con su «teoría del acoplamiento fuerte» (según isóbaros [núcleos atómicos con el mismo número de masa, pero diferente número atómico] estables, lo que significa que deberían existir estados excitados del protón, con carga y espín elevados). Yo también he trabajado en esta dirección, pero tengo grandes dudas sobre si esta teoría es correcta. Pronto estarán disponibles notas mimeografiadas de seis conferencias sobre la teoría de los

prometiéndoles buenas plazas y buenas expectativas de una carrera brillante.» Reproducida en von Meyenn, ed. (1993: 383-384).

mesones que pronuncié hace un año en el MIT, en Cambridge, Mass., y le enviaré una copia a usted o a Rosenfeld. Encontrará muchas citas ahí y también artículos relacionados de Heitler y de Heisenberg.

El problema de la naturaleza de las fuerzas nucleares todavía está sin resolver, al igual que lo estaba en 1940, y aventuro que el material secreto sobre la «zoología de términos» de los núcleos pesados (o lo que sea) no ayudará a este respecto cuando sea publicado. Sencillamente, es igual de insatisfactorio inventar arbitrariamente un nuevo campo para todo mesón que ha sido o será descubierto, con una interacción arbitraria con partículas pesadas, que inventar alguna interacción arbitraria entre las propias partículas pesadas. Y es todavía más arbitrario introducir una forma finita del protón para hacer convergente la teoría (como se hace en la teoría del acoplamiento fuerte de Wentzel mencionada antes). Creo que experimentos con protones y neutrones de alta energía podrían ser de bastante ayuda para encontrar las leyes que obedecen las fuerzas nucleares.

Para las aplicaciones de los principios conocidos, que necesitan mucho dinero e instalaciones industriales (como, por ejemplo, la producción de «plutonio» y la separación de los isótopos del uranio), este país es ideal. Pero no se ha hecho nada realmente original en este país ni en la física experimental ni en la teórica. Lo mismo se aplica también a Inglaterra para el trabajo realizado durante el tiempo de guerra; pero estoy interesado en lo que sucederá en ambos países.

Sería muy sabio, por consiguiente, que se preparen usted y los físicos holandeses para la gran decepción que experimentarán tan pronto como lleguen las revistas americanas e inglesas. Pero también tendrán algún estímulo: rápidamente encontrarán que su propia física está menos deteriorada que la de los físicos americanos e ingleses y que *no* será para ustedes tan complicado como piensan el «ponerse al día»: unas pocas semanas serán suficientes para que usted y los demás aprendan todo lo que de interés científico ha sucedido durante estos «años perdidos».[6]

6. En esta misma carta, Pauli daba a Casimir detalles de su situación personal: «Tengo una gran deuda con este Instituto [el de Estudio Avanzado] por el asilo que me ha dado desde 1940 hasta hoy. Recientemente, incluso me ofrecieron un puesto permanente de profesor en el Instituto (es en algunos aspectos la sucesión de Einstein, que está ahora en edad de retirarse). Por otra parte, todavía soy profesor en Zúrich, donde mi puesto se ha mantenido abierto para mí. Por consiguiente, siento que tengo alguna obligación hacia mis colegas en Zúrich y he decidido viajar primero a Zúrich tan pronto como sea posible y considerar el riesgo futuro más

Como veremos en este capítulo, Pauli tenía razón en lo que se refiere a que no iba a ser difícil «ponerse al día». La elaboración de una electrodinámica cuántica es buen ejemplo en este sentido. Menos acertado estaba, creo, en su opinión negativa sobre lo conseguido en física en Estados Unidos durante la guerra («no se ha hecho nada realmente original en este país ni en la física experimental ni en la teórica»). Aunque eso fuera cierto en sentido estricto, se habían sentado unas bases sólidas para que pudiera florecer esa originalidad.

3. La matriz S

Las dificultades que aparecían a la hora de construir una electrodinámica cuántica (infinitos en la autoenergía del electrón y en la densidad de carga, valor del momento, divergencias en el ultravioleta, etc.), ya mencionadas en el primer capítulo, parecían insuperables. Una de las posibles soluciones que se consideraron durante un tiempo provino de Werner Heisenberg (1938 a, b). Este propuso que la teoría que se buscaba, libre de inconsistencias, debía contener en su base una nueva constante, una «longitud fundamental». La idea era que, a distancias menores a esta, los procesos físicos ya no eran los mismos. De este modo, se eliminaba la autoenergía infinita del electrón. No obstante, de adoptar este enfoque la invariancia de la relatividad especial obligaba a hacer lo propio con el tiempo. Esto es, a introducir un intervalo mínimo, lo que a su vez implicaba que no era posible disponer de un hamiltoniano ni, por consiguiente, de la ecuación de Schrödinger. Para resolver este problema, Heisenberg desarrolló

tarde. Mi decisión de dejar Zúrich en 1940 estuvo muy influida por la circunstancia de que yo no era un ciudadano suizo. Esta misma circunstancia actualmente me hace de nuevo difícil obtener un pasaporte, pero, no obstante, espero poder viajar dentro de unos pocos meses (puede que sea a finales de diciembre o en enero). De manera que veremos en qué lado del Atlántico tendremos nuestra "charla sobre muchos temas". Sé lo mala que es la situación material en Europa y es verdad que el lado material de la vida es aquí muy bueno y sin problemas. No puedo decir lo mismo de la situación espiritual. Me pregunto cómo se desarrollará el lado espiritual de la vida en Europa. ¿Es la gente allí muy nacionalista? En lo que respecta a mí, no me es posible, por supuesto, considerarme como perteneciente a un solo país (esto contradeciría todo el curso de mi vida). Sin embargo, siento que soy europeo. Este concepto, de nuevo, no se reconoce en Europa, lo que hace la situación algo complicada para mí».

otro modelo en 1943. Abandonó la teoría cuántica de campos y operó solo con cantidades medidas de manera directa. Introdujo así una matriz que debía desempeñar las funciones del hamiltoniano. Esta, denominada «matriz S» (por «*Streuung*» en alemán, «*Scattering*» en inglés y «dispersión» en castellano), determinaba el comportamiento asintótico de la función de onda, para los valores elevados de la distancia entre partículas descritos en la mecánica cuántica ordinaria.[7] Se partía de la suposición de que tanto el estado inicial como el final del sistema eran autoestados del hamiltoniano libre, sin perturbación. De este modo, la matriz era un operador unitario entre el espacio de Hilbert de las partículas entrantes y salientes y cada uno de sus elementos representaba la probabilidad de que se produjera una dispersión en el nivel subatómico. El efecto de la interacción era caracterizado mediante la observación de los miembros del conjunto, antes y después del proceso. Se trataba, en definitiva, de aportar un esquema teórico, fenomenológico, para describir los fenómenos de este tipo, sin saber nada de su mecanismo exacto, una especie de «caja negra».[8] No obstante, en el modelo subsistían importantes deficiencias, como la descripción del comportamiento en los casos en que las distancias eran pequeñas. A esto se sumaba el hecho de que las ideas de Heisenberg surgieron poco antes del estallido de la segunda guerra mundial. Sin embargo, la propuesta se extendió con rapidez y durante algún tiempo el «programa de investigación de la matriz S» fue seguido por algunos físicos, entre los que destacan Hendrik Kramers, Enst Stueckelberg, Gregor Wentzel, Ralph de Laer Kronig y Christian Møller. Este último demostró que la matriz S era invariante bajo las transformaciones de Lorentz (esto es, relativista) y tras la contienda se convirtió en uno de los más activos defensores de la teoría.[9] El 21 de octubre de 1943, Heisenberg, durante

7. Antes, John Archibald Wheeler (1937 a, b) había introducido el concepto de esta matriz en el contexto de la descripción teórica de la dispersión de núcleos ligeros. James Cushing (1990) ha estudiado la historia de esta formulación, en especial en un ámbito filosófico.

8. Una referencia útil, aunque inclinada a la reflexión más filosófica que física, es Cushing (1990).

9. Hay que resaltar los trabajos de Stueckelberg (al que ya me referí en la nota 12 del tercer capítulo), no solo en relación con la matriz S, sino también porque incluían métodos de renormalización (cuestión sobre la que se trata más adelante en este apartado), que precedieron a los de Tomonaga, Schwinger, Feynman y Dyson.

una visita que efectuó a la Holanda ocupada por Alemania, disertó en Leiden sobre este asunto. Kramers se encontraba entre la audiencia y se unió a los esfuerzos por desarrollar la aproximación, aunque rehusó la oferta de Heisenberg de publicar juntos. Un documento interesante en este sentido es una carta que Pauli envió a Dirac el 21 de diciembre de 1943 desde Princeton (von Meyenn, ed. 1993: 206):

> He estudiado muy detalladamente los dos artículos de Heisenberg [1943 a, b] que menciona en su carta y también los he tratado en nuestro seminario en Princeton. Su matriz S unitaria, que une solamente estados de la misma capa de energía, es ciertamente una herramienta útil para los procesos de colisión, emisión y absorción, y puede ser que esto permanezca así incluso en una teoría que para nada utilice hamiltonianos. Sin embargo, hasta el momento, Heisenberg no ha tratado de dar formalismo teórico alguno que determine su matriz. Incluso si pudiese encontrarse tal formalismo, existirían otros problemas para los que la matriz S no está adaptada, como, por ejemplo, las propiedades de los estados estacionarios de sistemas compuestos (por ejemplo, los estados estacionarios del deuterón como consecuencia de la interacción de protones y neutrones con el campo de mesones).

Cuatro años más tarde se resolvieron las divergencias en la electrodinámica cuántica mediante técnicas de renormalización, pero incluso entonces la matriz S conservó algún protagonismo, como se verá cuando trate de las aportaciones de Freeman Dyson. De hecho, uno de sus dos artículos seminales llevaba por título «The S-matrix in quantum electrodynamics». Esta herramienta matemática cobró fuerza de nuevo a partir de mediados de la década de 1950, con las contribuciones de Geoffrey Chew, su más distinguido defensor, Murray Gell-Mann y otros.[10] No obstante, su campo de aplicación no era ya la interacción electromagnética, sino la nuclear fuerte, para la que no existía una teoría satisfactoria. Al igual que en los trabajos que siguieron la propuesta de Heisenberg, de lo que se trataba en este caso era de abandonar el programa tradicional de la teoría cuántica

---

Véase Stueckelberg (1934, 1944), así como los comentarios al respecto en Lacki (2009: 43-44). Un problema con Stueckelberg era la poca claridad de sus escritos. Sobre la propagación de la teoría de la matriz S, véase Rechenberg (1989).

10. Véase, por ejemplo, Chew (1962).

de campos y de adoptar otro centrado en las integrantes mismas del sistema. Una idea subyacente a esta iniciativa —que se concretó en una forma particular de la matriz S a la que se denominó «*bootstrap*», creada y defendida sobre todo por el físico estadounidense Geoffrey Chew (1924-2019)— era cuestionar la existencia de partículas *elementales* y *compuestas*. En vez de ello, se abogaba por una «democracia nuclear», lo que fue desacreditado de forma inequívoca cuando se descubrieron los quarks.[11]

Tampoco Heisenberg dejó de esforzarse por entender el significado de «partícula *elemental*». Representativa en este sentido es la serie de conferencias que pronunció en el verano de 1965 en la Universidad de Múnich y que vio la luz al año siguiente en forma de libro: *Introduction to the Unified Field Theory of Elementary Particles* (Heisenberg 1966). Puede sorprender que en el título se mencionase la teoría de campos, pues un elemento fundamental del programa de la matriz S era precisamente el rechazo a este enfoque. Sin embargo, lo cierto es que para entonces la fe de Heisenberg en esta propuesta ya no era la de casi tres décadas atrás. Así, en una sección de esta obra, titulada «The S-matrix», Heisenberg (1966: 16) escribió:

> Los tres rasgos principales de la matriz S: unitariedad, invariancia bajo los grupos fundamentales y representación analítica de la causalidad, en principio posiblemente son suficientes para determinar por completo su estructura. No obstante, debido a su complejidad matemática, la matriz S difícilmente puede ser una buena herramienta matemática para definir la ley natural que subyace en la física de partículas elementales. Una (posiblemente incompleta) descripción de los fenómenos mediante la matriz S ciertamente será posible. Pero la matriz S debería ser el resultado, no la definición de la teoría, debería ser el producto de un proceso matemático que partiera de axiomas que pudieran ser formulados de una forma más simple. Este es, ciertamente, el papel que la matriz S desempeña en la mecánica cuántica no relativista; y como la mecánica cuántica es una parte especial de la física de partículas elementales, se debería esperar que el papel de la matriz S en este campo más general fuera esencialmente el mismo.

11. Pickering (1984) incluyó la matriz S y el *bootstrap* en su estudio sociológico de la historia de la física de partículas, en el que dio (74) además una definición bastante técnica de esta última formulación.

4. Dos experimentos cruciales: Willis Lamb y Polykarp Kusch

En la historia de la construcción de una electrodinámica cuántica, hubo dos momentos de gran relevancia, en especial de cara a las contribuciones de Schwinger y Feynman. El primero y el más importante en el inicio tuvo como protagonista a Willis E. Lamb (1913-2008). Este se graduó en Química en la Universidad de California en Berkeley, pero más tarde se centró en la física. Completó esta carrera en la misma institución y se convirtió en miembro del grupo de Robert Oppenheimer, quien por entonces comenzaba (ya se vio en *HFC-2*) a formar en torno suyo una escuela de físicos teóricos, cuánticos sobre todo. Este colectivo estaba afincado tanto en Berkeley como en Pasadena, en el Californian Institute of Technology, ya que su mentor pasaba medio año en cada una de esas localidades. Integrar este círculo significaba tener acceso privilegiado a los problemas más candentes de la teoría nuclear y de la electrodinámica cuántica, aunque hay que decir que las relaciones entre ambos científicos (Oppenheimer no era de trato fácil) no fueron todo lo fluidas que deberían o podrían haber sido. Una vez que Lamb obtuvo su doctorado en 1938, Isidor Rabi le ofreció un puesto en la Universidad de Columbia (Nueva York). Allí, formó parte de un equipo que incluía, entre otros, a Julian Schwinger y trabajó en varios problemas, algunos de ellos de física nuclear y haces moleculares, el dominio en el que brillaba Rabi. De hecho, este obtuvo en 1944 el premio Nobel de Física «por su método de resonancia para registrar las propiedades magnéticas de los núcleos atómicos». Al llegar la guerra, Lamb no pudo participar en proyectos secretos, como el desarrollo del radar o la fabricación de armas atómicas, de la misma forma en que lo hicieron la mayor parte de sus colegas, ya que estaba casado con una extranjera. Sin embargo, en 1943 se levantó esta prohibición y Oppenheimer le ofreció participar en el Proyecto Manhattan, algo a lo que él se negó. Sí aceptó, en cambio, unirse al grupo que Rabi dirigía en Columbia, una rama del ya citado Radiation Laboratory del MIT.

Se incorporó a dicho programa como teórico, pero su habilidad en el campo experimental (junto a Enrico Fermi, Isidor Rabi y Felix Bloch fue uno de los pocos físicos del siglo XX que sobresalieron por igual en ambos dominios) le permitió ocuparse también de cuestiones relacionadas con magnetrones, tecnología de alto vacío y otras técnicas empíricas. Por ejemplo, ayudó a diseñar un aparato para medir el coeficiente de absorción del vapor de agua en función de la longitud de onda de la radiación incidente, un problema de obvia importancia para la transmisión atmosférica de señales en el rango de las microondas. Ese invento supuso una contribución fundamental de cara a las investigaciones que emprendió tras la contienda: medir la estructura fina del espectro del hidrógeno. Este asunto ya había llamado su atención durante la carrera, cuando se topó con un detalle que no le satisfizo en uno de sus cursos sobre física atómica (Lamb 1983: 313): «Recuerdo lo mucho que me desengañó [la asignatura] cuando las clases se centraron en el más simple de los átomos, el del hidrógeno, y la teoría se hizo aún más complicada debido a la relación entre las interacciones espín-órbita y la teoría de la relatividad. Esto me introdujo en el tratamiento relativista de Arnold Sommerfeld de 1916 de la estructura fina del hidrógeno que utilizaba la vieja teoría cuántica».

En la Universidad de Columbia, Lamb se centró en el comportamiento de dos estados atómicos del hidrógeno con el mismo número cuántico principal, pero con momentos angulares diferentes. La electrodinámica relativista desarrollada por Dirac predecía la misma energía en ambos casos, lo que significaba que el espectro de microondas de las transiciones entre ellos mostraría una única línea. Sin embargo, con la ayuda de uno de sus estudiantes, Robert Retherford, que había trabajado en haces atómicos y que era un experto en sistemas de vacío y amplificadores dc (acoplados en continua), Lamb encontró *dos* líneas (Lamb y Retherford 1947). Esto iba en contra de la teoría de Dirac, que llegaba a la conclusión de que los estados atómicos $2S_{1/2}$ y $2P_{1/2}$ debían tener la misma energía ($2S_{1/2}$ designa el segundo nivel energético principal del átomo de hidrógeno, con momento angular orbital 0 y momento angular total de ½; $2P_{1/2}$ también representa ese nivel principal, pero con momento angular orbital 1 y momento angular total de ½).[12]

La segunda ocasión destacada a la que me refería antes la protagonizó otro miembro del mismo equipo: Polykarp Kusch (1911-1993).

12. Este artículo se reproduce, al igual que muchos otros de los citados en este capítulo, en Schwinger, ed. (1958). Otra referencia útil, aunque menos completa que la anterior, es Miller (1994).

Nacido en Alemania, a los diez años emigró a Estados Unidos con su familia. Estudió física en la Universidad Case de Western Reserve y a continuación pasó a la de Illinois en Urbana-Champaign, donde obtuvo el título de máster en 1933. Allí completó también su doctorado en 1936 bajo la dirección de F. Wheeler Loomis, con una tesis titulada *The molecular spectrum of caesium and rubidium*, aunque un año antes se había trasladado a la Universidad de Minnesota. En 1937 se unió a la de Columbia. En Nueva York, en el laboratorio de haces atómicos y moleculares de Rabi y con la colaboración de Henry M. Foley (1917-1982), estudió la estructura hiperfina del hidrógeno, del deuterio y de otros átomos complejos y descubrió que el denominado factor *g* (que da la relación entre el espín del electrón y su momento magnético) no era exactamente dos, como requería la ecuación relativista de Dirac, sino algo más grande, 2(1,00119 ± 0,00005). En el artículo definitivo que Kusch y Foley publicaron en el número del 1 de agosto de 1948 de *Physical Review*, señalaron que (Kusch y Foley 1948: 250):

> El desarrollo de varias técnicas de microondas y espectroscopía r-f [radiofrecuencia] ha suministrado una serie de nuevas herramientas para la investigación de la estructura detallada de espectros atómicos. Estas técnicas han hecho posible resolver detalles extremadamente pequeños de la estructura y determinar con un grado muy alto de precisión las posiciones relativas de los niveles de energía. Los recientes experimentos de Lamb y Retherford [1947] sobre la estructura fina del hidrógeno indican que la teoría de Dirac no describe adecuadamente el átomo de hidrógeno y que, por consiguiente, todas las conclusiones detalladas de la teoría de Dirac son presumiblemente sospechosas en algún grado.

Es interesante citar también lo que escribieron justo al final de su artículo:

> La motivación original de estos experimentos provino de una sugerencia de G. Breit con respecto al momento magnético intrínseco del electrón. El método que hemos utilizado para comprobar la hipótesis de Breit, comparando los valores *g*, nos lo sugirió I. I. Rabi. Queremos expresar nuestro agradecimiento a ambos, el Dr. Breit y el Dr. Rabi, por sus muchas provechosas discusiones y a la señorita Zelda

Marblestone, quien realizó una considerable fracción de los bastante extensos cálculos involucrados en este trabajo.[13]

Breit, sin embargo, pensó que no había recibido el reconocimiento adecuado por su contribución, como hizo saber a Rabi por carta.[14] Es interesante conocer la manera en que este último transmitió a Pauli el resultado de esos trabajos, en una misiva firmada el 19 de diciembre de 1947 (von Meyenn, ed., 1993: 483-483):

> Tenemos algunos resultados experimentales del momento magnético del espín del electrón que le interesarán. Kusch y Foley compararon los valores *g* de los estados $P_{3/2}$ y $P_{1/2}$ en el galio y encontraron que el valor no era 2 sino 2,00244. Si uno asume el acoplamiento de Russell-Saunders y deja la discrepancia al efecto del espín del electrón, el electrón se hace un 0,12 % más grande. Por supuesto que el galio es un átomo complicado y se podría esperar que se produjeran algunas interacciones de configuración. Sin embargo, un estudio de lo que esto supondría resultó en que sería bastante pequeño. Otro experimento sobre la relación de la razón del estado $2S_{1/2}$ del sodio con el estado $2P_{1/2}$ del galio confirma que esto se puede explicar suponiendo un aumento de ese orden para el momento del espín. [...]
>
> Schwinger [1948 a] ha hecho algunos cálculos relativistas del problema, *à la* Bethe, pero relativísticamente, y de hecho encuentra que el momento del espín aumenta en la fracción $\alpha/2k$, que es exactamente nuestro resultado.

La Academia de las Ciencias de Suecia reconoció las aportaciones de Lamb y Kusch y les otorgó el premio Nobel de Física de 1955. Al

13. Zelda Marblestone Druce (1920-2012) se graduó en matemáticas en el Hunter College y obtuvo el título de máster en esa misma disciplina en el Brooklyn College. Trabajó primero para el Cuerpo de Señales del Ejército de Estados Unidos y después en los Laboratorios Bell, como ayudante de investigación en su especialidad. Allí se dedicó sobre todo a cálculos relacionados con el desarrollo de radares de ultra alta frecuencia. De ahí, pasó a colaborar con Kusch. Como sucede tantas veces, tras casarse permaneció en su casa durante catorce años, al cuidado de sus hijos. Después de este paréntesis, consiguió un empleo a tiempo completo como profesora en el instituto Samuel J. Tilden de Brooklyn, Nueva York, y más tarde enseñó matemáticas en el New York City College of Technology hasta los ochenta y ocho años.

14. Véase al respecto Schweber (1994: 222-223).

primero de ellos «por sus descubrimientos concernientes a la estructura fina del espectro del hidrógeno» y al otro «por su precisa determinación del momento magnético del electrón».

5. La electrodinámica cuántica: tres historias diferentes

Como apunté con anterioridad, tres físicos culminaron la formulación de la electrodinámica cuántica: Tomonaga, Schwinger y Feynman. Sin embargo, sus caminos fueron distintos, aunque en el caso de los dos estadounidenses existió un entorno científico común. Freeman Dyson (1994 b: 133), que aparecerá más delante de manera destacada, resumió algunas de esas diferencias:

> Los tres creadores de la teoría trabajaron de modo independiente, pero no simultáneo. Tomonaga mantuvo viva en Japón, durante la segunda guerra mundial, una escuela de física teórica que en algunos aspectos estaba a la cabeza del resto del mundo. En estas condiciones de total aislamiento, publicó en japonés su trabajo fundamental en 1943. Entretanto, Schwinger y Feynman estaban dedicados de lleno al desarrollo del radar y de la energía nuclear, respectivamente. Cuando después de la guerra volvieron a la vida académica, despertó su interés una serie de nuevos experimentos sobre los detalles precisos del átomo de hidrógeno. Los experimentos fueron posibles gracias al desarrollo alcanzado en tiempos de guerra por la técnica de las microondas, que permitía hacer mediciones aproximadamente mil veces más precisas que las mejores de antes de la guerra. Los nuevos experimentos pusieron claramente de manifiesto la falta de una teoría satisfactoria de los procesos radiactivos y, a partir de ahí, Schwinger y Feynman siguieron distintos caminos para llegar a una. Ambos completaron su trabajo en el invierno de 1947-1948, justo en la época en que empezaban a llegar de Japón las primeras traducciones al inglés de los artículos de Tomonaga y sus estudiantes. Es curioso consignar que, si bien los nuevos experimentos desempeñaron un papel decisivo en el pensamiento de Schwinger y Feynman, Tomonaga alcanzó una visión esencialmente idéntica basándose exclusivamente en consideraciones teóricas.

Teniendo en cuenta esto, es apropiado comenzar por Tomonaga.

6. Sin-Itiro Tomonaga

En el tercer capítulo ya apareció Sin-Itiro Tomonaga (1906-1979), aunque de manera fugaz. Señalé entonces que fue casi contemporáneo de Yukawa, con el que coincidió en la Universidad de Kioto. Ambos se formaron en un ambiente en el que la física alcanzó un nivel muy elevado. En este sentido, fue importante Yoshio Nishina (1890-1951), un nombre familiar en la cuántica gracias a la ecuación de Klein-Nishina, que describe tanto la dispersión de Thomson de fotones de baja energía (luz visible) como la del efecto Compton, en los casos de frecuencias más elevadas (rayos X y gamma). El trabajo en el que se dio a conocer esta fórmula fue publicado en 1929, en alemán en *Zeitschrift für Physik* y en inglés en *Nature* (Klein y Nishina 1929 a, b), y constituyó una de las primeras aplicaciones de la teoría relativista del electrón, que Dirac había formulado en 1928.

Graduado en Ingeniería Eléctrica por la Universidad Imperial de Kioto, en 1917 Nishina se unió al entonces recién creado Instituto de Investigación Física y Química de Tokio, el *Rikagaku Kenkyusho*, o RIKEN, una institución privada financiada de diversas formas. Tras permanecer varios años allí, se le envió al extranjero para ampliar sus conocimientos, un periplo que duró ocho años. Estuvo primero en el Laboratorio Cavendish en Inglaterra, después en la Universidad de Gotinga en Alemania y, por último, pasó seis años en el Instituto Bohr en Copenhague (fue entonces cuando coincidió con Oskar Klein, junto al que desarrolló en 1928 su famosa fórmula).

Regresó a Japón en diciembre de 1928 y comenzó a formar un equipo, al que se unió Tomonaga en 1932. Aquel mismo año, este leyó un artículo que dirigió su trabajo hacia la electrodinámica cuántica. En su conferencia Nobel (6 de mayo de 1966) explicó lo sucedido:[15]

> En 1932, cuando comencé mi carrera como ayudante de Nishina, Dirac [1932] publicó un artículo en *Proceedings of the Royal Society, London*. En este artículo, trataba de la formulación de una mecánica cuántica relativista, especialmente la de electrones interaccionando con el campo electromagnético. En aquel tiempo Heisenberg y Pauli [1929] habían completado formalmente una teoría comprehensiva de la interacción.

15. Como he señalado en otros lugares, las conferencias Nobel se pueden consultar en la web de la Fundación Nobel.

Pero Dirac no estaba satisfecho con esa teoría e intentó construir una nueva desde un punto de vista diferente. Heisenberg y Pauli consideraban el campo (electromagnético) como un sistema dinámico susceptible de un tratamiento hamiltoniano; su interacción con partículas podría describirse con una energía de interacción, de forma que se podría aplicar el habitual método del hamiltoniano de la mecánica cuántica. Por otra parte, Dirac pensaba que el campo y las partículas deberían jugar papeles esencialmente diferentes. Esto es, según él, «el papel del campo es proporcionar un medio para realizar observaciones de un sistema de partículas» y por consiguiente «no podemos suponer que el campo es un sistema dinámico en pie de igualdad con las partículas y en consecuencia ser algo a observar en la misma forma que las partículas».

Con base en esa filosofía, Dirac propuso una nueva teoría que no utilizaba el formalismo hamiltoniano (veremos más adelante que Feynman siguió su ejemplo), sino variables de tiempo específicas para cada partícula (de ahí que se la haya denominado «de tiempos múltiples»). El artículo del inglés llamó la atención de Tomonaga y de Nishina «por su novedad y por la belleza de su forma», hasta el punto en que este último encargó al joven que comprobara si la fórmula de Klein-Nishina se podía deducir de esta propuesta. Tomonaga verificó que lo hacía y también que, de hecho, este novedoso enfoque, que daba preferencia a las partículas, era equivalente desde un punto de vista matemático al planteado por Heisenberg y Pauli, centrado en el concepto de campo.

La formulación hamiltoniana tenía el problema de que la amplitud de probabilidad era función de la intensidad del campo en dos ubicaciones separadas, pero en un tiempo común. Esto implicaba que sus expresiones no podían ser covariantes, es decir, invariantes bajo transformaciones de Lorentz. Tomonaga se planteó si en la teoría de campos era posible asignar a cada punto espacial tiempos diferentes, en vez de uno solo para todos. Ahora bien, como el campo estaba definido en una región del espacio, esto es, en un número infinito de puntos, se necesitaba, por tanto, una cantidad también infinita de tiempos. En principio, parecía que esto conduciría a valores ilimitados de la amplitud de probabilidad, pero Tomonaga consiguió encontrar una interpretación favorable para esta magnitud en este caso. Además, formuló una teoría que era covariante y cuyo contenido era equivalente al planteamiento de Heisenberg-Pauli.

Esto es, por supuesto, un sumario muy incompleto de un desarrollo complejo, pero lo importante es que en la primavera de 1943 Tomonaga había alcanzado un extremo tal que durante una de las reuniones en RIKEN pudo presentar un trabajo titulado «Formulación de una teoría cuántica de campos invariante relativista». Su resumen decía lo siguiente (citado en Schwinger 2008: 33-34):

> En la actual formulación de campos cuánticos como una generalización de la mecánica cuántica ordinaria, se utilizan conceptos no relativistas tales como amplitud de probabilidad, relación de conmutación canónica y ecuación de Schrödinger. Estos conceptos se definen referidos a un sistema [de referencia] de Lorentz en el espacio-tiempo. Este insatisfactorio rasgo ha sido señalado por mucha gente y también lo enfatizó Yukawa recientemente. Yo he construido una generalización relativista de estos conceptos en la mecánica cuántica de tal manera que no se refieren a ningún sistema particular de coordenadas y reformulo la teoría cuántica de campos en una forma invariante relativista.

El artículo en cuestión se publicó en el boletín del Instituto, *RIKEN-Iho*. Tomonaga mantenía relaciones todavía con esta institución, pero en 1941 se había unido a la Universidad Bunrika de Tokio, la cual pasó en 1949 a formar parte de la Universidad de Educación de la capital japonesa. El contenido de la memoria no fue conocido fuera del país nipón hasta que no apareció, traducido al inglés, en el segundo número (agosto-septiembre de 1946) de una nueva revista: *Progress of Theoretical Physics*. Se tituló «On a relativistically invariant formulation of the quantum theory of wave fields» (Tomonaga 1946), pero aún tardó bastante en difundirse en Estados Unidos.

Es importante reproducir el contenido de su última sección («Concluding remarks»):

> Hemos demostrado que la teoría cuántica de campos de ondas puede formularse en una forma que revela directamente la invariancia de la teoría con respecto a las transformaciones de Lorentz. La razón por la que el formalismo ordinario de la teoría cuántica de campos es tan insatisfactorio se debe a que ha sido construido de forma demasiado análoga a la mecánica ordinaria no relativista. En este formalismo ordinario de la teoría cuántica de campos, la teoría se divide en dos secciones dife-

> rentes: la sección que da las relaciones cinemáticas entre varias cantidades en el mismo instante de tiempo, y la sección que determina las relaciones causales entre cantidades en diferentes instantes de tiempo. Así, las relaciones de conmutación pertenecen a la primera sección y la ecuación de Schrödinger a la segunda.
>
> Como se señaló antes, esta manera de separar la teoría en dos secciones es muy poco relativista, ya que el concepto «mismo instante de tiempo» desempeña un claro papel.
>
> En nuestro formalismo, también la teoría está dividida en dos secciones, pero ahora la separación se introduce en otro lugar. Una sección da las leyes del comportamiento de los campos cuando se dejan solos y la otra da las leyes que determinan la desviación de este comportamiento debido a interacciones. Esta forma de separación de la teoría se lleva a cabo de modo relativista.
>
> Aunque de esta manera la teoría se puede llevar a una forma más satisfactoria, no se añade ningún contenido nuevo. Así, las bien conocidas dificultades de divergencia de la teoría se heredan también en nuestra teoría. De hecho, nuestras ecuaciones fundamentales solamente admiten soluciones catastróficas [...]. Por consiguiente, la teoría requiere una modificación más profunda para eliminar esta dificultad fundamental.
>
> Se espera que tal modificación de la teoría se pueda introducir en alguna revisión del concepto de interacción, porque no encontramos semejante dificultad cuando tratamos con campos que no interaccionan. Esta revisión tendría entonces el resultado de que, en la separación de la teoría en dos secciones, una para los campos libres y otra para la interacción, se introduciría alguna incertidumbre. Esto parece deducirse del propio hecho de que, cuando formulamos la teoría cuántica de campos, esta forma de separación se ha revelado como el elemento fundamental de la teoría.

En resumen, Tomonaga reconocía que persistía el problema de las divergencias en la electrodinámica cuántica, pero pensaba que se podría resolver con una interpretación adecuada.

Al abordar la eliminación de estas divergencias, nos adentramos en aguas turbulentas, o cuando menos, turbias. Este es un esfuerzo en el que participó un número nada desdeñable de físicos, antes incluso de encontrar la manera «definitiva» (es decir, aceptada por la mayoría) de tratar el problema. El caso de Tomonaga no se puede separar de un desarrollo debido a Hans Bethe, quien obtuvo la primera estimación teórica del desplazamiento de las líneas del espectro del hidrógeno observado por Lamb y Retherford, aunque para ello utilizó una formulación no relativista (trataré de esto en la sección siguiente). No obstante, para completar el tratamiento del científico japonés, explicaré lo que este hizo.

En primer lugar, hay que señalar que las noticias del resultado de Lamb y Retherford y del trabajo de Bethe tardaron en llegar a Tokio. Esto significa, obviamente, que la formulación covariante de la electrodinámica cuántica que produjo Tomonaga surgió de consideraciones exclusivamente teóricas. La primera información que tuvo sobre el experimento de Lamb y Retherford la consiguió a través de una columna de ciencia en la revista *Newsweek* en el verano de 1947 y no del artículo de *Physical Review*. A continuación, el «11 de octubre de 1947 —explica Schweber (1994: 268)—, Tomonaga realizó en su seminario un informe sobre los cálculos de Bethe. En el mismo seminario, presentó un método "auto consistente" de sustracción para eliminar los infinitos y obtener así resultados finitos para varios procesos. En esto "estaba siguiendo la idea de Bethe"». En su discurso de presentación de Tomonaga en la ceremonia de la concesión del premio Nobel de Física, Ivar Walker, miembro del comité que decidía los galardones en este campo, incidió en el mismo aspecto: «Tan pronto como Tomonaga supo del experimento del desplazamiento de Lamb y del artículo de Bethe se dio cuenta de que era necesario dar un paso, sustituir la masa experimental por la masa mecánica ficticia que aparece en las ecuaciones de la electrodinámica cuántica y realizar una renormalización similar de la carga.[16] Los términos

16. Básicamente, la renormalización es un procedimiento mediante el cual las partes divergentes de un cálculo realizado con procedimientos perturbativos, que llevan a resultados infinitos sin sentido físico alguno, se engloban en otras cantidades medibles, lo que elimina el problema. Establece relaciones entre los parámetros de la teoría cuando los que describen el comportamiento del sistema a separaciones elevadas difieren de los que se necesitan a distancias pequeñas. En la electrodinámica cuántica, la renormalización requiere que algunas magnitudes físicas (la masa y la carga del electrón) tomen los valores experimentales observados. De este modo, se introduce un mecanismo para eliminar la masa mecánica (m_0) y la electromagnética (m_{el}) de las ecuaciones y expresarlas tan solo en función de la experimental (m_{exp}). Un proceso similar se realiza para la carga.

compensatorios que tenían que introducirse entonces en las ecuaciones deberían cancelar los infinitos».

Renormalización. Por fin aparece esta palabra, unida de manera tan íntima, no solo a la electrodinámica cuántica, sino también a otras teorías cuánticas de campos.[17]

En la propia conferencia Nobel, Tomonaga se refirió a este extremo y ofreció un buen resumen de lo que significaba este procedimiento para su teoría:

> Es muy satisfactorio que no aparezcan divergencias en la teoría, excepto por los dos infinitos de la masa y carga electrónica. No podemos decir que no tenemos divergencias en la teoría, ya que la masa y la carga son de hecho infinitas. [...]
>
> Sin embargo, la masa y la carga observadas en los experimentos no son la masa y carga originales, sino la masa y carga modificada por las acciones del campo, y ellas son finitas. Por otra parte, la masa y la carga que aparecen en la teoría son, después de todo, como mencioné antes, los valores modificados por las reacciones del campo. Como esto es así, y, particularmente, como la teoría es incapaz de calcular la masa y carga modificadas, podemos adoptar el procedimiento de sustituir los valores experimentales por los fenomenológicos. Cuando una teoría es incompetente en parte, un procedimiento común es recurrir al experimento para esa parte. Este procedimiento se llama renormalización de masa y carga, y nuestro método ha traído la posibilidad de que la teoría conduzca a resultados finitos mediante renormalización, incluso si esto contiene defectos.

Es difícil determinar en qué medida y, sobre todo, en qué momento se dio cuenta Tomonaga de que era necesario introducir este tipo de procedimientos para la masa y la carga del electrón, con los que evitar las divergencias. En una breve nota que publicó en *Physical Review* (Tomonaga 1948) y que envió a Oppenheimer, «descubridor» del trabajo del científico japonés, ya aparecen menciones a tales mecanismos. Sin embargo, estas carecen de la claridad con que se expresó Tomanaga en la anterior cita de su conferencia Nobel. Esto no debe resultar sorprendente, pues, como señaló Silvan Schweber

17. Recuérdese que la «guerra contra los infinitos», como la denominó Victor Weisskopf (1983), había comenzado bastante antes. Véase Brown, ed. (1993).

(1994: 595), «la teoría de la renormalización es un sistema conceptual complicado».

Visiones críticas de la renormalización

Aunque extremadamente útil, la renormalización ha sido objeto de críticas. Por ejemplo, a continuación se recogen dos opiniones en este sentido: una de Freeman Dyson y otra de Paul Dirac.

En una carta que dirigió a Pauli el 16 de mayo de 1951, Freeman Dyson, del que se hablará con detalle más adelante, expresó sentimientos que sin duda compartieron, y seguramente todavía comparten, algunos físicos (von Meyenn, ed. 1996: 305):

> He estado meditando un poco sobre los problemas de largo alcance de la física teórica, especialmente el problema de comprender el programa de renormalización en un nivel profundo que escape de los desarrollos en serie de potencias. Me parece que el camino conduce a una teoría descriptiva completa de partículas elementales, basada en la técnica de renormalización con desarrollos en serie de potencias. Esta teoría bien puede ser capaz de describir adecuadamente los resultados de todos los posibles experimentos en la escala atómica, pero todavía no explica la necesidad de la renormalización, ni la naturaleza y variedad de las partículas elementales, ni del místico número 137.[18] Fuera de esta teoría descriptiva existe una oscuridad absoluta.

18. El número 137, o mejor, 1/137, es una constante física adimensional (la constante de estructura fina)que desempeña un papel crítico en la determinación de la intensidad de la fuerza electromagnética. Es igual a $2\pi e^2/hc$ y se representa con la letra griega α. «Los físicos —escribe Lederman (1995: 37)— se han devanado los sesos con el 137 durante los últimos cincuenta años. Werner Heisenberg proclamó una vez que todas las fuentes de perplejidad que hay en la mecánica cuántica se secarían en cuanto el 137 se explicase definitivamente. Les digo a mis alumnos de carrera que, si alguna vez se encuentran en un aprieto en una gran ciudad de cualquier parte del mundo, escriban "137" en un cartel y lo levanten en la esquina de una calle concurrida. Al final, un físico acabará por ver que están en apuros y vendrá en su ayuda.»

En cuanto a Dirac, manifestó sus dudas sobre la renormalización como procedimiento en varias ocasiones. Una particularmente clara fue la cuarta y última edición de *The Principles of Quantum Mechanics*, donde escribió (Dirac 1958: 327):

> Se han conseguido establecer ciertas reglas que permiten eliminar de un modo coherente los infinitos que se derivan de las fluctuaciones,[19] habiéndose obtenido con ello una teoría capaz de ser desarrollada, y a partir de la cual es posible obtener resultados que pueden ser confrontados con los experimentos. En la confrontación se ha encontrado buena concordancia, lo que indica que las reglas tienen cierta validez. Pero dichas reglas solo se pueden aplicar a problemas particulares, que por lo general son problemas de colisión, y no encajan en los fundamentos lógicos de la mecánica cuántica. Por tanto, no pueden ser consideradas como una solución satisfactoria.
>
> Parece ser que hemos seguido, hasta donde es posible, el desarrollo lógico de las ideas de la mecánica cuántica tal y como se conocen hoy en día. Teniendo en cuenta que las dificultades son de carácter muy profundo, únicamente pueden ser superadas por un cambio drástico de los fundamentos de la teoría, probablemente tan drástico como el paso de la teoría de las órbitas de Bohr a la mecánica cuántica actual.

Bastantes años después, Dirac se explayó en una conferencia que pronunció en un simposio denominado Past Decade in Particle Theory, celebrado del 14 al 18 de abril de 1970. Titulada «Relativity and quantum mechanics», su ponencia fue publicada en la revista *Fields and Quanta*. Decía allí Dirac (1972: 144-147):

> La gente ha intentado establecer una teoría cuántica en la que las partículas interaccionan a través del mediador del campo [esto es, el fotón], con la interacción desarrollándose a la velocidad de la luz.

19. Debido al principio de incertidumbre de Heisenberg, los osciladores que representan al campo en el modelo de Dirac no pueden estar en reposo, lo que conduce a una energía del punto cero y a infinitos.

Han progresado mucho en este problema. Han establecido ecuaciones que llamamos correctas. Parecen satisfacer las propiedades generales que uno requeriría de las ecuaciones para que sean relativistas y se adecúen a las ideas básicas de la mecánica cuántica, pero cuando uno intenta resolver estas ecuaciones, se encuentra con que no tienen soluciones. El problema surge porque se ha recurrido a un número infinito de grados de libertad. Los campos que transmiten la interacción de una partícula a otra son considerados como un sistema dinámico y este tiene un número infinito de grados de libertad, y cuando sea que un infinito aparece en una teoría surge la cuestión de si las sumas e integrales asociadas con este infinito convergerán o conducirán a divergencias, esto es, conducirán a infinitos apareciendo en las ecuaciones que estropearán las aplicaciones de estas ecuaciones, y resulta que este es el caso con las ecuaciones que se obtienen cuando se establece una mecánica cuántica relativista con partículas que interaccionan a través del mediador del campo. Por supuesto, el problema no se soluciona si todas las ecuaciones carecen de soluciones y uno es lanzado de nuevo al inicio.

Estas dificultades se advirtieron hace unos cuarenta años y desde entonces ha pasado largo tiempo. Un número enorme de físicos teóricos se han dedicado a trabajar en estos problemas y se han realizado una gran cantidad de desarrollos. Se han utilizado varios métodos. Algunos de estos métodos implican establecer reglas para descartar los infinitos de las ecuaciones. Tus ecuaciones te dan infinitos y los infinitos no deben estar ahí. Encontremos una forma para descartar estos infinitos e intentemos ver si se puede establecer un esquema, trabajando con algunas ecuaciones modificadas.

Bien, se ha producido un gran desarrollo del tema de la electrodinámica cuántica, esto es, de la teoría cuántica de partículas interaccionantes, donde la interacción es transmitida por el campo electromagnético siguiendo estas reglas. Lo sorprendente es que estas personas han sido capaces de encontrar reglas bien definidas para descartar los infinitos de tal manera que, cuando utilizan estas reglas, obtienen resultados que están en excelente acuerdo con los experimentos. Ahora muchos físicos teóricos están muy felices con la situación. Dicen que si tienes reglas para realizar cálculos y los resultados de estos cálculos coinciden con los experimentos, ¿qué más quieres?

Bien, yo siento que uno no debería estar en absoluto satisfecho con esta situación. Siento que es inexcusable despreciar los infinitos que aparecen en tus ecuaciones. Es muy común despreciar cantidades pequeñas. Los ingenieros lo hacen continuamente y lo que caracteriza a un buen ingeniero o a un buen físico es el ser capaz de apreciar cuáles son las pequeñas cantidades que uno puede permitirse despreciar sin entrar en problemas. Pero aquí se está haciendo justo lo contrario, despreciar algo que es infinitamente grande, simplemente porque no se quiere tener en la ecuación.

Mi propia forma de contemplar esta cuestión es simplemente decir que no nos debemos apartar de la práctica estándar matemática. Sería mejor quedarse uno satisfecho desde el principio con una teoría que es solo aproximadamente relativista. Se puede hacer esto. Se puede librar uno de los infinitos cambiándolos en cantidades finitas, realizando aproximaciones. Si se hace esto, se obtiene una teoría cuántica que solamente es aproximadamente relativista, solamente aproximadamente de acuerdo con la relatividad, pero de esta manera se puede hacer que la teoría esté en un buen acuerdo con la relatividad en lo que concierne a procesos de baja energía y el desacuerdo solo es serio para los procesos de alta energía. Si se hace esto, se obtendrá una teoría que debo confesar en absoluto es inspiradora, pero creo que esto debería ser considerado como lo mejor que se puede conseguir actualmente. Tener una teoría que no es inspiradora, que se basa en la lógica es más honesto que prescindir de la lógica y uno tiene en cualquier caso la base de un programa de trabajo, intentando desarrollar esta teoría y hacerla accesible para energías más y más altas. Sin embargo, la situación continúa siendo que estamos trabajado con una teoría que tiene una base insatisfactoria y parece bastante claro a cualquiera que ha trabajado durante algún tiempo en este campo que se necesita algún cambio muy drástico.

La de Dirac era una opinión claramente conservadora, por mucho que se basara en razonamientos lógicos.

7. La reunión de Shelter Island

Del 2 al 4 de junio de 1947 tuvo lugar una exclusiva conferencia, organizada por la National Academy of Sciences, en el hotel Ram Island Inn de Shelter Island, al este de Long Island. A este encuentro solo fueron invitados 24 científicos, la mayoría teóricos: Hans Bethe, David Bohm, Gregory Breit, Karl Darrow, Herman Feshbach, Richard Feynman, Hans Kramers, Willis Lamb, Duncan McInnes, Robert Marshak, John von Neumann, Arnold Nordsieck, J. R. Oppenheimer, Abraham Pais, Linus Pauling, Isidor Rabi, Bruno Rossi, Julian Schwinger, Robert Serber, Edward Teller, George Uhlenbeck, John van Vleck, Victor Weisskopf y John A. Wheeler. Fue allí donde Lamb (el primero en hablar) presentó sus resultados sobre la estructura fina del espectro del hidrógeno, aún sin publicar.

Tras el debate que siguió a esta intervención, Rabi informó del experimento de Kusch y Foley, otro reto para la propuesta de Dirac. Básicamente, el primer día lo ocuparon estos dos temas empíricos, con largas discusiones, públicas y privadas. La segunda jornada se dedicó a asuntos teóricos y fue Kramers quien abrió la sesión, el único participante en el simposio que entonces trabajaba en Europa. Durante su ponencia, en la que resumió su reciente investigación sobre la teoría clásica del electrón, se refirió al modo en que se debía tratar la masa de esta partícula en un campo electromagnético. Supóngase, explicó, que la autoenergía del electrón, la que provoca la divergencia en los cálculos, no es sino una contribución adicional a la masa. Añadió a continuación que el valor de esta magnitud observado en los experimentos debía incluir esta contribución. En otras palabras, era necesario distinguir entre la «masa desnuda» del electrón y su «masa electromagnética», resultante de la interacción de la carga negativa con su propio campo electromagnético. La primera es en realidad una entidad exclusivamente teórica, la que tendría el electrón en ausencia de campo. Por el contrario, la observada en los experimentos, o «masa vestida», era la suma de esta y de la «electromagnética». La que debía aparecer en las ecuaciones de la teoría era la empírica, lo que obligaba a renormalizar esta cantidad.

En las discusiones posteriores, Weisskopf y Schwinger sugirieron calcular el resultado de Lamb con las ideas de Kramers. Por consiguiente, las charlas de estos dos últimos fueron las más destacadas de la reunión y las que hicieron que los teóricos se pusieran de inmediato manos a la obra para intentar explicar la desviación encontrada en el espectro del hidrógeno. El primero en conseguirlo tras el congreso fue Hans Bethe, quien efectuó un primer e ingenioso cálculo aproximado en el tren que le llevaba de Nueva York a Schenectady, una localidad al norte del Estado de Nueva York en la que colaboraba con General Electric en calidad de consultor.[20] Al regresar a la Universidad de Cornell, donde trabajaba, Bethe (1947) presentó sus números en una conferencia, en la que manifestó que se necesitaba un método mejor que el suyo para explicar la medida de Lamb y Retherford y eliminar también, por supuesto, los infinitos que plagaban la teoría.

De acuerdo con la idea de Kramers, Bethe pensaba que si se sustrajera la expresión para la autoenergía del electrón libre (que incluía un término divergente) de la correspondiente a la misma partícula en un átomo de hidrógeno (que también contenía divergencias), se obtendría un valor finito. Es decir, proponía restar un infinito a otro, para conseguir una cantidad acotada. Sin embargo, en la versión no relativista de la electrodinámica cuántica que utilizó, llegó a un resultado que todavía divergía, aunque con más lentitud. También supuso que, tal vez, ese procedimiento de renormalización eliminaría de manera definitiva estos problemas en una formulación relativista de la teoría. Tomonaga ya la había elaborado, pero desconocía el experimento de Lamb y Retherford, por la dificultad de intercambio de información con Japón, de modo que no se había planteado la cuestión. Dos jóvenes físicos que asistieron a la reunión de Shelter Island, Julian Schwinger y Richard Feynman, sí lo hicieron y resolvieron el asunto con sendas formulaciones de electrodinámica cuántica relativista.

El 4 de junio, esto es, el mismo día que finalizó el encuentro, Oppenheimer escribió a Frank Jewett, presidente de la National Academy of Sciences con sus impresiones (citado en Schweber 1994: 174-175 y también en 1984):

> Acabamos de abandonar la conferencia en Ram Island sobre los fundamentos de la mecánica cuántica, que la Academia ha promovido y ayudado. En nombre de todos los participantes y en el mío, querría dar-

20. Para saber más acerca de Bethe, véanse Schweber (2012) y Brown y Lee, eds. (2006).

le las gracias a usted, como presidente de la Academia. Los tres días fueron una alegría para nosotros, y tal vez, inesperadamente, una ocasión fructífera; tuvimos una largamente necesitada oportunidad de clarificar e intercambiar ideas y salimos bastante más seguros de las direcciones en las que puede estar el progreso. Reconocimos esto de manera tan general que estuvimos de acuerdo que en nuestro trabajo del próximo año querríamos agradecer explícitamente en nuestras publicaciones nuestra deuda a la conferencia y a la Academia, siempre que toquemos materias que se hayan discutido allí. Como de hecho estas fueron muchas y profundas, es de esperar que *Physical Review* esté lleno de alabanzas a Ram Island. Esto es muy apropiado.

Hemos trabajado bastante duro y bien podríamos haber estado uno o dos días más. Espero que la conferencia se vuelva a reunir el invierno próximo.

8. Richard Feynman y Julian Schwinger

Hablar de Richard Phillips Feynman (1918-1988) y de Julian Schwinger (1918-1994) es hacerlo de dos genios de la física. Eso sí, sus personalidades (extrovertido uno, reservado el otro) y estilos de trabajo eran muy diferentes. Se da la circunstancia de que ambos nacieron el mismo año y en la misma ciudad, Nueva York, y de que los dos tenían orígenes judíos.

Las historias sobre Feynman abundan. No obstante, es obligado decir algo de su biografía.[21]

Su padre, Melville, nació en Minsk (entonces en el Imperio ruso) aunque se trasladó a Estados Unidos a los cinco años. Por el contrario su madre, Lucille (Phillips de soltera) sí vino al mundo en Norteamérica, pero también era hija de emigrantes (sus progenitores procedían de Polonia). Ambas familias eran de origen asquenazí y frecuentaban la sinagoga, pero ya en su juventud Richard declaró su ateísmo. En esa época, era relativamente frecuente para los judíos encontrar obstáculos al acceder a los estudios universitarios. De este modo, Feynman fue rechazado por la Universidad de Columbia (Nueva York), para no superar la «cuota judía». Parece que el argumento era que, de no poner límites a la admisión de estudiantes de

21. Sobre Feynman, véanse Gleick (1992) y Mehra (1994).

esta etnia, estos acabarían por copar casi todas las clases. En su conocido y muy leído libro de 1985, *Surely You're Joking, Mr. Feynman* (traducido al castellano en *¿Está usted de broma, Sr. Feynman?*), Feynman (2016 a: 38-39) se refirió de manera indirecta a esta cuestión, al explicar cómo se matriculó en el Massachusetts Institute of Technology:

> En el MIT, las distintas «fraternidades» y asociaciones de estudiantes tenían todas «fumaderos», tertulias donde trataban de captar para sí a los estudiantes recién ingresados. En el verano anterior a mi ingreso en el MIT fui invitado a una reunión que celebraba la fraternidad Phi Beta Delta. En aquellos días, si uno era judío, o si se había criado en una familia judía, no tenía la menor posibilidad de ingresar en otra fraternidad. Yo no estaba particularmente ansioso de estar con otros judíos; tampoco a los miembros de la Phi Beta Delta parecía importarles lo poco o mucho judío que yo fuera. La verdad es que yo no creía en nada de todo eso, y desde luego, no era religioso ni practicante de ninguna religión. De todas formas, los de la fraternidad me hicieron algunas preguntas, y me dieron algunos consejos (por ejemplo, que debería examinarme del primer curso de cálculo para no tener que matricularme en él) que resultaron ser buenos. Me gustaron los tipos de la fraternidad que bajaron a Nueva York, y en especial, los dos que me convencieron para unirme a ellos.

Para entender esto bien, hay que tener en cuenta que el nacimiento de la fraternidad se remonta a los sucesos de 1895, cuando la Universidad de Yale se negó a admitir a varios jóvenes por sus orígenes religiosos o étnicos. En ese momento, Frederick Manfred Werner, Louis Samter Levy y Henry Mark Fisher decidieron crear una asociación «en la que todos los hombres fueran hermanos, independientemente de su religión, una fraternidad en la que la habilidad, una mentalidad abierta, visión de futuro y una actitud progresista y de futuro serían consideradas como atributos básicos». De acuerdo con esta iniciativa, poco después se formaron capítulos en otras instituciones de educación superior. Phi Beta Delta se fundó en la Universidad de Columbia en abril de 1912, en principio como una fraternidad para estudiantes judíos

Casi al principio de sus memorias, Feynman (2016 a: 13) resumió los principales datos de su vida:

Algunos hechos sobre mi vida: nací en 1918, en una pequeña villa llamada Far Rockaway, justo en las afueras de Nueva York, cerca del mar. Allí viví diecisiete años, hasta 1935. Estudié cuatro años en el MIT, y después fui a Princeton, a mediados de 1939. Estando en Princeton comencé a trabajar en el Proyecto Manhattan, y al final me trasladé a Los Álamos en abril de 1943, donde estuve hasta algo así como octubre o noviembre de 1946, cuando ingresé en Cornell. Me casé con Arlene en 1941. Murió de tuberculosis en 1946, estando yo en Los Álamos.

Permanecí en Cornell hasta 1951. Visité Brasil en 1950, y pasé medio año allí, en 1951; después ingresé en el Caltech, en donde he permanecido desde entonces.

Visité Japón durante un par de semanas, a finales de 1951, y otra vez algunos años más tarde, cuando me casé con mi segunda esposa, Mary Lou.

Ahora estoy casado con Gweneth, que es inglesa, y tenemos dos hijos, Carl y Michelle.

Es una biografía correcta, pero no permite hacerse una idea del gran físico que fue. Mencionaré tan solo unos detalles.

El primero, la importancia que tuvo en su formación su director de tesis en Princeton: John Archibald Wheeler, quien ya ha aparecido repetidas veces en este libro (por ejemplo, como colaborador de Niels Bohr en el desarrollo del modelo de la gota líquida).[22] Wheeler reconoció pronto el genio del joven, su originalidad y su carácter irreverente, lo que condujo a la gran amistad que mantuvieron durante toda la vida. Es sabida la historia de sus inicios, cuando el catedrático le dijo a su doctorando que dispondría de un tiempo limitado para atenderlo en sus reuniones. Así, cuando Feynman acudió al despacho de Wheeler por primera vez, este sacó su reloj de bolsillo y lo puso sobre la mesa. Esto volvió a suceder en la siguiente ocasión, pero entonces Feynman, que se había comprado un reloj de bolsillo de un dólar, hizo lo mismo. Wheeler lo vio y los dos comenzaron a reírse. Fue el inició de su amistad. Sin embargo, más adelante volveré a tratar de la colaboración entre ambos.

Esta se vio interrumpida por la segunda guerra mundial, en la que Feynman fue reclutado para trabajar en el Proyecto Manhattan. Da testimonio de la impresión que dejó allí una carta que Oppenheimer,

22. La relación entre Wheeler y Feynman se trata en Halpern (2019).

el director del programa, envió el 4 de noviembre de 1943 desde Los Álamos a Raymond Birge, colega suyo en la Facultad de Física de Berkeley y cuyo liderazgo como decano de la misma era ampliamente reconocido. Esta era la opinión que Oppenheimer tenía del joven (Smith y Weiner, eds. 1980: 269):

> Como sabe, tenemos aquí un buen número de físicos y me he encontrado con unos cuantos que son jóvenes y cuyas cualidades no conocía antes. De estos hay uno que en todos los aspectos es tan sobresaliente y tan claramente reconocible, que pienso que es apropiado llamar su atención con la urgente petición de que lo considere para un puesto en la facultad tan pronto como sea posible. Puede que recuerde su nombre, porque una vez solicitó una beca en Berkeley: es Richard Feynman. Es, en todos los sentidos, el más brillante joven físico de aquí y todos los saben. Es un hombre de carácter y personalidad completamente atractiva, extremadamente claro, extremadamente normal en todos los aspectos, y un excelente maestro con un cálido sentido de la física. [...]
>
> El motivo por el que ahora llamo su atención sobre él es porque su excelencia es bien conocida, tanto en Princeton, donde trabajó antes de venir aquí, como por un significativo número de «peces gordos» de este proyecto [el Manhattan]. Ya se le ha ofrecido un puesto para el período de posguerra y sin duda le ofrecerán otros. Creo que sería un gran refuerzo para nuestra facultad, uniendo su capacidad para la enseñanza, su investigación, y sus aspectos experimentales y teóricos. Le daré dos citas de hombres con los que ha trabajado. Bethe ha dicho que preferiría perder a otros dos científicos que a Feynman para el trabajo actual, y Wigner dijo: «Es un segundo Dirac, solo que esta vez humano».

Sin embargo, Feynman no eligió Berkeley, sino Cornell, donde estaba Bethe. Fue durante su estancia en esta universidad cuando asistió a la reunión de Shelter Island.

Por su parte, Julian Schwinger se puede considerar, sin exagerar, «un niño prodigio».[23] Su padre, Benjamin, nació en Nowy Sacz, en Polonia, en el seno de una familia judía. Emigró a Estados Unidos en 1880, cuando aún era muy joven. Allí aprendió inglés, pero no fue a la universidad. Se convirtió en un conocido diseñador de prendas

23. Sobre Schwinger, véanse Schweber (1994), Mehra y Milton (2000) y Milton (2007).

femeninas, aunque la Depresión de 1929 le costó su negocio. No obstante, era lo bastante valorado como para encontrar trabajo en otras firmas. Su madre, Bella, también vio la luz en Polonia, en Lodz, y era descendiente de progenitores judíos que poseían una próspera empresa de ropa. Sin embargo, sus padres decidieron trasladarse a Nueva York cuando ella era una niña y allí continuaron con éxito su comercio textil. En otoño de 1933, Julian se matriculó con quince años en el City College de su ciudad natal. Para entonces, ya estaba familiarizado con los últimos artículos de física publicados en Europa y comenzó a escribir trabajos con algunos de sus instructores, que eran graduados de la Universidad de Columbia. De hecho, redactó su primera memoria a la edad de dieciséis años, aunque el texto no llegó a publicarse. Su casa familiar estaba cerca del campus de Columbia y el muchacho iba con frecuencia a su biblioteca y asistía a algunos seminarios, acompañado de uno de sus profesores en el City College, Lloyd Motz, que había estudiado física y matemáticas durante un año en Gotinga. Al cabo de varios meses, Isidor Rabi, sorprendido por la juventud del desconocido asistente, preguntó a Motz por su identidad. Este le explicó que se trataba de un alumno «increíblemente brillante» del City College. Esta impresión se vio confirmada cuando el joven asistió a una conversación entre los dos científicos sobre el reciente artículo de Einstein, Podolsky y Rosen de 1935 y les explicó algunos puntos que ellos no entendían. Impresionado, Rabi arregló todo para que Julian ingresase en Columbia, donde finalizó en 1937 (con solo diecinueve años) su tesis doctoral. Para ello, utilizó siete textos sobre física nuclear que ya había publicado. Sin embargo aún no había recibido el título de graduado, de modo que tuvo que esperar hasta 1939 para obtener el de doctor.

Pasó en Berkeley los dos años siguientes: el primero con una beca del Consejo Nacional de Investigaciones y el segundo como ayudante de Oppenheimer, con el que profundizó en el estudio de la electrodinámica cuántica (campo sobre el que versaba el escrito que no publicó cuando tenía dieciséis años) y de los rayos cósmicos. Tras este período, Oppenheimer y Rabi le consiguieron un puesto docente en la Universidad Purdue, en West Lafayette (Indiana). Sin embargo, al entrar Estados Unidos en la guerra, fue reclutado para trabajar en el desarrollo del radar y se unió en 1942 al Radiation Laboratory del Massachusetts Institute of Technology, donde pronto se convirtió en el principal teórico. Mientras tanto y aunque se encontraba *in absentia*, Purdue reconoció su valía y lo nombró profesor ayudante. Según Kimball Milton (2007: 80) fueron tres las razones por las que Schwinger, que estaba especializado en física nuclear, no terminó en Los Álamos, sino en el MIT:

> (1) La razón citada más a menudo durante su vida fue la repugnancia moral: cuando se dio cuenta del poder destructivo de lo que se estaba construyendo en Los Álamos, no quiso ser parte de ello. Por el contrario, el Radiation Laboratory del MIT estaba desarrollando una tecnología potencialmente defensiva, el radar, que ya había salvado a Gran Bretaña. (2) Creía que los problemas que se estaban estudiando en el Radiation Laboratory del MIT eran más interesantes. Ambos laboratorios se ocupaban sobre todo de la física de la ingeniería, y aunque las ecuaciones de Maxwell ciertamente eran bien conocidas, aplicarlas a guías de ondas requería desarrollar técnicas especiales que resultarían muy valiosas para la carrera de Schwinger. (3) Otro factor probable fue el temor de Schwinger de verse abrumado. En el Radiation Laboratory del MIT podía vivir su propia vida, trabajando por la noche [este era su hábito] cuando nadie estaba en el laboratorio. Esta privacidad habría sido mucho más difícil de mantener en el microcosmos de Los Álamos. De manera similar, las condiciones de trabajo en el Radiation Laboratory del MIT eran mucho más libres que las de Los Álamos. Schwinger nunca estuvo a gusto en un marco de grupos, como se comprobó por su posterior aversión a la atmósfera del Institute for Advanced Study de Princeton.

Los conocimientos y descubrimientos que hizo en el Radiation Laboratory resultaron muy valiosos para su posterior trabajo en la electrodinámica cuántica.

9. La reunión de Pocono y la electrodinámica de Schwinger

A la reunión de Shelter Island le siguió otra, al año siguiente, aún más decisiva. El encuentro fue celebrado del 30 de marzo al 2 de abril de 1948 en el hotel Pocono Manor Inn, situado entre Scranton (Pensilvania) y la región conocida como Delaware Water Gap. Contó con la participación de 29 físicos, la mayoría de ellos presentes en la convocatoria anterior. Respecto a esta, solo estuvieron ausentes Kramers, McInnes, Nordsieck, Pauling y van Vleck, mientras que los nuevos asistentes fueron Niels y Aage Bohr, Eugene Wigner, Gregor Wentzel, Paul Dirac y Walter Heitler. Los grandes protagonistas de la ocasión fueron Schwinger, que al inicio del verano de 1945 había aceptado la oferta de Harvard y se había incorporado a esta universidad, y Feynman. Cada uno de ellos presentó su versión de una electrodinámica cuántica plenamente relativista.[24]

A diferencia de Feynman, Schwinger se propuso formular su teoría con base en unos primeros principios y aprovechando lo más posible las propiedades de simetría, sobre todo la covariancia de Lorentz y la invariancia gauge.[25] Su propuesta cumplía estos requisitos, además de satisfacer la idea de renormalización introducida por Kramers, pero en una versión relativista (Kramers solo la había utilizado en la forma clásica).[26] Publicó los primeros resultados en dos artículos (Schwinger 1948 a, 1949 b), mientras que el desarrollo de su propuesta (demasiado técnica como para pretender explicarla aquí) precisó de tres, que aparecieron bajo el encabezamiento común de «Quantum Electrodynamics» (1948 b, 1949 a y c).[27] El primero de estos textos estuvo dedicado al otro resultado experimental que desempeñó un papel importante en su novedoso planteamiento: la determinación del momento magnético del electrón. «El ejemplo más simple de corrección radiactiva —escribió Schwinger— es el de la energía de un electrón en un campo magnético externo. La aplica-

24. Van Vleck, catedrático en Harvard, fue el promotor de la oferta a Schwinger, que tuvo que competir para el puesto con Bethe. El proceso de selección, descrito por Mehra y Milton (2000: 148-149) fue complicado y en última instancia resultó decisiva la recomendación de Pauli a favor de Schwinger.

25. Básicamente, la *invariancia gauge* denota la libertad de modificar la expresión matemática del campo electromagnético mediante un conjunto específico de transformaciones, sin que esto afecte a las magnitudes físicas observables. Un ejemplo bien conocido es la posibilidad de seleccionar diferentes potenciales magnéticos (vectorial y escalar) en la teoría del electromagnetismo, sin que esto altere los campos ni las fuerzas.

26. Hendrik A. Kramers, que sucedió a Paul Ehrenfest, tras el suicidio de este, en la antigua cátedra de H. A. Lorentz en Leiden, ya había dedicado muchas páginas a ese problema en un libro publicado en 1938: *Theorien des Aufbaues der Materie II* (*Teorías de la estructura de la materia II*, Leipzig).

27. El propio Schwinger reconstruyó el camino que siguió en Schwinger (1983); véase también Schwinger (2008).

ción detallada de la teoría demuestra que la corrección radiactiva a la energía de interacción magnética corresponde a un momento magnético adicional asociado con el espín del electrón, de magnitud $\delta\mu/\mu=(\frac{1}{2}\cdot\pi)\cdot e^2/\hbar c=0{,}001162$. Es gratificante que datos experimentales recientemente obtenidos confirmen esta predicción.» La corrección que Schwinger había obtenido de manera teórica conducía a un valor de $g_s=2\cdot(1+0{,}001162)$, una cantidad compatible con las mediciones empíricas que se acababan de realizar (de ahí la frase que cierra la cita anterior).[28]

Por mucho que el enfoque de Schwinger se basara en principios y técnicas con una larga tradición, la formulación de su teoría no era fácil de comprender. Esto se pone de manifiesto en el relato que el físico de origen chino Chen Ning Yang (1996: 176) —que, como se verá en el décimo capítulo, compartió en 1957 el premio Nobel de Física con Tsung-dao Lee, por su trabajo conjunto sobre la violación de la paridad en la interacción débil— hizo de la presentación de Pocono:

> Entonces llegó la famosa conferencia de Pocono (30 de marzo - 2 de abril, 1948). Yo no asistí a ella. Entonces era un simple estudiante graduado. De Chicago, asistieron Fermi, Teller y Wentzel. Normalmente, Fermi no tomaba notas cuando iba a una conferencia. Pero esta vez tomó muchas notas porque era consciente de que escuchar lo que Schwinger tenía que decir constituía un hecho histórico. Una vez que regresó a Chicago, estaba la cuestión de digerir esas notas. Fermi reunió en su despacho a Teller y a Wentzel, y a cuatro estudiantes graduados, a saber, Geoffrey Chew, Murph Goldberger, Marshall Rosenbluth y a mí, y pasamos semanas tratando de digerir lo que Fermi había escrito sobre lo que Schwinger había dicho. Esto duró de abril a mayo de 1948. Murph conserva las notas. Yo tengo todavía una copia de ellas; totalizan 49 páginas. Después de, aproximadamente, seis semanas de reunirnos varias veces cada semana en el despacho de Fermi durante unas dos horas cada sesión todos estábamos muy cansados y ninguno de nosotros sentía que habíamos comprendido lo que Schwinger había hecho. Solamente sabíamos que Schwinger había hecho algo brillante. [...]

28. Schwinger ya había adelantado su deducción del momento magnético del electrón en una conferencia titulada «Recent Advances in Quantum Electrodynamics», que pronunció en una reunión de la Sociedad Estadounidense de Física celebrada en Nueva York a finales de enero de 1948, ante unas 1.600 personas.

Al final de nuestras semanas de trabajo, alguien preguntó: «¿No es cierto que Feynman también habló [en Pocono]?». Los tres dijeron: «Sí, sí, Feynman habló». «¿Qué dijo?» Ninguno de ellos pudo contestar. Todo lo que recordaban era la extraña notación de Feynman.

«La extraña notación de Feynman», decía. En efecto, mientras que la presentación de Schwinger empleó un lenguaje matemático que los teóricos podían, *en principio*, comprender, o mejor dicho, aspirar a comprender, la formulación «intuitiva» de Feynman, con sus diagramas, tuvo grandes dificultades para ser aceptada. Hans Bethe recordó muchos años después la reacción de los asistentes (Goodstein 1999: 273):

> En la conferencia de Pocono, Feynman y Schwinger presentaron sus versiones de la electrodinámica cuántica. Todo el mundo se quedó tremendamente impresionado por Schwinger, que, desde luego, había realizado un bello trabajo. Estaba relacionado con el viejo estilo de considerar la electrodinámica cuántica, de manera que la gente podía entenderlo fácilmente. Feynman tenía una forma completamente nueva de mirar las cosas, que yo conocía, pero que la mayoría de los demás encontró extraña. En especial Niels Bohr, que, después de todo, era el líder de todos nosotros. Niels Bohr no pudo entenderlo, no creyó en él, ofreció varios cortantes argumentos en su contra y trató a Feynman bastante mal.

Sin embargo fue esta versión la que se impuso en última instancia. Es oportuno, por consiguiente, que me detenga más en ella.

Tomonaga informa a Oppenheimer

Ya mencioné que Oppenheimer había sido el primero en Estados Unidos en recibir noticias de los resultados obtenidos por Tomonaga. Esto sucedió pocos días después de la reunión de Pocono y Oppenheimer se apresuró a informar a los participantes en la conferencia. Schweber (1994: 198-200) reprodujo el documento en cuestión:

Institute for Advanced Study
Princeton, N. J.
5 de abril de 1948
A los miembros de la conferencia de Pocono
De Robert Oppenheimer

Cuando regresé de la conferencia de Pocono, encontré una carta de Tomonaga que me pareció de tal interés para todos que hace que le esté enviando una copia. Simplemente, porque pudimos escuchar el bello informe de Schwinger, somos capaces de apreciar mejor este desarrollo independiente.

[Esta es la carta de Tomonaga:]

Me tomo la libertad de enviarle copias de varios artículos y notas relativas a la reacción del campo de radiación en procesos de dispersión y problemas relacionados, que mis colaboradores y yo hemos estado investigando los últimos seis meses. Estaría muy agradecido si fuera tan amable de mirarlos. Querría aprovechar esta oportunidad para contarle las circunstancias de su formación y el motivo por el que me he decidido a enviarle estos manuscritos.

Durante la guerra, estuvimos completamente aislados del progreso de la física en el mundo. El Dr. S. Sakata, uno de los principales investigadores de nuestro país en la teoría de partículas elementales, intentó superar la dificultad de la divergencia de la autoenergía del electrón introduciendo un campo escalar neutro (el denominado campo mesónico *C*) que interacciona con electrones, una hipótesis que después encontró ser idéntica a la teoría del Dr. A. Pais del campo *f* [*Phys. Rev.* 63, 1946, 227]. En vista de su prometedor aspecto, mi colaborador y yo hemos aplicado esta teoría al problema de la dispersión elástica, en orden a someterla a más pruebas, porque yo suponía, como usted y el Dr. H. A. Bethe han resaltado, que «este simple problema puede representar un test útil para futuras teorías de radiación». Por tanto, hemos llevado a cabo un cálculo perturbativo siguiendo al Dr. S. M. Dancoff [*Phys. Rev.* 55, 1939-1959] y, aunque al principio cometimos el mismo error que el Dr. Dancoff, pasando por alto en el cálculo algunos estados intermedios (la primera nota de Ito Koba y Tomonaga), llegamos finalmente a la conclusión de que el nuevo campo es también capaz de eliminar la divergencia en la sección eficaz de la dispersión en la aproximación e^2 (la segunda nota de Ito Koba y Tomonaga y los dos artículos de los mismos autores).

Poco antes de terminar este trabajo recibimos un notable informe sobre la evidencia experimental del desplazamiento de los niveles de los átomos de hidrógeno y la explicación teórica del Dr. H. A. Bethe en términos de la reacción de radiación. A continuación propuse un formalismo para expresar la suposición fundamental del Dr. Bethe en una forma (creo) más cerrada y plausible, en la que la separación de términos a ser sustraídos se realiza con una transformación canónica (la nota de Tati y Tomonaga). Este formalismo, que se puede denominar «método de sustracción autoconsistente», se aplicó entonces al problema de dispersión mencionado antes y se confirmó que la parte no diagonal de la corrección del término de masa juega un papel decisivo en la parte divergente de la sección eficaz y, así, cancela el infinito que aparece en el formalismo habitual (la nota de Koba y Tomonaga y el artículo de los mismos autores).

Después de que hubiésemos terminado este trabajo, llegó el número del 15 de enero de *Physical Review* (1948) y encontramos los trabajos del Dr. H. W. Lewis y del Dr. S. T. Epstein tratando del mismo problema, que, según escriben, habían emprendido a sugerencia de usted. Como la conclusión de estos autores es idéntica a la nuestra, al principio dudamos si hacer público nuestro artículo pero, como debería ser parte introductoria de la serie de artículos a publicar, pensamos que no era irrazonable enviar nuestro manuscrito al editor de nuestra revista en inglés, *Progress of Theoretical Physics*. Espero que usted, el Dr. Lewis y el Dr. Epstein sean tan amables como para citar también nuestros trabajos.

Sin embargo, bajo las desfavorables condiciones de después de la guerra pasará mucho tiempo (un año o así) antes de que nuestros artículos sean publicados y por tanto hemos decidido enviarle nuestros manuscritos (las notas breves aparecerán pronto en la revista mencionada).

Tras estos trabajos, hemos desarrollado más la formulación de nuestro método de sustracción en una forma relativista más elegante, de acuerdo con la formulación que yo propuse hace algunos años [*Prog. Theor. Phys.*, 1, 1946: 27; 2, 1947: 101] en la línea mencionada en la nota de Tati y Tomonaga mencionada antes, y, por otra parte, estamos examinando la reacción del campo de radiación en los procesos de colisión de partículas elementales, entre ellos la consideración del ejemplo más sencillo, la corrección e^2 de la fórmula de Klein-Nishina, en curso de publicación (la nota de Koba y Tomonaga). Estaría muy agradecido si fuera tan amable de interesarse por estos trabajos.

Para concluir, deseo expresar mi agradecimiento de corazón hacia usted y otros científicos de Estados Unidos por habernos concedido tantos favores, como enviarnos revistas y literatura, mediante lo cual la actividad científica en nuestro país se verá muy estimulada.

Con mis más atentos saludos
Suyo sinceramente
Sin-Itiro Tomonaga
Instituto de Física, *Tokio Bunrika Daigaku*
Hyakunincho 4-400
Shinjuku-ku Tokio, Japón
(Carta del 2 de abril de 1948)

El 13 de abril, Oppenheimer envió un telegrama a Tomonaga en el que le sugería «fuertemente» que escribiera una «descripción sumaria del estado presente y de sus puntos de vista para su pronta publicación en *Physical Review*». También indicaba que él mismo «estaría encantado de organizar su publicación».

Tomonaga hizo lo que se le pedía y el correspondiente artículo apareció en el número del 15 de julio de 1948 (se había recibido el 1 de junio) de *Physical Review* (Tomonaga 1948), con un pequeño comentario de Oppenheimer.

10. La electrodinámica de Feynman

Como ya mencioné en un apartado anterior, el director de tesis de Feynman en Princeton, John Archibald Wheeler, tuvo una gran relevancia en su formación. Le asignó el problema de explicar la forma de la línea de Compton en la dispersión atómica de rayos X, a fin de entender lo que esta podía revelar sobre la distribución del momento de los electrones en sus orbitales. Mientras trabajaba en esta cuesción, el joven doctorando continuó con el desarrollo de una idea que se le había ocurrido ya en el MIT. Esta se refería a la manera de resolver el asunto de los infinitos en la electrodinámica cuántica, debidos a la ilimitada autoenergía del electrón. Su propuesta, en principio, era obvia: prescindir del campo y recurrir a una formulación novedosa de la acción a distancia. Esta, a diferencia de la que introdujo Newton en su libro de 1687, que se transmitía de modo instantáneo, lo hacía a través de ondas que tardaban un tiempo en llegar a su «receptor», de modo que un electrón solo podía interaccionar con otras partículas similares, pero no consigo mismo. Cuando Feymann explicó a Wheeler su idea, este le señaló que existía al menos un inconveniente: si una carga negativa radiaba, por ejemplo, en un átomo o en una antena, y no se veía afectada por sus propias emisiones, entonces su energía no disminuiría, lo que violaría el principio de conservación de esta magnitud. Sin embargo, también sugirió que tal vez este obstáculo se pudiera solventar mediante el empleo de una formulación del electromagnetismo introducida por Karl Schwarschild (1903), Hugo Tetrode (1922), Jakov Frenkel (1925) y Adriaan D. Fokker (1929). En esta se utilizaba un formalismo lagrangiano y la interacción se producía mediante ondas retardadas (del pasado al futuro, esto es que tardaban en llegar a su destino) y avanzadas (de sentido temporal inverso a las anteriores), la mitad de cada tipo. Wheeler y Feynman se embarcaron entonces en un programa de investigación para desarrollar esa electrodinámica. El siguiente paso era cuantizar esa formulación clásica de acción a distancia libre de infinitos. El resultado del proyecto fueron dos artículos, cuyo contenido completaron, básicamente, en 1941. Sin embargo, debido a la guerra mundial, su publicación se vio demorada, hasta que aparecieron en *Reviews of Modern Physics* en 1945 y 1949 (Wheeler y Feynman 1945, 1949). Curiosamente, el primero lo hizo en un número de la revista dedicado a Einstein, con ocasión de su setenta cumpleaños, y el segundo, en una edición especial para poner de relieve los principales avances conseguidos en la física a raíz del final de la guerra y la profunda influencia de Bohr en esos logros.[29] No obstante, la electrodinámica de Wheeler y Feynman (así se la conoce) nunca llegó a cuantizarse de manera satis-

29. El origen y desarrollo de la electrodinámica de Wheeler y Feynman y la influencia que aquel tuvo sobre su doctorando se tratan en Schweber (1986), incluido también en el capítulo octavo de Schweber (1994).

factoria ni a convertirse, por tanto, en una verdadera electrodinámica cuántica. Un producto secundario importante de estos trabajos fue la tesis doctoral de Feynman: *The Principle of Least Action in Quantum Mechanics*, presentada a la Facultad de Física de Princeton en mayo de 1942, poco antes de unirse al Proyecto Manhattan.[30]

Con base en la experiencia obtenida en este esfuerzo conjunto, el joven físico construyó su tesis en torno a la formulación lagrangiana como fundamento de la mecánica cuántica. De este modo, sentó los cimientos del formalismo de las integrales de camino. En su conferencia Nobel se detuvo en este aspecto:

> El carácter de la mecánica cuántica habitual era escribir cosas en la famosa manera hamiltoniana, en la forma de una ecuación diferencial que describe las variaciones de la función de onda de instante a instante, y en términos de un operador, H. Si la física clásica se podía reducir a una forma hamiltoniana, todo estaba bien. Pero la mínima acción no implica una forma hamiltoniana, si la acción es una función de algo más que las posiciones y velocidades en el mismo momento. Si la acción es de la forma de la integral de una función (habitualmente llamada el lagrangiano) de las velocidades y posiciones en el mismo instante
>
> $$\mathrm{S} = \int(\dot{x}, \cdot x)\mathrm{dt}$$
>
> entonces se puede comenzar con el lagrangiano y luego crear un hamiltoniano y desarrollar la mecánica cuántica, de forma más o menos única. Pero esto, (1) involucra las variables clave, las posiciones, en dos tiempos diferentes y, por consiguiente, no era obvio qué hacer para obtener un análogo mecánico cuántico.

Feynman intentó llegar a esa formulación de la mecánica cuántica de diversas maneras, pero no lo consiguió. En estas andaba, cuando tuvo un encuentro afortunado:

> Mientras estaba luchando con este problema, fui a una fiesta de cerveza en la taberna Nassau de Princeton. Estaba allí un señor (Herbert Jehle), recién llegado de Europa, que vino y se sentó a mi lado.[31] Los

30. La tesis de Feynman se reproduce en Laurie Brown, ed. (2005).
31. Herbert Jehle (1907-1983) fue un físico alemán que abandonó su país en

europeos son mucho más serios de lo que somos en Estados Unidos, porque piensan que una fiesta es un buen lugar para discutir asuntos intelectuales. Así que se sentó a mi lado y me preguntó «qué está haciendo» y cosas por el estilo, y yo dije «estoy bebiendo cerveza». Entonces me di cuenta de que quería saber en qué estaba trabajando y le conté que estaba luchado con este problema. Simplemente me giré a él y dije, «escuche, ¿sabe alguna forma de hacer mecánica cuántica comenzando con la acción, en donde aparece la integral de acción en la mecánica cuántica?» «No —dijo—, pero Dirac tiene un artículo en el que el lagrangiano, por lo menos, aparece en la mecánica cuántica. Se lo enseñaré mañana.»

Al día siguiente fueron a la biblioteca de Princeton y allí encontraron el trabajo de Dirac al que se refería Jehle. Se trataba de un texto que el científico inglés había publicado en 1933 en una revista soviética, *Physikalische Zeitschrift der Sowjetunion*: «The Lagrangian in Quantum Mechanics» (Dirac 1933). En él, Dirac (1933: 64) señalaba que «el método lagrangiano puede expresarse fácilmente de manera relativista, en base a que la función de acción es invariante relativista; mientras que el método hamiltoniano es esencialmente no relativista en su forma, ya que señala una variable de tiempo particular como el conjugado canónico de la función hamiltoniana».[32] La lectura que hizo Feynman de este artículo fue, de nuevo según la conferencia Nobel:

Lo que Dirac decía era lo siguiente: existe en la mecánica cuántica una magnitud muy importante que lleva la función de onda de un instante de tiempo a otro, además de la ecuación diferencial, pero equivalente a ella, una especie de núcleo, que podemos llamar K(*x*', *x*), que

---

1937 al encontrarse en peligro debido a su postura pacifista. Tras pasar por varias universidades, llegó a Estados Unidos en 1941 y allí trabajó en diversos centros, entre ellos la Universidad de Harvard (1942-1946), el Instituto Franklin (1946-1947), el Institute for Advanced Study de Princeton (1947-1949), la Universidad de Nebraska (1949-1959) y la Universidad George Washington, en la que permaneció hasta su jubilación en 1979.

32. Es oportuno señalar que esta formulación surgió como una forma de escribir las ecuaciones de la dinámica newtoniana de manera que involucraran únicamente los grados de libertad del sistema considerado. De la denominada «acción», *S*, definida como $S=\int Ldt$, donde *L* denota el lagrangiano, se deducen (principio de mínima acción) las expresiones del movimiento, las «ecuaciones de Euler-Lagrange».

lleva la función de onda $\psi(x)$ conocida en un instante t, a la función de onda $\psi(x')$ en el instante $t+\varepsilon$. Dirac señaló que esta función K era *análoga* a la magnitud de la mecánica clásica que uno calcularía si tomase la exponencial de $i\varepsilon$, multiplicada por el lagrangiano $L(x', x)$, imaginando que esas dos posiciones, x, x', corresponden a t y $t+\varepsilon$. En otras palabras, $K(x', x)$ es análoga a $e^{i\varepsilon L[(x'-x)/\varepsilon,\, x)]2\pi/h}$.

Para entender mejor lo que hizo Feynman, primero hay que recordar que en la mecánica cuántica se utiliza una matriz de transformación para describir el modo en que cambian los estados cuánticos. Por consiguiente, dichos instrumentos matemáticos son fundamentales para comprender la evolución en el tiempo del sistema.

En su artículo, Dirac afirmaba que la matriz de transformación $(q_t \mid q_{t'})$ correspondía a

$$\exp\left[i\int_t^{t'}\frac{\mathrm{Ldt}}{h}\right].$$

Considerando el caso infinitesimal, Feynman demostró enseguida que podía establecer una conexión entre el lagrangiano y la mecánica cuántica. De hecho, probó que era capaz de deducir la ecuación de Schrödinger, un resultado que incluyó en su memoria doctoral. Sin duda, esto era interesante, pero se limitaba al dominio no relativista, que no abandonó en la tesis. Está claro, sin embargo, que allí sentó las bases del método de las integrales de camino.[33] La idea, muy in-

33. En 1965, junto a su antiguo doctorando Albert Roach Hibbs (1924-2003), Feynman desarrolló la formulación de las integrales de camino, en un libro titulado *Quantum Mechanics and Path Integrals* (Feynman y Hibbs 1965). En el «Prefacio» de esta obra se lee: «R. P. Feynman desarrolló por primera vez los conceptos físicos y matemáticos fundamentales en los que se basa el enfoque de las integrales de camino en la mecánica cuántica durante el transcurso de sus estudios de grado en Princeton, aunque las ideas desarrolladas de manera más completa, como las que se describen en este volumen, no se completaron hasta algunos años después. Esas primeras indagaciones estaban relacionadas con el problema de la autoenergía infinita del electrón. Al trabajar en este problema, se descubrió un principio de «mínima acción» que utilizaba potenciales la mitad avanzados y la mitad retrasados. El principio podía tratar con éxito el infinito que surgía al aplicar la electrodinámica clásica. [...] La aplicación más temprana y dramática del método de las integrales de camino, a un problema mecánico-cuántico intratable, surgió poco después del descubrimiento del desplazamiento Lamb y las posteriores dificultades teóricas para explicar este desplazamiento sin medios artificiales para eliminar las integrales divergentes. El método de las inte-

tuitiva, de esta formulación es que no se limita, como se hace en la física clásica, a obtener las ecuaciones de movimiento a partir de que, «de todas las posibles trayectorias que puede tomar un sistema físico entre dos puntos de espacio y tiempo, la que se sigue es la que hace que la acción, S, sea mínima». Por el contrario, ahora hay que atribuir una cierta probabilidad a todas las trayectorias posibles. Esto es consistente con ciertas características fundamentales de la cuántica, como la dualidad onda-corpúsculo y el principio de incertidumbre.

En la primavera de 1947, tras el «intervalo» del Proyecto Manhattan, Feynman se dedicó a reelaborar el contenido de su tesis, con la intención de publicarlo en *Reviews of Modern Physics*. El resultado fue un artículo titulado «Space-time approach to non-relativistic quantum mechanics» (espaciotemporal Feynman 1948 c). Schweber (1986: 473) explicó que en él aparecían avances importantes: «Había un evidente aspecto visual en el formalismo. Aunque no había imágenes en el artículo, el texto conducía al lector a concebir la amplitud de $(q_2\, t_2 \mid q_1\, t_1)$, de que una partícula fuese de x_1 en el instante t_1 a x_2 en el instante t_2, como recibiendo contribuciones de todas las trayectorias que se podían dibujar entre $x_1\, t_1$ y $x_2\, t_2$».

Llegados a este punto, entra en escena la reunión de Shelter Island, a la que, como vimos, asistió Feynman.

Al regresar a Cornell tras el encuentro, Hans Bethe dio una conferencia sobre su deducción del desdoblamiento del espectro del hidrógeno, observado por Lamb y Retherford. Feynman estuvo presente en esta ocasión. «Explicó —dijo este más tarde en su discurso Nobel— que era muy confuso imaginar exactamente cuál de los términos infinitos correspondía a qué, al tratar de realizar la corrección para el cambio infinito en la masa. [...] Después de la conferencia, me acerqué a él y le dije: "Lo puedo hacer por ti, te lo traeré mañana".»

---

grales de camino proporcionó una forma de manejar esos desagradables infinitos de una manera lógica y consistente». Para escribir esta cita, he recurrido a mi vieja copia del libro de Feynman y Hibbs y al encontrarme con las anotaciones que añadí en su momento, he recordado el placer que me supuso ver la manera en que, de la formulación de integrales de camino, cuyo fundamento físico se puede entender muy bien, se deducía la ecuación de Schrödinger, la base de la mecánica cuántica. Ningún otro texto de los que estudié por entonces, como los dos tomos de la *Mecánica cuántica* de Albert Messiah, o *Quantum Mechanics* de Leonard Schiff, con el que aprendí a resolver la ecuación de Schrödinger y otros problemas, satisfizo de forma parecida mi deseo de «comprender», no solo de «calcular», esta disciplina.

En efecto, fue a verle al día siguiente, pero no con la respuesta prometida, sino para pedirle que le explicara «cómo calcular la autoenergía de un electrón de forma que se pudiera comprobar si es finita». Bethe se lo aclaró y al volver a su despacho Feynman comenzó a «ir en círculos tratando de ver qué es lo que fallaba, porque estaba seguro de que todo tenía que resultar finito; no podía comprender por qué salía infinito. Me interesé cada vez más y al final me di cuenta de que tenía que aprender cómo realizar un cálculo. De manera que a la postre me enseñé a mí mismo cómo calcular la autoenergía de un electrón, encontrando pacientemente mi propio camino a través de la terrible confusión de aquellos días, de estados de energía negativa y agujeros y contribuciones longitudinales y cosas por el estilo. Cuando al final encontré cómo hacerlo, y lo hice con las modificaciones que quería sugerir, resultó que era agradablemente convergente y finito, justo como había imaginado».

Todo aquello le llevó cerca de dos meses. «El resto de mi trabajo —añadió en la conferencia Nobel— fue simplemente mejorar las técnicas de que se disponía entonces para calcular, construyendo diagramas para ayudar a analizar de manera más rápida la teoría de perturbaciones.» Determinante en este proceso fue también su desarrollo del método de corte, esto es, de un procedimiento para limitar el valor de una magnitud física con el propósito de evitar divergencias en la electrodinámica. Publicó sus resultados en dos textos: uno, referido al ámbito clásico, tal y como se planteaba en la teoría de Wheeler y Feynman (Feynman 1948 a), y otro en el cuántico (Feynman 1948 b). Ambos aparecieron antes que «Space-time approach to non-relativistic quantum mechanics».

A partir de ahí, completó otros dos ensayos, en abril y mayo de 1949. El primero, «The theory of positrons» (Feynman 1949 a), trataba del movimiento de electrones y positrones en potenciales externos, pero sin interaccionar entre sí. Se deben destacar varios puntos de esta memoria: (1) de forma coherente con el tratamiento lagrangiano utilizado en la electrodinámica desarrollada con Wheeler, el marco en el que se formulaba la propuesta era plenamente espaciotemporal; (2) se reinterpretaban las soluciones de la ecuación relativista del electrón de Dirac y se reemplazaba la teoría de los «agujeros», que conducía a la introducción de los positrones, por la idea de que estos aparecían en trayectorias que se movían hacia atrás en el tiempo, mientras que los electrones seguían las habituales, de un instante a otro posterior;

(3) demostraba que la ecuación de Schrödinger, $\frac{i\partial\psi}{\partial t} = H\psi$, se podía escribir siempre de la forma

$$\psi(x_2, t_2) = \int K(x_2, t_2; x_1, t_1)\psi(x_1, t_1)d^3x_1$$

donde *K*, el «propagador», es una función de Green (veremos más adelante que Freeman Dyson destacó la presencia de este tipo de funciones, tanto en la formulación de Feynman como en la de Tomonaga y Schwinger).

También es importante señalar que en esta ocasión no se introducían con claridad los posteriormente famosos «diagramas de Feynman», pero que ya aparecían esbozos que podían tener alguna relación con ellos.

Envió el segundo de estos trabajos, «Space-time approach to quantum electrodynamics», a *Physical Review* un mes después del anterior y en él, Feynman (1949 b) presentaba sus poderosos métodos para resolver los problemas de la electrodinámica cuántica. Se trataba de una continuación del texto anterior, pero ahora incluyendo la interacción. El «Resumen» explicaba el contenido:

> En este artículo se hacen dos cosas. (1) Se demuestra que se puede lograr una simplificación considerable escribiendo los elementos de la matriz para procesos complejos en la electrodinámica. Además, se dispone de un punto de vista físico que permite escribirlos directamente para cualquier proceso específico. Sin embargo, al ser simplemente una reelaboración de la electrodinámica convencional, los elementos de matriz divergen para procesos complejos. (2) Se modifica la electrodinámica alterando la interacción de electrones a pequeñas distancias. Todos los elementos de matriz son ahora finitos, con la excepción de aquellos relacionados con problemas de la polarización del vacío.[34] Estos son calculados a la manera

34. La «polarización del vacío» se refiere al fenómeno, consecuencia del principio de incertidumbre, en el que un fotón se convierte en un par electrón-positrón, suceso al que puede seguir, en un lapso de tiempo extremadamente breve, la aniquilación de esta pareja para dar origen a otro cuanto de energía. Este proceso polariza el vacío, ya que este se divide en regiones de carga opuesta. Un fotón que se mueva sin más en el espacio-tiempo puede sufrir estas transformaciones una y otra vez. En el desarrollo de la electrodinámica cuántica, este problema planteó una gran dificultad a los especialistas en teoría de campos. Schwinger fue el primero en resolverlo, Feynman no supo hacerlo.

> sugerida por Pauli y Bethe, que da resultados finitos también para estas matrices. El único efecto sensible a la modificación son cambios en la masa y carga de los electrones. Tales cambios no pueden ser observados directamente. Los fenómenos observables directamente son insensibles a los detalles de la modificación utilizada, excepto a energías extremas.

Más claros son algunos de los pasajes de la primera página del artículo:

> En la mayor parte de los cálculos prácticos en la electrodinámica cuántica, la solución se expresa habitualmente en términos del elemento de una matriz. La matriz se desarrolla como una expansión en potencias de *e2/hc* [esto es, α, la constante de estructura fina] correspondiendo los términos sucesivos a la inclusión de un número creciente de cuantos virtuales. Parece que se consigue una simplificación considerable, para procesos complejos, escribiendo estos elementos de matriz. Además, cada término de la expansión se puede escribir y comprender directamente desde un punto de vista físico, similar al punto de vista espaciotemporal de I [Feynman 1949 a]. El propósito de este artículo es describir cómo se puede hacer esto. También trataremos métodos para manejar las integrales divergentes que aparecen en estos elementos matriciales.
>
> La simplificación en las fórmulas resulta principalmente del hecho de que los métodos anteriores separaban innecesariamente en términos individuales procesos que físicamente estaban estrechamente relacionados. Por ejemplo, en el intercambio de un cuanto entre dos electrones existían dos términos, dependiendo de qué electrón emitía el cuanto y cuál lo absorbía. Sin embargo, en los estados virtuales considerados, las relaciones temporales no son significativas. Solamente se debe mantener el orden de operadores en la matriz.

Con esta manera de entender las interacciones, Feynman continuaba con las ideas desarrolladas con Wheeler y daba primacía a lo que denominaba «punto de vista de la interacción», frente al «punto de vista de campos». Significativa en este sentido es la siguiente cita (Feynman 1949 b: 771):

> En muchos problemas, por ejemplo, en las colisiones breves de partículas, no estamos interesados en la secuencia temporal precisa de sucesos. No interesa el ser capaz de decir cómo es la situación en cada instante

de tiempo durante la colisión y cómo progresará momento a momento. Esas ideas solo son útiles para sucesos que tardan mucho tiempo y para los que fácilmente podemos obtener información durante el período intermedio. Para colisiones es mucho más fácil tratar el proceso como un todo.

Es importante citar también otros pasajes de la primera página de este artículo:

> Comenzamos tratando de la solución de la ecuación de Schrödinger en el espacio y el tiempo para partículas que interaccionan instantáneamente. Los resultados se generalizan inmediatamente a interacciones retrasadas de electrones relativistas y representamos, de esta manera, las leyes de la electrodinámica cuántica. Podemos ver cómo se puede escribir directamente el elemento de matriz para cualquier proceso, en particular se puede escribir la expresión de la autoenergía.
>
> Hasta aquí no se ha hecho nada más que restablecer de otra forma la electrodinámica convencional. Por consiguiente, la autoenergía diverge. Lo siguiente que se hace es una modificación en la interacción entre cargas, y se demuestra que la autoenergía se hace convergente, lo que corresponde a una corrección de la masa del electrón. Después de realizar la corrección de la masa, otros procesos reales son finitos e insensibles a la «anchura» del corte en la interacción.

Dicho de otro modo, lo que hacía Feynman para conseguir la convergencia de los términos divergentes, no solo incluía renormalizar la masa del electrón, sino que introducía además un «factor convergente», *C*, a sumar a la función de Green, *K*. También hacía hincapié en que su tratamiento era relativista y que iba más allá de la ecuación de Schrödinger, que no lo era. Ahora bien, su método tenía muchos parches y distaba de ser una presentación general.

En esa primera página hacía referencia al «punto de vista físico, similar al punto de vista espaciotemporal de I». Aludía con ello a los que más tarde se conocerían como «diagramas de Feynman», el resultado más original y, a la postre, más valioso de su formulación de la electrodinámica cuántica. Esos gráficos eran en realidad y como él mismo reconocería una especie de «presentación taquigráfica» de la formulación matemática basada en integrales de las funciones de Green.

La materialización de esta idea esquemática, visualizable en el espacio-tiempo, aparecía en un diagrama, el primero que incluía en su artículo y que se reproduce a continuación En él, se representa a dos electrones que interaccionan de manera electromagnética (dispersión) mediante el intercambio de un cuanto virtual (fotón), que se corresponde con la línea ondulada que va de una trayectoria a la otra.

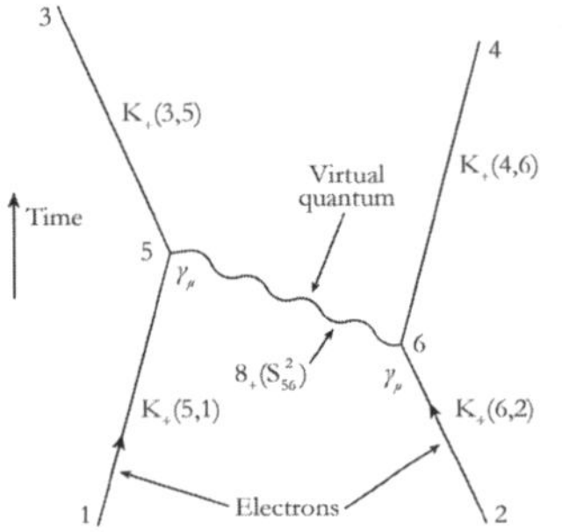

Fig. 1. The fundamental interaction Eq. (4). Exchange of one quantum between two electrons

Diagrama de Feynman, publicado en Feynman (1949 b: 772).

Esta era la posibilidad más simple. El problema era que las posibles interacciones eran infinitas y que podían aparecer más y más fotones en formas más y más complicadas, como ilustraba otro de los diagramas incluidos en el artículo. Una segunda ilustración representaba el siguiente proceso por orden de sencillez. De las variaciones incluidas tomemos la c: el primer electrón emite un fotón virtual, que se transforma a medio camino en un par de partículas opuestas, que a su vez se aniquilan y producen un nuevo cuanto de energía, que continúa su camino hacia el segundo electrón, al cual golpea en última instancia.

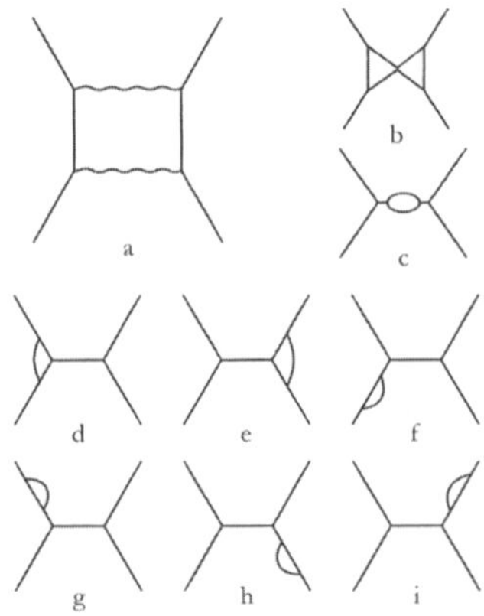

Peierls con Dirac y Pauli

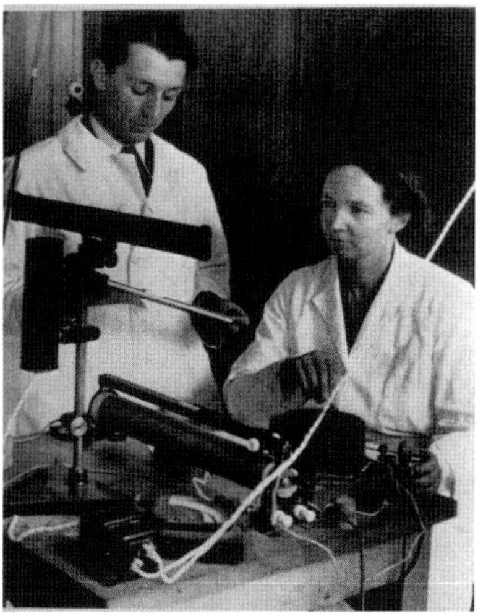

Fréderic Joliot y Irène Curie (1934)

Retrato de Frédéric Joliot

James Chadwick

Aparato con el que
V. Cockfroft y E. Walton
desintegraron artificialmente
por primera vez átomos
con partículas aceleradas con
campos eléctricos

Participantes en el Consejo de Física Solvay
de 1933

Hideki Yukawa (derecha) con su suegro
Genio Yukawa, su suegra Michi
y su esposa Sumi, en su casa en Osaka
en 1932

Enrico Fermi, en Roma
(década de 1920)

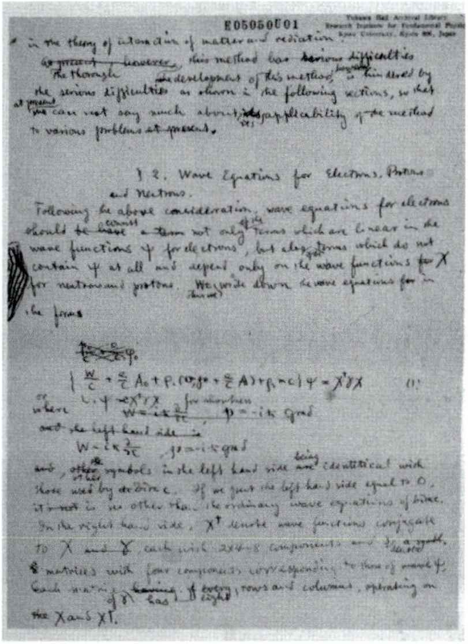
E05050U01

in the theory of interaction of matter and radiation.

However, this method has difficulties. The thorough development of this method is hindered by the serious difficulties as shown in the following sections, so that at present we can not say much about its applicability of the method to various problems.

§ 2. Wave Equations for Electrons, Protons and Neutrons.

Following the above consideration, wave equations for electrons should consist not only of the terms which are linear in the wave functions ψ for electrons, but also of terms which do not contain ψ at all and depend only on the wave functions for χ for neutrons and protons. We write down the wave equations in the form

Página manuscrita de Yukawa con sus anotaciones sobre el campo electrónico «intranuclear»

P. M. S Blackett (derecha) y G. P. Occhialini

Aparato con el que Chadwick identificó el neutrón en 1932

E. T. S. Walton, E. Rutherford y J. Cockroft

R. J. van de Graaff mostrando a K. T. Compton (en 1931) un modelo de sus primeros generadores

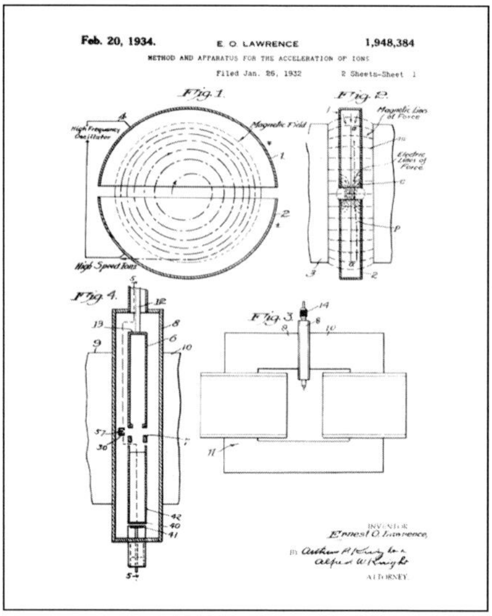

Patente de uno de los aceleradores de partículas de E. Lawrence

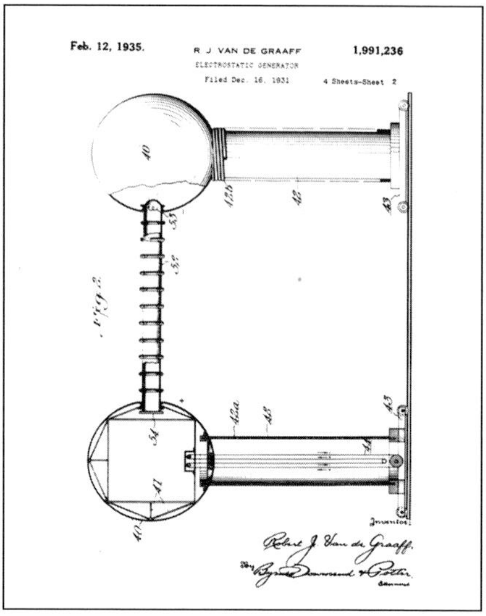

Patente del generador electrostático de van de Graaff

De derecha a izquierda:
E. O. Lawrence, E. Fermi
y R. Oppenheimer
en Berkeley, 1936

Ernest Lawrence con uno de los imanes para sus ciclotrones

Grupo de Ernest O. Lawrence (sentado en el centro) en el Radiation Laboratory de la Universidad de Berkeley, bajo un imán para utilizar en el entonces aún sin completar ciclotrón de 1,5 metros

Vista aérea del CERN (marzo de 1959)

O. Hahn y L. Meitner (1913)

Otto Robert Frisch

Maria Goeppert Mayer
(febrero, 1982)

Albert Einstein y Leo Szilard preparando
la carta de Einstein al presidente Roosevelt

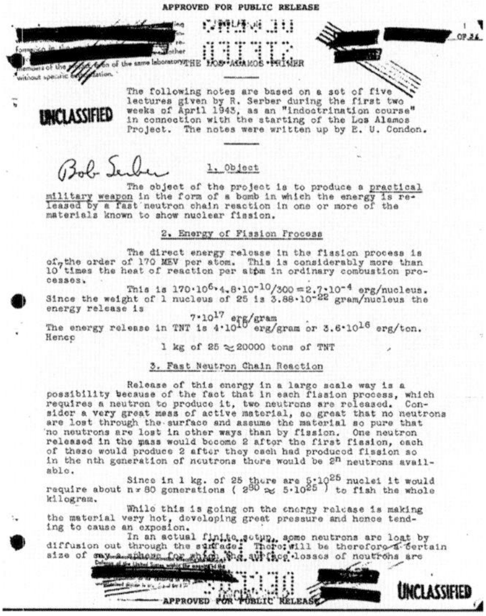

APPROVED FOR PUBLIC RELEASE

[redacted]

THE LOS ALAMOS PRIMER

UNCLASSIFIED

The following notes are based on a set of five lectures given by R. Serber during the first two weeks of April 1943, as an "indoctrination course" in connection with the starting of the Los Alamos Project. The notes were written up by E. U. Condon.

Bob Serber

1. Object

The object of the project is to produce a practical military weapon in the form of a bomb in which the energy is released by a fast neutron chain reaction in one or more of the materials known to show nuclear fission.

2. Energy of Fission Process

The direct energy release in the fission process is of the order of 170 MEV per atom. This is considerably more than 10^7 times the heat of reaction per atom in ordinary combustion processes.

This is $170 \cdot 10^6 \cdot 4.8 \cdot 10^{-10}/300 = 2.7 \cdot 10^{-4}$ erg/nucleus. Since the weight of 1 nucleus of 25 is $3.88 \cdot 10^{-22}$ gram/nucleus the energy release is

$$7 \cdot 10^{17} \text{ erg/gram}$$

The energy release in TNT is $4 \cdot 10^{10}$ erg/gram or $3.6 \cdot 10^{16}$ erg/ton. Hence

$$1 \text{ kg of } 25 \approx 20000 \text{ tons of TNT}$$

3. Fast Neutron Chain Reaction

Release of this energy in a large scale way is a possibility because of the fact that in each fission process, which requires a neutron to produce it, two neutrons are released. Consider a very great mass of active material, so great that no neutrons are lost through the surface and assume the material so pure that no neutrons are lost in other ways than by fission. One neutron released in the mass would become 2 after the first fission, each of these would produce 2 after they each had produced fission so in the nth generation of neutrons there would be 2^n neutrons available.

Since in 1 kg. of 25 there are $5 \cdot 10^{25}$ nuclei it would require about $n \approx 80$ generations ($2^{80} \approx 5 \cdot 10^{25}$) to fish the whole kilogram.

While this is going on the energy release is making the material very hot, developing great pressure and hence tending to cause an exposion.

In an actual finite setup, some neutrons are lost by diffusion out through the surface. There will be therefore a certain size of ~~any a sphere~~ for which the surface losses of neutrons are

[redacted]

UNCLASSIFIED

APPROVED FOR PUBLIC RELEASE

Serber, *Los Alamos Primer*

Robert Oppenheimer y el general
Groves en el sitio de la prueba
«Trinity»

Oppenheimer y los militares

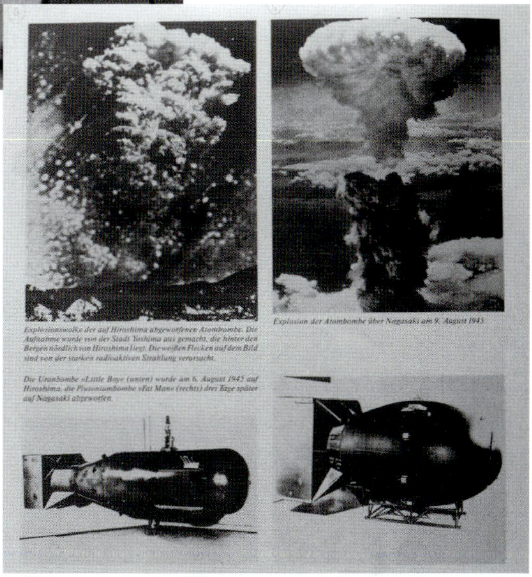

Explosionswolke der auf Hiroshima abgeworfenen Atombombe. Die Aufnahme wurde von der Stadt Yoshima aus gemacht, die hinter den Bergen nördlich von Hiroshima liegt. Die weißen Flecken auf dem Bild sind von der starken radioaktiven Strahlung verursacht.

Explosion der Atombombe über Nagasaki am 9. August 1945

Die Uranbombe »Little Boy« (unten) wurde am 6. August 1945 auf Hiroshima, die Plutoniumbombe »Fat Man« (rechts) drei Tage später auf Nagasaki abgeworfen.

Bombas Hiroshima y Nagasaki

Robert Oppenheimer, portada de *Time*

Einstein y la bomba atómica, portada en *Time*

Andrei Sájarov

Sin-itiro Tomonaga

Julian Schwinger

John A. Wheeler

Paul Dirach y Richard Feynman conversando durante la Conferencia sobre Teorías Relativistas de la Gravitación celebrada en Polonia (25-31 de julio de 1962)

Richard Feynman

Décima conferencia de Física Teórica (Washington, DC, 1947). Segunda fila: de izquierda a derecha: S. Forbust, W. Whitehead, N. P. Heydenburg, V. Fano, D. Inglis, P. Abelson, G. Gamow, M. Tuve, M. Osborne, R. Roberts, R. Alpher y B. Van Evera. Primera fila: H. Weyl, E. Teller, M. Schwarzschild, C. Cristchfield, J. A. Wheeler, R. P. Feynman, R. Oppenheimer, J. Schwinger, G. Breit, H. Babcock, H. P. Robertson y L. Infeld

Shelter-Island Conference (junio, 1947)

Richard Feynman explicando un punto durante la conferencia de 1947 en Shelter Island. De pie, de izquierda a derecha aparecen W. Lamb, K. Darrow, V. Weisskopf, G. Uhlenfeck, R. Marshak, J. Schwanger y D. Bohn. Sentados: R. Oppenheimer, A. Pais, R. Feynman y H. Feshbach

Richard Feynman dando clase en Caltech

Reunión del Consejo Solvay sobre «Partículas elementales y sus interacciones», 27 septiembre-2 octubre de 1948

Freeman Dyson

Los tres inventores del transistor,
Shockley, Brattain y Bardeen,
en la época en que realizaron
su descubrimiento

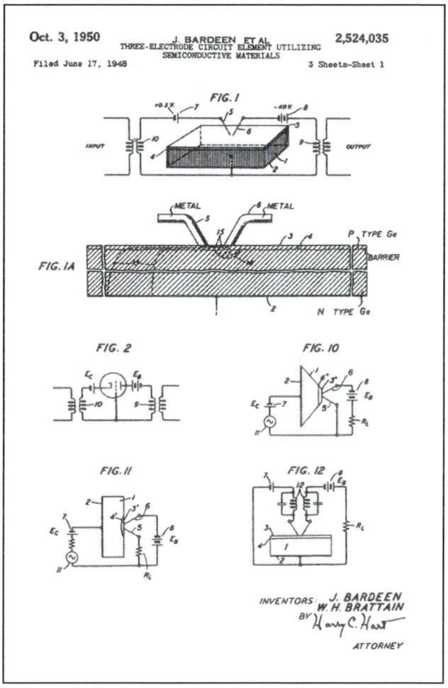

Oct. 3, 1950 J. BARDEEN ET AL 2,524,035
THREE-ELECTRODE CIRCUIT ELEMENT UTILIZING SEMICONDUCTIVE MATERIALS
Filed June 17, 1948 3 Sheets-Sheet 1

Patente del transistor
de J. Bardeen y W. Brattain

Dando el Premio Nobel
a Bardeen

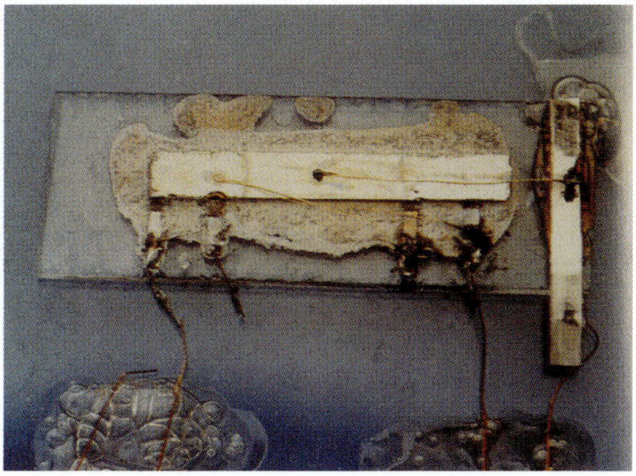

El primer circuito integrado

Charles Townes, James Gordon y Tic Wang
con un máser de amoniaco (*c.* 1955)

Escudo de Gamon

Hans Bethe

Fred Hoyle, en una conferencia en Dallas (Texas), 1973

William Alfred Fowler

Luis Álvarez (1938)

Murray Gell-Mann

George Zweig

Tsung-Dao Lee y Chen-Ning Yang

Chien-Shiung Wu

Abdus Salam

Steven Weinberg

Sheldon L. Glashow

Gerardus t' Hooft

Peter Higgs

Anuncio en el CERN del descubrimiento del bosón de Higgs

El descubrimiento de bosón
de Higgs, noticia de alcance mundial.
The Economist, 7 de julio de 2012

David Bohm

John S. Bell

Alain Aspect

Feynman explicaba que el procedimiento a seguir era dibujar el diagrama más sencillo, que involucraba un único fotón, y obtener las secciones eficaces de la interacción de los dos electrones. Ahora bien, esto no era sino el primer paso en un proceso perturbativo. Para llegar al resultado completo debían incluirse todas las posibilidades y se obtenía más precisión conforme se incorporaban estas. De acuerdo con Feynman, cada vez que se introducía un nuevo fotón en una línea de la trayectoria de un electrón, la probabilidad relativa se reducía en un factor α (1/137). Por consiguiente, cuantas más «uniones» electrón-fotón se tuvieran en cuenta, menos aportaba cada una al cómputo final. Es importante señalar que en todos los casos este era finito.

Richard Feynman, un científico al que «nada de lo humano le fue ajeno»

Además de ser un excelente científico, Feynman fue un ser humano al que se podría aplicar la famosa frase de Publio Terencio Africano: «*Homo sum, humani nihil a me alienum puto*». Esto es, «*hombre soy, nada de lo humano me es ajeno*». Su amor por la física y su originalidad se plasmaron de muy diversas maneras. Por ejemplo, fue pionero en la nanociencia. Además, escribió varios textos que sirvieron de guía para los físicos, no solo los avezados, sino también los que comenzaban su camino o deseaban contemplar esta disciplina desde perspectivas más generales y básicas. Me refiero a su famosa obra *Feynman Lectures on Physics*, fruto de sus cursos en el Californian Institute of Technology entre 1961 y 1963. El texto se publicó, con la ayuda de Robert Leighton y Matthew Sands, en tres volúmenes y fue traducido a una docena de idiomas.

Admirado por sus colegas y objeto de los más grandes honores que podía recibir un científico, se convirtió en una figura pública (algo poco frecuente en el caso de un físico) durante sus últimos años. En efecto, en enero de 1986, el presidente Reagan le designó para formar parte de una comisión que investigase la causa de la explosión del transbordador espacial *Challenger*. En una audiencia televisada del comité, que causó una profunda impresión en millones de telespectadores, Feynman realizó un sencillo experimento, con el que demostrar el origen del desastre. Para ello, solo necesitó un vaso de agua helada y una pieza en forma de anillo (un retén tórico) del vehículo destruido. Publicó dos libros con la ayuda de Ralph Leighton (hijo de Robert), en los que de manera desenfadada narraba todo tipo de anécdotas, incluida su actividad en la comisión presidencial. Estos volúmenes ayudaron a extender su fama.[35]

Fue, además, un hombre compasivo, como demuestra el contenido de una carta que envió el 3 de febrero de 1966 a Koichi Mano, un antiguo alumno suyo, que también lo era de Tomonaga. Esta fue su respuesta a la felicitación que recibió de Mano tras el anuncio de que se le había otorgado el premio Nobel (Feynman 2006: 205-207):

> Querido Koichi:
>
> Me alegró mucho recibir noticias suyas y que usted tenga ese puesto en los Laboratorios de Investigación.
>
> Por desgracia su carta me preocupa, pues parece que usted está realmente triste. Parece que la influencia de su profesor ha consistido en darle una falsa idea de cuáles son los problemas que valen la pena. Los problemas que valen la pena son los que uno puede realmente resolver o ayudar a resolver, aquellos en los que uno puede aportar algo. Un problema es grande en ciencia si se presenta ante nosotros irresuelto y vemos alguna manera de avanzar en él. Le aconsejaría tomar problemas aún más simples o, como usted dice, más humildes, hasta que encuentre uno que realmente pueda resolver fácilmente, por trivial que sea. Obtendrá el placer del éxito y de ayudar a su prójimo, incluso si solo se trata de responder a una pregunta en la mente de un colega menos capaz que usted. No debe privarse de estos placeres porque tenga una idea errónea de lo que vale la pena.

35. Se trata de *Surely You are Joking, Mr. Feynman* (1985) y *What Do You Care What Other People Think?* (1988). Traducidos al castellano en Feynman (2016 a, b).

Usted me conoció en la cima de mi carrera, cuando según usted yo estaba interesado en problemas próximos a los dioses. Pero al mismo tiempo tenía otro alumno de doctorado (Albert Hibbs) cuya tesis trataba de cómo pueden los vientos formar ondas cuando soplan sobre el agua en la superficie del mar. Le acepté como alumno porque vino a mí con el problema que quería resolver. Con usted cometí un error. Le di el problema, en lugar de que usted encontrase el suyo, y le dejé con una idea equivocada de lo que es interesante, o agradable, o importante para trabajar (a saber: los problemas en los que usted ve que puede hacer algo). Lo siento, perdóneme. Espero que esta carta ayude a corregirlo un poco.

He trabajado en innumerables problemas que usted calificaría de humildes, pero con los que disfruté y me sentí muy bien, porque a veces podía obtener un éxito parcial. Por ejemplo, experimentos sobre los coeficientes de fricción en superficies altamente pulidas para tratar de aprender algo sobre cómo funcionaba la fricción (fracaso). O cómo dependen las propiedades elásticas de los cristales de las fuerzas entre sus átomos, o cómo hacer que el metal galvanizado se adhiera a objetos de plástico (como los botones de una radio). O cómo se difunden los neutrones en el uranio. O la reflexión de ondas electromagnéticas en las láminas que recubren el vidrio. El desarrollo de ondas de choque en explosiones. El diseño de un contador de neutrones. Por qué algunos elementos capturan electrones de órbitas L, pero no de órbitas K. La teoría general de cómo doblar un papel para hacer una especie de juguete infantil (llamados flexágonos). Los niveles de energía en los núcleos ligeros. La teoría de la turbulencia (le he dedicado varios años sin éxito). Más todos los problemas «mayores» de la teoría cuántica.

Ningún problema es demasiado pequeño o demasiado trivial si realmente podemos hacer algo con él.

Dice usted que es un hombre anónimo. No lo es ni para su mujer ni para su hijo. Tampoco lo será para sus colegas inmediatos si puede responder a sus sencillas preguntas cuando entren en su despacho. Usted no es anónimo para mí. No permanezca anónimo para usted mismo, es una manera demasiado triste de ser. Conozca su lugar en el mundo y valórese justamente, no en términos de los ingenuos ideales de su juventud, no en términos de lo que usted imaginó erróneamente que son los ideales de su profesor.

Mucha suerte y felicidad.

Afectuosamente,

RICHARD FEYNMAN

Esta entrañable carta nos muestra que la ciencia, que los científicos, no están, no deben estar, al margen de todo aquello que llamamos «humano».

11. FREEMAN DYSON

En un apartado anterior ya reproduje parte de lo que Yang escribió sobre la presentación de Feynman en Pocono: «Alguien preguntó: "¿No es cierto que Feynman también habló?". Los tres dijeron: "Sí, sí, Feynman habló". "¿Qué dijo?" Ninguno de ellos pudo contestar. Todo lo que recordaban era la extraña notación de Feynman». No obstante, tampoco estaba muy claro cómo interpretar la idiosincrásica versión de Schwinger, ni la relación de esta con la de Tomonaga, a pesar de las evidentes similitudes entre ellas. Menos aún lo estaba si las tres versiones de la electrodinámica cuántica, de Schwinger, Tomonaga y Feynman, eran equivalentes.

Más difícil de entender todavía es que la formulación de este último fuera la que terminó por imponerse como herramienta de trabajo de quienes necesitaban recurrir a esa teoría.[36]

La explicación de estas cuestiones tiene mucho que ver con un joven matemático inglés, que acabó por convertirse en físico teórico: Freeman Dyson (1923-2020).[37]

En una carta que este escribió al científico transformado en novelista C. P. Snow el 22 de mayo de 1967, para comentar el prólogo que Snow había añadido a una nueva edición de *A Mathematician's*

36. Un excelente análisis de la difusión de los diagramas de Feynman se halla en Kaiser (2005).

37. Sobre Dyson, un hombre polifacético que cultivó diversos campos, véanse Schewer (2013) y Dyson (1996).

Apology (1940), el maravilloso libro del distinguido matemático G. H. Hardy, Dyson se refirió a su educación en Cambridge:[38]

Querido lord Snow:

Me siento inducido a añadir una posdata a su capítulo sobre Hardy. Este responde a muchas preguntas que nunca esperé que fueran respondidas y me trae recuerdos de sucesos que también le concernieron a usted de manera periférica.

Yo y mi amigo James Lighthill, con el que usted probablemente haya coincidido en el curso de su posterior y distinguida carrera, llegamos a Trinity como estudiantes en 1941. Inmediatamente nos sumergimos en las clases del Tripos III avanzado que daban Hardy y Littlewood. Sabíamos que el tiempo que íbamos a pasar en Cambridge sería breve y no queríamos desperdiciar nada de él. En ese sentido, fuimos afortunados, porque apenas había más estudiantes avanzados. Hardy y Littlewod daban clases, alternándose, en una pequeña aula de la Escuela de Arte, con la audiencia sentada alrededor de una mesa. Habitualmente, éramos cuatro en la mesa y nunca más de seis. Además de Lighthill, estaba Aronszajin, entonces con el uniforme del Ejército polaco, y Christine, la futura Mrs. Bondi.

En aquella pequeña habitación, nos sentábamos a poco más de medio metro de Hardy, tres veces a la semana durante dos años. Daba clases igual que Wanda Landowska tocaba a Bach, precisa y totalmente lúcido, pero desplegando su apasionado placer a todos los que podían ver bajo la superficie.[39] A mí siempre me maravillaba que un matemático tan grande (le considerábamos el mejor del mundo) emplease tanto de su tiempo y energía en enseñar a una clase tan pequeña. Y cada clase estaba cuidadosamente preparada, como una obra de arte, con el desenlace intelectual, que parecía como si fuese espontáneo, en los últimos cinco minutos de la hora. Para mí, aquellas clases constituían una alegría que me intoxicaba y, a veces, sentía el impulso de abrazar a aquel pequeño hombre que estaba a medio metro de mí y que llevaba un suéter blanco de cricket, para demostrarle de alguna manera cuán desesperadamente agradecidos le estábamos por su disposición a continuar hablando. Solo después de leer su capítulo, comencé a comprender por qué puso su corazón y alma en aquellas clases en la manera en que lo hizo.

38. Reproducida en Albers, Alexanderson y Dunham, eds. (2015: 110-113).
39. Wanda Landowska (1879-1959) fue una distinguida clavecinista y pianista polaca.

Rara vez nos hablaba de manera individual. Sus clases estaban llenas de humor, pero tendía a ser seco e impersonal. [...]

Solamente recuerdo una ocasión en que reuní el coraje para ir a visitarle en sus habitaciones. Había encontrado un error en alguna de las ecuaciones de su libro *Ramanujan*. Con gran orgullo e inquietud entré y le pregunté si era posible que se hubiese equivocado. Me miró, y dijo como si no le diera importancia, «Oh, sí, está en lo cierto, es un error», y ahí terminó la conversación.

En aquellos días, acechaba sobre nosotros la sombra de la guerra. Mis opiniones sobre la guerra eran muy próximas a las de Hardy, que usted describe en su capítulo, más que a las de usted. Mi biblia ética era *Ends and Means*, de Aldous Huxley, y podía ver con bastante claridad que incluso los fines más justos no justificaban los medios que nosotros estábamos empleando. Pero Hardy nunca nos habló de estas cuestiones, y nosotros nunca nos atrevíamos a hablar con él sin que nos lo pidiera. No imaginé que la guerra le preocupase tanto.

Se entendía que al término de nuestros dos años deberíamos ir al servicio gubernamental. Alguien (no sé si fue Hardy) solicitó a las autoridades que permitiesen a Lighthill y a mí permanecer otro año en Cambridge, para iniciarnos en la investigación matemática. Las autoridades respondieron que dejarían que se quedase uno, pero no los dos. En esos términos, ninguno de los dos podía aceptar tal honor. Así, en junio de 1943, nos presentamos ante usted para que nos colocase. Usted me habló en términos gloriosos sobre el trabajo que yo debería hacer durante los dos siguientes años en la Sección de Investigación Operacional, en la sede central de la Comandancia de Bombardeos de la R.A.F. Yo no le dije nada de mis escrúpulos morales y usted no me habló de su amistad con Hardy.

En septiembre de 1946, volví a Cambridge y comencé una nueva vida como físico. Me sentí ligeramente culpable con respecto a Hardy por haber desertado de la matemática pura y no busqué su compañía. Él era entonces un inválido y estaba deprimido y sin saber qué lugar debía o podía ocupar, y no se me ocurrió que yo podría haber aliviado sus últimos días yendo a verlo ocasionalmente.

Una vez decidido a dejar las matemáticas, en las que podría haber desarrollado una brillante carrera, y a dedicarse a la física teórica, Dyson obtuvo una beca de la Commonwealth, concedida por la Fundación Hatkness, y pensó utilizarla para ir a Estados Unidos. «Cuando decidí viajar a Estados Unidos —explicó en uno de sus libros (Dyson 2018: 56)—, tuve la buena suerte de encontrarme en Cambridge con sir Geoffrey Taylor. Taylor era un científico famoso, experto en dinámica de fluidos, que había estado en Los Álamos durante la guerra.[40] Le pregunté a dónde debería ir a estudiar en Estados Unidos. Dijo sin dudar: "Cornell. Allí es donde fueron todos los jóvenes brillantes de Los Álamos después de la guerra". Yo no sabía nada de Cornell, pero seguí su consejo.»

En efecto, fue una buena elección, porque, como ya vimos, en esta universidad estaban, entre otros, Bethe y Feynman.

Dyson llegó a Norteamérica en septiembre de 1947. El 19 de noviembre escribió una carta a su familia en la que contaba su primer encuentro con Feynman (Dyson 1994 b: 344; 2018: 59-60):

> Solo unas líneas antes de salir para Rochester. Cada miércoles tenemos un seminario en el que alguien habla acerca de algún detalle de la investigación y de vez en cuando el seminario se hace conjuntamente con la Universidad de Rochester. Hoy es la primera vez en el trimestre que vamos allí a eso. Hace un tiempo estupendo y creo que será un viaje agradable. Rochester está al norte de aquí, a orillas del Lago Erie, y hemos de atravesar algunas montañas. Iré en el coche de Feynman y va a ser muy divertido, si llegamos vivos. Feynman es un hombre a quien admiro cada día más. Es el más brillante de los jóvenes teóricos de aquí y es el primer ejemplar que he conocido de esa rara especie que es el científico nativo de Estados Unidos. Ha desarrollado una versión propia de la teoría cuántica, que ha sido aceptada en general como un buen trabajo y que, para algunos problemas, puede ser más útil que la versión ortodoxa; casi siempre está cocinando ideas nuevas, casi todas más espectaculares que útiles, que no suelen ir muy lejos porque enseguida quedan eclipsadas por otras nuevas. Su contribución más valiosa a la física es como mantenedor de la moral; cuando irrumpe en la clase con su última oleada mental y empieza a exponerla con efectos de sonido de todo tipo y moviendo los brazos como aspas, hace que, por lo menos, la vida no sea aburrida.

Es obvio que le agradaba Feynman, pero en aquel momento no parece que estuviera muy entusiasmado con «la versión propia de la

40. En efecto, la obra de Taylor marcó un hito en la mecánica de fluidos. Sobre su vida y obra, véase Bachelor (1996).

teoría cuántica» que este había desarrollado o que estaba desarrollando. Sin embargo, «en marzo de 1948 estaba buscando un nuevo problema» y empezó «a prestar más atención a Feynman». El 15 de marzo de 1948 informó a su familia (Dyson 1994 b: 347; 2018: 73-74):

> Mi propio trabajo ha tomado un nuevo giro como resultado de la nueva teoría cuántica de Schwinger, que este no había desarrollado cuando habló en Nueva York. Esta nueva teoría es un magnífico trabajo, difícil de digerir, pero con algunas ideas muy originales y sin duda correctas; así que, de momento, estoy trabajando en esto y tratando de entenderlo por completo. Cuando lo consiga estaré en una posición muy buena para atacar diversos problemas importantes y específicos con una teoría correcta, mientras que casi todos los demás todavía siguen a tientas. Hace poco ha ocurrido otra cosa muy interesante: nuestro Richard Feynman, que siempre trabaja por su cuenta y tiene su propia versión de la teoría cuántica, ha estado atacando el mismo problema que Schwinger desde otra dirección, y nos ha salido con una teoría que es más o menos equivalente, llegando a muchas de las mismas ideas por sí solo; esto indica con bastante claridad que la teoría es correcta. Feynman es un hombre con cuyas ideas es tan difícil entrar en contacto como fácil es hacerlo con las de Bethe, pero creo que, si permaneciera aquí más tiempo, encontraría que es con Feynman con quien he trabajado más.

El 6 de octubre, *The Physical Review* recibió un artículo de Dyson (1949 a) titulado «The radiation theories of Tomonaga, Schwinger, and Feynman». Este texto, además de poner orden y ampliar las tres versiones de la electrodinámica cuántica, demostraba su equivalencia. Fue un logro extraordinario y permitió entender lo que estos habían hecho. Como decía Dyson en otra de sus cartas familiares, esta del 4 de octubre (esto es, redactada casi al mismo tiempo que enviaba su ensayo a la revista): «Sucede que ni Schwinger ni Feynman han publicado nunca algo medianamente inteligible de su trabajo. Así que ha sido preciso que yo presentara en mi artículo la esencia de ambas teorías» (aunque la memoria se refería sobre todo a Schwinger y Feynman, también trataba la versión de Tomonaga).

El «Resumen» reflejaba bien la esencia del contenido:

> Se presenta un desarrollo unificado del tema de la electrodinámica cuántica, incluyendo los principales rasgos tanto de la teoría de radiación

de Tomonaga-Schwinger como de la de Feynman. La teoría se ha llevado un paso más allá que el alcanzado por estos autores, en la discusión de las reacciones radiactivas de orden más elevado y en los fenómenos de polarización del vacío. Sin embargo, la teoría de estos procesos de órdenes elevados es más un programa que una teoría definitiva, ya que no se ha conseguido una prueba general de la convergencia de estos efectos.

Los principales resultados obtenidos son: (a) una demostración de la equivalencia de las teorías de Feynman y Schwinger, y (b) una simplificación considerable del procedimiento implicado en la aplicación de la teoría de Schwinger a problemas particulares, siendo la simplificación tanto mayor cuanto más complicado es el problema.

En los comentarios incluidos en una edición de sus trabajos científicos, Dyson (1996: 10-13) explicó el «trasfondo» de su logro. Decía allí que, cuando todavía vivía en Inglaterra, conoció en Cambridge a Nicholas Kemmer. Este había sido estudiante de Gregor Wentzel, quien en 1943 había publicado el único texto sobre la teoría cuántica de campos que existía en 1946, *Quantentheorie der Wellenfelder* (*Teoría cuántica de campos*), del que Kemmer poseía un ejemplar. «En aquella época era un tesoro sin precio —escribió Dyson—. Creo que existían solo dos copias en Inglaterra. Más tarde fue reimpreso en Estados Unidos y traducido al inglés. Pero en 1946, pocas personas sabían en Estados Unidos de su existencia y menos aún lo consideraban importante.» Kemmer le explicó la importancia de la obra y se la prestó. «Sucedió así —añadió Dyson—, que cuando llegué a Cornell como estudiante, me encontré con que, gracias a Kemmer, era la única persona de toda la universidad que sabía sobre teoría cuántica de campos. El gran Hans Bethe y el brillante Richard Feynman me enseñaron mucho sobre muchas áreas de la física, pero cuando tenían que tratar con la teoría cuántica de campos yo era el maestro y ellos los estudiantes. Bethe y Feynman habían estado haciendo física con éxito durante muchos años sin la ayuda de la teoría cuántica de campos y no estaban ansiosos por aprenderla. Fue una suerte para mí que hubiese llegado con este regalo de Europa, justo en el momento en que los nuevos y precisos experimentos de Lamb y otros, sobre los detalles finos de los niveles atómicos de energía, necesitaban de la teoría cuántica de campos para su correcta interpretación. Cuando utilicé la teoría cuántica de campos para calcular un número experimental, el desplazamiento observado por Lamb que separaba los niveles de energía de dos de los estados en un átomo de hidrógeno, Bethe quedó impresionado. Dijo que era la primera vez que había visto que la teoría cuántica de campos fuera útil para algo. Para Bethe, la maquinaría matemática formal no tenía sentido, a menos que se pudiese utilizar para calcular números. Para él, calcular números era el objetivo del juego. [...] Julian Schwinger conocía la teoría cuántica de campos desde hacía mucho. Pero compartía el punto de vista norteamericano de que se trataba de una extravagancia matemática, que mejor había que evitar, salvo que se mostrase esencial. En 1948, comprendió que podría ser útil. La utilizó para su cálculo de los desplazamientos en los niveles de energía mostrados por los experimentos de Lamb y Retherford, Foley y Kusch en Columbia. Pero la utilizó a regañadientes. En sus publicaciones, prefería no hablar explícitamente de la teoría cuántica de campos. En su lugar, habló de funciones de Green [...]. En los artículos de Schwinger podía reconocer a algunas de mis viejas amigas, funciones que había visto antes en el libro de Wentzel.»

Tras elaborar un poco sobre los métodos empleados por Schwinger, pasaba a Feynman:

> En Cornell, estaba aprendiendo la manera bastante diferente de Richard Feynman de calcular procesos atómicos. Feynman nunca se había interesado por la teoría cuántica de campos. Su método se basaba en cosas que él llamaba «propagadores», que eran amplitudes de probabilidad para que las partículas se propagasen de un punto a otro del espacio-tiempo. Cada propagador estaba representado gráficamente por una colección de diagramas. Cada diagrama daba una imagen pictórica de partículas que se movían a lo largo de líneas rectas y colisionaban entre sí en los puntos donde se encontraban las líneas curvas. Cuando aprendí esta técnica de Feynman de dibujar diagramas y calcular propagadores la encontré desconcertante, porque daba siempre la respuesta correcta, pero no parecía basarse en ninguna base matemática sólida. Feynman llamaba a su forma de calcular procesos físicos «el enfoque espaciotemporal» porque sus diagramas representaban sucesos como teniendo lugar en lugares particulares y en instantes particulares. Los propagadores describían secuencias de sucesos en el espacio-tiempo. Más tarde se vio que los propagadores de Feynman no eran más que otro tipo de funciones de Green. Feynman había estado hablando toda su vida el lenguaje de las funciones de Green sin saberlo.

> Las funciones de Green también aparecían en el trabajo de Sin-Itiro Tomonaga, quien había desarrollado de manera independiente una nueva y elegante versión de teoría cuántica de campos relativista. [...] Tomonaga era un físico de la tradición europea, habiendo trabajado con Heisenberg, en Leipzig, antes de la guerra. Para él, al contrario que para Schwinger y Feynman, la teoría cuántica de campos era un lenguaje natural y familiar con el que pensar. [...] Cuando los artículos de Tomonaga comenzaron a llegar a Estados Unidos, me encantó ver que estaba hablando el lenguaje de la teoría cuántica de campos que yo había aprendido de Kemmer. No nos llevó demasiado tiempo juntar los varios ingredientes del pudin. Cuando el pudin estuvo cocinado, las tres versiones de la nueva teoría de átomos y electrones mostraron ser diferentes formas de expresar la misma idea básica. La idea básica era calcular funciones de Green para todos los procesos atómicos que se podían observar directamente. Las funciones de Green mostraron ser el nexo esencial entre los métodos de Schwinger y Feynman, y la teoría cuántica de campos relativista de Tomonaga proporcionaba la base matemática firme para las tres versiones de la electrodinámica cuántica.

El 24 de febrero de 1949, *The Physical Review* recibió otro artículo de Dyson (1949 b), que completaba su análisis y mejoraba las electrodinámicas cuánticas de Tomonaga, Schwinger y Feynman. Titulado «The S-matrix in quantum electrodynamics» su «Resumen» decía lo siguiente:

> Se utiliza la electrodinámica covariante de Tomonaga, Schwinger y Feynman como base para un tratamiento general de los problemas de dispersión que involucran a electrones, positrones y fotones. Los procesos de dispersión, incluyendo la creación y aniquilación de partículas, son descritos de manera completa por la matriz S de Heisenberg. Se demuestra que se pueden calcular los elementos de la matriz, mediante un uso consistente de una teoría perturbativa, a cualquier orden que se desee en la constante de estructura fina. Se dan reglas detalladas para realizar semejantes cálculos y se demuestra que, utilizando consistentemente las ideas de renormalización de masa y carga, se pueden eliminar de la matriz S las divergencias que surgen de las correcciones radiactivas de orden elevado.
>
> No se consideran en este artículo los problemas de ampliar el tratamiento para incluir fenómenos de estados ligados, ni de demostrar la

convergencia de la teoría al tender a infinito el propio orden de la perturbación.

Como explicaba en estos artículos de 1949, Dyson demostraba que se podían eliminar las divergencias (los infinitos) de la electrodinámica cuántica en cualquier orden de aproximación. Schwinger y Feynman únicamente fueron capaces de lograrlo en los casos más sencillos, los que involucraban solo a una o dos partículas virtuales. Dicho de otro modo, obtuvieron resultados finitos para los términos con e^2 (e es la carga del electrón) de las series indefinidas, pero no se ocuparon de los infinitos que plagaban los sumandos más complicados, aquellos con e^4, e^6 o superiores. Dyson demostró la manera en que se podían eliminar, de forma sistemática y autoconsistente, los valores ilimitados en cualquier orden de aproximación. Eso sí, no pudo resolver dos cuestiones fundamentales: (a) extender el método para que se pudiese aplicar a partículas que no fuesen electrones y fotones, o a interacciones diferentes a la electromagnética; (b) determinar si cualquier teoría cuántica de campos con interacciones relativistas era consistente desde un punto de vista matemático.

Los artículos de Dyson fueron recibidos con alegría, por no decir con alivio, por la comunidad de físicos. Así, Bethe escribió a Peierls desde Ithaca el 2 de febrero de 1949 (Lee 2007: 347):

> En mi opinión, Dyson es uno de los mejores físicos teóricos que viven ahora, independientemente de su edad. Probablemente, es el mejor teórico inglés desde Dirac. En este país, le colocaría al mismo nivel que Schwinger, que es catedrático en Harvard y es considerado el mejor teórico de menos de cuarenta años. [...] Durante los últimos cinco meses, Dyson ha reelaborado completamente la teoría de la electrodinámica cuántica de Schwinger. Ha demostrado su identidad con la teoría de Feynman y ha obtenido una teoría que combina la sólida base de la de Schwinger con la facilidad de cálculo de la teoría de Feynman. Con esta nueva formulación, es posible atacar cualquiera de los complicados problemas en no importa qué orden superior y llegar a los resultados en términos de una integral. Además, Dyson ha logrado, junto a Feynman, demostrar que todos los efectos de la electrodinámica son finitos, excepto aquellos que pueden interpretarse como renormalizaciones de la masa o la carga de la partícula. Estarás de acuerdo conmigo en que esto constituye un tremendo avance en la teoría.

A pesar de su logro y al igual que, como vimos, Dirac y otros, Dyson no aceptó la renormalización como solución definitiva. En este sentido, en los mencionados comentarios, escribió (Dyson 1996: 14):

> El método de cálculo que tuvo éxito tan brillantemente como una herramienta práctica, se basaba en cerrar los ojos ante evidentes absurdos matemáticos [...] El método tuvo éxito y proporciona valores finitos para magnitudes observables únicamente en el esquema de una teoría de perturbaciones que asegura que se cancelan los infinitos. Si la electrodinámica cuántica existe como una teoría matemática bien definida, no debería requerir cancelaciones de absurdos y no debería estar restringida a un desarrollo en serie de potencias. Todas las magnitudes que aparecen en las ecuaciones de la electrodinámica cuántica deberían tener un significado matemático preciso y su comportamiento debería estar descrito por ecuaciones, de tal manera que esos absurdos nunca apareciesen.

El premio Nobel de Física correspondiente a 1965 recayó en Tomonaga, Schwinger y Feynman «por sus trabajos fundamentales en la electrodinámica cuántica, con profundas consecuencias para la física de partículas elementales». La regla según la cual no se puede conceder el galardón a más de tres personas, impidió que Dyson recibiera la que sin duda era su merecida parte. Todavía hoy muchos piensan que la academia sueca debería haberle premiado en otra ocasión.

8

El transistor, el máser y el láser

En el siglo XVII y en la estela de Copérnico, que tantas seguridades nos arrebató (no estamos en el centro del Universo, ni siquiera de la Vía Láctea, nuestra galaxia), Isaac Newton nos enseñó que la fuerza que condiciona el movimiento de los cuerpos en la Tierra y que los hace caer es también responsable del desplazamiento de los cuerpos celestes, que pueblan el cosmos. Al mismo tiempo, demostró en su inmortal libro de 1687, *Philosophiae Naturalis Principia Mathematica*, la manera en que esas ideas se podían plasmar en el lenguaje de las matemáticas, ese idioma al que Euclides dio rigor por vez primera. En el siglo siguiente, Antoine de Lavoisier, el «Newton de la química», logró lo que ninguno de sus predecesores, los viejos alquimistas, habían conseguido: imbuir de precisión y sentido a la química, otra ciencia que nos acompaña de modo habitual, pues se encuentra en la base de los alimentos que comemos, en los medicamentos con los que sanamos, en el aire que respiramos o en la ropa que vestimos. Algo menos de cien años más tarde, Charles Darwin nos mostró que no somos la creación espontánea y privilegiada de un Dios todopoderoso, sino que estamos emparentados con toda la vida existente y en particular con los chimpancés o los bonobos, nuestros ancestros más cercanos. Con *The Origin of Species* tal vez perdimos orgullo, pero ganamos sabiduría, la llave maestra para alcanzar la dignidad. Cuando el siglo XX apenas había comenzado, un desconocido empleado de la oficina de patentes de Berna, de nombre Albert Einstein, trastocó las ideas milenarias sobre los pilares fundamentales de nuestra existencia, el tiempo y el espacio, y corrigió al propio Newton.

Los avances anteriores constituyen momentos singulares en la historia de la humanidad, logros que espero no se pierdan en ese cajón oscuro que es el olvido. Sin embargo, aunque sus consecuencias y enseñanzas hayan sido grandes, ninguno de ellos ha afectado de manera tan profunda a la vida presente, y con toda probabilidad a la futura, como la revolución a la que está dedicada esta trilogía: la mecánica cuántica. Y ninguna de sus consecuencias o aplicaciones ejemplifica mejor sus efectos en el comportamiento humano que el transistor. A este dispositivo y a otros dos «hijos» de esta física, el láser y el máser, aunque la repercusión de este último haya sido menos amplia, está dedicado el presente capítulo.

1. El radar y la física del estado sólido

El radar fue muy importante, casi esencial, durante la segunda guerra mundial, una contienda en que la aviación desempeñó, por primera vez en la historia, un papel fundamental. Se ha dicho que la bomba atómica puso fin al conflicto bélico, pero que el radar lo ganó. En efecto, no es difícil comprender su relevancia, ni tampoco el hecho de que los primeros pasos significativos para su desarrollo se dieran en Gran Bretaña. El físico e ingeniero estadounidense Ivan A. Getting (1962: 53-54), que obtuvo la Medalla Presidencial del Mérito por sus contribuciones al desarrollo de esta tecnología durante el enfrentamiento, y que más tarde llegó a ser director de la Aerospace Corporation de California, además de miembro de numerosos comités de defensa nacional y coinventor del sistema de posicionamiento global (GPS), escribió que «la historia del radar es también la historia de nuestro tiempo, tiempos de terremotos políticos, de una revolución en los métodos científicos y en su control, y de una explosión de la ciencia aplicada y la tecnología». En este punto, continuaba:

> La amenaza del nazismo y del fascismo dio origen al radar y la amenaza continua del comunismo favoreció el crecimiento de sus posibilidades... El desarrollo del radar en Inglaterra y Estados Unidos ha dejado como producto conceptos nuevos en la organización de la investigación y el desarrollo, que implican esfuerzos armónicos de grandes grupos de

> científicos. [...] El desarrollo del radar ha influido de manera manifiesta, posiblemente más que cualquier otra tecnología, en nuestras vidas y en las de las siguientes generaciones inmediatas, dando lugar a tecnologías asociadas y apoyándolas a través de técnicas, componentes y conceptos que surgieron de las primeras líneas de desarrollo del radar.
>
> La tecnología de microondas que resultó del radar ha encontrado aplicación en las redes de comunicación de microondas, que ahora cubren continentes enteros; y los tubos de alta potencia han hecho posible establecer redes de comunicación incluso en áreas remotas, como Islandia y Alaska. Amplificadores de banda ancha y circuitos de pulsos, los sirvientes del radar, junto con la mejora de los osciloscopios para radares, presagiaron la amplia difusión y disponibilidad de la televisión. Debido a que el radar ha dado al hombre una capacidad sensitiva en muchos aspectos muy superior a la que le suministran al ser humano sus sentidos de la vista y el oído, los equipos que necesita han forzado el desarrollo de servomecanismos, computadores analógicos y digitales, que a su vez han ganado mucho, ellos mismos, de la tecnología del radar, produciendo una revolución en el manejo por parte del hombre de datos e información. Por último, el radar ha pagado su deuda con la ciencia, suministrando herramientas, como la espectroscopía de microondas y la radioastronomía, que han hecho avanzar materialmente nuestros conocimientos fundamentales de la materia y el universo.

Como ya he señalado, la historia del radar está íntimamente ligada a la segunda guerra mundial y al gran problema que significó para el Reino Unido la caída de Francia ante Alemania el 17 de junio de 1940, ya que solo una estrecha franja de mar separaba a este país del Ejército del Reich. Sin embargo, el mayor peligro no llegó a Gran Bretaña por el agua, sino por el aire, a causa de la poderosa Luftwaffe.

La situación recordaba a la que se había dado en la primera guerra mundial con los submarinos alemanes. Al igual que entonces, se planteó el problema de la detección, pero ahora era preciso diseñar métodos para anticipar la llegada de aviones enemigos a las islas. Como en aquella ocasión, se pensó en enviar señales que impactasen en las aeronaves y que al reflejarse pudiesen ser detectadas en su lugar de origen. Estas ondas debían ser, por supuesto, electromagnéticas, lo que quería decir que se moverían a la velocidad de la luz. Era, por consiguiente, un problema de electrónica.

En 1940, lejanos ya los tiempos gloriosos de los cables submarinos o telegráficos, la electrónica no estaba en su infancia y los británicos se pusieron manos a la obra. En diversos lugares de la costa este de Inglaterra, erigieron unas torres de entre sesenta y noventa metros de altura, en cuya parte superior colocaron sistemas de *radio-detection-and-ranging* (detección y estimación de distancias por radio, más conocidos por el acrónimo *radar*), con sus antenas dirigidas hacia el continente. Cada unidad de este novedoso dispositivo era capaz de emitir ondas de baja frecuencia. Si alguna de ellas encontraba un objeto en su camino, la pequeña parte reflejada de la señal podía ser detectada al volver al punto de partida. Este conjunto de estaciones de observación, denominadas CHAIN, vigilaba los cielos sobre el canal de La Mancha y el mar del Norte. Eran instrumentos primitivos, que empleaban ondas de radio de diez metros, pero servían para localizar a la aviación alemana y avisar a la Royal Air Force, para que saliera a su encuentro.

¿Por qué eran primitivos? La respuesta es sencilla. En la detección, un haz de ondas se envía hacia un objetivo. Según se mueven estas hacia el blanco, «se abren», de manera que tan solo una pequeña fracción de la energía inicial puede ser reflejada por el objeto buscado. A la señal rebotada, la que «vuelve a casa», le ocurre lo mismo, con lo cual disminuye de nuevo la potencia que llega a la antena. Es obvio que el sistema será más eficaz cuanto mayor sean la intensidad inicial y la frecuencia y en consecuencia más pequeños podrán ser los dispositivos. Incluso podrían llegar a ser instalados en los propios aviones (los receptores de sesenta metros no eran, sin duda, una posibilidad).

Estados Unidos no se encontraba todavía en guerra (tardaría cerca de año y medio en entrar en ella), pero estaba también interesado en esta tecnología. De hecho, la primera solicitud sobre el tema que llegó al Comité Nacional de Investigación para la Defensa (establecido, recordemos, el 27 de junio de 1940), procedía de la Fuerza Aérea, la cual quería poder llevar a cabo bombardeos aunque sus objetivos estuviesen ocultos por las nubes. En respuesta a su petición, el CNID creó una «Comisión de Microondas», encabezada por Alfred L. Loomis (1887-1975), quien trabajó en el tema durante ese verano, aunque sin avanzar demasiado.[1]

1. Loomis era un banquero retirado, primo del secretario de Guerra, que se había especializado en el estudio de las microondas en su laboratorio privado.

Los británicos, que estaban más adelantados, no pusieron obstáculos para colaborar con sus colegas norteamericanos y enviaron una delegación en septiembre de ese año, encabezada por el químico Henry Tizard, quien ya había ejercido importantes funciones durante la primera guerra mundial. Este portaba un pequeño pero valioso aparato: un magnetrón. El instrumento, desarrollado por dos físicos de la Universidad de Birmingham, Henry A. Boot y John T. Randall, en las primeras semanas de 1940, podía producir ondas electromagnéticas de solo diez centímetros de longitud (microondas) y de gran intensidad, unos diez mil vatios (por entonces los estadounidenses intentaban desarrollar un sistema —el Mark I— capaz de emitir señales de cuarenta centímetros, a una quinta parte de esa energía inicial). De funcionar, el avance sería importantísimo. Se tendría, por ejemplo, la posibilidad de diseñar radares que se pudiesen instalar en aviones o en barcos.[2] El 6 de octubre se realizaron las pruebas pertinentes del magnetrón en los Laboratorios Bell, una rama del gigante de la industria telefónica American Telephone and Telegraph (ATT) y las instalaciones industriales de investigación más grandes del mundo.[3] El resultado fue satisfactorio y el efecto psicológico inmediato.[4] La Comisión de Microondas decidió establecer un departamento central para desarrollar la tecnología en este intervalo de frecuencias y se fijó tres metas a alcanzar:

Proyecto I (el prioritario): desarrollar un radar con ondas de diez centímetros de longitud que se pudiese instalar en aviones y utilizar para detectar otras aeronaves.

Proyecto II: desarrollar un aparato de precisión para emplear en los disparos de la artillería.

Proyecto III: desarrollar un dispositivo de largo alcance para la navegación marítima.

El 15 de octubre se ofreció la dirección del programa a Lee A. DuBridge (1901-1994), un experto en fotoelectricidad, director del

2. Hay que tener en cuenta que un sistema de radar se compone, básicamente, de tres partes: (i) una fuente de microondas; (ii) un detector de las mismas y (iii) medios para llevar la señal de la fuente al objetivo y de vuelta al detector. El magnetrón británico resolvía en el mejor de los casos el punto (i), pero todavía quedaban (ii) y (iii).

3. Sobre los Laboratorios Bell, que aparecen profusamente en este capítulo, véanse Fagen, ed. (1975, 1978) y Gertner (2012).

4. La colaboración con los británicos se mantuvo durante toda la guerra.

Departamento de Física y decano de la Facultad de Artes y Ciencias de la Universidad de Rochester. Al día siguiente, tras entrevistarse con Loomis y con Ernest Lawrence, cuya influencia en la política científica traspasaba con creces los límites de California, DuBridge aceptó el encargo.[5] El 18 de ese mismo mes, se tomó la decisión de situar el nuevo laboratorio en el campus del MIT, debido a la capacidad técnica y experiencia administrativa de esta institución. Pronto el nuevo centro pasó a denominarse Radiation Laboratory, un nombre que también servía para disimular su auténtico cometido, ya que al ser análogo al del proyecto de física nuclear de Lawrence en Berkeley, se daba a entender que sus fines eran los mismos (por entonces, este campo no se consideraba de utilidad bélica tan inmediata como el radar).

La evolución del Radiation Laboratory (o Rad Lab) fue significativa. De unos comienzos relativamente precarios, con barracones construidos en madera y un grupo de alrededor de tres docenas de físicos teóricos, se pasó, hacia finales de 1942, a un presupuesto de 1.150.000 dólares ¡mensuales! y a un personal de dos mil trabajadores. Al terminar la contienda, empleaba a 3.897 personas, de las que 1.189 eran científicos e ingenieros,[6] gastaba 125.000 dólares diarios y su presupuesto total, a lo largo de todo el conflicto, fue de ochenta millones de dólares. Un gasto importante, pero las inversiones efectuadas se justificaron en logros técnicos. De los magnetrones que producían ondas de diez centímetros se pasó a otros que las generaban de tres centímetros. En 1945, el Rad Lab había diseñado más de cien sistemas de radar, casi la mitad de los utilizados durante la guerra.

Sin embargo, además de su uso militar, esta tecnología también aportó mucho a la ciencia, en concreto a la disciplina que más influyó en el resto del siglo XX: la física del estado sólido (denominada más tarde «de la materia condensada» y de la que ya hablé en el sexto capítulo de *HFC-2*).

5. Después de la guerra, DuBridge, con el prestigio de haber llevado a buen puerto el proyecto, fue elegido para presidir el Californian Institute of Technology.

6. Una de las características del Radiation Laboratory fue la abundancia predominante de físicos, en especial en los primeros tiempos (al final su número era de unos quinientos). Entre los que trabajaron allí (algunos repartieron su tiempo con Los Álamos) figuran I. I. Rabi, P. M. Morse, J. Slater, L. Álvarez, E. Purcell, N. F. Ramsey, E. McMillan, H. Bethe, R. Bacher, K. Bainbridge, E. Pollar, J. Schwinger, R. Dicke y J. Zacharias.

Uno de los problemas a resolver para poder construir un radar es la detección de las ondas reflejadas. Se necesitan instrumentos muy sensibles, ya que las señales recibidas son débiles. Al ser estas de naturaleza ondulatoria (con amplitudes, por consiguiente, positivas y negativas de forma sucesiva) el valor medio que llega a la antena es cero, por lo cual hay que rectificar la señal. No obstante, las válvulas de vacío conocidas en la época (utilizadas ya con cierta profusión) no se podían emplear para esta tarea, ya que la distancia entre sus electrodos era demasiado grande. Dos semiconductores, el silicio y, sobre todo, el germanio, atrajeron entonces la atención de los investigadores para su uso como posibles rectificadores.[7]

En realidad, la utilidad de algunos materiales en este sentido era conocida desde hacía tiempo, por lo que no se puede decir que se descubriera este uso en la década de 1940. En 1874, Ferdinand Braun (1850-1918) halló que la unión entre un semiconductor y un metal tenía la propiedad de rectificar una corriente. Tres años después, concluyó que este efecto dependía del tamaño de los contactos, resultado que condujo al desarrollo del denominado «rectificador de bigotes de gato», en el que un pequeño punto metálico (el «bigote») toca al semiconductor y produce este efecto.[8] Estos rectificadores/detectores se utilizaron bastante, hasta que las válvulas de vacío los reemplazaron en la década de 1930. No obstante, el camino de los semiconductores hacia la posición predominante que llegaron a alcanzar en la ciencia y en la industria de la segunda mitad del siglo XX fue, en general, complicado. En un primer momento, no se sabía mucho de ellos, ya que el interés de los científicos y de los técnicos estaba centrado en el estudio de los elementos metálicos. En referencia a los comienzos de la década de 1930 en Inglaterra, Alan Wilson (1980: 47), quien ya apareció en *HFC-2* y que en 1931 realizó el primer análisis mecánico-cuántico de estos materiales (todavía bastante primitivo), señaló: «Al regresar [a Cambridge] en octubre de 1931 se mostró bastante interés en mis descubrimientos, pero cuando sugerí que acaso fuese el germanio una sustancia muy interesante para estudiar con detalle, el silencio fue ensordecedor».

7. Los semiconductores pueden comportarse, según las condiciones a las que estén sometidos, como conductores o casi como aislantes, lo que significa que pueden desempeñar funciones electrónicas diferentes.

8. En 1909, Braun compartió con Guglielmo Marconi el premio Nobel de Física, «en reconocimiento a sus contribuciones al desarrollo de la telegrafía sin hilos».

Poco a poco, sin embargo, y de una forma en la que dominaba lo empírico, se descubrieron algunas de sus propiedades: rectificaban corrientes eléctricas, era posible aumentar su conductividad (en condiciones normales mucho más pequeña que la metálica) al añadir impurezas de manera controlada (*dopándolos*) y se podía alterar esta mediante la aplicación de calor, luz o un voltaje eléctrico. Estas facultades tenían evidente interés industrial, pero los problemas que las rodeaban constituían obstáculos importantes. Entre estas dificultades destacaba el hecho de que la capacidad rectificadora de los cristales semiconductores se viera afectada por la falta de homogeneidad de los ejemplares disponibles.

Los trabajos realizados durante la guerra para el desarrollo del radar hicieron que estas cuestiones adquirieran mayor importancia. A través del Rad Lab, el Gobierno, que era quien decidía y establecía las condiciones de los contratos pertinentes, repartió dinero para el estudio de los semiconductores, en especial del silicio y del germanio, que llegaron a convertirse en un auténtico motor para la física del estado sólido. Los centros que más se distinguieron en esta investigación fueron dos: la Facultad de Física de la Universidad Purdue, en Indiana, liderada por Karl Lark-Horovitz, y los Laboratorios Bell.[9] La primera institución, que antes de la guerra y de la posibilidad de obtener subcontratas administrativas no se había interesado por este tipo de asuntos, se especializó en el germanio. Realizó un análisis teórico de la conducción que tiene lugar en su seno y puso de relieve su gran valor una vez acabada la contienda, cuando fue utilizado en los Laboratorios Bell para el desarrollo del transistor. Por lo que respecta a su aportación experimental (y en este sentido más práctica) al esfuerzo bélico los investigadores universitarios desarrollaron métodos para producir muestras de este elemento de gran pureza y lograron también un mejor control en el dopado. Gracias a estos logros, desarrollaron un prototipo mejorado de rectificador de germanio, un modelo que Western Electric comenzó a producir en 1944.

Por lo que se refiere a los Laboratorios Bell, antes de la guerra ya tenían alguna experiencia con semiconductores. El director del Departamento de válvulas de vacío entre 1928 y 1934, Mervin Kelly, se dio cuenta de sus posibilidades ocultas. Debido a su capacidad de

9. Más información en Henriksen (1987), Fagen ed. (1978: cap. 2) y Eckert y Schubert (1991: 235 y ss).

rectificar y amplificar las señales, las válvulas de vacío ayudaron a la gran expansión del sistema telefónico que tuvo lugar en Estados Unidos en las décadas de 1920 y 1930 (el negocio del que habían surgido los Laboratorios Bell). No obstante, eran caras, voluminosas, poco fiables y gastaban mucha energía.[10] Por estos motivos, Kelly estaba interesado en los semiconductores e intentó establecer un programa para su estudio. Sin embargo, su propuesta fue prematura y no recibió la autorización pertinente, aunque sí que se realizaron trabajos de manera ocasional.

Una nueva oportunidad en este sentido se presentó en 1937 y condujo en última instancia a la entrada de los Laboratorios Bell en el ámbito de los semiconductores. En esa ocasión, el Laboratorio de Investigación Naval les encargó el desarrollo de un sistema de radar, algo que lograron. En efectivo, construyeron un aparato que operaba en el rango de los sesenta centímetros y que fue utilizado por la Armada en los primeros tiempos de la contienda. Esta experiencia abrió a los Laboratorios Bell las puertas de los contratos del Rad Lab durante la segunda guerra mundial.[11] En este tiempo, la rama de ATT fabricó una gran variedad de prototipos (desde instrumentos de detección portátiles hasta otros para submarinos, pasando, como es natural, por los destinados a la aviación). La construcción industrial posterior recaía en Western Electric, la filial de producción del conglomerado. Aproximadamente la mitad del trabajo realizado en este período en los Laboratorios Bell estuvo relacionado con el radar. Estos pasaron de percibir en 1939 unos 100.000 dólares al año en contratos gubernamentales (lo que representaba el 1 % de su facturación total) a recibir 56 millones en 1944, el 81 % de sus gastos en investigación. En consecuencia, el personal se multiplicó por diez. La guerra, en otras palabras, resultó rentable para esta institución. No obstante, lo fue aún más, en el sentido de que los conocimientos obtenidos durante este proyecto, que motivó una estrecha relación con los investigadores de Purdue, acabaron por llevarles a la invención del transistor.

10. Especialmente importante fue el triodo, desarrollado en 1906 por el excéntrico inventor estadounidense Lee de Forest (1873-1961).

11. Otras firmas que participaron de modo activo en el desarrollo del radar durante la guerra fueron: Westinghouse, General Electric, Sylvania Electric Products y Du Pont. En el Reino Unido tomaron parte: General Electric, British Thompson-Houston y Telecomunications Research Establishment.

Una vez más, Kelly insistió en el interés de los semiconductores. De hecho, lo hizo antes de terminar la contienda. Sin embargo, ahora la situación era diferente a la de la década de 1930 y él mismo había progresado en la jerarquía del laboratorio (en 1945 fue nombrado vicepresidente ejecutivo). Además, cada vez era más evidente la importancia de esos materiales y otras empresas también mostraron su interés en ellos. Con varias décadas de experiencia en investigación industrial, Kelly y el resto del equipo directivo se dieron cuenta de que el progreso de la firma pasaba por prestar atención a la ciencia del estado sólido. Así, en 1945 reorganizaron el Departamento de Investigación Física e hicieron de esa rama de la disciplina el eje principal de sus esfuerzos. No anticipaban resultados inmediatos, pero, como señalaba una memoria de 1940-1942, «era razonable esperar que en última instancia tal aproximación fundamental indicara el camino a la producción de nuevos materiales con propiedades de importancia para su utilización telefónica» (citado en Hoddeson 1981: 52).

Fue entonces cuando Kelly formó un grupo de científicos para desarrollar un interruptor semiconductor, que reemplazase a los problemáticos tubos de vacío y que utilizara los avances en este campo logrados durante la guerra y los trabajos en el radar. Para dirigir este equipo se contrató a un brillante y joven físico teórico: William Shockley.

No obstante, antes de pasar al proceso que condujo a la invención del transistor en los Laboratorios Bell, quiero señalar que, aunque estos resultaron beneficiados en particular por el interés en el radar, no fueron la única empresa que sacó partido de este proyecto. Veamos, en ese sentido y para finalizar esta sección, lo que Theodore Saad respondió a una pregunta de Andrew Goldstein (en la entrevista que este le realizó el 23 de mayo de 1991) acerca de los grupos del Radiation Laboratory, en el que él trabajó durante la segunda guerra mundial, dedicados a las tecnologías más innovadoras, esto es, a las más atractivas para la industria privada:[12]

> Un grupo era el de los moduladores, otro el de los receptores, otro el de los indicadores, otro el de los componentes de microondas y otro el grupo de antenas, [pero] nadie llegaba y decía: quiero estar en el asunto

12. Rad Lab, *Oral Histories* (1993: 327). Theodore Saad, ingeniero eléctrico, trabajó durante la segunda guerra mundial en la División Teórica del Radiation Laboratory bajo la dirección de Norman Ramsey y Edward Purcell.

de las microondas porque creo que existe ahí un gran mercado. De todas maneras, los grupos que atrajeron más atención fueron los grupos de sistemas. Por ejemplo, uno de los grandes sistemas que se construyeron durante la guerra fue el 584 y eran tres compañías las implicadas: Westinghouse, General Electric y Chrysler. Chrysler construyó [...] una gran parte de la estructura mecánica. Creo que ahora reconocen el valor de aquello. Por supuesto, Westinghouse ha estado desde entonces en el negocio del radar. Hicieron un trabajo excelente. Motorola fue otra [de las empresas involucradas] y continuó fabricando sistemas de radar después de la guerra. Raytheon siguió fabricando tubos, otros tipos de radares y productos de microondas. También después de la guerra, Sylvania continuó haciendo diodos de microondas y algunos de los componentes asociados que formaban parte del sistema de radar. Había otras firmas: Philco, que ya no existe, hizo muchas cosas. Estaban en el negocio de los diodos de microondas y construyeron algunos sistemas. Los Laboratorios Bell, por supuesto, aunque no necesitaban al Rad Lab para hacer las cosas que estaban haciendo, mantenían, sin embargo, una estrecha relación con él. Continuaron haciendo sistemas de radar. Después de la guerra, fueron *el* talento creativo en las microondas.

En definitiva, la industria privada relacionada con la electrónica se vio beneficiada por la existencia del Radiation Laboratory y por los encargos que recibieron para resolver unos problemas que la guerra convirtió en urgentes.

2. El transistor

En este contexto posbélico surgió el transistor, un dispositivo electrónico hecho de material semiconductor, capaz de regular la corriente que lo atraviesa y de actuar como amplificador o célula fotoeléctrica. Comparado con los tubos de vacío que le precedieron, necesita cantidades muy pequeñas de energía para funcionar y es más estable, compacto, duradero y actúa de forma instantánea. Su invención no se produjo hasta que se comprendió que el contacto de dos cristales semiconductores, uno con un pequeño exceso de electrones y el otro de «huecos» (concepto introducido en la física del estado sólido por Rudolf Peierls), daba lugar a la denominada «unión p-n», una característica esencial del transistor.

Una unión así está formada por dos semiconductores de distinta naturaleza, uno «p» y otro «n», que se obtienen de la siguiente manera. Supongamos que tenemos un elemento, como el silicio o el germanio, con cuatro electrones en su orbital externo. El enlace (covalente) entre sus átomos surge al compartir estas cargas negativas con otros tantos átomos adyacentes, dispuestos en un tetraedro, de modo que cada uno de ellos tenga una capa estable de ocho electrones. Si se quita uno de estos vértices en la configuración (por ejemplo, de silicio) y se sustituye, se *dopa*, por otro elemento con, digamos, cinco cargas negativas en su capa externa (el caso del fósforo), entonces quedaría libre una de ellas. Esta podría moverse con facilidad al aplicar un campo eléctrico externo. Esto es, se facilita la conductividad. Esta clase de material dopado se denomina «tipo-n». El «tipo-p» es parecido, pero ahora se añade un elemento cuyo orbital externo tenga tres electrones (el boro, por ejemplo). Así, en lugar de sobrar una carga negativa, falta una. Se produce entonces un «hueco», una vacante electrostática de magnitud igual a la del electrón, pero positiva, que también se puede desplazar sin dificultad en las condiciones adecuadas. De esta forma, se obtiene una unión p-n al modificar un cristal semiconductor y crear dos regiones, una p, con mayoría de huecos, y otra n, donde los electrones son mayoritarios.

En esencia, los dispositivos electrónicos funcionan mediante flujos controlados de cargas, negativas (electrones), positivas (huecos) o ambas, que se desplazan en su interior. Tanto electrones como huecos responden al campo eléctrico aplicado y su movimiento depende del material empleado (en los semiconductores y para diferencias de potencial pequeñas, la velocidad es proporcional al voltaje, siendo la constante de proporcionalidad la movilidad de las cargas). En los dos modelos de transistor que aparecerán enseguida (los primeros en fabricarse) esos flujos son diferentes: en el de contacto solo se activan los portadores de carga de un mismo signo, mientras que en el de unión lo hacen los de ambos.

Pero volvamos a los protagonistas de esta historia.

Entre los miembros del grupo de semiconductores dirigido por Shockley se encontraba Walter Brattain, que se había unido a los Laboratorios Bell en 1929 y que investigaba estos materiales desde al menos 1937. A John Bardeen lo contrataron en 1945 (comenzó a trabajar el 15 de octubre). Mientras que Shockley y Bardeen eran físicos teóricos, Brattain lo era experimental.

Shockley, Brattain y Bardeen

William Shockley (1910-1989), un californiano de Palo Alto, estudió en el Instituto de Hollywood, del que se graduó en 1927. Obtuvo el título de licenciado en Ciencias en Caltech en 1932 y el de doctor en el MIT en 1937, con una tesis dirigida por John Slater titulada *Electronic Bands in Sodium Chloride*. Ya antes, en 1936, se había unido a los Laboratorios Bell, al grupo dirigido por Clinton Davisson, quien al año siguiente compartió con George Paget Thomson el premio Nobel de Física por el descubrimiento experimental de la difracción de electrones en cristales (véase *HFC-1*).

Walter Brattain (1902-1987) estudió en la Universidad de Oregón y se doctoró en 1929 en la de Minnesota, donde tuvo la fortuna de aprender la nueva mecánica cuántica con John van Vleck. Este se había incorporado a la institución en 1923 como profesor ayudante y más tarde llegó a ser catedrático en Wisconsin (fue el primero en aplicar, en 1926, la física cuántica a la teoría de las susceptibilidades eléctricas y magnéticas). Brattain también tuvo la suerte de asistir a conferencias que pronunciaron como visitantes científicos tan notables como Erwin Schrödinger, James Franck y Arnold Sommerfeld. Su tesis doctoral fue supervisada por John T. Tate y se tituló *Efficiency of Excitation by Electron Impact and Anomalous Scattering in Mercury Vapor*. Siempre fue un físico experimental.

John Bardeen (1908-1991) fue uno de los físicos más distinguidos del siglo XX, razón por la que me detendré más en su biografía.[13] Nació en Madison y estudió ingeniería eléctrica en la Universidad de Wisconsin, a la que se incorporó en el otoño de 1923. Al igual que Brattain, pudo aprender mecánica cuántica con van Vleck, quien se trasladó a Wisconsin en 1928. «La universidad era fuerte en matemáticas aplicadas», recordó Bardeen, «pero había poco interés en la física atómica hasta que llegó van Vleck» (citado en Hoddeson y Daich 2002: 32).

13. Sobre la vida y aportaciones científicas de Bardeen, véase Hoddeson y Daitch (2002).

En su nuevo destino, el flamante catedrático expuso la cuántica en dos cursos semestrales, que Bardeen siguió en 1928-1929 y que encontró fascinantes. También asistió a clases de investigación impartidas por van Vleck con base en su libro de 1926 *Quantum Principles and Line Spectra*. Asimismo, tuvo la fortuna de que por Madison pasaran y desarrollaran sendas asignaturas Peter Debye, que habló sobre mecánica estadística y otros temas de física moderna; Paul Dirac, cuyas lecciones cubrieron una buena parte de su libro *The Principles of Quantum Mechanics*; Arnold Sommerfeld, que trató de electrones en metales, y Werner Heisenberg. Bardeen también aprovechó sus años en Madison para pasar algún tiempo (del verano a las Navidades de 1926) trabajando para Western Electric (su empleo consistía en desarrollar métodos de inspección). Esto retrasó doce meses su graduación en ingeniería eléctrica, pero aun así solo tenía veinte años cuando obtuvo el título en junio de 1928. A continuación, se dedicó a completar el máster, lo que hizo en la primavera de 1929, con un tema que interesaba a las compañías petrolíferas: la conductividad eléctrica del subsuelo. Por entonces ya estaba considerando cambiar su campo de estudio a la física. Para ello, intentó obtener una beca y pasar un año en Cambridge (Inglaterra), a ser posible junto a Ralph Fowler, pero no lo consiguió. En su lugar, aceptó un empleo de geofísico en la Gulf Oil Company de Pittsburgh, donde pasó tres años. Tras este período y con las recomendaciones de van Vleck y Warren Weaver, que también había sido profesor suyo en Madison, fue admitido en 1933 como doctorando en la Universidad de Princeton. Allí comenzó realmente su carrera de físico.

Como director de su tesis, y tras considerar algunas alternativas de las muchas disponibles en esta institución, escogió a Eugene Wigner, que se había incorporado a la universidad en 1930. En un primer momento, Bardeen se interesó por la electrodinámica cuántica, en la que abundaban las cuestiones sin resolver, pero en última instancia siguió el consejo de Wigner y calculó la energía que debía añadirse a un metal para que emitiese un electrón de su superficie, un problema de gran interés para la industria. Se trataba, claro está, de un tema perteneciente a la física del estado sólido.

Por entonces, aparte de Princeton, solo existían otras dos instituciones en las que se pudiera hacer un doctorado en esta disciplina. Una era el MIT, en Cambridge (Massachusetts), dirigido por John Slater, y otra era la Universidad de Bristol (Inglaterra), conducida por John Lennard-Jonnes, Nevill Mott y Harry Jones. Como el primero no estaba demasiado lejos de Princeton, los estudiantes de Wigner podían hacer visitas ocasionales a este centro. Del mismo modo, los de Slater podían ir a Princeton. En resumen, Bardeen disfrutó de una magnífica formación en física del estado sólido (en el sexto capítulo de *HFC-2* ya apareció Wigner en relación con esta disciplina).

Antes de presentar su tesis, Bardeen ya sabía que la Sociedad de Miembros de Harvard, establecida poco antes, estaba considerando su candidatura para uno de sus programas. Esto le permitiría pasar tres años concentrado en sus investigaciones, sin obligación alguna y con un buen salario (1.500 dólares, más alojamiento en Lowell House). Con el firme apoyo de van Vleck, obtuvo la beca. En enero de 1936, recibió su doctorado, aunque con retraso, debido a que Wigner estaba en Europa y no pudo aprobar la tesis hasta entonces. Antes de finalizar su estancia en Harvard, la Universidad de Minnesota le ofreció un puesto de profesor ayudante, a comenzar en otoño de 1938. Lo aceptó. Allí, además de completar su trabajo sobre la conductividad eléctrica (con anterioridad ya había mejorado el método de Wigner-Seitz para calcular estructuras electrónicas de bandas), comenzó a investigar sobre la superconductividad, un tema que años más tarde fue otro de sus grandes éxitos.

La guerra en Europa no anunciaba nada bueno para Estados Unidos y como muchos otros científicos Bardeen cambió el mundo académico por el militar. Así, en marzo de 1941 fue llamado a filas por el Laboratorio de Artillería Naval. Cuando ya se vislumbraba el final de la contienda, en la primavera de 1945, se puso en contacto de nuevo con la Universidad de

Minnesota y pidió un aumento de sueldo, pues ya tenía una familia con tres hijos. Sin embargo, no consideró suficiente la oferta que le hicieron en este sentido, pues estaba lejos de la propuesta de los Laboratorios Bell. En una carta que envió a Jay Buchta, decano de la Facultad de Física de la Universidad de Minnesota, explicó esta circunstancia (citado en Hoddeson y Daich 2002: 110-111):

> Los planes son establecer una sección de alrededor de cincuenta personas para trabajar en problemas de estado sólido, con énfasis en los procesos electrónicos en cristales (semiconductores, varistores, termistores, etc.), propiedades magnéticas, piezoelectricidad, y problemas relacionados. La investigación será de naturaleza fundamental, las aplicaciones prácticas serán llevadas a cabo por otros grupos. Suena muy atractivo, pero tengo dudas sobre si un trabajo realmente fundamental puede realizarse en un laboratorio industrial.

Pese a sus dudas, finalmente aceptó la oferta de la empresa y comenzó a trabajar para esta el 15 de octubre de 1945. Durante las primeras décadas tras el inicio de sus operaciones en enero de 1925, los Laboratorios Bell ocuparon un edificio de doce plantas en el 463 del Bajo Manhattan en Nueva York. Sin embargo, desde 1941 estaban situados en Murray Hill, en Nueva Jersey. Se iniciaba una nueva etapa en la carrera de Bardeen, una que le llevaría a los libros de historia universal y de la ciencia.

De las propiedades conocidas por entonces de los semiconductores y de los componentes electrónicos en uso, sobre todo rectificadores de unión como los descritos (de contacto tipo barrera o Schottky), Shockley dedujo que si el campo en su seno pudiese generar una capa espacial cargada en la interfaz entre los diferentes materiales implicados, entonces las variaciones en el voltaje aplicado podrían modificar de manera sustancial el número de portadores de carga y modular la corriente que atravesaba el semiconductor, lo que constituía la base de un amplificador. En abril de 1945, mientras aún se preparaba la formación del nuevo grupo de estado sólido en los Laboratorios Bell, propuso un nuevo dispositivo que bastante más tarde, cuando se logró construir uno, se denominó «transistor de efecto de campo».[14] Su idea era utilizar un electrodo metálico para formar un contacto con un semiconductor y aplicar un campo eléctrico transversal, de modo que pudiese aumentar o disminuir el número de electrones o huecos en una lámina delgada de silicio o germanio, modificando así su conductividad y regulando la intensidad a través del aparato. Sin embargo, los intentos de obtener este efecto con silicio fracasaron, al igual que los esfuerzos de Shockley para explicar el motivo de ese fallo. El 22 de octubre de 1945, este pidió a Bardeen, que se acaba de incorporar al equipo de los Laboratorios, que comprobase sus cálculos, para intentar averiguar por qué su propuesta no funcionaba. Bardeen se había dedicado a estudiar en detalle los trabajos sobre la rectificación en semiconductores publicados antes de la guerra por Nevill Mott en Inglaterra, Walter Schottky en Alemania y Boris Davydov en la Unión Soviética y en marzo de 1946 consiguió averiguar el motivo por el que no funcionaba el diseño de Shockley: la existencia de «estados superficiales» que atrapaban a los portadores de carga. No obstante, lo importante aquí es que de esta forma Bardeen comenzó a trabajar en este tipo de problemas. En este punto entra en escena un descubrimiento experimental que realizó Brattain el 17 de noviembre de 1947, con el que se podían evitar algunas de las limitaciones del bloqueo del campo: consiguió neutralizar el efecto de los estados superficiales mediante la inmersión del silicio en un electrolito. Cuatro días después, Bardeen y Brattain trataron de utilizar este resultado para construir un amplificador, de acuerdo con la sugerencia del primero de ellos de utilizar un electrodo en contacto puntual con una superficie especialmente preparada de silicio (un «amplificador de punta de contacto»). No obstante, en lugar de películas de semiconductor como las que había utilizado Shockley en 1945, Bardeen propuso emplear una «capa de inversión» de tipo-n de unas pocas micras (una micra equivale a 10^{-6} metros) de espesor, obtenida mediante procesos químicos sobre una superficie inicialmente uniforme de silicio, de tipo-p. Al probar el dispositivo los investigadores notaron que su poder de amplificación era pobre. Tres semanas después, el 8 de diciembre, ensayaron una nueva con-

14. Hay más detalles sobre el desarrollo del transistor en Hoddeson (1981), Eckert y Schubert (1991), Riordan y Hoddeson (1997), Riordan, Hoddeson y Herring (1999) y Hoddeson y Daitch (2002).

figuración, en la que, a propuesta de Brattain, la lámina de silicio se sustituyó por otra de germanio, de tipo-n (material desarrollado en Purdue durante el programa del radar). El resultado fue una ganancia de 330, pero al aplicar un potencial negativo, no positivo como esperaban los científicos. Bardeen pensó que se había inducido una capa de inversión por efecto del campo y que se producía una conducción por huecos. Esta hipótesis fue muy importante y permitió crear el transistor de contacto, junto con un afortunado incidente que sucedió mientras preparaban otra versión del dispositivo, para la que evaporaron una lámina de oro. Tras estas mejoras y sucesivas pruebas, llegó el momento del ensayo definitivo, realizado el 16 de diciembre, fecha en la que se puede decir que nació el transistor, la «célula», «neurona» o «átomo» del mundo actual. Una semana después, el 23 de diciembre de 1947, los investigadores mostraron el dispositivo a los directores de la empresa. Para la demostración, lo utilizaron en un circuito que permitía oír el sonido amplificado con unos auriculares.

El invento desató una auténtica fiebre de comprobaciones, mejoras y discusiones acerca de sus posibilidades en los Laboratorios Bell. Al mismo tiempo, se redactaron las correspondientes patentes: el 26 de febrero de 1948, la firma presentó cuatro solicitudes para semiconductores amplificadores, incluida la original de Bardeen y Brattain (*Three-electrode circuit element utilizing semiconductive materials*).

No obstante, Shockley se enfureció cuando se enteró del logro de sus colegas, en el que él no había participado. No solo era el jefe de ambos, sino que pensaba que todo se debía a su idea del «efecto de campo». De hecho, exigió que la correspondiente patente fuera solo a su nombre. Así, llamó a su despacho, por separado, a Bardeen y a Brattain para decirles que, según recordaba este último, «él podía preparar la patente (comenzando con el efecto de campo) sobre toda la maldita cosa». Sin embargo, su plan fracasó porque durante el proceso de investigación se descubrió que Julius E. Lilienfeld (1882-1963), un desconocido científico e inventor polaco, profesor de física en la Universidad de Leipzig entre 1910 y 1926, año en que emigró a Estados Unidos, había patentado veinte años antes una idea parecida (28 de enero de 1930; *Method and apparatus for controlling electric currents*).

La noticia tardó algo en hacerse pública, porque los Laboratorios Bell retuvieron la información durante siete meses, mientras preparaban las correspondientes patentes. Ahora bien, conscientes de las potenciales implicaciones del invento para la defensa nacional, el 23 de junio de 1948 (un día después de dar a conocer la novedad en toda la empresa) se presentó el dispositivo al Ejército, que en este caso no había participado en la financiación de la investigación. Por suerte y en vista del amplio espectro de aplicaciones posibles, el Gobierno decidió no declararlo secreto. Sin embargo, esta decisión no significó que las Fuerzas Armadas estadounidenses no se interesasen por sus usos militares y en junio de 1949 llegó el primer contrato en este sentido para Western Electric y los Laboratorios Bell.

Un detalle importante era el nombre del invento. Hoy lo denominamos «transistor de contacto», ya que estaba formado por una delgada lámina de oro presionada con una cuña de plástico sobre la superficie de un cristal de germanio, de modo que se tocaban en dos puntos muy próximos entre sí. Sin embargo, al principio hubo dudas en este sentido y a menudo se le llamó «triodo semiconductor».[15] El 28 de mayo de 1948, se pasó un memorándum a dos departamentos y a treinta personas de los Laboratorios Bell para realizar una encuesta a este respecto. Es interesante reproducir el documento, pues contiene indicios interesantes de la percepción del nuevo dispositivo:[16]

> Recomendaciones del Comité para la Terminología de Triodos Semiconductores:
>
> *Triodo semiconductor*. Este se considera un nombre bastante bueno, al ser satisfactoriamente descriptivo, pero se preferiría un nombre más corto. «Triodo» describe los tres elementos del dispositivo; si se añadiesen más elementos, podría ser, por ejemplo, un «tetrodo» o un «pentodo». En línea con esta terminología, se puede denominar «diodo semiconductor» a un rectificador de contacto de un único punto.
>
> *Triodo de estado superficial*. Este nombre es de la misma clase del anterior; es descriptivo, pero no es corto.
>
> *Triodo cristalino*. La objeción a este nombre es que el término «cristalino» se asocia habitualmente con los tipos piezoeléctricos.
>
> *Triodo sólido*. Tiene la ventaja de la brevedad y es descriptivo en el sentido de que se puede explicar el dispositivo con la física del estado

15. En español también se han utilizado otros nombres, como «transistor de punto de contacto».
16. Disponible online en la página *How the transistor got its name*.

> sólido, y también de que el elemento activo es un sólido en lugar de los tubos de vacío o rellenos de un gas. Sin embargo, la palabra «sólido» normalmente también significa robusto, masivo, áspero o fuerte, términos que son contradictorios con las actuales características físicas de la unidad.
>
> *Iotatrón*. Este término transmite satisfactoriamente el sentido de un elemento pequeño, en contraste con el nombre anterior. Sin embargo, a la vista de los muchos dispositivos de vacío, o rellenos de gas, tales como «tiratrones», «dinatrones», «transistrones», etc., carece de la propiedad distintiva que le diferenciaría de tales dispositivos.
>
> *Transistor*. Este es una combinación abreviada de las palabras «transconductancia» o «transferencia» y «variador». Desde el punto de vista de la lógica, el dispositivo pertenece a la familia de los «variadores» y posee la transconductancia o impedancia de transferencia de un dispositivo que tiene ganancia, de forma que esta combinación es descriptiva.

Tras presentar estas posibilidades, el comité añadía los siguientes comentarios:

> Adoptar un término general (*transistor*, por ejemplo) para toda la clase de dispositivos semiconductores, tendría el considerable mérito de proporcionar términos descriptivos adicionales para subclases particulares. Como ilustración, podría haber algún día un «transistor 120B», que fuese un «triodo de germanio», y un «transistor 196A», que fuese un «diodo de silicio», etc. Un tetrodo de germanio ya ha sido explorado con cierta promesa y es posible que según pase el tiempo aparezcan muchas otras variaciones.
>
> A la vista de estas consideraciones, la recomendación del comité es que el dispositivo particular con el que hemos trabajado hasta ahora, esto es, el bloque de germanio con dos puntos de contacto, se denomine *triodo de germanio*.

Los encuestados pensaron otra cosa y el nombre que se impuso fue el de *transistor*.

El 30 de junio de 1948, los Laboratorios Bell decidieron anunciar el invento a la prensa. Una semana antes, Shockley pidió al editor de *Physical Review*, John Tate, que publicase a la mayor rapidez tres breves artículos que le envió. Este aceptó y se determinó que los textos aparecerían en el número del 15 de julio, un tiempo récord para la revista. Los dos primeros («The transistor: A semi-conductor triode», en el que Bardeen y Brattain [1948] describían su invento, y «Nature of the forward current in Germanium point contacts», en el que Brattain y Bardeen [1948] explicaban el funcionamiento del dispositivo) aún se consideran unos clásicos, junto a otro que apareció al año siguiente, Bardeen y Brattain (1949). En cambio, el tercero, de Shockley y Gerald Pearson (1948), basado en los experimentos del efecto campo que este último había llevado a cabo, era más prescindible.[17]

El anuncio público del día 30 se realizó en el auditorio de la sede de la empresa en Nueva York (West Street). En su discurso de presentación, Ralph Bown, director de investigación de los Laboratorios Bell, manifestó (Riordan y Hoddeson 1997: 164):

> Lo hemos denominado transistor, T-R-A-N-S-I-S-T-O-R, porque es un resistor o dispositivo semiconductor que puede amplificar señales eléctricas cuando son transferidas de una terminal de entrada a otra de salida. Es, si lo desean, el equivalente eléctrico de un tubo amplificador de vacío. Pero ahí se termina la similitud. No tiene vacío, ni filamento, ni tubo de cristal. Está formado completamente de sustancias frías y sólidas.
>
> Este objeto cilíndrico que estoy sosteniendo es un transistor. Aunque es una cosa «bastante pequeña» puede (hasta una potencia de salida de alrededor de cien milivatios y una frecuencia de unos diez megaciclos) hacer exactamente lo mismo que un tubo de vacío, y algunas cosas únicas que el tubo de vacío no puede conseguir.

A continuación, Bardeen, Brattain y Shockley explicaron brevemente sus contribuciones, para después dejar paso de nuevo a Bown, que comenzó con las demostraciones. Al contrario de lo que se esperaba, la repercusión del anuncio fue escasa. *The New York Times* dio

17. Merece la pena citar el comienzo del artículo de Bardeen y Brattain (1948: 230): «Se describe un dispositivo electrónico de tres elementos que utiliza un nuevo principio descubierto y que utiliza un semiconductor como el elemento básico. Puede ser empleado como amplificador, oscilador y para otros propósitos para los que se utilizan normalmente tubos de vacío. El dispositivo está formado por tres electrodos colocados en un bloque de germanio. Dos, llamados el emisor y el colector, son del tipo de rectificador de contacto y están situados muy cerca (separación ~ .005 a .025 cm) de la superficie superior. El tercero es una baja resistencia de contacto sobre la base de área amplia».

la noticia el 1 de julio, en su columna habitual «News of the Radio», en la página 46 (Eckert y Schubert 1991: 274-276):

> Un nuevo aparato llamado transistor, con diversas aplicaciones en radio sustituyendo a las válvulas de vacío, fue presentado ayer por primera vez en los Laboratorios Bell de West Street 463. [...] Esa pieza se presentó incorporada a una radio que no contenía ninguna de las válvulas habituales hasta ahora. También se presentó incorporado a un sistema telefónico y a otro de televisión, controlado a través de un receptor instalado en un sótano del edificio. En todos estos casos, el transistor ha sido empleado como amplificador, si bien se asegura que también puede utilizarse como oscilador, al producir y emitir ondas de radio.
>
> Con el aspecto de un pequeño cilindro de metal de aproximadamente 1,5 cm. de longitud, el transistor no tiene vacío, rejillas, placa, ni envoltura de cristal para protegerlo del aire. Funciona al instante y no precisa un período de calentamiento, ya que no se desarrolla calor alguno como sucede en las válvulas. Las partes activas de esta pieza consisten solo en dos filamentos delgados que discurren sobre un cuerpo de material semiconductor del tamaño de una cabeza de alfiler, conectado a una base de metal. La sustancia del soporte de metal amplifica la corriente inducida por una de las puntas y la otra transmite la corriente así amplificada.

Como es fácil suponer, la relación entre Bardeen y Brattain, por un lado, y Shockley, por otro, se deterioró de manera irreparable. Aun así, al menos en una ocasión compartieron un escenario: fue en 1956, cuando los tres compartieron el premio Nobel de Física, «por sus investigaciones en semiconductores y el descubrimiento del efecto transistor». Cabe destacar que esta fue la primera de las dos ocasiones en que Bardeen ganó este galardón (el segundo lo obtuvo por la superconductividad).

Riordan, Hoddeson y Herring (1999: S340) han explicado que «durante las semanas que siguieron a la invención del transistor de contacto, Shockley se vio embargado por emociones encontradas. Aunque reconocía que el invento de Bardeen y Brattain había sido un magnífico "regalo de Navidades" para los Laboratorios Bell, le molestaba no haber desempeñado un papel directo en esa obvia innovación rompedora. "Mi alegría por el éxito del grupo fue atemperada por no ser uno de los inventores —recordó un cuarto de siglo después [Shockley 1976]—. Experimenté frustración de que mis esfuerzos personales, que habían comenzado ocho años antes, no hubiesen producido una inventiva significativa de mi parte"». Sin embargo, en lugar de desanimarse y abandonar por completo este campo, volvió a él con energía (durante los meses precedentes había trabajado en la teoría de dislocaciones en sólidos). Esa idea condujo en última instancia (Shockley 1947, 1948) al transistor de unión (también denominado «transistor bipolar»), un dispositivo formado por tres áreas diferentes de materiales semiconductores dopados, separadas por dos uniones p-n. Básicamente, este componente electrónico, de tipo n-p-n, funciona como amplificador de la manera siguiente: se coloca una delgada capa p entre dos regiones n, a modo de sándwich. Una de ellas está muy dopada y es el «emisor», mientras que la otra lo está menos y es el «colector». Entre ambas, se sitúa la estrecha zona p, que es la «base». Si la interfaz base-emisor se polariza en directa y la base-colector en inversa, los huecos de la base llegan al emisor y los electrones del emisor llegan a la base. Aquí, una pequeña cantidad de cargas negativas se recombina con otras positivas, pero la mayoría siguen su camino. De esta forma, se origina un flujo notable de corriente, que atraviesa todo el dispositivo. En la segunda unión, el voltaje aplicado al contacto solo permite una pequeña intensidad inversa. Al variar la polaridad de ese potencial, puede activarse o desactivarse el conjunto.

La primera demostración de un componente de esta clase que funcionaba de manera satisfactoria se realizó el 20 de abril de 1950 y no fue pública, sino dirigida solo a los directivos de los Laboratorios Bell. El anuncio en prensa tardó más de un año en llegar, ya que hubo que perfeccionar el nuevo dispositivo. El 4 de julio de 1951 (un día muy significativo para los estadounidenses), de nuevo en el auditorio neoyorquino de West Street, como se había hecho tres años antes, se presentó a los medios el transistor de unión de Shockley. Ese mismo mes, *Physical Review* publicó un artículo de Shockley, Morgan Sparks y Gordon Teal (1951) con detalles técnicos sobre el invento.[18]

18. Sparks y Teal eran fisicoquímicos en los Laboratorios Bell y mejoraron las técnicas de crecimiento y producción de cristales de germanio dopados. Con anterioridad a la presentación, Shockley publicó un largo memorándum en la revista de la empresa, *Bell System Technical Journal*, en el que pasaba revista al campo de los transistores y avanzaba ideas que tenían que ver con el nuevo dispositivo que entonces se desarrollaba (Shockley 1949). No obstante, antes apareció otro texto que

Este superó con creces al transistor de contacto. Amplificaba señales un millón de veces o más y consumía muy poca energía (podía funcionar con una décima de voltio). Esto significaba que el calor emitido no constituía un problema, un detalle fundamental para las aplicaciones prácticas, como en el entonces emergente campo de la informática, que necesitaba miles de válvulas de vacío o transistores en sus circuitos.

El interés del Ejército en estos nuevos dispositivos fue evidente. Basta considerar que, de los 22,5 millones de dólares gastados por los Laboratorios Bell entre 1948 y 1957 en el desarrollo de esta tecnología, el 38 % procedió de las Fuerzas Armadas (Misa 1987: 273).[19] Los motivos son claros: el pequeño tamaño y escaso consumo energético de estos componentes encajaba a la perfección con el programa de miniaturización de equipos bélicos, que comenzó a principios de la década de 1950. Entre 1955 y 1961, el Departamento de Defensa invirtió 66 millones de dólares en programas para desarrollar las posibilidades del transistor: entre el 35 y el 50 % de toda la producción anual de semiconductores en Estados Unidos se destinó a uso militar de 1955 a 1963 (Braun y Macdonald 1982: 80). A esto hay que añadir la decisión del presidente Kennedy de establecer en 1961 un programa espacial intensivo, con el propósito de «poner un hombre en la Luna» hacia 1970. Dada la limitada potencia de los cohetes disponibles en la época, el peso debía reducirse al mínimo, lo que significó que toda la electrónica tuvo que ser construida de nuevo alrededor de estos minúsculos componentes (Orton 2004: 97). En uno de los artículos aparecido en un voluminoso número de la revista del Instituto de Ingenieros en Radio de Estados Unidos, publicado en mayo de 1962 y dedicado a celebrar el medio siglo de existencia de la institución, Simon Ramo (1962: 12-37), un ingeniero de Thompson Ramo Wooldridge Inc. de Los Ángeles, reconocía y explicaba esa conexión con las Fuerzas Armadas:

> En las últimas dos décadas, la influencia más importante en la profesión e industria electrónica ha sido el desarrollo y producción patrocina-

---

se convirtió en un clásico de la literatura electrónica: se trata del libro de Shockley (1950) *Electrons and Holes in Semiconductors, with Applications to Semiconductors*.

19. En ese período, Laboratorios Bell se gastó 12,5 millones de sus propios fondos en investigación física, química y metalúrgica en áreas relacionadas con los semiconductores.

do por el gobierno. En años más recientes, los campos de los misiles guiados y la tecnología espacial se han convertido en las áreas más destacadas patrocinadas por los militares o las agencias gubernamentales surgidas en tiempos de paz. Es difícil que una organización que trabaje en el campo de la electrónica permanezca ajena, directa o indirectamente, a los programas nacionales espaciales o de misiles guiados.

Esto es particularmente cierto en todo lo que es nuevo. Los requisitos espaciales o de los misiles han empujado el arte tan velozmente, y la obsolescencia tecnológica ha sido tan rápida, que ha impedido que se alcance una base de productos estabilizados. El factor de novedad ha sido tan dominante que una gran parte de toda la industria electrónica parece haberse transformado, pasando de actividades de producción, para las que se habían fundado muchos de los grupos, a operaciones de investigación y desarrollo.

3. La revolución de los circuitos integrados

Pese a lo que se pueda pensar hoy, al echar la vista atrás desde un mundo en que los circuitos son omnipresentes, lo cierto es que en sus inicios el transistor fue considerado sobre todo un buen sustituto de las válvulas de vacío. Ni siquiera tuvo demasiado éxito en este empeño, ya que empresas como RCA, General Electric, Sylvania o Philco (Philadelfia Storage Battery Company) no dejaron de utilizarlas: su venta no alcanzó el pico hasta 1957 y no mostró un declive pronunciado hasta finales de la década de 1960. Como señalé con anterioridad, fueron las Fuerzas Armadas estadounidenses, con el programa de miniaturización de equipos militares, las que salvaron en un primer momento al transistor.

No obstante, la industria acabó por responder y en 1954 se desarrollaron dispositivos de silicio, los cuales podían funcionar a temperaturas mucho más elevadas que los primeros diseños, basados en el germanio. El nuevo elemento fue el preferido para la aviación y para los misiles teledirigidos, a pesar de que era mucho más caro. En todo caso, las posibilidades que ofrecían este componente electrónico y los materiales semiconductores terminaron por hacerse evidentes para el mundo empresarial.[20] Para firmas emprendedoras, por supuesto, pero también para algunos científicos inmersos en un entor-

20. Entre 1950 y 1960, las ventas anuales de los productos electrónicos destina-

no en que el dinero y los negocios representaban un valor en sí mismos, no solo en el aspecto material, sino también en el cultural. De este modo, muchos investigadores decidieron traspasar las fronteras del ámbito académico de una manera mucho más radical de lo que lo habían hecho cuando aceptaron trabajar en instalaciones industriales, como podían ser los Laboratorios Bell. Esto es, se convirtieron ellos mismos en empresarios. Tal fue el origen del célebre Silicon Valley, situado el sudeste de San Francisco. En su constitución desempeñaron papeles centrales Frederick Terman, catedrático y director de la Escuela de Ingeniería de la cercana Universidad de Stanford, y William Shockley, que abandonó los Laboratorios Bell de Nueva Jersey en busca de horizontes más lucrativos (en 1955 fundó, en lo que entonces no eran más que los alrededores de la bahía de San Francisco, su propia firma: Shockley Semiconductor Laboratory). Como es bien sabido, el crecimiento de Silicon Valley durante las décadas de 1960 y 1970 fue extraordinario y constituyó el símbolo de una «nueva alianza» entre ciencia e industria.

Un momento especialmente importante para la «aplicación civil» del transistor se produjo en torno a 1960, cuando se introdujeron técnicas planares en su fabricación. Estas partían de una oblea de semiconductor (germanio o silicio) y permitían construir los componentes necesarios y al mismo tiempo conectarlos entre sí, ya fueran transistores, resistores o capacitores. Estos procesos abrieron el camino a la creación posterior de los chips. De esa manera, se consiguió no tener que unir a un circuito los componentes específicos; se logró, en definitiva, producir circuitos integrados, en los que sus diferentes integrantes podían fabricarse sobre una misma oblea de material semiconductor.

Algunas empresas que desarrollaron esta tecnología fueron Texas Instruments, dedicada a la geofísica, pero que en 1952 decidió que el futuro estaba en los transistores y en la miniaturización de componentes electrónicos, y Fairchild Semiconductor, creada en 1957 por un grupo de ocho científicos disidentes de la firma de Shockley y dedicada a fabricar dispositivos de silicio. Ninguna tenía relación con el sector de las telecomunicaciones y por ello buscaron nuevos ámbitos a los que llevar sus novedosos productos. Entre estos estaban las calculadoras, un área en la que Texas Instruments desempe-

---

dos al público no aumentaron, mientras que las de aquellos que tenían utilidad militar crecieron un 650 % (en dólares).

ñó (al igual que IBM) un papel dominante durante algún tiempo. Hasta ese momento las máquinas de calcular disponibles eran gigantescos tinglados de componentes electrónicos. Así era ENIAC, que tenía, como ya indiqué, 18.000 tubos de vacío y miles de resistencias y de condensadores unidos por kilómetros de cables, pesaba 27 toneladas y consumía 174 kilovatios, por lo que generaba una enorme cantidad de calor. Podemos considerarlo el paradigma de la primera generación de ordenadores, mientras que la segunda llegó en la década de 1950 con los nuevos inventos. Así, el TRADIC (acrónimo de *Transistorized Digital Computer*), construido en 1955 por los Laboratorios Bell para la Fuerza Aérea estadounidense, utilizaba setecientos transistores y podía competir en velocidad con ENIAC, aunque consumía poco más de la mitad de energía que este.

Entre los protagonistas de la «revolución de los circuitos integrados» destacan dos: Jack Kilby (1923-2005) y Robert Noyce (1927-1990).[21]

Kilby entró a trabajar en Texas Instruments en mayo de 1958. Pronto se preguntó qué pasaría si en lugar de tomar diferentes componentes y unirlos para formar un circuito, este se hiciese directamente sobre un material semiconductor. En agosto de 1958, mostró su invento a los directivos de la empresa y fabricó un oscilador en un pequeño trozo de germanio. Generó los componentes mediante ataque químico y los unió con delgados hilos de oro. Conectó el resultado a un osciloscopio y, tras activar un conmutador, apareció en la pantalla una onda senoidal. Así demostró que había construido un oscilador de cambio de fase, a partir de ese trocito de material semiconductor, es decir, que los circuitos integrados eran factibles. El 6 de febrero de 1959, solicitó varias patentes del producto. En los documentos indicó que era capaz de fabricar resistores, capacitores y amplificadores en una única pieza, con tan solo añadir terminales a una pequeña barra semiconductora y formar uniones p-n en determinados puntos de esta. En definitiva, que podía obtener un circuito integrado. En realidad, este no era monolítico, porque tenía conexiones externas de hilo de oro, y eso dificultaba su producción industrial.

El otro gran protagonista de esta historia es Noyce, conocido a veces como el «alcalde de Silicon Valley». Este empezó cofundando

21. Las aportaciones de Kilby y Noyce se tratan en Reid (2001). Véase, asimismo, Lécuyer (2006). Sobre Fairchild, véanse Lécuyer y Brock (2010) y Riordan y Hoddeson (1997).

en 1957 Fairchild Semiconductor, en la que trabajaba en ese momento. Ese mismo año, Jean Hoerni (1924-1997) desarrolló en los laboratorios de esta empresa las técnicas fundamentales (proceso «planar») para la fabricación de un microchip parecido al de Kilby: un circuito integrado basado en una oblea de silicio, no de germanio, y con una capa protectora de dióxido de silicio. Hoerni patentó esta tecnología en 1959, pero Noyce reelaboró su trabajo y depositó una lámina metálica (de aluminio) sobre la estructura básica. De este modo, conectó los diversos componentes en la oblea de silicio y consiguió el primer circuito integrado monolítico, que era, además, bastante más robusto. Construyó su invento en 1958, pero no solicitó la patente hasta el 30 de julio de 1959. Es decir, su solicitud era posterior a la de Kilby. En 1961, Fairchild Semiconductor produjo comercialmente los primeros microchips, o simplemente chips (esta es una antigua palabra inglesa, que quiere decir «pequeño, y especialmente delgado, trozo de madera, piedra u otro material, separado al labrarlo, cortarlo o romperlo»). La NASA, con su programa Apolo, fue uno de los mayores consumidores de circuitos integrados hasta 1965.

En 1968, Noyce dejó su anterior empresa y fundó Intel junto a Gordon Moore (1929-2023), con el propósito de construir circuitos lógicos mediante el empleo de dispositivos semiconductores. En esta firma, Ted Hoff (n. 1937), un joven ingeniero electrónico, tuvo la idea de crear un «procesador universal», que evitase tener que utilizar un chip para cada función de una calculadora (hacer el cómputo, controlar el teclado, etc.). Federico Faggin materializó esta creación dos años más tarde, en 1970, cuando diseñó el primer «microprocesador» comercial, que inauguró la revolución microelectrónica. Este Moore, por cierto, enunció la conocida ley que lleva su nombre, en un artículo publicado el 19 de abril de 1965 en la revista *Electronics*. En este texto vaticinó que el número de transistores en un circuito integrado se duplicaría cada 18-24 meses. Su predicción resultó básicamente cierta hasta el año 2000. Así es como lo escribió (Moore 1965):[22]

> La complejidad de los componentes de costo mínimo ha aumentado al ritmo de aproximadamente un factor de dos por año. Ciertamente, se

22. He utilizado la reimpresión de este artículo publicada en *Proceedings of the IEEE 86*, 82-85 (enero de 1998); cita en p. 83.

espera que a corto plazo este ritmo continúe, si no es que aumente. A largo plazo el ritmo de crecimiento es un poco más incierto, aunque existen razones para pensar que durante al menos diez años no permanecerá constante. Esto significa que hacia 1975 el número de componentes de coste mínimo por circuito integrado será de 65.000.

En este mismo artículo, Moore ofreció una buena visión de conjunto de la situación en que se encontraba la que él denominó «electrónica integrada», esto es, aquella que utilizaba circuitos integrados, así como las perspectivas futuras de este campo a corto y medio plazo:[23]

El futuro de la electrónica integrada es el futuro de la propia electrónica. Las ventajas de la integración acarrearán una proliferación de la electrónica, empujando esa ciencia a muchas áreas nuevas.

Los circuitos integrados conducirán a maravillas tales como computadoras caseras (o al menos terminales conectadas con una computadora central), controles automáticos para automóviles y equipos personales de comunicación portables [...].

Pero el potencial mayor reside en la producción de grandes sistemas. En comunicaciones telefónicas, circuitos integrados en filtros digitales separarán canales en múltiples equipos. Circuitos integrados también servirán como conmutadores en circuitos telefónicos y procesarán datos.

Las computadoras serán más poderosas y se organizarán de formas completamente diferentes. Por ejemplo, las memorias construidas con electrónica integrada pueden ser distribuidas a lo largo de una máquina en lugar de estar concentradas en una unidad central. En adición, la fiabilidad mejorada que hará posible los circuitos integrados permitirá construir unidades de procesamiento más grandes. Máquinas similares a las que existen hoy se podrán fabricar con menores costes y más rápidamente [...].

La electrónica integrada ya está establecida. Sus técnicas son casi obligatorias para los nuevos sistemas militares, ya que la fiabilidad, tamaño y peso que requieren algunos de ellos se consigue únicamente con integración [esto es, sistemas integrados]. Programas tales como el Apo-

23. *Ibid.*, 82-83.

lo, para vuelos tripulados a la Luna, han demostrado la fiabilidad de la electrónica integrada [...].

Muchas empresas en el campo comercial de las computadoras están diseñando máquinas, o las tienen en los primeros estadios de producción, que emplean electrónica integrada. Estas máquinas cuestan menos y funcionan mejor que las que utilizan electrónica «convencional» [...].

La utilización de circuitería integrada lineal está todavía restringida a lo militar. Esas funciones integradas son caras y no están a disposición en la variedad que se requiere para satisfacer una parte importante de la electrónica lineal. Pero las primeras aplicaciones están comenzando a aparecer en la electrónica comercial, en particular en equipos que necesitan amplificadores de baja frecuencia de pequeño tamaño [...].

Es probable que el silicio continúe siendo el material básico, aunque otros serán útiles para aplicaciones específicas. Por ejemplo, el arseniuro de galio será importante para funciones integradas de microondas. Pero el silicio predominará a bajas frecuencias debido a la tecnología que ya se ha desarrollado en torno a él, a su óxido, y porque es un material de partida abundante y relativamente barato.

No obstante, en abril de 2005 el propio Moore comprendió que este crecimiento exponencial no podía continuar para siempre y que la miniaturización alcanzaría pronto los límites atómicos. También señaló que la industria, dada la gran reducción lograda en los costes de fabricación de los microprocesadores, ya se dedicaba más a ampliar las aplicaciones de los circuitos integrados que a aumentar su potencia. Este cambio en la orientación empresarial ha venido acompañado de problemas de obsolescencia de los muy variados equipos y objetos de uso cotidiano que utilizan tecnología digital. En la actualidad, millones de aparatos son desechados cada año y reemplazados por otros más novedosos, lo que genera enormes cantidades de contaminación.

Nótese lo que Moore dijo en uno de los párrafos de la cita anterior, con respecto a la importancia que «lo militar» tuvo para el desarrollo de esta nueva tecnología. A comienzos de la década de 1960, los encargos del Ejército permitieron que empresas ya establecidas en el mundo de la electrónica, como RAC o Fairchild, y nuevas como Intel, refinaran sus productos, aumentaran la densidad de componentes y, sobre todo, redujeran los costes de fabricación. En 1962, los diseñadores del Minuteman II, la segunda generación de misiles balísticos intercontinentales, optaron por utilizar chips en sus circuitos. Esta decisión generó, durante los siguientes tres años, contratos con firmas del campo de la electrónica por valor de 24 millones de dólares. Poco después, Texas Instruments vendía cuatro mil microchips mensuales al programa Minuteman. Este utilizó también los servicios de Fairchild, que consiguió encargos importantes. La Marina no se quedó atrás e incorporó este tipo de tecnología en los primeros proyectiles nucleares lanzados desde submarinos. A mediados de la década de 1960, se los podía encontrar instalados en una gran variedad de instrumentos militares. Dada la naturaleza de los objetivos castrenses, en los que la reducción de tamaño y peso era primordial, la NASA no se pudo quedar al margen. El 27 de noviembre de 1963 —año en el que se vendieron alrededor de medio millón de chips (al año siguiente se cuadruplicaron las ventas, un ritmo que se mantuvo en el tiempo)—, la agencia espacial lanzó desde Cabo Cañaveral el primer satélite de la serie IMP (siglas en inglés de Plataforma de Vigilancia Interplanetaria), destinado a estudiar el plasma y el campo magnético entre los planetas. Este fue el primer vehículo espacial que utilizó electrónica integrada. Esta entró enseguida a formar parte del programa Apolo, con el Ordenador de Guiado Apolo.[24]

En 1964, Fairchild, por entonces el principal suministrador de circuitos integrados a los cohetes de la agencia, anunció la primera línea de productos de este tipo dirigidos sobre todo a estimular el mercado civil. Herbert Kleiman ha argumentado que la probabilidad de que la empresa tomara esta iniciativa, sin contar con la aprobación de la NASA, el principal cliente de sus productos más caros, es muy remota. En otras palabras, la carrera espacial aceleró la conversión de los circuitos integrados en una mercancía de uso generalizado.[25] El caso es que en 1968 se fabricaron cincuenta veces más chips que cinco años antes.

Otro hecho a tener en cuenta cuando se analiza la adopción de los transistores por el mundo civil, es que los elementos de conmutación empleados en la electrónica anterior, como válvulas o tubos de vacío, eran relativamente caros. La fabricación de aparatos de radio y televisión no presentaba grandes dificultades en lo que a esto se refie-

24. Para el papel de la NASA, véase Butrica (2015; 149).
25. Kleiman (1966: 210–211).

re. En la década de 1950, una radio, por ejemplo, utilizaba dos o tres docenas de capacitores, que eran comparativamente baratos, pero solo dos o tres transistores. La situación era parecida en lo que atañe a los primeros televisores. No obstante, con el tiempo los circuitos integrados también cambiaron esto, pues los componentes convencionales, como los resistores, consumían mucha energía, ocupaban mucho espacio y eran mucho más caros. Al reducirse los precios de producción, la nueva tecnología penetró cada vez más en el ámbito civil: primero, con el empleo de ordenadores en la Administración, y luego en bancos o empresas de seguros. Según un informe del Congreso de Estados Unidos, en junio de 1960 el Gobierno Federal utilizaba en sus oficinas 524 computadoras, destinadas al procesamiento electrónico de datos, lo que representaba el 20 % del total de estos aparatos vendidos en el país hasta finales de 1959.[26] Solo el Departamento del Censo utilizaba seis grandes máquinas para este fin. Ello le permitió elaborar el censo de 1960 con una plantilla de cuatro mil personas, lo que representaba el 45 % de las empleadas la década anterior, a pesar de que la población había aumentado un 20 %. Además, publicó los resultados mucho más rápidamente. La Agencia de la Tercera Edad y de Seguros de Viudedad, una rama de la Tesorería de la Seguridad Social, instaló terminales de IBM en 1956, para registrar los datos de los ingresos y de las contribuciones de sus afiliados. Durante el período en que los ordenadores eran demasiado caros y grandes, pero imprescindibles para las empresas que manejaban mucha información, IBM y RCA alquilaban sus centros de cálculo, provistos de máquinas transistorizadas, capaces de escribir y leer 33.000 caracteres por segundo en cintas magnéticas.

Otro avance importante tuvo lugar en 1967, cuando Jerry Merryman, James van Tassel y el ya mencionado Jack Kilby, trabajadores todos ellos de Texas Instruments, utilizaron los microchips para desarrollar la primera calculadora electrónica de bolsillo, la Pocketronic. Esta comenzó a comercializarse el 14 de abril de 1971 y, como ha señalado Reid (2001: 171-172), «para los estándares actuales, aquel primer modelo era un dinosaurio: era una calculadora con cuatro

26. *Report on the Use of Electronic Data-Processing Equipment in the Federal Government*, Cámara de Representantes, Comité para el Servicio Postal y la Administración, 86º Congreso, 2ª Sesión (Washington D. C. 1960), p. 61; citado en Machlup (1972: 311).

funciones (suma, resta, multiplicación y división), pesaba 1.130 gramos y costaba unos 150 dólares. Pero se vendió con locura».

Poco a poco, pero cada vez con mayor velocidad, las computadoras se hicieron más potentes, más rápidas, más pequeñas y más baratas.[27] Hasta llegar a mediados de la década de 1970, cuando aparecie-

27. En este sentido, nos adentramos en el campo de la miniaturización, inaugurado, en cierto sentido, por Richard Feynman. Este pronunció una conferencia titulada «There's plenty of room at the botton» en la reunión anual de la Sociedad Estadounidense de Física, celebrada el 29 de diciembre de 1959. En ella, Feynman (1960) alertó a los científicos sobre la posibilidad de trabajar en dimensiones mucho más reducidas de las habituales en esa época y del interés que esto podía tener. «Quiero describir un campo —comenzó— en el que se ha hecho poco, pero en el que en principio se puede hacer mucho. Este campo no es exactamente como otros, en tanto que no nos dirá mucho sobre física fundamental (en el sentido de "¿qué son las partículas desconocidas?"), pero que es más parecido a la física del estado sólido en el sentido de que puede decirnos mucho de gran interés sobre los extraños fenómenos que tienen lugar en situaciones complejas. Además, algo muy importante es que tendría un enorme número de aplicaciones técnicas. De lo que quiero hablar es del problema de manipular y controlar cosas en una escala pequeña.» Las escalas que consideraba Feymann llegaban a las atómicas: «No tengo miedo de considerar la cuestión final de si, en última instancia (en un futuro lejano), podremos manipular los átomos de la forma en que queramos, ¡los mismísimos átomos, todo el camino hasta ellos! Qué sucedería si pudiésemos manipularlos uno a uno de la manera que quisiésemos (dentro de lo razonable, por supuesto; no podemos colocarlos, por ejemplo, de forma que sean químicamente inestables)». Esto es lo que ha logrado la nanotecnología, una tecnociencia que forma parte de los fundamentos de la revolución de los materiales. Esta novedosa disciplina engloba cualquier rama de la tecnología o de la ciencia que investigue o haga uso de nuestra capacidad para controlar y manipular la materia a escalas comprendidas entre 1 y 100 nanómetros. Los avances logrados en este dominio han permitido fabricar nanomateriales y nanodispositivos, utilizados en ámbitos muy diversos. Por ejemplo, es posible emplear una disolución de partículas de oro de unos 35 nm de diámetro para localizar y detectar tumores en el cuerpo. Esto se debe a que hay una proteína en las células cancerígenas que reacciona con los anticuerpos adheridos a esas nanopartículas, lo que permite localizarlas. Del mismo modo, se pueden utilizar tubos de grafeno (un material bidimensional compuesto de átomos de carbono dispuestos según un patrón hexagonal), observados por primera vez en 1976 por Morinobu Endo y sobre los que llamó la atención en 1991 Sumio Ijima, para fabricar compuestos más resistentes que el acero y entre 6 y 10 veces más ligeros. Es seguro que tales estructuras revolucionarán la electricidad, la electrónica y la informática. Es evidente que para lograr estos descubrimientos fue necesario algo que Feynman también reclamó en su conferencia: mejores microscopios, ya que los electrónicos por entonces disponibles se quedaban cortos, con los que observar muestras a una escala tal que permitiese avanzar en el estudio de estas cuestiones. Dichos instru-

ron los ordenadores personales (conocidos como PC, del inglés *personal computer*). El paso de las enormes máquinas de cálculo a los terminales de sobremesa comenzó en 1975, cuando una empresa poco conocida de Nuevo México sacó a la venta (por casi cuatrocientos dólares) el Altair, un dispositivo que dio pie a una serie de innovaciones. Estas condujeron al lanzamiento de 1977 del Apple II, creado por Steve Jobs (1955-2011) y Stephen Wozniak (n. 1950). Un año antes, Bill Gates (n. 1955) había fundado Microsoft, empresa que acabó por dominar en buena medida el mundo de la informática, sobre todo, gracias a los desarrollos en el ámbito de los lenguajes de programación. En la década de 1980, este tipo de aparatos se extendió por los países desarrollados, donde eran utilizados para todo tipo de servicios. Uno de los modelos producidos en esa época fue el Commodore 64, lanzado en 1982 y acompañado por una gran variedad de videojuegos, del que se habían vendido 17 millones de unidades en 1994.

Para hacerse idea de la importancia y difusión del ordenador, basta con decir que la revista *Time* lo eligió como «personaje del año» en 1982. De hecho, y como es evidente que en este caso la elección no era un ser humano, por primera vez en la historia se pudo leer en la portada del semanario neoyorquino del 3 de enero de 1983: *MACHINE OF THE YEAR. The Computer Moves In.*. El editorial que justificaba esa decisión empezaba con la siguiente frase: «¿POR FAVOR, ALGUIEN PODRÍA DECIRME QUÉ PUEDE HACER UNA COMPUTADORA PERSONAL?». La intención irónica de la pregunta se veía resaltada por el color rojo brillante de las letras. El artículo no se limita a proporcionar una respuesta a este interrogante, sino que ofrece cientos de ellas. Un ordenador personal, dice, puede enviar cartas a la velocidad de la luz, diagnosticar a un caniche enfermo, preparar en minutos una póliza de seguros adaptada al cliente o comprobar recetas de cerveza. Abundaban los testimonios. Michael Lamb, de Tucson, diseñó un mecanismo para que su com-

---

mentos, superiores a los electrónicos, llegaron en 1981, gracias al trabajo de un grupo de físicos liderado por Gerd Binning y Heinrich Rohrer, empleados de los laboratorios de IBM en Zúrich. Se trata del microscopio de efecto túnel (un fenómeno netamente cuántico), capaz de tomar imágenes de superficies a nivel atómico. Por primera vez, se pudieron «ver» los átomos (el primer microscopio electrónico lo construyó Ernst Ruska en 1931, con la ayuda del ingeniero Max Knoll). A este instrumento le han seguido otros de diferentes clases, como el de fuerza atómica.

putadora pudiera controlar la anestesia durante una cirugía. El grupo de rock Earth, Wind and Fire utilizaba uno para hacer explotar bombas de humo durante sus conciertos. Y el reverendo Ron Jaenisch, de Sunnyvale, California, lo programó de manera que pudiera recitar toda la ceremonia de una boda.

El mundo digital pronto se convirtió en el reino de los terminales; de los CD-ROM (término procedente del inglés *compact disc-read only memory*); del módem (acrónimo de *modulator-demodulator*, un aparato que convierte las señales del ordenador en analógicas y viceversa, para poder transmitirlas por la red telefónica); de las memorias capaces de almacenar *bytes* (un número fijo de bits, 8 en la actualidad, como un octeto), *megabytes* (un millón de *bytes*), *gigabytes*, *terabytes*, etc.; del ASCII (siglas de *American Standard Code for Information Interchange*, un conjunto estándar de caracteres); de Telnet (procedente de *Teletype Network*); de internet: de buscadores web (entre los que destaca Google); y del email, los servidores, las redes sociales (Facebook, Twitter/X, WhatsApp…), la nubes, la fibra óptica (como sustituto de los cables de cobre) y la IA. Aunque no han desaparecido, los PC han sido sustituidos por generaciones de teléfonos móviles inteligentes con conexión a la red, pantalla táctil y la posibilidad de realizar muchas de las funciones del ordenador personal.

La importancia de los *smartphones* es difícil de exagerar. Basta con recordar que el *walkie-talkie* constituyó una de las grandes novedades de la segunda guerra mundial. Su éxito y su atractivo fueron tales que tras la contienda varias firmas intentaron introducir este tipo de comunicación inalámbrica en el mercado general. Por ejemplo, en 1946 ATT estableció un servicio público de radiotelefonía en Saint Louis (Estados Unidos). Utilizaba un único transmisor y ofrecía seis canales: alguien llamaba por radio al operador y este le conectaba con la persona con la que deseaba hablar. Tuvo tanta demanda que pronto quedó bloqueado y no podía expandirse sin congestionar las frecuencias disponibles. En 1947, la empresa dio con la solución: en lugar de utilizar un único transmisor, crearon un conjunto de emisores de baja potencia, cada uno situado en una zona acotada, una celda o «célula» (de ahí el término celular en «teléfonos móviles o celulares»). Al desplazarse el usuario del sistema, su llamada pasaba de una región a otra (los actuales repetidores), lo que permitía que más personas tuviesen acceso de manera simultánea a la red. Esta se estableció por primera vez en Chicago en 1978 y contaba con diez antenas, que comunicaban a dos mil usuarios. Al año siguiente, ya había ejemplos en Japón. Sin embargo, la tecnología era muy primitiva, muy cara y no existían estándares comunes, lo que complicaba mucho su difusión. La situación cambió en 1983, cuando se puso en marcha el primer sistema comercial de telefonía celular o móvil. Este se inauguró con una llamada efectuada desde Chicago a un nieto de Alexander Graham Bell, uno de los inventores (el más celebrado) del teléfono, que se encontraba en Alemania. Los aparatos pertenecían a la denominada segunda generación, que utilizaba ya señales digitales en lugar de analógicas. Los circuitos integrados fueron, por supuesto, una parte imprescindible de este desarrollo, de la creación de lo que terminó por ser un procedimiento universal de comunicación social. En 1990, existían unos 12,4 millones de teléfonos móviles (el 0,25 % de la población mundial en ese año). A finales de 2025, se estima que se alcanzarán los 18.000 millones de unidades, frente a algo más de 8.000 millones de habitantes.

La televisión también cambió y se adaptó al mundo digital. Así, las emisiones vía satélite comenzaron a finales de la década de 1990. La British Sky Broadcasting Ltd. (BSkyB) británica, por ejemplo, arrancó en 1998. Es evidente que el paso a esta nueva señal significó que los televisores antiguos se quedaron obsoletos. Esta es otra característica de las revoluciones tecnológicas, que tienen innegables consecuencias en los correspondientes mercados e industrias.

Las grabaciones musicales siguieron un camino parecido. En la década de 1980 el formato digital comenzó a sustituir al analógico y lo hizo con mucha rapidez. Los CD relegaron a los viejos discos de vinilo y acabaron por convertirlos en objetos para coleccionistas (los casetes ni siquiera sirvieron para eso, dada su limitada durabilidad sin degradar el sonido). Otro tanto se podría decir de las películas de cine (DVD, siglas de *Digital Versatile Disc*) o de la fotografía. Por supuesto, también de la radio (los programas digitales se envían en forma de códigos numéricos, con la ventaja frente a la tecnología previa de que la señal no se ve afectada por edificios u otros obstáculos, por lo que el sonido es mejor).

El mundo, en definitiva, ha cambiado de manera sustancial con el invento del transistor, un «hijo» de la física cuántica.

4. El máser y el láser

En el capítulo anterior, al igual que en este, ya comenté la importancia que para la física estadounidense tuvo el apoyo económico de las Fuerzas Armadas de ese país. Ese patrocinio se intensificó con el estallido de la guerra de Corea y, en general, con el inicio de la guerra fría. El presupuesto del Departamento de Defensa para I+D creció de manera desmesurada, hasta llegar a los 1.300 millones de dólares en 1951. Algunos científicos ayudaron a establecer un clima de colaboración con los militares. Así, en octubre de 1950, el físico Karl Compton, hermano del más famoso Arthur, director del MIT entre 1930 y 1948, año en que pasó a presidir la MIT Corporation, advirtió del riesgo de agresión y señaló que «Estados Unidos no puede llegar a los números [de soldados] de nuestros adversarios potenciales. [...] Nuestra principal fuente de superioridad militar reside en los desarrollos tecnológicos que multiplican la efectividad de lucha per cápita de nuestras fuerzas» (citado en Kevles 1990: 249-250). La financiación castrense se hizo tan importante que el presidente del Californian Institute of Technology declaró en 1953 que, para desempeñar su función de una manera adecuada, la Fundación Nacional de Ciencia (NSF, por sus siglas en inglés) debería tener un presupuesto diez veces superior al que tenía en ese momento. La NSF, dijo, es «totalmente incapaz de financiar grandes proyectos de investigación. [...] El Californian Institute of Technology, por ejemplo, iría a la quiebra si todas las fuentes de financiación de su investigación básica fuesen transferidas repentinamente a la NSF».

En este contexto surgieron, primero, el máser (siglas de *microwave amplification by stimulated emission of radiation*) y después el láser (de *light amplification by stimulated emission of radiation*). Aquel dispositivo opera con radiación en el rango de las microondas y con frecuencias más elevadas este. Sea como fuere, ambos generan ondas mediante un proceso que, en esencia, obedece al fenómeno de emisión estimulada. Este mecanismo fue propuesto por Einstein en 1916, pero su aplicación práctica no se logró hasta la década de 1950, gracias a los trabajos pioneros de Charles Townes (1915-2015).

Townes nació en Greenville (Carolina del Sur) se graduó (1935) en Física en la Universidad Furman de su ciudad natal y obtuvo el título de máster (1937) en la de Duke (Durham, Carolina del Norte). Completó su formación y doctorado (1939) en el Californian Institute of Technology, el mismo Caltech donde investigaban y enseñaban Millikan, Tolman, Pauling y, la mitad del año, Oppenheimer. Su tesis versó sobre la separación de formas estables del oxígeno, nitrógeno y carbono y la determinación de los espines nucleares de algunos de sus isótopos menos habituales.

En su libro autobiográfico, Townes (1999: 33-34) explicó lo que hizo una vez terminada su formación:

> En 1939, con mi doctorado reciente, me parecía absolutamente claro que lo ideal sería abrirme camino para lograr un puesto en una facultad de una buena universidad en la que pudiera enseñar e investigar.
>
> Desgraciadamente, no había muchos trabajos como este. Durante la Gran Depresión de la década de 1930, las universidades orientadas a la investigación prácticamente no estaban contratando a ningún físico nuevo. Algunos de los nuevos doctores estaban aceptando empleos en la industria del petróleo para hacer trabajos exploratorios, de campo. Era un puesto que implicaba poca investigación, pero al menos proporcionaba un sueldo. El trabajo incluía cavar agujeros en el campo para estudios de sismología. Bromeábamos que Ph.D. [siglas en inglés del título de doctorado] significaba *Post-hole Digger* [«excavador de post-agujeros»]. La mayoría de los que conseguían trabajos académicos tenían que establecerse en instituciones que no investigaban, incluyendo pequeñas universidades locales, que estaban contentas atrayendo a los doctorados de Caltech.
>
> Los Laboratorios Bell de ATT en Nueva York habían contratado a mi profesor, Dean Wooldridge, hacía tres años; me dijeron que había formado parte del pequeño grupo de geofísicos contratados allí desde la quiebra del mercado de valores de 1929. Mi tutor de investigación, profesor Smythe, dijo algunas buenas palabras en mi favor a la gente de Bell cuando visitaron Caltech con vistas a posibles reclutamientos, diciéndoles que era tan bueno como Wooldridge, que ya había producido una magnífica impresión en los Laboratorios Bell. Me pidieron que rellenase una solicitud. Lo hice, pero con poco entusiasmo.

A pesar de las dudas («¿Un laboratorio industrial? No estaba entusiasmado en absoluto en ayudar a que alguna compañía manufactura cosas o hiciera dinero»), terminó por aceptar la oferta:

> Entre las posibilidades de investigación en la industria, los Laboratorios Bell tenían una mejor reputación en física que cualquier otro lugar.

Sabía de importantes físicos como C. J. Davisson, Lester Germer, Herbert Ives y Harvey Fletcher, y de su sobresaliente trabajo en los Laboratorios Bell. Y así, con alguna reluctancia, pero con el sentimiento de un compromiso razonable, acepté el trabajo.

El dinero parecía bastante bueno: 3.016 dólares anuales. Tenía amigos que estaban aceptando trabajos en otras industrias o en puestos de enseñanza en la costa oeste por alrededor de 1.800 dólares y me dijeron que mi salario sería el más alto ofrecido a un físico nuevo de Caltech, al menos en los años recientes. No lo sabía, pero era el comienzo de una gran aventura encontrando problemas en física y de un intenso trabajo para la guerra, que alimentó mis habilidades y configuró mi carrera por caminos singulares y de valor incalculable.

Al incorporarse a los Laboratorios Bell en septiembre de 1939, Townes comenzó una «gran aventura» que le llevó a la invención del máser y del láser. Sin embargo, esta no se produjo mientras trabajaba para esta empresa, como en el caso de Bardeen, sino que sucedió gracias a las investigaciones que empezó allí.[28]

Townes permaneció en los Laboratorios Bell hasta 1947. No es sorprendente (recuérdese lo dicho anteriormente en este capítulo) que una de sus principales ocupaciones tuviera que ver con el desarrollo de radares con longitudes de ondas más pequeñas que los existentes. Cito de nuevo sus mcmorias (Townes 1999: 39-40):

Así, me sumergí en el trabajo del radar. Resultó ser un tiempo valioso para mí de dos maneras. Una fue directa y la otra indirecta. Los que trabajaban en los Laboratorios Bell, y también los del Radiation Laboratory del MIT, siguieron la invención británica de poderosos magnetrones, cuyas señales de pulsos hicieron posible el radar. Los estadounidenses se dedicaron entonces a obtener más potencia, longitudes de ondas más pequeñas, más precisión y mayor sensibilidad. Nuestro primer sistema de navegación para bombarderos utilizaba magnetrones de diez centímetros de longitud de onda. Pero los Laboratorios Bell y los militares estaban trabajando intensivamente con longitudes de onda todavía más cortas. El propósito era mejorar direccionalidad y sensibilidad a la vez que permitir antenas mucho más pequeñas, una cuestión

28. Sobre Townes, el máser y el láser, véanse Townes (1999), Seidel (1987), Bromberg (1991) y Forman (1992, 1996).

importante cuando se trataba de añadir un radar a un aeroplano. El fracaso de los militares para poner los sistemas de radares guía que habíamos desarrollado en los bombarderos constituía una constante frustración. Nuestro primer sistema funcionaba bien a diez centímetros y ellos decían que era buen logro, pero ¿qué tal hacer uno de tres centímetros? Cuando lo hicimos, nos dijeron que fuéramos a un sistema de 1,25 centímetros. Este constante desplazamiento de los objetivos significaba tal frustración que en un punto sentí que debía abandonar y convertirme tal vez en un ayudante técnico del general Joseph Stilwell, entonces operando en China, o ir a cualquier otro lugar en el que pudiera contribuir de manera directa.

Pero permanecí, y el proyecto del radar de 1,25 centímetros se convirtió en un importante episodio en mi desarrollo como físico.[29]

Todo esto le llevó a dedicarse a la espectroscopía de microondas (recordemos que la longitud de onda de estas va de un metro a un milímetro). En 1946, preparó un informe para los Laboratorios Bell en el que justificaba el interés de este intervalo. El primer párrafo decía lo siguiente (Townes 1999: 43-44): «El rango de microondas ha sido extendido ahora a longitudes de onda tan cortas que se solapa con una región rica en resonancias moleculares, donde la teoría mecánico-cuántica y las técnicas espectroscópicas pueden proporcionar ayudas a la ingeniería de radio. Las moléculas resonantes pueden proporcionar ciertos elementos para los circuitos de los futuros sistemas que utilicen ondas electromagnéticas más cortas que un centímetro». Nada de esto hace pensar que tuviera alguna intuición sobre el máser, pero lo cierto es que investigar en el campo de las microondas y de la resonancia molecular (como en el caso del amoniaco, el compuesto favorito de Townes) fue una excelente preparación para inventar el máser.

En enero de 1948, Townes cambió los Laboratorios Bell por un puesto de profesor asociado en la Facultad de Física de la Universidad de Columbia (su salario era de 6.000 dólares, algo menos que en la empresa privada, pero él quería trabajar en una institución docente). Aquí, obtuvo una cátedra en 1950 y permaneció en ella hasta 1961, cuando se trasladó al MIT. En 1967, se incorporó a la Universidad de California en Berkeley.

29. El problema con esta frecuencia es que las ondas son absorbidas por el vapor de agua, muy presente en la atmósfera.

En Columbia, Townes sustituyó a Norman Ramsey, que se marchó a Harvard. El decano de la facultad era Isidor Rabi, que ya había obtenido en 1944 el premio Nobel por sus trabajos sobre haces moleculares y atómicos. También estaban allí Willis Lamb, que se ocupaba, como vimos en el capítulo anterior, de la estructura fina del hidrógeno, y Polykarp Kusch, que investigaba los momentos magnéticos de átomos y núcleos. En los doce años que Townes permaneció en esta universidad, pasaron por la facultad, entre otros, T. D. Lee, Steven Weinberg, Leon Lederman, Jack Steinberger e Hideki Yukawa. Además, contó con estudiantes del nivel de Leon Cooper, Val Fitch y Arnold Penzias, cuya tesis doctoral dirigió.

En su nuevo empleo, Townes se dedicó en un primer momento a extender el rango de los radares a longitudes de onda cada vez más cortas. Esto respondía bien a los intereses de Columbia, cuyo Laboratorio de Radiación, creado durante la guerra, no dejó de funcionar al término de la contienda. Tras esta, la investigación se centró en problemas más básicos, lo que no fue óbice para el continuado apoyo económico de los militares. Rabi, el director del laboratorio, llegó pronto a un acuerdo con el Cuerpo de Señales del Ejército, por el que este se comprometía a proporcionar 250.000 dólares anuales para apoyar el trabajo en magnetrones de alta frecuencia y en componentes de generación de microondas relacionados.

El prestigio de Townes en estos campos bastó para que el comandante de la Marina Paul Johnson le propusiera presidir un comité asesor al respecto. Este organismo era parte de los proyectos de la Oficina de Investigación Naval (una de las principales fuentes de financiación para los físicos de la época) y tenía por misión evaluar y estimular la investigación en ondas de longitud milimétrica. Este dominio apenas había sido explorado, pues se solía estudiar el rango de los centímetros. Townes aceptó y formó un grupo de siete miembros procedentes de Stanford, del MIT, de los Laboratorios Bell y del Laboratorio Naval de Investigación.

Las reuniones de este equipo se celebraban de manera habitual en Washington D. C. y se programó una para el 26 de abril de 1951, coincidente con el encuentro de la Sociedad Estadounidense de Física. Entre los asistentes a este último se hallaba Arthur Schawlow, con quien Townes compartió habitación de hotel para ahorrar dinero (tiempo después se convirtió en su cuñado y en uno de los protagonistas de la invención del láser). Ese día se levantó temprano y tenía tiempo antes del inicio de la jornada, de modo que se sentó en el parque Franklin (Townes 1999: 55-56):

> Era un lugar muy tranquilo y bello, libre de distracciones. El problema [ondas milimétricas] vino una y otra vez a mi cabeza. «¿Cómo es que no hemos sido capaces de llegar a ninguna parte? ¿Qué es básicamente lo que nos impide hacerlo?», me preguntaba. Mi mente se remontó primero a los problemas prácticos de pequeños tubos de electrones u otros resonadores y a obtener suficiente energía por medio de ellos para conseguir que salieran señales decentes. [...]
>
> Los miembros del comité y yo sabíamos desde el principio que algunas moléculas producen absorciones y emisiones en energías milimétricas. Jugué con la idea de utilizar de alguna manera resonancias moleculares, que ya las proporcionaba la naturaleza, en lugar de hacer resonadores pequeños. Consideré los argumentos habituales sobre las razones por las que esto no funcionaría: que cualquier grupo de moléculas absorbería más energía de una fuente de intensidad moderadamente alta de la que emitiría. ¡Uno nunca ilumina o envía una señal a través de un gas, o de cualquier otra cosa, y espera que salga de él una señal más fuerte! Calentando un gas lo suficiente se puede hacer que radie a muchas longitudes de onda, pero para obtener suficiente energía en la región de las microondas como para que esta resulte útil, las moléculas tendrían que estar tan calientes que se desintegrarían en átomos individuales.

Entonces, se le ocurrió que si «de alguna manera se tuviera un grupo entero de moléculas excitadas, en principio no existiría límite a la energía que se podría obtener. Cuanto mayor fueran la densidad de átomos o moléculas excitadas y la distancia a través de la cual se mueven las ondas de radiación, más fotones se verían atrapados y más fuerte sería la energía».

No tardó demasiado en darse cuenta de que en el fondo de la cuestión se encontraba el fenómeno que Albert Einstein había descrito en 1916-1917: la emisión y absorción espontánea e inducida en niveles atómicos (véase *HFC-1*: cap. 9). En su autobiografía, Townes se refirió a este punto (Townes 1999: 60):

> En 1917, Einstein fue el primero en explicar cómo la radiación podía inducir, o estimular, todavía más radiación, cuando incide sobre un átomo o una molécula. El requisito es que la energía del fotón incidente, o

cuanto de radiación, sea aproximadamente igual a la energía que puede emitir un átomo (o una molécula) que está realizando una transición de un estado de energía mayor a uno menor. Por consiguiente, Einstein describía un proceso que daría energía a la radiación desencadenada. Nunca consideró la coherencia, pero estoy seguro de que, si se lo hubiera preguntado, Einstein habría concluido rápidamente que debe haber coherencia y que, si uno tuviera suficientes átomos en el apropiado estado superior, se obtendría amplificación neta. [...]

En Caltech, entre mis profesores más interesantes estaba Richard Tolman, un físico y químico que trabajaba tanto en relatividad general como en mecánica estadística. En 1924, analizó cuidadosamente la emisión estimulada y la absorción de radiación en un artículo en *Physical Review*, llamando a la emisión estimulada, «absorción negativa» (que es lo mismo que amplificación). Escribió, por ejemplo [Tolman 1924: 697]: «Surge la posibilidad, sin embargo, de que moléculas en un estado cuántico superior puedan volver al estado cuántico inferior de tal manera que refuercen el haz primario mediante "absorción negativa"».

Una vez entendido esto, lo que se necesitaba era construir un resonador adecuado (Townes 1999: 63): «Una nueva idea crítica, a la que llegué en el parque Franklin, fue utilizar una cavidad resonante de manera que la señal pasara repetidamente por el gas [moléculas de amoniaco, NH_3], rebotando una y otra vez, tomando energía cada vez. Este proceso proporcionaría una amplificación efectiva infinita, u oscilaciones limitadas en potencia solamente por la cantidad de excitación molecular que pudieran suministrar [las moléculas de amoniaco] y la habilidad del material [de la cavidad resonante] para resistir tanta energía pasando por él adelante y atrás».

En el otoño, Townes puso a trabajar en la idea (esto es, a intentar construir un máser) al investigador posdoctoral Herbert Zeiger y al doctorando James Gordon, que acababa de llegar del MIT, donde había estudiado los haces atómicos y moleculares. En abril de 1954, consiguieron poner en funcionamiento su invento: «Según continuaba el trabajo sobre el nuevo oscilador, comenté que necesitábamos un nombre para el nuevo dispositivo. Intentamos nombres latinos y griegos, pero parecían demasiado largos, de manera que nos decidimos por un acrónimo, basado en la descripción: *microwave amplification by stimulated emission of radiation*. Había nacido el primer máser» (Townes 1999: 66). Solo entonces el director del equipo se decidió a publicar lo que habían logrado. Lo hicieron en la sección de «Cartas al editor» de *Physical Review*. Su texto se tituló «Molecular microwave oscillator and new hyperfine structure in the microwave spectrum of NH_3» (Gordon, Zeiger y Townes 1954), una frase que no era muy transparente. Más claro fue el encabezamiento que eligieron para su siguiente memoria, más detallada, que dieron a la imprenta en 1955 cuando construyeron un segundo y perfeccionado máser, con el que demostraron la excepcional pureza (coherencia) de la frecuencia emitida: «The maser – New type of microwave amplifier, frequency standard, and spectrometer» (Gordon, Zeiger y Townes 1955).[30]

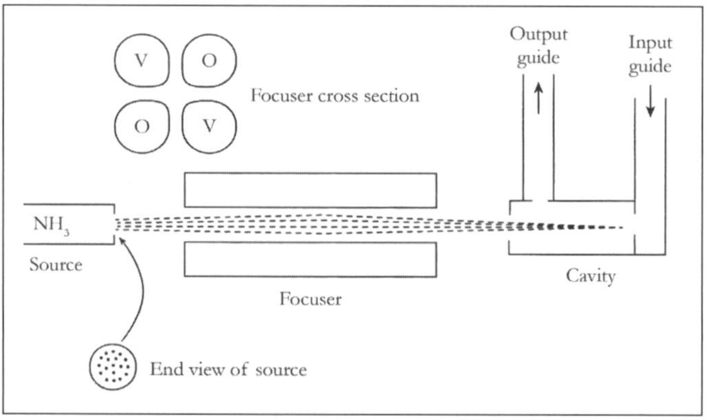

Esquema de las partes esenciales del máser, tal y como aparecía en Gordon, Zeiger y Townes (1955). Las tres secciones representadas son: la fuente, un contenedor con moléculas de amoniaco en el estado excitado; el focalizador, que recibía los dos estados de energía creados, pero que permitía el paso de uno solo; y la cavidad, en la que únicamente entraban las moléculas seleccionadas.

Sin que lo supieran los investigadores norteamericanos, Aleksandr Prokhorov (1916-2002) y Nikolay Basov (1922-2001), del Instituto Lébedev de Moscú, habían publicado en 1954 un artículo con la descripción de un haz de moléculas de un haluro alcalino (en con-

30. En los créditos, se señalaba que Gordon había presentado el artículo «como parte de los requisitos para obtener el grado de Doctor en Filosofía en la Universidad de Columbia». También que Zeiger estaba «en los Laboratorios de Bell Telephone Inc., Murray Hill, Nueva Jersey», donde se dedicó a la física del estado sólido.

creto fluoruro de calcio, CsF_2) que atravesaba una cavidad para producir un oscilador de microondas (Basov y Prokhorov 1954). Al contrario que Townes, los físicos rusos no tenían experiencia en el radar y se habían interesado en las microondas como un medio para trabajar en espectroscopía. El tema de la tesis de Prokhorov había sido sugerido por Vladimir Veskler, uno de los inventores del sincrotrón. Se trataba de estudiar la radiación de sincrotrón, esto es, las ondas electromagnéticas emitidas por los electrones al moverse en trayectorias curvas como, por ejemplo, las trazadas en un acelerador de partículas. Por su parte, la memoria doctoral de Basov, un estudiante de Prokkorov, terminó siendo el máser.

En 1964, Townes, Basov y Prokhorov recibieron el premio Nobel de Física por «su trabajo fundamental en el campo de la electrónica cuántica, que ha conducido a la construcción de osciladores y amplificadores basados en el principio del máser-láser». La mitad del galardón fue para el científico estadounidense y la otra parte fue compartida por los físicos rusos.

Parece que desde el principio Townes había pensado aplicar su idea a longitudes de onda menores, en el espectro visible, pero no pudo comenzar sus trabajos en este sentido antes del otoño de 1957. En esta ocasión colaboró con su cuñado, Arthur Schawlow (1921-1999), entonces empleado en los Laboratorios Bell. Al llegar la primavera de 1958, los investigadores ya sabían cómo construir un láser[31] y en agosto de ese mismo año presentaron la solicitud de patente (se les concedió en marzo de 1960). Denominaron a su invento «máser óptico», en referencia a que funcionaba con luz visible, en lugar de hacerlo en el rango de las microondas. Se trataba, obviamente, de lo que más tarde sería conocido como «láser». También publicaron un artículo en *Physical Review* (Schawlow y Townes 1958), cuyo «Resumen» decía:

> Se considera la extensión de las técnicas del máser a la región del infrarrojo y óptica. Se demuestra que utilizando una cavidad resonante de cen-

31. Nacido en Mount Vernon (Nueva York), cuando Schawlow tenía tres años su familia se instaló en Toronto (su madre era canadiense y su padre un inmigrante de origen judío de Riga), en cuya universidad estudió y se doctoró en 1949. Entre 1949 y 1951 fue miembro e investigador asociado la Universidad de Columbia. A continuación, se incorporó a los Laboratorios Bell, donde permaneció hasta 1961, año en que se convirtió en catedrático de Física en la Universidad de Stanford.

> tímetros de dimensión, que tiene muchos modos resonantes, se pueden conseguir oscilaciones de máser en estas longitudes de onda bombeando cantidades razonables de luz incoherente. Para longitudes de onda más pequeñas que las de la región ultravioleta, la amplificación de tipo máser parece ser poco práctica. Aunque se sugiere la utilización de una cavidad multimodal, se puede seleccionar un único modo haciendo que solo uno de los extremos de la pared de la cavidad sea altamente reflectante, y definiendo una pequeña apertura angular adecuada. Entonces se produce una luz coherente y monocromática. Los principios del diseño se ilustran con referencia a un sistema que utiliza vapor de potasio.

Los autores del escrito establecieron las bases teóricas del invento, pero fabricarlo no fue inmediato. El primer dispositivo de este tipo que funcionó en la práctica fue el que construyó entre mayo y junio de 1960 Theodore Maiman (1927-2007), que se había doctorado con Willis Lamb. Consiguió este logro mientras trabajaba en los laboratorios de investigación de la empresa Hughes Aircraft y para ello utilizó un cristal de rubí rosa. Maiman envió un texto a *Physical Review Letters*, pero se lo rechazaron, por lo que terminó por aparecer en *Nature* (Maiman 1960). En su autobiografía, Townes (1999: 105-106) explicó el motivo de esa decisión: *Physical Review Letters* «había sido acosada por informes sobre el máser y sus editores lo rechazaron sin evaluarlo, hecho que posteriormente lamentarían. Pensaron, erróneamente, que era una continuación de algo ya publicado, simplemente otro estudio del máser. Así que Ted [Maiman] lo envió a *Nature*, que aceptó una breve descripción de su histórico logro y lo publicó el 6 de agosto. [...] No hubo ninguna duda entonces de que había batido al resto del mundo con el primer láser». El responsable de esa política editorial era Samuel Goudsmit, codescubridor del espín. Este fundó la publicación en 1958 para facilitar la difusión (esto es, para mejorar la rapidez de su aparición) de los nuevos resultados. En 1959, Goudsmit anunció que ya no se recibirían más memorias sobre el máser, «salvo que contuvieran contribuciones significativas a la física básica». Además, se oponía a que un mismo autor firmase series de varios artículos y Maiman acababa de remitir uno sobre la fluorescencia del rubí.[32]

32. El camino que siguió Maiman para llegar al láser de rubí se explica en el capítulo dedicado a él («Theodore H. Maiman. The first laser») en Hecht (1992).

Para hacerse una idea de la carrera científica y comercial que tuvo lugar en el campo de los máseres y láseres, basta mencionar el hecho de que Hughes Aircraft, la empresa para la que trabajaba Maiman, se apresuró a convocar una rueda de prensa, el 7 de julio, para anunciar el descubrimiento. A ella asistió una nutrida representación de los medios de comunicación estadounidenses. Un detalle curioso es que la firma distribuyó imágenes del aparato, pero como el fotógrafo lo había encontrado demasiado pequeño para obtener una buena instantánea, había utilizado en su lugar una lámpara de destello modelo FT503, también construida por Maiman y de tamaño superior. Estas fotografías aparecieron en los periódicos y, comoquiera que esta era la única información disponible sobre el aspecto del dispositivo, muchos de los que deseaban duplicarlo compraron esas lámparas.

Poco después, en agosto, el grupo de Schawlow en los Laboratorios Bell consiguió construir un láser, también de rubí (Collins, Nelson, Schawlow, Bond, Garrret y Kaiser 1960).

En 1981, Schawlow y Nicolaas Bloembergen compartieron medio premio Nobel de Física «por sus contribuciones al desarrollo de la espectroscopía láser». La otra mitad fue para Kai Siebahn «por su contribución al desarrollo de la espectroscopía electrónica de alta resolución».

Si el máser fue bien recibido, el láser lo fue aún más, sobre todo por el Departamento de Defensa. A partir de la década de 1960, esta rama del Gobierno Federal ejerció un abundantísimo patrocinio de la investigación relacionada con las fuentes de luz coherente. La idea era utilizar esta radiación, intensa y muy direccional, como instrumento de detección, guía y localización, e, incluso, como arma en sí misma. Estos deseos alcanzaron un grado superlativo en la Iniciativa de Defensa Estratégica promovida por el presidente Ronald Reagan, con el apoyo y estímulo científico de Edward Teller. Tanto la Marina como la Fuerza Aérea y el Ejército de Tierra contaban con incorporar el láser a sus respectivos arsenales. Esto requería, obviamente, dispositivos de potencia, longitud de onda, eficacia y tamaño muy dispar, lo que significó, a su vez, que hubo que prestar gran atención a disciplinas como la ciencia de los materiales, la espectroscopía, la química y la física del estado sólido. La Oficina de Investigación Naval, por ejemplo, firmó contratos con IBM, para estudiar el mecanismo de emisión de luz en semiconductores, y con la Universidad del

Nordeste, para investigar el almacenamiento energético en diodos lumínicos. Los científicos del Centro de Investigaciones Watson de IBM se dedicaron a analizar los procesos de fabricación de cristales de arseniuro de galio tipo-n, dopados con silicio, germanio, selenio, telurio y estaño, proyectos sin los cuales no cabría pensar en gran parte de la actual microelectrónica y optoelectrónica. Y esto lo hicieron a instancias de una agencia militar.

Como he señalado, la electrónica y la electrónica cuántica y sus dispositivos penetraron en casi todos los resortes de las Fuerzas Armadas estadounidenses. En 1941, 45 fabricantes de equipos de radio alcanzaron una facturación de 240 millones de dólares. En 1944, la industria de la radio y el radar llegaba a los 4.500 millones de dólares.[33] En la posguerra, las empresas de electrónica no dejaron de crecer y lo hicieron a un ritmo cuatro o cinco veces superior a las de otros sectores. El volumen total de ventas se duplicó entre 1950 y 1960. A primera vista, se podría pensar que este gran incremento se debió sobre todo al auge de la televisión en Estados Unidos. Sin embargo, el comercio anual de productos electrónicos destinados al público en general no aumentó durante esa década. En cambio, los destinados a usos castrenses lo hicieron en un 650 %. Si se consideran las contribuciones a I+D, hacia 1960 el 70 % de la investigación y el desarrollo de la industria electrónica se pagaba con fondos federales. En otras palabras, no se puede olvidar la aportación procedente del auge de la sociedad de consumo en el desarrollo científico de la segunda mitad del siglo XX, pero no parece que, al menos en el caso de Estados Unidos, la nación hegemónica durante ese período en Occidente, ese factor haya sido el más importante en este sentido.

Puede resultar difícil de aceptar, en especial para el ego acomodaticio y complaciente de los científicos, pero los estudios históricos y sociológicos demuestran que a partir de 1945 el desarrollo de una parte importante de la ciencia (desde luego de la física, la más «aplicable» de las disciplinas) norteamericana (lo que en buena medida quiere decir también mundial) no obedeció las directrices marcadas por los propios investigadores ni respondió a su propia dinámica interna, sino que estuvo determinado por políticos y militares.[34] El ta-

33. Los datos que siguen proceden de Forman (1987).

34. El siguiente dato es significativo: en un informe preparado en 1951 para el Departamento de Defensa se demostraba que el 70 % de todo el tiempo de investi-

lento nunca ha tenido demasiados reparos en dejarse conducir a aquellos campos en los que las prioridades nacionales hacen que llueva el dinero y que se gane prestigio. Esto se une a la excitación implícita que conllevan los programas de investigación acerca de cuestiones que demandan una resolución urgente.

gación de los físicos de 750 instituciones de educación superior estaba dedicado a «investigación militar».

9

Mundos cuánticos: nucleosíntesis estelar, condensados de Bose-Einstein, superfluidez y superconductividad

La mecánica cuántica *à la* Heisenberg, Schrödinger o Dirac y la electrodinámica cuántica, las principales construcciones teóricas que hemos visto hasta ahora, suministran las bases, podría decirse que los «ladrillos», para entender el universo, sus contenidos, propiedades y relaciones. En otras palabras, se pueden y deben utilizar, *aplicar*, para explicar innumerables fenómenos. En este capítulo veremos cuatro ejemplos de ese uso: (1) la nucleosíntesis, esto es, la generación de núcleos atómicos a partir de componentes más básicos —nucleones (protones y neutrones)— o de elementos más ligeros; (2) los condensados de Bose-Einstein; (3) la superfluidez y (4) la superconductividad.[1]

1. Nucleosíntesis estelar

Un buen punto de partida para introducir esta sección son las primeras frases del «Prefacio» que William Fowler (1967: ix), uno de los principales investigadores en este campo, escribió para un libro recopilatorio. Este reunía la serie de conferencias, que pronunció en 1965

1. Entre los desarrollos que dejo fuera de mi tratamiento, uno importante, pero no de la generalidad de los casos considerados, es el efecto Hall cuántico, descubierto en 1980 por Klaus von Klitzing.

en las *Jane Lectures* de la Sociedad Filosófica Estadounidense de Filadelfia, sobre astrofísica nuclear:

> La astrofísica nuclear es una nueva y excitante disciplina científica con un notable pedigrí. Es el descendiente del matrimonio de la física nuclear y la astronomía. [...]
>
> En terminología menos antropomórfica, estas conferencias tratan de las aplicaciones de la física nuclear a la astronomía. En momentos de excesiva exuberancia, me he burlado de mis colegas astrónomos con el comentario de que ¡la astronomía no es nada más que física nuclear aplicada! Esto está muy lejos de constituir toda la verdad, pero existe un elemento de verdad en la idea. La física nuclear es básica para dos problemas importantes en astronomía. El primero de todos, la generación de energía en las estrellas, supernovas y otros objetos celestes, que surge de la operación de procesos nucleares dentro de estos objetos. En segundo lugar, la generación de energía nuclear requiere de la transformación de especies nucleares en formas nuevas y más estables y, por consiguiente, la síntesis de todos los elementos más pesados que el hidrógeno ordinario y de sus isótopos, se convierte en una posibilidad en la larga y variada historia de los sistemas astronómicos.

Física nuclear y astronomía están, en efecto, interrelacionadas, al menos en apartados importantes de esta última disciplina.

Si se acepta el modelo del *Big Bang*, esto es, que el universo surgió a raíz de un gran estallido energético hace unos 13.800 millones de años, es preciso considerar algunas cuestiones, tan diversas como fundamentales. La «nucleosíntesis primordial», la formación de los elementos químicos es una de particular importancia. Otra es la generación de energía en las estrellas, sobre la que ya se especuló a finales del siglo XIX y comienzos del XX. Las propuestas de científicos tan notables como Helmholtz, Kelvin o Lockyer culminaron con el reconocimiento, por parte del gran astrofísico Henry Norris Russell, de la necesidad de una «fuente energética desconocida», distinta de la electromagnética, la química o la gravitacional. Rutherford, Jeans, Nernst y Perrin figuran entre quienes pensaron que los procesos nucleares debían estar detrás de ese fenómeno. Sin embargo, fue Arthur Eddington, *Plumian professor* de Astronomía en Cambridge y gran promotor de la teoría general de la relatividad, quien más avanzó en esta dirección. Seminal, en este sentido, es la conferencia que pronunció en Cardiff el 24 de agosto de 1920, como presidente de la Sección A de la British Association for the Advancement of Science, en el marco de la reunión anual de este organismo. Titulada «The internal constitution of stars», Eddington (1920: 354) dijo en esa ocasión:

> Ciertas investigaciones físicas del último año [...] hacen probable, en mi opinión, que una parte de esta energía subatómica [que, había señalado antes, «existe abundantemente en toda materia»] se esté liberando en las estrellas. Los experimentos de F. W. Aston parecen no dejar duda de que todos los elementos están constituidos a partir de átomos de hidrógeno, unidos mediante electrones negativos. El núcleo del átomo de helio, por ejemplo, está formado por cuatro átomos de hidrógeno unidos con dos electrones. Pero se ha demostrado conclusivamente que la masa del átomo de helio es menor que la suma de las masas de los cuatro átomos de hidrógeno que entran en él. [...] Ahora bien, la masa no se puede aniquilar, y el déficit solo puede representar la masa de la energía electrónica liberada en la transmutación.

Con estas palabras, afirmaba que la generación de energía en las estrellas se debía al proceso de síntesis del helio a partir del hidrógeno. No cabe duda de que este era el caso más sencillo de nucleosíntesis, pero abría la puerta a la consideración de otros procesos más complicados. También a tratar cuestiones que preocupan no solo a los científicos, sino, es de suponer, a todas las personas. Interrogantes como la manera en que surgieron los bloques constituyentes de la materia, las partículas «elementales», como los electrones, protones o neutrones que forman los átomos, o las asociadas a la emisión de radiación estelar.

Un posible punto de partida en la resolución de este último dilema tuvo como uno de sus protagonistas a George Gamow y en particular a su teoría del efecto túnel (véase *HFC-2*). Con base en este resultado, en 1929 un físico británico, Robert d'Escourt Atkinson, y otro alemán, Friedrich (o Fritz) Houtermans (este ya apareció en *HFC-2*, 301-304, a propósito de su relación con Gamow) publicaron un artículo (en realidad dos, uno en cada idioma de sus autores) que supuso el comienzo de la astrofísica nuclear sustentada en la mecánica cuántica. Su título era «Zur Frage der Aufbaumöglichkeiten der Elemente in Sterrnen» («Sobre la cuestión de la posible síntesis de elementos en estrellas»; Atkinson y Houtermans 1929 a, «Transmutation of the ligher elements in stars» en la versión inglesa»; Atkinson y Houtermans

1929 b).[2] Básicamente, lo que hicieron fue utilizar el efecto túnel inverso y la idea de Eddington, según la cual cuatro protones y dos electrones podían unirse para formar helio. Sin embargo, no solo consideraron la formación de elementos pesados un «completo misterio», sino que concluyeron su escrito con las siguientes palabras (Atkinson y Houtermans 1929 a): «Creemos que hemos superado las principales dificultades relativas a la hipótesis de la formación de helio como la fuente de la energía de las estrellas, pero no hemos tratado con algunas de las paradojas astrofísicas asociadas con esta hipótesis».[3]

El siguiente trabajo que se debe reseñar lo redactó el propio Gamow (1935), quien escribió una memoria que apareció en una oscura revista, *Ohio Journal of Science*. En ella, el físico soviético se basó en el reciente descubrimiento del neutrón (1932) y en las investigaciones de Fermi en Roma, quien bombardeaba elementos químicos con estas partículas neutras, para producir otros átomos más pesados. Gamow contó, además, con el hallazgo, también en 1932, del deuterón (como se vio en el segundo capítulo de este volumen). Todo ello le permitió establecer la siguiente secuencia de procesos, como origen de los neutrones: dos protones (es decir, dos núcleos de hidrógeno, el primer integrante de la tabla periódica, surgido del *Big Bang*) se unían para dar lugar a un deuterón y un positrón

$$p + p \rightarrow d + e^{+}$$

Una vez que se habían formado suficientes deuterones, los neutrones surgían de la reacción

$$d + d \rightarrow \mathrm{He}^{3} + n$$

La captura de estas partículas neutras daba lugar a su vez a elementos de mayor peso atómico.[4]

2. En un primer momento, Atkinson y Houtermans enviaron su artículo a *Zeitschrift für Physik* con el título «Wie kann man ein Helium Kern in einen potential Topf köchen?» («¿Cómo se puede cocinar un núcleo de helio en un pozo de potencial?»), pero el editor de la revista rechazó la idea.

3. Citado en Kragh (2021: 239). En esta referencia, Kragh analiza estos trabajos con más detalle.

4. En un tratamiento más completo tendría que referirme a otros trabajos de Gamow, como Gamow (1946), Alpher, Herman y Gamow (1948) o Alpher, Bethe

En 1938, Carl Friedrich von Weizsäcker (1938), discípulo y colaborador de Heisenberg, introdujo el denominado ciclo CNO (carbono-nitrógeno-oxígeno), que daba forma a la idea de Eddington. Veremos enseguida este proceso con más detalle, tal y como lo desarrolló Hans Bethe en 1939, porque Weizsäcker no calculó un aspecto fundamental: la energía liberada. Tampoco creyó que estas reacciones, que incluyen al átomo ionizado del carbono, pudieran tener lugar en el interior estelar. Estuvo cerca de ganar el premio Nobel, pero se le escapó.

Menciono este galardón porque Bethe lo recibió en 1967 por su artículo de 1939 «Energy production in stars». En él aparece el mencionado ciclo, pero el texto se centra en la producción de energía y no entra en la compleja cuestión del estado de la materia primordial que siguió al *Big Bang*.

En unas memorias en las que el propio Bethe (2006: 27) explicó su «vida en astrofísica», mencionó el modo en que se introdujo en este campo, para el que, es obvio, estaba bien preparado, gracias a sus extraordinarios conocimientos de física nuclear:[5]

---

y Gamow (1948), un texto célebre porque Bethe no tuvo nada que ver con él, pero el físico soviético, siempre amante de las bromas, lo incluyó para completar la secuencia de las tres primeras letras griegas (alfa, beta y gamma). También fue importante la contribución de dos colaboradores suyos, Ralph Alpher y Robert Herman (1948). Sobre estos trabajos, véase Alpher y Herman (2001).

5. En su autobiografía, Gamow (1970: 135-136), se refirió a sus investigaciones, una vez que se instaló en Estados Unidos, en la Universidad George Washington. En esas memorias, también se ocupó de este episodio: «El trabajo en la regla de selección Gamow-Teller fue mi primera contribución importante al campo de la física nuclear "pura", ya que estaba cada vez más interesado en la aplicación de la física nuclear a los fenómenos de la astrofísica. Durante estos años, el conocimiento experimental referente a las transformaciones nucleares artificiales producidas por el impacto de un neutrón se estaba acumulando con gran rapidez y pensé que era el momento adecuado para revisar los primeros intentos de Houtermans y Atkinson para explicar la producción de energía en el Sol y otras estrellas, mediante reacciones termonucleares producidas por temperaturas muy elevadas. Así, en la primavera de 1938, Teller [al que el propio Gamow había atraído a la Universidad George Washington] y yo decidimos que la conferencia sobre física teórica, organizada anualmente por la Universidad George Washington y la Institución Carnegie de Washington, estaría dedicada al problema de las fuentes termonucleares en estrellas. Entre los físicos teóricos y astrofísicos a los que invitamos estaba Hans Bethe, que cuando llegó no sabía nada sobre el interior estelar, pero sí todo sobre el interior del núcleo. La conferencia fue muy interesante y excitante y, hacia el final, Bethe apareció con un posible esquema de reacciones nucleares implicando al hidrógeno y al carbono, que produciría justo la energía suficiente para explicar la

Mi primera relación con la astrofísica surgió como resultado de la sugerencia de Carl Friedrich von Weizsäcker de investigar la fusión de dos protones para formar un deuterón, a saber

$$\mathrm{H} + \mathrm{H} \rightarrow d + e^{+} + \upsilon$$

Esto es obviamente una interacción beta. Previamente, George Gamow y Edward Teller habían demostrado que las interacciones beta no necesitan ser escalares, como había propuesto con anterioridad Fermi. [...]

Gamow sugirió a uno de sus estudiantes, Charles Critchfield, que calculase la reacción protón-protón. Cuando, a comienzos de 1938, Critchfield hubo terminado sus cálculos, Gamow sugirió que me enviase su artículo, porque yo había estudiado con detalle los núcleos compuestos por dos nucleones. Encontré que los cálculos eran correctos y escribimos un artículo conjunto [Bethe y Critchfield 1938].

Todo pudo haber quedado ahí, pero Teller le insistió para que participara en una pequeña reunión que se organizaba cada primavera en Washington D. C. y cuyo tema proponían él mismo y Gamow, ambos por entonces profesores en la Universidad George Washington. En 1938, el asunto elegido fue la producción de energía en las estrellas. «Yo», recordó Bethe (2006: 28), «realmente no quería ir porque entonces mi principal interés era la electrodinámica cuántica. [...] Pero Teller me insistió para que fuera y finalmente acepté. La conferencia resultó proporcionarme una importante cantidad de información». Estos nuevos conocimientos le pusieron en el disparadero para abordar el ciclo del carbono, su gran logro en el campo de la nucleosíntesis estelar. Esbozo a continuación los rasgos más destacados del artículo de Bethe (1939), a cuyas fórmulas he añadido los neutrinos, υ, que no aparecían en el texto original.[6]

La reacción más sencilla y básica, de la que partía, es:

radiación observada del Sol. A su regreso a la Universidad de Cornell rematé los detalles de ese proceso, que se convirtió en lo que ahora se conoce como el famoso ciclo del carbono».

6. Para unificar la notación con la empleada con anterioridad, represento al deuterón con *d*, pero Bethe utilizó *D*.

$$\mathrm{H}+\mathrm{H}\rightarrow d+e^{+}+\nu$$

(esto es, dos átomos de hidrógeno dan lugar a un deuterón más un positrón y un neutrino). El proceso es muy lento, ya que involucra la desintegración β, pero una vez formado el deuterón, este reacciona con rapidez para producir helio. Se trata de una reacción que ya apareció antes, pero entonces se escribió p en lugar de H:

$$\mathrm{H}^{3}+\mathrm{H}^{2}\rightarrow \mathrm{He}^{4}+n^{1}$$

Las posibles combinaciones de H y He no conducen a nada, porque no existen núcleos estables de masa cinco. A su vez, las del hidrógeno con los siguientes elementos de la tabla periódica, litio (Li), berilio (Be) y boro (B), son muy rápidas a la temperatura del centro del Sol, pero es precisamente esa velocidad tan elevada la que, en general, permite obviarlas.[7] Por esta razón, todos estos átomos, del deuterio al boro, son extremadamente raros en la Tierra y en los cuerpos celestes.

En cuanto al carbono (C), que supone alrededor del 1 % de la masa de una estrella joven, se comporta de manera diferente. En el plasma estelar experimenta las siguientes reacciones (N=nitrógeno, O=oxígeno, γ=rayos gamma):

$$\begin{gathered}
\mathrm{C}^{12}+\mathrm{H}\rightarrow \mathrm{N}^{13}+\gamma\\
\mathrm{N}^{13}\rightarrow \mathrm{C}^{13}+e^{+}+\nu\\
\mathrm{C}^{13}+\mathrm{H}\rightarrow \mathrm{N}^{14}+\gamma\\
\mathrm{N}^{14}+\mathrm{H}\rightarrow \mathrm{O}^{15}+\gamma\\
\mathrm{O}^{15}\rightarrow \mathrm{N}^{15}+e^{+}+\nu\\
\mathrm{N}^{15}+\mathrm{H}\rightarrow \mathrm{C}^{12}+\mathrm{He}^{4}
\end{gathered}$$

Este último paso es el más interesante, ya que cierra el ciclo y reproduce el carbono-12 del comienzo. Si la temperatura es lo bastante

7. En cualquier caso, también se pueden dar algunas reacciones interesantes con alguno de estos elementos. Una de ellas es la siguiente: dos núcleos de helio chocan entre sí y forman un átomo de berilio. En realidad, se produce más de un isótopo. Uno de ellos, de peso atómico ocho, es muy radiactivo y existe durante apenas una diezmilbillonésima de segundo, tras lo cual se desintegra y genera de nuevo dos núcleos de helio. Sin embargo, si durante ese instante de vida, choca con un tercer núcleo de helio, puede formar un átomo ionizado de carbono (número atómico seis y peso atómico doce), que es estable.

elevada, los núcleos de carbono se combinan y desintegran de maneras muy diversas, lo que da lugar a elementos como el magnesio (número atómico doce), el sodio (once), el neón (diez) y el oxígeno (ocho). A su vez, los átomos ionizados de este último pueden unirse y formar azufre y fósforo. De este modo, se obtienen elementos cada vez más pesados, hasta llegar al hierro (26).

La investigación en este campo continuó a lo largo del tiempo (por ejemplo, fueron importantes los trabajos sobre la abundancia de los elementos), pero yo voy a dar en este punto un salto cronológico e introducir a un científico fundamental en esta historia: el inglés Fred Hoyle (1915-2001).

Las contribuciones de Hoyle a la astrofísica y a la cosmología fueron extraordinarias. Además, dejó obras magníficas de divulgación e, incluso, de ciencia-ficción (recuerdo en particular su novela *The Black Cloud*, de 1957). Hizo su tesis doctoral en Cambridge y como supervisores de la misma tuvo primero a Rudolf Peierls, hasta que este se trasladó a Birmingham, y luego a Paul Dirac. Este se mostró siempre reacio a dirigir la investigación de los estudiantes, pero en este caso aceptó la propuesta del joven doctorando. En todo caso y de hecho, Hoyle procedió de manera independiente. En 1938, un año antes de finalizar su memoria sobre electrodinámica cuántica, logró el primer premio Smith por su trabajo sobre la desintegración β.[8]

A pesar de este comienzo, que hacía presagiar una carrera brillante en el floreciente campo de la física teórica nuclear, Hoyle pasó poco después a la astrofísica. Ya en 1940, publicó un artículo en *Proceedings of the Cambridge Philosophical Society* con R. A. Lyttleton, miembro de la Royal Society, titulado «On the Physical Aspects of Accretion by Stars». A este texto siguieron otros cinco más, también con Lyttleton (1941-1945), pero en *Monthly Notices of the Royal Astronomical Society*.

A lo largo de su carrera, Hoyle ocupó puestos tan prestigiosos como el de *Plumian professor* de Astronomía y Filosofía Experimental de la Universidad de Cambridge (1958-1972), cátedra que había

8. Sobre Hoyle, véase, en primer lugar, su autobiografía, Hoyle (1994), y luego Mitton (2005) y la necrológica publicada por la Royal Society, de la que fue elegido miembro en 1957, Burbirdge (2003). Recuerdo con placer que hace ya muchos años tuve el honor de presentar a Hoyle en una conferencia que pronunció en Madrid, organizada por la Fundación BBVA.

sido de Eddington y el de director (fue el primero) del Instituto de Astronomía Teórica de Cambridge (1969-1972). No obstante, abandonó ambos cargos por sus diferencias con la universidad y, dentro de ella, con Martin Ryle, que desde 1959 enseñaba Radioastronomía y que se convirtió en su sucesor en la dirección del Instituto de Astronomía.[9] No por ello quedó Hoyle desprotegido desde un punto de vista académico, pues siempre tuvo puestos distinguidos tanto en el Reino Unido como en Estados Unidos.

Sin embargo, de lo único que voy a ocuparme aquí es de su gran aportación al campo de la nucleosíntesis estelar. Una buena prueba de lo mucho que le debe este dominio de la astrofísica y de la física nuclear es un artículo que publicó en 1954 en el primer volumen de una nueva sección, «Suplementos», de *The Astrophysical Journal* (fundada en 1895). Este texto, que con el tiempo se erigió en la principal publicación en el campo de la astrofísica y que apareció firmado como «Observatorios del monte Wilson y del monte Palomar. Californian Institute of Technology», llevaba por título: «On nuclear reactions occurring in very hot stars. I. The synthesis of elements from Carbon to Nickel» (Hoyle 1954). Cito del «Resumen»:

> Este artículo pretende demostrar que la abundancia de los elementos químicos en la parte de la tabla periódica desde el carbono al níquel es consistente con la idea de que los elementos se originan a la alta temperatura que probablemente existe en el interior de ciertos tipos de estrellas. El argumento toma su forma más definida en la discusión de la síntesis de elementos por debajo del sodio, donde parece que las abundancias están bastante de acuerdo con las propiedades conocidas de los diversos núcleos.

En este artículo, Hoyle (1954: 123) también presentó la visión cosmológica en la que basaba su teoría. Una propuesta que ahora parece evidente, de tan familiar que resulta, pero que tardó en ser aceptada:

9. Estas diferencias estaban relacionadas, en parte, con la defensa que Hoyle hizo durante toda su vida de la cosmología del estado estacionario, la cual presentó en un texto de 1948 (Hoyle 1948). He tratado de esta cuestión en Sánchez Ron (2025).

Se demuestra que las galaxias, que se consideran como formando una nube extragaláctica, consisten de gas interestelar (esto es, una componente casi despreciable en el caso de galaxias elípticas), estrellas ordinarias que no colapsan y estrellas colapsando. De esa nube, o parte de ella, se generan y difunden por el espacio elementos pesados. El proceso de difusión puede conducir, bien a que los elementos pesados queden atrapados dentro del gas interestelar, bien a que escapen totalmente de la galaxia progenitora al medio extragaláctico. En relación a esto, se puede señalar que la velocidad de escape de muchas estrellas que explotan (las novas y las supernovas en particular) excede considerablemente de la velocidad de escape de las galaxias. Consecuentemente, a menos que se pare por colisiones con el gas interestelar, el material expulsado de tales estrellas debe dirigirse al espacio extragaláctico. Se puede suponer que en las galaxias espirales la captura de material expulsado por el gas interestelar es considerable, pero no así en las elípticas.

Esta forma de enriquecimiento de la nube de gas extragaláctico con componentes de elementos pesados significa que, incluso si la nube hubiese estado formada inicialmente por hidrógeno puro, únicamente las primeras galaxias que se hubiesen formado podrían ser de hidrógeno puro. Las siguientes condensaciones galácticas deben contener elementos pesados expulsados de las «primeras» galaxias. Estrictamente hablando, el concepto de «primeras» galaxias solo se puede aplicar en cosmologías que asignan una edad finita al universo. Por otra parte, en la teoría del universo del estado estacionario no existen «primeras» galaxias en este sentido, ya que, en esta teoría, el universo tiene un pasado infinito. Por consiguiente, el material extragaláctico debe contener siempre elementos pesados que fueron expulsados de galaxias existentes anteriormente. En consecuencia, todas las galaxias poseen elementos pesados en el momento de su nacimiento.

En los últimos párrafos, Hoyle mencionaba su querida teoría del estado estacionario. Como señalé antes, nunca abandonó esta hipótesis, ni siquiera cuando en 1965 dos científicos que trabajaban en los Laboratorios Bell, Robert Wilson y Arno Penzias (1965), publicaron el resultado de sus observaciones. Estos investigadores detectaron una radiación que se identificó como el resto «fósil» del *Big Bang*. De este modo, quedaba descartada para la gran mayoría de los científicos, no para Hoyle, la cosmología del estado estacionario.

Hoyle también hizo hincapié en su texto en un hecho de gran importancia: el papel de las supernovas. En la actualidad, la idea de que estas explosiones, sobre todo, esparcen por el espacio los elementos pesados creados en la nucleosíntesis estelar, es algo que forma parte del conocimiento general sobre el tema. Además, en el estallido se sintetizan átomos más pesados que los de hierro, como cobre, cinc, rubidio, plata, osmio o uranio.

Este trabajo de Hoyle quedó un tanto oscurecido por la brillantez y mayor amplitud de otro texto que firmó en colaboración con los astrofísicos William Fowler (1911-1995) y Margaret (1919-2020) y Geoffrey (1925-2010) Burbidge, estos dos últimos casados entre sí. El escrito fue publicado en *Review of Modern Physics* en 1957 y se tituló «Synthesis of the elements in stars», aunque es más conocido por las siglas de sus autores B^2FH (Burbidge, E. M., Burbidge, G. R., Fowler y Hoyle 1957). Sus 113 páginas contenían una detallada exposición de los procesos relevantes de la nucleosíntesis estelar, incluido el análisis de la fusión del hidrógeno y del helio; el proceso α (un tipo particular de proceso nuclear caracterizado por la conversión del helio, con ayuda de átomos ionizados de otro tipo, en elementos más pesados, desde el carbono al hierro, pero en especial con número atómico par. Esta cadena de reacciones tiene lugar sobre todo en estrellas muy masivas y en supernovas); la producción y captura de neutrones o el «proceso x» de síntesis de elementos ligeros (un mecanismo desconocido, responsable de la generación de litio, berilio y boro, que se denominó así por primera vez en este trabajo). Además, se trataban las teorías astrofísicas y las observaciones astronómicas relevantes a los anteriores fenómenos y se incluía un apéndice con un resumen de la información nuclear pertinente.

Con B^2FH se dio un gran paso adelante, no solo en la comprensión de los mecanismos de formación de elementos más pesados que los «primordiales» (esto es, formados en los primeros instantes de la vida del universo; hidrógeno y helio sobre todo), sino también en las teorías cosmológicas, algo a lo que también hizo referencia Hoyle en su artículo de 1954. Sin embargo y por supuesto, aún quedaban innumerables y profundos interrogantes. Fowler se refirió a algunos de ellos en un capítulo titulado «The origin of nuclear species», parte de su libro *Modern Physics for the Engineer* (Fowler 1958), cuyo contenido resumía de manera parcial los planteamientos de B^2FH. También lo hizo en un trabajo que publicó en la revista *The Scientific Monthly* (Fowler 1957):[10]

> No estamos intentando responder aquí al acaso más intrigante problema del origen de protones y neutrones. Será necesario mucho más trabajo experimental antes de que este problema se pueda resolver, trabajos similares a los de la creación y aniquilación de pares de protones y neutrones positivos y negativos y la antimateria. Además, dados los protones y/o neutrones, se puede plantear la siguiente pregunta: ¿cuál ha sido la historia nuclear de la materia sobre la que podemos realizar observaciones?, ¿qué produjo los elementos y sus isótopos con la distribución de abundancias que proporciona la observación?

Para abordar este tipo de cuestiones, se necesitaban más conocimientos que los que podía aportar la física nuclear. Era preciso que la física de partículas elementales, más tarde denominada de altas energías, entrase en escena. El libro de alta divulgación que escribió Steven Weinberg (1977), *The First Three Minutes*, fue representativo en este sentido, a la vez que también constituyó un factor en ese desarrollo. No obstante, abordar este campo me llevaría por un camino que no puedo seguir ahora.

Un último comentario. William Fowler obtuvo el premio Nobel de Física de 1983 «por sus estudios teóricos y experimentales de las reacciones nucleares de importancia en la formación de los elementos químicos del universo». Lo compartió con Subrahmanyan Chandrasekhar, quien lo recibió por «estudios teóricos de los procesos físicos de importancia en la estructura y evolución de las estrellas». Es sorprendente que Hoyle, que inició muchas de estas investigaciones, quedase al margen de la decisión de la academia sueca (una posible explicación es que jugase en su contra su personalidad, que a veces era muy polémica, y el hecho de que no dejase nunca de apoyar la cosmología del estado estacionario).

10. No he podido localizar *Modern Physics for the Engineer*, pero he utilizado la copia mecanografiada que publicó el 16 de octubre de 1958 el Laboratorio de Radiación Kellogg del Californan Institute of Technology, del que formaba parte Fowler..

1.a. Posdata

En las líneas precedentes, me he centrado en la aplicación de la física nuclear a la formación de elementos de masa atómica superior al hidrógeno y al helio, así como a la producción de la energía de fusión que «alimenta» a las estrellas. No obstante, en absoluto es esta la única relación temprana (esto es, anterior al tipo de investigaciones que describía Weinberg en *The First Three Minutes*) de la física cuántica con la astrofísica y la cosmología. En la estela de Arthur Eddington, un «físico cuántico» como Ralph Fowler fue pionero en la utilización de algunos de los resultados de la nueva mecánica en el estudio de los cuerpos celestes, más en concreto de la variedad de objetos conocidos como enanas blancas.[11] Lo hizo en un artículo publicado en 1926 en *Monthly Notices of the Royal Astronomical Society* y titulado «On dense matter» (Fowler 1926). En él, aplicó por vez primera la estadística de Fermi-Dirac (véase *HFC-1*) al entonces bien conocido problema de la naturaleza de la compañera de Sirio. En el obituario que Chandrasekhar (1945: 3) escribió con ocasión del fallecimiento del que fuera, junto a Eddington, su director de tesis, se refirió a este trabajo:

> Ahora llegamos al que probablemente fue el más espectacular de los descubrimientos de Fowler, a saber, su identificación del estado de la materia en las estrellas enanas blancas. Este descubrimiento, que ciertamente debe contarse entre los descubrimientos astronómicos más importantes de nuestro tiempo, podría no haberse realizado excepto por alguien cuyos conocimientos de las teorías de la física y de la astrofísica eran de las más elevadas. Pero hay incluso más que esto en el descubrimiento. El artículo de Dirac que contiene la derivación de lo que desde entonces ha venido en llamarse «distribución de Fermi-Dirac», fue comunicado por Fowler a la Royal Society el 26 de agosto de 1926. El 3 de noviembre, Fowler comunicó un artículo propio en el que desarrollaba sistemáticamente, e incorporaba en el esquema general del método Dirac-Fowler, la aplicación de las leyes de la «nueva teoría cuántica» a la mecánica estadística de conjuntos formados por partículas similares. Y el 10 de diciembre (esto es antes de que hubiese transcurrido un mes) se leyó en *Monthly Notices of the Royal Astronomical Society* su artículo

11. En *HFC-2*, 113-114, introduje a Fowler.

> titulado «Dense matter». En este artículo, Fowler llamó la atención sobre el hecho de que el gas de electrones en una materia tan densa como la de las estrellas enanas blancas, como en el caso de la compañera de Sirio, debe estar degenerado, en el sentido de la estadística de Fermi-Dirac. Por consiguiente, a Fowler le pertenece también el crédito de ser el primero en reconocer un campo de aplicación de la por entonces «muy novedosa» estadística de Fermi y Dirac.[12]

Cabe señalar que entre los que utilizaron las ideas de Fowler para calcular el límite de densidad de las enanas blancas destacó el propio Chandrasekhar (1931 a, b).

Representativo de la estrecha relación entre la astrofísica y la física nuclear es un artículo que Chandrasekhar (dedicado al primero de estos campos y entonces todavía en la Universidad de Cambridge) y Léon Rosenfeld (enfocado en la cuántica en el Instituto de Física Teórica de Copenhague) publicaron en junio de 1935: «Production of electron pairs in the theory of stellar structure». De este trabajo extraigo, a modo de ilustración, dos pasajes (Chadrasekhar y Rosenfeld 1935: 999):

> En la discusión de los problemas de la estructura estelar, solo se han considerado hasta ahora las desviaciones de las leyes de un gas perfecto, que surgen de la degeneración debida al principio de exclusión para elec-

12. La «degeneración» que mencionaba Chandrasekhar tiene lugar cuando estados cuánticos diferentes tienen la misma energía. En el caso de los electrones (partículas con espín semientero, esto es, «fermiones»), el principio de exclusión de Pauli impide que dos de ellos ocupen los mismos niveles energéticos. Este hecho conduce a una «resistencia» frente a una mayor compresión de las partículas de carga negativa a densidades extremadamente elevadas (como las producidas por la fuerza de la gravedad). Sin embargo, los electrones están empaquetados con tanta fuerza que se ven obligados a ocupar los estados inferiores. Esta forma de «resistencia» interviene en la estructura y estabilidad de una estrella. No solo, por supuesto, de las enanas blancas. Un caso destacado en este sentido es el de las estrellas de neutrones, cuya existencia fue propuesta, después de que Chadwick anunciase el descubrimiento del neutrón (1932), por Walter Baade y Fritz Zwicky (1934). Ahora bien, en su breve artículo no se hacía uso alguno de la mecánica cuántica y estos autores se limitaron a sugerir «tentativamente» que «el proceso de supernova representa la transición de una estrella ordinaria a una estrella de neutrones. Si se producen neutrones en la superficie de una estrella ordinaria, "lloverán" hacia el centro si suponemos que la presión de la luz en los neutrones es prácticamente cero» (Baade y Zwicky 1934: 77).

> trones. De hecho, uno de nosotros [Chandrasekhar 1935] ha demostrado recientemente que, bajo ciertas condiciones dadas, las desviaciones implican importantes limitaciones en las posibles configuraciones estelares. [...]
>
> Otro tipo de desviaciones de las leyes de un gas perfecto surgen de la existencia de una distribución definida de positrones, al igual que de electrones, en equilibrio con la temperatura de radiación, y en esta nota deseamos señalar cómo afecta este hecho a la teoría de la estructura estelar [...].

Pese a la importancia de las relaciones entre estas dos disciplinas, no voy a entrar en este tema, ya que está vinculado de forma muy estrecha con las consideraciones, técnicas y tradiciones de la astrofísica.

2. Condensados de Bose-Einstein y superfluidez

Los condensados (o la condensación) de Bose-Einstein se mencionaron por primera vez en un artículo que publicó el físico indio Satyendranath Bose (1924). En este texto, se introdujo (véase *HFC-1*) una nueva estadística (una forma de contar fotones) para explicar la ley de la radiación de un cuerpo negro, la cual había llevado a Max Planck a introducir la noción inicial de cuantización en 1900. Fue Einstein quien reconoció el valor del trabajo de Bose y quien ayudó a que este se publicara en 1924. Más tarde, lo completó con dos memorias (Einstein 1924 y 1925) en las que ampliaba las conclusiones anteriores. Señaló, por ejemplo, que en un gas de partículas indistinguibles (con espín entero, lo que más adelante se denominarían «bosones») se podía producir una condensación: «una parte "se condensa" y la restante continúa siendo un gas perfecto saturado» (Einstein 1925). Con esta expresión, el científico alemán quería decir que un grupo de estos constituyentes (átomos o moléculas) actuaba como si fuese una unidad (como un único integrante), sin que apareciesen fuerzas de interacción entre los miembros del conjunto. Además, predijo que «si la temperatura desciende lo suficiente», se produciría en el sistema «una caída brutal y acelerada de la viscosidad, en el entorno de una cierta temperatura». Para el helio líquido (en el que ya había indicios de tal *superfluidez*), estimaba que este valor se encontraba en torno a los 2 °K.

No obstante, como ya expliqué en el capítulo sexto de *HFC-2*, fue a partir de 1938 cuando el estudio de este fenómeno cobró impulso, siendo sus principales protagonistas Piotr Kapitza, Jack Allen y Don Misener, Fritz London, Laszlo Tisza, Lev Landau y Richard Feynman. Lo que deseo destacar ahora es que algunos de estos científicos se dieron cuenta de que la «condensación» que había propuesto Einstein con base en las aportaciones de Bose desempeñaba un papel en la superfluidez, al menos en algunos casos. Fritz London (1938), por ejemplo, argumentó que la transición al estado superfluido solo se podía comprender en términos de este condensado. Por el contrario, Landau centró su teoría (ya lo expliqué en *HFC-2*) en dos clases de excitaciones, una especie de hidrodinámica de dos fluidos. No obstante, en realidad su hipótesis era fenomenológica, en el sentido en que tanto las propiedades del superfluido como la naturaleza de las excitaciones se postulaban de una forma intuitiva y no eran deducidas de una base teórica firme. La laguna la rellenó otro sobresaliente matemático y físico soviético, Nikolái Bogoliúbov (1909-1992), en una memoria que presentó el 21 de octubre de 1946 a la Sección de Física y Matemáticas de la Academia de Ciencias de la URSS. El texto fue publicado en inglés en 1947, bajo el título de «On the theory of superfluidity» (Bogoliúbov 1947). «Este artículo —indicaba el "Resumen"— presenta un intento de explicación del fenómeno de la superfluidez en base a la teoría de degeneración de un gas no perfecto de Bose-Einstein. Utilizando el método de la segunda cuantización, junto a un procedimiento de aproximación, demostramos que, en el caso de una pequeña interacción entre moléculas, se pueden describir los estados excitados de baja energía de un gas como un gas perfecto de Bose-Einstein de ciertas "cuasipartículas", que representan excitaciones elementales que no pueden identificarse con las moléculas individuales. Se muestra que la forma especial de la energía de una cuasipartícula, como una función de su momento, está conectada con la superfluidez.»

Un problema con la teoría desarrollada por Bogoliúbov es que se refería a un sistema diluido (esto es, a un gas de átomos que obedecían a la estadística de Bose-Einstein y que interaccionaban a través de fuerzas intermoleculares débilmente repulsivas), lo que está bastante alejado del caso real del He-II (que es un bosón), en el que los átomos se encuentran muy «empaquetados». De los intentos por superar esta dificultad, destaca el que realizaron Feynman y Michael

Cohen (1956), que se basó en los trabajos anteriores del primero, reseñados en *HFC-2*.

De todo lo anterior se puede extraer con claridad una conclusión: la superfluidez es un ejemplo de condensado de Bose-Einstein. Lo mismo ocurre con la superconductividad, que también apareció en *HFC-2*, pero a la que volveré en la sección siguiente. Se entiende en este sentido lo que Vitaly Ginzburg (1916-2009), ya mencionado en *HFC-2*, señaló en su conferencia Nobel, pronunciada el 8 de diciembre de 2003: «La superconductividad es, si se quiere ver así, la superfluidez de un líquido cargado, o, equivalentemente, la superfluidez es la superconductividad de un líquido no cargado». De este modo, es natural que el estudio de ambos fenómenos haya estado relacionado. No cabe duda de que así fue en el caso de Ginzburg, el cual elaboró una teoría, denominada «teoría ψ», válida en ambos casos.[13]

Para comprender mejor la relación entre la condensación de Bose-Einstein y los aspectos a gran escala de la cuántica, hubo que generar «superátomos», grupos de átomos que se comportaban como una unidad y que eran perceptibles de manera macroscópica (si los integrantes de estos conjuntos se enfriaban lo suficiente, sus longitudes de onda eran tan grandes que se «solapaban», con lo que perdían su identidad individual y creaban un estado cuántico macroscópico, un «superátomo», un condensado de Bose-Einstein). Semejante logro se alcanzó mucho más tarde, en 1995. Ese año, un equipo de físicos de la Universidad de Colorado, liderados por Eric Cornell y Carl Wieman, en una colaboración entre su facultad y el National Institute of Standards and Technology (el antiguo National Bureau of Standards), enfriaron un vapor diluido de unos dos mil átomos de rubidio-87 en una «trampa magnética», mediante el empleo de una combinación de técnicas criogénicas por láser y evaporación. De este modo, obtuvieron un superátomo de ese elemento, un condensado de Bose-Einstein (Anderson, Ensher, Matthews, Wieman y Cornell 1995). Unos cuatro meses después, el equipo de Wolfgang Ketterle

13. Ginzburg (2009) se refirió a sus trabajos en este campo en su autobiografía científica (que incluye la conferencia que he mencionado), titulada de manera muy significativa *On Superconductivity and Superfluidity. A Scientific Autobiography*. De sus aportaciones a la teoría de ambos fenómenos da idea el hecho de que se le otorgara el premio Nobel de Física de 2003, compartido con Alexei Abrikosov y Anthony Leggett, «por sus pioneras contribuciones a la teoría de superconductores y superfluidos».

en el MIT consiguió algo parecido con sodio-23, pero ahora con un mayor número de átomos (Davis, Mewes, Andrews, van Druten, Durfee, Kurn y Ketterle 1995). Los tres investigadores principales, Cornell, Wieman y Ketterle, recibieron el premio Nobel de Física de 2001 por estos trabajos.

Veamos la manera en que describieron los dos primeros su aportación (Cornell y Wieman 2003: 82):

> Nuestro grupo de investigación del Instituto Conjunto de Astrofísica del Laboratorio, en Boulder, creó en junio de 1995 una maravillosa, aunque minúscula, gota. Al enfriar dos mil átomos de rubidio hasta una temperatura inferior a cien milmillonésimas de grado sobre el cero absoluto, hicimos que los átomos perdiesen su identidad individual y se comportaran como si fuesen un único «superátomo». Las propiedades físicas de todos ellos, sus movimientos, por ejemplo, se volvieron idénticas. Este condensado de Bose-Einstein, el primero observado en un gas, viene a ser el análogo material del láser, con la diferencia de que en el condensado los que danzan al unísono son átomos, no fotones.

Más adelante, añadieron (Cornell y Wieman 2003: 82-84):

> Raras veces vemos los efectos de la mecánica cuántica reflejados en la conducta de una cantidad macroscópica de materia. Las contribuciones incoherentes del inmenso número de partículas de cualquier porción de materia oscurecen la naturaleza ondulatoria de la mecánica cuántica; solo podemos inferir sus efectos. Pero en la condensación de Bose la naturaleza ondulatoria de cada átomo está en fase con las demás; y lo está de manera precisa. Las ondas mecánico-cuánticas atraviesan la muestra entera y se observan a simple vista. Lo submicroscópico deviene macroscópico.
>
> La creación de condensados de Bose-Einstein ha arrojado luz sobre viejas paradojas de la mecánica cuántica. Por ejemplo, si dos o más átomos están en un solo estado mecánico-cuántico, y eso es lo que pasa en un condensado, será imposible distinguirlos, se haga la medición que se haga. Los dos átomos ocuparán el mismo volumen de espacio, se moverán a la misma velocidad, dispersarán luz del mismo color, etc.
>
> En nuestra experiencia, basada en el trato constante de la materia a temperaturas normales, no hay nada que nos ayude a comprender esta paradoja. Por un motivo: a las temperaturas normales y a las escalas de

magnitud en que nos desenvolvemos, es posible describir la posición y el movimiento de todos y cada uno de los objetos de un conjunto [...] A temperaturas bajísimas, o a escalas de magnitud pequeñas, la mecánica clásica va perdiendo vigor... No podemos saber la posición exacta de cada átomo, y es mejor imaginarlos como manchas imprecisas. La mancha es un paquete de ondas, la región del espacio donde cabe esperar que esté el átomo. Conforme el conjunto de átomos se enfría, crece el tamaño de los paquetes de ondas. Mientras cada uno esté espacialmente separado de los demás será posible, al menos en principio, distinguir átomos entre sí. Pero, cuando la temperatura llega a ser lo bastante baja, los paquetes de ondas de los átomos vecinos se solapan. Entonces, los átomos se condensan «según Bose» en el menor estado de energía posible y los paquetes de ondas se funden en un solo paquete macroscópico. Los átomos sufren una crisis cuántica de identidad: ya no podremos distinguir unos de otros.

El artículo del grupo de Colorado-National Institute of Standards and Technology apareció en la portada de *Science* el 14 de julio de 2003. En el mismo número, Keith Burnett, de la Universidad de Oxford, se refería a este logro como al «Santo Grial» de la física. No fue solo la comunidad científica la que recibió con entusiasmo el resultado, sino que también el público se interesó por él, o al menos la prensa: la noticia se coló en las primeras páginas de *The Washington Post*, *The New York Times* y *Los Angeles Times*. Para *Science* fue el «avance del año».

La condensación de Bose-Einstein también sucede en cuasipartículas en sólidos, del tipo del magnón, excitón o polaritón, que tienen espín entero.

3. Superconductividad

La superconductividad es otro de los fenómenos físicos en los que la cuantización se manifiesta a nivel macroscópico. En *HFC-2* expliqué su descubrimiento: en 1911, Heike Kamerlingh Onnes observó en su laboratorio de Leiden que cuando enfriaba el mercurio a 4 K desaparecía por completo su resistencia al paso de una corriente eléctrica. Es más, una vez iniciada esta, continuaba de manera indefinida, aunque no se aplicase diferencia de potencial alguna. Es decir, el material «superconducía». Más tarde, se supo que otros metales y compuestos experimentaban un cambio así a temperaturas cercanas al cero absoluto. Ahora bien, una cosa es la evidencia empírica y otra muy distinta la explicación teórica, que en este caso tardó en llegar. En 1957, los estadounidenses John Bardeen, Leon Cooper y John Robert Schrieffer desarrollaron una teoría cuántica del fenómeno (conocida por las iniciales de sus apellidos: teoría BCS).[14]

El promotor de la idea fue Bardeen, quien después de sus trabajos sobre el transistor y todavía en los Laboratorios Bell buscaba un nuevo campo de investigación. Eligió la superconductividad, por la que ya se había interesado durante sus años en Harvard. Así, se propuso encontrar una teoría microscópica que explicase las observaciones. Esta decisión coincidió con otra muy importante: abandonar la empresa privada y buscar un entorno más académico. Al mismo tiempo, pretendía librarse de Shockley. Cuando los directivos de la firma se enteraron, intentaron mejorar sus condiciones y les ofrecieron, a él y a Brattain, dejar de tener a Shockley como jefe y pasar a formar parte de otro grupo, el de Física de Sólidos. Sin embargo, en abril de 1951 Bardeen aceptó la oferta de la Universidad de Illinois, en Urbana-Champaign, y pasó a formar parte de las facultades de Física e Ingeniería Eléctrica. Permaneció en ellas como catedrático hasta su jubilación en 1975, cuando se convirtió en emérito.

En mayo de 1950, antes de incorporarse a la vida académica, Bardeen recibió una llamada telefónica de Bernard Serin, de la Universidad Rutgers, en la que le informó de un nuevo resultado experimental. Se trataba de la observación del llamado «efecto isotópico», que se manifiesta en una variación de la temperatura T_c a la que un material se vuelve superconductor cuando se altera la masa isotópica de sus átomos. El fenómeno acababa de ser descubierto en marzo, de forma independiente, por Emanuel Maxwell (1950) y por Charles Reynolds, Serin, W. H. Wright y L. B. Nesbitt (1950). En ambos casos, habían estudiado las propiedades en este sentido de isótopos de mercurio, con muestras de gran pureza. Estas fueron suministradas a Maxwell por el National Bureau of Standards, para la que trabajaba, y al grupo de Serin por la Atomic Energy Commission, a partir de especímenes preparados en Oak Ridge (otra consecuencia de los programas nucleares). Lo que observaron era que cuanto me-

14. Los tres compartieron el premio Nobel de Física en 1972.

nores eran las masas, más grados necesitaba el elemento para experimentar la transición.

Al día siguiente de esta conversación, Bardeen apuntó en uno de sus cuadernos de notas (Hoddeson y Daitch 2002: 155-156): «Estos resultados indican que las interacciones de los electrones con la red son importantes en la determinación de la superconductividad. [...] Es importante incluir su efecto en la energía libre de los electrones». En otras palabras, al afirmar que las «interacciones electrón-red» eran importantes, quería decir, básicamente, que era necesario considerarlas en el caso de electrones y fonones. Esto es, que la superconductividad no era solo un fenómeno electrónico, sino que también tenía que ver con las vibraciones reticulares del sólido, las cuales dependían a su vez de la masa de los átomos del material.[15] Con esta idea, Bardeen, que ya se había incorporado a la Universidad de Illinois, desarrolló un modelo para explicar el efecto isotópico. Es curioso que también Herbert Fröhlich (1950) elaborara en esa época una teoría fenomenológica con el mismo objetivo, en la que trataba la interacción efectiva entre electrones como un resultado del intercambio de fonones.[16] No obstante, ni las ideas de Bardeen ni las de Fröhlich permitían dar razón de la manera en que esto era capaz de vencer la repulsión entre las cargas negativas y cambiar su signo, hasta generar una fuerza atractiva, algo necesario para que se anulara la resistencia.

Para ayudar a resolver este problema, Bardeen incluyó en su investigación a dos físicos. El primero era John Robert Schrieffer (1931-2019), llegado a Urbana en el otoño de 1953 desde el MIT, en el que había completado un proyecto predoctoral dirigido por John Slater. No obstante, los métodos de este último no eran de su agrado, porque los encontraba demasiado «numéricos». De este modo, decidió que la Universidad de Illinois y Bardeen serían mejores para completar su doctorado. En la primavera de 1955, después de pasar año y medio trabajando con su nuevo director de tesis, Schrieffer le

15. Introduje los fonones en *HFC-2*, 272.

16. Fröhlich (1905-1991) fue un científico alemán, discípulo de Sommerfeld, que en 1933 huyó del antisemitismo nazi y aceptó un puesto en el Instituto de Física y Tecnología de Leningrado, dirigido por Ioffe. Sin embargo, cuando comenzó la Gran Purga de Stalin se trasladó a Inglaterra, país en el que pasó a ocupar una cátedra de Física Teórica en la Universidad de Liverpool en 1948. Su vida y obra se detallan en Hyland (2015).

pidió un tema para su memoria. Bardeen le proporcionó una lista, en la que la superconductividad aparecía en último lugar. El joven doctorando era consciente de que se trataba de un problema muy difícil (había corregido pruebas de imprenta de artículos de Bardeen sobre el tema) y de que era una cuestión que había desafiado a las mentes más privilegiadas, como la de Landau. De modo que lo consultó con Francis Low, quien por entonces estaba en Urbana, después de haberse doctorado en Columbia en 1950 y haber pasado por el Institute for Advanced Study de Princeton. «¿Cuántos años tienes?», le preguntó Low. «Veinticuatro», respondió. «Bien. Entonces te puedes permitir malgastar un año en eso y ver qué pasa.» Schrieffer siguió el consejo. No sabía, por supuesto, que la consecuencia de aceptar esa recomendación y de su decisión de seguirla le conduciría a obtener un premio Nobel.

El segundo científico que se sumó al equipo lo hizo de la mano del propio Bardeen, quien atrajo a Urbana a Leon Neil Cooper (1930-2024), conforme a las recomendaciones de Chen Ning Yang. Cooper había estudiado Física en Columbia, donde se doctoró en 1954. Cuando recibió la oferta de Bardeen, pasaba un año posdoctoral en el Institute for Advanced Study de Princeton, donde también se encontraba Yang. Sin embargo, aceptó incorporarse a la Universidad de Illinois en septiembre de 1955. La razón de contar con un físico como Cooper era que estaba familiarizado con las técnicas desarrolladas hacía poco en la teoría cuántica de campos. Se pensaba que estas podían ser relevantes para la resolución del rompecabezas. Sin embargo, estaban equivocados. Cooper llegó a Illinois sin saber nada de superconductividad y harto de los métodos de la teoría cuántica de campos, a pesar de lo cual resultó ser esencial para el proyecto, gracias a un descubrimiento que realizó.

En la primavera de 1956, Cooper se dedicó a estudiar el problema de dos electrones que interaccionaban en un «mar» de Fermi (esto es, de fermiones, partículas con espín semientero). Encontró (Cooper 1956) que en este caso se formaba un estado ligado, sin importar lo débil que fuera el potencial atractivo entre ambos integrantes del par. Es decir, los electrones que transportan la corriente en un superconductor se agrupan en parejas, los denominados «pares de Cooper», que actúan como bosones. Esto es, como partículas con requisitos cuánticos similares a los de los fotones. Esta propiedad se manifiesta a nivel macroscópico de diversas maneras, entre las que destaca el conjunto de fenómenos denominados «efectos Josephson» (Josephson 1962). Según estos, bajo determinadas condiciones es posible observar el paso de una corriente de pares de electrones entre dos superconductores separados por un aislante, mediante efecto túnel y sin necesidad de aplicar voltaje alguno.[17]

Con base en los resultados de Cooper y con el empleo de argumentos energéticos relativamente sencillos y del principio de incertidumbre, Bardeen concluyó que el estado resultante era fuertemente ligado. Esto quería decir que en ese conjunto de pares de Cooper no se formaba un gas diluido de bosones, sino que se trataba de un sistema muy denso. Este estaba compuesto, por una parte, por fermiones débilmente ligados, y por otra, por un conjunto de partículas de espín semientero que se solapaban con fuerza en parejas correlacionadas. Se podía decir que estas marchaban como un armonioso ejército de bosones que ignora los impedimentos atómicos (las colisiones).

No obstante, aún quedaba un problema por resolver: encontrar una función de onda para los electrones que contribuían a la superconductividad, tomando en cuenta el emparejamiento de Cooper. Bardeen encomendó esta tarea a Schrieffer como tema de tesis. Este consiguió resolverlo mientras aquel estaba en Estocolmo para recibir el premio Nobel por la invención del transistor. El caso es que esa función de onda era «rígida», esto es, se extendía en el espacio y podía moverse a través del superconductor sin verse afectada, salvo si el nivel absorbía una cantidad mínima de energía, de la que no se podía disponer a una temperatura suficientemente baja.[18] Además, representaba un estado cuántico coherente y era macroscópica, en tanto que describía el comportamiento colectivo de millones de pares de Cooper.

17. Josephson (nacido en 1940 en Gales y, educado en la Universidad de Cambridge, fue nombrado catedrático de esta en 1974) obtuvo el premio Nobel de Física de 1973, compartido con el japonés Leo Esaki y con el noruego (nacionalizado estadounidense) Ivar Giaever. Estos recibieron la mitad del galardón «por sus descubrimientos experimentales relativos a los fenómenos de efecto túnel en, respectivamente, semiconductores y superconductores». La otra parte fue para Josephson «por sus predicciones teóricas de las propiedades de una supercorriente a través de una barrera túnel, en particular, por los fenómenos que se conocen generalmente como efectos Josephson».

18. Schrieffer (1992) ofreció su versión del descubrimiento de la teoría de la superconductividad en un número especial de la revista *Physics Today*, dedicado a Bardeen.

Bardeen, Cooper y Schrieffer (1957 a, b) publicaron su teoría (conocida habitualmente como BCS, por las siglas de sus apellidos) en una carta y en un minúsculo «Resumen» enviados a *Physical Review*. No obstante, a pesar de lo escueto de estos textos, quedó claro que su propuesta era un éxito formidable de la física cuántica. Los tres recibieron el premio Nobel de Física de 1972, «por su teoría desarrollada conjuntamente de la superconductividad, habitualmente denominada teoría BCS». Era el segundo galardón de este tipo para Bardeen y hasta la fecha nadie más lo ha obtenido dos veces en esta categoría.[19]

Como sucede a menudo en la ciencia, terminó por verse que la teoría BCS no era totalmente satisfactoria. Este hecho se puso en evidencia por su incapacidad de predecir y explicar la existencia de la superconductividad en compuestos cerámicos, a temperaturas mucho más elevadas que las manejadas hasta entonces (del orden de unos cuantos grados kelvin, por lo que bastaba con enfriar los materiales con helio líquido). En 1986, en los laboratorios de IBM en Zúrich, Georg Bednorz y Alexander Müller (1986) hallaron que la resistencia eléctrica de un óxido de lantano, bario y cobre se anulaba a una temperatura del orden de 30 K (no tan alta, claro, para nuestras experiencias cotidianas).[20] Al año siguiente, Paul Chu (1987), nacido en Taiwán, pero catedrático en la Universidad de Houston desde 1979, elevó esta marca y encontró un óxido de itrio, bario y cobre que se volvía superconductor a los 93 °K, una temperatura que se puede alcanzar sin más que sumergir ese material en nitrógeno líquido, un elemento que, a diferencia del helio, es muy abundante y barato de licuar. Desde entonces, el número de compuestos (orgánicos e inorgánicos) con esta propiedad no ha hecho sino aumentar.

El descubrimiento de Bednorz y Müller (1986),[21] por el que recibieron el premio Nobel de Física en 1987, abrió nuevas perspectivas no solo a la física, sino también, y acaso sobre todo, a la tecnología: materiales superconductores a temperaturas que se pueden, o podrán, alcanzar en el mundo cotidiano.

19. Solo existen dos casos parecidos: Frederik Sanger y Barry Sharpless, que recibieron dos veces el premio Nobel de Química.

20. Hasta entonces, el superconductor de temperatura más elevada era una aleación de niobio y germanio, que anulaba su resistencia eléctrica a los 23 °K.

21. Véase, asimismo, Müller y Bednorz (1987).

10

El modelo estándar

Without experimentalists, theorists tend to drift
Without theorists, experimentalists tend to falter

Primera y segunda «ley de los físicos»
según T. D. Lee (1986: 8)

La formulación del modelo estándar es uno de los grandes logros del intelecto humano, uno que rivaliza con la mecánica cuántica. Será recordado (junto a la relatividad general, la mecánica cuántica y el desciframiento del código genético) como uno de los avances intelectuales más sobresalientes del siglo XX. Pero mucho más que la relatividad general y la mecánica cuántica es un producto colectivo.» Silvan Schweber (1997: 645) escribió estas palabras. Sabía bien de lo que hablaba, pues antes de convertirse en historiador de la ciencia fue un notable físico especializado en la teoría cuántica de campos, como atestigua su gran (y extensa, 913 páginas) obra *An Introduction to Relativistic Quantum Field Theory* (Schweber 1964).

El modelo estándar (que reúne las formulaciones teóricas de las interacciones electromagnética, nuclear débil y nuclear fuerte) al que está dedicado este capítulo es, no cabe duda, un monumento científico y al igual que las grandes catedrales es el fruto colectivo de un amplio número de investigadores. Es un homenaje a la creatividad y al diálogo constante entre experimentación y teoría. Un tributo en este sentido, es cierto, pero puede que el paso del tiempo lo deje obsoleto y que se dé un paso más en la incesante búsqueda de las leyes que explican el funcionamiento (y acaso, solo acaso, también el origen) del universo. «A finales de la década de 1970 —manifestaron Laurie Brown, Michael Riordan, Max Dresden y Lillian Hoddeson (1997: 3) en el capítulo introductorio al libro que ellos mismos editaron, *The Rise of the Standard Model*— los físicos de partículas elementales comenzaron a hablar del "modelo estándar" como la teoría básica de la materia. Esta teoría se basa en conjuntos de partículas fundamentales de espín ½ llamadas "'quarks" y "leptones", que interaccionan intercambiando cuantos generalizados, partículas de espín 1. El modelo se conoce como "estándar" porque proporciona una teoría de constituyentes fundamentales, una base ontológica para describir la estructura y comportamiento de todas las formas de la materia (excepto la gravitación), incluyendo átomos, núcleos, partículas extrañas y otras. En situaciones en las que se dispone de técnicas matemáticas apropiadas, puede utilizarse para hacer predicciones cuantitativas que están completamente de acuerdo con lo esperado. No existen resultados bien establecidos en física de partículas que estén claramente en desacuerdo con esta teoría.»[1] A esto hay que añadir que el modelo estándar provocó un profundo cambio en las actitudes de los físicos con respecto a la utilización de simetrías en la elaboración de teorías.

Precisamente, la amplitud de temas cubiertos y de científicos involucrados hace casi imposible que yo pueda ofrecer aquí una reconstrucción, ni tan siquiera medianamente completa, de su desarrollo. No se trata tan solo de la gran variedad de cuestiones y personajes. Las teorías postuladas para explicar la existencia y el comportamiento de las partículas que se descubrían iban asociadas a una matemática sofisticada, fuera del alcance de la mayoría de las personas. Es como si la «materialidad» terminase por disolverse en estructuras formales extremadamente abstractas, en especial de la teoría de grupos (grupos de

1. En lo que se refiere al nombre, Steven Weinberg (2025: 122) lo reclamó para sí, como señaló en su autobiografía: «El término "modelo estándar" surgió de la siguiente forma. Yo no quería convertir esta teoría en un dogma, de manera que comencé a llamarla el modelo estándar e intenté explicar que, por supuesto, el modelo estándar podía ser parcial o totalmente falso. Sin embargo, su importancia reside no en su posible verdad, sino en el territorio común que proporciona para una enorme variedad de datos astronómicos».

Lie, abelianos y no abelianos...), hasta acabar (¿por el momento?) en cuerdas ultramicroscópicas. En cierto sentido, es como si solo los entes matemáticos pudieran escapar de las sombras de la famosa caverna de Platón, como si ellos sí representaran la «realidad».

Quiero, asimismo, advertir de que para facilitar la identificación de algunos de los desarrollos que he seleccionado, en ocasiones no he respetado la secuencia temporal. También de que, para que mi exposición no resultara abrumadora y demasiado extensa, no he podido explicar con suficiente detalle la relación que existió entre ciertos avances, como, por ejemplo, los protagonizados por las partículas extrañas, la introducción de la idea de los quarks o la teoría electrodébil.

Espero, no obstante, que los acontecimientos que he escogido sirvan para hacerse una idea general de lo que es el modelo estándar. Como ya he indicado con anterioridad, se trata de una teoría que describe tres de las cuatro fuerzas fundamentales que se conocen en la naturaleza: electromagnética, nuclear débil y nuclear fuerte. Las dos primeras de ellas han sido unificadas en lo que se conoce como «teoría electrodébil» y la última se considera en la cromodinámica cuántica. Son las interacciones vigentes en el mundo cuántico.

1. Un «zoo» de partículas

Hasta ahora, nos hemos encontrado con un pequeño grupo de partículas «elementales». En el tercer capítulo vimos que a las ya conocidas, el protón y el neutrón, se sumaron en la década de 1930 el neutrón, el positrón, el neutrino y los mesones π (pion, que en realidad se presenta en tres tipos diferentes, π^0, π^+ y π^-) y μ (muon). A su vez, en el cuarto apartado entraron en escena, descubiertos en la segunda mitad de la década de 1940, los hiperones Λ y Σ^+ y el mesón pesado K^+, o kaón.

Estos hallazgos se realizaron en los rayos cósmicos. Sin embargo, la aparición de los aceleradores lo cambió todo. A estos hay que añadir la cámara de burbujas, inventada en 1952 por Donald Glaser (1926-2013), mientras formaba parte de la Universidad de Michigan. En 1957, Glaser fue ascendido a profesor de la misma, aunque solo dos años después la abandonó y pasó a la Universidad de Berkeley. El anuncio de su invento (por el que recibió el premio Nobel de Física de 1960) lo hizo en una carta que envió a *Physical Review*

(Glaser 1952).[2] Fue, sin embargo, Luis W. Álvarez (1911-1988) quien sacó más partido de ella en la física de partículas. «Por sus decisivas contribuciones a la física de partículas elementales, en particular el descubrimiento de un gran número de estados de resonancia, que consiguió al desarrollar la técnica de utilizar una cámara de burbujas y utilizar análisis de datos», recibió el premio Nobel de Física de 1968 (sobre Álvarez, ver Nevala-Lee 2025).

Con la proliferación de aceleradores cada vez más poderosos, esto es, capaces de alcanzar energías más altas en sus colisiones, el número de partículas descubiertas (que ya difícilmente podían ser consideradas «elementales», al menos hasta que llegaron los quarks) aumentó de manera progresiva. Intentar detallar el crecimiento de esa lista y componer un cuadro medianamente completo de sus integrantes, descubiertos a partir de la década de 1950, está fuera de los objetivos de este libro.[3] Sí quisiera señalar que en esta historia teoría y experimentación fueron de la mano: en no pocos casos los teóricos predecían la existencia de una partícula hasta entonces no observada y era función de los físicos experimentales de altas energías buscarla, lo que a veces implicaba construir aceleradores más potentes o adecuar los existentes para la tarea. Por otra parte, los modelos disponibles no permitían encajar todas, o parte, de las observaciones realizadas o supuestas. Esto dio lugar a una rama de la física de altas energías muy activa, centrada en formulaciones y cálculos para *diferenciar* las propuestas, así como sus consecuencias empíricas, y medir sus parámetros asociados: es la denominada *fenomenología de la física de partículas*.

2. Véase también Glaser (1953). Las primeras cámaras de burbujas eran pequeñas, como sucedió con los ciclotrones, pero terminaron por alcanzar grandes dimensiones. Manuel Aguilar Benítez de Lugo (2014: 106) señaló un ejemplo en este sentido: «En Brookhaven y Berkeley se registraron, en las primeras cámaras de burbujas de grandes dimensiones, muestras estadísticamente importantes de partículas extrañas (K^0, $K^{\pm}$, L^0, S^0, $S^{\pm}$, X^0, X^-) y de sus estados excitados. Estos datos permitieron estudiar con cierto detalle las características de los procesos de producción y las secuencias de desintegración de estas novedosas partículas. En particular, se puso de manifiesto la producción asociada de partículas extrañas en colisiones pion-protón y la existencia de dos modos de desintegración del kaón neutro K^0 (K^{0S}, K^{0L}), con vidas medias muy distintas (10^{-10} s, 10^{-8} s)».

3. Se puede encontrar más información en *Physique des Particules* (1982), Nambu (1985), Brown y Hoddeson, eds. (1983), Ne'eman y Kirsh (1988), Brown, Dresden y Hoddeson, eds. (1989), Hoddeson, Brown, Riordan y Dresden, eds. (1997), Fraser, ed. (1998) e Ynduráin (2006).

Para hacerse una idea del crecimiento del número de integrantes en ese listado, basta con recurrir a las palabras de Enrico Fermi en la Conferencia Internacional de Física Nuclear y Física de Partículas Fundamentales, celebrada en Chicago en 1951. En su intervención, enumeró las 21 «partículas fundamentales» que por entonces se conocían (Fermi 1965 b: 825): electrón, positrón, protón, antiprotón, neutrón, antineutrón, fotón, pion positivo, pion negativo, pion neutro, muon negativo, muon positivo, gravitón, V^+, V^-, V^0, mesón τ^+, mesón τ^-, mesón K^+, mesón K^- y neutrino. Según las notas tomadas durante su ponencia, Fermi (1965 b: 826) manifestó: «Filosóficamente, al menos algunas de estas 21 partículas deben estar lejos de ser elementales. El requisito para que una partícula sea elemental es que no posea estructura. Probablemente algunas de estas 21 partículas no sean objetos sin estructura. Incluso pueden tener alguna estructura geométrica, si la geometría tiene algún sentido en un dominio tan pequeño. Las partículas fundamentales se distinguen más fácilmente por la carga, la masa y el espín».[4]

Esta distinción ya la había propuesto en un artículo, que escribió en colaboración con el físico chinoamericano Chen Ning Yang, titulado «Are mesons elementary particles?». Este texto comenzaba con las siguientes palabras (Fermi y Yang 1949: 1739):

> En los últimos años, se han descubierto diversas partículas que actualmente se consideran «elementales»; esto es, básicamente sin estructura. La probabilidad de que todas esas partículas sean realmente elementales se hace cada vez menor, según va creciendo su número.
>
> No es en absoluto cierto que nucleones, mesones, electrones y neutrinos sean todos partículas elementales y podría ser que, al menos, algunos de los fallos de las teorías actuales se deban a que no se considere

4. Mirando atrás en el tiempo, en un librito dedicado a explicar al público los aceleradores, William Kernan (1968: 46) desarrolló bien esta idea: «Hace solo unos años era posible establecer una lista de alrededor de treinta partículas subatómicas que se consideraban "fundamentales", esto es, que no podían ser explicadas como simples compuestos de otras. Sin embargo, en los últimos años se han observado otros sesenta o setenta objetos subatómicos, en experimentos que utilizan las altas energías y los haces de alta intensidad disponibles con los nuevos aceleradores. Llamar a estos objetos "partículas fundamentales" parecería dar una imagen muy complicada de la naturaleza, de manera que los físicos han buscado diligentemente principios simplificadores».

> la posibilidad de que algunas de ellas puedan tener una estructura compleja. Desgraciadamente, no poseemos prueba alguna para decidir si esto es cierto, mucho menos para decidir qué partículas son simples y cuáles complejas.

El artículo se dedicaba a analizar la hipótesis de que el mesón π pudiera no ser elemental, sino estar compuesto por la asociación de un nucleón (esto es, un protón o un neutrón) y un antinucleón.

Por su parte, en un libro dedicado a *Los cazadores de partículas*, Yuval Ne'eman y Yoram Kirsh (1988: 134-136) dijeron:

> En 1952 fue inaugurado en el Brookhaven National Laboratory, en el estado de Nueva York, el acelerador «Cosmotrón». Como este acelerador es capaz de acelerar protones hasta energías situadas en la escala de los GeV, podía producir una amplia variedad de partículas nuevas dotadas de energías predeterminadas y en las direcciones deseadas, lo que facilitaba la investigación de sus propiedades. En un lapso de pocos años, se construyeron en Estados Unidos otros aceleradores capaces de operar en la escala de los GeV y las propiedades de las nuevas partículas se tornaron más claras. Se hizo evidente que las nuevas partículas podían ser divididas en dos grupos. El primero estaba formado por cinco partículas que poseían masas de aproximadamente 500 MeV, que son similares en cierto sentido a los piones (poseen espín cero y se ven afectadas por la interacción fuerte) y pueden ser consideradas también mesones. En este grupo encontramos un cuarteto de partículas similares, conocidas como mesones K, o kaones, una positiva, una negativa y dos neutras, y encontramos también una partícula neutra aislada, la éta cero (η^0). Los kaones positivo y negativo constituyen un par partícula-antipartícula, como lo constituyen igualmente los dos kaones neutros. La η^0 es su propia antipartícula. [...]
>
> En el segundo grupo encontramos nuevas partículas que poseen espín fraccionario (1/2 o 3/2) y cuyas masas son mayores que las de los nucleones; los nucleones se cuentan, en rigor, entre los productos de desintegración. Estas partículas se llaman hiperones. El grupo consiste en siete partículas: una partícula neutra aislada conocida como lambda (Λ^0), un trío de partículas que poseen cargas de +1, 0 y -1, llamadas sigma (Σ^+, Σ^0, Σ^-); un par de partículas que poseen cargas de -1 y 0, conocidas como xi (Ξ^0, Ξ^-). En 1964 se les sumó una solitaria partícula negativa, la omega menos (Ω^-). Cada una de esas partículas tiene su propia

antipartícula, Σ^- y Σ^+ no son partícula y antipartícula como lo son K^+ y K^-. La antipartícula de Σ^- es una partícula positiva que denotaremos Σ^+. [...] También la Ω^- tiene una antipartícula [...].

La mayoría de las partículas [mencionadas] se desintegran en lapsos de tiempo de 10^{-10} – 10^{-8} segundos después de su formación, en tanto que las vidas de algunas de ellas son aún más breves (de hasta 10^{-20} segundos). En su mayor parte fueron descubiertas durante la década de 1950-1960, pero la η^0 y la Ω^- (de vida más corta o masa más grande que las otras) no fueron descubiertas hasta la década siguiente. Su descubrimiento proporciona un buen ejemplo de predicción teórica acertada, similar a la predicción del mesón por Yukawa: fueron descubiertas experimentalmente después de que los físicos teóricos hubiesen predicho con éxito, no solo su existencia, sino también sus propiedades. [...]

Es de notar que cuando fueron descubiertos el kaón y los hiperones recibieron el nombre de «partículas extrañas», porque no encajaban en la sólida imagen del mundo que los físicos habían construido y porque su estudio ponía en evidencia varios enigmas. Por ejemplo, en los experimentos con aceleradores se comprobó que cuando esas partículas se formaban en colisiones protón-protón o pion-protón siempre se producían en pares. Esto dio origen a la sospecha de que sobre su formación influía una ley de conservación que aún no se conocía, tal como la formación del par electrón-positrón a partir del protón constituía una indicación de la ley de conservación de la carga. Otro motivo de sorpresa se relacionaba con sus vidas: en teoría estas partículas deberían desintegrarse mucho más rápidamente que como lo hacen en realidad, es decir, en un lapso de 10^{-23} segundos, y no en 10^{-10} o 10^{-8} segundos como se ha observado experimentalmente que sucede.

Taxonomía de las partículas elementales hasta 1954[5]

Hadrones: Partículas sometidas a la interacción fuerte.

Fermiones: Partículas que cumplen el principio de exclusión de Pauli; esto es, cuyo espín es semientero.

Bariones: Partículas que son a la vez hadrones y fermiones. En 1954 se conocían además seis especies de bariones extraños.

5. Según Glashow (1994: 112).

Leptones: Fermiones no sometidos a la interacción fuerte. En 1954 los electrones eran los únicos leptones observados. Pauli había propuesto la existencia de neutrinos, pero aún no se habían observado.

Bosones: Partículas que no cumplen el principio de exclusión de Pauli; esto es, cuyo espín es entero.

Mesones: Partículas que son a la vez hadrones y bosones. En 1954 esta categoría incluía a los tres piones y cuatro mesones extraños llamados kaones.

Otros bosones: En 1954, los fotones eran los únicos bosones que no estaban sometidos a la interacción fuerte. Después de ese año, se sumaron los bosones W y Z.

Partículas elementales con una vida superior a 10^{-20} segundos conocidas en 1970[6]

Fotón

Leptones: Partículas que no experimentan la interacción fuerte. Forman parte de la familia de los fermiones, es decir, tienen espín semientero:

Electrón, muon, neutrino electrónico y neutrino tauónico.

Mesones: Partículas que responden a la interacción fuerte. Forman parte de los hadrones y tienen espín entero:

Pion positivo, pion negativo, pion neutro, kaón positivo, kaón negativo, k-largo, k-corto y éta.

Bariones: Partículas pesadas formadas por tres quarks:

Protón, neutrón, lambda, sigma-más, sigma-cero, sigma-menos, ksi-cero, ksi-menos y omega-menos.

2. Un nuevo número cuántico: extrañeza

There is no excellent beauty that hath not some strangeness in the proportion

Francis Bacon, citado al comienzo de un artículo de Gell-Mann y Resenbaum (1957)

6. Tomado de 't Hooft (2001: 42-43).

El problema de la diferencia en los tiempos de desintegración se explicaba porque kaones e hiperones tenían bastante probabilidad de ser creados en colisiones entre protones. Sin embargo, se comprobó que estos choques sucedían en un pequeñísimo intervalo de 10^{-22} segundos, lo que significaba que era un proceso regido por la interacción nuclear fuerte. Ahora bien, las partículas creadas de esta manera se desintegraban con una lentitud mucho mayor, de unos 10^{-10} segundos, característica de la fuerza nuclear débil. Precisamente por esta circunstancia se consideró que los productos de la reacción eran «raros», «extraños». En palabras de Ne'eman y Kirsh (1988: 180-181):

> El hiperón lambda, por ejemplo, se desintegra dando un nucleón y un pion, y ambos participan en interacciones fuertes. El kaón cargado puede desintegrarse de muchas formas, una de las cuales da por resultado tres piones. El resto de las partículas extrañas se desintegran en piones, nucleones y otras partículas extrañas. ¿Por qué no operan esas desintegraciones dentro de un lapso de 10^{-22} segundos desde la formación de la partícula? ¿Cuál es el secreto de la larga vida de estas partículas? Como no había respuesta alguna a mano, se optó por aplicar a esas partículas el calificativo de «extrañas».

El estadounidense Murray Gell-Mann (1929-2019) y el japonés Kazuhiko Nishijima (1926-2009) encontraron, de manera independiente, una solución al problema. Para ello, introdujeron un nuevo número cuántico, que Gell-Mann denominó «extrañeza» y Nishijima «carga éta», o «carga η», por el mesón η^0. Para Robert Marshak (1989: 653), otro de los físicos que destacaron en este campo, «no es una exageración decir que las dos grandes sorpresas de la década de 1950 fueron el descubrimiento de las partículas extrañas y la confirmación de la violación de la paridad en las interacciones débiles». De este último fenómeno trataré más adelante.

Gell-Mann fue uno de los mejores físicos de la segunda mitad del siglo XX. Hijo de inmigrantes judíos provenientes de la actual Ucrania, nació en Nueva York y pronto dio muestras de su genio, como atestigua el hecho de que con diecinueve años se graduara en Física por la Universidad de Yale. Del mismo modo, tan solo dos años después, en 1951, se doctoró en el MIT bajo la dirección de Weisskopf, de quien era ayudante de investigación. Su tesis se tituló *Coupling strength and nuclear reactions*. A partir de entonces, su carrera le llevó al Institute for Advanced Study de Princeton, donde pasó doce meses, y al Instituto de Estudios Nucleares de la Universidad de Chicago, al que se incorporó en enero de 1952 como instructor. Difícilmente podría haberse dirigido a un lugar mejor, pues allí estaba Enrico Fermi, que mantenía contacto con experimentalistas como Valentine Telegdi y Richard Garwin. También enseñaban en esta institución teóricos como Teller, Szilard y Goldberger, mientras que en la Facultad de Química trabajaba Harold Urey. Gell-Mann permaneció en Chicago hasta que en 1954 se trasladó al Californian Institute of Technology, donde ocupó la cátedra Robert Andrews Millikan de Física Teórica hasta su jubilación en 1993. En 1969 obtuvo el premio Nobel de Física «por sus contribuciones y descubrimientos relativos a la clasificación de las partículas elementales y sus interacciones».[7] En cuanto a Nishijima, estudió Física en la Universidad de Tokio y se doctoró en 1955 en la de Osaka, donde trabajó desde 1950 bajo la dirección de Yoichiro Nambu, quien volverá a aparecer más adelante por una de sus contribuciones: la ruptura espontánea de simetrías.

En 1953, Murray Gell-Mann (1953) y Tadao Nakano y Kazuhiko Nishijima (1953) introdujeron el número cuántico que acabó por denominarse «extrañeza», S, que se conserva en las interacciones nuclear fuerte y electromagnética, pero no en la nuclear débil.

A Λ^0 se le asignó, de manera arbitraria, una extrañeza de -1, y teniendo en cuenta que esta no cambia en una reacción como $\pi + p \rightarrow \Lambda^0 + K^0$ y que para los piones, protones y neutrones es 0, se sigue que su valor para K^0 debe ser +1. Tras recurrir a otros procesos similares, se dedujo, por ejemplo, que la S de Ξ^0 es -2 y la de Ω^-, -3.

En su artículo, Gell-Mann no utilizó la expresión «extrañeza». Él mismo contó lo sucedido (Gell-Mann 1982: 400):

> Envié mi artículo en agosto de 1953: «Isotopic spin and new unstable particles». Este no era el título [del borrador], sino «Isotopic spin and curious particles» . *Physical Review* rechazó «Curious particles». Probé con «Strange particles» y también lo rechazaron. Insistieron en «New unstable particles». Esa fue la única frase suficientemente pomposa para los editores de *Physical Review*.

7. La biografía, científica y personal, de Gell-Mann se analiza en George Johnson (1999).

3. El «*eightfold way*»

Un nuevo y muy importante hito en esta carrera de obstáculos fue el modelo que clasificaba los hadrones (recordemos, partículas susceptibles de ser afectadas por la interacción fuerte) en familias, con base en un principio que más tarde se denominó «camino óctuple» («*eightfold way*» en inglés, en referencia a la doctrina budista del mismo nombre). Este mecanismo fue propuesto de manera independiente (una circunstancia que, como se puede ver, se repitió con cierta frecuencia y que debe entenderse como una manifestación de lo activo y trasnacional que era este campo de investigación) por Gell-Mann (1961, 1962) y por el físico israelí Yuvai Ne'eman (1961), entonces en la Facultad de Física del Imperial College de Londres.[8] Ambos se dieron cuenta de que los mesones (hadrones con espín entero) y parte de los bariones (hadrones pesados con espín semientero) se podían agrupar de forma natural en octetes. Al mismo tiempo, los bariones de espín -3/2 lo hacían en decupletes y formaban triángulos con diez miembros.[9]

Un aspecto importante a reseñar es que Gell-Mann y Ne'eman utilizaron en sus análisis el grupo unitario SU(3), un grupo de Lie de ocho dimensiones, lo que se ajustaba bien a los octetes. Su propuesta fue pionera en la utilización de este tipo de herramientas matemáticas en la física de partículas elementales. Además, estas técnicas se podían utilizar en el estudio de simetrías en procesos de altas ener-

8. La biografía de Ne'eman (1925-2006) es interesante y peculiar. Mientras estudiaba ingeniería mecánica en Tel Aviv, se unió, a la edad de quince años, a la Haganá, la organización paramilitar judía (entonces Palestina estaba bajo mandato británico). En la guerra árabe-israelí de 1948, sirvió en la Fuerza Aérea de este país, en la que ocupó diversos puestos. Más tarde (1952-1954), desempeñó cargos importantes en el Departamento de Operaciones del Alto Estado Mayor (fue responsable del primer borrador de la doctrina de defensa israelí). Entre 1958 y 1960, fue agregado militar en la embajada de Israel en el Reino Unido, circunstancia que aprovechó para convertirse en doctorando de Abdus Salam en el Imperial College de Londres. En 1961, cuando fue desmovilizado, se dedicó de lleno a la investigación. A partir de 1965, fue catedrático de Física en la Universidad de Tel Aviv. Existe una amplia recopilación de artículos que tratan del camino óctuple: Gell-Mann y Ne'eman (1964).

9. Los hadrones pueden ser de dos tipos: bariones (protones, neutrones e hiperones) o mesones (partículas cuya masa se encuentra entre la del electrón y la del protón).

gías. Asimismo, y como había enseñado Emmy Noether en 1919, permitían derivar leyes de conservación, que siempre son un tesoro en la ciencia.[10]

Pauli, que siempre fiel a sí mismo era la conciencia de la física y permanecía alerta en todo momento a lo que se hacía y a lo que se podía o se debía hacer, ya adelantó en 1955 la necesidad de llevar el conocimiento de la teoría de grupos continuos a los investigadores en el campo de las partículas elementales. Este extremo queda demostrado por una serie de conferencias que dio en Copenhague a los miembros de la División de teoría del CERN en septiembre de 1955 y que este departamento publicó en diciembre de 1956 (Pauli 1956).[11] Una década más tarde, esta misma institución dio a la imprenta otro documento sobre estas herramientas matemáticas, en este caso debido a L. C. Biedenharn (1965): *Group Theory and the Classification of the Elementary Particles*. El texto reproducía las ponencias que Biedenharn pronunció en febrero de 1965 en el marco del Programa de Formación Académica.

Al igual que hizo Mendeléiev con su famosa tabla periódica de los elementos, el camino óctuple «cartografiaba» todos los hadrones entonces conocidos y predecía otros, que debían ocupar los vacíos que aparecían en la clasificación. Así, al agrupar los mesones pseudoescalares, Gell-Mann postuló la existencia de uno de ellos, necesario para completar el octete. Esta partícula, luego llamada éta o η (ya nos ha aparecido con anterioridad), fue descubierta en 1961 por un equipo de once físicos de la Universidad Johns Hopkins y de la Universidad del Noroeste (Pevsner *et al.* 1961). Del mismo modo, el barión Ω^- se identificó en 1964 en el Brookhaven National Laboratory, Upton, Nueva York, por un grupo formado por 33 científicos (Barnes *et al.* 1964). Este tipo de conjuntos muy numerosos de investigadores se convirtió en una característica de la física experimental de altas energías.

Se puede decir que, tras la introducción de la extrañeza, el camino óctuple constituyó el segundo paso en el sendero que llevó a los quarks.

10. Sobre grupos y simetrías, véase más adelante.

11. Recuérdese la antigua aversión de Pauli a la teoría de grupos, la cual quedaba resumida en su frase (*HFC-2*, 353) «*die gruppen-pest*» («la peste de los grupos»).

4. Los quarks y la cromodinámica cuántica

Desde un punto de vista matemático, el *eightfold way* se podía representar en tres dimensiones. Esta propiedad condujo en 1964, de nuevo de manera independiente, a Murray Gell-Mann y a George Zweig (nacido en Moscú en una familia de origen judío, graduado en Matemáticas por la Universidad de Michigan y doctorado bajo la dirección de Feynman en el Californian Institute of Technology, trabajador en ese momento del CERN) a proponer la idea de los *quarks*, «*aces*» en la terminología de Zweig (Gell-Mann 1964, Zweig 1964).[12]

Para Zweig (1980), «la historia del modelo del quark no tiene un comienzo claro. Un punto de partida natural es el notable artículo de Fermi y Yang de 1949 [Fermi y Yang 1949], en el que trataban de la posibilidad de que el recientemente descubierto mesón π no fuera una partícula elemental, sino más bien un compuesto nucleón-antinucleón». Sin embargo, continuaba Zweig, «cuando me describieron por primera vez su artículo, pensé que era obvio que estaban equivocados. Por entonces se había descubierto el antiprotón. Su interacción con un protón claramente no era lo suficientemente fuerte como para formar un pion casi sin masa». Tampoco pensaba que el modelo de Shoichi Sakata (1956) fuera mejor, a pesar de que este había desarrollado sus ideas tras el descubrimiento de la extrañeza. En su artículo «Origins of the quark model», Zweig mencionó también otros trabajos (muchos de ellos de científicos japoneses), pero ninguno le parecía convincente. No obstante, semejante bibliografía denota su interés por el problema de reducir las nuevas partículas a otras más fundamentales, un camino que acaso pudiera llevar a la misma situación para otros casos más establecidos.

Sin embargo, lo que de verdad influyó a Zweig fue el ambiente de Caltech, donde preparó su doctorado:

12. La tesis de Zweig (1964) se tituló *Two topics in Elementary Particle Physics: The reaction Photon-neutron going to pion-nucleon at high energies. K leptonic decay and partially conserved current*. Para las versiones de Gell-Mann y Zweig del modo en que llegaron a este descubrimiento, véanse Gell-Mann (1995, 1997) y Zweig (1980, 2010). Los trabajos del primero sobre los quarks se reproducen, con comentarios, en Fritzsch (2019). La bibliografía sobre los quarks es inmensa, pero un análisis interesante, por su carácter sociológico, es el de Pickering (1984).

Todos los puntos de vista estaban representados en Caltech. Feynman, Frautschi, Gell-Mann y Zachariasen eran profesores allí, mientras que Hung Chen, Sidney Coleman, Robert Dashen, Bill Wagner y Ken Wilson eran algunos de los alumnos más ilustres. Glashow era un miembropostdoctoral.

Yo era un estudiante de posgrado de segundo año cuando Murray [Gell-Mann] dio su primer seminario sobre el camino óctuple. Fue fantástico. En lo que a mí concernía, su clasificación de partículas en representaciones irreductibles de SU(3) era obviamente correcta, aunque la comunidad científica no aceptó completamente estas relaciones hasta que tres años después se descubrió el Ω^-.

Con semejante bagaje, en el otoño de 1962 Zweig decidió escribir una tesis teórica. «Mientras que anteriormente había estado trabajando en el experimento de inversión del tiempo, ocasionalmente iba a hablar con Murray sobre problemas teóricos de física. Antes de que él tomase un permiso para visitar el MIT en el invierno de 1962-1963 sugirió que viera a Feynman, que después se convirtió en mi supervisor. No volví a ver a Murray hasta que regresé del CERN dos años después.» No cabe duda de que este comentario pretende demostrar la independencia del joven con respecto a su mentor en lo que se refiere a la teoría de los quarks-aces.

Así, llegó en última instancia a lo que denominaba «el problema del barión», esto es, la posibilidad de formar estos a partir de otras partículas:

Trabajé compulsivamente tratando de resolverlo. Un día, mientras estaba estudiando un artículo de revisión de Behrends, Dreitlein, Fronsdal y Lee, advertí que en su tabla de multiplicación de las representaciones de SU(3) [...] aunque las representaciones ocho y diez no eran las correctas en el modelo de Sakata, eran casi empíricamente correctas. Por consiguiente, los bariones debían construirse de 3x3x3, lo que significa que los constituyentes tenían número bariónico 1/3. Con el espín isotópico y las extrañezas asignadas de p, n y Λ, la relación de Gell-Mann-Nishijima

$$Q = e \cdot \left[I_z + \frac{(B+S)}{2} \right]$$

daba entonces cargas fraccionarias para los constituyentes. Las cargas fraccionarias me preocupaban, porque yo quería una correspondencia entre leptones y constituyentes de hadrones. Tener un conjunto de estas partículas cargadas íntegramente y otro conjunto cargadas fraccionalmente era feo, pero en este punto parecía que no había elección.

Este fue un tiempo fantástico y excitante. Era imposible terminar incluso el cálculo más sencillo sin levantarme, ir de un lado a otro durante algunos minutos, y apresurarme a volver a sentarme para ver si las cosas funcionaban bien después de todo.

Cada constituyente estaba representado por un polígono regular. Los constituyentes pesados fueron dibujados más grandes y con más vértices. Hubo una excepción. Como los pentágonos son más difíciles de dibujar que los cuadrados, y todavía no se había descubierto ninguna evidencia del cuarto constituyente, la serie de constituyentes comenzaba, más que terminaba, con un círculo. Se llamó a los constituyentes «ases», en parte porque entonces se conocían cuatro leptones. El número total de constituyentes era, por supuesto, desconocido.

Zweig llamó «*aces*» a estos constituyentes fundamentales, como en las barajas francesa e inglesa, en las que los palos están representados por el naipe más poderoso, el as. No obstante, el nombre que perduró fue el de Gell-Mann: *quark*. En su libro *The Quark and the Jaguar*, Gell-Mann (1995: 198) explicó el origen de esa denominación:

En 1963, cuando bauticé con el nombre de «quark» a los constituyentes elementales de los nucleones, partí de un sonido que no se escribía de esa forma, algo parecido a «cuorc». Entonces, en una de mis lecturas ocasionales de *Finnegans Wake*, de James Joyce, descubrí la palabra «*quark*» en la frase «Tres quarks para Muster Mark». Dado que «quark» (que se aplica más que nada al grito de una gaviota) rimaba con «Mark», tenía que buscar alguna excusa para pronunciarlo como «cuorc». Pero el libro narra los sueños de un tabernero llamado Humphrey Chipden Earkwicker. Las palabras del texto suelen proceder simultáneamente de varias fuentes, como las «palabras híbridas» en *Through the Looking-Glass*, de Lewis Carroll. De vez en cuando aparecen frases parcialmente determinadas por la jerga de los bares. Razoné, por tanto, que tal vez una de las fuentes de la expresión «Tres quarks para Muster Mark» podría ser «Tres cuartos para míster Mark» (cuarto en inglés es *quart*) en cuyo caso la pronunciación «cuorc» no estaría totalmente injustificada. En cualquier caso, el número tres encaja perfectamente con el número de quarks presentes en la naturaleza.

Zweig quería que su idea viera la luz en la principal revista estadounidense de física, *Physical Review*. En cambio, el encargado de publicaciones del CERN, el belga Léon van Hove, futuro director general de la Organización, quería que lo hiciera en Europa. Esto causó serios problemas para Zweig, quien finalmente difundió su teoría en un texto previo impreso por el propio CERN (Zweig 1964). Es curioso que Gell-Mann (1964) eligiera una revista europea, *Physics Letters*, para dar a conocer su versión.

De acuerdo con ambos investigadores, los hadrones están formados por dos o tres especies de quarks y antiquarks, denominados *up* (*u*; arriba), *down* (*d*; abajo) y *strange* (*s*; extraño). Respectivamente, sus cargas eléctricas son equivalentes a 2/3, –1/3 y –1/3 la del electrón. Así, un protón está formado por dos *u* y un *d*, mientras que un neutrón está formado por dos *d* y un *u*. Por consiguiente, los nucleones son estructuras compuestas. Sin embargo, a mediados de la década de 1970 se descubrió una nueva partícula que no se podía explicar de este modo. El hallazgo fue realizado de manera simultánea por dos grupos. Uno de ellos fue el equipo del MIT liderado por Samuel Ting, que utilizó el protón-sincrotrón de Brookhaven. Ting nació en Estados Unidos, en Ann Arbor, Michigan, mientras su padre, profesor de ingeniería, y su madre, docente de psicología, visitaban el país norteamericano procedentes de China. De este modo, el pequeño creció en Asia y solo regresó a Michigan cuando ya tenía veinte años. El otro grupo era fruto de una colaboración entre las universidades de Stanford y Berkeley y estaba dirigido por Burton Richter, un neoyorkino que había estudiado y se había doctorado en el MIT en 1956, con una tesis sobre la creación de piones en las colisiones a altas energías entre fotones y protones.

El anuncio del descubrimiento tuvo lugar de forma un tanto, digamos, peculiar. Se produjo a mediodía del 11 de noviembre de 1974, en un seminario en el Centro del Linear Accelerator de Stanford (SLAC). Antes de comenzar el encuentro, Ting le dijo a Richter: «Burt, tengo que comunicarte un interesante resultado». A lo que este respondió: «Sam, tengo que comunicarte un interesante resultado». En el caso de Brookhaven, se trataba de una partícula que se había identificado a raíz de su desintegración en el par e^+e^-, mientras que en el SLAC se había encontrado en el proceso inverso, en colisiones e^+e^-. Ting la bautizó *J* y Richter la denominó ψ. Finalmente, se llamó *J*/ψ (*J*/*psi*) (Aubert *et al.* 1974, Augustin *et al.* 1974). Durante algún tiempo, se debatió cuál era su naturaleza, hasta que quedó claro que se trataba del estado ligado de un cuarto quark, *c*, con su antipartícula (Glashow, Iliopoulos y Maiani 1970). El nombre *charm* (encanto) para este nuevo quark ya había aparecido antes, en 1964, en un artículo firmado por James Bjørken y Sheldon Glashow (1964), en el que predijeron su existencia. Más tarde, se descubrieron otros dos quarks más: *bottom* (*b*; fondo o inferior), en 1977 por el grupo de Lederman en el Fermi National Accelerator Laboratory, o Fermilab de Chicago (Herb *et al.* 1977), y *top* (*t*; cima) en 1995 (Abe *et al.* 1995, Abachi *et al.* 1995). Para caracterizarlos, se dice que los quarks se presentan en seis «sabores» (*flavours*). Además, cada uno de estos tipos puede ser de tres clases, o «colores»: rojo, amarillo (o verde) y azul. Para cada quark existe un antiquark.

Por supuesto, las anteriores propiedades (color, sabor...) no representan la realidad que solemos asociar con tales conceptos, aunque en algunos casos pueden tener una cierta lógica, como sucede con la primera de ellas. Veamos lo que el propio Gell-Mann (1995: 199) manifestó con respecto a este término:

> Aunque el término «color» es más que nada un nombre gracioso, sirve también como metáfora. Hay tres colores, denominados rojo, verde y azul, a semejanza de los tres colores básicos en una teoría simple de la visión humana del color (en el caso de la pintura, los tres colores primarios suelen ser el rojo, el amarillo y el azul, pero para mezclar luces en lugar de pigmentos, el amarillo se sustituye por el verde). La receta para un neutrón o un protón consiste en tomar un quark de cada color, es decir, uno rojo, uno verde y uno azul, de modo que la suma de colores se anule. Como en la visión del color blanco se puede considerar una mezcla de rojo, verde y azul, podemos decir metafóricamente que el neutrón y el protón son blancos.

En definitiva, los quarks tienen color, pero los hadrones no: son blancos. La idea es que solo las partículas de este tipo son observables de manera directa en la naturaleza. En cambio, los quarks no lo son. Ellos están «confinados», asociados entre sí para formar hadrones. Nunca podremos hallar uno libre. Ahora bien, para que permanezcan así deben mediar entre ellos fuerzas muy diferentes de las electromagnéticas o de las restantes. «Así como la fuerza electromagnética entre electrones está mediada por el intercambio virtual de fotones —dijo de nuevo Gell-Mann (1995: 200)—, los quarks están ligados entre sí por una fuerza que surge del intercambio de otros cuantos: los *gluones* (del inglés *glue*, pegamento), llamados así porque hacen que los quarks se peguen formando objetos observables blancos, como el protón y el neutrón.» Se hallaron evidencias de la existencia de los gluones gracias a DESY, el centro alemán de física experimental de altas energías, que permitieron interpretar los decaimientos hadrónicos en términos de tres gluones (Berger *et al.* 1979).

A finales de la década de 1960, se pudieron producir en el SLAC electrones con la suficiente energía como para mostrar (fue una colaboración Stanford-MIT) la configuración en el interior de los protones. La idea de partida era que si la carga positiva estuviera distribuida de manera uniforme en estos, entonces los electrones los atravesarían sin experimentar desviaciones apreciables. En cambio, si estuviese concentrada en estructuras internas, esto es, en los quarks, entonces una carga negativa que pasase cerca de uno de ellos se desviaría más que otra que lo hiciera más lejos. Los experimentos en SLAC mostraron este comportamiento. No obstante, la idea de los quarks aún no se había asentado lo suficiente, de manera que muchos científicos (incluidos Gell-Mann y Zweig) dudaban de su realidad física. Feynman (1969, 1970), colega del primero en Caltech y, recordemos, director de tesis del segundo, se interesó por los resultados del acelerador. Sin embargo, no los interpretó en términos de quarks, sino de unas entidades que, de hecho, había imaginado un poco antes y a las que denominó «partones» (porque eran «parte» de los hadrones). Con no excesiva rapidez, esta terminología fue abandonada en favor de los quarks, para lo que ayudó mucho la formulación de una teoría de estos últimos. A su vez, en este desarrollo desempeñaron un papel destacado Harald Fritzsch, del Instituto Max Planck de Física y Astrofísica de Múnich, y Gell-Mann, que completaron un trabajo al respecto mientras ambos estaban en el CERN (Fritzsch y Gell-Mann 1972). En este texto asentaron, con más solidez que otros, las bases de lo que terminaría por denominarse «cromodinámica cuántica», formularon la teoría de la interacción nuclear fuerte, que explica el motivo por el que los quarks están confinados con tanta fuerza que nunca pueden escapar de las estructuras hadrónicas que forman, y el papel que desempeñan los gluones en estas uniones.

Cuando se lee el artículo de Fritzsch y Gell-Mann (1972) se encuentra, al comienzo de la sección II («Quarks y gluones ficticios y sus estadísticas»), la siguiente afirmación: «Aquí suponemos que los quarks no tienen contrapartidas reales que se puedan detectar aisladamente en el laboratorio; se supone que están permanentemente ligados en el interior de mesones y bariones». Aludían con esto a una propiedad de la fuerza que los une, denominada libertad asintótica. David Gross y Frank Wilczek (1973), junto a David Politzer (1973), pero de forma independiente a este último, la formularon sobre una base teórica firme:[13] cuanto más cerca están dos quarks, menor es la fuerza que actúa entre ellos y, de manera recíproca, la interacción aumenta al hacerlo la separación, circunstancia esta que explica que no se puedan observar en libertad.

En lo que se refiere a Gell-Mann, él no tuvo dudas acerca de la realidad de los quarks. En este sentido, en *The Quark and the Jaguar*, Gell-Mann (1995: 199-200) explicó:

> Cuando propuse la existencia de los quarks, creía desde el principio que estarían permanentemente confinados de alguna manera. Me refería a ellos como entes «matemáticos», explicando cuidadosamente qué quería decir con eso y contrastándolo con lo que yo llamaba «quarks reales», susceptibles de emerger y ser detectados como entidades singulares. La razón para esta elección de lenguaje era que no tenía ganas de entablar discusiones con críticos de inclinación filosófica que me exigiesen explicar cómo podía calificar de «reales» a los quarks si siempre estaban ocultos. La terminología se demostró, no obstante, desafortunada. Muchos autores, ignorando mi explicación de los términos «matemático» y «real», así como el hecho de que la situación que yo describía es la que actualmente se considera correcta, han afirmado que yo en realidad no creía en la presencia física de los quarks. Una vez que un malentendido como este queda establecido en la literatura popular tiende a perpetuarse, porque los escritores muchas veces se limitan a copiarse entre sí.

13. Los tres compartieron el premio Nobel de Física de 2004. Véase la descripción que Gross (1997) hizo del descubrimiento.

El propio Gell-Mann (1995: 201-202) resumió la naturaleza de la cromodinámica cuántica como sigue:

> Hacia 1972, algunos de nosotros contribuimos a la formulación de una teoría cuántica de campos definida para quarks y gluones. La denominé cromodinámica cuántica, empleando la raíz griega *chromos* (color). Parece que es la teoría correcta y como tal se la reconoce por lo general, aunque todavía queda mucho trabajo matemático por hacer antes de que podamos asegurar que sus detalladas predicciones cuantitativas están de acuerdo con la experiencia, confirmándose así que los quarks, antiquarks y gluones (los componentes de todos los objetos nucleares, como el neutrón y el protón) se comportan realmente según las leyes de la cromodinámica cuántica.
>
> Para comparar la electrodinámica cuántica (QED) con la cromodinámica cuántica (QCD, del inglés *quantum chromodynamics*) podemos elaborar una especie de diccionario. En la QED, electrones y positrones interactúan a través del intercambio de fotones virtuales, mientras que en la QCD quarks y antiquarks lo hacen intercambiando gluones virtuales. La fuerza electromagnética surge de las cargas eléctricas; podemos pensar que la fuerza de color surge de cargas de color. Tanto la carga eléctrica como la de color son magnitudes perfectamente conservadas: la carga de color, como la carga eléctrica, no puede crearse ni destruirse.
>
> No obstante, existe una diferencia crucial entre ambas teorías: en la QED, el fotón, mediador de la interacción electromagnética, es eléctricamente neutro, mientras que en la QCD los gluones, que mediatizan la fuerza de color, están a su vez coloreados. Esto hace que interactúen entre sí de una manera imposible para los fotones, lo que da como resultado la aparición de términos en las ecuaciones de la QCD que no tienen análogo en la QED. La fuerza de color se comporta de manera muy distinta a la electromagnética o cualquier otra fuerza antes conocida: no se desvanece a largas distancias. Esta propiedad explica por qué quarks, antiquarks y gluones coloreados se encuentran permanentemente confinados en el interior de objetos blancos como el neutrón y el protón. La fuerza de color actúa como una especie de resorte que los mantiene unidos.

5. Teoría de grupos, invariancia gauge y la teoría de Yang-Mills

Al ocuparme de la relación entre extrañeza, camino óctuple y quarks, me he visto obligado a no seguir una secuencia temporal estricta y al hacerlo, he pasado por alto un resultado importante: la teoría de Yang-Mills.

Para ayudar a comprender este planteamiento, es conveniente introducir algunas herramientas conceptuales, aunque sea de forma muy superficial. Esto es así porque la elaboración de propuestas para explicar el comportamiento o las propiedades de las partículas identificadas y sus interacciones requirió de estructuras matemáticas complejas, en especial de la teoría de grupos continuos no abelianos (esto es, que no cumplen la propiedad conmutativa). El grupo unitario especial SU(2), de dimensión tres, y más aún el SU(3), de dimensión ocho, han desempeñado un papel destacado en este sentido.[14] El primero de ellos lo hizo en el tratamiento del isospín, que, recordemos, agrupa a protones y neutrones en una misma familia de nucleones, mientras que el otro encontró el que con toda probabilidad es su uso más significativo en la clasificación del camino óctuple.

Que este formalismo matemático y en particular los grupos que acabo de mencionar rijan la física de partículas elementales, o mejor, que esta encuentre su representación en la teoría de grupos, tiene que ver con las simetrías (invariancias respecto a algún tipo de transformación) de las leyes a las que obedece este mundo subatómico. Pero no solo a estas, sino también, como se verá, a la ruptura de las mismas.

La noción de simetría constituye uno de los grandes principios unificadores de la física. Representa la conformidad subyacente en los fenómenos de la realidad, un faro luminoso que guía las búsquedas científicas. Se trata de una idea que siempre ha estado presente en el desarrollo de la ciencia, pero que solo se introdujo con rigor a partir del siglo XIX en la matemática y desde comienzos del siglo XX en la física. En la primera de estas disciplinas, la evolución del con-

14. El grupo de Lie SU(*n*) es el de las matrices unitarias $n \times n$ con determinante igual a 1, definido con la operación de multiplicación matricial. La clasificación matemática de grupos, en la que se incluyen SU(2) y SU(3), fue introducida a finales del siglo XIX por el francés Elie Cartan.

cepto está íntimamente ligada a los nombres de Sophus Lie (1842-1899), Felix Klein (1849-1925) y su programa de Erlangen (1872), y Emmy Noether (1882-1935). Lie se centró en el problema de aplicar la teoría de grupos a las ecuaciones diferenciales, que involucran magnitudes continuas (funciones), a diferencia de Évariste Galois, que lo había hecho para las expresiones algebraicas. Más en concreto, se planteó la posible existencia en ese caso de alguna formulación análoga a la que había desarrollado Galois para los factores discretos. La clave estaba en la simetría: dada una solución de una ecuación diferencial cualquiera, Lie analizó si se podía obtener otra mediante una transformación (de un grupo determinado). De ser posible, se dispondría de un mecanismo para encontrar más resultados, puesto que la transformación simétrica de una función que satisficiese la igualdad también lo haría. De esta manera, se vio conducido a la cuestión de encontrar el grupo de simetría de las ecuaciones diferenciales, donde «grupo» es el término que se emplea para aquellas estructuras o conjuntos matemáticos, *G*, en los que se ha definido una operación o ley de composición, o, que cumple una serie de condiciones (véase *HFC-1*, 347). Desde este punto de vista, el grupo de Lie correspondiente refleja una simetría, esto es, una regularidad que resume la expresión en cuestión. Si esta propiedad describe un cierto fenómeno físico, entonces el grupo está vinculado a esa relación simétrica.

Dado el estrecho nexo que hay entre la teoría de grupos y las simetrías, no es sorprendente que dicho planteamiento matemático terminase por ser aplicado a la cuántica; primero, en el estudio de los espectros atómicos y moleculares y luego en la física de altas energías. En este último campo, supuso una ayuda inestimable de cara a la compleja tarea de ordenar el conjunto de las partículas «elementales» existentes y englobarlas en una descripción teórica de las fuerzas a las que obedecen. «La simetría dicta la interacción», como señaló Chen Ning Yang (1980: 10).

Expliqué en *HFC-2* (cap. 7, sección 3) que dos libros fueron especialmente importantes en este proceso de adopción. Se trata de *Gruppentheorie und Quantenmechanik* (1928) de Hermann Weyl y *Gruppentheorie und ihre Anwendung auf die Quantenmechanik der Atomspektren* (1931) de Eugene Wigner. También cabe recordar un tercero: *Die Gruppentheoretische Methode in der Quantenmechanik*, de Bartel L. van der Waerden (1932).

Con anterioridad al volumen antes mencionado, Weyl escribió otro en 1918 titulado *Raum-Zeit-Materie. Vorlesungen uber allgemeine Relativitätstheorie*, en el que intentó tratar la relatividad general de manera que gravitación y electromagnetismo apareciesen como la manifestación de una estructura geométrica común. Más tarde, en 1929, publicó dos artículos que se pueden considerar una extensión de sus ideas de 1918. Impresionado por la manera parecida en que se deducían las leyes de conservación de la energía-momento (en la gravitación) y de la carga (en el electromagnetismo), relacionó la invariancia bajo transformaciones generales de coordenadas (principio de relatividad general) de la teoría de la gravedad de Einstein con una propiedad similar que permitía deducir la conservación de la carga. Esta se conoce como simetría de gauge o invariancia gauge y Weyl la consideró un principio fundamental para cualquier interacción.[15]

Para quienes deseen una definición más detallada y técnica de simetría, citaré la que da O'Raifeartaigh (1997: 4):

> La idea básica de la simetría gauge es que si un sistema físico es invariante con respecto a algún grupo rígido (independiente del espacio-tiempo) de transformaciones continuas, digamos G, entonces permanece invariante cuando el grupo se hace local (dependiente del espacio-tiempo), esto es, cuando $G \rightarrow G(x)$, donde $x=x_\mu$, $\mu=0, 1, 2, 3$ son las coordenadas del espacio-tiempo, siempre que las derivadas ordinarias en el espacio-tiempo ∂_μ se sustituyan por las derivadas covariantes $D_\mu=\partial_\mu+A_\mu(x)$, donde $A_\mu(x)$ son campos vectoriales que se encuentran en el álgebra de Lie del grupo rígido G, y que se transforman de manera que D_μ se transforma covariantemente con respecto al grupo local. Esto significa que la invariancia con respecto a la simetría local fuerza la introducción de

15. Weyl denominó a su idea «*Masstab Invarianz*» («invariancia de escala») en primer lugar y luego «*Eich Invarianz*» («invariancia de calibre»). En castellano, en lugar del término inglés «*gauge*», se ha intentado utilizar otras expresiones, como «aforo», «calibre», «contraste» o «escala», pero ninguna de ellas ha prosperado en el ámbito de la física de partículas. Sí está aceptada «invariancia de norma» en otras áreas de la física y también en algunos países de habla hispana, como México. En sentido estricto, la invariancia gauge en electromagnetismo es la propiedad según la cual las ecuaciones de Maxwell no sufren modificaciones bajo ciertas transformaciones del potencial electromagnético.

campos vectoriales $A_\mu(x)$ y *determina la forma en que estos campos interaccionan consigo mismos y con la materia.*

A pesar de lo fructífera que fue esta idea en última instancia, en un primer momento encontró resistencias. Por ejemplo, del mordaz Pauli, que al poco de aparecer el artículo de Weyl en *Proceedings of the National Academy of Sciences* (Weyl 1929 a) le escribió:[16] «Ante mí se halla la edición de abril de los *Proc. Nat. Acad (U. S.)*. No solo contiene un artículo suyo bajo la entrada "Física", sino que indica que usted está ahora en un "Laboratorio de Física". Por lo que he oído, incluso le han dado una cátedra de "Física" en Estados Unidos [en efecto, en el Institute for Advanced Study de Princeton]. Admiro su coraje; puesto que es inevitable la conclusión de que desea ser juzgado, no por éxitos en matemática pura, sino por su verdadero pero infeliz amor por la física». En otras palabras, venía a decir algo así como: «Deje, querido matemático, de meter sus narices en la física, que no hace sino perjudicarla». Pauli podía ser, era en ocasiones, cáustico y sentirse inclinado a criticar a casi todo el mundo, pero no era tonto en absoluto y no tardó en darse cuenta de su error. «En contraste con las desagradables cosas que le dije, particularmente por su trabajo en *Z. f. Physik* [Weyl 1929 b], la parte esencial de mi última carta ha sido desautorizada desde entonces. Por esta razón, incluso he lamentado luego lo que le escribí. Después de estudiar su artículo, creo que he entendido realmente lo que quería hacer (esto no es el caso con respecto a su pequeña nota en *Proc. Nat. Acad.*).» Con el beneplácito de Pauli, la invariancia gauge cobró fuerzas renovadas para el largo y complejo camino que le esperaba.

Como ya señalé, y se vio con detalle en el segundo capítulo, Heisenberg introdujo un tipo de simetría poco después del descubrimiento del neutrón, al tratarlo, junto al protón, como dos estados diferentes de un mismo tipo de partícula, a la que se denominó «nucleón». Puesto que en ambos casos se trata de fermiones con espín ½, se necesitaban unos «grados de libertad» suplementarios para distinguirlos. Para ello, Heisenberg utilizó las matrices 2x2 que había introducido Pauli para el espín. Básicamente, lo que hizo fue demostrar que la simetría protón-neutrón, algo así como una «fuerza de intercambio», se podía describir en notación matemática de forma

16. Citado en O'Raifeartaigh (1997: 108).

parecida a como se hacía con el espín. De ahí el nombre que terminó por acuñarse para ella: «isospín».

Llegados a este este punto, aunque ello signifique obviar un buen número de desarrollos intermedios, me referiré a una contribución de gran importancia debida a Chen Ning Yang (n. 1922) y a Robert Lawrence Mills.

Yang, que cuando escribo estas líneas todavía vive a sus ciento dos años, nació en Heféi (China). Estudió en Pekín y en la Universidad Asociada del Sudoeste de Kunming, donde se licenció en 1942 con un ensayo sobre la aplicación de la teoría de grupos a los espectros moleculares. Tras esto, empezó a trabajar en su tesis de doctorado en esta misma institución, en un problema de física estadística que le había asignado el profesor J. S. Wang, estudiante con R. H. Fowler en Inglaterra en la década de 1930. La segunda guerra sino-japonesa (1937-1945) fue devastadora para China. En un comentario a una selección de sus artículos, Yang (1983: 4) afirmó que su familia sufrió mucho con la penuria de aquel período y que él «pasó el año 1944-1945 enseñando matemáticas en el instituto de Kunming. En mi tiempo libre estudié teoría de campos, que había aprendido del profesor S. T. Ma entre 1942 y 1944». A finales de agosto de 1945, se trasladó a Estados Unidos: «Como no existía entonces tráfico comercial de pasajeros entre China y Estados Unidos, tuve que esperar varios meses en Calcuta, para conseguir un camarote en un transporte de tropas». Llegó a Nueva York a finales de noviembre y a Chicago por Navidad. En una nota introductoria al texto que escribió con Fermi, «Are mesons elementary particles?» (Fermi y Yang 1949), incluida en el segundo volumen de *The Collected Papers of Enrico Fermi* y reproducida en Yang (1983: 305), explicó esta parte de su periplo:

> Al llegar a Estados Unidos desde China en noviembre de 1945, mi determinación era estudiar con Fermi o con Wigner, pero sabía que el trabajo durante la guerra los había sacado de sus universidades. Recuerdo que un día, después de mi llegada a Nueva York, llegué al octavo piso de Pupin [los Laboratorios de Física Pupin, en la Facultad de Física y Astronomía de la Universidad de Columbia] para preguntar si el profesor Fermi daría cursos pronto. Las secretarias me recibieron con caras totalmente inexpresivas. Fui entonces a Princeton y encontré para mi profunda desesperación que la mayor parte del siguiente año Wigner no estaría disponible para los estudiantes. Pero en Princeton supe, a través

de W. Y. Chang, que se rumoreaba que se iba a establecer un nuevo Instituto en Chicago y que Fermi se uniría a él. Fui a Chicago y me registré en la Universidad, pero no me sentí completamente seguro hasta que vi a Fermi con mis propios ojos, cuando comenzó sus clases en enero de 1946.

Después de doctorarse en Chicago en 1948 y pasar un año en esta ciudad como ayudante de Fermi, en 1950 se trasladó al Institute for Advanced Study de Princeton. Allí, se interesó por la interacción del isospín y trató, sin éxito, de generalizarla, de acuerdo con el espíritu de la simetría gauge. «Pero según se fueron descubriendo más y más mesones —recordó en un volumen con una selección de sus artículos (Yang 1983: 19)—, y se consideraban todos los tipos de interacción, la necesidad de disponer de un *principio* para escribir las interacciones se me hizo aún más evidente.» Volvió a abordar ese problema durante su estancia en el Brookhaven National Laboratory en el verano de 1953. Su compañero de despacho allí era Robert Mills (1927-1999), con quien colaboró y escribió un texto que se convirtió en un clásico del campo y que sirvió de guía en el camino hacia la unificación de las fuerzas electromagnética y débil (Yang y Mills 1954 b). En un breve resumen, previo a esa publicación, Yang y Mills (1954 a) explicaron lo que habían hecho:

> La conservación del espín isotópico apunta a la existencia de una ley de invariancia fundamental similar a la conservación de la carga eléctrica. En este segundo caso, la carga eléctrica sirve como fuente del campo electromagnético; y un concepto importante es la invariancia gauge que está estrechamente relacionada con: (1) la ecuación del movimiento del campo electromagnético (2) la existencia de una densidad de corriente y (3) las posibles interacciones entre un campo cargado y el campo electromagnético. Hemos tratado de generalizar este concepto de invariancia gauge de manera que se aplique a la conservación del espín isotópico. Resulta que es posible una generalización muy natural. El papel que desempeña el campo electromagnético, lo representa ahora un campo vectorial que satisface una ecuación vectorial incluso en ausencia de otros campos. (Porque, a diferencia del campo electromagnético, este campo tiene un espín isotópico y, en consecuencia, actúa como su propia fuente.) La existencia de una densidad de corriente es automática y la interacción de este campo con otros [...] tiene forma definida.

Es posible ilustrar una de las características centrales de esta teoría mediante una de las ecuaciones que se utilizan en ella:

$$\left(\partial_\mu - i\varepsilon B_\mu\right)\psi$$

de la que ahora solo nos interesa el campo B_μ, el «campo gauge».

Precisamente por tratarse de un campo y por la dualidad onda-corpúsculo de la mecánica cuántica, la introducción de B_μ en la teoría de Yang-Mills equivale a la de una partícula gauge. En este punto surgió un problema, que queda bien ilustrado en el intercambio que el científico chino tuvo con Pauli durante el seminario que aquel impartió en el Institute for Advanced Study de Princeton a finales de febrero de 1954. Veamos la descripción que dio el propio Yang (1983: 20) de este incidente:

> Poco después de que comenzara mi seminario, cuando escribí en la pizarra la ecuación
>
> $$\left(\partial_\mu - i\varepsilon B_\mu\right)\psi$$
>
> Pauli preguntó: «¿Cuál es la masa de ese campo B_μ?». Dije que no lo sabía y reanudé mi presentación, pero pronto Pauli realizó la misma pregunta. Yo dije algo al efecto de que era un problema muy complicado, en el que habíamos trabajado sin llegar a ninguna conclusión definitiva. Todavía recuerdo su comentario: «Eso no es una excusa suficiente». Me quedé tan desconcertado que, después de unos pocos momentos de duda, decidí sentarme. Se produjo un desconcierto general. Finalmente, Oppenheimer dijo: «Deberíamos dejar que Frank continuase». Continué entonces y Pauli no hizo ninguna pregunta más durante el seminario.

El interrogante planteado por el austriaco no era ninguna tontería, ni fruto de su habitual personalidad. De hecho, la propuesta era problemática. Gerardus 't Hooft (2001: 5-86), que nos volverá a aparecer más adelante, se refirió a este extremo en su libro sobre las partículas elementales:

> Fue difícil encontrar argumentos sólidos a favor de la propuesta de Yang y Mills. Su trabajo no puede ser considerado un intento de expli-

> car algo del comportamiento de las partículas conocidas hasta ese momento. Sus cálculos se refieren a un «mundo soñado» de una simplicidad y abstracción poco realistas. [...]
>
> ¿Podría aplicarse el modelo de Yang-Mills a algo en el mundo real? Resultó que en este mundo soñado de Yang-Mills había tres clases de fotones. Uno de ellos es más o menos un fotón normal y los otros dos están cargados eléctricamente, uno con carga positiva y otro con carga negativa. Pero realmente los tres son iguales, en el sentido de que, por transformaciones gauge, unos se convierten en otros.
>
> Entonces, la pregunta es: ¿existen las partículas eléctricamente cargadas que puedan ser identificadas como fotones de Yang-Mills? De ninguna manera, como tuvieron que admitir inmediatamente Yang y Mills. Los fotones eléctricamente cargados debían tener espín 1, igual que un fotón ordinario, pero su masa en reposo debía ser nula. [...]
>
> Las partículas eléctricamente cargadas con espín 1 existen, pero tienen masa.

Pese a semejantes dificultades, la teoría de Yang-Mills resultó ser una ayuda fundamental para trabajos posteriores sobre las fuerzas electromagnética y nuclear débil.[17]

Un último apunte. Poco antes de que Yang y Mills publicasen su artículo, el físico y matemático británico Ronald Shaw llegó a las mismas conclusiones que la pareja de investigadores. Shaw inició su tesis con Nicholas Kemmer en la Universidad de Cambridge, pero pasó a ser estudiante de Abdus Salam cuando su anterior director se trasladó a Edimburgo. En enero de 1954, enseñó a Salam su propuesta y a este le pareció interesante, sobre todo las matemáticas, pero se dio cuenta de las profundas consecuencias de sus resultados y no le urgió a publi-

17. En apoyo a esta afirmación, citaré a Roger Penrose (2000: 222): «También es fundamental para la moderna teoría de campos y la física de partículas la idea de una "conexión gauge", [...] que surgió de las tempranas ideas de Weyl acerca de cómo incorporar el electromagnetismo en el esquema de la teoría general de la relatividad de Einstein. El actual modelo estándar de la física de partículas depende fuertemente de la noción de una conexión gauge (o campo de Yang-Mills), y este modelo ha sido bien ajustado, de manera que ahora concuerda muy bien con los datos experimentales». Añadió: «Sin embargo, contiene demasiados parámetros numéricos (diecisiete o más) y otros rasgos aparentemente arbitrarios, y estaría bien saber qué principios subyacentes son responsables de determinarlos». Es también interesante consultar un artículo en el que Yang (1986) trató de las contribuciones de Weyl a la física.

carlos. Cuando el joven doctorando supo del texto de Yang y Mills de octubre, desistió de dar a la imprenta lo que había hecho y tan solo lo incluyó como un capítulo de su tesis de 1956.

6. La violación de la paridad

Dos años después de su colaboración con Robert Mills, Yang volvió a obtener un resultado de gran importancia, esta vez anclado con firmeza en la «realidad». Lo consiguió junto a Tsung-Dao Lee (1926-2024), un físico chinoamericano como él. Sin embargo, es necesario retomar el tema de las simetrías, en concreto de un conjunto de ellas, para entender lo que hicieron en este trabajo:

a) Invariancia bajo *inversión espacial* ($x \rightarrow -x$); esto es, con respecto al origen de coordenadas espaciales, a través de una línea recta, que indica que estas invierten su signo. En el lenguaje de la física cuántica, el correspondiente operador se denota por P (de paridad).
b) Invariancia bajo *inversión temporal* ($t \rightarrow -t$); esto es, cuando se invierte el sentido del movimiento en un suceso. Consiste en reemplazar una partícula por sí misma, pero con velocidad opuesta. Su operador cuántico se denota por T.
c) Invariancia bajo *conjugación de carga* ($e \rightarrow -e$); esto es, cuando se cambia el signo de la carga. En el contexto de la física de partículas elementales, esto significa reemplazar una partícula por su antipartícula, sin cambiar su posición o velocidad. Su operador cuántico se denota por C.

A mediados de la década de 1950, el físico alemán Gerhart Lüders (1954) demostró lo que se conoce como «teorema CPT», esto es, que todo sistema cuántico es invariante bajo el producto de las simetrías C, P y T. Sin embargo, solo lo hizo en el caso particular de la teoría de campos, en la cual la invariancia P necesariamente implica una propiedad similar respecto a CT. Al año siguiente, Pauli (1955) reelaboró sus desarrollos y escribió (Pauli 1955: 33) «su demostración no es fácil de comprender, porque utiliza suposiciones innecesarias». El teorema encontró un planteamiento más general en manos de Res Jost (1957), un discípulo de Gregor Wentzel y ayudante de Pauli, el cual expresó su agradecimiento, a él y a Lüders, en uno de sus artículos de 1955, por «sus interesantes discusiones sobre la generalidad de la "reflexión fuerte"».

Con este bagaje, Lee y Yang (1956) realizaron un análisis sistemático de los datos experimentales relativos a la conservación de la paridad bajo la inversión espacial. Yang estaba entonces en el Brookhaven National Laboratory y Lee en la Universidad de Columbia, ambos en el estado de Nueva York. Se reunían dos veces a la semana, una vez en cada uno de estos sitios. En un comentario al artículo de 1956, Yang (1983: 26-27) recordó un momento clave de sus encuentros:[18]

> Un día de finales de abril o principios de mayo, conduje a Columbia para mi visita semanal. Recogí a Lee de su oficina [...] y fuimos al White Rose Café para continuar nuestras discusiones allí. Después fuimos a comer [...]. Nuestras discusiones se centraron en la paradoja θ-τ. En un punto se me ocurrió que se debería *disociar* la simetría del proceso de producción del proceso de desintegración. Si uno supone entonces que la paridad solo se conserva en las interacciones fuertes pero no en las interacciones débiles, no habría dificultad para que θ y τ fueran la misma partícula, asignando una paridad de espín 0 definida por la interacción fuerte.

La denominada «paradoja θ-τ» se refería a las partículas de ese nombre, creadas cuando la materia ordinaria era bombardeada por rayos cósmicos o en aceleradores de alta energía. Tenían vidas muy cortas y se desintegraban con facilidad en productos de mayor duración, que podían ser observados. La paradoja surgía del hecho de que la primera de ellas decaía en dos o tres piones mientras que la otra lo hacía en tres π. Parecía, por consiguiente, que se trataba de partículas diferentes, pero el problema era que tenían masas y vidas muy parecidas. De hecho, en última instancia se comprobó que estas eran idénticas, dentro de los límites de error, y por ello se las denominó a las dos como K.

No obstante, el hecho de que una misma partícula tuviera dos modos diferentes de desintegración era algo difícil de asumir y los físicos plantearon algunas teorías al respecto. El clímax del encendi-

18. Un trabajo interesante sobre el descubrimiento de la violación de la paridad es el de Allan Franklin (1979).

do debate se produjo durante la conferencia Rochester de abril de 1956, la reunión internacional más importante de la disciplina. Estos encuentros se celebraban todos los años y esta era la sexta edición.[19] El resumen de la sesión titulada «Theoretical Interpretation of New Particles» da buena idea de lo que se trató en ella (citado en Marshak 1989: 656):

> Yang pensaba que mientras comprendiésemos tan poco como hasta ahora de la degeneración θ-τ, lo mejor podía ser mantener una mente abierta sobre el tema. Buscando una aproximación abierta, Feynman planteó una cuestión de [Martin] Block: ¿Podría ser que θ y τ fueran diferentes estados de paridad de la misma partícula que no tiene una paridad definida, esto es, que la paridad no se conserve? En otras palabras, ¿tiene la naturaleza una manera de definir derecha e izquierda de forma única? Yang afirmó que él y Lee estudiaron esta cuestión sin llegar a conclusiones definitivas. Wigner [...] ha sido consciente de la posible existencia de dos estados de paridad opuesta, degenerado el uno con respecto al otro debido a propiedades de transformaciones espaciotemporales. De manera que acaso pudiera existir una partícula que tenga ambas paridades. Pero ¿cómo podría desintegrarse si se continúa creyendo que existe una invariancia absoluta con respecto a transformaciones espaciotemporales? Tal vez, se podría decir que la conservación de la paridad, o también la inversión con respecto al tiempo, pueden ser violadas. Acaso todas las interacciones débiles podrían proceder de la misma fuente, una violación de simetrías espaciotemporales.

19. La primera Conferencia Rochester se celebró en diciembre de 1950, veinte meses después del último de los tres encuentros de Shelter Island, organizados por Oppenheimer (en un capítulo anterior se mencionaron los dos primeros, de 1947 y 1948; el tercero tuvo lugar en 1949 en Oldstone). Al contrario que estas reuniones, a las que asistía por invitación un reducido número de físicos teóricos, la participación en las Rochester era mucho más amplia, aunque tampoco era libre. Las dos primeras fueron pequeñas (50 y 75 participantes), pero su éxito las hizo crecer. La siguiente contó con 150 asistentes y se llamó Tercera Conferencia Anual de Física Nuclear de Alta Energía. La de 1957 fue la séptima edición y tuvo un público de trescientos científicos de 24 países. Hasta entonces, todas las sesiones habían tenido lugar en Rochester, pero a partir de ese momento, y aunque el evento mantuvo el nombre, se celebraron en otros lugares. Así, la octava fue en el CERN y la novena en Kiev. La idea partió de Robert Marshak, cuando se hizo cargo de la dirección de la Facultad de Física de la Universidad de Rochester. El propio Marshak (1989) publicó un artículo sobre estas reuniones. Véase, asimismo, Polkinghorne (1989).

Se encontraron evidencias de que la ley de conservación de la paridad era válida en el electromagnetismo y en la interacción nuclear fuerte, pero los datos empíricos no eran concluyentes para la débil: las magnitudes medidas hasta entonces no eran susceptibles en este sentido. Por tanto, no se sabía si la invariancia bajo paridad se conservaba en la fuerza nuclear débil o no. Para aclarar este aspecto, Lee y Yang (1956) sugirieron un experimento: medir la distribución angular de las partículas de carga negativa emitidas en la desintegración β mediante la que el cobalto-60 da lugar a níquel-60 más un electrón y un neutrino electrónico. Como señaló el físico e historiador de la ciencia serbio Milorad Mladjenovic (1988: 276): «Este fue uno de esos raros momentos en la historia de la física, en el que los teóricos proponen un experimento crucial para probar una nueva teoría. La diferencia era que los experimentalistas no estaban buscando un efecto pequeño, como el predicho por Einstein, según el cual los rayos del Sol son atraídos por la gravedad; el efecto sería fácilmente observable, si se llevase a cabo. Sin embargo, la estructura experimental no era sencilla».

El ensayo en cuestión lo realizó un equipo dirigido por la física experimental de la Universidad de Columbia (Nueva York), Chien-Shiung Wu (1912-1997), chinoamericana (se instaló en Berkeley en 1936) al igual que Yang y Lee.[20] De hecho, la idea surgió a raíz de una conversación en la primavera de 1956 de Wu con Lee, colega suyo en Columbia, y con Yang (ambos agradecieron «sus interesantes discusiones y comentarios» al final de su artículo). Wu preguntó entonces a Lee si alguien había pensado en maneras prácticas de comprobar si se conservaba la paridad en la interacción débil. Este mencionó algunas ideas, tales como utilizar núcleos orientados resultantes de reacciones atómicas, o emplear un haz de neutrones lentos polarizados procedentes de un reactor nuclear. Entonces Wu pensó que lo mejor sería contar con una fuente de cobalto-60 y que aquello «era una oportunidad de oro» (Wu 1973; Hargittai 2012: 40). Esa misma primavera, comenzó a planear el experimento, que ciertamente era muy complejo. De hecho, ella carecía de los conocimientos y del equipo para llevarlo a cabo, de modo que contactó con Ernest Ambler, de la National Bureau of Standards, en Washington D. C. Este aceptó colaborar y en última instancia se unieron al proyecto

20. Sobre Wu, véase Tsai-Chien (2014).

otros tres miembros de su departamento: Ralph Hudson, un experto en criogenia, y Raymond Hayward y Dale Hoppes, especialistas en detección de radiaciones.

El grupo se puso a trabajar de inmediato, aunque Wu no podía participar demasiado debido a sus obligaciones docentes. De hecho, no estaba presente el 27 de diciembre de 1956, cuando sus colegas observaron las primeras señales de la asimetría que demostraba la violación de la paridad en la interacción débil. En una nota de poco menos de dos páginas aparecida en *Physical Review*, Wu, Ambler, Hayward, Hoppes y Hudson (1957) anunciaron su sensacional descubrimiento, por el que Lee y Yang recibieron el premio Nobel de Física ese mismo año.

De acuerdo con el teorema CPT, la violación de P implica la de CT, de modo que el producto de los tres operadores se conserve, y lo mismo sucede con el resto de las posibles combinaciones de estas simetrías.

En su momento, la confirmación obtenida por Wu de la predicción de Lee y Yang causó un fuerte impacto. No olvidemos que en la mente de los científicos se encuentra arraigada con mucha firmeza la noción de los principios de conservación. Estos constituyen una de las piezas más sólidas y fiables en la búsqueda de las leyes que rigen los fenómenos de la naturaleza. La noticia se difundió con gran rapidez. El 15 de enero de 1957, John Blatt escribió a Pauli desde Princeton (von Meyenn, ed. 2005: 74):

> No sé si alguien le ha escrito ya sobre el repentino fallecimiento de la paridad. La señorita Wu ha realizado un experimento utilizando la desintegración beta de núcleos de Co orientados que demuestran que la paridad *no* se conserva en la desintegración β [...]. Todos estamos sorprendidos por la muerte de nuestra querida amiga, la paridad [...] Cualquier físico que hubiese supuesto hace, digamos, cinco años lo que ahora sabemos que son hechos experimentales sobre partículas extrañas, desintegración β y cosas por el estilo, habría sido tomado por loco, y con razón.

Cuatro días después, Pauli se dirigía a Wu (von Meyenn, ed. 2005: 89):

> Querida Wu:
>
> De Estados Unidos me llegan noticias excitantes (Blatt me escribió una carta desde Princeton) sobre la simetría en la distribución angular

de su experimento de desintegración beta con espines nucleares orientados, indicando una restricción de la asimetría derecha-izquierda de la teoría, de tal manera que el intercambio derecha-izquierda debe estar acoplado con el cambio de signo de la carga leptónica (lo que significa neutrino ←/→ antineutrino, e^+ ←/→ e^-), si es que he entendido correctamente a Blatt.

Cuando yo consideré formalmente estas posibilidades en mi artículo del volumen del Festival Bohr [Pauli 1955], no pensé que esto podría tener algo que ver con la naturaleza. Lo consideré como un mero juego matemático y, de hecho, no creí en ello cuando leí el artículo de Yang y Lee. [...]

Lo que me impidió *hasta ahora* aceptar esta posibilidad formal es la cuestión de por qué esta restricción de inversión especular únicamente aparece en las interacciones débiles, no en las fuertes. *Teóricamente*, no se me ocurre ninguna interpretación de este hecho, que empíricamente está tan bien establecido. ¿Sabe de alguien en Estados Unidos que tenga verdaderas ideas sobre esto?

Valentine Telegdi, entonces en la Universidad de Chicago (en 1976 la abandonó para incorporarse a la ETH de Zúrich, a cuyo cuerpo docente perteneció Pauli) y que también había realizado experimentos sobre el tema, recibió el 22 de enero una carta muy razonable del físico austriaco en la que le dijo (von Meyenn, ed. 2005: 101): «En esta ocasión, me equivoqué en mis previsiones. Pero todavía no comprendo por qué las interacciones fuertes son invariantes bajo reflexión (invariancia bajo paridad, P, en la notación de Oehme-Yang-Lee), *¿cómo* la *fuerza* de una interacción puede *producir*, o *imponer*, una propiedad de invariancia?». Unos días después (27-28 de enero de 1957), hizo partícipe de sus preocupaciones a Victor Weisskopf (von Meyenn, ed. 2005: 125):

Lo que me sorprende no es el hecho de que «Dios es zurdo», sino el hecho de que a pesar de esto Él se muestra simétrico derecha-izquierda, cuando se manifiesta fuertemente. En resumen, el verdadero problema es por qué la interacción fuerte es simétrica derecha/izquierda. ¿Cómo puede la fuerza de una interacción producir o crear grupos de simetría, invariancias o leyes de simetría? Esta pregunta me condujo a una respuesta prematura y equivocada.

A pesar de que se demostró que la invariancia bajo paridad no siempre se conservaba, no dejó de aceptarse en el caso de la combinación CP (conjugación de carga-reflexión espacial). Sin embargo, resultó que la naturaleza tampoco respetaba esta regla y así se comprobó en 1964, en experimentos realizados con la desintegración de kaones neutros en el Brookhaven National Laboratory (Christenson, Cronin, Fitch y Turlay 1964). Al igual que ocurrió con la paridad, la confirmación empírica de que CP podía variar granjeó a James Cronin y a Val Fitch, sus dos principales responsables, el premio Nobel de Física en 1980. Como vemos, la violación de simetrías en la física de partículas elementales fue un magnífico semillero de galardones.[21]

Al contrario de lo que se podría imaginar, este fenómeno ofrecía una posible solución a un grave problema. En palabras de Jack Steinberger (2005: 96):

> La violación CP también desempeña un papel principal en nuestra comprensión del universo, que sabemos que no es simétrico con respecto al intercambio de materia y antimateria. Todo lo que observamos está formado de bariones, esto es, de materia, y no de antimateria. No se han observado estrellas de antibariones. Este rasgo del universo, esencial para la propia existencia de casi todo lo que vemos, incluyendo a nosotros mismos, debe ser consecuencia de algún proceso que viole CP y que tuviera lugar en los primeros momentos de la formación del universo. Se cree, sin embargo, que el mecanismo de la violación CP en el *Big Bang* no puede ser el mismo que el responsable de la desintegración K [donde se identificó en 1964 este fenómeno]. Todavía no se conoce una explicación teórica de ninguna de estas manifestaciones de la violación CP.

7. La teoría V-A de la interacción nuclear débil

En el tercer capítulo aparecieron los trabajos de Enrico Fermi sobre la interacción nuclear débil. Señalé entonces que su teoría de la desintegración β, también conocida como la «teoría de la interacción

21. El descubrimiento de la violación de la conservación de CP fue una sorpresa para los experimentalistas que la demostraron, al igual que para el conjunto de la comunidad de físicos. Este pequeño efecto significa que la simetría materia-antimateria no es exacta. Sobre este hallazgo, véase Cronin (2008).

universal de Fermi», tuvo que ser revisada una vez que se demostró que la paridad, que para él se conservaba en todos los casos, se violaba en la fuerza débil.[22] En un artículo colaborativo, Feynman y Gell-Mann (1958) avanzaron en esta dirección, algo extraño en dos personalidades tan diferentes y competitivas (en realidad, fue el director de su departamento en Caltech quien les obligó a firmar el texto de manera conjunta, porque ambos habían llegado de forma independiente a conclusiones similares).

Al igual que la mayoría de los escritos que menciono en este capítulo, explicar el contenido de este ensayo es complicado, así que lo haré sin profundizar mucho en él.

Antes que nada, hay que señalar que las transformaciones en la desintegración de partículas regidas por la interacción débil se pueden clasificar en cinco tipos diferentes: escalar (S), vectorial (V), vectorial axial (A), pseudoescalar (P) y tensorial (T). Los dos primeros son bien conocidos, pero el tercero lo es algo menos (es la «flecha» que describe si un objeto rota hacia arriba o hacia abajo). El cuarto corresponde a cantidades que se comportan como escalares, pero que cambian de signo en la reflexión (inversión de paridad). Por último, los tensores son entidades matemáticas más complejas, relacionadas con su comportamiento bajo conversión de coordenadas. Lo que Feynman y Gell-Mann demostraron, con base en resultados empíricos, era que la interacción débil es una mezcla de V y A, en concreto V-A. Postularon que esta fuerza adoptaba una forma de corriente-corriente similar a la electromagnética, que tiene dos cargas fundamentales. En su caso se conserva la V (como lo hace en el electromagnetismo el vector corriente), mientras que la A se comporta de forma diferente en varios aspectos y parece no conservarse. Una

22. La denominación «interacción universal de Fermi» me recuerda un comentario que el mordaz Pauli incluyó en una carta que escribió a Abdus Salam el 11 de marzo de 1957 (von Meyenn, ed. 2005: 303): «Me *sobresaltó* mucho el título de su artículo sobre la "interacción universal de Fermi" (*no* lo he visto todavía, acaso lo encuentre mañana en el Instituto). Durante algún tiempo, tuve para mí la regla: "Si un teórico dice, universal, significa que no tiene ningún sentido". Esto se aplica en particular a la interacción de Fermi, pero también a otros casos. ¿Y ahora usted también, Bruto, hijo mío, viene con esta palabra…?». El artículo de Salam al que se refería Pauli era una publicación del Imperial College of Science and Technology de Londres, en el que impartía clases el físico paquistaní, titulado «On Fermi interactions». Puesto que en esta frase no aparece el término «universal», es posible que Salam tuviese en cuenta la crítica de Pauli y suprimiera la palabra.

de las consecuencias de este planteamiento es que CP era invariante en la interacción débil.

En realidad, la teoría V-A había sido desarrollada antes en Rochester por Robert Marshak y su doctorando, el indio Ennackal Chandy George Sudarshan (1931-2018), procedente del Instituto Tata de Bombay. En su contribución al libro colectivo *Pions to Quarks*, Sudarshan (1989: 487) explicó lo ocurrido:

> Poco después de unirme a la Universidad de Rochester, tenía que pasar un exhaustivo (y agotador) examen de cualificación [...]. Este examen, que exigía un gran conocimiento de física nuclear, y en particular de la desintegración β, fue bueno para mí; a través de él, me familiaricé con resultados experimentales cruciales. Así, cuando no mucho después se descubrió la violación de la paridad y la desintegración β se convirtió en un tema candente de la física de partículas, yo tenía una ventaja. Marshak, que antes había hecho un trabajo pionero en desintegraciones β prohibidas, reconoció la importancia de los cálculos de Martin Ruderman y Robert J. Finkelstein del cociente de separación electrón-muon para interacciones pseudoescalares y vectorial axiales. Como yo demostré poco interés en el estudio de las fuerzas nucleón-nucleón o en los cálculos de dispersión, Marshak sugirió que estudiase las interacciones débiles. De la desintegración del muon se nos hizo claro que la interacción V-A era la elección natural; la captura del muon tenía que ser una interacción A (o P), ya que de otra manera el pion no podría desintegrarse. [...]
>
> Entonces llegó la séptima conferencia Rochester, en la que yo debía presentar un esbozo de la teoría. Pero pocos días antes de la conferencia, Marshak se dio cuenta de que yo era un doctorando, y no un delegado en la conferencia, y por tanto creyó que no era posible que yo hiciera una presentación. Marshak, el presidente de la conferencia, iba a dar la conferencia principal sobre la interacción nucleón-nucleón y no podía presentar otra contribución en la que era un coautor. De manera que Marshak y yo pedimos a Paul Mathews, entonces profesor visitante en Rochester, que hiciera la presentación. ¡Mathews nunca lo hizo y yo no pude llegar a hablar!

Fue en otro congreso, celebrado en Padua y Venecia del 22 al 28 de septiembre de 1957 y organizado por la Sociedad Italiana de Física, denominado Conferencia Internacional sobre Mesones y Partículas de Descubrimiento Reciente, donde Marshak presentó el trabajo que había realizado con Sudarshan. Se publicó en las actas del encuentro (Sudarshan y Marshak 1958).

8. La teoría electrodébil

La teoría de Feynman, Gell-Mann, Sudarshan y Marshak representó un avance notable para la comprensión de la interacción débil, pero más importante aún fue la elaboración de un marco teórico que englobaba (esto es, que unificaba) esta fuerza con la electromagnética, lo que vino a denominarse «teoría electrodébil».

La historia de su elaboración es, como casi todo lo que presento aquí, compleja y cuenta con varios protagonistas. Una vez más, intentaré dar una explicación simplificada. Comenzaré con un viejo conocido: Julian Schwinger.

Parece ser que ya en sus años de estudiante, en torno a 1941, a Schwinger se le ocurrió la siguiente idea: si la interacción débil, además de mover partículas, transfiriese carga eléctrica, como sucede en la desintegración β, entonces bien podría ser que su «mediadora», su portadora (un bosón, como el fotón), fuese una partícula hasta entonces desconocida. La bautizó con la letra W (de *weak*, débil en inglés) y como tenía que estar relacionada con dos tipos de carga eléctrica, positiva (protones) y negativa (electrones), supuso que en realidad habría dos, W^+ y W^-, en donde los superíndices denotan sus diferentes cargas eléctricas. A partir de las propiedades observadas de la interacción débil y de su pequeño radio de acción, dedujo que las W debían ser muy pesadas (estimó que tendrían al menos cuarenta veces la masa del neutrón). Schwinger era todavía un doctorando y a su director de tesis, Oppenheimer, no le gustó la idea. La encontró demasiado especulativa, por lo que el joven la abandonó... por un tiempo. Años después, cuando ya no tenía que rendir cuentas a nadie, él, uno de los creadores de la electrodinámica cuántica, volvió a retomar la propuesta. Ahora la planteó en un marco más ambicioso y utilizó la teoría de Yang-Mills, en la que, recordemos la cita de 't Hooft que usé antes, aparecían tres clases de mediadores, semejantes a los fotones («uno de ellos es más o menos un fotón normal y los otros dos están cargados eléctricamente, uno con carga positiva y otro con carga negativa»). La intuición de Schwinger era que esas tres partículas «fotónicas» podían ser el habitual portador de la interacción electromagnética y sus dos W, para la fuerza débil. En otras palabras, ya no se trataba solo de explicar la verdadera naturaleza de esta última, sino de introducirla, unificarla, con el electromagnetismo.

Schwinger (1957) publicó un artículo en el que expuso algunas de estas ideas (y que, de forma significativa, iba precedido de una cita de Einstein: «La base axiomática de la física teórica no puede extraerse de la experiencia, sino que debe inventarse libremente»). Resaltaba de esta manera el carácter especulativo de su propuesta, con poca base firme en la que apoyarse. Lo cierto es que esta no solo carecía de fundamentos sólidos, sino que presentaba problemas serios, como el hecho de que los tres «fotones» considerados en la teoría de Yang-Mills no tenían masa, mientras que sus W debían ser muy pesadas.

En el texto se decía que «las consideraciones incluidas aquí fueron presentadas por primera vez en una serie de conferencias en Harvard y el Massachusetts Institute of Technology en octubre-diciembre de 1956». Es de suponer que uno de los asistentes a estas ponencias fuera un doctorando de Schwinger: Sheldon Glashow (n. 1932).

Como otros físicos con los que nos hemos encontrado, Glashow era hijo de inmigrantes rusos. Su familia, los Gluchovsky, vio su apellido trasliterado por un oficial de aduanas, que lo convirtió a su forma posterior. Sheldon nació en Nueva York y asistió al Instituto Bronx, donde uno de sus compañeros y amigos fue Steven Weinberg. Más tarde, compartió con él y con Abdus Salam el premio Nobel de Física.

Tras licenciarse por la Universidad de Cornell en 1954, Glashow pasó a Harvard, donde Schwinger le aceptó como doctorando. Por eso es de suponer que asistió a las mencionadas conferencias de su director de tesis. En cualquier caso, esto no es lo más importante, sino el hecho de que Schwinger, que quería ocuparse de otros problemas, le propuso como tema de su memoria que investigara la unificación de las fuerzas electromagnética y débil. Como el propio Glashow (1994: 144) reconoció: «Schwinger creía que las fuerzas débil y electromagnética podían ser en el fondo dos aspectos del mismo fenómeno. El mismo Schwinger me ofreció la tentadora posibilidad de unificar lo que entonces se tenía por dos fuerzas básicas de la naturaleza, aunque no relacionadas. Fue un problema que al final me haría ganar el premio Nobel».

En su tesis, *The vector meson in elementary particle decays* (1958), Glashow defendió y elaboró la idea de Schwinger, según la cual existían dos bosones con carga eléctrica, aparte del fotón. Además, al estar relacionados los tres dentro de la formulación de Yang-Mills, este planteamiento iba en la dirección de unificar el electromagnetismo y la fuerza nuclear débil. La principal conclusión de su trabajo era (citado en Glashow 1994: 153): «Nuestro punto de vista manifiesto, atractivo, aunque no excesivamente convincente, es que el fotón y el bosón W cargado constituyen una familia. [...] Carece de valor tener una teoría potencialmente renormalizable de los procesos beta sin la posibilidad de una electrodinámica renormalizable. Creemos oportuno sugerir que solo se podrá formular una teoría totalmente aceptable de estas interacciones si se abordan en conjunto, de acuerdo con nuestra identificación del bosón W neutro con el fotón».

Su gran error fue considerar que el fotón era un potencial bosón W^0. Sin embargo, no fue la única equivocación, pues asumió, aunque no pudo demostrarlo, que su propuesta era renormalizable. Esto lo afirmó en un artículo que publicó en *Nuclear Physics* (Glashow 1959). Que no lo era lo sabían bien Abdus Salam y John Ward (1959), quienes casi al mismo tiempo que él firmaron un trabajo en este sentido.

Llegados a este punto, entra en juego el descubrimiento (1957) de la violación de la paridad. Glashow se dio cuenta del problema que constituía reunir el fotón (esto es, el electromagnetismo, que conserva la simetría) con los bosones W de la interacción débil (que no lo hace). Para intentar resolverlo, postuló la existencia de un bosón W neutro, pero en lugar de denominarlo W^0, lo llamó Z^0. Resultó que esta era una pieza indispensable para la teoría electrodébil, la cual le granjeó el premio Nobel. Publicó su idea en la revista de la Sociedad Italiana de Física, *Il Nuovo Cimento* (Glashow 1961). Su predicción implicaba la existencia de una forma de fuerza débil no conocida hasta entonces. La clave para observarla era el esquivo neutrino. Este no poseía carga eléctrica, de modo que podía eludir a la fuerza electromagnética. Por el contrario, si Glashow estaba en lo cierto, era capaz de «sentir», responder, a la interacción débil. No obstante, detectar este comportamiento estaba fuera del alcance de los aceleradores de la época.

No obstante, subsistía el gran problema de la masa que debían tener los bosones W y Z^0, algo que dificultaba cualquier tipo de reunificación con el fotón y con el electromagnetismo. La solución provino de varios frentes. El primero en proponer la idea de la ruptura espontánea de simetrías fue Yoichiro Nambu (1921-2015).

Este era un fenómeno bien conocido por los estudiosos del magnetismo y de la física del estado sólido. Un claro ejemplo de esto, procedente del primero de estos campos, es el comportamiento de los imanes con el cambio de temperatura. En este sentido, el hecho de que Nambu hubiera trabajado en la última de esas áreas tanto como en la física de partículas facilitó el desarrollo de sus planteamientos.

En el esbozo autobiográfico que el propio Nambu preparó para la Fundación Nobel con ocasión del premio Nobel de Física (que obtuvo en 2008, precisamente «por el descubrimiento del mecanismo de la ruptura espontánea de simetrías en la física subatómica»),[23] se refirió al origen de su carrera y de su interés en ese tema:

> Mi interés en la física había sido principalmente en el lado teórico. La Universidad de Tokio [ciudad en la que nació y en la que estudió] era buena en la física de la materia condensada, pero a mí me atraía más la física nuclear y de partículas, donde, en otras instituciones, nombres como Nishina, Tomonaga y Yukawa estaban haciendo grandes contribuciones. Como estudiante, estuve expuesto a la física de rayos cósmicos y de partículas, asistiendo a seminarios de Nishina y Tomonaga en su cercano laboratorio. Comencé mi investigación en la época en que Tomonaga estaba desarrollando su teoría de renormalización, por la que recibiría el premio Nobel. Fui capaz de aproximarme a su grupo y comenzar a trabajar en su teoría y otros temas de física de partículas. Con su recomendación, obtuve un puesto en la universidad de la ciudad de Osaka y después fui invitado al Instituto de Estudio Avanzado [en 1952]. Debo mi traslado [en 1954] a Chicago [donde fue ascendido a profesor en 1958] a M. L. Goldberg.
>
> Mi trabajo en ruptura espontánea de simetrías (RES), por el que estoy recibiendo el premio Nobel, comenzó alrededor de 1959. Es el resultado de mi experiencia tanto en física de la materia condensada como de partículas. La teoría BCS [Bardeen, Cooper, Schrieffer] de superconductividad

23. Nambu recibió la mitad del galardón. La otra parte fue para Makoto Kobayashi y Toshihide Maskawa «por el descubrimiento del origen de la ruptura de simetría que predice la existencia de, al menos, tres familias de *quarks* en la naturaleza».

de 1957 me llevó a la idea de la RES como un fenómeno general en la física. Mi trabajo en su aplicación específica como un mecanismo para la generación de las masas del nucleón y del pion se publicó en 1960.[24]

El artículo al que Nambu se refería en la anterior cita se tituló «Axial vector current conservation in weak interactions» (Nambu 1960). No obstante, también hay que recordar los dos trabajos que publicó al año siguiente junto al físico teórico italiano Giovani Jona-Lasinio (Nabu y Jona-Lasinio 1961 a, b), en los que desarrollaron la idea de la ruptura espontánea de simetrías en la física de partículas elementales.

La hipótesis de Nambu era suponer que la masa de un protón o de un neutrón era fundamentalmente cero, pero que adquiría un valor no nulo mediante una ruptura espontánea de la simetría llamada «quiralidad», que es la propiedad de distinguir entre derecha e izquierda, como sucede en la imagen especular de las manos. El físico japonés supuso que esta característica se conservaba en la interacción fuerte en el caso de partículas sin masa, pero que esto no ocurría si la tenían. De este modo, las leyes que gobiernan esta fuerza en nucleones son simétricas en quiralidad, pero si esta se rompe de manera espontánea, dichas partículas adquieren masa.

Pronto surgió un problema en el horizonte, formulado por el físico teórico británico Jeffrey Goldstone (1961). Este demostró que la existencia de partículas sin masa era necesaria en los modelos de ruptura espontánea de simetría continua (esta última palabra quería decir que dicha propiedad se entendía como un movimiento y no como algo estático, como sería una reflexión).

Llegados a este punto, la explicación de los desarrollos que se sucedieron en este campo es demasiado técnica, por lo que recurriré a la presentación de Glashow (1994: 236-238):[25]

Jeffrey Goldstone había demostrado que la RES, en el contexto de la teoría cuántica de campos, conduce a la existencia de partículas sin masa

24. En un libro titulado *Quarks. Frontiers in Elementary Particle Physics*, Nambu (1985) presentó su visión de la física de partículas elementales, incluida la ruptura de simetrías.

25. Descripciones más completas, pero también más técnicas, se encuentran en Close (2011), Weinberg (2005) y su conferencia Nobel, Hoddeson, Brown, Riordan y Dresden, eds. (1997) o Fraser (2008), así como en la conferencia Nobel de Salam.

denominadas (por todos menos por Jeffrey) bosones de Goldstone. No se habían visto nunca y es muy probable que no existan. La RES parecía únicamente una insignificante patología de la teoría, sin nada que ver con el mundo observable. En 1964, el físico británico Peter Higgs demostró, junto con otros, que en una teoría gauge los presuntos bosones de Goldstone resultan devorados por partículas gauge sin masa, que adquieren masa en este proceso. Higgs creyó que se trataba de una propiedad más de la teoría, una propiedad tan curiosa como inútil.

Pero Steven Weinberg y Abdus Salam, que estaba en Trieste, comprendieron, por caminos separados, que el fenómeno de Higgs es precisamente lo que faltaba para construir una teoría electrodébil con sentido común. El proceso de Higgs podía aprovecharse para dar masa a los mediadores de las interacciones débiles. Cuando mi viejo modelo se complementó con un sistema de mesones sin espín y sometidos a la RES, todo funcionó de maravilla. El mecanismo de Higgs no solo generaba la masa de las partículas W y Z, sino que era además el agente por el que los quarks y los leptones podían adquirir su masa. El mecanismo de Higgs, por lo visto, es la clave para comprender el origen de la masa de todas las partículas elementales. Las leyes de la física podían ser del todo simétricas, a pesar de la asimetría y complejidad de los fenómenos que reflejaban una ruptura espontánea de simetría comparable a la aparición espontánea del magnetismo en un trozo de hierro.

Las fuerzas débil y electromagnética parecen muy distintas solo porque da la casualidad de que vivimos en una etapa tardía de la evolución del universo, en la que este se ha enfriado y se ha vuelto cristalino y asimétrico.[26] Hace muchísimo tiempo, cuando aún estaba caliente, ardía con todo su esplendor y no admitía la existencia de los mortales, manifestaba una simetría de primerísimo orden.

26. En su conferencia Nobel, Steven Weinberg señaló este punto con gran elegancia narrativa y estableció una analogía con el famoso mito de la caverna, que Platón incluyó en *La República*: «Estamos en una tal cueva, apresados por las limitaciones de los tipos de experimentos que podemos realizar. En particular, solamente podemos estudiar la materia a temperaturas relativamente bajas, donde es probable que las simetrías se rompan espontáneamente, de manera que parece que la naturaleza no es muy simple o unificada. No hemos sido capaces de escapar de esta cueva, pero mirando durante mucho tiempo y con dificultad las sombras de la pared de la cueva podemos al menos distinguir las formas de simetrías, que aunque rotas, son principios exactos que gobiernan todos los fenómenos, expresiones de la belleza del mundo exterior».

> El perfeccionamiento de mi teoría electrodébil por Weinberg-Salam contenía más novedades interesantes. El mecanismo de Higgs es tan dócil que conduce a una teoría coherente de las interacciones débiles, libre de la epidemia de los infinitos. En otras palabras: la teoría gauge con rotura espontánea de simetría es renormalizable. Steve y Abdus no lo sabían, pero lo sospechaban y así lo dijeron en sus publicaciones. Cuando, tiempo después, un joven doctorando holandés, Gerard 't Hooft, confirmó la hipótesis, el mundo empezó a tomarse en serio la teoría electrodébil.
>
> Steve y Abdus habían introducido cuatro jugadores nuevos en la partida de las partículas, cuatro mesones sin espín que se sumaron a los tres pesados bosones vectoriales intermediarios que aún no se habían visto. Tres mesones eran en potencia bosones de Goldstone destinados a combinarse con los bosones W^+, W^- y Z^0, sin masa en el momento de aparecer, con objeto de convertirlos en partículas pesadas que mediatizan la fuerza débil. La cuarta partícula sin espín debía sobrevivir en tanto que bosón observable por derecho propio. Se le conoce como *bosón de Higgs* [...].

En esta cita aparecen algunos de los principales protagonistas de estos acontecimientos. Sin embargo, no están todos. La frase de Glashow, «Peter Higgs demostró, junto con otros...», necesita completarse, esto es, decir los nombres de esos «otros».

Además de Higgs (1964 a, b, 1966), miembro del Instituto Tait de Física Matemática de la Universidad de Edimburgo, llegaron a la misma conclusión que él y prácticamente al mismo tiempo François Englert y Robert Brout (1964), de la Facultad de Ciencias de la Universidad Libre de Bruselas, y Gerald S. Guralnik, Carl R. Hagen y Thomas W. Kibble (1964), de la Facultad de Física del Imperial College de Londres.[27]

El hecho de que ese bosón (asociado a un campo sobre el que comentaré más adelante), que es central para la teoría electrodébil, lleve el nombre de Peter Higgs (1929-2024) es poco menos que una casualidad, porque Englert (n. 1932) y Brout (1928-2011) publicaron sus resultados antes que él. El editor de *Physics Letters*, la revista a la que Higgs envió su primer trabajo, recibió el manuscrito el 27 de

27. Sobre Higgs, véase Close (2022). Una presentación general del bosón de Higgs se encuentra en Casas y Rodrigo (2012).

julio de 1964 y lo aceptó. Una semana después, remitió el segundo a *Physical Review Letters*, donde fue rechazado. Una versión revisada fue aceptada el 21 de agosto y vio la luz el 19 de octubre. Por su parte, el texto de Englert y Brout llegó a esta última publicación el 26 de junio, esto es, antes que el escrito inicial del físico británico. Otro detalle digno de mención es que cuando apareció su memoria en *Physical Review Letters*, esta incluía una alusión a la anterior obra de los científicos belgas. La explicación es que Nambu fue el evaluador de ambas propuestas y señaló a Higgs esa contribución previa, por lo que este pudo añadir la referencia. Sin embargo, todas estas aportaciones fueron independientes, al igual que la de Kibble (1932-2016) y sus dos colaboradores. Esta se publicó también en *Physical Review Letters*, pero lo hizo algo más tarde, el 16 de noviembre.

Parte, al menos, de esta errónea atribución de prioridad se debe a Steven Weinberg (1967), que en el trabajo con su versión de la teoría electrodébil dirimía esta cuestión, de forma equivocada, a favor de Higgs, frente a Englert y Brout.

No he mencionado el nombre de Philip Anderson (1923-2020), que suele ser olvidado cuando se habla de este tema. Este científico es más conocido por sus trabajos en física de la materia condensada (obtuvo el premio Nobel en 1977 por sus investigaciones sobre la estructura electrónica de sistemas magnéticos desordenados), pero también contribuyó a la física de partículas. Antes que Higgs y «los otros», Anderson (1963) publicó un artículo en el que conjeturaba que el fotón de la electrodinámica cuántica y el bosón de Goldstone (también sin masa) «parecen capaces de cancelarse entre sí y dejar solo bosones sin masa», un claro precedente de las propuestas mencionadas antes. En uno de sus textos, «"BCS" and me», Anderson (2011) reclamó su prioridad en este asunto, reivindicación que apoyó Gell-Mann (1995) en su libro *The Quark and the Jaguar*: «Para ser imparciales, sugiero que retengamos el término de "bosón de Higgs", pero que empleemos la etiqueta "Anderson-Higgs" para el mecanismo que rompe la simetría de la aproximación de masa nula y es responsable de las diversas masas de las partículas en el modelo estándar». Higgs, por cierto, siempre reconoció la contribución de Anderson, al igual que la de todos los demás, al mecanismo que lleva su nombre.

Antes dije que el bosón de Higgs está asociado a un campo. Explicaré algo más sobre este aspecto, pues no se suele mencionar a este último cuando se habla del primero.

En el contexto cuántico, todos los campos llevan «asociada» una partícula, un cuanto. Por consiguiente, cuando se propuso la existencia del campo de Higgs, postulado para generar un mecanismo de ruptura de simetría, se le asoció un bosón, que se acabó por denominar «bosón de Higgs», aunque también, por influencia de un libro de divulgación (Lederman y Teresi 1993), se le conoce como la «partícula divina».

Este campo llena el vacío. Todo lo existente interacciona con él y es su resistencia al movimiento de las partículas lo que hace que estas adquieran algo indistinguible de una masa. La analogía a la que suele recurrir es la siguiente (Ynduráin 2006: 178-179):

> Imaginemos una piscina de agua muy, muy clara. Un rayo de luz la atraviesa prácticamente sin enterarse, porque la luz (apenas) interacciona con el agua. Pero si nosotros intentamos andar dentro de la piscina, en un lugar en el que el agua no nos cubra, encontraremos una resistencia a avanzar, como si tuviésemos más masa de la propia nuestra. Por supuesto, esta masa es la masa del agua (que sí interacciona con nuestros cuerpos) que tenemos que arrastrar y desplazar. De la misma manera, los fotones (que no interaccionan con el campo de Higgs) atraviesan el espacio sin ser afectados por su presencia, mientras que las partículas W o Z, que sí interaccionan con el campo de Higgs, sienten su presencia, en particular en forma de un aumento de masa.

Casi medio siglo después de predecir el bosón de Higgs, el 4 de julio de 2012, fue detectado al fin en el LHC, el Large Hadron Collider, el gigantesco acelerador construido específicamente para intentar hallar esta partícula.[28] La noticia ocupó las portadas de todos los medios del mundo y un año después de este acontecimiento, en 2013, François Englert y Peter Higgs compartieron el premio Nobel de Física «por el descubrimiento teórico de un mecanismo que contribuye a nuestra comprensión del origen de la masa de partículas subatómicas, y que recientemente ha sido confirmado a través del descubrimiento de la partícula fundamental predicha en los experimentos ATLAS y CMS del Gran Colisionador de Hadrones del CERN». Para entonces, Robert Brout, coautor con Englert del artículo de 1964, había fallecido y la academia sueca no consideró oportuno recono-

28. Sobre el contexto de este descubrimiento (el LHC y lo que se esperaba de él), véase Giudice (2010). Sobre el hallazgo en sí, véase Randall (2012).

cer de ninguna manera a los responsables de la tercera publicación sobre el tema, Guralnik, Hagen y Kibble.

Acerca del estadounidense Steven Weinberg (1933-2021) y el paquistaní afincado en Inglaterra Abdus Salam (1926-1996), otros dos físicos muy notables de la segunda mitad del siglo XX, se ha escrito mucho. El primero se ha mencionado ya varias veces en este libro. Estudió en la Universidad de Cornell y se doctoró en Princeton, tras lo cual obtuvo una posición posdoctoral en Columbia. Permaneció allí entre 1957 y 1959, año en que pasó a Berkeley. Estuvo en California hasta 1966, cuando aceptó un puesto docente en Harvard, donde en 1973 se convirtió en profesor Eugene Higgins de Física. En 1982, se trasladó a la Universidad de Texas en Austin, en gran medida, como explicó en su autobiografía (Weinberg 2025), para no estar alejado de su esposa, que había obtenido una cátedra en esa institución.

De Salam diré que estudió en Lahore y que allí completó un máster en matemáticas en 1946.[29] Lo hizo con tal brillantez que obtuvo una beca para ampliar su formación en el St John's College de Cambridge, en cuya universidad se doctoró en 1951. Su tesis se tituló *Developments in Quantum Theory of Fields*. Regresó a la capital del Punyab como catedrático de matemáticas y un año después ocupó el cargo de director del departamento de esta disciplina para toda la provincia. Sin embargo, acabó por darse cuenta de que en Paquistán no podía desarrollar una carrera de investigación como deseaba. De modo que en 1954 regresó a Inglaterra. Primero fue a Cambridge, como profesor de matemáticas, y en 1957 pasó al Imperial College de Londres, como catedrático de esta materia. Tres años después, obtuvo una cátedra de física teórica en esta institución, puesto que a partir de 1964 compatibilizó con la dirección del nuevo Centro Internacional de Física de Trieste, desde la que pudo ayudar a físicos de países en vías de desarrollo. Un aspecto importante de su biografía son sus creencias religiosas: Salam fue un devoto musulmán de la comunidad ahmadía. En 1974, el gobierno paquistaní declaró herética a esta secta por razones de política interna y Salam renunció a seguir asesorando a la Administración, incluida la Atomic Energy Commission (recordemos que se trata de un país con armas nucleares), en materias científicas.

29. La vida y obra de Salam se estudia en Fraser (2008).

Los respectivos trabajos sobre la teoría electrodébil de Weinberg y Salam se publicaron en 1967 y 1968: Weinberg (1967) y Salam (1968).[30] Veamos el comienzo del artículo de Weinberg (1967: 1264):

> Los leptones [partículas a las que no les afecta la fuerza nuclear fuerte] interaccionan solamente con fotones y con los bosones intermedios que presumiblemente transportan las interacciones débiles. ¿Qué podía ser más natural que unificar estos bosones de espín 1 en un multiplete de campos gauge? Entorpeciendo el camino hacia esa síntesis se encuentran las obvias diferencias en las masas del fotón y del bosón intermedio, y de sus acoplamientos. Podemos esperar comprender estas diferencias imaginando que las simetrías que relacionan las interacciones débil y electromagnética son simetrías exactas del lagrangiano, pero que las rompe el vacío. [...] Esta nota describe un modelo en el que la simetría entre las interacciones electromagnética y débil se rompe espontáneamente [...] El modelo puede ser renormalizable.

La cita anterior incide en tres aspectos importantes. El primero de ellos es la presencia de la simetría gauge, lo que confirma el relevante papel que, como apunté, ha desempeñado esta en el mundo de la física teórica de altas energías. El segundo es la ruptura espontánea de simetrías por el vacío. Y el tercero es el hecho de que Weinberg guardaba la esperanza de que la teoría fuese renormalizable, algo que no se había demostrado. Es probable que fuese por esta última cuestión (y por otra relacionada con ella y es que nadie era capaz de realizar cálculos más allá de la primera aproximación) por la que el modelo de Glashow-Weinberg-Salam no recibió demasiada atención durante los siguientes cuatro años... Así permanecieron las cosas hasta que dos científicos holandeses, Gerardus 't Hooft y Martinus J. G. Veltman, lograron demostrar esa propiedad ('t Hooft 1971, 't Hooft y Veltman 1972).[31] Un año después, se comprobó de forma empírica en el CERN una de las predicciones de su teoría, la existencia de las

30. En realidad, el trabajo de Salam fue una colaboración con John Clive Ward. Sin embargo, publicó el resultado solo bajo su nombre, aunque señaló que «Ward y yo trabajamos en estas ideas intermitentemente [...] Con posterioridad, yo descubrí que un desarrollo casi idéntico había sido realizado por Weinberg, que aparentemente tampoco conocía el trabajo de Ward y mío».

31. 't Hooft fue discípulo de Veltman y utilizó técnicas matemáticas desarrolladas por él. Las relaciones entre ambos terminaron por deteriorarse.

denominadas «corrientes neutras débiles» (Hasert *et al.* 1973), interacciones sin intercambio de carga y mediadas por la partícula Z^0. Este logro dio un espaldarazo a la teoría de Weinberg, Salam y Glashow, quienes compartieron el premio Nobel de Física de 1979. En 1999, el mismo galardón fue concedido a 't Hooft y a Veltman.

En cuanto a los bosones W^+, W^- y Z^0, se detectaron en 1983 en el Supersincrotrón de Protones del CERN. Hizo falta un acelerador capaz de alcanzar grandes energías para producir estas partículas, ya que eran demasiado pesadas para las máquinas existentes antes de esa fecha. Este logro fue conseguido por el grupo liderado por el italiano Carlo Rubbia (que repartía su tiempo entre el CERN y Harvard) y cabe destacar que el artículo en el que se anunció el descubrimiento iba firmado (en orden alfabético) por 125 científicos (Arnison *et al.* 1983), pertenecientes al CERN, al Centro de Estudios Nucleares de Saclay, a la Universidad Técnica de Aquisgrán, a las Universidades de Birmingham, Helsinki, Roma y California (Riverside), al Laboratorio Rutherford Appleton de Chilton) y al Collège de France. Una verdadera colaboración internacional.

La noticia causó sensación en la comunidad científica, hasta el punto en que al año siguiente Rubbia (n. 1934) y Simon van der Meer (1925-2011), inventor de una tecnología imprescindible (enfriado estocástico) para el funcionamiento del aparato empleado en el hallazgo, recibieron el premio Nobel de Física de 1984. La participación de van der Meer recuerda el papel esencial que la instrumentación desempeña en la física experimental de altas energías. No se trata solo de los aceleradores propiamente dichos, sino de los detectores de partículas, sin los cuales no se conseguiría nada. Estas máquinas, a su vez, son gigantescas y también constituyen auténticos prodigios técnicos.

La teoría electrodébil unificó la descripción de las interacciones electromagnética y débil, pero ¿no sería posible avanzar más por esta senda y plantear una formulación que incluyese también a la fuerza nuclear fuerte, descrita por la cromodinámica cuántica? Esta cuestión tuvo una respuesta positiva que surgió de la mano de Howard Georgi y Glashow (1974), quienes introdujeron las primeras ideas de lo que se vino a denominar teorías de la gran unificación (GUT, por sus siglas en inglés).

El impacto principal de esta familia de propuestas ha tenido lugar en la cosmología, más en concreto en la descripción de los primeros instantes cósmicos. Según estos planteamientos, al principio solo existía una fuerza, que englobaba las interacciones electromagnética, débil y fuerte, las cuales se separaron de manera progresiva conforme se enfriaba el universo. Semejantes herramientas teóricas permiten explicar cuestiones como la existencia (al menos en apariencia y por suerte para nosotros) de más materia que antimateria. Esto es debido a un rasgo que las diferentes GUT tienen en común y es que en ellas no se conserva el denominado «número bariónico». Esto quiere decir que son posibles procesos en los que la cantidad de bariones producidos (entre los que se encuentran, recordemos, los protones y los neutrones) no es igual a la de antibariones. Con base en esta propiedad, el físico japonés Motohiko Yoshimura (1978) demostró que un estado inicial con igual abundancia de partículas y antipartículas podría evolucionar hasta convertirse en otro con más nucleones que sus correspondientes antinucleones. De este modo, podría surgir un universo como el nuestro, en el que predomina la materia.

Ahora bien, pese a su éxito, el modelo estándar no es «la teoría final». Por una parte, la interacción gravitatoria queda al margen. Por otra, incluye demasiados parámetros que hay que determinar de forma empírica. Surgen así las siempre incómodas, pero esenciales, preguntas por el porqué de las cosas. ¿Por qué existen las partículas que detectamos? ¿Por qué estas tienen las masas que tienen? ¿Por qué, por ejemplo, el tauón pesa alrededor de 3.520 veces más que el electrón? ¿Por qué son cuatro las interacciones fundamentales y no tres, cinco o una? ¿Y por qué estas tienen las propiedades (como intensidad o rango de acción) observadas?

Puesto que he mencionado la interacción gravitatoria y el problema de su unificación con las tres fuerzas restantes, diré que existen varios candidatos para cumplir ese espléndido sueño: unos complejos edificios matemáticos llamados teorías de cuerdas.

Según estas, las partículas fundamentales de la naturaleza son en realidad filamentos unidimensionales (cuerdas extremadamente delgadas), que se alojan en espacios de muchas dimensiones (más que las tres espaciales y una temporal de las que somos conscientes). No obstante, más que decir que «son» o que «están constituidas» por estas estructuras, habría que decir que «son manifestaciones» de sus vibraciones. En otras palabras, si nuestros instrumentos fuesen lo bastante poderosos, no veríamos «puntos» (con ciertas características que determinan que los llamemos electrón, quark, fotón o neutrino, por ejemplo), sino minúsculas cuerdas que vibran y cuyos cabos pueden estar abiertos o cerrados Por consiguiente, la imagen que suscita esta nueva interpretación de la realidad es «musical» más que «física». Como ha señalado en *El universo elegante* Brian Greene (2001: 166-168), él mismo miembro destacado de la «comunidad de cuerdas»: «Del mismo modo que las diferentes pautas vibratorias de la cuerda de un violín dan lugar a diferentes notas musicales, *los diferentes modelos vibratorios de una cuerda fundamental dan lugar a diferentes masas y cargas de fuerzas*. [...] El universo (que está compuesto por un número enorme de esas cuerdas vibrantes) es algo semejante a una sinfonía cósmica».

Es fácil comprender el atractivo que tienen estas ideas para algunas personas: «Las cuerdas son verdaderamente fundamentales; son "átomos", es decir *componentes indivisibles*, en el sentido más auténtico de la palabra griega, tal como la utilizaron los antiguos griegos. Como componentes absolutamente mínimos de cualquier cosa, representan el final de la línea (la última de las muñecas rusas llamadas "matrioshkas") en las numerosas capas de subestructuras dentro del mundo microscópico» (Greene 2001: 163). Ahora bien, ¿qué tipo de materialidad es la de estos constructos teóricos unidimensionales? ¿Podemos pensar en ellos como en una especie de «materia elemental», en cierto sentido parecida a la noción habitual de materia, incluso cuando se trata de partículas tan elementales (a la postre, acaso, solo en apariencia) como un electrón, un muon o un quark?

Decía antes que las teorías de cuerdas son complejos edificios matemáticos. Así es. De hecho, sus ecuaciones son tan enrevesadas que hasta ahora ni siquiera se conoce su forma exacta. Tan solo, se dispone de aproximaciones, e incluso estas resultan tan complicadas que solo se han resuelto en parte. Por ello, no es sorprendente que uno de los principales líderes de esta disciplina sea un físico con unas dotes especiales para las matemáticas. Me refiero al estadounidense Edward Witten. Para hacerse una idea de su pericia en este sentido, basta con señalar que en 1990 recibió (junto a Pierre-Louis Lions, Jean-Christophe Yoccoz y Shigefumi Mori) una de las cuatro medallas Fields que se conceden cada cuatro años y que constituyen el equivalente de los premios Nobel en el ámbito matemático. Fue Witten (1995) quien argumentó que, para que la teoría de cuerdas (o supercuerdas) pudiera de verdad aspirar a ser una «teoría del todo», debería tener diez dimensiones espaciales más una temporal, esto es, un total de once (Witten denominó «teoría M» a esa formulación),[32] con lo que inició lo que se ha llamado «segunda revolución de las cuerdas».

Enfrentados con propuestas así, es razonable preguntarse si la exploración de la disposición interna de la materia no habrá alcanzado ya niveles en los que la «materialidad» se desvanece y se transforma en otra cosa diferente. Pero ¿en qué? Si hablamos de partículas que se manifiestan como vibraciones de cuerdas, ¿acaso esa «otra cosa» sea una estructura matemática? Un movimiento vibratorio de este tipo es, al fin y al cabo, la oscilación de algo tangible. Sin embargo, en cuanto a conformación permanente, es probable que este fenómeno tenga más de ente matemático que de realidad física. Si fuese así, podríamos decir que se había cumplido el sueño, o uno de ellos, de Pitágoras. Los científicos se habrían esforzado con denuedo durante siglos, milenios incluso, para descubrir que, en última instancia, la materia se les escapa de las manos, como si se tratase de una red, convertida en estructuras matemáticas. La teoría de cuerdas, en resumen, resucita viejos interrogantes, acaso fantasmas, como la relación entre la física (y el mundo) y la matemática.

Aparte de estos aspectos de naturaleza filosófica, hay otros que es imprescindible mencionar. Y es que, hasta la fecha, las teorías de cuerdas han demostrado muy pocos hechos. Esto es determinante, sobre todo si no olvidamos que la ciencia es explicación teórica, sí, pero sometida al juez último de la comprobación empírica. Las formulaciones de este tipo son admiradas por algunos, comentadas por muchos y criticadas por bastantes, quienes insisten en que su esencia es demasiado especulativa. Así, el físico norteamericano Lee Smolin (2007: 17-18) escribió, en un libro dedicado a estos planteamientos:

> En los últimos veinte años, se ha invertido mucho esfuerzo en la teoría de cuerdas, pero todavía desconocemos si es cierta o no. Incluso después de todo el trabajo realizado, la teoría no ha proporcionado ninguna predicción que pueda ser comprobada mediante experimentos actuales o, al menos, experimentos que podamos concebir en la actuali-

32. No hay consenso acerca del motivo de la letra «M». Unos opinan que es por «teoría madre», otros «teoría del misterio», «teoría de la membrana» o «teoría matriz».

dad. Las escasas predicciones limpias que propone ya han sido formuladas por otras teorías aceptadas.

Parte de la razón por la que la teoría de cuerdas no realiza nuevas predicciones es porque parece presentarse en un número infinito de versiones. Aun limitándonos a las teorías que coinciden con algunos de los hechos básicos observados sobre nuestro universo, por ejemplo, su vasto tamaño o la existencia de energía oscura, nos siguen quedando algo así como 10^{500} teorías de cuerdas diferentes; es decir, un uno con quinientos ceros detrás, un número mayor que todos los átomos conocidos del universo. Semejante cantidad de teorías nos deja poca esperanza de poder identificar algún resultado de algún experimento que no se pudiera incluir en alguna de ellas. Por tanto, no importa lo que muestren los experimentos, pues no se puede demostrar que la teoría de cuerdas sea falsa, aunque lo contrario también es cierto: ningún experimento puede demostrar que sea cierta.

Recordemos en este punto que uno de los sistemas metodológicos más influyentes de la ciencia es todavía el construido por Karl Popper, un filósofo de origen austriaco, instalado finalmente en la Escuela de Economía de Londres. Este pensador insistió siempre en que una hipótesis que no es refutable mediante algún experimento imaginable no tiene valor científico. Esto es, que si no es posible idear alguna comprobación cuyos resultados pongan a prueba las predicciones de una propuesta, esta no es realmente científica. En mi opinión, tal criterio es demasiado exigente para ser válido en todos los casos, pero constituye una buena guía. Sea como fuere, el futuro tendrá la última palabra sobre la teoría de cuerdas.[33]

33. Para más información, con una predisposición favorable, sobre la teoría de cuerdas y supercuerdas, véanse Witten (2003), Gross (2003), Townsend (2003), Green (2003) y Conlon (2016).

11

Entrelazamiento y multiversos

1. La «resurrección» de Einstein-Podolsky-Rosen y Schrödinger

En el último capítulo de *HFC-2*, introduje el *entrelazamiento*, esto es, la *no localidad*, como una característica de la física cuántica, señalada con claridad en 1935 por Erwin Schrödinger (1935). A su vez, Einstein, Podolsky y Rosen (1935) plantearon algo muy similar en otro artículo del mismo año, aunque ellos lo entendieron como un aspecto desfavorable de la nueva mecánica.

Durante bastante tiempo, ambos textos apenas llamaron la atención, salvo por la «paradoja del gato». La excepción más importante fue la de David Bohm (1917-1992), quien apareció brevemente en el séptimo capítulo de *HFC-2*, con relación a alguna de sus críticas a los contenidos del libro de John von Neumann *Mathematische Grundlagen der Quantenmechanik* (1932).[1] A comienzos de la década de 1950,

1. La biografía de David Bohm es lo bastante interesante como para dedicarle unas líneas. Estadounidense de nacimiento, en 1943 completó su tesis doctoral en Berkeley. Por aquel entonces, era considerado uno de los físicos teóricos más prometedores de su generación. Los años de la segunda guerra mundial los pasó en esta universidad californiana (el general Groves no le autorizó a participar en el Proyecto Manhattan) y al término de la contienda se trasladó a Princeton como profesor ayudante. Después de investigar en física de plasmas y escribir un libro de texto muy bien recibido, *Quantum Theory* (1951), fue convocado en 1951 por el Comité de Actividades Antiestadounidenses, para preguntarle por sus actividades

Bohm (1952 a, b) produjo una versión de la mecánica cuántica que incluía variables ocultas (definidas como aquellas que «en principio determinan el comportamiento preciso de un sistema individual, pero que en la práctica son promedios sobre los tipos de medidas que se pueden realizar» [Bohm 1952 a: 166]). En su trabajo, sostuvo (Bohm 1952 b: 166) que esta formulación «conduce precisamente a los mismos resultados, para todos los procesos físicos, que la interpretación habitual. Sin embargo, la interpretación que se sugiere proporciona un marco conceptual más amplio que la interpretación habitual, porque hace posible una descripción precisa y continua de todos los procesos, incluso en el nivel cuántico». Nótese lo de «continua», que quería decir que se trataba de una teoría local. En 1957, mientras residía en Haifa, Bohm y Yakir Aharonov (1957) desarrollaron una versión más sólida que superaba esta dificultad y que tenía muy en cuenta el entrelazamiento, pero también con variables ocultas. Básicamente, era una reformulación simplificada de la propuesta EPR, en la que sustituían la base posición-momento por una centrada en el espín. El problema para el científico estadounidense y para todos los que creían en posibles factores ignotos en la mecánica cuántica, era que von Neumann había demostrado en *Mathematische Grundlagen der Quantenmechanik* un teorema que negaba que tales interpretaciones fuesen posibles. Ese resultado era todavía acep-

---

en el Laboratorio de Radiación de Berkeley durante el conflicto bélico y por sus relaciones con el Partido Comunista. Se acogió entonces a la Quinta Enmienda, que protege contra la autoincriminación. No obstante, fue arrestado, encarcelado, puesto en libertad condicional y finalmente juzgado por un tribunal (31 de mayo de 1951). Salió indemne del proceso gracias a una resolución del Tribunal Supremo, que confirmó la posibilidad de invocar esa provisión constitucional en casos como el suyo. Sin embargo, la Universidad de Princeton le impuso una excedencia por el tiempo que le quedaba de contrato y no lo renovó cuando expiró. Emigró entonces a Brasil, donde encontró trabajo (como Estados Unidos le retuvo el pasaporte, tuvo que adoptar la nacionalidad brasileña). Sin embargo, no se encontraba a gusto en el país sudamericano y en enero de 1955 aceptó un puesto en el Technion (Instituto Tecnológico de Israel), en Haifa. Dos años más tarde, se trasladó a Inglaterra, donde obtuvo al fin una cátedra en el Birkbeck College de Londres. Permaneció allí el resto de su carrera, centrada sobre todo en versiones causales de la mecánica cuántica y en otros enfoques no convencionales de la física. A su despacho de Birkbeck me llevó, para que le conociese, mi primer director de tesis, Sigurd Zienau. Recuerdo a Bohm como un hombre pacífico, profundo y considerado. Más información sobre Bohm en Freire jr. (2005, 2019).

tado de manera generalizada, de modo que cuando Bohm elaboró una de esas teorías «prohibidas» pocos le prestaron atención.

2. John S. Bell

Entre los escasos físicos que repararon en esta reformulación del trabajo de Einstein-Podolsky-Rosen, se encontraba John Stewart Bell (1928-1990), un personaje esencial en la clarificación de este tipo de cuestiones.

Natural de Belfast y de origen humilde (lo que no impedía que su familia apreciase mucho el valor de la educación), Bell se graduó en Física, para lo que siguió un camino más indirecto y difícil que la mayoría de quienes acaban por dedicarse a esta disciplina. Estudió en el instituto técnico de su ciudad natal, tras lo cual trabajó como ayudante júnior en la Facultad de Física de la Universidad Queen's de Belfast. Aquí reconocieron su talento y después de estar empleado como auxiliar durante un año, pasó a ser estudiante de esa institución. De este modo, se graduó en 1948 en Física Experimental y doce meses después en Física Matemática.[2] Entre 1949 y 1960 investigó en Inglaterra, en física nuclear y en cuestiones relacionadas con aceleradores, la mayor parte del tiempo en el Centro de Investigación Atómica de Harwell. En 1953-1954, con permiso de esta última entidad, realizó estudios de posgrado en la Universidad de Birmingham, bajo la dirección de Paul Matthews y Rudolf Peierls. Fue entonces cuando se familiarizó con la situación en que se encontraba la física teórica y preparó una tesis doctoral que defendió en 1956, tras regresar a Harwell. Su memoria incluía una demostración del teorema CPT, pero no tuvo la prioridad del hallazgo porque, como vimos, Gerhard Lüders (1954) había publicado otra prueba con anterioridad. No obstante, la suya era muy diferente y más simple, de modo que se publicó en *Proceedings of the Royal Society* (Bell 1955). Insatisfecho con el tipo de proyectos que abordaba en Harwell, Bell y su esposa, Mary (nacida Ross y también física) renunciaron a sus puestos permanentes en 1960 y aceptaron otros temporales en el CERN, él en la División de Física Teórica y ella en el Grupo de Investigación de

2. Andrew Whitaker (2016) ha dedicado un libro a la vida y obra de Bell. Véase, asimismo, Jackiw y Shimony (2002).

Aceleradores. En su nuevo empleo, comenzó pronto a dedicar parte de su tiempo libre a los fundamentos de la mecánica cuántica (en un documento mencionó que se dedicaba a la «ingeniería cuántica»). Esto, unido a la libertad que le proporcionó un año sabático en 1963-1964 (lo pasó en Estados Unidos, en el SLAC y en las Universidades de Wisconsin y Brandeis), dio origen a dos artículos fundamentales. Ambos fueron escritos en 1964, aunque la publicación del segundo se demoró hasta 1966. Se titulaban «On the Einstein-Podolsky-Rosen paradox» (Bell 1964) y «On the problem of hidden variables in quantum mechanics» (Bell 1966).

En este último (con toda probabilidad el primero en ser escrito, a juzgar desde un punto de vista conceptual) demostró que el teorema de von Neumann tenía fallos y explicó la manera en que Bohm había podido evitarlos al elaborar su modelo. La introducción del texto, que reproduzco en parte a continuación, explica con claridad las intenciones y resultados de Bell (1966, 1990: 25-26):

> El conocimiento del estado cuántico de un sistema implica, en general, solo restricciones estadísticas sobre los resultados de las medidas. Parece interesante preguntarse si este elemento estadístico debe considerarse que surge, como en la mecánica estadística clásica, porque los estados en cuestión son promedios sobre estados mejor definidos en los que los resultados estarían completamente determinados de modo individual. Estos hipotéticos estados «sin dispersión» vendrían especificados no solo por el vector estado mecano-cuántico sino además por «variables ocultas» adicionales; «ocultas» porque si pudieran prepararse estados con valores prescritos de esas variables, entonces la mecánica cuántica sería inadecuada a nivel observacional.
>
> Ha sido objeto de debate si esta cuestión es verdaderamente interesante. El presente artículo no contribuye a ese debate. Está dirigido a los que encuentran interesante dicha cuestión y más particularmente a aquellos, de entre ellos, que piensan que «la cuestión concerniente a la existencia de tales variables ocultas recibió una respuesta pronta y bastante decisiva en base a la prueba de von Neumann de la imposibilidad matemática de tales variables en la teoría cuántica». Se intentará clarificar lo que realmente demostraron von Neumann y sus continuadores. [...] Se hará hincapié en que esos análisis dejan intacta la cuestión real. Se verá, de hecho, que esas demostraciones requieren de los hipotéticos estados sin dispersión, no solo de que conjuntos apropiados de ellos

hayan de tener todas las propiedades medibles de los estados cuánticos, sino además algunas otras propiedades. Estas exigencias adicionales parecen razonables cuando se identifican vagamente con propiedades de sistemas aislados. Se ve que no lo son cuando se recuerda con Bohr «la imposibilidad de cualquier distinción neta entre el comportamiento de los objetos atómicos y la interacción con los instrumentos de medida que sirven para definir las condiciones bajo las cuales aparecen los fenómenos».

La conciencia de que la demostración de von Neumann es de relevancia limitada ha ido ganando terreno desde el trabajo de Bohm de 1952. Sin embargo, se halla lejos de ser universal. Además, quien escribe no ha encontrado en la literatura ningún análisis adecuado de qué era incorrecto en dicha demostración. Como todos los autores de artículos de revisión no hechos por encargo, él cree poder hacer una nueva exposición del tema con una claridad y simplicidad tales que todas las discusiones previas quedarán eclipsadas.

En el primer trabajo, Bell (1964) demostró que existía una desigualdad que se podía emplear para dirimir de manera empírica el tipo de teoría correcto, una «completa» (con variables «ocultas») según los requisitos de Einstein, Podolsky y Rosen de 1935 o una tradicional. Estrictamente hablando, se trata de una expresión que se debe cumplir si la mecánica cuántica no es correcta/completa.

La desigualdad que dedujo Bell (1964: ecuación 15) no se utiliza en la práctica, pero es la siguiente:

$$1 + P(\mathbf{b},\mathbf{c}) \geq |P(\mathbf{a},\mathbf{b}) - P(\mathbf{a},\mathbf{c})|$$

donde P(**x**, **y**) denota la correlación entre dos detectores con la disposición **x**, **y**.

Physics Vol. 1, No. 3, pp. 195–200, 1964 Physics Publishing Co. Printed in the United States

ON THE EINSTEIN PODOLSKY ROSEN PARADOX*

J. S. BELL†
Department of Physics, University of Wisconsin, Madison, Wisconsin

(*Received* 4 *November* 1964)

I. Introduction

THE paradox of Einstein, Podolsky and Rosen [1] was advanced as an argument that quantum mechanics could not be a complete theory but should be supplemented by additional variables. These additional variables were to restore to the theory causality and locality [2]. In this note that idea will be formulated mathematically and shown to be incompatible with the statistical predictions of quantum mechanics. It is the requirement of locality, or more precisely that the result of a measurement on one system be unaffected by operations on a distant system with which it has interacted in the past, that creates the essential difficulty. There have been attempts [3] to show that even without such a separability or locality requirement no "hidden variable" interpretation of quantum mechanics is possible. These attempts have been examined elsewhere [4] and found wanting. Moreover, a hidden variable interpretation of elementary quantum theory [5] has been explicitly constructed. That particular interpretation has indeed a grossly nonlocal structure. This is characteristic, according to the result to be proved here, of any such theory which reproduces exactly the quantum mechanical predictions.

Con este desarrollo, un experimento podía decidir si la realidad se ajustaba al criterio de Einstein o a las predicciones de la mecánica cuántica. Según el primero, algunas magnitudes, como la polarización, tienen siempre valores determinados, aunque nuestras capacidades no sean lo bastante avanzadas para conocerlos (la esencia de la noción de variables ocultas). Por el contrario, en el segundo caso pueden existir correlaciones entre, por ejemplo, fotones que estuvieron unidos, pero que se separaron después.[3]

También en esta ocasión, reproduciré parte de la introducción de este artículo de Bell (1964, 1990: 41-42):

> La paradoja de Einstein, Podolsky y Rosen se propuso como un argumento de que la mecánica cuántica no podía ser una teoría completa, sino que debía ser suplida con variables adicionales. Estas variables adicionales restaurarían la causalidad y localidad en la teoría. En esta nota se formulará matemáticamente esa idea y se mostrará que es incompatible con las predicciones estadísticas de la mecánica cuántica. Es el requisito de localidad, o más precisamente el que el resultado de una medida

3. Aparte del artículo de Bell, una buena exposición de este transcendental resultado se encuentra en Cassinello y Sánchez Gómez (2012: cap. 5).

sobre el sistema no se vea afectado por operaciones sobre un sistema distante con el cual haya interaccionado en el pasado, lo que crea la dificultad esencial. Ha habido intentos de demostrar que incluso sin tal requisito de separabilidad o localidad no es posible ninguna interpretación de «variables ocultas». Se han examinado estos intentos en otro lugar [Bell 1966] y han sido encontrados defectuosos. Más aún, ha sido explícitamente construida una interpretación de variables ocultas de la teoría cuántica elemental. Esta interpretación particular tiene ciertamente una marcada estructura no-local. De acuerdo con el resultado que se probará aquí, esto es característico de cualquier teoría de ese tipo que reproduzca con exactitud las predicciones de la teoría cuántica.

3. La física experimental del test de Bell

Durante algún tiempo, estos trabajos apenas llamaron la atención. Significativo en este sentido es lo que Alain Aspect (2024: 43-44), quien como se verá más adelante desempeñó un papel destacado en las pruebas experimentales de la desigualdad de Bell, recordó en su libro *Einstein and the Quantum Revolution*:

> El artículo de Bell demostró, por primera vez, que un experimento podría llevar a diferentes conclusiones medibles sobre si las ideas de Bohr o Einstein eran correctas. Pero inicialmente el artículo pasó completamente inadvertido. Una onda general de asombro ante los resultados de la física cuántica había impactado en los investigadores que utilizan estos resultados sin tomar en cuenta los debates fundamentales entre Bohr y Einstein, que entretanto habían fallecido. Aquellos debates pertenecían, en cierto sentido, a otro tiempo. Pero en parte fue culpa de John Bell, que había publicado su artículo en una revista que duró poco, una que tendría únicamente cuatro números. Hoy, se puede encontrar fácilmente el artículo en internet, pero en 1964 casi nadie tenía acceso al artículo. Incluso en 1974, cuando supe del tema, solo existía un puñado de copias originales de él en unas pocas bibliotecas alrededor del mundo. Yo fui afortunado de recibir una fotocopia de Christian Imbert, que se convirtió en mi director de tesis. Él la había conseguido de Bernard d'Espagnat, que a su vez la había recibido del físico americano Abner Shimony. Llevaría varios años a los físicos darse cuenta de la importancia del artículo de 1964 y plantearse la pregunta: ¿puede uno realística-

mente realizar un experimento que parezca seguir de la teoría de Bell? Entre la teoría y el experimento siempre existe un gran paso.

En *HFC-2*, página 368, señalé que después de acabada la segunda guerra mundial los físicos, en especial en Estados Unidos, se dedicaron básicamente a calcular y a tratar de resolver problemas como los mencionados en el capítulo anterior. No se ocupaban de «rollos filosóficos». Dedicar al menos parte de su tiempo a cuestiones relacionadas con el significado de la mecánica cuántica, con su filosofía, entraba en esta categoría. También lo hacían las reflexiones de E-P-R.

Como David Kaiser (2011) explicó en su fascinante libro *How the Hippies Saved Physics*, fueron físicos con preocupaciones de este jaez, en algunos casos también con formación académica filosófica y muchos al margen de los principales circuitos universitarios, quienes revivieron y enriquecieron el «espíritu de EPR». Lo hicieron un tiempo después de amainar el espíritu bélico, cuando tomaron en consideración las ideas de John Bell.

Un magnífico ejemplo en este sentido es Abner Shimony (1928-2015). Mucho se le debe en lo que respecta a poner en marcha el esfuerzo por comprobar la desigualdad de Bell y así determinar si la mecánica cuántica tradicional era correcta o lo eran las alternativas con variables ocultas.[4] Shimony estudió filosofía y matemáticas en la Universidad de Yale entre 1944 y 1948, cuando se graduó. Pasó después a la Universidad de Chicago, en la que enseñaba Rudolph Carnap, antiguo miembro del Círculo de Viena. En Chicago, Shimony obtuvo un máster en 1950, pero regresó a Yale para doctorarse en filosofía en 1953. Después de servir dos años (1953-1955) en el Cuerpo de Señales del Ejército de Estados Unidos, decidió realizar otro doctorado, esta vez en física. Lo completó en 1962 en Princeton, bajo la dirección de Eugene Wigner y Arthur Wightman, con una tesis sobre mecánica estadística. Sin embargo, en 1957 este último le entregó una copia del artículo de EPR y esto avivó su interés por los fundamentos filosóficos de la física.

4. En Aczel (2004) se presentan y explican con cierto detalle los principales protagonistas de estos experimentos. Véanse, asimismo, Gilder (2008) y los artículos de Shimony (2002), Clauser (2002) y Horne (2002) incluidos en el libro colectivo *Quantum [Un]speakables. From Bell to Quantum Information* (Bertlmannn y Zeillinger, eds. 2002).

Con semejante bagaje, Shimony obtuvo un puesto permanente en el Departamento de Filosofía del MIT. No obstante, quería enseñar física al mismo tiempo y esto no podía hacerlo en el Massachusetts Institute of Technology. De modo que renunció a su cargo y consiguió una plaza compartida entre las facultades de Física y Filosofía de la Universidad de Boston, que poco después se convirtió en una posición fija. En 1968 tuvo su primer estudiante de doctorado, Michael Horne (1943-2019), graduado de la Universidad de Misisipi, que se encontraba en Boston para trabajar con el profesor Charles Willis en los fundamentos de la física estadística. Shimony se dio cuenta de la valía de Horne y de su interés por los fundamentos de la mecánica cuántica, de modo que le entregó los dos primeros artículos de Bell, que hacía poco le había pasado un amigo. Su intención era que, tras leerlos, el joven valorase la posibilidad de proponer, junto con él, una comprobación empírica real de la validez de estos argumentos. Así es como emprendió con Horne la búsqueda de un experimento que sometiera a prueba las desigualdades de Bell.

En esta historia interviene un tercer personaje, el californiano John Clauser (n. 1942), estudiante en Caltech, donde se licenció en física experimental. Después pasó a la Universidad de Columbia, para trabajar en el descubrimiento de la radiación de fondo del universo. En 1967, mientras ojeaba unas revistas en el Instituto Goddard de Estudios Espaciales, se encontró con uno de los artículos de Bell. Fue su epifanía. Pensó en un modo de comprobar de manera empírica las conclusiones del texto. Aprovechó que en Columbia estaba Chien-Shiung Wu, de quien ya hemos hablado en el capítulo anterior, para preguntarle si en los experimentos que ella y Sharknov habían realizado, sobre la emisión de fotones de alta energía en la aniquilación de un electrón y un positrón, se podían observar ciertas correlaciones con las que estudiar las predicciones del artículo de EPR. No parecía que fuera así, pero Clauser no dejó de pensar en el asunto y en 1969 se le ocurrió una idea (emplear fotones menos energéticos que los de Wu y Sharknov, que no permitían medir sus polarizaciones) con la que avanzar en la dirección deseada. Presentó su propuesta en una reunión de la American Physical Society celebrada en Washington D. C. en la primavera de 1969. Su ponencia se publicó en las actas del encuentro.

Shimony y Horne se encontraron con este documento cuando iban a publicar un artículo en el que llegaban a conclusiones parecidas. Para ello, contaron con un modelo matemático que habían elaborado y con la ayuda de Richard Holt, un estudiante de la Universidad de Harvard, interesado en realizar un experimento como el sugerido. La solución fue llamar a Clauser y ofrecerle trabajar de manera conjunta. Este aceptó.

De este modo, se reunieron los cuatro protagonistas de esta parte de la historia: John Clauser, Michael Horne, Abner Shimony y Richard Holt (1969). Propusieron un experimento concreto, con el que aplicar la prueba de las desigualdades de Bell. La idea era, básicamente, buscar correlaciones existentes entre fotones con un origen común, pero separados más adelante.

En su libro *Entrelazamiento*, Amiz Aczel (2002: 160) resumió el contenido del artículo de estos cuatro autores como sigue:

> El artículo de Clauser, Horne, Shimony y Holt (CHSH), publicado en *Physical Review Letters* en 1969, contenía una importante mejora de la deducción pionera de Bell de su desigualdad. Además de la existencia de una variable oculta que determina localmente el resultado de la medida, Bell había supuesto una restricción prestada de la mecánica cuántica: que si se mide la misma cantidad observable en ambas partículas [los fotones, por ejemplo, obtenidos de la mencionada fuente común], los resultados están estrictamente correlacionados. La deducción de Bell de su desigualdad hacía un uso esencial de esta restricción. CHSH la eliminaron, mejorando la desigualdad.[5] El resto del artículo proponía un desarrollo de diseño experimental usado por Carl Kocher y Eugene Commins en Berkeley en un experimento de 1966, en el que se emitían dos fotones y se medía la correlación entre sus direcciones.

Varios científicos siguieron el camino abierto por CHSH. Entre otros, el propio Clauser, en colaboración con Stuart Freedman.[6] Sin embargo, ninguno lo hizo con tanto éxito como Alain Aspect (n. 1947), un físico experimental francés que trabajaba en ese entonces en el Instituto de Óptica Teórica y Aplicada de Orsay, en las cercanías de París. Aspect obtuvo una licenciatura en física en la Fa-

5. Es precisamente por esto que se pasa a hablar de «las desigualdades de Bell» y no se usa ya el singular, como hice al introducir el artículo de este autor de 1964. Además de esta mejora, otros físicos introdujeron más versiones de la desigualdad.

6. En Clauser y Shimony (1978) se ofrece un resumen de los principales trabajos emprendidos hasta 1978.

cultad de Ciencias de Orsay (Universidad de París) en 1967 y al año siguiente consiguió un título equivalente al máster en Óptica. En 1971, completó el doctorado en ese mismo campo en el instituto en el que estaba empleado, tras lo cual marchó a Camerún para enseñar como cooperante en la Escuela Normal Superior de Yaoundé hasta 1974. Desde luego, se trata de un caso, si no insólito, sí muy poco frecuente entre los científicos de alto nivel.

A su regreso a Francia, Olivier Costa de Beauregard, un físico conocido sobre todo por sus intereses «filosóficos» y por su preocupación por los principios fundamentales de su disciplina, le propuso que hiciera la exigente «tesis doctoral de Estado» sobre una demostración experimental de la «paradoja» de EPR, mientras trabajaba en el Instituto de Óptica Teórica y Aplicada. En un libro colectivo en homenaje a John Bell, Aspect (2002: 119) dio algunos detalles más sobre su entrada en este campo:

> Conocí a John [Bell] en 1975, unos pocos meses después de leer su famoso artículo [Bell 1964]. Me había impresionado tanto este artículo que había decidido inmediatamente hacer mi «*thèse d'état*» (que entonces, en Francia, podía ser realmente un trabajo largo) en este fascinante problema. Definitivamente, quería realizar un experimento «en el que la disposición cambiase durante el vuelo de las partículas», como se sugería en el artículo,[7] y había convencido a un joven profesor del Instituto de Óptica, Christian Imbert, para que apoyase mi proyecto y actuase como director de la tesis.

7. En efecto, en la «Conclusión» de su artículo, Bell (1964) mencionaba este punto. Reproduzco toda esa sección final: «En una teoría en la que se añaden parámetros a la mecánica cuántica para determinar los resultados de las medidas individuales, sin cambiar las predicciones estadísticas, debe existir un mecanismo por el que la colocación de un aparato de medida pueda influir en el resultado proporcionado por otro instrumento, sin importar lo remoto que se encuentre. Además, la señal involucrada ha de propagarse instantáneamente, de modo que la teoría no podría ser invariante de Lorentz. Si las predicciones de la mecánica cuántica tienen una validez limitada, la situación es por supuesto diferente. Concebiblemente, aquellas podrían ser aplicadas solo a experimentos en los que los dispositivos se montan con la suficiente anticipación como para permitir que establezcan una relación mutua por intercambio de señales con velocidades menores o iguales que la de la luz. En relación con esto, experimentos del tipo propuesto por Bohm y Aharonov [1957], en los que los montajes se cambian estando las partículas en vuelo, resultan cruciales».

Fue Imbert quien le aconsejó que fuera a visitar a Bell al CERN. No debió tardar mucho en idear la comprobación a la que se refería, pues poco tiempo después Aspect (1975, 1976) publicó dos artículos en los que ya proponía los experimentos que realizaría años después. La tesis la presentó en Orsay en 1983: *Trois tests experimentaux des inegalités de Bell par mesure de correlation de polarization de photons*.

Su propuesta era, en palabras de Adolfo de Azcárraga (2022: 29), «conseguir un cambio rápido, al azar, en los ajustes de los polarizadores *mientras los fotones estaban todavía en vuelo* desde la fuente hasta los detectores, evitando así una posible "coordinación" entre los detectores situados a ambos lados del experimento que, por alguna y desconocida interacción, pudieran "conspirar" alterando el resultado». Ambos instrumentos tenían que estar conectados a un conmutador, que podía determinar con rapidez a cuál de los dos analizadores enviar cada fotón. Por tanto, cuál de las dos posibles orientaciones encontraría este.

Al fin, en 1982, Aspect y dos colaboradores, Jean Dalibard y Gerard Roger, consiguieron demostrar con fiabilidad que los fotones parecen estar unidos por un lazo indisoluble, por muy alejados que se encuentren en un momento dado. En vista de la importancia de este resultado, reproduzco el «Resumen» que precede a su artículo (Aspect, Dalibard y Roger 1982: 1804):

> Con analizadores que varían con el tiempo, se han medido correlaciones de polarizaciones lineales de pares de fotones. El analizador en cada rama del aparato es un conmutador acústico-óptico seguido de dos polarizadores lineales. El conmutador opera a frecuencias inconmensurables cercanas a 50 MHz. Cada analizador equivale a un polarizador que salta entre dos orientaciones en un tiempo pequeño comparado con el tiempo de tránsito del fotón. Los resultados están en buen acuerdo con las predicciones de la mecánica cuántica sin violar las desigualdades de Bell por cinco desviaciones estándar.

Por lo tanto, hay que concluir que la mecánica cuántica, por «rara» y contraintuitiva que sea, con variables que no se pueden determinar de manera simultánea y a pesar de que socave nuestra idea tradicional de lo que es la realidad, es cierta. O al menos, no se ha demostrado lo contrario. El análisis de Bell y el experimento del equipo de Aspect muestran con especial claridad el ya señalado entrelazamiento, la no localidad que tanto disgustaba a Einstein.

Esta característica podría implicar transmisión de información a velocidades superiores a la luz y esto sería un problema porque violaría los requisitos de la teoría especial de la relatividad. Además, conduciría a graves dificultades de «cronología temporal», o «paradojas temporales». El propio Alain Aspect (1981: 76-77) argumentó que este no era el caso:

> Si la experiencia con las variables polarizadas [se refiere a los experimentos que realizaba y que culminaría poco después] está de acuerdo con las previsiones cuánticas, habrá que concluir que las correlaciones a distancia entre sucesos separados por intervalos de género espacio, no se pueden interpretar simplemente en términos de causas comunes en el pasado. La elección de la orientación de un polarizador parece, pues, influir «instantáneamente» (es decir, más rápidamente que la velocidad de la luz) sobre los resultados de la medida en el otro polarizador. De ahí a imaginar que se pueda «telegrafiar» (transmitir señales utilizables) con una velocidad superior a la luz, no hay más que un paso [...] que habría que guardarse mucho en dar.
>
> Existe una demostración «técnica» rigurosa sobre la imposibilidad de transmitir señales utilizables «supraluminosas» con semejante esquema experimental.

A continuación, esbozó esta demostración «técnica». El quid de la cuestión es distinguir «velocidad» e «información utilizable».

En *The Quark and the Jaguar*, Gell-Mann (1995: 191) fue contundente y rechazó cualquier idea de comunicación a distancia, la «fantasmagórica acción a distancia» de Einstein:

> La principal distorsión diseminada por los medios de comunicación y por varios libros fue la implicación, incluso la afirmación taxativa, de que el medir la polarización, plana o circular, de uno de los fotones afectaba de alguna manera al otro fotón. En realidad, la medida no causa la propagación de ningún efecto físico de un fotón al otro. ¿Qué es lo que ocurre entonces? Si sobre una particular rama de la historia se mide la polarización plana de uno de los fotones y se especifica así con certeza, entonces, sobre la misma rama de la historia, la polarización plana del otro fotón queda igualmente especificada con total certidumbre. En una

rama diferente de la historia puede especificarse la polarización circular de uno de los fotones, en cuyo caso queda especificada con certeza la polarización circular de ambos fotones. En cada rama la situación es similar a la de los calcetines de Bertlmann, descrita por John Bell [1981 a] en uno de sus artículos. Bertlmann es un matemático que siempre lleva un calcetín de color rosa y otro de color verde. Si se le mira un pie y se ve un calcetín verde, se sabe inmediatamente que en el otro pie lleva uno rosa. Y, sin embargo, no se ha propagado ninguna señal de un pie al otro. Tampoco viaja ninguna señal de un fotón a otro en el experimento que confirma la mecánica cuántica. No se produce ninguna acción a distancia.

4. ¿Teletransportación?

La no localidad abre posibilidades que parecen sacadas del dominio de la ciencia-ficción. Utilizaré, en este sentido, lo que ha escrito el divulgador de la ciencia Amir Aczel (2004: 20): «Mediante el entrelazamiento, puede también "teletransportarse" (también se utiliza "teleportarse") el estado de una partícula hasta un destino lejano, como sucede con el capitán Kirk en la serie televisiva *Star Trek* cuando pide ser proyectado de vuelta al Enterprise». Para ser preciso, no se trata de «teletransportar una persona», sino información, cúbits. De hecho, en el laboratorio se ha conseguido realizar esto con el estado de un sistema de partículas. Este increíble fenómeno ya ha comenzado a emplearse en criptografía y (podría usarse) en la futura computación cuántica.

En este ámbito, es frecuente que la realidad supere, o al menos en algunos casos iguale, a la ficción. Estas aplicaciones lo demuestran. En una conferencia celebrada en Montreal en 1992, William Wooters, del Williams College de Massachusetts, reveló un curioso resultado teórico que él y Asher Peres, del Technion (Instituto Tecnológico de Israel), obtuvieron cuando consideraron dos estados cuánticos idénticos pero desconocidos (dos fotones, por ejemplo), ambos con la misma polarización. Encontraron que, si se había dado alguna interacción previa, esto es, si se había generado un entrelazamiento, un observador podía obtener la máxima información posible acerca del sistema mediante una sola medición del par, en lugar de tener que realizar múltiples medidas sobre los componentes individuales, como parecería más intuitivo. Después de su charla, Wooters, Peres y otros cuatro científicos, entre los que se encontraba Charles Bennett, del centro de investigaciones de IBM en Nueva York, se pusieron de acuerdo para desarrollar aquella idea. La colaboración entre físicos estadounidenses, canadienses, ingleses e israelíes, representados por Charles Bennet, Gilles Brassard, Claude Crépeau, Richard Jozsa, Asher Peres y William Wootters (1993) condujo a un método para teletransportar estados cuánticos. Para ello, partieron de suponer que existían dos individuos, Alice y Bob, separados por una cierta distancia. En un primer momento, Alice tiene una partícula en un estado cuántico cualquiera, que puede no conocer, y el objetivo final del experimento es que Bob obtenga una réplica exacta del sistema. No es posible explicar aquí la técnica diseñada por los autores de ese artículo, pero sí que debemos señalar que el teletransporte implica que se transmiten los números cuánticos característicos de, digamos, un fermión, de una persona a la otra, sin que lo haga el propio estado.[8] Este es el que se traslada, no el conocimiento del mismo. Como dije, puede que Alice no conozca el estado de partida, pero no necesita saberlo y aunque al final del proceso Bob posea un sistema idéntico, puede que también lo ignore: cualquier intento de superar esta ignorancia, modificaría los números cuánticos correspondientes. De este modo, no se teletransporta ni materia ni energía, solo información, pero no a velocidad superlumínica.

Para confirmar que no estamos sumidos en un sueño, ni sumergidos en oníricas aventuras teóricas, se han realizado experimentos con procesos similares entre fotones, átomos idénticos, o incluso ensayos híbridos, de materia a luz. En el primer caso, este logro se consiguió por primera vez en 1997 por el grupo del Instituto Experimental de la Universidad de Innsbruck, dirigido por Anton Zeilinger (Bouwmeester, Pan, Mattle, Eibl, Weinfurter y Zeilinger 1997, 1998), mientras que el resto de los ejemplos mencionados se lograron ya en el siglo XXI. En un primer momento, la teletransportación se llevaba a cabo dentro de un mismo laboratorio, pero en 2004 se consiguió entre fotones que se encontraban a una distancia de seiscientos metros, a lo largo de un cable de fibra óptica tendido bajo el Danubio, en Viena. En 2015, el equipo de Zeilinger (n. 1945) amplió esta separación. Para ello, utiliza-

8. Para más información sobre estas complejas cuestiones, véanse Whitaker (2012), Aczel (2002), Gilder (2008) y Zeelinger (1999).

ron dos detectores, situados respectivamente en las islas de La Palma y Tenerife, esto es, alejados 143 kilómetros uno de otro.

Este trabajo constituyó la primera demostración experimental de que, como ellos mismos señalaron (Bouwmeester, Pan, Mattle, Eibl, Weinfurter y Zeilinger 1998: 1733), «es posible comunicar información en el proceso de teleportación cuántica». Resultados como estos fueron esenciales para la aparición de una nueva especialidad: la computación cuántica. En efecto, el entrelazamiento permite la formulación de nuevos métodos para la transferencia de información y para el desarrollo de los ordenadores y de la criptografía cuántica. En 2017, Zeilinger encabezó un intento de comunicación de este tipo, mediante el empleo del satélite chino Micius como repetidor. Este ensayo logró establecer un enlace entre Pekín y Viena, separados 4.600 kilómetros.[9]

Aunque sin tener en cuenta las contribuciones que he mencionado sobre este tema, la idea de la computación cuántica ya la presentó Richard Feynman en un curso sobre informática que impartió en Caltech entre 1981 y 1986, cuyo contenido se editó en forma de libro, *Lectures on Computation* (Feynman 1996). El sexto capítulo de esta obra trata de «Computación cuántica» (Feynman 1996: 182-184) y en él se alude al elemento central en esta tecnología: aprovechar que la superposición permite manejar más de dos estados (los bits 1 o 0) para dar lugar a cúbits. Sin embargo, hablar en profundidad de este asunto me llevaría demasiado lejos en la teoría y demasiado cerca en el tiempo.

Sí es necesario señalar que el premio Nobel de Física de 2022 se otorgó de manera conjunta, a Aspect, Clauser y Zeilinger, «por sus experimentos con fotones entrelazados, estableciendo la violación de las desigualdades de Bell y siendo pioneros en la ciencia de la información cuántica».

La Academia Francesa, el exclusivo club de los llamados «inmortales», también reconoció la importancia de los trabajos de Alain Aspect: el 26 de junio de 2025 fue elegido para ocupar el sillón n.º 22, vacante tras la muerte del poeta René de Obaldia (1918-2022), con los votos a favor, en la primera ronda, de 16 de los 21 académicos presentes.

9. Este experimento fue una continuación del trabajo conjunto de Zeilinger con el científico chino Jian-Wei Pan. Sobre esta colaboración, véase Pan y Zeilinger (2002).

5. Multiversos

A menudo, se dice que la cosmología es una ciencia muy especial, puesto que universo solo hay uno y no es posible experimentar con él, lo que no ocurre con el resto de los sistemas físicos (por supuesto, se hacen análisis empíricos y de esta forma se conocen los contenidos del cosmos). Pues bien, a lo largo de la segunda mitad del siglo xx surgió la idea de que acaso no hubiera solo un universo, sino múltiples, infinitos acaso (multiversos). El principal responsable de esta idea fue Hugh Everett III (1930-1982). Graduado en 1953 en ingeniería química por la Universidad Católica de Washington D. C., Everett se incorporó a Princeton con la intención de doctorarse en física. Lo que más le atrajo durante sus primeros cursos fue la teoría de juegos, pero en última instancia y bajo la influencia de las clases que dictó Eugene Wigner sobre «Métodos de física matemática», decidió centrarse en los fundamentos filosóficos de la mecánica cuántica. Al contrario que a la mayoría de sus contemporáneos, la interpretación de Copenhague, defendida por el influyente Niels Bohr y cuyo origen y características traté en *HFC-2*, no le convencía. En especial, rechazaba la extraña mezcla entre los mundos clásico y cuántico: la función de onda seguía su camino en este último, hasta que su «colapso», una medida propia del primer ámbito, concretaba, con una cierta probabilidad (que la teoría permitía calcular), un estado determinado de entre las diferentes posibilidades con las que había «navegado». Everett pensaba que semejante dicotomía entre las dos descripciones constituía una «monstruosidad filosófica».[10] Lo que se propuso, en consecuencia, fue prescindir del colapso de la función de onda y tratar de incluir al observador en la formulación de esta.

No es fácil explicar en pocas palabras su teoría. De hecho, su director de tesis, John Wheeler, tuvo dificultades para aceptar todo su contenido y le indujo a varias revisiones de su trabajo inicial, incluida la reducción de su extensión y la moderación en algunas de sus aserciones. Aparte de esto, reconoció su valor. Me limitaré a citar aquí un par de pasajes del artículo que publicó en 1957 en *Reviews of Modern Physics* y que coincide con la versión final de su tesis (obtu-

10. Everett a Bryce DeWitt, 31 de mayo de 1957; carta reproducida en Barret y Byrne, eds. (2012: 255). Véase, asimismo, Byrne (2010).

vo su doctorado en abril de 1957).[11] Se lee en este texto (Everett III 1957; Barret y Byrne, eds. 2012: 180): «En general no existe nada parecido a un único estado para un subsistema de un sistema compuesto. Los subsistemas no poseen estados que sean independientes de los estados del resto del sistema, de manera que los estados de los subsistemas están generalmente *correlacionados* entre sí». Más adelante (Everett III 1957; Barret y Byrne, eds. 2012: 189):

> De esta manera llegamos a la siguiente imagen: a lo largo de toda una secuencia de procesos de observación, solamente existe un sistema físico representando al observador, aunque no existe un único *estado* para el observador. [...] Sin embargo, existe una representación en términos de una *superposición*, y cada elemento de esta contiene un estado definido del observador y el correspondiente estado del sistema. Por consiguiente, con cada observación (o interacción) sucesiva, el estado del observador «se ramifica» en un número de estados diferentes. Cada rama representa un resultado diferente de la medición y de los *correspondientes* autoestados para el estado objeto-sistema. Todas las ramas existen simultáneamente en la superposición tras cualquier secuencia dada de observaciones.

En esta última cita, encontramos lo que se convertiría en el aspecto más representativo de la teoría de Everett. No obstante, esa característica no la promovió él, sino, como veremos enseguida, Bryce DeWitt.

11. Este artículo apareció en un número de *Reviews of Modern Physics* que contenía trabajos de los participantes en la reunión (el congreso GR1) celebrada en la Universidad de Carolina del Norte, en Chapel Hill, del 18 al 23 de enero de 1957, a la que ya me referí en el segundo capítulo. Como editor del volumen, los manuscritos se enviaron a Bryce DeWitt. Entre los que recibió, se encontraba el trabajo de Everett, aunque este no había participado en el congreso. DeWitt explicó las circunstancias de su publicación de la siguiente manera (reproducido en DeWitt-Morette (2011: 94): «Uno de los artículos que recibí fue "Relative State". Aunque Everett no había participado en la conferencia y yo no lo conocía, su trabajo estaba acompañado por (1) una carta de John Wheeler urgiendo fuertemente a que lo aceptase y (2) un escrito de Wheeler evaluando las ideas de Everett. Como Wheeler había sido un participante activo de la conferencia y como el artículo de Everett parecía ser relevante a los temas de la conferencia, estuve de acuerdo en incluirlo».

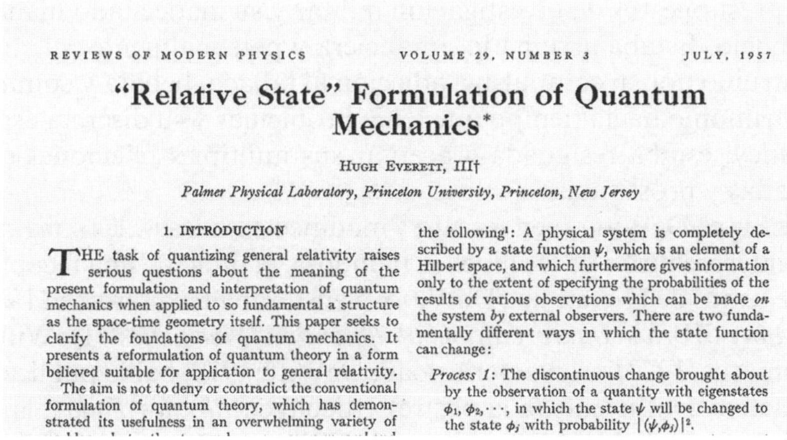

REVIEWS OF MODERN PHYSICS VOLUME 29, NUMBER 3 JULY, 1957

"Relative State" Formulation of Quantum Mechanics*

HUGH EVERETT, III†

Palmer Physical Laboratory, Princeton University, Princeton, New Jersey

1. INTRODUCTION

THE task of quantizing general relativity raises serious questions about the meaning of the present formulation and interpretation of quantum mechanics when applied to so fundamental a structure as the space-time geometry itself. This paper seeks to clarify the foundations of quantum mechanics. It presents a reformulation of quantum theory in a form believed suitable for application to general relativity.

The aim is not to deny or contradict the conventional formulation of quantum theory, which has demonstrated its usefulness in an overwhelming variety of

the following[1]: A physical system is completely described by a state function ψ, which is an element of a Hilbert space, and which furthermore gives information only to the extent of specifying the probabilities of the results of various observations which can be made *on* the system *by* external observers. There are two fundamentally different ways in which the state function can change:

Process 1: The discontinuous change brought about by the observation of a quantity with eigenstates $\phi_1, \phi_2, \cdots$, in which the state ψ will be changed to the state ϕ_j with probability $|(\psi,\phi_j)|^2$.

Cortesía de © American Physical Society

Básicamente y a pesar de que sus ideas contenían las cargas de profundidad que más tarde hizo explotar DeWitt, Everett pensó sobre todo en términos de los estados de la función de onda y de los fundamentos de la mecánica cuántica. No obstante, encontró muchas dificultades para defender su tesis. Por ejemplo, su director no quería ofender a los defensores de la interpretación de Copenhague, auténticos «ideólogos» encabezados por Bohr, con quien Wheeler mantenía estrechas relaciones.[12] Desilusionado por estas experiencias, Everett abandonó la investigación en física tras doctorarse y se dedicó al análisis de operaciones en el Grupo de Evaluación de Sistemas de Armamento del Pentágono, de reciente constitución. De hecho, antes de doctorarse ya había realizado proyectos de alto secreto para este departamento. De acuerdo con los términos de su contrato, debía completar su doctorado para conservar el empleo, algo que le animó (u obligó) a terminarlo. En 1964 y junto a otros compañeros de esta oficina del Ejército, fundó una empresa, Lambda Corp., para aplicar los modelos militares a problemas civiles. En 1973, la abandonó y creó DBS Corporation, una consultora en temas de informática. Sin embargo, no tuvo éxito con esa iniciativa. Como han señalado Barret y Byrne (eds. 2012: 367): «En el momento de su fallecimiento, en 1982, a la edad de cincuenta y un años, la compañía consultora de Everett se estaba desintegrando debido a los recortes

12. Los problemas de Everett en este sentido se describen en Barret y Byrne, eds. (2012). También se reproducen en esta obra todos los escritos de Everett, publicados o no, relacionados con este tema, incluida su correspondencia.

en los presupuestos de investigación militar y su inadecuado manejo del negocio. Estaba arruinado, financiera y personalmente, su cuerpo destruido por su compulsiva adicción al tabaco, bebida y comida. Su matrimonio hacía tiempo que tenía problemas y su discreta esposa, Nancy, estaba resignada a aceptar sus múltiples relaciones con empleadas y prostitutas».

Fue Bryce DeWitt quien rescató y modificó sus ideas y las convirtió en «la interpretación de los muchos mundos», el título de una recopilación de textos de Everett que DeWitt y Neill Graham editaron en 1973: *The Many-Worlds Interpretation of Quantum Mechanics* (DeWitt y Graham, eds. 1973). Con anterioridad, DeWitt (1970) había publicado un atractivo e influyente (a la postre) artículo en *Physics Today*, la revista de la Sociedad Estadounidense de Física, en el que presentaba la teoría de Everett bajo el sugerente epígrafe de «Mecánica cuántica y realidad». Recordando aquel escrito, DeWitt señaló (DeWitt-Morette 2011: 95):

> El artículo de *Physics Today* estaba escrito deliberadamente en un estilo sensacionalista. Introduje una terminología («desdoblamiento», múltiples «mundos», etc.) que fueron inaceptables para algunas personas y a las que un cierto número objetó porque, como mínimo, carecían de precisión.

La idea que se ha conservado y que ha resurgido hasta cierto punto en los últimos tiempos, es una propuesta que estaba implícita en la presentación que hizo DeWitt de la teoría de Everett. Según esta, la función de onda del cosmos, la única que de verdad tiene sentido según la versión original, se desdobla con cada proceso de «medida». De este modo, se originan mundos, universos, que a su vez dan lugar a otros, en una secuencia imparable y, con seguridad, infinita.

En el artículo de *Physics Today*, DeWitt (1970: 165) escribió que «ningún experimento puede mostrar la existencia de "otros mundos"» y que, «sin embargo, la teoría tiene el mérito pedagógico de sacar a la palestra muchos de los problemas fundamentales y proporcionar así una base útil de discusión».

En general y durante mucho tiempo (en los últimos años la situación ha cambiado), la idea de los multiversos no fue muy valorada, cuando no considerada poco menos que ridícula. Un buen ejemplo en este sentido es lo que manifestó John Bell (1981 b 1990: 190-191):

Primero hay el concepto de los «muchos universos» realizado por Everett y DeWitt. En la teoría usual se supone que solo uno de los posibles resultados de una medida se realiza en una ocasión dada y la función de onda se «reduce» de acuerdo con ello. Pero Everett introduce la idea de que *todos* los resultados posibles se realizan cada vez, cada uno de ellos en una edición diferente del universo, el cual está por lo tanto multiplicándose continuamente para acumular todos los resultados posibles de todas las medidas. Se supone un paralelo psico-físico tal que nuestros representantes en un universo «rama» dado son conscientes solo de que ocurre en esa rama. A mí, esta multiplicación de universos me parece extravagante y que no sirve para un propósito real en la teoría, y puede simplemente eliminarse sin repercusiones. Así que no veo razón alguna en insistir en esta particular diferencia entre la teoría de Everett y la de la onda-piloto [propuesta por Louis de Broglie], donde, aunque la *onda* no se reduce nunca, solo un *conjunto* de valores de las variables x se realiza en cada instante. Salvo que la onda está en el espacio de configuración y no en el espacio tridimensional ordinario, la situación es la misma que en la teoría del electrón de Maxwell-Lorentz. Nadie se sintió molesto porque el campo se suponía existente y propagándose incluso en puntos donde no había ninguna partícula. El tener universos multiplicadores para realizar todas las posibles configuraciones de las partículas, habría parecido grotesco.

En cualquier caso, el futuro dirá si algún experimento puede demostrar la existencia de otros universos. De lo que no hay duda es de que, como sostenía DeWitt, esta interpretación ha sido, y es todavía, interesante, tanto desde el punto de vista de la física como de la filosofía. De demostrarse que existen, en efecto, otras realidades (una posibilidad que no surge solo de la teoría de Everett, ya que también ha aparecido en el campo de la física de altas energías y en la cosmología) supondría un paso más en la «descentralización» de nuestra especie y de nuestro planeta: primero fue Copérnico, que desplazó a la Tierra del centro del, por entonces, pequeño universo; luego fue Darwin, quien nos arrebató la noción de que fuimos creados como criaturas privilegiadas. Con la teoría de Everett, se daría un paso más en esta dirección. Nuestro cosmos sería uno de una multiplicidad.

6. Mecánica cuántica y filosofía

> Los científicos son exploradores, los filósofos son turistas.
>
> Richard Feynman (2016 c).

Es evidente que los multiversos introducidos por Hugh Everett tienen implicaciones filosóficas. En concreto, su propuesta representa una alternativa a la «interpretación de Copenhague», la filosofía de la mecánica cuántica que de forma tan firme y activa defendieron Niels Bohr y sus discípulos, con Léon Rosenfeld a la cabeza. Esto me lleva a un breve comentario final.

El problema de la interpretación de la mecánica cuántica ha sido objeto de muchos esfuerzos, realizados por filósofos del calibre de Hans Reichenbach, autor de *Philosophic Foundations of Quantum Mechanics*. En el «Prefacio» de esta obra escribió (Reichenbach 1944: vi):

> Fue en la fase de las interpretaciones físicas cuando se advirtió la novedad de la forma lógica de la mecánica cuántica. Algo se había conseguido en esta nueva teoría que era contrario a los conceptos de conocimiento y realidad tradicionales. No era fácil, sin embargo, *decir* qué había sucedido, esto es, proceder a la interpretación *filosófica* de la teoría. Basada en la interpretación física dada, se desarrolló por los físicos una filosofía para uso común que hablaba de la relación de sujeto y objeto, de imágenes de realidad que deben permanecer vagas e insatisfactorias, de operacionalismo, que se satisface cuando se hacen predicciones observacionales correctas, y que renuncia a interpretaciones como lastres innecesarios. Tales conceptos pueden parecer útiles para el propósito de llevar adelante el trabajo meramente técnico del físico. Pero nos parece que siempre que el físico intentaba ser consciente de lo que hacía no podía evitar sentirse un poco incómodo con esta filosofía. Se volvió entonces consciente de que estaba caminando, por así decirlo, sobre la fina capa de un lago superficialmente helado, y se dio cuenta de que podía resbalar y romperla en cualquier momento.

Consciente de semejante dilema, Reichenbach se esforzó por desarrollar una interpretación menos problemática de la mecánica cuántica. Eso mismo hizo otro pensador aún más conocido, Karl Popper, como se puede comprobar en su paradigmático libro *The Logic of Scientific Discovery* (1959), traducción ampliada del original alemán de 1935, *Logik der Forschung*. Parte importante de esta obra es la crítica que hizo su autor, con base en la teoría de la probabilidad, de algunos puntos centrales de la interpretación de Copenhague. Esto incluye, por ejemplo, el principio de incertidumbre de Heisenberg, del que dijo en un capítulo titulado «Algunas observaciones sobre la teoría cuántica» que no era «una consecuencia lógica que quepa deducir de las fórmulas de la teoría; se trata más bien de un supuesto separado o suplementario». Esto era compatible con una de sus tesis generales: «Trataré de hacer patente que ni el sistema de fórmulas de la teoría cuántica ni su interpretación estadística son incompatibles con medidas de mayor grado de precisión que el permitido por el principio de incertidumbre. Así pues, dicha teoría no quedaría refutada necesariamente si algún día fuesen posibles mediciones con el grado de precisión indicado» (Popper 1971: 201-202). A Bohr le horrorizaría semejante afirmación.

Popper no solo se ocupó del problema en esta obra, sino que no dejó de esforzarse, durante otro par de décadas, por desarrollar una interpretación de la mecánica cuántica acorde con sus particulares puntos de vista. Basta con tener en cuenta, en este sentido, una de las secuelas a *The Logic of Scientific Discovery*, que redactó en 1980 y que, al final y tarde, se publicó en 1982 (Popper 1982). O la intensa correspondencia sobre estos asuntos que mantuvo a lo largo del tiempo con Paul Feyerabend, otro filósofo bien conocido e interesado en esos temas.[13]

He mencionado estos ejemplos por la notoriedad de sus protagonistas, pero lo cierto es que la bibliografía sobre las interpretaciones de la mecánica cuántica es inmensa. Esto queda patente en dos libros: el clásico de Max Jammer (1974), *The Philosophy of Quantum Mechanics. The Interpretations of Quantum Mechanics in Historical Perspective*, y el reciente manual de Oxford titulado *The History of Quantum Interpretations* (Freire jr. ed. 2022), que cuenta con 1.296 páginas y 51 artículos. Entrar en este campo queda fuera del ámbito de esta historia, que me dispongo a finalizar. Además, y en cualquier

13. Esa correspondencia se encuentra, junto a otras sobre temas variados, en Collodel y Oberheim, eds. (2020).

caso, comparto las ideas que Steven Weinberg expuso en «The trouble with Quantum Mechanics», un artículo publicado en *The New York Review* el 19 de enero de 2017, en el que escribió (Weinberg 2017: 53):

> ¿Qué se puede hacer entonces con las limitaciones de la mecánica cuántica? Una respuesta razonable se encuentra en el legendario consejo a los estudiantes que preguntan: «¡Calla y calcula!». No hay argumentos sobre cómo utilizar la mecánica cuántica, solo sobre cómo describir lo que significa, de manera que, acaso, el problema sea meramente de palabras.
>
> Por otra parte, los problemas de comprender la medida en la forma actual de la mecánica cuántica pueden alertarnos de que la teoría necesita ser modificada. La mecánica cuántica funciona tan bien para los átomos que cualquier nueva teoría tendría que ser casi indistinguible de la mecánica cuántica cuando se aplique a semejantes pequeñas cosas. Pero bien podría diseñarse una nueva teoría de manera que la superposición de estados de las cosas grandes, como los físicos y sus aparatos, incluso aislados, sufran un rápido y efectivo colapso espontáneo, en el que las probabilidades evolucionen para dar los resultados esperados en mecánica cuántica. Las muchas historias de Everett colapsarían de manera natural en una sola historia. El fin de inventar una teoría nueva es hacer que esto suceda sin dar a la medida un estatus especial en las leyes de la física, sino como parte de lo que en la teoría poscuántica serían los procesos ordinarios de la física.

Coincido con el planteamiento de Weinberg, siempre lúcido. Sin embargo, tal teoría aún no existe (¿existirá algún día?) y, por el momento, en mi opinión, la respuesta más lógica al misterioso colapso de la función de onda es la que dio Hugh Everett, independientemente de que plantee problemas con los que resulta difícil convivir.

Llego así al final de este tomo y de esta trilogía, dedicada a una de las creaciones que honran al género humano, la física cuántica. Esta demuestra nuestras extraordinarias capacidades analíticas y creativas, aunque con frecuencia denigremos, en otras actividades, el inmenso tesoro que nos ha dado la evolución de la vida en la Tierra.

Anexo

En los capítulos precedentes, he intentado reconstruir los principales episodios del camino no siempre lineal que condujo, en última instancia, al cumplimiento de los requisitos cuánticos por las fuerzas electromagnética, nuclear fuerte y nuclear débil. Sin embargo, es evidente que falta algo, pues las interacciones que se conocen en la naturaleza no son tres, sino cuatro. No he dicho nada de la cuarta, la gravitatoria. No lo he hecho por la sencilla razón de que, pese a los numerosos esfuerzos realizados en este sentido, todavía no existe una teoría cuántica que la explique. Esto es, no se ha conseguido cuantizar la relatividad general, que Einstein completó en noviembre de 1915 y que desde entonces ha dado repetidas muestras de fiabilidad. Dejo fuera del anterior comentario las propuestas de cuerdas/supercuerdas, que pretenden haber resuelto el dilema. Como ya he indicado y es bien sabido, el gran problema en este caso es que, al menos por el momento, no es posible diseñar comprobaciones experimentales, el criterio definitivo en ciencia para aceptar una hipótesis. Además, no parece existir acuerdo respecto a algunas de las premisas necesarias para incluirlas en el mismo marco teórico que la relatividad general. Así, por ejemplo, Jim Baggott (2011: 391) ha argumentado que existe un obstáculo importante en este sentido: «Para que las cuerdas vibren, la teoría de supercuerdas tiene que suponer un espacio-tiempo de fondo. La teoría no es independiente de ese espacio-tiempo de fondo y no parece que sea fácil librarla de esa dependencia». La dificultad estriba en que la relatividad general no tiene este comportamiento, porque no depende de las coordenadas.

Sin embargo, otros físicos han rechazado tal crítica y han señalado que «en la teoría de cuerdas la geometría no es fija, sino manifiestamente dinámica. Los campos que describen el espacio-tiempo no son estáticos. Tienen ecuaciones de movimiento y estas ecuaciones de movimiento los hacen cambiar» (Conlon 2016: 223).

No obstante, no es mi intención entrar en semejantes cuestiones. Sobre todo, porque uno de los criterios que me han guiado al elaborar esta historia de la física cuántica es no acercarme demasiado a la actualidad. En este breve anexo, poco más que un apunte, tan solo pretendo mencionar algunos de los esfuerzos que se han hecho en esta dirección.[1]

Lo primero que quiero señalar es que bajo la expresión «cuantizar la gravedad/relatividad general» no incluyo los intentos por deducir de esta última ciertos aspectos de «apariencia» discreta, «condensaciones» del campo gravitatorio, que se pudieran asemejar a electrones u otras partículas. Esto es lo que Einstein quiso hacer con sus planteamientos del campo unificado. También hubo otros científicos que siguieron este camino, como Théophile de Donder y Frans Henri van den Dungen (1926).

Dentro de un contexto realmente acorde con la nueva mecánica y dejando de lado las tentativas de cuantizar, esto es, de hacer discreto, el espacio-tiempo (sobre este aspecto, véanse los correspondientes artículos seleccionados en Blum y Rickles, eds. 2018), los primeros ensayos significativos se encuentran en trabajos de Léon Rosenfeld (1930), Matvei Bronstein (1936), Jacques Solomon (1938) y Paul Weiss (1938). El texto de este último pasó bastante desapercibido en un primer momento, pero tiene una importancia particular, porque hizo hincapié en la utilización de la formulación de Hamilton-Jacobi e introdujo la idea de recurrir al hamiltoniano. Es decir, de adoptar estas herramientas para luego cuantizarlas, de acuerdo con el procedimiento canónico utilizado en la mecánica cuántica. Un escrito de Paul Dirac (1950), «Generalized Hamiltonian dynamics», fue especialmente importante en este sentido. Con su habitual brevedad, Dirac explicó en la «Introducción» la esencia de este enfoque:

1. Para más información, véanse Rickles (2020) y Blum y Rickles, eds. (2018).

> Las ecuaciones de la dinámica fueron generalizadas por Lagrange, quien las expresó en términos de un conjunto de coordenadas y velocidades generalizadas. Otra forma alternativa general fue dada después por Hamilton, en términos de coordenadas y momentos. Consideremos los méritos relativos de ambas formas.
>
> Con la forma lagrangiana, los requisitos de la relatividad especial se pueden satisfacer muy fácilmente, simplemente tomando la acción, esto es, la integral del lagrangiano con respecto al tiempo, de forma invariante de Lorentz.
>
> Para el fin de establecer una teoría cuántica, se debe trabajar con la forma hamiltoniana. Existen reglas bien establecidas para pasar de la dinámica de Hamilton a la dinámica cuántica, haciendo que coordenadas y momentos sean operadores lineales. Las reglas llevan a resultados definitivos en casos sencillos y, aunque no pueden ser aplicadas sin ambigüedad a ejemplos complicados, han demostrado ser adecuadas con fines prácticos.

Uno de esos «fines prácticos» podría ser la gravitación.

La senda abierta por Weiss y Dirac fue continuada, por un lado, por Felix Pirani. Este presentó su tesis doctoral en la Facultad de Matemáticas del Instituto Carnegie de Tecnología de Pittsburg, bajo el título *On the quantization of the gravitational field in general relativity* (1951). Además, escribió un artículo junto a su supervisor, Alfred Schild (Pirani y Schild 1950), en el que presentaron una formulación hamiltoniana de las ecuaciones del campo de la relatividad general. A este desarrollo contribuyeron también Peter Bergmann (1949), uno de los «clásicos» relativistas, y alguno de sus colaboradores en la Universidad de Siracusa, en Nueva York (Bergmann y Brunings 1949). Por el otro lado, encontramos a Bruce DeWitt, quien también dedicó a este tema su tesis doctoral (Harvard 1950). Esta fue dirigida por Schwinger y se tituló *I. The theory of gravitational interactions. II. The interaction of gravitation with light*. En realidad, DeWitt dedicó la mayor parte de su carrera precisamente a la cuantización de la gravitación. Su esposa, también una notable física-matemática, resaltó esta característica de su vida en el libro *The Pursuit of Quantum Gravity. Memoirs of Bruce DeWitt from 1946 to 2004* (DeWitt-Morette 2011). Entre otros temas, en este volumen se menciona la conocida como «ecuación de Wheeler-DeWitt», en la que estos dos científicos intentaron combinar las teorías cuántica y de la relatividad general.

DeWitt también prestó un buen servicio a este esfuerzo, al presentar el tema en la conferencia de Chapel Hill de 1957, organizada por él mismo y su mujer y que ya nos apareció en el capítulo anterior con relación a las ideas de Everett.

Sirvan estas breves líneas para señalar un dominio de esta física que todavía espera solución: la formulación de una teoría cuántica de la gravitación, que sea satisfactoria y que se pueda someter a comprobaciones experimentales.

Bibliografía

Abachi, S. *et al.* (1995), «Observation of the quark top», *Physical Review Letters 74*, 2632-2637.

Abe, F. *et al.* (1995), «Observation of top quark production in *pp* collisions with the collider detector at Fermilab», *Physical Review Letters 74*, 2626-2631.

Aczel, Amir D. (2004), *Entrelazamiento* (Crítica, Barcelona; edición original en inglés de 2002).

Aguilar Benítez de Lugo, Manuel (2014), «El quark cumple 50 años», *Revista de la Real Academia de Ciencias Exactas, Físicas y Naturales 107*, n.º 1-2, 101-120.

Albers, Donald J., Alexanderson, Gerald L. y Dunham, William, eds. (2015), *The G. H. Hardy Reader* (Cambridge University Press, Cambridge).

Albrecht, Ulrich (1987), «The development of the first atomic bomb in the USSR», en *Science, Technology and the Military*, E. Mendelshon, M. R. Smith y P. Weingart, eds., *Military Enterprise and Technological Change*, Merrit Roe Smith, ed. (The MIT Press, Cambridge, Mass. 1987), vol. II, 349-378.

Alfvén, Hannes (1950), *Cosmical Electrodynamics* (Clarendon Press, Oxford).

— (1985), «Recollection of early cosmic ray research», en Sekido y Elliot, eds. (195: 427-431).

Alpher, Ralph A. y Herman, Robert C. (1948), «Evolution of the Universe», *Nature 162*, 774-775.

— (2001), *Genesis of the Big Bang* (Oxford University Press, Nueva York).

Alpher, R. A., Bethe, H. A. y Gamow, G. (1949), «The origin of chemical elements», *Physical Review 73*, 803-804.

Alpher, R. A., Herman, R. C. y Gamow, G. (1948), «Thermonuclear reactions in the expanding universe", *Physical Review Letters 74*, 1198-1199.
Álvarez, Luis W. (1987), *Alvarez. Adventures of a Physicist* (Basic Books, Nueva York).
Álvarez, Luis W. y Compton, Arthur H. (1933), «A positively charged component of cosmic rays», *Physical Review 43*, 835-836.
Anderson, Carl (1933), «The positive electron», *Physical Review 43*, 491-494.
— (1983), «Unravelling the particle content of cosmic rays», en Brown y Hoddeson, eds. (1983: 134-154).
Anderson, Carl D. y Neddermeyer, Seth H. (1938), «Mesotron (intermediate particle) as name for the new particle of intermediate mass», *Nature 142*, 878.
Anderson, M. W., Ensher, J. R., Matthews, M. R. Wieman, C. E. y Cornell, E. A. (1995), «Observation of Bose-Einstein condensation in a dilute atomic vapour», *Science 269*, 198-201.
Anderson, Philip W. (1963), «Plasmons, gauge invariance, and mass», *Physical Review 130*, 439-442.
— (2011), «"BCS" and me», en Anderson, Philip W., *More is Different. Notes from a Thoughtful Curmudgeon (*World Scientific, Singapur) 4-49.
Arnison, G. *et al.* (1983), «Experimental observation of isolated large transverse energy electrons with associated missing energy at √s = 540 GeV», *Physics Letters 122 B*, 103-116.
Arnold, V., Atiyah, M., Lax, P. y Mazur, B., eds. (2000), *Mathematics: Frontiers and Perspectives* (American Mathematical Society).
Aspect, Alain (1975), «Proposed experiment to test separable hidden-variable theories», *Physics Letters 54 A*, 117-118.
— (1976), «Proposed experiment to test the nonseparability of quantum mechanics», *Physical Review D 14*, 1944-1951.
— (1981), «Expériences basées sur les inégalités de Bell», *Supplément au Journal de Physique, Colloque n.º 2, 42*, 63-80.
— (2002), «Bell's theorem: The naïve view of an experimentalists», en Bertlmann y Zeilinger, eds. (2002: 119-153).
— (2024), *Einstein and the Quantum Revolutions* (The University of Chicago Press, Chicago).
Aspect, Alain, Dalibard, Jean y Roger, Gerard (1982), «Experimental test of Bell's inequalities using time-varying analyzers», *Physical Review Letters 49*, 1804-1807.
Atkinson, Robert y Houtermans, Fritz (1929 a), «Zur Frage der Aufbaumöglichkeiten der Elemente in Sternen», *Zeitschrift für Physik 54*, 656-665.
— (1929 b), «Transmutation of the lighter elements in stars», *Nature 123*, 567-568.
Aubert, J. J. *et al. (1974),* «Experimental observation of a heavy particle *J*», *Physical Review Letters 33*, 1404-1406.

Augustin, J.-E. *et al.* (1974), «Discovery of a narrow resonance in e^+e^- annihilation», *Physical review Letters 33*, 1406-1408.

Azcárraga, J. Adolfo de (2022), «En torno a los Nobel de física de 2022», *Revista Española de Física 36* (octubre-diciembre), 23-34.

Baade, Walter y Zwicky, Fritz (1934), «Remarks on super-novae and cosmic rays», *Physical Review 46*, 76-77.

Bachelor, George (1996), *The Life and Legacy of G. I. Taylor* (Cambridge University Press, Cambridge).

Baggott, Jim (2011), *The Quantum Story. A History in 40 Moments* (Oxford University Press, Oxford).

Bainbridge, Kenneth T. (1975), «All in our time: A foul and awesome display», *The Bulletin of Atomic Scientist* (mayo); reproducido en John Mecklin, ed., *Now, Then, and the Future: The Bulletin Turns 75* (Bulletin of the Atomic Scientists), 215-229.

Bardeen, John y Brattain, Walter (1948), «The transistor: A semi-conductor triode», *Physical Review 74* (Letter to the Editor), 230-231.

Bardeen, John, Cooper, Leon N. y Schrieffer, J. Robert (1957 a), «Microscopic theory of superconductivity», *Physical Review 106*, 162-164 (L).

— (1957 b), «Theory of superconductivity (Abstract)», *Physical Review 108*, 1175.

Barnes, V. E., *et al.* (1964), «Observation of a hyperon with strangeness minus three», *Physical Review Letters 12*, 204-206.

Barret, Jeffrey A. y Byrne, Peter, eds. (2012), *The Everett Interpretation of Quantum Mechanics* (Princeton University Press, Princeton).

Bartholomew, James R. (1989), *The Formation of Science in Japan: Building a Research Tradition* (Yale University Press, Newhaven).

Basov, N. G., y Prokhorov, A. M. (1954), «Molecular beams application for radiospectroscopic study of rotational molecular spectra», *Zhurnal Eksperimental'noi Teoreticheskoi Fiziki 27*, 431-438.

Battimelli, Giovanni (2003), *L'eredità di Fermi* (Editori Riuniti, Roma).

Bednorz, J. Georg y Müller, K. Alexander (1986), «Possible high T_c superconductivity in the Ba-La-Cu-O system», *Zeitschrift für Physik B – Condensed Matter 64*, 189-193.

Bell, John S. (1955), «Time reversal in field theory», *Proceedings of the Royal Society of London A 231*, 479-495.

— (1964), «On the Einstein-Podolsky-Rosen paradox», *Physics 1*, 195-200. Traducido al castellano en Bell (1990).

— (1966), «On the problem of hidden variables in quantum mechanics», *Reviews of Modern Physics 38*, 447-452. Traducido al castellano en Bell (1990).

— (1981 a), «Bertlmann's socks and the nature of reality», *Journal de Physique 42*. Colloque C2, supl. Al número 3, 41-61. Traducido al castellano en Bell (1990).

— (1981 b), «Quantum mechanics for cosmologists», en Isham, Penrose y Sciama, eds. (1981: 611-637).

— (1990), *Lo decible y lo indecible en mecánica cuántica* (Alianza Editorial, Madrid; edición original en inglés de 1987).

Bennet, C. H., Brassard, G., Crépeau, C., Jozsa, R., Peres, A. y Wootters, W. K. (1993), «Teleporting an unknown quantum state via dual classical and Einstein-Podolsky-Rosen channels», *Physical Review Letters 70*, 1895-1899.

Berger, Ch. *et al.* (1979), «Jet analysis of the Y(9.46) decay into charged hadrons», *Physics Letters B 82*, 3-4.

Bergmann, Peter G. (1949), «Non-linear field theories», *Physical Review 75*, 680-685.

Bergmann, Peter G. y Brunings, Johanna H. M. (1949), «Non-linear field theories II: Canonical equations and quantization», *Reviews of Modern Physics 21*, 480-487.

Bernal, John D. (1960), *La ciencia en nuestro tiempo* (Universidad Nacional Autónoma de México, Ciudad de México; versión original en inglés de 1957).

Bernstein, Barton (1982), «In the matter of J. Robert Oppenheimer», *Historical Studies in the Physical Sciences 12*, 195-252.

Bernstein, Jeremy, ed. (2001), *Hitler's Uranium Club. The Secret Recordings at Farm Hall* (Copernicus Books, Nueva York).

Bertlmann, R. A. y Zeilinger, A., eds. (2002), *Quantum [Un]speakables. From Bell to Quantum Information* (Springer, Berlín).

Bethe, Hans (1939), «Energy production in stars», *Physical Review 55*, 434-449.

— (1947), «The electromagnetic shift of energy levels», *Physical Review 72*, 339-341.

— (1979), «The happy thirties», en Stuewer, ed. (1979: 11-26).

— (2006), «My life in Astrophysics», en *Hans Bethe and His Physics*, Brown, Gerald E. y Lee, Chang-Hwan, eds. (World Scientific, Singapur), 27-43.

Bethe, H. A. y Bacher, R. F. (1936), «Nuclear physics. A. Stationary states», *Reviews of Modern Physics 8*, 82-229.

Bethe, Hans y Critchfield, C. L. (1938), «The formation of deuterons by proton combination», *Physics Review* 54, 248-254.

Bethe, H. A. y Heitler, W. (1934), «On the stopping of fast particles and on the creation of positive electrons», *Proceedings of the Royal Society of London A 146*, 83-112.

Bethe, Hans A. y Peierls, Rudolf (1934), «The neutrino», *Nature 133*, 532-533.

Biedenharn, L. C. (1965): *Group Theory and the Classification of the Elementary Particles*, CERN 65-41 (Ginebra).

Bird, Kai y Sherwin, Martin J. (2023), *Prometeo Americano. El triunfo y la*

tragedia de J. Robert Oppenheimer (Debate, Barcelona; edición original en inglés de 2005).
Birge, Raymond T. (1956), «Physics and physicists of the past fifty years», *Physics Today* (mayo), 20-28.
Bjørken, B. J. y Glashow, S. L. (1964), «Elementary particles and SU(4)», *Physics Letters 11*, 255-257.
Blackett, Patrick M. S. y Occhialini, Giussepe P. S. (1933), «Some photographs of the tracks of penetrating radiation», *Proceedings of the Royal Society of London* A *139*, 699-726.
Blum, Alexander S. y Rickles, Dean, eds. (2018), *Quantum Gravity in the First Half of the Twentieth Century. A Source Book* (Edition Open Sources. Sources 10).
Blumberg, Stanley A. y Panos, Louis G. (1990), *Edward Teller. Giant of the Golden Age of Physics* (Charles Scribner's Sons, Nueva York).
Bogoliúbov, Nikolái (1947), «On the theory of superfluidity», *Journal pf Physics 11*, 23-32.
Bohm, David y Aharonov, Yakir (1957), «Discussion of experimental proof for the paradox of Einstein, Rosen, and Podolsky», *Physical Review 108*, 1070-1076.
Bohr, Niels (1932), «Atomic stability and conservation laws», en *Convegno di Fisica Nucleare* (1932: 119-130).
— (1936 a), «Neutron capture and nuclear constitution», *Nature 137*, 344-348.
— (1936 b), «Neutron capture and nuclear constitution», *Nature 137*, 351.
— (1939), «Resonance in uranium and thorium disintegration and the phenomenon of nuclear fission», *Physical Review 55*, 418-419.
Bohr, Niels y Rosenfeld, Léon (1933), «Zur Frage der Messbarkeit der elektromagnetischen Feldgrössen», *Det Kongelige Danske Videnskabernes Selskab. Mathematisk-fysiske Meddeleser 12*, 1-65. Versión inglesa («On the question of the measurability of electromagnetic field quantities») en Cohen y Stachel, eds. (1979: 357-400).
Bohr, Niels y Wheeler, John A. (1939 a), «The mechanism of nuclear fission», *Physical Review 55*, 1124.
— (1939 b), «The mechanism of nuclear fission», *Physical Review 56*, 426-450.
Born, Max (1926 a), «Zur Quantenmechanik der Stossvorgänge. (Vorläufige Mitteilung)», *Zeitschrift für Physik 37*, 863-867.
— (1926 b), «Quantenmechanik der Stossvorgänge», *Zeitschrift für Physik 38*, 803-827.
— (1927), «Physical aspects of quantum mechanics», *Nature 119*, 354-357.
— (1935), «Quantum electrodynamics», en International Conference of Physics. Papers & Discussions (1935: 19-27).
— (1978), *My Life* (Charles Scribner's Sons, Nueva York).

Born, Max, Heisenberg, Werner y Jordan, Pascual (1926), «Zur Quantenmechanik. II», *Zeitschrift für Physik 35*, 557-615.

Born, Max y Oppenheimer, J. Robert (1927), «Zur Quantentheorie der Molekeln», *Annalen der Physik 389*, 457-484.

Bothe, W. y Becker, H. (1930), «Künstliche Erregung von Kern-α-Strahlen», *Zeitschrift für Physik 66*, 289-306.

— (1932), «Strahlen, künstliche kernumwandlung und anregung, isotope», en *Convegno di Fisica Nucleare* (1932: 83-106).

Bothe, W. y Kolhörster, W. (1929), «Das Wesen der Höhenstrahlung», *Zeitschrift für Physik 56*, 751.

Bouwmeester, D., Pan, J. W., Mattle, K., Eibl, M., Weinfurter, H. y Zelinger, R. A. (1997), «Experimental quantum teleportation», *Nature 390*, 575-579.

— (1998), «Experimental quantum teleportation», *Philosophical Transactions of the Royal Society London A 356*, 1733-1737.

Bowen, L. S., Millikan, R. A. y Neher, H. V. (1935), «A very high altitude survey of the effect of latitude upon cosmic-ray intensities and an attempt at a general interpretation of comic-ray phenomena», en International Conference of Physics (1935: 206-224).

Brattain, Walter y Bardeen, John (1948), «Nature of the forward current in Germanium point contacts», *Physical Review 74*, 231.

Braun, E. y Macdonald S. (1982), *Revolution in Miniature* (Cambridge University Press, Cambridge).

Breit, G. y Tuve, M. A. (1926). «A test of the existence of the conducting layer», *Physical Review 28,* 554-575.

Bromberg, Joan (1976), «The concept of particle creation before and after Quantum Mechanics», *Historical Studies in the Physical Sciences 7*, 161-191.

— (1991), *The Laser in America, 1950-1970* (The MIT Press, Cambridge, Mass.).

Brown, Andrew (1997), *The Neutron and the Bomb* (Oxford University Press, Oxford).

Brown, Gerald E. y Lee, Chang-Hwan, eds. (2006), *Hans Bethe and His Physics* (World Scientific, Singapur).

Brown, Laurie M. (1978), «The idea of the neutrino», *Physics Today* (septiembre); reproducido en Weart y Phillips, eds. (1985: 340-345).

— (1989), «Yukawa in the 1930s: A gentle revolutionary», *Historia Scientiarum*, n.º 36, 1-21.

Brown, Laurie M., ed. (1993), *Renormalization. From Lorentz to Landau (and Beyond)* (Springer-Verlag, Nueva York).

— (2000), *Selected Papers of Richard Feynman. With Commentary* (World Scientific, Singapur).

— (2005), *Feynman's Thesis. A New Approach to Quantum Theory* (World Scientific, Singapur).

Brown, Laurie, Dresden, Max y Hoddeson, Lillian, eds. (1989), *Pions to Quarks* (Cambridge University Press, Cambridge).

Brown, Laurie M. y Hoddeson, Lillian, eds. (1983), *The Birth of Particle Physics* (Cambridge University Press, Cambridge).

Brown, L. M. y Rechenberg, H. (1996), *The Origin of the Concept of Nuclear Forces* (Institute of Physics Publishing, Bristol).

Brown, Laurie, Riordan, Michael, Dresden, Max y Hoddeson, Lillian (1997), «The rise of the Standard Model: 1964-1979)», en Hoddeson, Brown, Riordan y Dresden, eds. (1997: 3-35).

Brown, R., Camerini, U., Fowler, P. H., Muirhead, H., Powell, C. F. y Ritson, D. M. (1949), «Observations with electron-sensitive plates exposed to cosmic radiation», *Nature 163*, 82-87.

Burbidge, Geoffrey (2003), «Sir Fred Hoyle. 24 June 1915-20 August 2001», *Biographical Memoirs of Fellows of the Royal Society 49*, 213-247.

Burcham, W. E. (1989), «Nuclear physics in the United Kingdom, 1911-1986», *Report on Progress of Physics 52,* 823- 879.

Butrica, Andrew J. (2015), «NASA's role in the manufacture of integrated circuits», en *Historical Studies in the Societal Impact of Spaceflight*, Steve, J. Dick, ed. (Office of Communications, NASA History Program Office, Washington D.C.).

Byrne, Peter (2020), *The Many Worlds of Hugh Everett III* (Oxford University Press, Oxford).

Casas, Alberto (2019), *El LHC y la frontera de la física* (Consejo Superior de Investigaciones Científicas, Madrid).

Casas, Alberto y Rodrigo, Teresa (2012), *El bosón de Higgs* (Consejo Superior de Investigaciones Científicas, Madrid).

Cassidy, David C. (1992), *Uncertainty. The Life and Science of Werner Heisenberg* (W. H. Freeman and Co., Nueva York).

CERN (2008), *Infinitamente CERN. Testimonios de cincuenta años de investigación* (Ediciones Suzanne Hurter, Ginebra).

Chadwick, James (1914), «Intensitätsverteilung im magnetischen Spektrum der ß-Strahlen von Radium B+C», *Verhandlungen der Deutschen Physikalischen Gesellschaft 16*, 383-391.

— (1921), *Radioactivity and Radioactive Substances* (Sir Isaac Pitman & Sons, Londres).

— (1932 a), «Possible existence of a neutron», *Nature 129*, 312.

— (1932 b), «The existence of a neutron», *Proceedings of the Royal Society of London 136*A, 692-708.

Chadwick, James, dir. (1965), *The Collected Papers of Lord Rutherford of Nelson*, vol. 3 («The Cavendish Laboratory») (George Allen and Edwin, Londres).

Chamberlain, Owen, Segrè, Emilio, Wiegand, Clyde y Ypsilantis, Thomas (1955), «Observation of antiprotons», *Physical Review 100*, 947-950.

Chandrasekhar, S. (1931 a), «The density of white dwarf stars», *Philosophical Magazine 11* (suppl.), 592-596.
— (1931 b), «The maximum mass of ideal white dwarfs», *The Astrophysical Journal 74*, 81-82.
— (1935), «The highly collapsed configurations of a stellar mass (Second paper)», 207-225.
— (1945), «Ralph Howard Fowler, 1889-1944», *The Astrophysical Journal 101*, 1-5.
Chandrasekhar S. y Rosenfeld, L. (1935), «Production of electron pairs in the theory of stellar structure», *Nature 135*, 999.
Childs, Herbert (1968), *An American Genius. The Life of Ernest Orlando Lawrence, Father of the Cyclotron* (E. P. Dutton, Nueva York).
Christenson, J. H., Cronin, J. W., Fitch, V. L. y Turlay, R. (1964), «Evidence for the 2π decay of the K^0_2 meson», *Physical Review Letters 13*, 138-140.
Chu, Paul C. W. (1987), «Superconductivity above 90 K», *Proceedings of the National Academy of Sciences 84*, 4681-4682.
Clauser, John F. (2002), «Early history of Bell's theories», en Bertlmann y Zeilinger, eds. (2002: 61-98).
Clauser, J. F. y Shimony, A. (1978), «Bell's theorem: experimental tests and implications», *Reports on Progress in Physics 41*, 1881-1927.
Clauser, John F., Horne, Michael A., Shimony, Abner y Holt, Richard A. (1969), «Proposed experiment to test local hidden-variable theories», *Physical Review Letters 23*, 880-884.
Close, Frank (2011), *The Infinite Puzzle. Quantum Field Theory and the Hunt for an Orderly Universe* (Basic Books, Nueva York).
— (2015), *Half-Life. The Divided Life of Bruno Pontecorvo, Physicist or Spy* (Basic Books, Nueva York).
— (2022), *Elusive. How Peter Higgs Solved the Mystery of Mass* (Basic Books, Nueva York).
Cockcroft, J. D. y Walton, E. T. S. (1932 a), «Disintegration of Lithium by swift protons», *Nature 129*, 649.
— (1932 b), «Experiments with high velocity positive ions. (I).- Further developments in the method of obtaining high velocity positive ions», *Proceedings of the Royal Society A 136*, 619-630.
— (1932 c), «Experiments with high velocity positive ions. (II).- The disintegration of elements by high velocity protons», *Proceedings of the Royal Society A 137*, 229-242.
Cohen, Robert S. y Stachel, John J., eds. (1979), *Selected Papers of Léon Rosenfeld* (Reidel, Dordrecht).
Cole, Leonard A. (2021), *Chasing the Ghost. Nobelist Fred Reines and the Neutrino* (World Scientific, Singapur).
Collins, R. J., Nelson, D. F., Schawlow, A. L., Bond, W., Garret, C. G. B. y Kaiser, W. (1960), «Coherence, narrowing, directionality, and relax-

ation oscillations in the light emission from rubi», *Physical Review Letters 5*, 303-305.

Colloque International (1982), *Colloque International sur l'Histoire de la Physique des Particules. Quelques découvertes, concepts, institutions des années 30 aux années 50 Journal de Physique 43*, Colloque C-8, supplement au n.° 12, diciembre.

Collodel, Matteo y Oberheim, Eric, eds. (2020), *Feyerabend's Formative Years. Volume 1. Feyerabend and Popper. Correspondence and Unpublished Papers* (Springer, Cham).

Compton, Arthur H. (1933 a), «A geographic study of cosmic rays», *The Scientific Monthly 36*, 75-87.

— (1933 b), «A geographic study of cosmic rays», *Physical Review 43*, 387-403.

Compton, Arthur H. y Getting, Ivan A. (1935), «An apparent effect of galactic rotation on the intensity of cosmic rays», *Physical Review 47*, 817-821.

Conlon, Joseph (2016), *Why String Theory?* (CRC Press, Boca Raton, Fl.).

Convegno di Fisica Nucleare (1932) (Reale Accademia d'Italia, Roma).

Cooper, Leon N. (1956), «Bound electron pairs in a degenerate Fermi gas», *Physical Review 104*, 1180-1190 (L).

Cork, B., Lamberston, G. R., Piccioni, O. y Wenzel, W. A. (1956), «Antineutrons in Charge-Exchange Collisions», *Physical Review 104*, 1193-1197.

Cornell, Eric A. y Wieman, Carl E. (2003), «El condensado de Bose-Einstein», *Investigación y Ciencia*. Temas 31 (primer trimestre), 82-87.

Courant, E., Livingston, M. S. y Snyder, H. S. (1952), «The strong-focussing synchrotron – A new high energy accelerator», *Physical Review 88*, 1190-1196.

Cowan, C. L., Reines, F., Harrison, F. B., Kruse, H. W. y McGuire, A. D. (1956), «Detection of the free neutrino: a confirmation», *Science 124*, 103-104.

Cronin, James W. (1999), «Cosmic rays: the most energetic particles in the universe», *Reviews of Modern Physics 71*, S165-S172.

— (2008), «The experimental discovery of CP violation», en Nishina Memorial Foundation, ed. (2008: 261-280).

Cronin, James W., ed. (2004), *Fermi Remembered* (The University of Chicago Press, Chicago).

Curie, Irène (1921), «Sur le poids atomique du chlore dans quelques minéraux», *Comptes rendus de l'Académie des Sciences 172*, 1025. Reimpreso en Joliot-Curie, F. e I. (1961: 6-8).

— (1925), «Recherches sur les rayons α du polonium, oscillation de parcours, vitesse d'émission, pouvoir ionisant», *Annales de Physique 3*, 299-401. Reimpreso en Joliot-Curie, F. e I. (1961: 47-114).

Curie, Irène y Joliot, Frédéric (1932 a), «Émission de protons de grande vitesse par les substances hydrogénées sous l›influence des rayons ã très pénétrants», *Comptes rendus de l'Académie des Sciences 194*, 273-275. Reimpreso en Joliot-Curie, F. e I. (1961: 359-360).

— (1932 b), «Effet d'absorption de rayons ã de très haute fréquence par projection de noyaux légers», *Comptes rendus de l'Académie des Sciences 194*, 708-711. Reimpreso en Joliot-Curie, F. e I. (1961: 361-363).

— (1933), «Preuves expérimentales de l'existence du neutron», *Le Journal de Physique et Le Radium 4*, 4. Reimpreso en Joliot-Curie, F. e I. (1961: 381-398).

— (1934), «Un nouveau type de radioactivité», *Comptes rendus de l'Académie des Sciences 198*, 254-256 (15 de enero). Reimpreso en Joliot-Curie, F. e I. (1961: 515-516).

Curie, Irène y Yamada, Nobuo (1924), «Sur la distribution de longeur des rayons ã du polonium dans l'oxygène et dans l'azote», *Comptes rendus de l'Académie des Sciences 179*, 761-763. Reimpreso en Joliot-Curie, F. e I. (1961: 45-46).

Curie, Marie y Curie, Irène, (1974), *Curie correspondance. Choix de lettres (1905-1934)* (Les Éditeurs Français Réunis, París).

Cushing, James T. (1990), *Theory Construction and Selection in Modern Physics. The S Matrix* (Cambridge University Press, Cambridge).

Danby, Gordon, Gaillard, Jean-Marc, Gouliano, Kostantins, Lederman, Leon, Mistry, Nathan, Schwartz, Melvin y Steinberger, Jack (1962). «Observation of high-energy neutrino reactions and the existence of two kinds of neutrinos», *Physical Review Letters 9*, 36-44.

Darwin, Charles Galton (1939), «Use of the termination –tron in physics», *Nature 138*, 602

Davis, K. B., Mewes, M.-O, Andrews, M. R., van Druten, N. J., Durfee, D. S., Kurn, D. M. y Ketterle, W. (1995), «Bose-condensation in a gas of Sodium atoms», *Physical Review Letters 75*, 3969-3973.

De Donder, Théophile y van den Dungen, Frans Henri (1926), «La quantification déduite de la Gravifique einsteinienne», *Comptes rendus de l'Académe des Sciences 183*, 22-24.

De Maria, M., Iannielo, M. G. y Russo, A. (1991), «The Discovery of cosmic-rays: rivalries and controversies between Europe and the United States», *Historical Studies in the Physical and Biological Sciences 22*, 165-192.

DeWitt, Bryce (1970), «Quantum mechanics and reality», *Physics Today 23* (septiembre), 155-165.

DeWitt, Bryce y Graham, Neill, eds. (1973), *The Many-Worlds Interpretation of Quantum Mechanics* (Princeton University Press, Princeton).

DeWitt, Cecile M., ed. (1957), *Conference on the Role of Gravitation in Physics*, WADC Technical Report 57-216. Reeditado en DeWitt y Rickles, eds. (2011).

DeWitt, Cecile M. y Rickles, Dean, eds. (2011), *The Role of Gravitation in Physics. Report from the 1957 Chapel Hill Conference* (Edition Open Access, Berlín).
DeWitt, Cecile y Wheeler, John A., eds. (1968), *Battelle Rencontres. 1967 Lectures in Mathematics and Physics* (W. A. Benjamin, Nueva York).
DeWitt-Morette, Cécile (2011), *The Pursuit of Quantum Gravity. Memoirs of Bryce DeWitt from 1946 to 2004* (Springer, Heidelberg).
Di Mauro, Marco, Esposito, Salvatore y Naddeo, Adele (2024), «The development of the concept of exchange forces in the 1930s: close encounters between Europe and Japan and the birth of nuclear theory», *arXiv: 2402.00191* (31 de enero).
Dirac, P. A. M. (1927 a), «The quantum theory of the emission and absorption of radiation», *Proceedings of the Royal Society of London 114*, 243-265.
— (1927 b), «The quantum theory of dispersion», *Proceedings of the Royal Society of London 114*, 710-728.
— (1932), «Relativistic quantum mechanics», *Proceedings of the Royal Society of London A 136*, 453-464.
— (1933), «The Lagrangian in Quantum Mechanics», *Physikalische Zeitschrift der Sowjetunion* 3, 64-72.
— (1943), *Quantum Electrodynamics*, *Communications of the Dublin Institute for Advanced Studies*, serie A, n.º 1, 36 pp.
— (1950), «Generalized Hamiltonian dynamics», *Canadian Journal of Mathematics 2*, 129-148.
— (1958), *The Principles of Quantum Mechanics* (Clarendon Press, Oxford).
— (1972), «Relativity and quantum mechanics», *Fields and Quanta 3*, 139-164.
— (1983), «The origin of quantum field theory», en Brown y Hoddeson, eds. (1983: 39-55).
Duncan, Anthony y Jenssen, Michel (2008), «Pascual Jordan's resolution of the conundrum of the wave-particle duality of light», en Joas, Lehner y Renn, eds. (2008: 169-213).
Dyson, Freeman (1949 a), «The radiation theories of Tomonaga, Schwinger, and Feynman», *Physical Review 75*, 486-502.
— (1949 b), «The S-matrix in quantum electrodynamics», *Physical Review 75*, 1736-1755.
— (1960), «Tomonaga, Schwinger, and Feynman, awarded Nobel Prize for Physics», *Science 150*, 588-589.
— (1994 a), «Tomonaga, Schwinger y Feynman, galardonados con el Premio Nobel de Física», en Dyson (1994 b: 132-135). Traducción al español de Dyson (1960).
— (1994 b), *De Eros a Gaia* (TusQuets, Barcelona).
— (2018), *Maker of Patterns. An Autobiography Through Letters* (Liveright Publishing Corporation, Nueva York).

Eckert, Michael y Schubert, Helmut (1991), *Cristales, electrones, transistores* (Alianza Editorial, Madrid; edición original en alemán de 1986).

Eddington, Arthur (1920), «The internal constitution of stars», *The Observatory 43*, 341-358.

— (1936), *Relativity Theory of Protons and Electrons* (Cambridge University Press, Cambridge).

— (1943), *The Combination of Relativity Theory and Quantum Theory, Communications of the Dublin Institute for Advanced Studies*, serie A, n.º 2, 69 pp.

— (1953), *Fundamental Theory* (Cambridge University Press, Cambridge).

Einstein, Albert (1924), «Quantentheorie des einatomigen idealen Gases», *Preussische Akademie der Wissenschaften (Berlin). Sitzungsberichte*, 261-267.

— (1925), «Quantentheorie des einatomigen idealen Gases. 2. Abhandlung», *Preussische Akademie der Wissenschaften (Berlin). Sitzungsberichte*, 3-14.

Englert, François y Brout, Robert (1964), «Broken symmetry and the mass of gauge vector mesons», *Physical Review Letters 13*, 321-323.

Eve, A. S. (1939), *Rutherford, Being the Life and Letters of the Rt. Hon. Lord Rutherford, O. M.* (The Macmillan Company, Nueva York).

Everett, III, Hugh (1957), «"Relative state" formulation of quantum mechanics», *Reviews of Modern Physics 29*, 454-462.

Fagen, M. D., ed. (1975), *A History of Engineering and Science in the Bell System. The Early Years (1875-1925)* (Bell Telephone Laboratories, Inc.).

— (1978), *A History of Engineering and Science in the Bell System. National Service in War and Peace (1925-1975)* (Bell Telephone Laboratories, Inc.).

Fermi, Enrico (1926 a), «Sulla quantizzazione del gas perfetto monoatomico», *Rendiconti Lincei 3*, 145-149.

— (1926 b), «Zur Quantelung des idealen einatomigen Gases», *Zeitschrift für Physik 36*, 902-912.

— (1932), «Quantum theory of radiation», *Reviews of Modern Physics 4*, 87-132. Reproducido en Fermi (1962: 401-445).

— (1933), «Tentativo di una teoria dell'emissione dei raggi beta», *Ricerca Scientifica 2*, 491-495. Reproducido en Fermi (1962: 540-544).

— (1934 a), «Tentativo di una teoria dell'emissione dei raggi "beta"», *Nuovo Cimento 4*, 1-19. Reproducido en Fermi (1962: 559-574).

— (1934 b), «Versuch einer Theorie der ß-Strahlen. I», *Zeitschrift für Physik 88*, 161-177.

— (1934 c), «Possible production of elements of atomic number higher than 92», Nature 133, 898-899.

— (1939), «Artificial radioactivity produced by neutron bombardment», *Les Prix Nobel en 1938* (The Nobel Foundation, Estocolmo 1939), 1-8. Reproducido en Fermi (1962: 1037-1043).

— (1949), «On the origin of the cosmic radiation», *Physical Review 75*, 1169-1174.
— (1962), *Collected Papers*, vol. 1. (The University of Chicago Press/Accademia Nazionale dei Lincei, Chicago/Roma).
— (1965 a), *Collected Papers*, vol. 2. (The University of Chicago Press/Accademia Nazionale dei Lincei, Chicago/Roma).
— (1965 b), «Fundamental particles", en Fermi (1965 a: 825-828).
Fermi, E., Amaldi, E., D'Agostino, O., Rasetti, F. y Segrè, E. (1934), «Artificial radioactivity produced by neutron bombardment», *Proceedings of the Royal Society 146*A, 483-500.
Fermi, Enrico y Yang, Chen Ning (1949), «Are mesons elementary particles?», *Physical Review 76*, 1739-1743.
Fermi, Laura (1954), *Atoms in the Family. My Life with Enrico Fermi* (The University of Chicago Press, Chicago).
— (1971), *Illustrious Immigrants. The Intellectual Migration from Europe 1930/41*, segunda edición ampliada (The University of Chicago Press, Chicago).
Feynman, Richard P. (1948 a), «A relativistic cut-off for classical electrodynamics», *Physical Review 74*, 939-946.
— (1948 b), «Relativistic cut-off for quantum electrodynamics», *Physical Review 74*, 1430-1438.
— (1948 c), «Space-time approach to non-relativistic quantum mechanics», *Reviews of Modern Physics 20*, 367-387.
— (1949 a), «The theory of positrons», *Physical Review 76*, 749-759.
— (1949 b), «Space-time approach to quantum electrodynamics», *Physical Review 76*, 769-789.
— (1960), «There's plenty of room at the bottom: An invitation to enter a new field of physics», *Engineering and Science 23*, 22-36.
— (1969), «The behavior of hadron collisions at extreme energies», en *High Energy Collisions* (Gordon and Breach, Londres), 237-256. Reproducido en Brown, ed. (2000: 497-518). Conferencia en la «Third International Conference of High Energy Collisions», Universidad Estatal de Nueva York, Stony Brook, 5-6 de septiembre de 1969.
— (1970), «V. B. Partons – Quarks and Gluons», en Sudarshan, E. C. G. y Ne'eman, Y., eds. (1970: 773-813), *The Past Decade in Particle Theory*. (Gordon and Breach, Londres). Reproducido en Brown, ed. (2000: 519-554). Conferencia invitada en el simposio «The Past Decade in Particle Theory», Universidad de Texas, Austin, 14-17 de abril de 1970.
— (1972), «The development of the space-time view of quantum electrodynamics (1965 Nobel Lecture) », en Nobel Lectures 1963-1970 (1972: 155-178)
— (1988), *Electrodinámica cuántica* (Alianza Editorial, Madrid; edición original en inglés de 1985).
— (1996), *Feynman's Lectures on Computation*, Anthony J. G. Hey y Robin

W. Allen, eds. (Addison-Wesley, Reading, Mass). Existe traducción al español: *Conferencias sobre computación* (Crítica, Barcelona 2003).
— (2006), *¡Ojalá lo supiera!* (Crítica, Barcelona; edición original en inglés de 2005).
— (2016 a), *¿Está usted de broma, Sr. Feynman?* (Alianza Editorial, Madrid; primera edición en español de 1987).
— (2016 b), *¿Qué te importa lo que piensen los demás?* (Alianza Editorial, Madrid; versión original en inglés de 1988).
— (2016 c), *La Física de las palabras* (Crítica, Barcelona; edición original en inglés de 2015).
Feynman, R. P. y Cohen, Michael (1956), «Energy spectrum of the excitations in liquid helium», *Physical Review 102*, 1189-1204.
Feynman, R. P. y Gell-Mann, M. (1958), «Theory of the Fermi interaction», *Physical Review 109*, 193-198.
Feynman, R. P. y Hibbs, A. R. (1965), *Quantum Mechanics and Path Integrals* (McGraw-Hill, Nueva York).
Fierz, M. y Weisskopf, V. F. eds. (1960), *Theoretical Physics in the Twentieth Century. A Memorial Volume to Wolfgang Pauli* (Interscience, Nueva York).
Fokker. A. D. (1929), «Ein invarianter Variationssatz für die Bewegung meherer elektrischen Massenteilchen», *Zeitschrift für Physik 58*, 386-393.
Forman, Paul (1987), «Behind quantum electronics: National security as basis for physical research in the United States», *Historical Studies in the Physical and Biological Sciences 18* (1), 1940-229.
— (1992), «Inventing the maser in postwar America», *Osiris 7*, 105-134.
— (1996), «Into quantum electronics: the maser as "gadget" of Cold-War America», en *National Military Establishments and the Advancement of Science and Technology*, Forman, P. y Sánchez-Ron, J. M., eds. (Kluwer, Dordrecht), 261-326.
Fowler, Raph H. (1926), «On dense matter», *Monthly Notices of the Royal Astronomical Society 87*, 114-122.
Fowler, William A. (1957), «Formation of the elements», *The Scientific Monthly 84* (febrero), 84-100.
— (1958), «The origin of the nuclear species», *Modern Physics for the Engineer*, Vol. II, Kellogg Radiation Laboratory (California Institute of Technology).
— (1967), *Nuclear Astrophysics* (American Philosophical Society, Filadelfia).
Frank, Tibor (2009), *Double Exile. Migrations of Jewish-Hungarians Professionals through Germany to the United States, 1919-1945* (Peter Lang, Berna).
Franklin, Allan (1979), «The discovery and nondiscovery of parity nonconservation», *Studies in History and Philosophy of Science 10*, 201-257.

Fraser, Gordon (2008), *Cosmic Anger. Abdus Salam – The First Muslin Nobel Scientist* (Oxford University Press, Oxford).
Fraser, Gordon, ed. (1998), *The Particle Century* (Institute of Physics Publishing, Bristol).
Freire, jr., Olival (2005), «Science and exile: David Bohm, the cold war, and a new interpretation of quantum mechanics», *Historical Studies in the Physical and Biological Sciences 36*, 1-34.
Freire, jr., Olival, ed. (2022), *The History of Quantum Interpretations* (Oxford University Press, Oxford).
Frenkel, J. (1925), «Zur elektrodynamik Punktförmiger Elektronen», *Zeitschrift für Physik 32*, 518-534.
Frisch (1970), «Lise Meitner, 1878-1968», *Biographical Memoirs of the Royal Society 16*, 404-320.
— (1982), *De la fisión del átomo a la bomba de hidrógeno* (Alianza Editorial, Madrid; versión original en inglés de 1979).
Fritzsch, Harald (2019), *Murray Gell-Mann and the Physics of Quarks* (Birkhäuser, Cham).
Fritzsch, Harald y Gell-Mann, Murray (1972), «Current algebra: quarks and what else?», en Jackson y Roberts, eds. (1972: vol. II, 135-165).
Fröhlich, Herbert (1950), «Theory of superconducting state. I. The ground state at the absolute zero of temperature», *Physical Review 79*, 845-856.
Galison, Peter (1987), *How Experiments End* (The University of Chicago Press, Chicago).
Galison, Peter y Bernstein, Barton (1989), «In any light: scientists and the decision to build the Superbomb, 1952-1954», *Historical Studies in the Physical and Biological Sciences 19*, 267-347.
Galison, Peter y Hevly, Bruce, eds. (1992), *Big Science. The Growth of Large-Scale Research* (Stanford University Press, Stanford).
Gamow, George (1929), «Über die Structur des Atomkernes», *Physikalische Zeitschrift 30*, 510-515.
— (1930), «Mass defect curve and nuclear constitution», *Proceedings of the Royal Society of London A 126*, 632-644.
— (1935), «Nuclear transformations and the origin of chemical elements», *Ohio Journal of Science 35*, 406-414.
— (1946), «Expanding universe and the origin of elements», *Physical Review 70*, 572-573.
— (1970), *My World Line* (The Viking Press, Nueva York).
Gamow, George e Ivanenko, Dmitri (1926), «Zur Wellentheorie der Materie», *Zeitschrift für Physik 39*, 865-868.
Gell-Mann, Murray (1953), «Isotopic spin and new unstable particles», *Physical Review 92*, 833-834.
— (1961), «The eightfold way: a theory of strong interaction symmetry», *Report CTSL-20*.

— (1962), «Symmetries of baryons and mesons», *Physical Review 125*, 1067-1084.
— (1964), «A schematic model of baryons and mesons», *Physics Letters 8*, 214-215.
— (1982), «Strangeness», en Colloque International (1982: 395-408).
— (1995), *El quark y el jaguar* (TusQuets, Barcelona; edición original en inglés de 1994).
— (1997), «Quarks, color, and QCD», en Hoddeson, Brown, Riordan y Dresden, eds. (1997: 625-633).
Gell-Mann, M. y Ne'eman, Y. (1964), *The Eightfold Way* (W. A. Benjamin, Nueva York).
Gell-Mann, Murray y Rosenbaum, E. P. (1957), «Elementary particles», *Scientific American 197*, n.º 1 (julio), 72-92.
Georgi, Howard y Glashow, Sheldon L. (1974), «Unity of all elementary particle forces», *Physical Review Letters 32*, 438-441.
Gertner, Jon (2012), *The Idea Factory. Bell Labs and the Great Age of American Innovation* (The Penguin Press, Nueva York).
Getting, Ivan A. (1962), «Radar», en Carl F. J. Overhage, ed., *The Age of Electronics* (McGraw-Hill, Nueva York), 53-92.
Giauque, William F. y Johnston, Helen L. (1929 a), «An isotope of Oxygen, mass 18, interpretation of the atmospheric absorption bands, in the Earth's atmosphere», *Journal of the American Chemical Society 51*, 1436-1441.
— (1929 b), «An isotope of Oxygen, mass 17, in the Earth's atmosphere», *Journal of the American Chemical Society 51*, 3528-3534.
Gibbons, G. W., Shellard, E. P. S. y Rankin, S. J., eds. (2003), *The Future of Theoretical Physics and Cosmology. Celebrating Stephen Hawking 60th Birthday* (Cambridge University Press, Cambridge).
Gilder, Louisa (2008), *The Age of Entanglement* (Alfred A. Knopf, Nueva York).
Ginzburg, Vitaly L. (2009), *On Superconductivity and Superfluidity. A Scientific Autobiography* (Springer, Berlín).
Giudice, Gian Francesco (2010), *A Zeptospace Odyssey. A Journey into the Physics of the LHC* (Oxford University Press, Oxford).
Glaser, D. A. (1952), «Some effects of ionizing radiation on the formation of bubbles in liquids», *Physical Review 87*, 665 (L).
— (1953), «Bubble chamber tracks of penetrating cosmic-ray particles», *Physical Review 91*, 762-763 (L).
Glashow, Sheldon L. (1959), «The renormalizability of vector meson interactions», *Nuclear Physics 10*, 107-
— (1961), «Partial-symmetries of weak interactions», *Nuclear Physics 22*, 579-588.
— (1994), *Interacciones* (TusQuets, Barcelona; edición original en inglés de 1988).

Glashow, S. L., Iliopoulos, J. y Maiani, L. (1970), «Weak Interactions with Lepton-Hadron Symmetry», *Physical Review D 2*, 1285-1292.

Gleick, James (1992), *Genius. The Life and Science of Richard Feynman* (Pantheon Books, Nueva York).

Goeppert-Mayer, Maria (1951), «The structure of the nucleus», *Scientific American 184* (marzo), 22-26.

Goeppert-Mayer, Maria y Jensen, J. Hans (1955), *Elementary Theory of Nuclear Shell Structure* (John Wiley, Nueva Yok).

Goldstone, Jeffrey (1961), «Field theories with "superconductor" solutions», *Il Nuovo Cimento 19*, 154-164.

Golovín, I. N. (1981), *Igor Kurchatov* (Mir, Moscú).

Gordon, J. P., Zeiger, H. J. y Townes, C. H. (1954), «Molecular microwave oscillator and new hyperfine structure in the microwave spectrum of NH_3», *Physical Review 95*, 282-284.

— (1955), «The maser – New type of microwave amplifier, frequency standard, and spectrometer», *Physical Review 99*, 1264-1274.

Goudsmit, Samuel (1932), «Present difficulties in the theory of hyperfine structure», en *Convegno di Fisica Nucleare* (1932: 33-49).

Gowing, Margaret (1964), *Britain and Atomic Energy, 1939-1945* (Macmillan, Londres).

— (1981), «Britain, America and the bomb», en *Retreat from Power: Studies in Britain's Foreign Policy of the Twentieth Century,* David Dilks, ed. (Macmillan, Londres), 50-65.

Green, Michael (2003), «A brief description of string theory», en Gibbons, Shellard y Rankin, eds. (2003: 473-483).

Greenberg, Daniel S. (1999), *The Politics of Pure Science* (The University of Chicago Press, Chicago).

Greene, Brian (2001), *El universo elegante* (Crítica, Barcelona; edición original en inglés de 1999).

Gross, David (1997), «Asymptotic freedom and the emergence of QCD», en Hoddeson, Brown, Riordan y Dresden, eds. (1997: 199-232).

— (2003), «String theory», en Gibbons, Shellard y Rankin, eds. (2003: 463-472).

Gross, David J. y Wilczek, Frank (1973), «Ultraviolet behavior of non-Abelian gauge theories», *Physical Review Letters 30*, 1343-1346.

Groves, Leslie R. (1962), *Now It Can Be Told. The Story of the Manhattan Project* (Harper & Brothers, Nueva York).

Guerra, Francesco y Robotti, Nadia (2008), *Ettore Majorana. Aspects of his Scientific and Academic Activity* (Edizione della Normale, Roma).

Guralnik, Gerald S., Hagen, Carl R. y Kibble, Thomas W. (1964), «Global conservation laws and massless particles», *Physical Review Letters 13*, 585-587.

Hahn, Otto (1970), *My Life* (MacDonald, Londres).

Hahn, Otto y Meitner, Lise (1908 a), «Actinium C, ein neues kurzlebiges Produkt des Actiniums», *Physikalische Zeitschrift 9,* 649-655.
— (1908 b), «Über die β-Strahlen des Actiniums», *Physikalische Zeitschrift 9*, 697-702.
Hahn, Otto, Meitner, Lise y Strassmann, Fritz (1936), «Neue Umwandlungs-prozesse bei Bestrahlung des Urans; Elemente jenseits Uran», *Berichte der Deutschen Chemischen Gesellschaft 69*, 905-919.
Hahn, Otto y Strassmann, Fritz (1939), «Über den Nachweis und das Verhalten der bei der Bestrahlung des Urans mittels Neutronen entstehenden Erdalkalimetalle», *Naturwissenschaften 27*, 11-15.
Halban, jr., H. von, Joliot-Curie, F. y Kowarski, L. (1939), «Number of neutrons liberated in the nuclear fission of uranium», *Nature 143*, 680. Reimpreso en Joliot-Curie, F. e I. (1961: 664-666).
Halpern, Paul (2019), *El laberinto cuántico* (Crítica, Barcelona; edición original en inglés de 2017).
Hargittai, István (2006), *Martians of Science* (Oxford University Press, Oxford).
Hargittai, Magdolna (2012), «Credit where credit's due?», *Physics World 25* (septiembre), 38-43.
Hasert, F. J. *et al.* (1973), «Observation of neutrino-like interactions without muon or electron in the Gargamelle neutrino experiment», *Physics Letters B 46*. 138-140.
Hecht, Jeff (1992), *Laser Pioneers* (Academic Press, Boston).
Heilbron, J. L. y Seidel, Robert W. (1989), *Lawrence and His Laboratory. A History of the Lawrence Berkeley Laboratory* (University of California Press, Berkeley).
Heilbron, J. L., Seidel, Robert W. y Wheaton, Bruce R. (1981), *Lawrence and His Laboratory. Nuclear Science at Berkeley, 1931-1961* (Office for History of Science and Technology, University of California, Berkeley).
Heisenberg, Werner (1930 a), «Die Selbstenergie des Elektrons», *Zeitschrift für Physik 65*, 4-13.
— (1930 b), *Die physikalischen Prinzipen der Quantentheorie* (Hirzel Verlag, Leipzig).
— (1930 c), *The Physical Principles of the Quantum Theory* (University of Chicago Press, Chicago).
— (1932 a), «Über den Bau der Atomkerne, I», *Zeitschrift für Physik 7*, 1-11.
— (1932 b), «Über den Bau der Atomkerne, II», *Zeitschrift für Physik 78*, 156-164.
— (1933), «Über den Bau der Atomkerne, III», *Zeitschrift für Physik 80*, 587-596.
— (1938 a), «Der Durchgang sehr energiereicher Korpuskeln durch den Atomen», *Il Nuovo Cimento 15*, 31-34.
— (1938 b), «Über die in der Theorie der Elementarteilchen auftretende universelle Länge», *Annalen der Physik 32*, 20-33.

— (1946: 11), «The cascade theory», en Heisenberg, ed. (1946: 11-25)
— (1949), *Die Physik der Atomkerne* (Friedr. Vieweg & Sohn, Brunswick).
— (1953), *Nuclear Physics* (Philosophical Library, Nueva York).
— (1954), *La física del núcleo atómico* (Revista de Occidente, Madrid).
— (s. f.), *The Physical Principles of the Quantum Theory* (Dover, Nueva York).
Heisenberg, Werner, ed. (1946), *Cosmic Radiation. Fifteen lectures* (Dover, Nueva York; originalmente publicado en alemán en 1943).
Heisenberg, Werner y Pauli, Wolfgang (1929), «Zur Quantendynamik der Wellenfelder», *Zeitschrift für Physik 56*, 1-61.
— (1930), «Zur Quantendynamik der Wellenfelder II», *Zeitschrift für Physik 59*, 168-190.
— (1949), *Die Physik der Atomkerne* (Friedr. Vieweg & Sohn, Brunswick).
Heitler, Walter (1985), «Personal recollections of early theoretical cosmic rays work», en Sekido y Elliot, eds. (1985: 209-211).
Heitler, W. y Herzberg, G. (1929), «Gehorchen die Stickstoffkerne der Boseschen Statistik? », *Die Naturwissenschaften 17*, 673-674.
Henriksen, Paul W. (1987), «Solid state physics research at Purdue», *Osiris 3,* 237-260
Hentschel, Klaus, ed. (1996), *Physics and National Socialism. An Anthology of Primary Sources* (Birkhäuser, Basilea).
Herb, S. W. *et al.* (1977), «Observation of a dimuon resonance at 9.5 GeV in 400-GeV proton-nucleus collisions», *Physical Review Letters 39*, 252-255.
Herken, Gregg (2002), *Brotherhood of the Bomb. The Tangled Lives and Loyalties of Robert Oppenheimer, Ernest Lawrence, and Edward Teller* (Henry Holt and Co., Nueva York).
Hermann, A., von Meyenn, K. y Weisskopf, V., eds. (1979), *Wolfgang Pauli. Wissenschaflicher Briefwechel mit Bohr, Einstein, Heisenberg u. a.* vol. I («1919-1929») (Springer-Verlag, Berlín).
Hermann, A., Krige, J., Mersits, U. y Pestre, D. (1987), *History of CERN*, vol. 1 (*Launching the European Organization for Nuclear Research*) (North-Holland, Ámsterdam).
— (1990), *History of CERN*, vol. II (*Building and Running the Laboratory, 1954-1965*) (North-Holland, Ámsterdam).
Herschberg, James (1993), *James B. Conant. Harvard to Hiroshima and the Making of the Nuclear Age* (Alfred A. Knopf, Nueva York).
Hewlett, Richard G. y Anderson, jr., Oscar E., (1990), *The New World. A History of the United States Atomic Energy Commission,* vol. I («1939-1946») (University of California Press, Berkeley).
Higgs, Peter W. (1964 a), «Broken symmetries, massless particles and gauge fields», *Physics Letters 12*, 132-201.
— (1964 b), «Broken symmetries and the masses of gauge bosons», *Physical Review Letters 13*, 508-509.

— (1966), «Spontaneous symmetry breakdown without massless bosons», *Physical Review 145*, 1156-1163.

Hiltzik, Michael (2015), *Big Science. Ernest Lawrence and the Invention that Launched the Military-Industrial Complex* (Simon & Schuster, Nueva York).

Hoddeson, Lillian (1981), «The discovery of the point-contact transistor», *Historical Studies in the Physical Sciences 12,* 41-76.

Hoddeson, Lillian y Daitch, Vicki (2002), *True Genius. The Life and Science of John Bardeen* (Joseph Henty Press, Washington D. C.).

Hoddeson, Lillian, Kolb, Adrienne W. y Westfall, Catherine (2008), *Fermilab. Physics, the Frontier & Megascience* (The University of Chicago Press, Chicago).

Hoddeson, Lillian, Brown, Laurie, Riordan, Michael y Dresden, Max, eds. (1997), *The Rise of the Standard Model* (Cambridge University Press, Cambridge).

Hoddeson, Lillian, Henriksen, Paul W., Meade, Roger A. y Westfall, Catherine (1993), *Critical Assembly. A Technical History of Los Alamos During the Oppenheimer Years, 1943-1945* (Cambridge University Press, Nueva York).

Hollaway, David (1994), *Stalin and the Bomb* (Yale University Press, New Haven).

Horne, Michael (2002), «On four decades of interaction with John Bell», en Bertlmann y Zeilinger, eds. (2002: 99-102).

Hoyle, Fred (1948), «A new model for the expanding universe», *Monthly Notices of the Royal Astronomical Society 108*, 372-382.

— (1954), «On nuclear reactions occurring in very hot stars. I. The synthesis of elements from Carbon to Nickel», *The Astrophysical Journal Supplement Series 1*, 121-146.

— (1994), *Home is Where the Wind Blows* (University Science Books, Mill Valley, California).

Hyland, G. J. (2015), *Herbert Fröhlich. A Physicist Ahead of His Time* (Springer, Heidelberg).

In the Matter of Oppenheimer (1971), *J. Robert Oppenheimer. Transcript of Hearings Before Personnel Security Board. Washington, D. C. April 12, 1954, through May 6, 1954* (United States Atomic Energy Commission), reeditado en *In the Matter of J. Robert Oppenheimer. Transcript of Hearings Before Personnel Security Board and Texts of Principal Documents and Letters* (The MIT Press, Cambridge, Mass.).

International Conference of Physics (1935), *International Conference of Physics. Papers & Discussions,* vol. I («Nuclear Physics») (The Physical Society, Londres/ Cambridge University Press, Cambridge).

Isham, Chris J., Penrose, Roger y Sciama, Dennis W., eds. (1975), *Quantum Gravity. An Oxford Symposium* (Oxford University Press, Oxford).

Ising, Gustav (1924), «Prinzip einer Methode zur Herstellung von Ka-

nalstrahlen hoher Voltzahl», *Arkiv för Matematik, Astronomi och Fysik 18*, 1-4.
Ivanenko, Dmitri (1932), «The neutron hypothesis», *Nature 129*, 798.
Ivanenko, Dmitri y Landau, Lev (1926), «Zur Ableitung der Klein-Fockschen Gleichung», *Zeitschrift für Physik 40*, 161-162.
Jackiw, Roman y Shimony, Abner (2002), «The depth and breadth of John Bell's physics», *Physics in Perspective 4*, 78-116.
Jackson, J. D. y Roberts, A., eds. (1972), *Proceedings of the XVIth International Conference on High-Energy Physics, September 6-September 13, 1972*, Batavia, National Accelerator Laboratory.
Jammer, Max (1974), *The Philosophy of Quantum Mechanics. The Interpretations of Quantum Mechanics in Historical Perspective* (Wiley-Interscience, Nueva York).
Joas, Christian, Lehner, Christoph y Renn, Jürgen, eds. (2008), *HQ-1: Conference on the History of Quantum Physics*, preprint 350, vol. 2 (Max Planck-Institut für Wissenschafsgeschichte, Berlín).
Johnson, George (1999), *Strange and Beauty. Murray Gell-Mann and the Revolution in Twentieth-Century Physics* (Vintage Books, Nueva York).
Johnson, T. H. (1933 a), «The variation of cosmic ray intensities with Azimuth on Mt. Washington, N. H. (Abstract)», *Physical Review 43*, 381.
— (1933 b), «The Azimuthal asymmetry of the cosmic radiation», *Physical Review 43*, 834-835.
Joliot, Frédéric (1927), «Sur une nouvelle méthode d'étude du dépôt électrolytique des radioéléments», *Comptes rendus de l'Académie des Sciences 184*, 1325. Reimpreso en Joliot-Curie, F. e I. (1961: 156-158).
— (1930), «Étude électrochimique des radioéléments. Applications diverses», *Journal de Chimie Physique 27*, 119. Reimpreso en Joliot-Curie, F. e I. (1961: 163-205).
Joliot, Frédéric y Curie, Irène (1934), «Artificial production of a new kind of radio-element», *Nature 133*, 201-202 (10 de febrero). Reimpreso en Joliot-Curie, F. e I. (1961: 530-521).
Joliot-Curie, Fréderic e Irène (1961), *Oeuvres Scientifiques Complètes* (Presses Universitaires de France, París).
Jordan, Pascual y Klein, Oskar (1928), «Zum Mehrkörperproblem der Quantentheorie», *Zeitschrift für Physik 45*, 751-765.
Jordan, Pascual y Pauli, Wolfgang (1928), «Zur Quantenelektrodynamik ladungsfreier Felder», *Zeitschrift für Physik 47*, 151-173.
Jordan, Pascual y Wigner, Eugene (1928), «Über das Paulische Aquivalenzverbot», *Zeitschrift für Physik 47*, 631-651.
Josephson, Brian David (1962), «Possible new effects in superconductive tunnelling», *Physics Letters 1*, 251-253.
Jost, Res (1957), «Eine bemerkung zum CPT Theorem», *Helvetica Physica Acta 30*, 409-416.

Kaiser, David (2005), *Drawing Theories Apart. The Dispersion of Feynman Diagrams in Postwar Physics* (The University of Chicago Press, Chicago).

— (2011), *How the Hippies Saved Physics. Science, Counterculture, and the Quantum Revival* (W. W. Norton, Nueva York).

Kalckar, Jørgen, ed. (1996), *Niels Bohr Collected Works*, vol. 7 (*Foundations of Quantum Physics II, 1933-1958*) (Elsevier, Ámsterdam).

Kamefuchi, Susumu (2007), «Tomonaga and Yukawa, as contrasted», *Bulletin of the Association of Asia Pacific Physical Societies 17*, n.º 1, 15-20.

Kemmer, Nicholas (1938), «The charge-dependence of nuclear forces», *Proceedings of the Cambridge Philosophical Society 34*, 354-364.

— (1982), «Isospin», en Colloque International (1982: 359-393).

Kernan, William J. (1968), *Accelerators* (U.S. Atomic Commission, Washington D. C.).

Kevles, Daniel (1990), «Cold war and hot physics: science, security, and the American state, 1945-1956», *Historical Studies in the Physical and Biological Sciences 20,* 239-264.

— (1997), «Big science and big politics in the United States: reflections on the death of the SSC and the life of the Human Genome Project», *Historical Studies in the Physical and Biological Sciences 27*, 269-297.

Kimball, Warren F. ed. (1984 a), *Churchill and Roosevelt. The Complete Correspondence*, vol. 1 (*Alliance Emerging*) (Princeton University Press, Princeton).

— (1984 b), *Churchill and Roosevelt. The Complete Correspondence*, vol. 2 (*Alliance Forged*) (Princeton University Press, Princeton).

Kimball Smith, Alice y Weiner, Charles, eds. (1980), *Robert Oppenheimer. Letters and Recollections* (Harvard University Press, Cambridge, Mass.)

Kistiakowsky, George B. (1976), *A Scientist at the White House. The Private Diary of President Eisenhower's Special Assistant for Science and Technology* (Harvard University Press, Cambridge, Mass.).

Kleiman, Herbert S. (1966), *The integrated circuit: A case study of product innovation*, tesis doctoral en Administración de Empresas (George Washington University, junio).

Klein, O. y Nishina, Y (1929 a), «Über die Streuung von Strahlung durch freie Elektronen nach der neuen relativistischen Quantendynamik von Dirac», *Zeitschrift für Physik 52*, 853-868.

— (1929 b), «The Scattering of Light by Free Electrons according to Dirac's New Relativistic Dynamics», *Nature 122*, 398-399.

Kojevnikov, Alexei (2002), «Dirac's quantum electrodynamics», en *Einstein Studies in Russia*, Balashov, Yuri y Vizgin, Vladimir, eds. (Birkhäuser, Boston), 229-259.

Krafft, Fritz (1983), «Internal and external conditions for the discovery of nuclear fission by the Berlin team», en Shea, ed. (1983: 135-165).

Kragh, Helge (2021), *Between the Earth and the Heavens* (World Scientific, Singapur).
— (2023), *From Quanta to Gravitation, The Science and Life of Christian Møller* (Der Kongelige Danske Videnskabernes Selskab).
— (2024), *The Names of Science* (Oxford University Press, Oxford).
Kridge, John, ed. (1996), *History of CERN*, vol. III (North-Holland, Ámsterdam).
Kusch, P. y Foley, H. M. (1948), «The magnetic moment of the electron», *Physical Review 74*, 250-265.
Lacki, Jan (2009), «Stueckelberg's covariant perturbation theory», en Lacki, Ruegg y Wanders, eds. (2009: 25-51).
Lacki, Jan, Ruegg, Henri y Wanders, Gérard, eds. (2009), *E. C. G. Stueckelberg, an Unconventional Figure of Twentieth Century Physics. Selected Scientific Papers with Commentaries* (Birkhäuser, Basilea).
Lamb Willis E, jr. (1983), «The fine structure of hydrogen», en Brown y Hoddeson, eds. (1983: 311-328).
Lamb, Willis E., jr. y Retherford, Robert C. (1947), «Fine structure of the hydrogen atom by a microwave method», *Physical Review 72*, 241-243.
Landau, Lev y Peierls, Rudolf (1931), «Erweiterung des Unbestimmtheitsprinzip für die relativistische Quantentheorie», *Zeitschrift für Physik 62*, 56-69.
Langevin, Paul (1934), «Séance d'ouverture» en *Structure et Propriétés des Noyaux Atomiques. Rapports et discussions* (1934: vii-ix).
Lattes, C. M. G., Muirhead, H., Occhialini, G. P. S. y Powell, C. F. (1947), «Processes involving charged mesons», *Nature 159*, 694-697.
Lawrence, Ernest O. y Edlefsen, Niels E. (1930), «On the production of high speed protons» *Science 72*, 376-377.
Lawrence, Ernest O. y Livingston, M. Stanley (1932), «The production of high speed light ions without the use of high voltages», *Physical Review 40*, 19-35.
Lawrence, Ernest O., Livingston, M. Stanley y Lewis, Gilbert N. (1933), «The emission of protons from various targets bombarded by deuterons of high speed», *Physical Review 44*, 56.
Leachman, R. B. (1965), «Nuclear fission», *Scientific American 213* (Agosto), 49-59.
Lécuyer, Christopher (2006), *Making Silicon Valley. Innovation and the Growth of High Tech, 1930-1970* (The MIT Press, Cambridge, Mass.).
Lécuyer, Christopher y Brock, David C. (2010), *Makers of the Microchip. A Documentary History of Fairchild Semiconductor* (The MIT Press, Cambridge, Mass.).
Lederman, Leon y Teresi, Dick (1993), *The God Particle. If the Universe is the Answer, What is the Question?* (Houghon Mifflin Co., Nueva York).

Existe traducción al español: *La partícula divina* (Crítica, Barcelona 2004).

Lee, Sabine (2007), *The Bethe-Peierls Correspondence* (World Scientific, Singapur).

Lee, T. D. (1986), *The Evolution of Weak Interactions*, CERN 86-07, Theoretical Division (Ginebra).

Lee, T. D. y Yang, C. N. (1956), «Question of parity conservation in weak interactions», *Physical Review 104*, 254-258.

Lemaître, Georges y Vallarta, Manuel S. (1933), «On Compton's latitude effect of cosmic radiation», *Physical Review 43*, 87-91.

Lichtenberg, D. B. y Rosen, S. P. eds. (1980), *Developments in the Quark Theory of Hadrons. A Reprint Collection*, vol. 1 (1964-1978) (Hadronic Press, Nonamtum, Mass.).

Livingston, M. Stanley (1969), *Particle Accelerators. A Brief History* (Harvard University Press, Cambridge, Mass.).

Livingston, M. Stanley, ed. (1966), *The Development of High-Energy Accelerators* (Dover, Nueva York).

London, Fritz (1938), «The λ-point phenomenon of liquid helium and the Bose-Einstein degeneracy», *Nature 141*, 643-644.

Lüders, Gerhart (1954), «On the equivalence of invariance under time reversal and under particle-antiparticle conjugation for relativistic field theories», *Kongelige Danske Videnskabernes Selskab, Matematisk-Fysiske Meddelelser 28*, 1-17

Machlup, Fritz (1972), *The Production and Distribution of Knowledge in the United States* (Princeton University Press, Princeton; primera edición de 1962).

Maglich, Bogdan, ed. (1973), *Adventures in Experimental Physics* (World Science Education, Princeton).

Maiman, Theodore (1960), «Stimulated optical radiation on rubi», *Nature 187*, 493-494.

Majorana, Ettore (1933 a), «Nuove ricerche sulla teoria dei nuclei», *La Ricerca Scientifica 4*, 522.

— (1933 b), «Über die Kerntheorie», *Zeitschrift für Physik 82*, 137-145.

Marshak, Robert E. (1989), «Scientific impact of the first decade of the Rochester conferences (1950-1960)», en Brown, Dresden y Hoddeson, eds. (1989: 645-667).

Maxwell, Emanuel (1950), «Isotope effect in the superconductivity of mercury», *Physical Review 78*, 477.

McMillan, Edwin M. (1945), «The synchrotron – A proposed high energy particle accelerator», *Physical Review 68*, 143-144.

McMillan, Edwin M. y Abelson, Philip (1940), «Radioactive Element 93», *Physical Review 57*, 1185-1186.

Mehra, Jagdish (1994), *The Beat of a Different Drum. The Life and Science of Richard Feynman* (Clarendon Press, Oxford).

Mehra, Jagdish y Milton, Kimbal A. (2000), *Climbing the Mountain. The Scientific Biography of Julian Schwinger* (Oxford University Press, Nueva York).

Mehra, Jagdish y Rechenberg, Helmut (2001), *The Historical Development of Quantum Theory*, vol. 6 («The Completion of Quantum Mechanics»), Parte 2 («The Conceptual Completion and the Extensions of Quantum Mechanics, 1932-1941», «Epilogue: Aspects of the further Development of Quantum Theory, 1942-1999») (Springer-Verlag, Nueva York).

Meitner, Lise y Frisch, Otto R. (1939), «Disintegration of uranium by neutrons: a new type of nuclear reaction», *Nature 143*, 239-240.

Melman, Seymour (1972), *El capitalismo del Pentágono (la economía política de la guerra)* (Siglo XXI, México; edición original en inglés de 1970).

Miesowicz, Marian (1977), «Reminiscences on 1st International Cosmic Ray Conference in Cracow (1947)», en *15th International Cosmic Ray Conference*.

Meitner, Lise y Frisch, Robert (1939), (International Union of Pure and Applied Physics; Bulgarska akademiia na naukite).

— (1985), «The first International Cosmic Ray Conference», en Sekido y Elliot, eds. (1985: 295-298).

Miller, Arthur I. (1994), *Early Quantum Electrodynamics. A Source Book* (Cambridge University Press, Cambridge).

Millikan, Robert (1925), «High frequency rays of cosmic origin», *Science* 62, 445-448.

— (1939), *Cosmic Rays* (Cambridge University Press, Cambridge). Revisión de tres conferencias que dio en 1936 en la Universidad de Virginia, y en 1937 en el Trinity College de Dublín.

— (1938), «Mesotron as the name of the new particle», *Physical Review 55*, 105.

Milton, Kimball A. (2007), «In appreciation. Julian Schwinger: from nuclear physics and quantum electrodynamics to source theory and beyond», *Physics in Perspective 9*, 70-114

Misa, Thomas J. (1987), «Military needs, commercial realities, and the development of the transistor, 1948-1958», en *Military Enterprise and Technological Change,* Merrit Roe Smith, ed. (The MIT Press, Cambridge, Mass. 1987), 253-287.

Mitton, Simon (2005), *Conflict in the Cosmos. Fred Hoyle's Life in Science* (Joseph Henry Press, Washington D. C.).

Mladjenovic, Milorad (1988), *The Defining Years in Nuclear Physics, 1932-1960s* (Institute of Physics Publishing, Bristol).

Monk, Ray (2012), *Inside the Centre. The Life of J. Robert Oppenheimer* (Jonathan Cape, Londres).

Moore, Gordon (1965), «Cramming more components onto integrated circuits», *Electronics 38*, 114-117 (19 de abril).

Müller, K. Alexander y Bednorz, J. Georg (1987), «The discovery of a class of high-temperature superconductivity», *Science 237*, 1133-1139.

Murkherji, Visvapriva (1974), «A history of the meson theory of nuclear forces from 1935 to 1952», *Archives for History of Exact Sciences 13*, 27-102.

Nambu, Yoichiro (1960), «Axial vector current conservation in weak interaction», *Physical Review Letters 4*, 380-382.

— (1985), *Quarks. Frontiers in Elementary Particle Theory* (World Scientific, Singapur).

Nambu, Y. y Jona-Lasinio, G. (1961 a), «Dynamical model of elementary particles based on an analogy with superconductivity, I», *Physical Review 122*, 345-358.

— (1961 b), Dynamical model of elementary particles based on an analogy with superconductivity, II», *Physical Review 124*, 246-254.

Neddermeyer, Seth H. y Anderson, Carl D. (1937), «Note on the nature of cosmic-ray particles», *Physical Review 51*, 884-886.

Ne'eman, Yuval y Kirsh, Yoram (1988), *Los cazadores de partículas* (Gedisa, Barcelona; edición original en inglés de 1986).

Nevala-Lee, Alec (2025), Collisions. A Physicist Journey from Hiroshima y the Death of Dinosaurs (W. W. Norton & Co., Nueva York).

Ng, Y. Jack, ed. (1996), *Julian Schwinger. The Physicist, the Teacher, and the Man* (World Scientific, Singapur).

Nishina Memorial Foundation, ed. (2008), *Nishina Memorial Lectures. Creators of Modern Physics* (Springer).

Nobel Lectures 1963-1970 (1972), *Nobel Lectures Including Presentation Speeches and Laureates' Biographies. Physics 1963-1970* (Elsevier, Ámsterdam).

Norris, Robert S. (2002), *Racing for the Bomb. General Leslie R. Groves, the Manhattan Project's Indispensable Man* (Steerforth Press, South Royalton, Vermont).

Nye, Mary Jo (2004), *Blackett. Physics, War, and Politics in the Twentieth Century* (Harvard University Press Cambridge, Mass.).

O'Ceallaig, C. (1982), «A contribution to the history of C. F. Powell's group in the University of Bristol, 1949-65», en Colloque International (1982: 185-189).

Oppenheimer, J. Robert (1926 a), «On the quantum theory of vibration-rotation bands», *Proceedings of the Cambridge Philosophical Society 23*, 327-335.

— (1926 b), «On the quantum theory of the problem of the two bodies», *Proceedings of the Cambridge Philosophical Society 23*, 422-431.

— (1927), «Zur Quantentheorie kontinuierlicher Spektren», *Zeitschrift für Physik 41*, 268-293.

— (1929), «Über die Strahlung der freien Elektronen im Coulombfeld», *Zeitschrift für Physik 55*, 725-737.

— (1930 a), «Note on the theory of the interaction of field and matter», *Physical Review 35*, 461-477.

— (1930 b), «On the theory of electrons and protons», *Physical Review 35*, 562-563.

Oppenheimer, J. Robert y Serber, Robert (1937), «Note on the nature of cosmic-ray particles», *Physical Review 51*, 113.

O'Raifeartaigh, Lochlainn (1997), *The Dawning of Gauge Theory* (Princeton University Press, Princeton).

Orton, John (2004), *The Story of Semiconductors* (Oxford University Press, Oxford).

Pais, Abraham (1986), *Inward Bound of Matter and Forces in the Physical World* (Clarendon Press, Oxford).

— (1991), *Niels Bohr's Times, in Physics, Philosophy, and Polity* (Clarendon Press, Oxford).

Pan, Jiam-Wei y Zeilinger, Anton (2002), «Multi-photon entanglement and quantum non-locality» en Bertlmann y Zeilinger, (2002: 225-240).

Panofsky, Wolfgang K. H. (1992), «SLAC and Big Science: Stanford University», en Galison y Hevly, eds. (1992: 129-146).

— (2007), *Panofsky on Physics, Politics and Peace. Pief Remembers* (Springer, Nueva York).

Pauli, Wolfgang (1955), «Exclusion principle, Lorentz group, and reflection in space-time and charge», en Pauli, Rosenfeld y Weisskopf, eds. (1955: 30-51).

— (1956), *Continuous groups in quantum mechanics*, CERN 56-31 (Ginebra).

— (1996 a), «Acerca de la anterior y más reciente historia del neutrino», en Pauli (1996 b: 243-274).

— (1996 b), *Escritos sobre física y filosofía*, editado por Enz, Charles P. y von Meyenn, Karl (Debate, Madrid).

Pauli, Wolfgang, Rosenfeld, Léon y Weisskopf, Victor, eds. (1955), *Niels Bohr and the Development of Physics* (Academic Press, Nueva York).

Peierls, Rudolf (1979), «The development of our ideas on the nuclear forces», en Stuewer, ed. (1979: 183-202).

— (1985), *Bird of Passage* (Princeton University Press, Princeton).

Peierls, Rudolf, ed. (1986), *Niels Bohr Collected Works*, vol. 9 (*Nuclear Physics, 1929-1952*) (Elsevier, Ámsterdam).

Penrose, Roger (2000), «Mathematical physics of the 20th and 21st centuries», en Arnold, Atiyah, Lax y Mazur, eds. (2000: 219-234).

Penzias, Arno A. y Wilson, Robert W. (1965), «A measurement of excess antenna temperature at 4080 Mc/s», *Astrophysical Journal 142*, 419-421.

Perl, M. L. *et al.* (1975), «Evidence for anomalous lepton production in e^+e^- annihilation», *Physical Review Letters 35*, 1489-1492.

Perrier, Carl y Segrè, Emilio (1937), «Some chemical properties of element 43», *Journal of Chemical Physics 5,* 712-716.

Pevsner, A. *et al.* (1961), «Evidence for the three-pion resonance near 550 MeV», *Physical Review Letters 7*, 421-423.

Physique des Particules (1982), *Colloque International sur l'Histoire de la Physique des Particules*, Suplemento C8-1982 al *Journal de Physique*, fascículo 12.

Pickering, Andrew (1984), *Constructing Quarks. A Sociological History of Particle Physics* (Edinburgh University Press, Edimburgo).

Pirani, F. A. E. y Schild, A. (1950), «On the quantization of the gravitational field equations», *Physical Review 79*, 986-991.

Politzer, H. David (1973), «Reliable perturbative results for strong interactions?», *Physical Review Letters 30*, 1346-1349.

Polkinghorne, John (1989), *Rochester Roundabout. The Story of High Energy Physics* (W. H. Freeman, Nueva York).

Popper, Karl R. (1971), *La lógica de la investigación científica* (Editorial Tecnos, Madrid).

— (1982), *Quantum Theory and the Schism in Physics*, Bartley, W. W. III, ed. (Hutchinson, Londres).

Rad Lab: Oral Histories (1993), *Rad Lab: Oral Histories Documenting World War II Activities at the MIT Radiation Laboratory* (Center for the History of Electrical Engineering, Piscataway, Nueva Jersey).

Radvanky, P. y Bordry, M. (1984), *La radioactivité artificielle et son histoire* (Le Seuil, París).

Ramo, Simon (1962), «The impact of missiles and space on electronics», *Proceedings of the IRE 50*, 1237-1241.

Ramsey, Norman F. (1966), *Early History of Associated Universities and Brookhaven National Laboratory*; Brookhaven Lecture Series, number 55, March 30. *BNL* 992 (T.421).

Randall, Lisa (2012), *El descubrimiento del Higgs* (Acantilado, Barcelona).

Recami, Erasmo (2020), *The Majorana Case. Letters, Documents, Testimonies* (World Scientific, Singapur).

Rechenberg, Helmut (1989), «The early S-matrix theory and its propagation (1942-1952)», en Brown, Dresden y Hoddeson, eds. (1989: 551-578)

Rédei, Miklós, ed. (2005), *John von Neumann: Selected Letters* (American Mathematical Society/London Mathematical Society, Providence).

Redondi, P., Sironi, G., Tucci, P. y Vegni, G., eds. (2006), *The Scientific Legacy of Beppo Occhialini* (Società Italiana di Fisica-Springer, Bolonia-Berlín).

Reichenbach, Hans (1944), *Philosophic Foundations of Quantum Mechanics* (University of California Press, Berkeley).

Reid, T. R. (2001), *The Chip. How Two Americans Invented the Microchip and Launched a Revolution* (Random House Trade Publications, Nueva York).

Reines, Frederick (1982), «Neutrinos to 1960 – Personal recollections», en Physique des Particules (1982: 237-260).
— (1989), «Detection of the neutrino», en Brown, Dresden y Hoddeson, eds. (1989: 359-366).
Reines, F. y Cowan, jr. C. L. (1953 a), «A proposed experiment to detect free neutrino», *Physical Review 90*, 492.
— (1953 b), «On the detection of the free neutrino», *Technical Report*, Los Alamos Scientific Laboratory.
— (1953 c), «Detection of the free neutrino», *Physical Review 92*, 830-831 (L).
Reynolds, C. A., Serin, B., Wright, W. H., Nesbitt (1950), «Superconductivity of isotopes of mercury», *Physical Review 78*, 487.
Rickles, Dean (2020), *Covered with Deep Mist. The Development of Quantum Gravity (1916-1956)* (Oxford University Press, Oxford).
Ridgen, John S. (1987), *Rabi, Scientist and Citizen* (Basic Books, Nueva York).
Rife, Patricia (1999), *Lise Meitner and the Dawn of the Nuclear Age* (Birkhäuser, Boston).
Riordan, Michael y Hoddeson, Lillian (1997), *Crystal Fire. The Birth of the Information Age* (W. W. Norton, Nueva York).
Riordan, Michael, Hoddeson, Lillian y Herring, Conyers (1999), «The invention of the transistor», *Reviews of Modern Physics 71*, S336-S345.
Rochester, G. D. y Butler, C. C. (1947), «Evidence for the existence of new unstable elementary particles», *Nature 160*, 855-858.
Romero de Pablos, Ana y Sánchez Ron, José M. (2001), *Energía nuclear en España. De la JEN al CIEMAT* (Ministerio de Ciencia y Tecnología/CIEMAT, Madrid).
Rosenfeld, Léon (1930), «Über die Gravitationswirkungen des Lichtes», *Zeitschrift für Physik 65*, 589-599.
— (1955), «On quantum electrodynamics», en *Niels Bohr and the Development of Physics*, W. Pauli, ed. (Pergamon Press, Londres), 70-95; reproducido en Cohen y Stachel, eds. (1979: 413-441).
— (1972), «Nuclear reminiscences (in memory of George Gamow)», en *Cosmology, Fusion and other Matters. George Gamow Memorial Volume*, Frederick Reies, ed. (Colorado Associated University), 289-299; reproducido en Cohen y Stachel, eds. (1979: 335-345).
Rossi, Bruno (1932), «Il problema della radiazione penetrante», en *Convegno di Fisica Nucleare* (1932: 51-64).
— (1933), «Uber die eigenschaften der durchdringenden korpuskularstrahlung in Meeresniveau», *Zeitschrift für Physik 82*, 151-178.
— (1964), *Cosmic Rays* (George Allen and Unwin LTD, Londres).
— (1985), «Arcetri, 1928-1932», en Sekido y Elliot, eds. (1985: 53-73).
— (1990), *Moments in the Life of a Scientist* (Cambridge University Press, Cambridge).

Rutherford, Ernest (1920), «Nuclear constitution of atoms», *Proceedings of the Royal Society 97* A, 374-400. Reproducido en Chadwick, dir. (1965: vol. III, 14-38).

Rutherford, Ernest y Chadwick, James (1921), «The artificial disintegration of light elements», *Philosophical Magazine 42*, 809-825. Reproducido en Chadwick, dir. (1965: 48-62.

Rutherford, Ernest, Chadwick, James y Ellis, C. D. (1930), *Radiations from Radioactive Substances* (Cambridge University Press, Cambridge).

Sájarov, Andréi (1991), *Memorias*, Barcelona, Plaza & Janés (edición original en inglés de 1990).

Sakata, Shoichi (1956), «On a composite model for the new particles», *Progress of Theoretical Physics 16*, 686-688.

Salam, Abdus (1968), «Weak and electromagnetic interactions», en Svartholm, ed. (1968).

Salam, A. y Ward, J. C. (1959), «Weak and electromagnetic interactions», *Il Nuovo Cimento 11*, 568-577.

Salomon, Jacques (1938), «Gravitation et Quanta», *Journal de Physique et Le Radium 9*, 479-485.

Sánchez Ron, José Manuel (2015), *Albert Einstein. Su vida, su obra y su mundo* (Crítica/Fundación BBVA, Barcelona).

— (2020), *María Goeppert-Mayer: de Gotinga a Premio Nobel de Física* (Consejo de Seguridad Nuclear, Madrid).

— (2022 a), *El poder de la ciencia. Historia social, política y económica de la ciencia (siglos XIX-XXI)* (Crítica, Barcelona).

— (2022 b), «Arturo Duperier: del magnetismo a los rayos cósmicos», en *In/visibilidad. Arturo Duperier y los rayos cósmicos* (Museo Nacional de Ciencia y Tecnología, Madrid), 40-84.

— (2025), *Einstein's Relativity in Great Britain. From Larmor and Eddington to Penrose and Hawking. A Tale of Physicists, Astronomers, Mathematicians and Philosophers* (World Scientific, Singapur).

Schawlow, A. L. y Townes, C. H. (1958), «Infrared and optical maser», *Physical Review 112*, 1940-1949.

Schewe, Phillip F. (2013), *Maverick Genius. The Pioneering Odyssey of Freeman Dyson* (Thomas Dunne Books, Nueva York).

Schrieffer, J. Robert (1992), «John Bardeen and the theory of superconductivity», *Physics Today 45* (abril), 46-53.

Schwartz, David N. (2017), *The Last Man Who Knew Everything. The Life and Times of Enrico Fermi, Father of the Nuclear Age* (Basic Books, Nueva York).

Schwarzschild, K. (1903), «Zur Electrodynamik I, II», *Göttinger Nachr. Math. Phys. Klasse*, 126-142.

Schweber, Silvan S. (1964), *An Introduction to Relativistic Quantum Field Theory* (Harper International Edition, Nueva York).

— (1984), «Some chapters for a history of quantum field theory: 1938-

1962», en *Relativity, Groups and Topology, II*, DeWitt, Bryce y Stora, R., eds. (North-Holland, Ámsterdam), 37-220.
— (1986), «Feynman and the visualization of space-time processes», *Review of Modern Physics 58*, 449-508.
— (1994), *QED and the Men Who Made It: Dyson, Feynman, Schwinger, and Tomonaga* (Princeton University Press, Princeton).
— (1997), «A historical perspective on the rise of the standard model», en Hoddeson, Brown, Riordan y Dresden, eds. (1997: 645-684).
— (2012), *Nuclear Forces. The Making of the Physicist Hans Bethe* (Harvard University Press, Cambridge, Mass.).
Schwinger, Julian (1948 a), «On quantum-electrodynamics and the magnetic moment of the electron», *Physical Review 73*, 416-417.
— (1948 b), «Quantum electrodynamics, I. A covariant formulation», *Physical Review 74*, 1439-1461.
— (1949 a), «Quantum electrodynamics, II. Vacuum polarization and self-energy», *Physical Review 75*, 651-679.
— (1949 b), «On radiative corrections to electron scattering», *Physical Review 75*, 898-899.
— (1949 c), «Quantum electrodynamics, III. The electromagnetic properties of the electron – radioactive corrections to scattering», *Physical Review 76*, 790-827.
— (1957), «A Theory of fundamental interactions», *Annals of Physics 2*, 407-434.
— (1983), «Renormalization theory of quantum electrodynamics, an individual view», en Brown and Hoddeson, eds. (1983: 329-353).
— (2008), «Tomonaga Sin-Itiro: A memorial – two shakers of physics», en Nishina Memorial Foundation, ed. (2008: 27-42).
Schwinger, Julian, ed. (1958), *Selected Papers on Quantum Electrodynamics* (Dover, Nueva York).
Segrè, Emilio (1962), «Biographical introduction», en Fermi (1962: vol. 1, xvii-xlii).
— (1979), «Nuclear physics in Rome», en Stuewer, ed. (1979; 35-57).
— (1982), *Fermi* (Consejo Nacional de Ciencia y Tecnología, México, edición original en inglés de 1970).
— (1983), «Renormalization theory of quantum electrodynamics: an individual view», en Brown y Hoddeson, eds. (1983: 329-353).
Seidel, Robert Wayne (1978), *Physics Research in California. The Rise of a Leading Sector in American Physics*; tesis doctoral, Universidad de California, Berkeley.
— (1987), «From glow to flow: A history of military laser and development», *Historical Studies in the Physical and Biological Sciences 18* (1), 111-147.
Sekido, Yataro y Elliot, Harry, eds. (1985), *Early History of Cosmic Ray Studies. Personal Reminiscences with Old Photographs* (Reidel, Dordrecht).

Serber, Robert (1983), *Peace and War. Reminiscences of a Life on the Frontiers of Science*, con Robert P. Crease (Columbia University Press, Nueva York).
— (1992), *The Los Alamos Primer. The First Lectures on How to Build an Atomic Bomb* (University of California Press, Berkeley).
Shea, William R., ed. (1983), *Otto Hahn and the Rise of Nuclear Physics* (Reidel, Dordrecht).
Shimony, Abner (2002), «John Bell: some reminiscences and reflections», en Bertlmann y Zeilinger, eds. (2002: 51-60).
Shindell, Matthew (2029), *The Life and Science of Harold C. Urey* (The University of Chicago Press, Chicago).
Shockley, William (1947), «Density of surface states on silicon deduced from contact potential measurements», *Physical Review 72*, 345.
— (1948), «Modulation of conductance of thin films of semiconductors by surface changes», *Physical Review 74*, 232-233.
— (1949), «The theory of P-N junctions in semiconductors and P-N junction transistors», *Bell System Technical Journal 28*, 435-489.
— (1950), *Electrons and Holes in Semiconductors, with Applications to Semiconductors* (Van Nostrand, Nueva York).
— (1976), «The transistor, The path to the conception of the junction», *IEEE Transactions Electron Devices ED-23*, 597-620.
Shockley, William B. y Pearson, Gerald L. (1948), «Modulation of conductance of thin films of semi-conductors by surface changes», *Physical Review 74*, 232-233.
Shockley, William, Sparks, Morgan y Teal, Gordon (1951), «P-N junction transistors», *Physical Review 83*, 151-162.
Sime, Ruth Lewin (1996), *Lise Meitner. A Life in Physics* (University of California Press, Berkeley).
Skobeltzyn, Dmitri (1929), «Über eine Neue Art sehr Schneller β-Strahlen», *Zeitschrift für Physik 54*, 686-702.
Slater, John C. (1975), *Solid-State and Molecular Theory. A Scientific Biography* (John Wiley, Nueva York).
Smith, Alice Kimball y Weiner, Charles, eds. (1980), *Robert Oppenheimer. Letters and Recollections* (Harvard University Press, Cambridge, Mass.).
Smolin, Lee (2007), *Las dudas de la física en el siglo XXI* (Crítica, Barcelona; edición original en inglés de 2006).
Smyth, Henry De Wolf (1945), *Atomic Energy for Military Purposes: The Official Report on the Development of the Atomic Bomb under the Auspices of the United States Government, 1940-1945* (Princeton University Press, Princeton).
— (1946), *La energía atómica al servicio de la guerra. Informe oficial del desarrollo de la bomba atómica realizado con el patrocinio del Gobierno de los Estados Unidos durante el período 1940-1945* (Espasa-Calpe Argentina, Buenos Aires).

Sørheim, Aashild (2020), *Obsessed by a Dream. The Physicist Rolf Wideröe – a Giant in the History of Accelerators* (Springer; versión original en noruego de 2015).
Steinberger, Jack (2005), *Learning About Particles. 50 Privileged Years* (Springer, Berlín).
Stoff, Michael B., Fanton, Jonathan F. y Williams, R. Hal (1991), *The Manhattan Project. A Documentary Introduction to the Atomic Age* (McGraw-Hill, Nueva Yok).
Street, J. C. y Stevenson, E. C. (1937), «New evidence for the existence of a particle of mass intermediate between the proton and the electron», *Physical Review 52*, 1003-1004.
Structure et Propriétés des Noyaux Atomiques. Rapports et discussions (1934) (Gauthier-Villars, París).
Stueckelberg, Ernst C. G. (1934), «Relativistich invariante störungstheorie des Diracschen elektrons, I. Teil: Streustrahlung und bremsstrahlung», *Annalen der Physik 15*, 367-389.
— (1936 a), «Austauschskräfte zwischen Elementarteilchen und Fermische Theorie des β-Zerfalls als Konsquenzen einer möglichen Feldtheorie der Materie», *Helvetia Physica Acta 9*, 389-404.
— (1936 b), «Radioactive β-decay and nuclear exchange forces as a consequence of a unitary field theory», *Nature 137*, 1032.
— (1937), «On the existence of heavy electrons», *Physical Review 52*, 41-42.
— (1944), «An unambiguous method of avoiding divergence difficulties in quantum theory», *Nature 153*, 143-144.
Stuewer, Roger H. (1983), «The nuclear electron hypothesis», en Shea, ed. (1983: 19-67).
— (1984), «Nuclear physicists in a new world. The émigrés of the 1930s in America», *Ber Wissenschaftsgesch 7,* 23-40.
— (1985), «Bringing the news of fission to America», *Physics Today 38* (octubre), 48-56.
— (1994), «The origin of the liquid-drop model and the interpretation of nuclear fission», *Perspectives in Science 2*, 76-129.
— (2018), *The Age of the Innocence. Nuclear Physics between the First and Second World Wars* (Oxford University Press, Oxford).
Stuewer, Roger, ed. (1979), *Nuclear Physics in Retrospect* (University of Minnesota Press, Minneapolis).
Sudarshan, E. C. G. y Marshak, R. E. (1958), «The nature of the four-fermion interaction», en *Proceedings of the International Conference on Mesons and Recently Discovered Particles e 43e Congresso nazionale di fisica*, N. Zanichelli, ed. (Bolonia). Reimpreso en *The Development of Weak Interaction Theory*, P. K. Kabir, ed. (Gordon & Breach, Nueva York, 1963), 118-128.
Sutherland, William (1899), «Cathode, Lenard, and Röntgen rays», *The*

London, Edinburgh, and Dublin Philosophical Magazine and Journal of Science 47, 269-284.

Svartholm, N., ed. (1968), *Elementary Particle Theory: Relativistic Groups and Analyticity* (Almqvist and Wilksell, Estocolmo).

Teller, Edward (1950), «Back to the laboratories», *Bulletin of the Atomic Scientists 6*, 71-72.

— (2001), con Judith Shoolery, *Memoirs* (Perseus Publishing, Cambridge, Mass.).

Tetrode, H. (1922), «Über den Wirkungszusammenhang der Welt. Eine Erweiterung der Klassischen Dynamik», *Zeitschrift für Physik 10*, 227-249.

't Hooft, Gerard (1971 a), «Renormalization of massless Yang-Mills fields», *Nuclear Physics B 33*, 173-177.

— (1971 b), «Renormalizable Lagrangians for massive Yang-Mills fields», *Nuclear Physics B 35*, 167-188.

— (2001), *Partículas elementales* (Crítica, Barcelona; edición original en inglés de 1996).

't Hooft, Gerardus y Velman, Martinus (1972), «Regularization and renormalization of gauge fields», *Nuclear Physics B 44* 189-219.

Tolman, Richard (1924), «Duration of molecules in upper quantum states», *Physical Review 23*, 693-709.

Townes, Charles H. (1999), *How the Laser Happened. Adventures of a Scientist* (Oxford University Press, Nueva York).

Townsend, Paul (2003), «The story of M», en Gibbons, Shellard y Rankin, eds. (2003: 484-493).

Tomonaga, Sin-Itiro (1946), «On a relativistically invariant formulation of the quantum theory of wave fields», *Progress of Theoretical Physics 1*, 27-42.

— (1948), «On infinite field reactions in quantum field theory», *Physical Review 74*, 224.

Tsai-Chien, Chiang (2014), *Madame Wu Chien-Shiung. The First Lady of Physics Research* (World Scientific, Singapur).

Turchetti, Simone (2012), *The Pontecorvo Affair. A Cold War Defection and Nuclear Physics* (The University of Chicago Press, Chicago).

Urey, Harold C, Brickwedde, Ferdinand G. y Murphy, George M. (1932), «A Hydrogen isotope of mass 2», *Physical Review 39*, 164-165.

van Allen, James A. (1983), *Origins of Magnetospheric Physics* (Smithsonian Institution Press, Washington D. C.).

van Atta, L. C., Northrup, D. L., van Atta, C. M. y van de Graaff, R. J. (1936), «The design, operation, and performance of the Round Hill electrostatic generator», *Physical Review 49*, 761-776.

van de Graaff, R. J. (1931), «A 1.500.000 volt electrostatic generator», *Physical Review 38*, 1919-1920.

van de Graaff, R. J., Compton, K. T. y van Atta, L. C. (1933), «The electrostatic production of high voltage for nuclear investigations», *Physical Review 43*, 149-157.

van Delft, Dirk (2014), «Paul Ehrenfest's final years», *Physics Today* (enero), 41-47.

Veksler, Vladimir I. (1945), «A New Method of the Acceleration of Relativistic Particles», *Journal of Physics USSR 9*, 153-158 (publicado en ruso en 1944 en *Doklady Akad. Nauk SSSR 43*, 346).

von Meyenn, Karl, ed. (1985), *Wolfgang Pauli. Wissenschaflicher Briefwechel mit Bohr, Einstein, Heisenberg u. a.*, vol. II («1930-1939») (Springer-Verlag, Berlín).

— (1993), *Wolfgang Pauli. Wissenschaflicher Briefwechel mit Bohr, Einstein, Heisenberg u. a.*, vol. III («1940-1949») (Springer-Verlag).

— (1996), *Wolfgang Pauli. Wissenschaflicher Briefwechel mit Bohr, Einstein, Heisenberg u. a.*, vol. IV, parte 1 («1950-1952») (Springer-Verlag).

— (2005), *Wolfgang Pauli. Wissenschaflicher Briefwechel mit Bohr, Einstein, Heisenberg u. a.*, vol. IV, parte IV A («1957») (Springer-Verlag).

Waloschek, Pedro (1994), *The Infancy of Particle Accelerators. Life and Work of Rolf Wideröe* (Friedr. Vieweg & Sohn, Brunswick/Wiesbaden).

Wang, Zuoyue (1995), «The politics of big science in the Cold War: PSAC and the founding of SLAC», *Historical Studies in the Physical and Biological Sciences 25*, 329-356.

Weart, Spencer R. y Phillips, Melba, eds. (1985), *History of Physics* (American Institute of Physics, Nueva York).

Weart, Spencer R. y Weiss Szilard, Gertrud, eds. (1980), *Leo Szilard: His Version of the Facts* (The MIT Press, Cambridge, Mass.).

Weyl, Hermann (1929 a), «Gravitation and the electron», *Proceedings of the National Academy of Sciences 15*, 323-334.

— (1929 b), «Elektron und gravitation», *Zeitschrift für Physik 56*, 330-352.

Weinberg, Steve (1967), «A model of leptons», *Physics Review Letters 19*, 1264-1266.

— (1977), *The First Three Minutes* (André Deutsch, Londres).

— (1994), *El sueño de una teoría final* (Crítica, Barcelona; edición original en inglés de 1992).

— (2017), «The trouble with Quantum Mechanics», *The New York Review*, 19 de enero, 51-53. Reimpreso en Weinberg (2018: 124-140).

— (2018), *Third Thoughts* (The Belknap Press, Cambridge, Mass.).

— (2025), *A Life in Physics* (Cambridge University Press, Cambridge).

Weiner, Charles, ed. (1972), *Exploring the History of Nuclear Physics*, AIP Conference Proceedings, number 7 (American Institute of Physics, Nueva York).

Weiss, Paul (1938), «On the Hamilton-Jacobi theory and quantization of a dynamical continuum», *Proceedings of the Royal Society of London A 169*, 102-119.

Weisskopf, Victor F. (1983), «Growing up with field theory: the development of quantum electrodynamics», en Brown y Hoddeson eds. (1983: 56-81).

Weitzsäcker, Carl Friedrich von (1938), «Über elementumwandlungen im inner der sterne, II», *Physikalische Zeitschrift 39*, 633-646.

Wentzel, Gregor (1960), «Quantum theory of fields (until 1947)», en Fierz y Weisskopf, eds. (1960: 48-77).

Wheeler, John A. (1937 a), «Molecular viewpoints in nuclear structure», *Physical Review 52*, 1083-1103.

— (1937 b), «On the mathematical description of light nuclei by the method of resonating group structure», *Physical Review 52*, 1107-1122.

— (1979), «Some men and moments in the history of nuclear physics: the interplay of colleagues and motivations», en Stuewer, ed. (1979: 213-306).

— (1998), con Kenneth Ford, *Geons, Black Holes & Quantum Foam. A Life in Physics* (W. W. Norton, Nueva York).

Wheeler, John A. y Feynman, Richard P. (1945), «Interaction with the absorber as the mechanism of radiation», *Reviews of Modern Physics 17*, 157-181

— (1949), «Classical electrodynamics in terms of direct interparticle action», *Reviews of Modern Physics 21*, 235-433.

Whitaker, Andrew (2016), *John Stewart Bell and Twentieth-Century Physics* (Oxford University Press, Oxford).

Wideröe, Rolf (1928), «Über ein neues Prinzip zur Herstellung hoher Spannungen», *Archiv für Elektrotechnik 21*, 387-406.

Wigner, Eugene (1929), «Összetett Rendszerek Statisztikája a Quantummechanika szerint», *Magyar Tudományos Akadémia Matematikai és Természettudományi Értesitó 46*, 576-582.

— (1937), «On the consequences of the symmetry of the nuclear Hamiltonian on the spectroscopy of nuclei», *Physical Review 51*, 106-119.

Wilson, Alan (1980), «Solid state physics 1925-1933: opportunities missed and opportunities seized», *Proceedings of the Royal Society of London* A *371,* 39-48.

Witten, Edward (1995), «String theory dynamics in various dimensions», *Nuclear Physics B 443*, 85-126.

— (2003), «The past and future of string theory», en Gibbons, Shellard y Rankin, eds. (2003: 455-462).

Wolverton, Mark (2024), *Splinters of Infinity. Cosmic Rays and the Clash of Two Nobel Prize-Winning Scientists over the Secrets of Creation* (The MIT Press, Cambridge, Mass.).

Wu, Chien-Shiung (1973), «One researcher's personal account», en Maglich, ed. (1973: 101-123).

Wu, Chien-Shiung, Ambler, E., Hayward R. W., Hoppes, D. D. y Hudson, R. P. (1957), «Experimental test of parity conservation in beta decay», *Physical Review 105*, 1413-1414 (L).

Yang, Chen Ning (1996), «Julian Schwinger», en Ng, ed. (1996: 175-180).

— (1980), *Lectures on Frontiers in Physics* (Korean Physical Society y Korea Science and Engineering Foundation, Seúl).

— (1983), *Selected Papers with Commentary* (Freeman, Nueva York).
Yang, Chen N. y Mills, Robert L. (1954 a), «Isotopic spin conservation and a generalized gauge invariance», *Physical Review 95*, 631.
— (1954 b), «Conservation of isotopic spin and isotopic gauge invariance», *Physical Review 96*, 191-195.
Ynduráin, Francisco J. (2006), *Electrones, neutrinos y quarks* (Crítica, Barcelona).
Yoshimura, Motohiko (1978), «Unified gauge theories and the baryon number of the universe», *Physical Review Letters 41*, 281-284.
Yukawa, Hideki (1935), «On the interaction of elementary particles. I», *Proceedings of the Physico-Mathematical Society of Japan 17*, 48-57.
— (1937), «On a possible interpretation of the penetrating component of the cosmic ray», *Proceedings of the Physico-Mathematical Society of Japan 19*, 712-713.
— (1982), «*Tabibito*» *(The Traveler)* (World Scientific, Singapur).
— (2007), «Hundred years of science in Japan: From a physicist point of view», *Bulletin of the Association of Asia Pacific Physical Societies 17*, no.1, 9-14.
Zachary, G. Pascal (1997), *Endless Frontier. Vannevar Bush, Engineer of the American Century* (The Free Press, Nueva York).
Zweig, George (1964), «An SU(3) model for strong interaction symmetry and its breaking». *CERN Report* n.º 8181/Th 401 (enero) y n.º 8419/Th 412 (febrero); reproducido en Lichtenberg y Rosen, eds. (1980: 22-101).
— (1980), «Origins of the quark model», *Report CALT-68-805*.
— (2010), «Memories of Murray and the quark model», *International Journal of Modern Physics A 25*, 3863-3877.

Índice analítico

Universidad de Illinois, 420, 421, 422

Índice